U0232236

装备科技译著出版基金

复杂雷达系统中数字信号处理设计与实现

［乌克兰］ Vyacheslav　Tuzlukov　著

申绪涧　李金梁　张晓芬

周　波　王建路　郝晓军　译

国防工业出版社

·北京·

著作权合同登记　图字:军-2014-172 号

图书在版编目(CIP)数据

复杂雷达系统中数字信号处理设计与实现/(乌克兰)
维亚切斯拉夫·图兹卢科夫(Vyacheslav Tuzlukov)著;
申绪涧等译. —北京:国防工业出版社,
2019.9
书名原文:Signal Processing in Radar Systems
ISBN 978-7-118-11606-9

Ⅰ.①复… Ⅱ.①维… ②申… Ⅲ.①雷达系统-
数字信号处理-研究 Ⅳ.①TN95

中国版本图书馆 CIP 数据核字(2018)第 297009 号

※

*国防工业出版社*出版发行

(北京市海淀区紫竹院南路 23 号　邮政编码 100048)
三河市腾飞印务有限公司印刷
新华书店经售

*

开本 787×1092　1/16　印张 36¼　字数 700 千字
2019 年 8 月第 1 版第 1 次印刷　印数 1—2000 册　定价 256.00 元

(本书如有印装错误,我社负责调换)

国防书店:(010)88540777　　发行邮购:(010)88540776
发行传真:(010)88540755　　发行业务:(010)88540717

译者序

本书由信号处理领域的知名专家 Vyacheslav Tuzlukov 教授撰写而成。在此之前,作者还曾出版过几部专著,包括 *Signal Processing in Noise: A New Methodology*(1998 年)、*Signal Detection Theory*(2001 年)、*Signal Processing Noise*(2002 年)等。在一系列著作和论文中,作者提出了噪声中信号处理的广义方法。由于利用了似然函数均值和方差的联合概率分布,相比只利用似然函数均值概率分布的经典信号处理方法和现代信号处理方法来说,这种方法可以带来信号检测和参数估计性能的改善,是信号处理研究领域的重要突破。本书正是基于信号处理的广义方法对雷达系统的信号检测和参数估计等方法进行了论述,是该领域的最新研究成果之一。

随着微电子技术的发展,雷达系统的数字化和自动化程度越来越高,结构与组成也变得越来越复杂,本书正是针对雷达系统的这种发展趋势,介绍其系统设计问题。跟以往同类著作相比,本书从系统方法论的角度考虑雷达系统设计问题,因此站位较高。针对复杂雷达系统的设计问题,本书对算法设计、算法实现、信号检测和参数估计等方面进行了深入、详细的论述,相关内容对我国雷达装备技术的发展、雷达系统的研制和设计具有重要的参考和借鉴作用,因此有着极高的翻译价值。本书适合雷达及相关电子工程专业的本科高年级学生、研究生以及从事雷达系统研制、设计的工程人员使用。

本书由申绪涧、李金梁、张晓芬、周波、王建路和郝晓军等共同完成翻译,申绪涧、李金梁、张晓芬完成了全书的统稿和审校工作。翻译过程中,得到了国防工业出版社的帮助、支持和鼓励,在此表示衷心的感谢!

由于原书作者为非英语国家人士,且工作在非英语国家,因此原书中部分术语跟国内通用的不太一致,而且部分文字的语法也不够严谨,给原文内容的正确理解和准确把握造成了一定的困扰。在翻译过程中,译者虽曾向原作者进行了咨询和请教,但难免挂一漏万,且由于译者经验和水平有限,译稿中错误和疏漏之处在所难免,不尽人意之处敬请读者不吝赐教!

译者

2018 年 12 月

前　言

　　雷达系统的基本任务是针对稳健信号处理和信号参数估计等问题给出适当的解决方案,虽然前人对噪声环境中雷达系统信号处理方法已进行了广泛研究,并出版了大量专著和期刊论文,但目前仍有很多关键问题尚未解决。针对这些问题,出现了一些新的解决方法,如噪声中雷达系统的稳健信号处理方法,这种方法是对原有研究成果的继承和深化,可以获得更佳的性能。

　　本书从噪声中信号处理的广义方法出发,重点论述了复杂雷达系统中的稳健信号处理问题。噪声中信号处理的广义方法的提出是基于一个貌似有些抽象的概念,即引入一个不包含任何信号信息的额外噪声源,并用其提高复杂雷达系统的性能。理论研究和实验分析都表明,噪声中信号处理的广义方法进行判决利用的是似然函数的均值与方差的联合充分统计量,而经典信号处理方法和现代信号处理方法仅利用了似然函数均值的充分统计量。

　　跟经典理论和现代理论中的最佳信号处理算法相比,由于利用了似然函数统计特性的额外信息,复杂雷达系统稳健信号处理算法的性能更好,这种信号处理的广义方法使得超越经典和现代信号处理理论给出的潜在抗噪极限成为可能。在复杂雷达系统中,用基于噪声中信号处理的广义方法替代基于经典和现代信号处理理论中的最佳和准最佳信号处理算法可获得更好的检测性能。

　　为了更好地理解广义方法的基本概念和基本原理,读者可以参考作者之前撰写的几本著作:*Signal Processing in Noise: A New Methodology*(IEC, Minsk, 1998),*Signal Detection Theory*(Springer-Verlag, New York, 2001),*Signal Processing Noise*(CRC Press, Boca Raton, FL, 2002)以及 *Signal and Image Processing in Navigational Systems*(CRC Press, Boca Raton, FL, 2005)。

　　雷达系统是电子工程领域的重要内容。大学期间的课程设置一般将重点放在工程师所使用的基本工具上,如电路设计、信号分析、固态器件、数字化处理、电子器件、电磁学、自动控制和微波理论等。但在电子工程实践中,在构建特定用途的某型系统时,这些只是所需的技术、零部件或子系统而已。

　　雷达系统的设计涉及很多方面,其中最重要的是概念设计。研制新型雷达系统之前,在考虑到用户友好性的同时,必须开展概念设计以指导研发。概念设计包括根据雷达方程及相关方程确定雷达系统的特性,并明确可能采用的发射机、天线、接收机和信号处理机等子系统的一般特性。此外,为了应用现代稳健信号处理算法,还要给定所采用的计算机子系统的结构。只有遵从系统方法学的指导,才有可能完成概念设计。

需要说明的是,至少有两种研发新型复杂雷达系统的方式。一种是采用新发明、新技术、新器件或新知识,第二次世界大战早期微波磁控管的发明就是典型例证,磁控管的出现曾给雷达系统的设计带来了变革。另一种(可能也是更常用的)雷达系统概念设计方式,就是首先确定新型雷达系统必须具备的功能,然后对现有各种可以实现所需功能的方法进行认真分析和评估,选择其中最能满足功能需求和成本约束的一种方法。本书对雷达系统设计的上述两种系统学方法都进行了详细论述。

采用稳健的信号处理算法并准确给出信号参数是复杂雷达系统设计的重要目标之一。为此在设计复杂雷达系统时,需要采用随机过程实验分析所获得的理论和方法,如可基于统计估计理论设计和构建随机过程统计参数的最佳或准最佳测量器,同时还要特别关注统计参数估计时的系统误差和随机误差,它们都是观测时间和噪声水平的函数。

随机过程的主要统计参数包括均值(即数学期望)、方差、相关函数(或协方差)、功率谱密度、概率密度函数和尖峰信号参数等,书中详细给出了这些统计参数的各种测量和估计方法,这些方法均可采用模拟或数字的方式实现,书中对这两种方式的测量值与测量误差(代表了这些方法的性能)进行了研究。另外还给出了数学期望、方差和相关函数等参数的数字式测量器结构框图以及最佳测量器结构框图,并对上述参数估计的方差和偏差进行了分析。针对非平稳随机过程,给出了数学期望和方差的估计方法,并给出了统计参数估计的偏差和方差的通用表达式,以便直接进行解析计算。

在此,要向工作在雷达系统稳健信号处理领域的同事们致以谢意,与他们的交流讨论使我获益匪浅,要特别感谢 V. Ignatov 教授、A. Kolyada 教授、I. Malevich 教授、G. Manshin 教授、D. Johnson 教授、B. Bogner 教授、Yu. Sedyshev 教授、J. Schroeder 教授、Yu. Shinakov 教授、A. Kara 教授、Kyung Tae Kim 教授、Yong Deak Kim 教授、Yong Ki Cho 教授、V. Kuzkin 教授、W. Uemura 教授以及 O. Drummond 博士等。

还要对韩国大邱市庆北国立大学 IT 工程学院电子工程学校信息技术与通信系的各位同事表示感谢,他们提出了宝贵的意见和建议,并为本书的完成提供了很多帮助。本书的出版得到了庆北国立大学 2010 年科研基金的资助。

本书能够出版,还要归功于 Konopka、Kari Budyk、Richard Tressider、Suganthi Thirunavukarasu、John Gandour 以及 Taylor & Francis 集团 CRC 出版社的全体职

员,感谢他们的支持与鼓励。

最后要特别感谢我的家人:我亲爱的妻子 Elena,我的孩子 Anton 和 Dima 以及我挚爱的母亲 Natali。在书稿写作过程中,他们给予了我很多支持。没有他们的帮助,本书不可能面世。

最终,对我的父亲和导师 Peter Tuzlukov 博士致以最诚挚的感激,是他引领我进入科学的殿堂。

Vyacheslav Tuzlukov

目　　录

第三部分　雷达系统中随机过程的测量

绪　　论

本书主要讨论复杂雷达系统中的稳健信号处理问题及其特点,书中既阐述了数字信号处理过程中的综合与分析这一传统问题,也论述了噪声中的稳健信号处理这一新问题,特别是相参滤波情况下的噪声环境中信号处理的广义方法。随着自动化技术的进展,雷达系统也经历了不断的发展,复杂雷达系统功能的调整与控制,无论是其问题描述还是相应解决方法,都面临着新的挑战。

如果基于现代观点进行复杂雷达系统的设计,在设计阶段选取稳健信号处理算法时,非常重要的一点就是必须保证该算法能够满足复杂雷达系统全局算法的实现要求。从这个意义上说,本书重点关注系统设计的相关问题,书中采用了专门的系统学方法对稳健信号处理算法实现的复杂性和困难性进行了分析,从而提出了复杂雷达系统应予满足的需求。

作为一种信息与控制系统,复杂雷达系统的构建是一个漫长的多阶段过程,其中的一个重要阶段是设计阶段,必须大幅提高设计质量才有可能缩短雷达的研发周期。为解决这一问题,根据雷达系统的特点和工作条件,充分利用科学方法设计构建复杂雷达系统就显得极为重要。

信号参数估计问题是雷达设计的重要内容之一,信号参数的估计通常基于随机过程的理论分析方法和实验分析方法,在以下几种情况中会用到随机过程的实验分析方法:

(1) 对通过线性系统或非线性系统后的信号变换情况进行分析时,缺乏输入随机过程的统计特性以及生成输入随机过程的物理源统计特性的先验信息。

(2) 当复杂雷达系统分析所用理论方法的准确性还有待验证时。

(3) 当复杂雷达系统中物理过程的数学描述烦琐且缺乏实用价值时。

基于统计估计理论,本书给出了复杂雷达系统的信号参数估计方法以及最佳和准最佳测量系统的设计方法,同时也对信号参数测量的系统误差和随机误差进行了重点分析,这两种误差通常都是观测时间和噪声水平的函数。相比于确定性过程来说,复杂雷达系统对于随机过程的实验分析方法要更加困难和复杂,其原因是:

(1) 为了完整地描述随机过程,需要不同参数的大量实测数据。

(2) 在实际工作中,难以根据某个参数的定义对其进行测量。

1

随机过程的主要统计特性包括均值、方差、相关函数、功率谱密度、概率密度函数和概率分布函数等,书中对其各种测量方法和估计方法进行了深入研究,既给出了稳健信号处理的参数测量方法和误差分析方法,也给出了数字式测量系统的实现框图。对均值、方差和相关函数等,给出了参数估计的最佳测量系统的结构,并分析了相应估计的偏差和方差,详细讨论了非平稳随机过程数学期望和方差的测量方法。对于服从高斯分布或瑞利分布的特殊随机过程,给出了其主要统计参数估计的偏差和方差的通用数学表达式,以便于后续的解析计算。

在复杂雷达系统中,基于噪声中信号处理的广义方法进行稳健信号处理时,对于随机过程的分析经常会遇到如下主要数理统计问题:

(1) 对未知的概率分布函数和概率密度函数进行估计。

(2) 对概率分布函数和概率密度函数的未知参数进行估计。

(3) 统计假设检验。

需要说明的是,相比较而言,更经常遇到的是前两个问题。

大数定理是实验分析方法中用于确定随机过程特性的基础。根据大数定理,一个事件的概率可用相应事件的出现频率代替,数学期望可用平均值代替。在实际工作中,如果已经进行了大量的测试,则可认为用这种方式获得的事件概率与特性跟真值比较接近。但有些情况下所能进行的观测次数有限,如果仍采用基于大数定理的数学公式,则带来的问题就是跟观测设备的潜在精度相比,基于观测样本进行参数估计所能达到的估计精度会产生多大的差异。

基于统计决策理论的方法可以获得随机过程参数的精确估计结果,利用该理论可以设计和构建出噪声中确定性信号和准确定性信号的最佳测量设备,并对信号参数进行分析和估计[1-5]。另外,文献[6-21]也广泛讨论了随机过程的实验分析方法,并给出了统计参数估计的精确方法。

根据统计估计理论,本书尝试采用统一的方法论对随机过程参数的测量方法进行分析,并对各态历经平稳随机过程及其参数测量的模拟式方法进行了研究(原因在于这种方法的精度往往比较高)。复杂雷达系统进行稳健信号处理时,如若采用数字式测量技术,则需要对信号进行模/数转换,并且应当使用计算机子系统[22]。

书中给出了概率分布函数和概率密度函数、相关函数和协方差函数、数学期望、方差、功率谱密度的潜在估计精度,该精度取决于观测时间、随机过程的相关时间、信噪比等。为了评估随机过程参数估计的精度,采用了统计估计理论和数理统计理论中广泛应用的偏差、方差和相关函数等。为了简便起见,书中有些地方采用了近似处理,这在实际工作中是可以接受的。

本书是作者过去 30 年研究工作的总结,主要内容分为三个部分:第一部分对复杂雷达系统中现代稳健信号处理算法的主要原理进行了讨论,重点论述了噪声中信号处理的广义方法;第二部分主要论述基于计算机系统实现现代稳健信号处理算法时,计算机系统的主要设计原则,并给出了一些复杂雷达系统的设计实例;第三部分主要论述了随机过程统计参数的实验测量方法以及参数估计方法,给出了实验分析方法下数学期望、方差、相关函数、概率密度函数、概率分布函数及时频参数等主要统计参数的估计方法。

本书共包括 15 章。第 1 章讨论了复杂雷达系统设计的系统方法学原理。重点论述了复杂雷达系统设计的系统方法学和主要技术要求,涵盖了复杂雷达系统的设计阶段所要解决的问题,同时还对作为设计对象的信号处理子系统进行了阐述。

第 2 章讨论了基于数字式广义检测器的信号处理方法。介绍了对信号进行模/数转换的主要原理,对噪声中信号处理的广义方法和匹配滤波方法进行了对比分析,并给出了主要结果。另外,针对相参脉冲信号处理要求,对数字式匹配滤波器和数字式广义检测器也进行了比较。

第 3 章提出了跨周期数字信号处理算法。研究了用于动目标指示的数字信号处理算法,分别对统计参数已知和未知两种情况下的目标回波数字式广义检测器进行了讨论,并对其性能进行了分析,讨论了信号参数的数字化测量方法以及跨周期数字信号处理的复杂广义算法。

第 4 章讨论了基于噪声中广义信号处理方法的稳健信号检测算法和目标航迹跟踪算法。提出了利用测量子系统所获得的数字式测量结果进行滤波的航迹跟踪算法,介绍了信号再处理的主要阶段,分析和讨论了利用监视雷达数据进行目标航迹检测和目标航迹跟踪的相关算法。

第 5 章给出了基于噪声中信号处理广义方法的参数滤波算法,以及利用复杂雷达系统获得的测量数据对目标航迹参数进行外推的算法。介绍了航迹参数估计和误差分析的初始条件,对广义接收机前端待滤波的输入随机过程进行了分析,讨论了通过滤波技术获得信号未知参数的统计求解方法、观测样本量固定时的线性滤波与外推算法、非机动目标航迹参数的递归滤波算法,分析了机动目标航迹参数的自适应滤波方法,并给出了信号再处理的逻辑框图。

第 6 章讨论了动态运行模式下的复杂雷达系统控制算法的设计和构建原理,介绍了复杂雷达系统控制子系统的配置和流程。阐述了对参数(尤其是子系统参数)进行直接控制的方法,提出了新目标搜索模式下的雷达扫描控制程序,给出了目标跟踪模式下的资源控制准则,描述了目标搜索和目标跟踪复合模式下的能量资源分配方法。

第 7 章研究了复杂雷达系统计算子系统的算法设计原则,明确了算法分配方法,并对算法实现的运算量进行了估计,讨论了计算过程并行化的基本原理。

第 8 章讨论了复杂雷达系统数字信号处理子系统的设计原则,明确了其结构需求、技术规范及相应参数。介绍了计算机子系统的存储容量和存储器结构,并分析了重点关注的有效运行速度等技术需求。给出了中央计算机子系统微处理器的技术特性,讨论了计算机子系统的结构和组成,提出了高性能计算机系统的需求和结构,设计了用于稳健信号处理的可编程微处理器。

第 9 章给出了复杂雷达系统数字信号处理和控制子系统的一个设计实例。在初始条件分析的基础上,进行了中央计算机系统的结构设计。提出了稳健的相参和非相参信号处理的微处理器结构,讨论了用于信号再处理的微处理器技术要求,并给出了对目标回波信号进行稳健信号处理的计算子系统设计实例。

第 10 章对数字信号处理系统的实例进行了分析,提出了多种数字信号处理子系统,并对其中的一种进行了分析,介绍了 $n-1-1$、$n-n-1$ 和 $n-m-1$ 型的目标跟踪子系统,并对相应的设计方案和观测结果进行了对比分析。

第 11 章对随机过程参数的统计估计理论和实验分析方法进行了研究。给出了相关概念,描述了点估计的定义及其主要性质,讨论了有效估计、代价函数和平均风险,并介绍了多种代价函数下的贝叶斯估计方法。

第 12 章研究了随机过程数学期望的估计方法。通过实验分析给出了数学期望估计的条件概率密度函数,以及数学期望的最大似然估计方法和二次代价函数下的贝叶斯估计方法,并对数学期望估计方法的应用进行了讨论。讨论了基于随机过程采样值的数学期望估计、对随机过程进行幅度量化后的数学期望估计以及高斯随机过程时变数学期望的最佳估计方法,利用迭代法估计了数学期望,并对随机过程时间平均后的时变数学期望进行了估计。

第 13 章研究了随机过程方差的估计方法。分析了高斯随机过程方差的最佳估计,以及时间平均后随机过程的方差估计。由于平方器的性能跟理想平方律函数存在一定的差异,因此会导致随机过程方差测量时产生额外误差。另外,进行方差测量时如果对随机过程的瞬时值加以限幅,也会带来额外误差。讨论了随机过程时变方差的估计,以及噪声中随机过程方差的测量方法。

第 14 章研究了基于实验的随机过程概率分布函数与概率密度函数估计方法。分析了相应的估计性能,给出了高斯随机过程和瑞利随机过程概率分布函数估计的方差,基于级数展开式系数估计进行了概率密度函数估计,并给出了概率分布函数与概率密度函数估计器的设计原则。

第 15 章研究了随机过程时频参数的估计。通过实验分析了随机过程的时频参数估计以及随机过程的相关函数估计,分析了基于级数展开的相关函数估计方法、高斯随机过程相关函数参数的最佳估计方法、相关函数的其他估计方法、平稳随机过程的功率谱密度估计方法、随机过程尖峰信号参数估计方法以及功率谱密度的均方频率估计方法等。

根据目标回波信号的稳健信号处理算法和控制算法的特点,本书提出了设计和构建复杂雷达系统的计算机子系统结构的几种不同优化原则,以获得目标及目标航迹的参数。另外,提出了目标和目标航迹主要统计参数的多种测量步骤和估计方法。

参考文献

1. Amiantov, I. 1971. Selected Problems of Statistical Theory of Communications. Moscow, Russia: Soviet Radio.

2. Van Trees, H. 2003. Detection, Estimation, and Modulation Theory. Part I. New York: John Wiley & Sons, Inc.

3. Tihonov, V. 1983. Optimal Signal Reception. Moscow, Russia: Radio I Svyaz.

4. Falkovich, S. and A. Homyakov. 1981. Statistical Theory of Measuring Systems. Moscow, Russia: Radio I Svyaz.

5. Skolnik, M. 2002. Introduction to Radar Systems. 3rd edn. New York: McGraw-Hill, Inc.

6. Mirskiy, G. 1971. Definition of Stochastic Process Parameters by Measuring. Moscow, Russia: Energy.

7. Tzvetkov, A. 1979. Foundations of Statistical Measuring Theory. Moscow, Russia: Energy.

8. Tihonov, V. 1970. Spikes of Statistical Processes. Moscow, Russia: Science.

9. Mirskiy, G. 1982. Parameters of Statistical Correlation and Their Measurements. Moscow, Russia: Energoatomizdat.

10. Widrow, B. and S. Stearns. 1985. Adaptive Signal Processing. Upper Saddle River, NJ: Prentice-Hall, Inc.

11. Lacomme, P., Hardange, J., Marchais, J., and E. Normant. 2001. Air and Spaceborn Radar Systems: An Introduction. New York: William Andrew Publishing.

12. Stimson, G. 1998. Introduction to Airborne Radar. Raleigh, NC: SciTech Publishing, Inc.

13. Morris, G. and L. Harkness. 1996. Airborne Pulsed Doppler Radar. 2nd edn. Norwood, MA: Artech House, Inc.

14. Nitzberg, R. 1999. Radar Signal Processing and Adaptive Systems. Norwood, MA: Artech House, Inc.

15. Mitchell, R. 1976. Radar Signal Simulation. Norwood, MA: Artech House, Inc.

16. Nathanson, F. 1991. Radar Design Principles. 2nd edn. New York: McGraw-Hill, Inc.

17. Tsui, J. 2004. Digital Techniques for Wideband Receivers. 2nd edn. Raleigh, NC: SciTech Publishing, Inc.

18. Gray, M., Hutchinson, F., Ridgley, D., Fruge, F., and D. Cooke. 1969. Stability measurement problems and techniques for operational airborne pulse Doppler radar. IEEE Transactions on Aerospace and Electronic System, AES-5: 632-637.

19. Scheer, J. and J. Kurtz. 1993. Coherent Radar Performance Estimation. Norwood, MA: Artech House, Inc.

20. Guerci, J. 2003. Space-Time Adaptive Processing for Radar. Norwood, MA: Artech House, Inc.

21. Tait, R. 2005. Introduction to Radar Target Recognition. Cornwall, U. K. : IEE.

22. Rabiner, L. and B. Gold. 1992. Theory and Application of Digital Signal Processing. Upper Saddle River, NJ: Prentice-Hall, Inc.

第一部分

雷达数字信号处理与控制算法设计

第1章　复杂雷达系统设计的系统方法学原理

1.1　系统方法学

包括复杂雷达系统(complex radar system, CRS)在内的任何复杂信息与控制系统,其设计与实现都是一个漫长的多阶段过程,而对于 CRS 来说,最关键的就是设计阶段。在进行关键研发的同时缩短相应的周期是一个极其重要的事情,该问题的解决取决于:①设计;②根据系统的结构特征采用科学的开发方法;③应用广泛的计算机子系统所起到的功能作用,等。

系统开发方法的基本方法学原理是系统工程论。根据系统工程论,系统研发周期包括复杂信息与控制系统的需求规格说明制订、原型样机生产以及综合测试等过程,而术语"设计"指的仅是其中一个环节。设计过程又可划分为如下 2 个差异明显的阶段:

(1)系统设计阶段:选择并确定复杂信息与控制系统的功能流程。

(2)工程设计阶段:选定并研发复杂信息与控制系统的基本部件。

在进行系统设计时,可大致上把设计对象看作是完成某个具体任务的一个整体,从而忽略构成该系统的那些具有相互交互关系的受控子系统的细节。对于复杂信息与控制系统的集成情况,如果以骨干通信系统为例进行说明的话,其实就是系统的结构以及对于通信的控制方式。在系统设计阶段,最重要的就是确定待开发系统的结构或架构,换言之,就是各部件所构成的稳定整体以及它们彼此之间的通信关系。

诸如此类复杂系统的结构具有以下特点:

(1)单个受控子系统的自主性:即每一个子系统都会控制一定数量的更下一层子系统。

(2)子系统是在信息不完整的情况下受控的:即高层子系统无法了解低层子系统面临的问题和所受的约束。

(3)信息逐层向上压缩(或汇总)。

(4)既有对每一子系统进行控制的特殊问题,也有将系统看作整体进行控制的普遍问题。

(5)在受到整体约束的条件下,子系统之间的交互问题。

考虑到系统的结构形式往往比较稳定,因此在分析复杂雷达系统可能采用的结构形式时,可暂不考虑设计系统所需的实体部件,而只专注于解决与系统结构有关的问题。虽然不同结构形式的选择与比较并非首要问题,但一旦选择了不合适的结构形式,将会给下一阶段的研发工作带来灾难性的影响,因此这一问题也就显得非常重要了。

任何复杂雷达系统都无法脱离其运行环境。虽然系统与其所处环境之间的边界并不清晰,但还是有很多方法对两者进行分离。分离系统和环境时面临的主要问题是如何划分系统和环境的边界,同时还必须考虑对系统产生影响的所有环境因素,或者系统工作时对外界环境所造成的影响。设计信息系统(包括工作在对抗环境中的复杂雷达系统)时需考虑如下基本外部因素:

(1) 环境:包括天气情况、降水情况、地形地物等。

(2) 对抗力量(即敌方)的装备设施。

(3) 器件库以及器件技术的发展水平。

(4) 经济因素:设备成本、订货时限、系统设计的完成时限等。

(5) 人的因素:拥有一支好的团队,该团队应具备相应的知识和能力,并能高质量地开展工作。

从方法论的角度说,采用系统方法学设计复杂信息与控制系统时需要强调以下几个方面的问题:

(1) 复杂的层级系统(如 CRS)可以分解为一系列的子系统,从而可对任一独立子系统分别进行设计。这种情况下,所有子系统的优化并不能解决复杂层级系统的整体优化问题。如果按照预期目标把雷达系统作为整体进行设计的话,就必须进行权衡折中,即牺牲部分独立子系统的个体效能,以保证雷达系统的整体最佳效能。

(2) 在初始设计阶段必须考虑 CRS 所有可能的备选结构形式并加以分析,最终选定的结构必须符合所有的质量标准。要以工程师们的经验、直觉、才思以及创造力为基础,并采用启发式方法才能完成选定结构形式的优化工作。显然启发式元素会在未来雷达系统的设计中起到越来越大的作用。

(3) 在复杂雷达系统的结构设计时,为了选出令人满意的方案,需估算出各种备选结构的效能及其实现成本。为了实现这一目标,有必要对各种备选结构的质量进行定量评测,称为服务质量(quality of service, QoS)。在设计问题中,QoS 准则也称作最佳设计的目标函数。如果满足如下 2 条基本要求,则所设计出来的 CRS 就是有效的:

① 在给定的工作条件下,CRS 能在事先规定的时间内完成分配的全部任务,称为技术效能。

② CRS 所带来的收益不低于其制造成本以及运行期间的维护成本。

满足该要求的准则表达式为

$$J = G - W \tag{1.1}$$

式中：G 为 CRS 用于特定用途后所产生的收益（取正值）；W 为 CRS 的设计、研发以及使用成本。

一般情况下，待设计的 CRS 还是更高一层的信息与控制系统的组成部分，所以在选取效能准则时，需要分析比该 CRS 更高一层的信息与控制系统的任务目标。

（4）为了寻求 CRS 的最佳解决方案，需要借助于计算机辅助设计系统和最优化理论。

（5）只要足以表示系统的某些工作特性，CRS 模型既可以是实体模型，也可以是抽象模型。此处"足以"的意思是指模型能够充分重现系统的相关特性，这对于给定的设计目标来说是至关重要的。在复杂雷达系统的设计过程中，广泛使用的模型有：

① 数学模型：以数学关系和数学定义等语言形式表达系统的运行过程。

② 仿真模型：以其他形式的计算机子系统重现系统的运行过程。

③ 建模：对被研究的系统采用恰当的模型进行描述，并通过测试以获取系统功能相关信息的过程。

（6）在初始阶段，复杂雷达系统的原型结构并不明晰，系统设计初期的解决方案也是近似的，随着知识的积累，解决方案将会越来越明确，这说明设计过程是迭代进行的，每一阶段所寻求的就是比上一阶段更优的方案。对于给定设计问题求解的迭代特性，也正是系统方法学与传统方法（或普通方法）在进行系统综合与分析时的主要差异。

综上所述，采用系统方法学进行 CRS 设计的最大特点，就是基于计算机辅助设计系统进行迭代优化的决策搜索。图 1.1 给出的是最佳结构的选择流程图，根据该图，系统设计的主要流程如下：

（1）确定最终目标的定义与生成方式、目标数量的限制以及系统必须解决的问题，并对系统的 QoS 准则（效能准则）进行选择和修正。

（2）不带任何偏见地给出系统设计的所有备选方案，哪怕其中某些方案根本不具有可实现性。

（3）确定系统结构所有备选方案的投资需求。

（4）对用于优化备选方案的模型及其软件实现进行设计，并估算采用选定模型时备选方案的 QoS 和成本。

（5）对备选方案与待定方案进行比较：要么给出一种或多种推荐方案用于

雷达系统的结构设计,要么改变初始描述集并给出更加准确的 QoS 准则以重复整个优化过程。

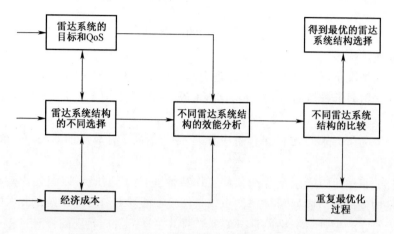

图 1.1　针对 CRS 结构设计的最优决策流程图

总的来说,系统设计阶段将会用到概率论、数理统计、线性理论、非线性理论、动态规划、建模理论等多种数学方法。

1.2　复杂雷达系统的主要技术要求

复杂雷达系统的设计涉及多方面的问题,制造一部尚不存在的全新 CRS 之前,必须进行概念设计以指导实际的研发过程。概念设计的基础是客户或用户对系统的需求,概念设计的结果是给出雷达性能的清单,这主要体现为拟采用的各子系统(包括发射机、天线、接收机、信号处理器等)的一般特性。

自动化的复杂雷达系统广泛应用于以下领域:空中交通管制、战斗机攻击、弹道导弹防御、战场监视、导航、目标跟踪与控制等。根据其用途以及所要解决问题的特点,可将这些自动化的复杂雷达系统划分为以下两类[1]:

(1) 作为传感器的雷达系统:其主要用途是获取待搜索目标的信息,如对空中、太空以及水面进行观测的监视雷达、气象雷达、遥感雷达等。

(2) 作为控制器的雷达系统:其主要用途是利用雷达的跟踪、监视和测量数据对目标进行控制,如对抗飞机和导弹的防御系统、空中交通管制系统、导航系统等。

第二类雷达系统的一个典型示例就是传统防空反导的雷达防御与控制系统[2-4],图 1.2 给出了这类系统的框图,该系统由以下几个部分组成:

(1) 目标检测与目标指派子系统,用于在恰当的时机完成对敌方空中目标的检测和运动参数的估计等任务；

（2）一个或多个火控雷达子系统,用于对意欲摧毁的空中目标的运动参数进行精确跟踪。

（3）发射诸元计算,即确定天线指向角的当前值,并根据指定精度设置定时引信的引爆时机。

（4）对敌方目标发起攻击的导弹发射器。

（5）控制系统的基本单元以及子系统之间的信号传输设备,通过信号传输完成信息共享。

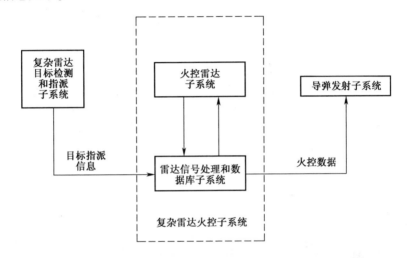

图1.2 用于防空反导的复杂雷达系统

对于这类系统,根据其用途,最常用的 QoS 准则就是所谓的"毁伤避免"(averted harm)[5],其定义为

$$D = L_{\text{ob}} \prod_{j=1}^{N} \left[1 - D_{\text{ob}_j} \prod_{i=1}^{L_j} (1 - P_{ij}) \right] \qquad (1.2)$$

式中:L_{ob} 为被保护对象的重要程度;D_{ob_j} 为如果没有保护措施,敌方第 j 种攻击设备对被保护对象所造成的毁伤;P_{ij} 为第 i 种防御措施(比如导弹) 对第 j 种攻击设备的毁伤概率;N 为敌方攻击设备的数量;L_j 为用于摧毁敌方攻击设备的导弹数量,$\sum_{j=1}^{N} L_j = L_0$,其中 L_0 为所拥有的导弹数量。

根据式(1.2),为确保实现最大程度的"毁伤避免",必须尽可能提高对敌方目标的摧毁概率 P_{ij},即

$$P_{ij} = P_{\text{td}_j} P_{2_j} P_{3_{ij}} \qquad (1.3)$$

式中:P_{td_j} 为雷达检测与目标指派子系统对于第 j 个目标的成功指派概率;P_{2_j} 为在目标指派成功的前提下,雷达火控系统对第 j 个目标的参数精确跟踪以及射

击诸元装定的成功概率；$P_{3_{ij}}$ 为在目标指派及火力控制均成功的前提下，对于第 j 个目标的摧毁概率。

利用式（1.3）可以确定雷达控制与目标指派子系统的 QoS，并对其性能极限进行分析。假设这些系统都部署在同一地点（图 1.3），那么导弹能够成功摧毁目标的条件概率为

$$P_{\text{suc}}^{\text{dest}} = \left(1 + \frac{\sigma_{\text{miss}}^2}{R_{\text{eff}}^2} \right)^{-1} \tag{1.4}$$

式中：σ_{miss}^2 为脱靶量的方差；R_{eff} 为对于目标的有效毁伤半径，即在该值所限定的球体范围内，导弹可按给定的概率命中并摧毁所搜索到的目标。

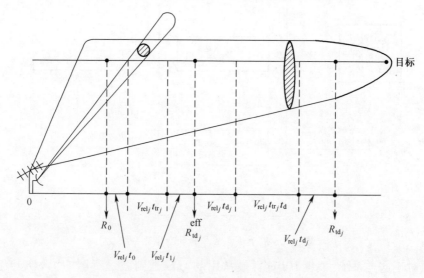

图 1.3　复杂雷达系统同目标指派系统的位置关系图

从式（1.4）可以看出，成功摧毁目标的条件概率 $P_{\text{suc}}^{\text{dest}}$ 与导弹向目标所在区域投送时的脱靶量方差 σ_{miss}^2 成反比，该方差与如下几个因素有关：

（1）导弹命中目标误差的方差 σ_{hit}^2；

（2）发射器引导误差的方差 $\sigma_{\text{launcher}}^2$；

（3）导弹飞行航迹误差的方差 $\sigma_{\text{missile}}^2$。

由于这些因素可以看作是独立不相关的，那么对下列任一维度来说：

$$\theta = \{ R, \beta, \varepsilon \} \tag{1.5}$$

总误差的方差即为

$$\sigma_{\text{miss}_\theta}^2 = \sigma_{\text{hit}_\theta}^2 + \sigma_{\text{launcher}_\theta}^2 + \sigma_{\text{missile}_\theta}^2 \tag{1.6}$$

在式（1.6）中只有第一项（即导弹命中目标误差的方差 $\sigma_{\text{hit}\theta}^2$）与控制系统的目标指派精度有关。如果把式（1.6）中的第二项和第三项设为固定值，并且

14

事先给定脱靶量的方差 σ_{miss}^2 ，那么就可得到控制系统所应达到的目标坐标观测精度。

控制系统中雷达的有效作用距离为

$$R_{\text{td}_j}^{\text{eff}} = R_0 + (t_0 + t_{\text{tr}_j} + t_{l_j}) V_{\text{rel}_j} \tag{1.7}$$

式中：R_0 为毁伤区的远边界；V_{rel_j} 为第 j 个目标与被保护对象的相对运动速度；t_0 为导弹飞行距离 R_0 所需的时间；t_{l_j} 为实现目标跟踪，火控系统对第 j 个目标进行锁定所需的时间；t_{tr_j} 为火控系统对第 j 个目标的待跟踪时间，即从锁定时刻起算，到跟踪精度满足要求的时刻之间的时间差。

因此，为圆满完成所指定的任务，火控系统必须做到：

（1）为确保在毁伤区的远边界之内摧毁目标，必须知道雷达的作用距离；

（2）为切实保证看到待搜索目标，必须保证平滑滤波后的目标航迹满足精度要求。

为了满足任务要求，火控系统的天线应该采用笔状波束，并对搜索区域加以限制。基于这一原因，目标指派系统的主要任务就是对处于目标指派线的目标提供保精度的坐标和运动参数，从而使火控系统利用这些数据即可锁定目标，而无须再做补充搜索工作(或者至少将补充搜索的区域限定到最小程度)。

目标指派误差取决于目标指派系统的坐标测量误差、对目标坐标与参数进行平滑的时间以及目标指派命令的发射、接收及处理时间等。如果目标指派区域是由球坐标系内的坐标($\Delta R_{\text{td}}, \Delta \beta_{\text{td}}, \Delta \varepsilon_{\text{td}}$)给出的，那么在 CRS 目标指派系统的单次指派命令指示下，火控系统的目标锁定概率(或者说目标指派的成功概率)为

$$P_{\text{td}} = \int_{-0.5\Delta R_{\text{td}}}^{0.5\Delta R_{\text{td}}} \int_{-0.5\Delta \beta_{\text{td}}}^{0.5\Delta \beta_{\text{td}}} \int_{-0.5\Delta \varepsilon_{\text{td}}}^{0.5\Delta \varepsilon_{\text{td}}} f(\Delta R, \Delta \beta, \Delta \varepsilon) \, \mathrm{d}\Delta R \mathrm{d}\Delta \beta \mathrm{d}\Delta \varepsilon \tag{1.8}$$

式中：$f(\Delta R, \Delta \beta, \Delta \varepsilon)$ 为目标坐标相对于目标指派区域中心偏差的概率密度函数。

当目标指派不存在系统误差，而随机误差服从正态分布，且各自的方差分别为 $\sigma_{R_{\text{td}}}^2$、$\sigma_{\beta_{\text{td}}}^2$ 和 $\sigma_{\varepsilon_{\text{td}}}^2$ 时，目标指派的成功概率为

$$P_{\text{td}} = \Phi_0 \left(\frac{\Delta R_{\text{td}}}{\sigma_{R_{\text{td}}}} \right) \Phi_0 \left(\frac{\Delta \beta_{\text{td}}}{\sigma_{\beta_{\text{td}}}} \right) \Phi_0 \left(\frac{\Delta \varepsilon_{\text{td}}}{\sigma_{\varepsilon_{\text{td}}}} \right) \tag{1.9}$$

式中

$$\Phi_0(x) = \frac{2}{\sqrt{2\pi}} \int_0^x \exp(-0.5t^2) \, \mathrm{d}t \tag{1.10}$$

是概率积分函数。根据式(1.9)，如果事先给定目标指派概率以及目标指派区

域的坐标范围,就可以求出目标指派误差方差的容许值 $\sigma_{R_{td}}^2$、$\sigma_{\beta_{td}}^2$ 和 $\sigma_{\varepsilon_{td}}^2$。当只存在一个目标时,上述结论是正确的。如果需要对目标指派命令进行 $k(k > 1)$ 次更新和传输,则成功概率变为

$$P_{td} = 1 - (1 - P_{td_1})(1 - P_{td_2}) \cdots (1 - P_{td_k}) \tag{1.11}$$

目标指派数据的重复导致传输指派命令的时间增加,从而需要提高系统的雷达作用距离。所需的雷达作用距离为(在单次目标指派情况下)

$$R_{td_j} = R_{td_j}^{\text{eff}} + V_{\text{rel}_j}(t_{d_j} + t_{\text{tr}_{jtd}} + t_{td_j}) \tag{1.12}$$

式中:t_{d_j} 为检测第 j 个目标所需的时间;$t_{\text{tr}_{jtd}}$ 为满足给定的坐标和参数精度以及 t_{td_j} 的外推精度,对第 j 个目标进行跟踪的时间;t_{td_j} 为将目标指派信息传输到火控系统的时间。

根据式(1.9)和式(1.12),目标指派系统应满足以下要求:

(1)采用圆周扫描;

(2)确保所需的雷达作用距离能够保证目标指派处于目标的重新指派线上;

(3)对目标指派预测点上待搜索目标的坐标给出保精度的计算和估计,从而让火控系统在无须补充搜索的情况下就可锁定目标。

因此,根据对空防御系统的 QoS 要求进行推理,其相关指标如下:

(1)CRS 的雷达子系统:目标指派系统的天线扫描需求和结构与控制系统的天线不同。控制系统的雷达扫描范围在角坐标系内受限,且其扫描方式是特定的(如螺旋扫描、位图扫描等)。而一般来说,目标指派系统应是圆周扫描的,或是采用余割平方方向图在垂直面内做有限的扇区扫描。

(2)雷达作用距离 $R_{td}(R_{td_{\text{eff}}})$:在该范围内 CRS 向导弹火控系统提供的信息能够保证如期完成任务。

(3)雷达作用距离范围内的信息精度,这是以误差的协方差矩阵形式给出的。

(4)QoS 指标:所分析的 CRS 受内、外部噪声以及干扰的影响情况,可用检测到的虚假目标数量进行表示,这些虚假目标会占用系统一定的跟踪时间。

由于目标信息获取的精度取决于目标与 CRS 之间的距离,因此上述第 2 项和第 3 项指标是相关的。也有必要进一步分析一下第 2、3、4 项的统计特性,即它们与目标检测概率、虚警概率、坐标测量精度之间的关系。由于目标检测概率、虚警概率、坐标测量精度取决于雷达的技术参数,那么前面提到的统计性能就与功率、脉冲宽度、信号带宽、收发天线的类型和尺寸之间存在着某种函数关系。在系统设计阶段就必须把雷达的这些参数确定下来。

再分析一下式(1.3),根据以上得到的公式和相互关系,可以看出在目标指

派系统、控制系统以及导弹发射系统的 QoS 已知时,可以计算得到目标摧毁概率,据此利用式(1.2)还能给出毁伤避免概率,毁伤避免概率(即 QoS)一旦确定下来,在系统设计过程中就不再发生变化。不过该准则与系统设计的技术参数之间的关系是复合函数和多值函数,因而事实上难以用于设计方案的评估和比较。而且按照雷达系统设计的系统方法学,必须要求 QoS 准则具有实际物理意义,并且能够根据待设计的 CRS 技术参数计算得到,而前面所分析的准则并不满足这些条件。

在设计 CRS 时,由于系统的目标搜索数学模型过于复杂,因此难以找到一个满足前述要求的通用准则,那么引入一个与所设计的雷达系统和信号处理子系统主要参数相关的中间准则来取代通用准则就显得非常必要了。

作为通用准则的基础,可以考虑如下的信噪比(signal-to-noise ratio,SNR):

$$q^2 = \frac{2E_s}{N_{N+I}} \tag{1.13}$$

式中:E_s 为接收信号的能量;N_{N+I} 为噪声与干扰的总功率谱密度。

根据通用雷达方程,在自由空间传播条件下,如果仅存在系统固有噪声,经过匹配信号处理后的信噪比为[7-11]

$$q^2 = \frac{2P_t^{av}t_0 G_t G_r \lambda^2 S_t^{ef}}{(4\pi)^3 R_t^4 k T_0 N_0 L} \tag{1.14}$$

式中:P_t^{av} 为发射功率;t_0 为观测时间;G_t 为发射天线增益;G_r 为接收天线增益;λ 为波长;S_t^{ef} 为目标的有效散射截面;R_t 为目标距离;k 为玻耳兹曼常数,$k \approx 1.38 \times 10^{-23} J/K$;$T_0$ 为信号源的绝对温度;N_0 为系统固有噪声的功率谱密度;L 为总的损耗系数。

对于脉冲雷达,发射功率可以写为

$$P_t^{av} = P_p \tau_s F \tag{1.15}$$

式中:P_p 为发射脉冲功率;τ_s 为扫描信号①的持续时间;F 为扫描信号的重复频率。

当雷达受到攻击时,敌方施放的干扰成为最主要的噪声来源,此时有意干扰的功率谱密度为

$$N_d = \frac{\alpha P_{dI}}{4\pi R_{dI}^2 \Delta f_{dI}} \tag{1.16}$$

---

① 原文将雷达发射信号有时称为扫描信号(Scanning Signal),有时称为搜索信号(Searching Signal)。译者注。

式中:P_{dI} 为噪声干扰源的功率;α 为由噪声干扰源的指向以及噪声干扰源方向图和 CRS 方向图等决定的系数;R_{dI} 为 CRS 和噪声干扰源(即有意干扰的产生者)之间的距离;Δf_{dI} 噪声带宽。

根据式(1.14)~式(1.16):一方面,信噪比取决于 CRS、环境以及目标的主要参数;另一方面,雷达信号处理的基本 QoS 指标也是用信噪比表达的,如在幅度服从瑞利分布、相位服从均匀分布的噪声环境中,信号检测概率可写为

$$P_{\mathrm{D}} = \exp\left[-\frac{\gamma_{\mathrm{rel}}^2}{2(1 + 0.5q^2)} \right] \tag{1.17}$$

式中:γ_{rel} 为相对门限。

当对

$$x(t) = \frac{\pi t^2}{\tau_{\mathrm{s}}^2} \tag{1.18}$$

所示的不包含频率调制的钟形脉冲进行时延测量时(式中 τ_{s} 是钟形扫描信号的持续时间),时延测量误差的均方根为

$$\sigma_\tau = \frac{\tau_{\mathrm{s}}}{q\sqrt{\pi}} \tag{1.19}$$

对于持续时间为 τ_{s} 且不包含频率调制的相参钟形脉冲串,在信号电平的 0.46 倍处以上,其多普勒频率测量误差的均方根为

$$\sigma_{f_{\mathrm{D}}} = \frac{1}{q\tau_{\mathrm{s}}\sqrt{\pi}} \tag{1.20}$$

角坐标测量误差的均方根为

$$\sigma_\theta = \frac{1}{q l_{\mathrm{eff}}} \tag{1.21}$$

式中,l_{eff} 为根据波长进行归一化之后的天线孔径有效长度,即

$$l_{\mathrm{eff}} = \chi \frac{d}{\lambda} \tag{1.22}$$

式中:d 为天线孔径的长度;χ 为常系数。

对于更为复杂的信号处理模型,类似关系也成立。

因此,在进行复杂雷达系统设计和信号处理方法设计时,可采用信噪比作为 QoS(即效能准则)的通用指标。

1.3 自动化复杂雷达系统的系统设计

CRS 包含大量相互依赖的要素和模块,所以属于复杂系统。正如前面章节

所指,系统设计的第一步就是从更高层系统的角度给出其功能目标。在1.2节中,已经介绍了复杂雷达系统的目标指派系统和火控系统,自此处开始,CRS的系统设计问题都限定到如下情况:对雷达覆盖范围之内的一系列目标进行搜索、检测和跟踪,同时在重新指派线上按照QoS要求提供信息。

　　系统设计的主要工作是CRS结构框图的选择和调整,为此可以类似用途系统的构建经验为基础进行设计。设计时还必须考虑到,由于功能目标及设计的初始前提与原系统有所区别,所以可能会在保持系统传承的同时引入一些新的设计。这种情况下,只需对将要用到的器件和模块中的很少一部分进行重新设计和构建即可。

　　图1.4给出了自动化复杂雷达系统的结构框图,该框图中包含以下模块[14-15]:

　　(1)发射天线和接收天线,或收发共用天线。

　　(2)发射信号的产生器、放大器和传输控制设备。

　　(3)接收目标回波信号的放大器和变换器。

　　(4)目标回波信号的预处理①:即对目标回波信号的接收处理,包括滤波、积累、检测和参数估计。

　　(5)目标回波信号的再处理②:对于目标航迹参数的确定。

　　(6)控制CRS的计算机子系统:用于系统同步和适应环境的变化。

　　(7)面向用户的数据显示。

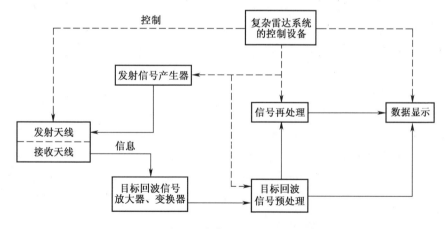

图1.4　自动化复杂雷达系统的结构框图

---

① 原文为"Signal Preprocessing",国内常称为"信号处理"。——译者注

② 原文为"Signal Reprocessing",国内常称为"数据处理"。——译者注

无论从要素的角度还是从结构的角度来说,上面列出的每一模块都是一个复杂系统,也都是下一阶段开展详细结构设计的对象。图 1.4 表明,如果将 CRS 看作一个整体,其最佳设计将是极为困难的。按照系统设计方法,这种情况下可将待设计系统分解为一系列独立的模块,分解之后即可建立一系列与整体 QoS 以及独立模块有关的单值函数,并将其作为决策的规则。通过这种方法,可将 CRS 的设计过程分解为如下满足前述总体要求的过程:

(1) 系统能量参数的确定以及扫描信号的产生器、放大器和传输控制设备的设计;

(2) 在自然噪声和人为噪声环境中,设计相应的器件和计算子系统,通过对回波信号的处理获取目标信息;

(3) 设计对系统进行控制的子系统,以保证在复杂多变的环境中所有功能正常。

复杂雷达系统的能量参数包括:

(1) 扫描信号的功率 P_{scan};

(2) 扫描信号的持续时间 τ_s;

(3) 发射天线增益 G_t;

(4) 接收天线增益 G_r;

(5) 接收天线的有效面积 S_{eff}。

这些参数必须根据 CRS 的最终用途、相应器件的发展水平、生产技术、校准技术以及工序等来选定,还应考虑生产制造和操作使用成本等经费允许情况。一般来说,在系统设计阶段,扫描信号参数、扫描信号的产生方式和发射方式等的选定都是基础性工作,其结果可以作为设计接收通道和目标回波处理算法的初始数据。

在进行接收通道和目标回波处理算法设计时,可把 CRS 的能量参数看作固定的外部参数,从而集中精力解决目标回波信号处理算法问题,以保证用户所需的目标回波信号参数的概率和精度等性能达到最佳效果。最终所需解决的问题就限定到回波信号处理算法的确定以及完成各阶段信号处理任务的计算子系统的选择上,其中涉及的阶段从信号预放、信号波形处理直到数据准备以及将雷达信息提交给用户等。为解决这些问题,可采用统计信号处理领域已充分研究的信号处理算法,由于这些算法与雷达信号的发射和接收方式无关,那么就可以不考虑 CRS 的其他模块和组件,仅就接收通道和目标回波处理算法进行开发。自此处开始,本书把信号处理算法以及接收机和(或)检测器看作需要设计的整体,并将其称为雷达信号处理系统。

如果把雷达信号处理系统看作复杂雷达系统的一个自主子系统,那么相类似的,单个 CRS 在更高层的系统中也是一个子系统。根据复杂雷达系统的功能目标,可以采用雷达信号处理系统类似的方式,确定与解决复杂雷达系统的设计问题。CRS 的控制系统本质上也是自主系统,但从所需解决的问题来说,相对于所考虑的 CRS,它是一个子系统。由于需求规格说明是把 CRS 视为整体而提出的,在其限定的范围内自然可以把控制系统的设计当成是一个孤立的问题进行处理。

因而,CRS 的设计可分解成 3 个独立的任务,只要满足相互间的接口条件,并适当调整参数以保证完成且达到系统的功能目标,这些任务就可以各自独立解决。能量参数的确定问题不在本书讨论范围之内,书中主要分析雷达信号处理子系统与控制子系统的算法设计问题。

1.4　雷达信号处理系统设计

采用系统方法学进行设计时,假定已有一些雷达信号处理系统的基本数学模型和结构,并以此作为下一步研发的基础。设计雷达信号处理系统时,应以 CRS 中广泛使用的接收通道结构为基础,以统计雷达理论中的最佳信号处理算法作为基本的数学模型。根据统计雷达理论,最佳接收机所要完成的工作包括(见图 1.5)[16-34]:

(1)利用放置在一个或多个信号接收地点的多元阵列对相参目标回波信号进行空间信号处理;

(2)对相参目标回波信号进行周期内时域处理,包括非线性信号处理(如限幅、取对数等)以及匹配滤波或信号相关处理;

(3)对来自地物、水汽凝结体以及人造反射体(即人为产生的无源干扰)等相关噪声和干扰进行跨周期的补偿;

(4)对目标回波信号进行积累,根据输入信号计算统计量(即判决统计量),基于该统计量进行目标检测和信号参数估计;

(5)将判决统计量与门限进行比较,完成信号检测和参数估计;

(6)显示检测到的目标点迹;

(7)利用目标航迹跟踪装置和目标跟踪的更新数据,对目标点进行挑选与分类;

(8)起始新的目标航迹,并对航迹参数进行初步估计;

(9)将新的雷达数据关联到已跟踪目标的航迹上;

(10)对目标航迹继续进行跟踪,对航迹参数进行滤波。

步骤(1)和步骤(2)是对相参的单个短脉冲进行周期内空域处理的过程;

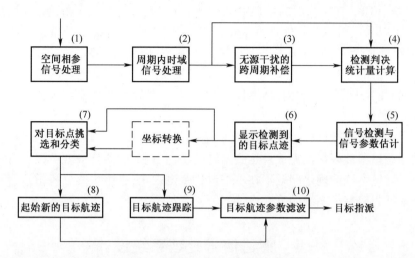

图 1.5　最佳接收机的工作流程图

步骤(3)~步骤(6)是雷达在空域覆盖范围内用单个波束按一定规则进行扫描或用多个波束在各自指向上进行扫描时,对每一目标所反射的一系列回波进行跨周期处理的过程;步骤(7)~步骤(10)是监视雷达对被跟踪目标航迹信息的处理过程。因此,雷达信号处理是由连续的多个处理环节组成的,每个环节具有各自的信号处理时序表,基于该时序表每个环节独立实现各自的功能。

根据实现方法的不同,可将雷达信号处理系统分为:模拟式、数字式和模数混合式 3 类。现在最常用的是第 3 类。但由于数字信号处理的灵活性和通用性,所以在已开发和设计的 CRS 中,数字信号处理居于主导地位。由于数字方式渐渐取代了模拟方式,所以在进行 CRS 设计时也越来越多地采用数字信号处理技术。目前已有的数字信号处理领域的成果,不仅可用于对相参信号进行时域数字式处理,还可对其进行空域的数字式处理。下面就从对相参信号的匹配滤波入手分析数字信号处理技术的应用。

在系统能量参数确定之后,要解决各子系统的雷达信号处理设计任务,关注点必须放在对自然和人为噪声与干扰环境中接收通道的优化问题上。所有最佳信号处理问题的解决都要借助于统计决策理论的方法和流程,因此雷达信号处理子系统的 QoS 指标也是从统计决策理论引入的。对于某些实例或示例来说,这些指标代表着雷达的典型特征。

无论 CRS 用于哪个领域,雷达信号处理的主要 QoS 指标都包括:

(1) 空时信号处理:能量利用系数,其定义为

$$k_{use} = q^2 / q_0^2 \tag{1.23}$$

式中:q^2 为信号与干扰噪声和之比(SINR);q_0^2 为信噪比[35]。

（2）雷达信号预处理：

① 信号检测概率 P_D；

② 虚警概率 P_F；

③ 目标坐标的测量精度及其参数估计精度，估计精度可用估计误差的协方差矩阵 $\boldsymbol{K}_{mes}$ 进行衡量，通常也可用估计误差的方差 σ_{mes}^2 进行衡量。

（3）雷达信号再处理：

① 目标航迹的检测概率 P_D^{tr}；

② 目标航迹的虚警概率 P_F^{tr}；

③ 目标航迹参数的测量精度，可用目标航迹参数估计误差的协方差矩阵 $\boldsymbol{K}_{mes}^{tr}$ 进行衡量；

④ 目标跟踪的中断概率 P_{br}。

总的来说，上述给出的 QoS 指标与 CRS 的整体 QoS 指标的关系显而易见，即雷达信号处理子系统的 QoS 指标越高，则整个系统的 QoS 指标也越高。

在实现数字信号处理时，还需考虑相关设备的速度限制问题，因此数字信号处理的一个重要且关键指标就是其工作量，这可用执行单次雷达信号处理算法的运算量来衡量。数据吞吐率也是数字信号处理的一个重要 QoS 指标，可用系统能够同时处理的目标数量来衡量，当然也可用其他方法和手段对数据吞吐率进行评价[36-37]。

进行 CRS 设计时，对信号处理算法的初步优化，是通过借鉴使用统计决策理论的准则进行的，如作为信号检测理论基本准则之一的聂曼-皮尔逊准则。该准则的实质是在给定虚警概率 P_F 的条件下，获得对目标回波信号（或目标航迹）的最大检测概率 P_D^{op} 为

$$P_D^{op} = \max_{\{v\}} P_D^v \quad \text{且} \quad P_F \leqslant P_F^{ad} \tag{1.24}$$

式中：$\{v\}$ 为检测所用到的可能决策规则集；v_{opt} 为集 $\{v\}$ 与 P_D^{max} 对应的规则；P_F^{ad} 为可容许的虚警概率。

一般来说，平均风险最小化准则可以给出信号参数的最佳估计为

$$R^{av}(a, \hat{a}_{op}) = \min_{\{\hat{a}\}} R^{av}(a, \hat{a}) \tag{1.25}$$

式中：$R^{av}(\cdot)$ 为平均风险；a 为信号参数的真值；$\hat{a}$ 为信号参数真值的估计值。

对于那些与目标回波信号的检测以及参数测量和估计无关的操作与功能，可给定供电约束和硬件约束等条件，在这些约束条件下进行优化，并按照使相关 QoS 指标达到最佳效果或最大值的准则加以解决。

如果把系统作为一个整体进行优化，QoS 必须涵盖所有的主要指标，其数学表达形式应是一个矢量。如果 CRS 的 m 个子系统是通过各自的 QoS 衡量的

（如 $q_1,q_2,\cdots,q_m$ ），那么整个系统就可利用矢量 $Q=(q_1,q_2,\cdots,q_m)$ 进行衡量，矢量优化的目标就是选择一种 CRS 方案使其矢量 Q 取得最佳值（这里假定已经给定了 QoS 矢量 Q 的最适当取值）。CRS 的矢量优化理论目前还不成熟，采用一些简化方法可以降低分析难度，或者干脆就用标量代替。本书采用了一种简化方法，即认为所有 QoS 指标 $q_1,q_2,\cdots,q_m$ 中只有某一个（如 q_1 ）是最关键的指标，并在该指标的约束下，对整个系统做进一步的条件优化。

雷达信号处理系统的设计过程包括两个步骤：数字信号处理算法的设计与构建；计算机子系统的设计。数字信号处理算法的设计与构建内容包括：明确算法构建的主要目标；如何将主要功能集成到 CRS 中；确定基本约束条件；明确 QoS；设计目标函数等。数字信号处理算法的设计与构建流程如下：

（1）明确数字信号处理算法的目标与主要功能。

（2）设计并构建数字信号处理算法的逻辑框图，在这一步有必要提出多种备选方案。

（3）对单个数字信号处理算法或逻辑单元进行离线测试或处理。

（4）对数字信号处理算法的可用性及 QoS 进行仿真和确定。

（5）对 CRS 中需实时运行的复杂数字信号处理算法进行优化和构建。对于适用于给定工作阶段的多个备选方案，利用离散选择法进行折中选择以达到优化的目的。这种方法既利用了设计自动化方法，又利用了启发式方法，所以可以得到最佳的数字信号处理算法。

在对复杂数字信号处理算法进行设计与调试的基础上，就可确定计算机子系统的主要参数，并给出这些参数的基本要求，以完成复杂雷达系统中所有环节的信号处理目标。

对专用计算机子系统（Special-Purpose Computer Subsystem，SPCS）的设计是从明确主要参数以及 SPCS 结构中各部分的关系开始的，在得到 SPCS 的整体参数和 SPCS 各组成部分的参数之间的函数关系后，就可根据计算机子系统的通用需求得出每一基本单元的需求，然后确定出以 CRS 作为整体进行设计的需求规格说明。SPCS 的主要参数与基本结构单元之间的关系称为参数均衡，而应用更为广泛的系统均衡还包括时间均衡、误差均衡、存储容量均衡、可靠性均衡和成本均衡等[38-39]。

一般来说，在进行 SPCS 结构设计时，其解决方案可根据如下两种效费比准则之一确定：

（1）在给定的设备投资约束下，令复杂信号处理算法的执行时间最短；

（2）在给定复杂信号处理算法执行时间的约束下，令设备投资最少。

在 CRS 设计中，更倾向于选择第 2 种准则。最终对 SPCS 的设计就归结为给出完成不同功能目标所需计算机子系统的数量以及确保计算机子系统之间的正常交互了。

概括来说,对于雷达信号处理系统,典型的复杂数字信号处理算法和计算机子系统的设计流程如图 1.6 所示。在进行 CRS 设计之前,需要把需求规格说明确定下来,其中包括主要目标与需求、子系统的结构框图、对系统输出参数的主要限制与需求等。

图 1.6 给出了 CRS 设计的基本步骤:

(1) 步骤 1(单元 1)是最佳设计问题的表述,包括明确系统外部与内部参数以及它们之间的相互关系,最佳设计的目标函数选择与调整等。其结果是需求规格说明的正规表述。

(2) 步骤 2(单元 2)是将系统设计总体问题进行分解,形成一系列子系统设计的简单工作,并以子系统最佳设计目标函数进行叠加的形式给出相应总体目标函数的表述。第 1、第 2 步骤的问题能否成功解决,总的来说取决于最佳设计方法的发展程度,但更取决于雷达信号处理系统的发展水平。

(3) 步骤 3(单元 3)是对子系统的数字信号处理算法和 CRS 的综合算法进行设计与分析。在算法的设计与构建过程中,需要同时根据预定的准则,对算法的性能和效果进行全面的分析与测试,其中最主要的方法就是仿真分析。第 3 步骤的问题能否顺利解决,取决于雷达系统信号处理理论的发展水平。

(4) 步骤 4 和步骤 5(单元 4 和单元 5)是对 SPCS 的设备和硬件进行制造与选定,以实现 CRS 所需的数字信号处理算法。通过与前述各步骤进行交互,并根据效费比这一 QoS 准则,在算法性能和设备需求之间求得最佳平衡,即可完成这两个步骤的工作。这一阶段问题解决的成功与否取决于计算机系统理论的发展水平。

(5) 系统设计的最后一个步骤(单元 6),就是根据需求规格说明中给定的总体准则或者第 1 步骤中选定的准则,把所构建的广义数字信号处理算法和计算机系统作为一个整体来评估其性能,这一步骤的完整性和可靠性取决于操作系统理论的发展水平。如果根据效能准则判定需求规格说明和所需的 QoS 都已得到满足,那么评估结果就可用于做出结束系统设计阶段的决策,并转入工程设计阶段,否则就需要对需求规格说明进行更改,并重复系统设计的所有步骤。

本书自此处开始,将按上述分析的系统设计流程进行论述,并把关注点放在数字信号处理算法的构建以及计算机系统的选择上,以确保它们能在 CRS 中发挥作用。

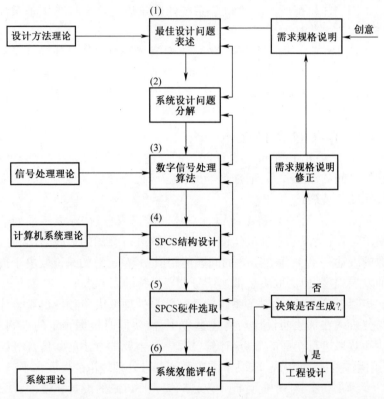

图 1.6 复杂雷达系统的数字信号处理算法和计算机子系统的设计流程图

1.5 总结与讨论

在本章中,主要从以下几个方面对 CRS 设计的系统方法进行了介绍:

利用系统方法设计 CRS,设计过程可划分为系统设计和工程设计两个阶段,这两个阶段有着明显差异。对于复杂信息与控制系统的集成情况,如果以骨干通信系统为例进行说明的话,在系统设计阶段需要明确系统结构以及通信控制方式。对于系统设计阶段来说,最重要的就是确定待开发复杂信息与控制系统的结构或架构,换言之,就是各部件所构成的稳定整体以及它们彼此之间的通信关系。

任何复杂雷达系统都无法脱离其运行环境,对两者进行分离所面临的主要问题是如何划分系统和环境的边界。环境、对抗力量(敌方)的装备设施、器件库以及器件技术的发展水平、经济因素、人的因素等都是影响系统运行的因素。从方法论的角度来说,系统方法学可用于解决包括 CRS 在内的复杂信息与控制系统的设计问题。

对此类系统进行设计时,广泛使用数学模型、仿真模型和建模来代表复杂雷达系统,该模型必须足以重现系统的某些工作特性。利用系统方法学进行CRS设计的最大特点就是基于计算机辅助设计系统进行迭代优化的决策搜索。系统设计的主要步骤包括:确定最终目标的定义与生成方式,给出系统设计的所有备选方案,对用于优化备选方案的模型及其软件实现进行设计,对备选方案与待定方案进行比较。

自动化的复杂雷达系统广泛应用于以下领域:空中交通管制、战斗机攻击、弹道导弹防御、战场监视、导航和目标跟踪与控制等。根据其用途以及所要解决问题的特点,可将这些系统划分为两类:作为传感器的雷达系统和作为控制器的雷达系统。

以防空反导的雷达防御和控制系统作为典型示例,对其主要需求和QoS(即效能准则)进行了讨论。基于防空系统的QoS进行推导,给出了系统中所包含的雷达子系统的QoS指标。根据CRS设计的系统方法,所提出的QoS指标需要具有明确的物理意义,并且能够根据待设计的CRS技术参数计算得到。在设计CRS时,由于系统的目标搜索数学模型过于复杂,因此难以找到一个满足前述要求的通用准则,那么引入一个与所设计的雷达系统和信号处理子系统主要参数相关的中间准则来取代通用准则就显得非常必要了。在对CRS和雷达信号处理方法进行设计时,可将信噪比作为QoS。

系统设计的主要工作是CRS系统结构框图的选择和调整。为此可以类似用途系统的已有构建经验为基础进行设计。设计时还必须考虑到,由于功能目标及设计的初始前提与原有系统有所区别,所以可能会在保持系统传承的同时引入一些新的设计。这种情况下,只需对将来用到的器件和模块中的很少一部分进行重新设计和构建即可。

设计可以分解成3个独立的任务,只要满足相互间的接口条件,并适当调整参数以保证完成且达到系统的功能目标,这些任务就可以各自独立解决。这3个任务分别是:

(1)设计目标回波信号处理算法,以获取用户所需的目标回波参数。

(2)选取所有信号处理阶段所需的计算机子系统,其中涉及的阶段从信号预放、信号波形处理直到数据准备以及将雷达信息提交给用户等。

(3)确定CRS的能量参数,这部分内容不在本章的讨论范围内。

以统计雷达理论中的最佳信号处理算法作为雷达设计最基本的数学模型。雷达信号处理是由连续的多个处理环节组成的,每个环节具有各自的信号处理时序表,基于该时序表各环节独立实现各自的功能。在系统能量参数确定后,要解决各子系统的雷达信号处理设计任务,重点在于在自然和人为噪声与干扰环境下,如何实现接收通道的最优化。所有信号处理优化问题的解决都要借助于统计决策理论的方法和流程。

无论复杂雷达系统用于哪个领域,雷达信号处理的主要 QoS 指标包括:

(1) 空时信号处理:能量利用系数。

(2) 雷达信号预处理:信号检测概率、虚警概率、目标坐标的测量精度及其参数估计精度。

(3) 雷达信号再处理:目标航迹的检测概率、目标航迹的虚警概率、目标航迹参数的测量精度、目标跟踪的中断概率。

上述给出的 QoS 指标与 CRS 的整体 QoS 指标的关系显而易见,即雷达信号处理子系统的 QoS 指标越高,则整个系统的 QoS 指标也越高。

雷达信号处理系统的设计过程包括两个步骤:数字信号处理算法的设计与构建和计算机子系统的设计。数字信号处理算法的设计内容包括:明确算法构建的主要目标;如何将主要功能集成到 CRS 中;确定基本约束条件;明确 QoS;设计目标函数等。对专用计算机子系统(SPCS)的设计是从明确主要参数以及 SPCS 结构中各部分的关系开始的,在得到 SPCS 的整体参数和 SPCS 各组成部分的参数之间的函数关系后,就可以根据计算机子系统的通用需求得出每一基本单元的需求,然后确定出以 CRS 作为整体进行设计的需求规格说明。一般来说,在进行 SPCS 结构设计时,其解决方案可根据两种效费比准则之一确定。

参考文献

1. Skolnik, M. I. 2008. Radar Handbook. 3rd edn. New York:McGraw-Hill, Inc.

2. Tzvetkov, A. 1971. Principles of Quantitative Ratings of Complex Radar System Efficiency. Moscow, Russia:Soviet Radio.

3. Hovanessian, S. 1984. Radar System Design and Analysis. Norwood, MA:Artech House, Inc.

4. Meyer, D. and H. Mayer. 1973. Radar Target Detection:Handbook of Theory and Practice. New York:Academic Press.

5. Drujinin, B. and D. Kontorov. 1976. Problems of Military Systems Engineering. Moscow, Russia:Military Press.

6. Gutkin, L. S., Pestryakov, V. V., and V. H. Tipugin. 1970. Radio Control. Moscow, Russia:Soviet Radio.

7. Skolnik, M. I. 2001. Introduction to Radar Systems. New York:McGraw-Hill, Inc.

8. Lacomme, P., Hardange, J. -P., Marchais, J. -C., and E. Normant. 2001. Air and Spaceborne Radar Systems:An Introduction. New York:William Andrew Publishing.

9. Tait, P. 2005. Introduction to Radar Target Recognition. Cornwall, U. K. : IEE Press.

10. Levanon, N. and E. Mozeson. 2004. Radar Signals. New York: IEEE Press, John Wiley & Sons, Inc.

11. Barton, D. K. 2005. Modern Radar System Analysis and Modeling. Canton, MA: Artech House, Inc.

12. Stimson, G. W. 1998. Introduction to Airborne Radar. 2nd edn. Raleigh, NC: SciTech Publishing, Inc.

13. Nitzberg, R. 1999. Radar Signal Processing and Adaptive Systems. Norwood, MA: Artech House, Inc.

14. Streetly, M. 2000. Radar and Electronic Warfare Systems. 11th edn. Surrey, U. K. : James Information Group.

15. Guerci, J. R. 2003. Space–Time Adaptive Processing for Radar. Norwood, MA: Artech House, Inc.

16. Barkat, M. 2005. Signal Detection and Estimation. 2nd Edn. ,Norwood, MA: Artech House, Inc.

17. DiFranco, J. V. and W. L. Rubin. 1980. Radar Detection. Norwood, MA: Artech House, Inc.

18. Edde, B. 1993. Radar Principles, Technology, Application. Englewood Cliffs, NJ: Prentice Hall, Inc.

19. Kay, S. M. 1993. Fundamentals of Statistical Signal Processing—Estimation Theory. Vol. I. Englewood Cliffs, NJ: Prentice Hall, Inc.

20. Kay, S. M. 1998. Fundamentals of Statistical Signal Processing—Detection Theory. Vol. II. Englewood Cliffs, NJ: Prentice Hall, Inc.

21. Knott, E. F. , Shaeffer, J. F. , and M. T. Tuley. 1993. Radar Cross Section. 2nd edn. Norwood, MA: Artech House, Inc.

22. Mahafza, B. R. 1998. Introduction to Radar Analysis. Boca Raton, FL: CRC Press, Taylor & Francis Group.

23. Mahafza, B. R. 2000. Radar System Analysis and Design Using MATLAB. Boca Raton, FL: CRC Press.

24. Nathanson, F. E. 1991. Radar Design Principles. 3rd edn. New York: McGraw Hill, Inc.

25. Peebles, Jr. , P. Z. 1998. Radar Principles. New York: John Wiley & Sons, Inc.

26. Richards, M. A. 2005. Fundamentals of Radar Signal Processing. Englewood Cliffs, NJ: Prentice Hall, Inc.

27. Brookner, E. 1988. Aspects of Modern Radar. Boston, MA: Artech House, Inc.

28. Franceschetti, G. and R. Lanari. 1999. Synthetic Aperture Radar Processing. Boca Raton, FL: CRC Press.

29. Johnson, D. H. and D. E. Dudgeon. 1993. Array Signal Processing: Concepts and Techniques. Englewood Cliffs, NJ: Prentice Hall, Inc.

30. Klemm, R. 1998. Space–Time Adaptive Signal Processing: Principles and Applications. London, U. K. : INSPEC/IEEE.

31. Sullivan, R. J. 2000. Microwave Radar: Imaging and Advanced Concepts. Boston, MA: Artech House, Inc.

32. Tuzlukov, V. P. 2001. Signal Detection Theory. New York: Springer–Verlag.

33. Tuzlukov, V. P. 2002. Signal Processing Noise. Boca Raton, FL: CRC Press.

34. Tuzlukov, V. P. 2004. Signal and Image Processing in Navigational Systems. Boca Raton, FL: CRC Press.

35. Van Trees, H. L. 2002. Optimum Array Processing: Part IV of Detection, Estimation, and Modulation Theory. New York: John Wiley & Sons, Inc.

36. Tsui, J. B. 2004. Digital Techniques for Wideband Receivers. 2nd edn. Raleigh, NC: SciTech Publishing, Inc.

37. Bogler, P. L. 1990. Radar Principles with Applications to Tracking Systems. New York: John Wiley & Sons, Inc.

38. Cumming, I. G. and F. N. Wong. 2005. Digital Signal Processing of Synthetic Aperture Radar Data. Norwood, MA: Artech House, Inc.

39. Long, M. W. 2001. Radar Reflectivity of Land and Sea. 3rd edn. Boston, MA: Artech House, Inc.

第 2 章　基于数字式广义检测器的信号处理

2.1　模数转换的基本原理

为了对目标回波信号进行数字处理,复杂雷达系统首先需对信号进行模数转换。模数转换过程包含两个阶段:第 1 个阶段是目标回波信号的采样,即对连续的回波信号 $x(t)$,按照每隔 T_s 秒一次的恒定速率进行瞬时采样;第 2 个阶段是量化,即将采样所得的序列 $\{x(nT_s)\}$ 转换为二进制编码的序列。采样和量化工作是由模数转换器完成的。

设计模数转换器,首先要确定采样间隔的大小和量化位数的多少。在设计时,不仅要考虑转换器本身的设计与实现问题,还要考虑到对回波信号进行处理的数字接收机的设计与实现问题。本节只研究和讨论模数转换的主要方面与基础内容,以及支撑模数转换器设计的基本原理。

2.1.1　采样过程

假设用连续函数 $x(t)$ 表示目标回波信号,一般来说,采样就是每隔 T_s 秒测量一次函数 $x(t)$ 的取值,从而获得一个间隔为 T_s 的有限样本序列,并将其记为 $\{x(nT_s)\}$ (其中 n 是所有可能的整数值,正负均可)。 T_s 就是采样周期或采样间隔,其倒数 $f_s = 1/T_s$ 是采样速率。这种形式的理想采样称为瞬时采样。通常,采样过程中 T_s 保持不变。

采样器件可以看作是每隔 T_s 时间闭合时长 τ 的电路,图 2.1 是将连续信号 $x(t)$ 转换为瞬时取值序列 $\{x(nT_s)\}$ (即 $\tau \to 0$)的过程示意图。该过程可看作是利用数值序列 $\{x(nT_s)\}$ 对间隔为 T_s 的周期性 Dirac 函数序列进行加权,将所得结果记为 $x_\delta(t)$,可得[1]

$$x_\delta(t) = \sum_{n=-\infty}^{\infty} x(nT_s)\delta(t - nT_s) \tag{2.1}$$

可将 $x_\delta(t)$ 称为目标回波信号的瞬时采样(或理想采样),其中 $\delta(t-nT_s)$ 表示位于时刻 $t=nT_s$ 的 Dirac 函数。根据 Dirac 函数的定义[2],可知该理想函数所覆盖的是单位面积,于是可将式(2.1)中乘以因子 $x(nT_s)$ 的过程看作是对

Dirac 函数 $\delta(t - nT_\mathrm{s})$ 进行加权。以这种方式得到的加权 Dirac 函数,非常近似于持续时间为 τ、幅度为 $x(nT_\mathrm{s})/\tau$ 的矩形脉冲,而且 τ 越小近似程度越高。

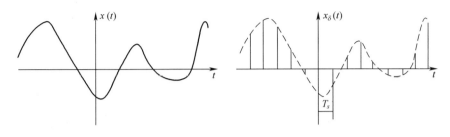

　　　　（a）模拟信号 $x(t)$ 　　　　　　　　　　（b）瞬时采样结果

图 2.1　采样过程示意图

目标回波信号的瞬时采样结果 $x_\delta(t)$ 与周期信号的傅里叶变换结果有着非常相似的数学形式,将表示 $x_\delta(t)$ 的式(2.1)与周期信号的傅里叶变换进行比较,周期信号的傅里叶变换如下:

$$\sum_{m=-\infty}^{\infty} x(t - mT_\mathrm{s}) \leftrightarrow f_\mathrm{s} \sum_{n=-\infty}^{\infty} G(nf_\mathrm{s})\delta(f - nf_\mathrm{s}) \tag{2.2}$$

式中: $G(nf_\mathrm{s})$ 为 $x(t)$ 的傅里叶变换在频点 $f = nf_\mathrm{s}$ 处的取值。

基于该相似关系,可以利用傅里叶变换的对偶特性[3]

$$若 x(t) \leftrightarrow G(f); 则 G(t) \leftrightarrow x(-f) \tag{2.3}$$

获得目标回波信号采样 $x_\delta(t)$ 的傅里叶变换结果。众所周知,只有满足某些约束条件,才可用序列 $\{x(nT_\mathrm{s})\}$ 的形式表示连续信号 $x(t)$,条件之一就是被采样信号必须为带限的。根据信号空间理论中的 Kotelnikov 定理[4],如果连续信号 $x(t)$ 是带限的,那么该信号可由采样间隔为 $T_\mathrm{s} \leqslant 1/(2f_{\max})$ 的可数样本集完全确定,其中 $f_{\max}$ 是信号频谱的截止频率。

在 CRS 的数字信号处理中,需要对模拟接收机输出端的随机过程进行采样。当满足 $\Delta f_\mathrm{s}/f_\mathrm{c} \ll 1$ 的条件时(其中 Δf_s 是信号频谱带宽, f_c 为载波频率),接收机的输出为一个窄带过程,这种情况下就可用如下形式的包络表示该窄带信号:

$$x(t) = X(t)\cos[2\pi f_\mathrm{c} t + \varphi(t)] \tag{2.4}$$

式中, $X(t)$ 为低频信号(即包络); $\varphi(t)$ 为窄带信号的相位调制规律(相对于 $2\pi f_\mathrm{c} t$ 来说是一个慢变函数)。

由于目标的信息是从回波信号的包络 $X(t)$ 和相位 $\varphi(t)$ 中提取出来的,与载波频率 f_c 没有关系,而且 $X(t)$ 和 $\varphi(t)$ 都是时域的慢变函数,那么对式(2.4)

所示的目标回波信号进行采样时,只需根据信号的实际带宽确定采样间隔,而无需考虑载波频率 f_c。对于窄带信号来说,可以将其写成

$$x(t) = \mathrm{Re}\big[\dot{X}(t)\exp(\mathrm{j}2\pi f_c t)\big] \qquad (2.5)$$

式中:$\mathrm{Re}[\,\cdot\,]$ 表示复窄带信号的实部,且

$$\dot{X}(t) = X(t)\exp\big[\mathrm{j}\varphi(t)\big] \qquad (2.6)$$

就是窄带信号的复包络。该复包络还可写成如下形式:

$$\dot{X}(t) = X(t)\cos\varphi(t) - \mathrm{j}X(t)\sin\varphi(t) = x_I(t) - \mathrm{j}x_Q(t) \qquad (2.7)$$

式中:$x_I(t)$ 和 $x_Q(t)$ 分别为窄带回波信号的同相分量和正交分量,并且还存在如下关系,即

$$X(t) = \sqrt{x_I^2(t) + x_Q^2(t)}, X(t) > 0 \qquad (2.8)$$

$$\varphi(t) = \arctan\frac{x_I(t)}{x_Q(t)}, -\pi \leqslant \varphi(t) \leqslant \pi \qquad (2.9)$$

在相位检波器内,用本地振荡器得到载频为 f_c 的两个正交信号,将其与目标回波信号 $x(t)$ 相乘,即可获得同相分量 $x_I(t)$ 和正交分量 $x_Q(t)$。图 2.2 给出了简单相位检波器的流程图,图中在乘法器之后连接低通滤波器,这样可以抑制高次谐波,只将低频的同相分量 $x_I(t)$ 和正交分量 $x_Q(t)$ 送到模数转换器中进行采样。

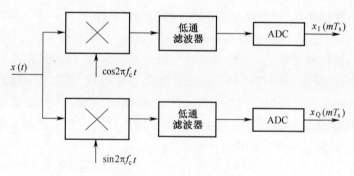

图 2.2　相位检波器示例

窄带信号的复包络既可用实包络和相位(均是时间的函数)表示,也可用同相分量和正交分量表示。根据这一表述,对窄带信号的采样需要同时对两路信号进行采样,即要么是窄带信号的包络幅度与相位,要么是窄带信号复包络的同相分量和正交分量,那么所要处理的就是二维信号的采样问题。

对于二维信号,采样定理可以表示为下列形式[5]:

$$T_{s1} \leqslant \frac{1}{f_{1\max}}, T_{s2} \leqslant \frac{1}{f_{2\max}} \qquad (2.10)$$

式中:f_{1max}和f_{2max}分别为窄带信号第一和第二个分量频谱中的最高频率。

需要强调的是,如果是用包络幅度和相位表示窄带信号,那么这两个频率是不同的,也就是说,f_{1max}是幅度调制信号的最高频率,而f_{2max}是相位调制信号的最高频率。如对于一个完全已知的确定信号,其包络的频谱宽度由如下条件决定[6,7]:

$$f_{1max} \times \tau_0 = 1 \quad 或 \quad f_{1max} = \frac{1}{\tau_0} \tag{2.11}$$

式中:τ_0为信号的持续时间。

因此,包络幅度最大采样周期的限制条件为$T_s \leq \tau_0$。对于该信号,包络的初始相位已知,因此无需再对其相位进行采样。若是换作持续时间同样为τ_0的宽带信号(如 chirp 调制信号),调制后信号的频谱宽度大约是其频率偏移量的 2 倍[8],即

$$f_{2max} \approx 2\Delta F_0 \tag{2.12}$$

那么对于幅度恒定的频率调制信号来说,只需对其相位进行采样,其相位等于

$$\varphi(t) = \int \Delta F_0 dt \tag{2.13}$$

对相位采样时,采样间隔需满足

$$T_{s_\varphi} \leq \frac{1}{2\Delta F_0} \tag{2.14}$$

那么持续时间τ_0内,信号相位的采样总数就是

$$N_\varphi = 2\Delta F_0 \tau_0 \tag{2.15}$$

如果用同相分量$x_1(t)$和正交分量$x_Q(t)$表示信号的复包络,最高频率f_{1max}和f_{2max}是相同的,即

$$f_{1max} = f_{2max} = f_{max} \tag{2.16}$$

那么就应该以相等的间隔同时完成相应的采样工作:

$$T_{s_I} \leq \frac{1}{f_{max}} \quad 且 \quad T_{s_Q} \leq \frac{1}{f_{max}} \tag{2.17}$$

如果信号的持续时间为τ_0,初始相位随机,那么

$$f_{max} = \frac{1}{\tau_0} \quad 且 \quad T_{s_I}, T_{s_Q} \leq \tau_0 \tag{2.18}$$

对于初始相位随机的 Chirp 调制信号,由于

$$f_{max} \approx \Delta F_0 \tag{2.19}$$

那么

$$T_{s_I}, T_{s_Q} \leq \frac{1}{f_{max}} \leq \frac{1}{\Delta F_0} \tag{2.20}$$

对于持续时间为 τ_0 的信号,成对样本的数量为

$$N_1, N_Q = \Delta F_0 \tau_0 \qquad (2.21)$$

对于相位调制脉冲信号来说,成对样本的数量绝不能少于码串(Code Chain)中码元的个数。如果各码元信号的持续时间是 τ_0,那么信号同相分量和正交分量的采样间隔就应该满足:

$$T_{s_1}, T_{s_Q} \leqslant \tau_0 \qquad (2.22)$$

2.1.2　量化与信号采样的转换

CRS 要对目标回波信号进行数字处理,不仅需要完成射频信号复包络和相位或同相分量和正交分量的采样,还要对采样值进行量化,完成这一功能的器件称为量化器。

图 2.3 给出了具有固定量化步长的变符号采样量化器的幅度特性,其中,$X_1, X_2, \cdots, X_i, X_{i+1}, \cdots, X_m$ 为判定值(Decision Value),X_0 是信号的幅度上限,Δx 是量化步长,而 $x_1', x_2', \cdots, x_m'$ 则是当输出信号位于以

$$x_i' = \frac{X_i + X_{i+1}}{2} \qquad (2.23)$$

为中心的区间时得到的采样量化值。当对信号的同相分量和正交分量进行量化时,通常量化步长根据如下条件进行选取:

$$\Delta x = X_{\min} \leqslant \sigma_0 \qquad (2.24)$$

式中:σ_0^2 为接收机噪声的方差。

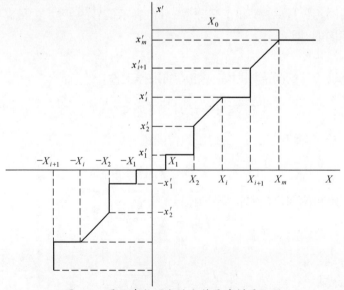

图 2.3　量化步长固定的变符号采样量化器

量化区间的数量为

$$N_q = \frac{X_{max} - X_{min}}{\Delta x} = d_r - 1 \tag{2.25}$$

式中：d_r 为接收机模拟器件的动态范围。

为了表示采样后的目标回波信号，所需的位数为

$$n_b = F[\log_2(N_q + 1)] = F[\log_2 d_r] \tag{2.26}$$

式中：$F[z]$ 为大于 z 且与 z 最接近的整数。

模数转换器的特性可以用转换后的样本量化序列每一位对应的动态范围（单位为 dB）来表示，可以采用下式[9]进行计算：

$$v = \frac{20\lg d_r}{n_b} = \frac{20\lg d_r}{F[\log_2 d_r]} \approx 6\text{dB/bit} \tag{2.27}$$

CRS 数字信号处理子系统在进行目标回波信号的检测、参数估计以及噪声补偿时，都需要对采样后的目标回波信号进行多个位数（如 $N_b = 6 \sim 8$）的模数转换。但采样频率 f_s 较高时，采用多个位数进行量化的技术难度很大，而且随着采样频率和量化位数的增加，也会产生 CRS 数字信号处理子系统的过度设计问题。由于这一原因，除多位量化以外，本书采用了二元量化器和二元检测器[10,11]，利用数字信号处理技术，实现二元检测器是非常容易的。

2.1.3 模数转换的设计原理与主要参数

CRS 数字信号处理子系统中存在多种多样的模数转换问题，如对电压/电流、时间间隔、相位、频率以及角度偏移量等都需要进行模数转换。大多数模数转换器的基本结构都一样，即包括采样模块、量化模块以及数据编码模块等。其中涉及的主要技术参数有

（1）描述工作速度的时间参数（见图 2.4）：

① 采样间隔 T_s。

② 转换时间 T_c，即在该时间限度范围内模数转换器应完成对目标回波信号的处理。

③ 转换周期的时长 T_{cc}，即从目标回波信号出现在模数转换器的输入端到完成编码输出之间的时间差。

（2）用于表示目标回波信号的位数 N_b。

（3）模数转换器的器件库。

2.1.3.1 采样与量化误差

采样与量化误差有两类，即动态误差和静态误差，其中动态误差是离散变换误差，静态误差是单位采样误差。动态误差取决于目标回波信号的特性和模

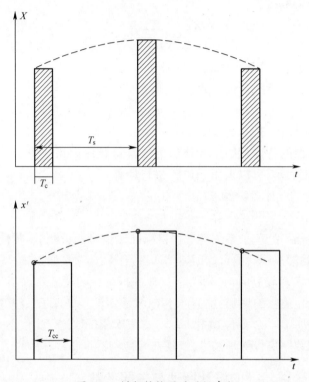

图 2.4　模数转换器的时间参数

数转换器的时间性能,该类误差的主要成分是模数转换器输入端目标回波信号参数的变化所带来的不确定度。如在时间 T_{cc} 范围内目标回波信号的幅度变化量小于量化步长 Δx 或是与之相当,即

$$T_{cc} \leqslant \frac{\Delta x}{V_{x_{\max}}} \qquad (2.28)$$

式中: $V_{x_{\max}}$ 为所要采样及量化目标回波信号的最大变化速度。考虑到 $T_{cc_{\max}} = T_s$,即可根据式(2.28)得出采样间隔 T_s。

单位采样误差首先是由如下量化误差的方差引起的:

$$\sigma_q^2 = \frac{\Delta x^2}{12} \qquad (2.29)$$

其次是由实际量化性能与理想性能之间的偏离程度(见图 2.3)引起的,如果第 i 步量化时的偏离量为 ξ_i,输入目标回波信号的瞬时值在可工作范围限度内服从均匀分布,则静态量化误差的方差为

$$\sigma_{q\Sigma}^2 = \frac{\Delta x^2}{12} + \frac{1}{N_q} \sum_{i=1}^{N_q} \xi_i^2 \qquad (2.30)$$

2.1.3.2　可靠性

模数转换器的可靠性指的是在给定的环境条件下,在指定的时间范围内,确保运转的正确程度处于给定限度内的能力。通常用时间范围 t 内的无故障工作概率评价模数转换器的可靠性,所需考虑的故障情况有

（1）运转中断,即突然失灵。

（2）误差超过预设的正确度,即退化失效。

（3）间发故障,即运转不良。

通过一些冗余措施可以提高模数转换器的可靠性。

可能会导致风险的其他限制因素还有功率消耗、重量、尺寸、流水线生产的成本、可制造性、设计耗费的时间等。

通常用广义 Q 因子描述模数转换器的效率,那么可用如下比值：

$$g = \frac{n_b f_s}{Q} \qquad (2.31)$$

$$n_b f_s = \frac{n_b}{T_s} \qquad (2.32)$$

式中：$n_b f_s$ 为模数转换器的数据吞吐率；Q 为品质系数。

当 CRS 需要对宽带信号进行数字处理时,对模数转换器的数据吞吐率和可靠性都提出了严格的要求,为设计和研制这种器件,需要对目标回波信号进行并行的傅里叶变换。

2.2　针对相参脉冲信号的数字式广义检测器

2.2.1　匹配滤波器

首先回顾一下经典检测理论的主要内容。根据雷达信号处理理论,假定 $s(t)$ 表示信号,$w(t)$ 表示平稳高斯白噪声,二者加性混合形成的随机过程用 $x(t)$ 表示,对 $x(t)$ 的时域处理可以转化为相关积分计算。对于标量实信号 $s(t, \alpha)$,如果参数 α 已知,那么相关积分为

$$T(\alpha) = \int_{-\infty}^{\infty} s^*(t, \alpha) x(t) \mathrm{d}t \qquad (2.33)$$

式中：$s^*(t, \alpha)$ 为由接收机或检测器中的本地振荡器生成的期望信号模型。

如果 α 是期望信号与 $x(t)$ 之间的时间延迟,那么相关积分即可写成

$$T(\alpha) = \int_{-\infty}^{\infty} s^*(t - \alpha) x(t) \mathrm{d}t \qquad (2.34)$$

式(2.34)与卷积积分非常相似。对冲激响应为 $h(t)$ 的线性系统,如果输入为随机过程 $x(s)$,那么卷积积分的输出为

$$Z(t) = \int_{-\infty}^{\infty} h(t-s)x(s)\mathrm{d}s \tag{2.35}$$

利用卷积与相关之间的相似性,可以采用线性滤波器计算相关积分,此时滤波器的冲激响应与期望信号 $s(t)$ 相匹配。所谓匹配就是选择一个满足如下条件的线性滤波器响应:

$$T(t_0 + \alpha) = Z(\alpha) \tag{2.36}$$

对于所考虑的检测问题,线性匹配滤波器的冲激响应就是期望信号的镜像,即

$$h(t) = as(t_0 - t) \tag{2.37}$$

式中: t_0 为匹配滤波器输出端信号峰值的时延,对于脉冲信号必须满足 $t_0 \geqslant \tau_0$; a 为取固定值的比例系数。

当随机过程 $x(t) = s(t, \alpha) + w(t)$ 输入到匹配滤波器时,根据式(2.36),在 $t_0 = \tau_0$ 时刻匹配滤波器输出端生成的信号为

$$Z(t) = a \int_{t-\tau_0}^{\infty} x(u)s^*(\tau_0 - t + u)\mathrm{d}u \tag{2.38}$$

特别当 $w(t) = 0$ 时,可得

$$Z(t) = a \int_{t-\tau_0}^{\infty} s(u)s^*(\tau_0 - t + u)\mathrm{d}u = aR_{ss^*}(\tau_0 - t) \tag{2.39}$$

式中: $R_{ss^*}(\tau_0 - t)$ 是期望信号 $s(t, \alpha)$ 的自相关函数。

正如式(2.38)和式(2.39)所描述,匹配滤波器的输出信号、信号模型与期望信号的互相关函数只差一个取固定值的比例系数;当没有白噪声(即 $w(t) = 0$)时,输出信号同期望信号 $s(t, \alpha)$ 的自相关函数 $R_{ss^*}(\tau_0 - t)$ 在时刻 $(\tau_0 - t)$ 的取值之间也满足类似关系。匹配滤波器输出端的能量信噪比为

$$\mathrm{SNR} = \frac{2E_s}{N_0} \tag{2.40}$$

式中: $0.5N_0$ 为白噪声的双边功率谱密度。

聂曼-皮尔逊检测器给出的结果是类似的[12],因此匹配滤波器可获得经典信号检测理论极限范围内的最大信噪比。模拟方式的匹配滤波器实现起来非常困难,当面对宽带信号时尤其如此;另外,模拟式匹配滤波器的参数也难以进行调整,因此广泛使用的是数字式匹配滤波器。

2.2.2 广义检测器

首先回顾一下基于噪声中信号处理的广义方法构建广义检测器（Generalized Detector, GD）的基本原理[13-17]。GD 由线性系统、聂曼-皮尔逊接收机以及能量检测器构成,图 2.5 给出了 GD 主要工作原理的流程图。本书中使用以下术语:本地振荡器或模板信号生成器（Model Signal Generator, MSG）、主线性系统或滤波器（Preliminary linear system or Filter, PF）、辅助线性系统或滤波器（Additional linear system or Filter, AF）。

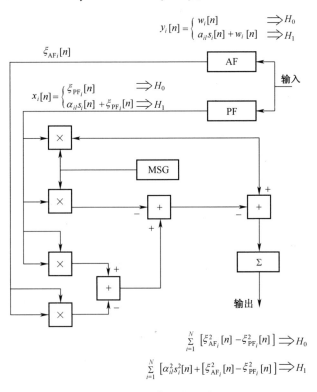

$$y_i[n] = \begin{cases} w_i[n] & \Longrightarrow H_0 \\ a_{il}s_i[n] + w_i[n] & \Longrightarrow H_1 \end{cases}$$

$$x_i[n] = \begin{cases} \xi_{\mathrm{PF}_i}[n] & \Longrightarrow H_0 \\ \alpha_{il}s_i[n] + \xi_{\mathrm{PF}_i}[n] & \Longrightarrow H_1 \end{cases}$$

$$\sum_{i=1}^{N} \left[\xi_{\mathrm{AF}_i}^2[n] - \xi_{\mathrm{PF}_i}^2[n] \right] \Longrightarrow H_0$$

$$\sum_{i=1}^{N} \left[\alpha_{il}^2 s_i^2[n] + \left[\xi_{\mathrm{AF}_i}^2[n] - \xi_{\mathrm{PF}_i}^2[n] \right] \right] \Longrightarrow H_1$$

图 2.5　广义检测器

先简要看一下 AF 和 PF。在 GD 的前端可能会有两种作为带通滤波器的线性系统,即冲激响应为 $h_{\mathrm{PF}}(\tau)$ 的 PF 和冲激响应为 $h_{\mathrm{AF}}(\tau)$ 的 AF。为简化分析,不妨认为这两个滤波器的幅频特性和带宽均相同。另外,将 AF 的谐振频率调整到与 PF 的谐振频率不同的频点上,使得输入信号无法通过 AF。于是,接收到的信号和噪声都可以出现在 PF 的输出端,而 AF 的输出端则只有噪声(见图2.5)。

众所周知,如果 AF 和 PF 各自的谐振频率相差 $4\Delta f_{\mathrm{s}} \sim 5\Delta f_{\mathrm{s}}$ 以上(其中 Δf_{s}

是信号的带宽),则可以认为 AF 和 PF 的输出信号相互独立不相关(事实上它们之间的相关系数也不超过 0.05)。当输入端没有信号时,由于进入 AF 和 PF 的噪声相同,并且二者的幅频特性和带宽均相同,那么它们输出信号的统计参数也是一样的。由于 AF 和 PF 是 GD 的线性前端系统,可以认为它们不会改变输入过程的统计特性。由于事先已知 AF 的输出不包括信号,只包含附加的基准噪声,所以可以将 AF 看作噪声参考样本的生成器。

对于 PF 和 AF 输出端噪声的形成问题需要做出一些说明。如果进入 AF 和 PF 的是均值为零、方差 σ_n^2 为有限值的高斯白噪声,由于二者都是线性系统,那么它们输出端的噪声也服从高斯分布,其形式为

$$\xi_{PF}(t) = \int_{-\infty}^{\infty} h_{PF}(\tau) w(t-\tau) \mathrm{d}\tau \quad \text{和} \quad \xi_{AF}(t) = \int_{-\infty}^{\infty} h_{AF}(\tau) w(t-\tau) \mathrm{d}\tau$$

$$(2.41)$$

式中:$\xi_{PF}(t)$ 和 $\xi_{AF}(t)$ 为窄带的高斯噪声。

假设进入 AF 和 PF 输入端的加性高斯白噪声的均值为零,双边功率谱为 $0.5N_0$,那么输出也是零均值的高斯噪声,且其方差为[14]264-269:

$$\sigma_n^2 = \frac{N_0 \omega_0^2}{8\Delta_F}$$

$$(2.42)$$

式中:Δ_F 和 ω_0 分别为 AF 或 PF 的带宽和谐振频率,当 AF 或 PF 为 RLC 振荡电路时,有

$$\Delta_F = \pi\beta, \omega_0 = \frac{1}{\sqrt{LC}}, \left(\beta = \frac{R}{2L}\right)$$

$$(2.43)$$

GD 的主要工作条件是期望信号 $s(t,\alpha)$ 与本地振荡器或 MSG 输出端形成的信号 $s^*(t-\tau_0,a)$ 在整个参数范围内保持一致。文献[14]669-695,[17]关于实际工作中如何满足这一条件给出了详细描述;至于如何选择 PF 和 AF 及其幅频特性,可以参考文献[15, 16]的论述。

根据图 2.5 以及 GD 的基本原理,GD 输出端形成的随机过程为

$$Z_{GD}^{out}(t) = aR_{ss^*}(\tau_0 - t) + \xi_{AF}^2(t) - \xi_{PF}^2(t)$$

$$(2.44)$$

根据式(2.44),可以看出 GD 的输出信号与模板信号与期望信号的互相关函数只差一个取固定值的比例系数。从统计意义上说,当样本量趋于无穷多或者观测时间间隔趋于无穷小时,GD 输出端的背景噪声 $\xi_{AF}^2(t) - \xi_{PF}^2(t)$ 将趋于零[15,17]。GD 输出端的能量信噪比为[14]

$$\mathrm{SNR} = \frac{E_s}{\sqrt{4\sigma_n^4}} = \frac{E_s}{2\sigma_n^2}$$

$$(2.45)$$

式中: σ_n^2 可根据式(2.42)确定。

2.2.3　数字式广义检测器

下面简单看一下数字式广义检测器(Digital Generalized Detector, DGD)设计与构建的主要原理,图 2.6 给出了 DGD 的原理框图。可以看到 MSG、PF 和 AF 的输出均进行了采样和量化,这相当于把它们通过数字式滤波器进行了处理。MSG 生成的模板信号在采样和量化之后可表示为

$$s^*(lT_s) = aT_s s^*[(n_0 - l)T_s] \tag{2.46}$$

式中: $n_0 = \tau_0/T_s$ 为模板信号离散单元的数量。

为简单起见,可以假设 $a = T_s^{-1}$,于是

$$s^*(lT_s) = s^*[(n_0 - l)T_s] \tag{2.47}$$

式中: $l = 0, 1, \cdots, n_0 - 1$。

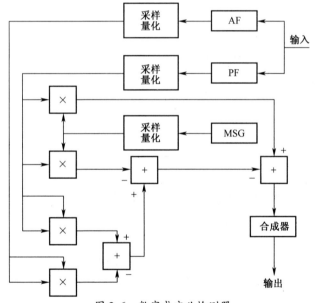

图 2.6　数字式广义检测器

如果满足 GD 的主要工作条件,即期望信号 $s(t, \alpha)$ 与 MSG 输出端形成的信号 $s^*(t - \tau_0, a)$ 在整个参数范围内保持一致,那么当 DGD 的输入为信号 $s(t)$ 和平稳高斯白噪声 $w(t)$ 的加性合成时,其输出为[18-21]:

$$Z_{DGD}^{out}(kT_s) = 2\sum_{l=0}^{n_0-1} C(l)x[(k-l)T_s]s^*[(n_0-l)T_s] - \sum_{l=0}^{n_0-1} C(l)x^2[(k-l)T_s]$$

$$+ \sum_{l=0}^{n_0-1} C(l)\xi_{AF}^2[(k-l)T_s] \tag{2.48}$$

式中

$$\begin{cases} x[(k-l)T_s] = x(t) \mid_{t=\tau_0} \\ s^*[(n_0-l)T_s] = s^*(t) \mid_{t=\tau_0} \\ s[(n_0-l)T_s] = s(t) \mid_{t=\tau_0} \\ \xi_{PF}[(k-l)T_s] = \xi_{PF}(t) \mid_{t=\tau_0} \\ \xi_{AF}[(k-l)T_s] = \xi_{AF}(t) \mid_{t=\tau_0} \end{cases} \tag{2.49}$$

且

$$C(l) = T_s C_0(l) \tag{2.50}$$

是采用矩形法(也可采用其他方法)进行数值积分的系数,而

$$C_0(l) = 1,1,\cdots,1,0 \tag{2.51}$$

如果将式(2.48)中第一项的 n_0-l 替换为 i,对第一项和第二项进行基本的数学变换后可得

$$R_{ss^*}(kT_s) = \sum_i s^*(iT_s) s[(k-(n_0-i))T_s] \tag{2.52}$$

与式(2.39)类似,式(2.52)表示的是期望信号 $s(t,\alpha)$ 的自相关函数。DGD 输出的信号自相关函数式(2.52)是频率的周期函数。如果 f_s 较低,式(2.52)的交叉项可能会相互重叠,导致 DGD 的输出有所失真,但如果根据采样定理选定 f_s 的话,这种失真可以忽略不计。

正如式(2.52)所表述的,当把期望信号 $s(iT_s)$ 输入到 DGD 时,其输出端信号与式(2.52)表示的自相关函数只差 aT_s 的倍数。由于式(2.52)关于其峰值 $R_{ss^*}(0)$ 是对称的,那么 DGD 输出端序列 $\{Z_{DGD}^{out}(kT_s)\}$ 的采样值将会首先递增,在时刻 $kT_s = n_0 T_s$ 达到其上限(即自相关函数的最大值),之后将会逐步递减至零(时间区间为 $n_0 T_s$ 到 $2n_0 T_s$)。序列 $\{Z_{DGD}^{out}(kT_s)\}$ 的包络与式(2.52)给出的自相关函数 $R_{ss^*}(kT_s)$ 的包络是一致的,DGD 输出序列 $\{Z_{DGD}^{out}(kT_s)\}$ 的这种特性与模拟式 GD 也是一致的。

DGD 输出信号能量的极限值等于期望信号序列 $s(kT_s)$ 的能量,只有在信号带宽有限且 $T_s \leqslant (2\Delta f_s)^{-1}$ 时才能达到该极限值(其中 Δf_s 为信号带宽)。如果信号的频谱无限宽,计算能量时只能考虑采样时信号的有效带宽 Δf_s^{eff} 之内的能量,那些未计入的功率谱密度的尾部经过平移 k/T_s 后会折叠到有效带宽内,从而造成能量损失,这种损失可以看作是引入了一个功率谱密度为 $0.5N_0'$ 的噪声源,而 DGD 接收机的噪声则是均匀分布在 $-(2T_s)^{-1} \leqslant \Delta f \leqslant (2T_s)^{-1}$ 带宽范围内的平稳随机序列,其功率谱密度为 $0.5N_0''$。

众所周知,可利用采样和量化技术将模拟信号数字化。采样技术是在有限

范围内将信号的时间离散化,量化技术是在有限范围内将信号的幅度离散化,由此就需要对这些离散技术所导致的误差加以区分,从而对接收机的性能给出更为准确的评价。幅度量化和采样带来的误差可以分别看成是均值为零、方差分别为 $\sigma_{\xi_1}^2$ 和 $\sigma_{\xi_2}^2$ 的加性噪声 $\xi_1(kT_s)$ 和 $\xi_2(kT_s)$。如果所选择的量化步长 Δx 与被采样信号的均方差 σ' 满足 $\Delta x < \sigma'$,那么幅度量化误差与信号之间互相关函数的绝对值大约是信号自相关函数值的 10^{-9} 倍,因此可将该互相关函数忽略不计。作为较为初步的近似,有理由假设噪声 $\xi_1(kT_s)$ 和 $\xi_2(kT_s)$ 都是高斯型的。

可用附加分量 $\xi_\Sigma(kT_s)$ 作为非相关误差的总和,即

$$\xi_\Sigma(kT_s) = \xi_1(kT_s) + \xi_2(kT_s) \tag{2.53}$$

其均值为零,方差则为

$$\sigma_{\xi_\Sigma}^2 = \sigma_{\xi_1}^2 + \sigma_{\xi_2}^2 \tag{2.54}$$

这一结果是利用 Bussgang 定理[22]直接得出的。

考虑到前面所提到的情况,DGD 输出端的背景噪声就是接收机噪声以及量化与采样导致的误差的总和,即

$$背景噪声 = \xi_{\mathrm{AF}_\Sigma}^2(kT_s) - \xi_{\mathrm{PF}_\Sigma}^2(kT_s) \tag{2.55}$$

式中:

$$\xi_{\mathrm{PF}_\Sigma}(kT_s) = \xi_{\mathrm{PF}}(kT_s) + \xi_\Sigma(kT_s) = \xi_{\mathrm{PF}}(kT_s) + \xi_1(kT_s) + \xi_2(kT_s) \tag{2.56}$$

是 PF 输出端的噪声,包含均值为零、方差为 σ_n^2 的高斯噪声 $\xi_{\mathrm{PF}}(kT_s)$,量化过程导致的均值为零、方差为 $\sigma_{\xi_1}^2$ 的误差 $\xi_1(kT_s)$,以及采样过程导致的均值为零、方差为 $\sigma_{\xi_2}^2$ 的误差 $\xi_2(kT_s)$。噪声 $\xi_{\mathrm{PF}}(kT_s)$ 与误差 $\xi_1(kT_s)$、$\xi_2(kT_s)$ 互不相关。

而

$$\xi_{\mathrm{AF}_\Sigma}(kT_s) = \xi_{\mathrm{AF}}(kT_s) + \xi_\Sigma(kT_s) = \xi_{\mathrm{AF}}(kT_s) + \xi_1(kT_s) + \xi_2(kT_s) \tag{2.57}$$

是 AF 输出端的噪声(附加噪声或参考噪声)[14,17-21],包含均值为零、方差为 σ_n^2 的高斯噪声 $\xi_{\mathrm{AF}}(kT_s)$,量化过程导致的均值为零、方差为 $\sigma_{\xi_1}^2$ 的误差 $\xi_1(kT_s)$,以及采样过程导致的均值为零、方差为 $\sigma_{\xi_2}^2$ 的误差 $\xi_2(kT_s)$。噪声 $\xi_{\mathrm{AF}}(kT_s)$ 与误差 $\xi_1(kT_s)$、$\xi_2(kT_s)$ 互不相关。

根据初始条件,噪声 $\xi_{\mathrm{PF}}(kT_s)$、$\xi_{\mathrm{AF}}(kT_s)$ 以及 $\xi_1(kT_s)$、$\xi_2(kT_s)$ 的均值都为零,因此 DGD 输出端背景噪声的概率密度函数也是关于零点对称的,在文献[14],[15]中对 DGD 输出端的背景噪声进行了详细论述。由于噪声 $\xi_{\mathrm{PF}}(kT_s)$、$\xi_{\mathrm{AF}}(kT_s)$ 以及误差 $\xi_1(kT_s)$、$\xi_2(kT_s)$ 均互不相关,那么 DGD 输出端背景噪声与误差的总方差为[18-21]

$$\sigma^2_{\xi^2_{\text{AF}\Sigma}-\xi^2_{\text{PF}\Sigma}} = 4\sigma^4_{\text{n}} + 4\sigma^4_{\xi_\Sigma} \tag{2.58}$$

DGD 输出端的能量信噪比为[14]504-508,[18-21]

$$\text{SNR} = \frac{E_{\text{s}}}{\sqrt{\sigma^2_{\xi^2_{\text{AF}\Sigma}-\xi^2_{\text{PF}\Sigma}}}} = \frac{E_{\text{s}}}{\sqrt{4\sigma^4_{\text{n}} + 4\sigma^4_{\xi_\Sigma}}} = \frac{E_{\text{s}}}{2\sqrt{\sigma^4_{\text{n}} + \sigma^4_{\xi_\Sigma}}} \tag{2.59}$$

式中：σ^2_{n} 和 $\sigma^2_{\xi_\Sigma}$ 可根据式(2.42)和式(2.54)分别求出。

式(2.59)和式(2.45)相比,就可以得出 CRS 中采用采样间隔 T_{s} 的数字信号处理子系统所带来的损耗。

2.3 时 域 卷 积

CRS 所处理的目标回波信号往往是窄带的,因此 DGD 需要采用两个通道进行信号处理:即同相通道和正交通道。进入 DGD 的窄带目标回波信号可用采样时刻 kT_{s} 的同相分量 $x_{\text{I}}[k]$ 和正交分量 $x_{\text{Q}}[k]$ 表示,于是输入信号的复包络就可以表示为

$$\dot{X}[k] = x_{\text{I}}[k] - jx_{\text{Q}}[k] \tag{2.60}$$

与式(2.60)类似,MSG 输出信号的复包络也可以表示为

$$\dot{S}^*[k] = S^*_{\text{I}}[k] + jS^*_{\text{Q}}[k] \tag{2.61}$$

若以 $0.5T_{\text{s}}$ 作为系数,DGD 输出端信号即可表示为[19]

$$Z^{\text{out}}_{\text{DGD}}[k] = 2\dot{X}[k]\dot{S}^*[k] - \dot{X}^2[k] + \xi^2_{\text{AF}}[k] \tag{2.62}$$

式中：$\xi_{\text{AF}}[k]$ 为 AF 输出端的噪声序列。

此处先将式(2.62)中的第 3 项丢弃,并将其放到最终结果中加以考虑,那么基于式(2.61)和式(2.62),DGD 输出端的信号为

$$
\begin{aligned}
Z^{\text{out}}_{\text{DGD}}[k] &= 2\{[x_{\text{I}}[k] - jx_{\text{Q}}[k]][S^*_{\text{I}}[k] + jS^*_{\text{Q}}[k]]\} - \{x_{\text{I}}[k] - jx_{\text{Q}}[k]\}^2 \\
&= \sum_{l=0}^{n_0-1}\{2\{[x_{\text{I}}[k-l] - jx_{\text{Q}}[k-l]][S^*_{\text{I}}[n_0-l] + jS^*_{\text{Q}}[n_0-l]]\} - \\
&\quad \{x_{\text{I}}[k-l] - jx_{\text{Q}}[k-l]\}^2\}
\end{aligned} \tag{2.63a}
$$

将式(2.63a)中的 n_0-l 替换为 i,可得

$$
\begin{aligned}
Z^{\text{out}}_{\text{DGD}}[k] &= \sum_{i=0}^{n_0-1}\{2\{[x_{\text{I}}[k-(n_0-i)] - jx_{\text{Q}}[k-(n_0-i)]][S^*_{\text{I}}[i] + jS^*_{\text{Q}}[i]]\} \\
&\quad - \{x_{\text{I}}[k-(n_0-i)] - jx_{\text{Q}}[k-(n_0-i)]\}^2\}
\end{aligned} \tag{2.63b}
$$

根据文献[15]269-282的分析,以及 DGD 的如下工作条件:

$$S^*_{\text{I}}(i) = S_{\text{I}}[k-(n_0-i)] \text{ 及 } S^*_{\text{Q}}(i) = S_{\text{Q}}[k-(n_0-i)] \tag{2.64}$$

那么 DGD 输出端的同相分量和正交分量就可以表示为

$$Z_{DGD_I}^{out} = Z_{DGD_{II}}^{out} + Z_{DGD_{QQ}}^{out} = S_I^*(i)S_I[k-(n_0-i)] - \xi_I^2[k-(n_0-i)]$$
$$+ S_Q^*(i)S_Q[k-(n_0-i)] + \xi_Q^2[k-(n_0-i)] \tag{2.65}$$

和

$$Z_{DGD_Q}^{out} = Z_{DGD_{IQ}}^{out} + Z_{DGD_{QI}}^{out} = -4S_I^*(i)S_Q[k-(n_0-i)] - 4S_I^*(i)\xi_Q[k-(n_0-i)]$$
$$+ 4S_Q^*(i)S_I[k-(n_0-i)] + 4S_Q^*(i)\xi_I[k-(n_0-i)]$$
$$+ 2\xi_Q[k-(n_0-i)]\xi_I[k-(n_0-i)] \tag{2.66}$$

其中第3行出现系数2的原因在于使用了放大器(文献[15])。另外,式(2.66)第1行和第2行中的相应项在统计意义上相互抵消。DGD 输出端的正交分量是由窄带噪声的同相分量和正交分量的相关函数引起的,于是有

$$R_{Z_{DGD_Q}^{out}}(\tau) = \sigma_{\xi_{AF\Sigma}^2 - \xi_{PF\Sigma}^2}^2 \Delta_F \text{sinc}(\Delta_F\tau) \tag{2.67}$$

式中:DGD 输出端背景噪声的总方差 $\sigma_{\xi_{AF\Sigma}^2 - \xi_{PF\Sigma}^2}^2$ 可由式(2.58)得出,DGD 输入端线性系统(PF 和/或 AF)的带宽由式(2.43)给出。另外,$\text{sinc}(x)$ 表示的是 sinc 函数[1]。

下面分析不同类型的待卷积信号以对数字信号处理算法给出进一步的描述。如对于矩形包络的 Chirp 调制信号:

$$S(t) = \sin[2\pi f_c t + \gamma t^2] \tag{2.68}$$

式中:$0 < t \leqslant \tau_0$;γ 为常数,$\gamma = \pi\Delta F_0/\tau_0$,$\Delta F_0$ 是目标回波信号的频率偏移量。

于是信号的复包络可以表示为

$$\dot{S}(t) = \sin\gamma t^2 - j\cos\gamma t^2 \tag{2.69}$$

那么在离散时刻点 $[k-(n_0-i)]T_s$ 目标回波信号的同相分量和正交分量就可以写成

$$\begin{cases} x_I[k-(n_0-i)] = \sin\gamma[k-(n_0-i)]^2 + \xi_I[k] \\ x_Q[k-(n_0-i)] = \cos\gamma[k-(n_0-i)]^2 + \xi_Q[k] \end{cases} \tag{2.70}$$

式中:$\xi_I[k]$ 和 $\xi_Q[k]$ 分别为 PF 输出端形成的窄带噪声的同相分量和正交分量。

MSG 输出端形成的模板信号的复包络为

$$\dot{S}^*(\tau_0 - t) = \sin[\gamma(\tau_0-t)^2] + j\cos[\gamma(\tau_0-t)^2] \tag{2.71}$$

而在离散时刻点 iT_s 处的同相分量和正交分量分别为

$$S_I^*[i] = \sin\gamma[i]^2 \quad \text{和} \quad S_Q^*[i] = \cos\gamma[i]^2 \tag{2.72}$$

图2.7给出了式(2.62)广义信号处理算法的流程图,其中有8个卷积模块和6个求和器用于计算 DGD 输出端的所有同相分量和正交分量。综合考虑式(2.68)到式(2.72),每一同相分量和正交分量的形式可以写成:

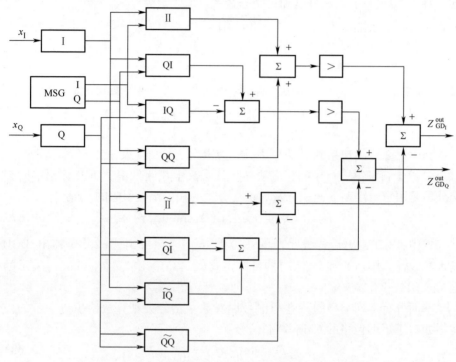

图 2.7 数字式广义检测器使用的时域卷积

$$Z_{\text{DGD}_{\text{II}}}^{\text{out}} = 2\sum_{i=1}^{n_0} \sin\gamma[i]^2 x_{\text{I}}[k - (n_0 - i)]$$

$$= 2\sum_{i=1}^{n_0} \sin\gamma[i]^2 \sin\gamma[k - (n_0 - i)]^2 + 2\sum_{i=1}^{n_0} \sin\gamma[i]^2 \xi_{\text{I}}[k - (n_0 - i)]^2$$

$$(2.73)$$

$$Z_{\text{DGD}_{\text{QQ}}}^{\text{out}} = 2\sum_{i=1}^{n_0} \cos\gamma[i]^2 x_{\text{Q}}[k - (n_0 - i)]$$

$$= 2\sum_{i=1}^{n_0} \cos\gamma[i]^2 \cos\gamma[k - (n_0 - i)]^2 + 2\sum_{i=1}^{n_0} \cos\gamma[i]^2 \xi_{\text{Q}}[k - (n_0 - i)]^2$$

$$(2.74)$$

$$Z_{\text{DGD}_{\text{QI}}}^{\text{out}} = 2\sum_{i=1}^{n_0} \cos\gamma[i]^2 x_{\text{I}}[k - (n_0 - i)]$$

$$= 2\sum_{i=1}^{n_0} \cos\gamma[i]^2 \sin\gamma[k - (n_0 - i)]^2 + 2\sum_{i=1}^{n_0} \cos\gamma[i]^2 \xi_{\text{I}}[k - (n_0 - i)]^2$$

$$(2.75)$$

$$Z_{\mathrm{DGD}_{\mathrm{IQ}}}^{\mathrm{out}} = 2\sum_{i=1}^{n_0} \sin\gamma[i]^2 x_{\mathrm{Q}}[k-(n_0-i)]$$

$$= 2\sum_{i=1}^{n_0} \sin\gamma[i]^2\cos\gamma[k-(n_0-i)]^2 + 2\sum_{i=1}^{n_0} \sin\gamma[i]^2\xi_{\mathrm{Q}}[k-(n_0-i)]^2$$

$$(2.76)$$

$$\widetilde{Z}_{\mathrm{DGD}_{\mathrm{II}}}^{\mathrm{out}} = \sum_{i=1}^{n_0} x_{\mathrm{I}}[k-(n_0-i)]x_{\mathrm{I}}[k-(n_0-i)]$$

$$= \sum_{i=1}^{n_0} \{\sin\gamma[k-(n_0-i)]^2 + \xi_{\mathrm{I}}[k-(n_0-i)]\} \times \sum_{i=1}^{n_0} \{\sin\gamma[k-(n_0- i)]^2 + \xi_{\mathrm{I}}[k-(n_0-i)]\}$$

$$= \sum_{i=1}^{n_0} \sin^2\gamma[k-(n_0-i)]^2 + 2\sum_{i=1}^{n_0} \sin\gamma[k-(n_0-i)]^2\xi_{\mathrm{I}}[k-(n_0-i)] +$$

$$\sum_{i=1}^{n_0} \xi_{\mathrm{I}}^2[k-(n_0-i)]$$

$$(2.77)$$

$$\widetilde{Z}_{\mathrm{DGD}_{\mathrm{QQ}}}^{\mathrm{out}} = \sum_{i=1}^{n_0} x_{\mathrm{Q}}[k-(n_0-i)]x_{\mathrm{Q}}[k-(n_0-i)]$$

$$= \sum_{i=1}^{n_0} \{\cos\gamma[k-(n_0-i)]^2 + \xi_{\mathrm{Q}}[k-(n_0-i)]\} \times \sum_{i=1}^{n_0} \{\cos\gamma[k-(n_0- i)]^2 + \xi_{\mathrm{Q}}[k-(n_0-i)]\}$$

$$= \sum_{i=1}^{n_0} \cos^2\gamma[k-(n_0-i)]^2 + 2\sum_{i=1}^{n_0} \cos\gamma[k-(n_0-i)]^2\xi_{\mathrm{Q}}[k-(n_0-i)] +$$

$$\sum_{i=1}^{n_0} \xi_{\mathrm{Q}}^2[k-(n_0-i)]$$

$$(2.78)$$

$$\widetilde{Z}_{\mathrm{DGD}_{\mathrm{QI}}}^{\mathrm{out}} = \sum_{i=1}^{n_0} x_{\mathrm{Q}}[k-(n_0-i)]x_{\mathrm{I}}[k-(n_0-i)]$$

$$= \sum_{i=1}^{n_0} \{\cos\gamma[k-(n_0-i)]^2 + \xi_{\mathrm{Q}}[k-(n_0-i)]\} \times \sum_{i=1}^{n_0} \{\sin\gamma[k-(n_0- i)]^2 + \xi_{\mathrm{I}}[k-(n_0-i)]\}$$

$$= \sum_{i=1}^{n_0} \cos\gamma[k-(n_0-i)]^2\sin\gamma[k-(n_0-i)]^2 + \sum_{i=1}^{n_0} \cos\gamma[k-(n_0- i)]^2\xi_{\mathrm{I}}[k-(n_0-i)]$$

$$+ \sum_{i=1}^{n_0} \sin\gamma[k-(n_0-i)]^2\xi_{\mathrm{Q}}[k-(n_0-i)] + \sum_{i=1}^{n_0} \xi_{\mathrm{Q}}[k-(n_0-i)]$$

47

$$\xi_{\mathrm{I}}[k - (n_0 - i)] \tag{2.79}$$

$$\widetilde{Z}_{\mathrm{DGD\,IQ}}^{\mathrm{out}} = \sum_{i=1}^{n_0} x_{\mathrm{I}}[k - (n_0 - i)] x_{\mathrm{Q}}[k - (n_0 - i)]$$

$$= \sum_{i=1}^{n_0} \{\sin\gamma[k - (n_0 - i)]^2 + \xi_{\mathrm{I}}[k - (n_0 - i)]\} \times \sum_{i=1}^{n_0} \{\cos\gamma[k - (n_0 - i)]^2 + \xi_{\mathrm{Q}}[k - (n_0 - i)]\}$$

$$= \sum_{i=1}^{n_0} \sin\gamma[k - (n_0 - i)]^2 \cos\gamma[k - (n_0 - i)]^2 + \sum_{i=1}^{n_0} \sin\gamma[k - (n_0 - i)]\xi_{\mathrm{Q}}[k - (n_0 - i)]$$

$$+ \sum_{i=1}^{n_0} \cos\gamma[k - (n_0 - i)]^2 \xi_{\mathrm{I}}[k - (n_0 - i)] + \sum_{i=1}^{n_0} \xi_{\mathrm{I}}[k - (n_0 - i)] \xi_{\mathrm{Q}}[k - (n_0 - i)] \tag{2.80}$$

对于时长为 $\tau_{\Sigma_0} = N_e \tau_0$ 的相位编码信号(其中 N_e 为码元数量,τ_0 为码元时长),其复包络为

$$\dot{S}(t) = \sum_{i=1}^{N_e} \dot{S}_i(t),\text{其中}\,\dot{S}_i(t) = \exp(j\theta_i) \tag{2.81}$$

如果是二相编码的信号,有 $\theta_i = [0, \pi]$ 以及

$$\dot{S}_i(t) = \zeta[i] = \pm 1 \tag{2.82}$$

那么在 MSG 的输出端与相位编码信号相匹配的离散脉冲响应为

$$S^*[i] = \zeta[N_e - i] \tag{2.83}$$

DGD 输出端的同相分量和正交分量分别为

$$\begin{cases} Z_{\mathrm{DGD_I}}^{\mathrm{out}\,2}[k] = \sum_{i=1}^{N_e} \{\zeta[N_e - i]\zeta[k - (N_e - i)]\}^2 + \sum_{i=1}^{N_e} \{\xi_{\mathrm{AF_I}}^2[k - (N_e - i)] - \xi_{\mathrm{PF_I}}^2[k - (N_e - i)]\}^2 \\ \\ Z_{\mathrm{DGD_Q}}^{\mathrm{out}\,2}[k] = \sum_{i=1}^{N_e} \{\zeta[N_e - i]\zeta[k - (N_e - i)]\}^2 + \sum_{i=1}^{N_e} \{\xi_{\mathrm{AF_Q}}^2[k - (N_e - i)] - \xi_{\mathrm{PF_Q}}^2[k - (N_e - i)]\}^2 \end{cases} \tag{2.84}$$

而 DGD 输出信号复包络的幅度为

$$Z_{\mathrm{DGD}}^{\mathrm{out}}[k] = \sqrt{Z_{\mathrm{DGD_I}}^{\mathrm{out}\,2}[k] + Z_{\mathrm{DGD_Q}}^{\mathrm{out}\,2}[k]} \tag{2.85}$$

因此当目标回波信号为相位编码信号时,CRS 数字信号处理子系统中的 DGD 只使用了 4 个卷积模块。另外,在码元时长所限定的时间区间内进行卷

积,就是在按照给定码序进行编码操作的时刻(所对应的符号由 $S^*[i] = \pm 1$ 确定)对目标回波信号的同相分量和正交分量的幅度采样进行求和,这一原理的实现难度并不大。

参考图 2.7 的流程,可估算一下带有卷积模块的 DGD 在时域对 chirp 调制的目标回波信号进行压缩的性能。从图 2.7 可以看出,所用到的卷积模块有 8 个,当计算第 k 个信号值时,在采样周期 T_s 的时间范围内,每一卷积模块需要对 N_b 个数字执行 n_0 次乘法和 $n_0 - 1$ 次加法。如果只考虑乘法的情况(这也是最常见的情况),可以对 chirp 调制目标回波信号进行卷积处理所需的运算量进行估算,相应的参数为采样速率 $f_s = \Delta F_0$,目标回波信号的时长 $\tau_0 = n_0 T_s$(即 $V_{req} = n_0 \Delta F_0$)。如当 $n_0 = 100$、$\Delta F_0 = 5 \times 10^6 \text{Hz}$ 时,所需的运算速度约为每秒执行 $V_{req} = 5 \times 10^8$ 次乘法运算。

对于这种情况,采用串行的信号处理技术是无法直接完成卷积运算的,必须采取一些特殊方法才行,最重要的是利用卷积问题所具有的并行机理特性(见图 2.8),该机理使得可用 n_0 个乘法器同时对 n_0 个乘法 $S^*[i] \times x[k - (n_0 - i)]$ 进行计算(其中 $i = 1, \cdots, n_0$),然后对乘积进行求和,此时每个乘法器所需的运算速度就应为每秒 $V_{req} = 5 \times 10^6$ 次乘法,也就是每 40ns 完成一次乘法,通过采用超大规模集成电路(Very Large-Scale Integrated circuit, VLSI)这一速度是很容易实现的。

对卷积操作进行加速还有其他的方法,如对处理器进行特殊设计,首先按位进行乘法操作,将计算结果存储于只读存储器(Read-Only Memory, ROM),用因子代码作为这些按位乘积结果的地址进行寻址求和[22,23]。仔细分析采用 ROM 的特殊处理器的工作原理,就可用如下方式的卷积操作表示 DGD 输出端的信号,从而简化计算过程,有

$$Z_{DGD}^{out} = 2 \sum_{i=1}^{N} S_i^* X_i - \sum_{i=1}^{N} X_i^2 + \sum_{i=1}^{N} \xi_{AF_i}^2 \qquad (2.86)$$

式中:S_i^* 为根据 MSG 输出端模板信号得到的加权系数;X_i 为输入的目标回波信号的样本;N 为样本数量。

假设输入的目标回波信号已经进行了归一化处理,那么 $|X_i| < 1$,另外,输入的目标回波信号是用 n 位小数点固定的加性二进制码进行表示的,那么式(2.86)可以表示为

$$Z_{DGD}^{out} = 2 \sum_{i=1}^{N} S_i^* \left(\sum_{k=1}^{n_i} X_i^{(k)} 2^{-k} - X_i^{(0)} \right) - \left(\sum_{k=1}^{n_i} X_i^{(k)} 2^{-k} - X_i^{(0)} \right) \left(\sum_{k=1}^{n_i} X_i^{(k)} 2^{-k} - X_i^{(0)} \right)$$

$$+ \left(\sum_{k=1}^{n_i} \xi_{AF_i}^{(k)} 2^{-k} - \xi_{AF_i}^{(0)} \right) \left(\sum_{k=1}^{n_i} \xi_{AF_i}^{(k)} 2^{-k} - \xi_{AF_i}^{(0)} \right) \qquad (2.87)$$

式中：$X_i^{(k)}$ 和 $\xi_i^{(k)}$ 为输入信号第 i 个样本第 k 位的值(即 0 或 1)。

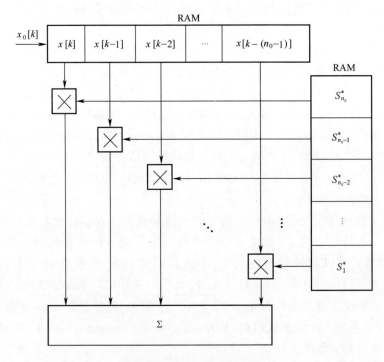

图 2.8 并行计算机理框图

式(2.87)给出的 DGD 输出信号也可表示为

$$Z_{\mathrm{DGD}}^{\mathrm{out}} = \sum_{k=1}^{n-1} 2^{-k} \Big[2\Big(\sum_{i=1}^{N} S_i^* X_i^{(k)} - \sum_{i=1}^{N} S_i^* X_i^{(0)} \Big) - \Big(\sum_{i=1}^{N} X_i^{(k)} - \sum_{i=1}^{N} X_i^{(0)} \Big)$$

$$\Big(\sum_{i=1}^{N} X_i^{(k)} - \sum_{i=1}^{N} X_i^{(0)} \Big) + \Big(\sum_{i=1}^{N} \xi_{\mathrm{AF}_i}^{(k)} - \sum_{i=1}^{N} \xi_{\mathrm{AF}_i}^{(0)} \Big) \Big(\sum_{i=1}^{N} \xi_{\mathrm{AF}_i}^{(k)} - \sum_{i=1}^{N} \xi_{\mathrm{AF}_i}^{(0)} \Big) \Big]$$

$$(2.88)$$

那么就可以引入具有 N 个二元参量的函数 G_k：

$$G_k(X_1^{(k)}, X_2^{(k)}, \cdots, X_N^{(k)}) = 2 \sum_{i=1}^{N} S_i^* X_i^{(k)} - \sum_{i=1}^{N} X_i^{(k)} \sum_{i=1}^{N} X_i^{(k)} + \sum_{i=1}^{N} \xi_{\mathrm{AF}_i}^{(k)} \sum_{i=1}^{N} \xi_{\mathrm{AF}_i}^{(k)}$$

$$(2.89)$$

此时式(2.89)就可写为

$$Z_{\mathrm{DGD}}^{\mathrm{out}} = \sum_{k=1}^{n-1} 2^{-k} G_k(X_1^{(k)}, X_2^{(k)}, \cdots, X_N^{(k)}) - G_0(X_1^{(0)}, X_2^{(0)}, \cdots, X_N^{(0)})$$

$$(2.90)$$

由于函数 $G_k(X_1^{(k)},X_2^{(k)},\cdots,X_N^{(k)})$ 的取值既可能为 0 也可能为 1,那么其特性就可以由事先算好且存储在 ROM 中的 2^N 个有限数值所确定。于是就可以用输入信号 $X_1^{(k)},X_2^{(k)},\cdots,X_N^{(k)}$ 的位数值对 ROM 进行寻址以选出函数的相应取值,并用其确定式(2.90)给出的 DGD 输出的 $Z_{\text{DGD}}^{\text{out}}$。

根据以上描述,针对 DGD 输出的 $Z_{\text{DGD}}^{\text{out}}$ 的卷积即可通过对 ROM 的 n 次寻址、$n-1$ 次求和以及单次减法($k=0$)完成,这样使得运算次数与样本数量 N 无关,而只取决于输入目标回波信号的量化位数。图 2.9 给出了完成式(2.90)所对应的卷积运算的特殊设计处理器的简单框图。

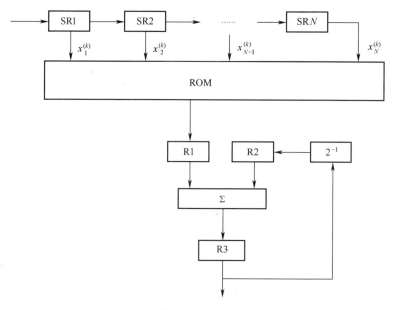

图 2.9　特殊设计处理器的框图

目标回波的脉冲串依次被移位寄存器 SR1、$\cdots$、SRN 从最低位开始进行移位。开始时,利用每一移位寄存器输出端的 $X_i^{(n-1)}$ 的值从 ROM 中寻址查找函数 $G_{n-1}(X_1^{(k)},X_2^{(k)},\cdots,X_N^{(k)})$ 的相应值,将该值馈入寄存器 R1 后同寄存器 R2 中的内容相加(在第一步时 R2 的内容为零),获得的结果存储到寄存器 R3 中。在下一周期选中的是函数 $G_{n-2}(X_1^{(k)},X_2^{(k)},\cdots,X_N^{(k)})$ 的数值,将寄存器 R3 的内容(即前一步骤的和)送到寄存器 R2 中,并将其右移一位(相当于乘以系数 0.5),由于 R1 中的内容就是 $G_{n-2}(X_1^{(k)},X_2^{(k)},\cdots,X_N^{(k)})$ 的数值,再将其与 R2 的内容(即函数 $0.5G_{n-1}(X_1^{(k)},X_2^{(k)},\cdots,X_N^{(k)})$ 的数值)相加,就可获得有规律性的特定结果。将这一过程重复 n 次,在最后一步时从累加和中减去函数 $G_0(X_1^{(0)},X_2^{(0)},\cdots,X_N^{(0)})$ 的值,由式(2.90)所给出的最终卷积结果就在完成 n 次重复之后保存在寄存器 R3 中。

当样本数量 N 的值较小时(如 $N=10,11,12$),加速后的卷积算法实现起来并不太困难,随着 N 值的增加,所需的 ROM 容量就会变得极大,如 $N=15$ 时 $Q_{ROM}=32798$ 字节,而且存取时间也会大大增加。为了降低对 ROM 容量的需求,可以先采用一系列的分拆计算法,然后再把相应结果合并起来。假设 $N=LM$,其中 M 是函数 $G_k(X_1^{(k)},X_2^{(k)},\cdots,X_N^{(k)})$ 的个数,L 是这些函数的二元参量的个数,那么式(2.86)就可以写成

$$Z_{DGD}^{out} = \sum_{i=1}^{L} (2S_i^* X_i - X_i^2 + \xi_{AF_i}^2) + \sum_{i=L+1}^{2L} (2S_i^* X_i - X_i^2 + \xi_{AF_i}^2) X_i^2 + \cdots$$

$$+ \sum_{i=(M-1)(L+1)}^{N} (2S_i^* X_i - X_i^2 + \xi_{AF_i}^2) \tag{2.91}$$

每一单步的和值都可通过前述的过程得出,此时 ROM 的容量就取决于 $Q_{ROM}=2^L M$,而不是未采用分拆计算法时的 $2^N=2^M \times 2^L$ 了。

2.4 频 域 卷 积

下面分析频域离散卷积的有关特性。当连续函数在时域有限或在频域有限时,根据对其进行离散表示的有关理论,函数 $X(t)$ 可用取值为 $\{X[i]\}$ (其中 $i=0,1,\cdots,n-1$) 的序列进行表示,如果用离散傅里叶变换(Discrete Fourier Transform, DFT)将其变换到频域,那么形式如下[24]:

$$F_X(k) = \sum_{i=0}^{n-1} X[i] \exp\left\{-\frac{j2\pi ik}{n}\right\} = \sum_{i=0}^{n-1} X[i] W_n^{ik} \tag{2.92}$$

式中:

$$W_n = \exp\left\{-\frac{j2\pi}{n}\right\} \tag{2.93}$$

反过来说,通过离散傅里叶反变换(Inverse Discrete Fourier Transform, IDFT),也可以把任何频谱有限的离散函数 $\{F_X[k]\}$ (其中 $k=0,1,\cdots,n-1$)重建为时域信号:

$$X[i] = \frac{1}{n}\sum_{k=0}^{n-1} F_X[k] \exp\left\{\frac{j2\pi ki}{n}\right\} = \frac{1}{n}\sum_{k=0}^{n-1} F_X[k] W_n^{-ik} \tag{2.94}$$

需要注意的是,不论是在时域还是在频域进行表示,函数 $X(t)$ 的离散单元的数量都是相同的。

在频域可以把序列的卷积转化为序列 DFT 结果的相乘。为此需首先分别对参与卷积的两个序列,即函数序列 $\{X[i]\}(i=0,1,2,\cdots,n-1)$ 和 DGD 所用

滤波器的冲激响应序列进行傅里叶变换,如果需将卷积之后的结果重新变换回时域,还要对频谱 $\{F_X[k]\}$ $(k=0,1,2,\cdots,n-1)$ 进行 IDFT。

对于复函数(或信号)进行"DFT-卷积-IDFT"的步骤如下:

第1步:

$$\dot{F}_H[k] = \sum_{i=0}^{n-1} \dot{H}[i] W_n^{ik}, k = 0,1,\cdots,n-1 \qquad (2.95)$$

式中: $\dot{H}[i]$ 是卷积滤波器冲激响应的复数序列。

第2步:

$$\dot{F}_X[k] = \sum_{i=0}^{l-1} \dot{X}[i] W_l^{ik} \qquad (2.96)$$

式中: $\dot{X}[i]$ 是输入函数(即待卷积函数,亦即目标回波信号)的复数序列。

第3步:

$$\dot{F}_{Z_{\text{DGD}}^{\text{out}}}[k] = \dot{F}_H[k] \dot{F}_X[k], k = 0,1,\cdots,l+n-1 \qquad (2.97)$$

第4步:

$$\dot{Z}_{\text{DGD}}^{\text{out}}[i] = \frac{1}{l+n} \sum_{k=0}^{l+n-1} \dot{F}_{Z_{\text{DGD}}^{\text{out}}}[k] W_{l+n-1}^{-ik}, i = 0,1,\cdots,l+n-1 \qquad (2.98)$$

如果输入信号数组的数据点数大于 n 的话(即 $l \geq n$),那么算法的主要特点就是成组工艺型的流程,卷积结果的数据点数为 $l+n-1$。求解 DGD 的目标检测问题时,可以假定 DGD 使用的所有滤波器的冲激响应均不变化(至少对于同一类型的发射信号是成立的),那么就可以事先求出这些滤波器冲激响应的 DFT 结果,并将其存储在相应的内存之中。需要强调的是,在雷达检测与信号处理中,待卷积序列为 DGD 所用滤波器的冲激响应,假定其点数为 n_{im},卷积后序列的长度与雷达的距离扫描长度相对应,假定其长度为 L,一般 L 要比 n_{im} 大得多。根据第 2.1 节可知 $n_{\text{im}} = n_0$(其中 n_0 是期望的目标回波信号的离散样本数),对于这样的序列同步进行卷积是非常棘手的,因此就需要将输入序列按长度 l 进行分组,其中第 p 个分组的每一单元按如下规则从整体序列 $\{\dot{X}[i]\}$ 中进行抽取:

$$\dot{Z}_p[i] = \dot{Z}[i+pl], n = 0,1,\cdots,\text{In}\left[\frac{L}{l}\right] \qquad (2.99)$$

式中: $\text{In}\left[\dfrac{L}{l}\right]$ 表示方括号中项的整数部分。

对于每一长度为 l 的输入数据组,先得到其 $l+n-1$ 点的 DFT 结果。为了得到 $l+n-1$ 点的卷积结果,必须事先算出 DGD 所用滤波器冲激响应的 $l+n-1$

点 DFT 结果,并将其保存在存储器中。对于每一组数据在频域的卷积,都是通过对两个待卷积序列的 DFT 在 $l+n-1$ 个点处对应相乘得到的。对其进行 IDFT 即可获得时域的卷积结果,所得序列 $\dot{Z}^{\text{out}}_{\text{DGD}_p}[i]$ 的长度为 $l+n-1$,相邻序列 $\dot{Z}^{\text{out}}_{\text{DGD}_p}[i]$ 和 $\dot{Z}^{\text{out}}_{\text{DGD}_{p+1}}[i]$ 会有 $n-1$ 个点的结果相互重叠,因此只有 l 个序列值是真实的。另外,可以利用相互重叠的部分序列获得 $\dot{Z}^{\text{out}}_{\text{DGD}}[i]$ 在所有点处的正确结果。根据卷积时间最小准则,在设计阶段会出现 n 固定的情况下 l 值的最优选择问题,当数值较小时(如 $n_{\text{im}} \leq 100$),通常选择 $l_{\text{opt}} \approx 5n_{\text{im}}$[11,21]。

下面分析在频域如何实现 DGD 的问题。DFT 或 IDFT 需要对复数值进行 $(l+n-1)^2$ 次乘法运算和 $l+n-1$ 次加法运算才能求得 $l+n-1$ 个频域(或时域)样本,如果考虑到卷积之后还要从频域变换到时域的话,总共就需要进行 $2(l+n-1)^2+(l+n-1)$ 次乘法运算和 $2(l+n-1)$ 次加法运算,从而获得长度为 l 的输出数据样本。为在时域获得同样长度的输出数据,需要对复数值进行 l^2 次乘法运算和 $l-1$ 次加法运算。因此相比时域卷积来说,频域卷积耗时要长得多,比如当 $l_{\text{opt}} \approx n_{\text{im}}$ 时大约是 8 倍的时间,因此采用上述形式来实现 DGD 就很不划算了。

采用称为快速傅里叶变换(Fast Fourier Transform,FFT)的专用 DFT 算法,可使频域卷积所需的计算次数大大减少[25]。下面分析利用模 2 法对实际信号进行时域抽取的 FFT 算法设计原理:令进行 DFT 处理的序列 $\{X[i]\}$ 的长度 M 是 2 的整数次幂(即 $M=2^m$),并将原始序列按如下规则分为两个部分:

$$X_{\text{even}}[i] = X[2i] \text{ 以及 } X_{\text{odd}}[i] = X[2i+1], i = 0,1,\cdots,0.5M$$
(2.100)

序列 $X_{\text{even}}[i]$ 的元素是原始序列中序号为偶数的数据,而序列 $X_{\text{odd}}[i]$ 的元素是原始序列中序号为奇数的数据,每个序列的长度均为 $0.5M$,对得到的序列再次进行划分,直到获得 $0.5M$ 个长度为 2 点的序列,这种划分的步数就是 $m = \log_2 M$。

利用模 2 法在时域进行抽取的 FFT 算法的实质为:如果 DFT 序列的长度 $l > 2$,那么就组合使用长度为 $0.5l$ 的两个序列进行 DFT,基于这一事实,为进行 M 点序列的 FFT,首先要进行 $0.5M$ 个长度为 2 的 DFT,然后将变换结果合并起来生成 $0.25M$ 个 4 点序列,$0.125M$ 个 8 点序列,……,那么在 m 步之后即可获得长度为 M 的变换结果。FFT 的计算过程可如下公式表示:

$$F[k] = F_{\text{even}}[k] + F_{\text{odd}}[k]W_M^k, k = 0,1,\cdots,0.5M-1 \quad (2.101)$$
$$F[k+0.5M] = F_{\text{even}}[k] - F_{\text{odd}}[k]W_M^k, k = 0,1,\cdots,0.5M-1$$
(2.102)

式中：

$$F_{\text{even}}[k] = \sum_{i=0}^{0.5M-1} X_{\text{even}}[i] W_{0.5M}^{ik} \qquad (2.103)$$

$$F_{\text{odd}}[k] = \sum_{i=0}^{0.5M-1} X_{\text{odd}}[i] W_{0.5M}^{ik} \qquad (2.104)$$

是相应偶数序列和奇数序列的 DFT 结果；$W_M^k = (W_M)^k$ 则是因子 W_M 的 k 次方，又称为旋转因子。

可用有向图对 FFT 算法进行图形化表示，此时会用到以下标记：点（或圆）表示加、减法运算，最终的求和结果出现在上端的输出分支，最终的相减结果出现在下端的输出分支；每一分支中的箭头表示需与箭头上方的常数相乘，如果箭头上方没有数字则表示常数为 1。图 2.10 给出了模 2 法时域抽取的 8 点 FFT 有向图，输入数据的排列顺序是通过对数字 $0,1,2,\cdots,7$ 的二进制位序进行翻转得到的，这一方法使得表示更为方便，同时也使得生成的输出序列按自然计数顺序排序，即 $F[0]$、$F[1]$、$F[2]$、$F[3]$ 都在上一输出分支，而 $F[4]$、$F[5]$、$F[6]$、$F[7]$ 都在下一输出分支。从图 2.10 可以看出来，8 点 FFT 需要 3 个步骤才能完成。

第 1 步首先执行 4 个 2 点的 DFT，由于隐含着 $W_2 = \exp\{-j\pi\} = -1$ 的条件，因此就不需要进行乘法运算，根据式（2.98），可以写为

$$F[0] = F_{\text{even}}[0] + F_{\text{odd}}[0] \quad \text{以及} \quad F[1] = F_{\text{even}}[0] - F_{\text{odd}}[0]$$
$$(2.105)$$

第 2 步根据式（2.101）将 2 对 2 点 FFT 组合成为 2 个 4 点 FFT；第 3 步就可将 2 个 4 点 FFT 变换为 8 点 FFT 结果。一般来说，总的步骤数就是 $m = \log_2 M$。除第 1 步外，之后的每一步都需要对复数值进行 M 的一半次数的乘法和 M 次的加法。因此为得出 M 点 FFT 就需要对复数值进行 $(M/2)\log_2 M$ 次乘法和 $M\log_2 M$ 次加法运算。

前面已经谈到进行 DFT 需要对复数值进行 M^2 次乘法和 M 次加法，与直接进行 DFT 相比，利用 FFT 所需乘法次数的优势在于：

$$v = \frac{M^2}{(M/2)\log_2 M} = \frac{2M}{\log_2 M} \qquad (2.106)$$

如当 $M = 1024$ 时 $v \approx 200$，当 $M = 128$ 时 $v \approx 21$。

现在返回分析采用 FFT 之后的 DGD 频域信号处理问题。图 2.11 给出了采用 FFT 之后的处理流程图，这种处理器包括输入存储器、FFT 处理器、IFFT 处理器、ROM 设备、乘法器以及输出存储器。如图 2.11 所示，目标回波信号的同相分量和正交分量同时进入输入存储器，同相分量和正交分量共同形成复信号

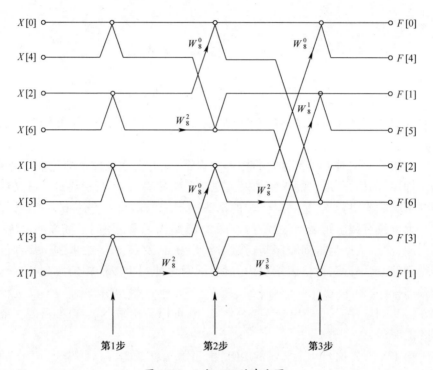

图 2.10 8 点 FFT 的有向图

以进行"FFT-乘法-IFFT"操作,由于这一原因,输入、输出存储器以及所有的中间寄存器的位数都必须加倍。

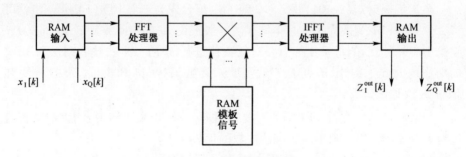

图 2.11 FFT 专用处理器

对于 DGD 的信号处理来说,需要对 $2M$ 个复数值进行 FFT、IFFT 以及乘法操作。如果假设 $M = l + n - 1$,由于对于所考虑的处理器来说,其运算时间主要消耗在对复数及其共轭的乘法上,于是是卷积运算的次数就可以表示为

$$N_{sp} = 2[0.5M\log_2 M] + M = M[1 + \log_2 M] \qquad (2.107)$$

输出信号的每一个序列(包括同相分量和正交分量)所需的卷积次数为

$$\frac{N_{sp}}{l} = \frac{M[1 + \log_2 M]}{l} \qquad (2.108)$$

当 $l = n$ 时，如果在时域进行卷积运算，每一个信号样本所需的复数乘法次数为 n。与利用 FFT 进行卷积运算相比，时域计算卷积所需的复数及其共轭的乘法次数增多，即

$$g_{FFT} \approx \frac{n^2}{M[1 + \log_2 M]} = \frac{n}{2[1 + \log_2 2n]} \qquad (2.109)$$

根据该式进行计算表明，仅当 $l \geqslant 12$ 时，$g_{FFT} > 1$，如果 $l = 2048$ 则 $g_{FFT} = 85$，也就是说只有当序列长度较大时，这种在复数及其共轭之间的乘法次数才会显著增大。

下面估算一下采用 FFT 之后在雷达信号处理子系统中实现 DGD 所需的存储容量。如果使用相同的存储单元进行 FFT 和 IFFT，并对需要存储的输出信号进行缓冲（见图 2.11），完成 DGD 所需的存储容量为 $Q = M_1 + M_2 + M_3 + l$，其中 M_1 是输入序列所需的存储单元数，M_2 是进行 FFT 和 IFFT 所需的存储单元数，M_3 是 DGD 所用到的所有滤波器冲激响应的频谱分量所需的存储单元数，l 是输出序列所需的存储单元数，因此 FFT 所需的存储容量比在频域直接进行 FT 要大得多。如果采用连续流水线式的 FFT 系统，可以大大提高卷积的速率，此种处理器包含 $0.5M\log_2 M$ 个并行执行算术运算的单元，其中每一单元执行某个特定步骤的 FFT 变换，于是就可将计算时间降低 $\log_2 0.5M$ 倍，这种连续流水线式 FFT 需要额外的步骤间延时寄存器作为存储单元。

2.5　DGD 设计实例

在设计的初始阶段，首先必须确定 DGD 进行数字信号处理所需的参数，包括采样速率 f_s 和目标回波信号的量化位数 N_b 等。DGD 的性能以及 DGD 所采用的数字信号处理器件需求都与这些参数密切相关。通过计算机仿真对不同类型的 DGD 设计和构建方案进行分析，可以提供相应的实际建议。下面给出频率偏移量 $\Delta F_0 = 5\text{MHz}$ 时 Chirp 调制的目标回波信号的 DGD 仿真分析结果。

如果对同相通道和正交通道进行采样，根据采样理论，Chirp 调制信号采样周期 T_s 的极限为 $T_{s_{max}} = 1/\Delta F_0$。图 2.12 中的曲线表示的是不同 T_s 取值时，DGD 输出信号在压缩后的峰值周围信号相对于峰值的大小。如果 $T_s = 1/\Delta F_0$，那么 DGD 的输出信号在基底附近主瓣的宽度为 $2/\Delta F_0$，在主瓣区域内输出信号只有单个点（即图 2.12 中的点 a）。

一般来说，DGD 输出信号会有较高的副瓣，幅度可达峰值的 1/2，而这是人

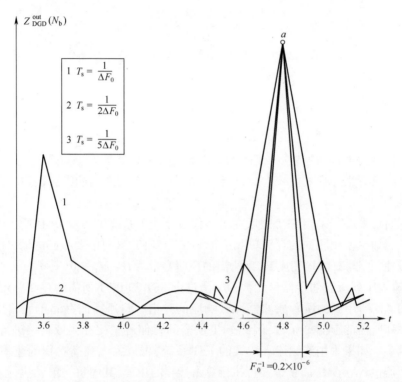

图 2.12 DGD 输出信号幅度与采样周期 T_s 的对应关系图

们所不希望的。若令 $T_s = 1/2\Delta F_0$，或者说采样速率提高到其极限 $f_{s_{max}}$ 的两倍，在主瓣峰值的宽度 $1/\Delta F_0$ 内就会出现两个读数。当 $T_s = 1/5\Delta F_0$ 时，DGD 的输出就非常接近模拟式 GD 的输出信号了。从所分析的仿真结果可以清晰地看出，采样速率至少应当是极限 $f_{s_{max}}$ 的 2 倍。但是还应看到这样一个现实问题，就是采样速率 f_s 的提高会使 DGD 设计和实现的复杂性急剧增加，或者说数字信号处理器件所需的性能与存储需求都会变得极为苛刻，因此进行 DGD 设计时所推荐的采样速率 f_s 应该在 $2\Delta F_0 \sim 3\Delta F_0$ 的范围内。

在确定 DGD 的性能时，用于表示目标回波信号的位数起到重要的作用。把 DGD 输出信号的幅度比 $Z_{DGD}^{out}(N_b)/Z_{DGD}^{out}(\infty)$ 看作是目标回波信号量化位数 N_b 的函数，在图 2.13 中给出了相应的仿真结果，此处 $Z_{DGD}^{out}(N_b)$ 表示有限位数 N_b 时的 DGD 输出信号，而 $Z_{DGD}^{out}(\infty)$ 表示对输入信号不进行采样时的 GD 输出信号（即 $N_b \to \infty$），从图 2.13 中可以看出，当 $N_b \geq 10$ 之后 DGD 输出信号幅度的峰值与位数 N_b 之间的相关性就比较弱了，因此在设计复杂雷达系统所用数字信号处理子系统 DGD 时，可将这一位数值作为推荐值使用。

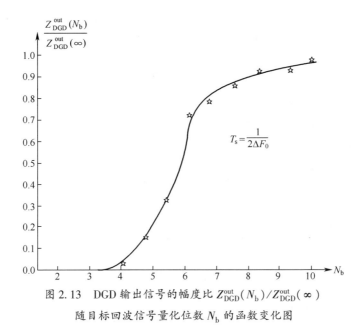

图 2.13　DGD 输出信号的幅度比 $Z_{\mathrm{DGD}}^{\mathrm{out}}(N_{\mathrm{b}})/Z_{\mathrm{DGD}}^{\mathrm{out}}(\infty)$
随目标回波信号量化位数 N_{b} 的函数变化图

2.6　总结与讨论

通过本章的讨论,可以得到以下结论:

设计模数转换器,首先要确定采样间隔的大小和量化位数的多少。在设计时,不仅要考虑转换器本身的设计与实现问题,还要考虑到对回波信号进行处理的数字接收机的设计与实现问题。

采样器件可以看作是每隔 T_{s} 时间闭合时长 τ 的电路,目标回波信号的瞬时采样结果 $x_{\delta}(t)$ 与周期信号的傅里叶变换结果有着非常相似的数学形式。众所周知,只有满足某些约束条件,才可用序列 $\{x(nT_{\mathrm{s}})\}$ 的形式表示连续信号 $x(t)$,条件之一就是被信号采样 $x(t)$ 必须是带限的。根据信号空间理论中的 Kotelnikov 定理[4],如果连续信号 $x(t)$ 是带限的,那么该信号就可由采样间隔为 $T_{\mathrm{s}} \leqslant 1/(2f_{\max})$ 的可数样本集完全确定,其中 $f_{\max}$ 是信号频谱的截止频率。

窄带信号的复包络既可用实包络和相位(均是时间的函数)表示,也可用同相分量和正交分量表示。相应地,对于窄带信号的采样需要两种样本:要么是窄带信号的包络幅度与相位,要么是窄带信号复包络的同相分量和正交分量,那么所要处理的就是二维信号的采样问题。

CRS 要对目标回波信号进行数字处理,不仅要对射频信号的包络和相位或同相分量和正交分量进行采样,还要对采样值进行量化,完成这一功能的器件称为量化器。模数转换器的主要工作参数包括:采样和量化误差、可靠性以及其他参数。可靠性指的是在给定的环境条件下,在指定的时间范围内,确保运转的正确程度处于给定限度内的能力。可能会导致风险的其他限制因素还有:功率消耗、重量、尺寸、流水线生产的成本、可制造性、设计耗费的时间等。需要注意的是,采样和量化误差有两类,即动态误差和静态误差。动态误差取决于目标回波信号的特性和模数转换器的时间性能,该类误差的主要成分是模数转换器输入端目标回波信号参数的变化带来的不确定度。

众所周知,可用采样和量化技术将模拟信号数字化。采样技术是在有限范围内将信号的时间离散化,量化技术是在有限范围内将信号的幅度离散化,由此就需要对这些离散技术所导致的误差加以区分,从而对接收机的性能给出更为准确的评价。幅度量化和采样带来的误差可以分别看成是均值为零、方差分别为 $\sigma_{\xi_1}^2$ 和 $\sigma_{\xi_2}^2$ 的加性噪声 $\xi_1(kT_s)$ 和 $\xi_2(kT_s)$。如果所选择的量化步长 Δx 与被采样信号的均方差 σ' 满足 $\Delta x < \sigma'$,那么幅度量化误差与信号之间互相关函数的绝对值大约是信号自相关函数值的 10^{-9} 倍,因此可将该互相关函数忽略不计。作为较为初步的近似,有理由假设噪声 $\xi_1(kT_s)$ 和 $\xi_2(kT_s)$ 都是高斯型的。

当目标回波信号为相位编码信号时,CRS 数字信号处理子系统中的 DGD 只使用了 4 个卷积模块。另外,在码元时长所限定的时间区间内进行卷积,就是在按照给定码序进行编码操作的时刻(所对应的符号由 $S^*[i] = \pm 1$ 确定)对目标回波信号的同相分量和正交分量的幅度采样进行求和,这一原理的实现难度并不大。当目标回波信号为 Chirp 信号时,采用串行的信号处理技术是无法直接完成卷积运算的,必须采取一些特殊方法才行,最重要的是利用卷积问题所具有的并行特点,可用 n_0 个乘法器同时对 n_0 个乘法 $S^*[i] \times x[k-(n_0-i)]$(其中 $i=1,\cdots,n_0$)进行计算,然后对这些乘积进行求和,此时每个乘法器所需的运算速度就应为每秒 $V_{req} = 5 \times 10^6$ 次乘法,也就是每 40ns 完成一次乘法,这一速度通过采用超大规模集成电路是很容易实现的。对卷积操作进行加速还有其他的方法,如某种特殊设计的处理器使用了只读存储器(ROM)存储先前完成的按位进行乘法操作的计算结果,并用因子代码作为这些按位乘积结果的地址[22,23]。

在频域可以把序列的卷积简化为 DFT 结果的相乘。为此首先分别对参与卷积的两个序列,即函数序列 $\{X[i]\}$ 和 DGD 所用滤波器的冲激响应序列进行傅里叶变换,如果需将卷积之后的结果重新变换回时域,就要对频谱 $\{F_x[k]\}$ 进行 IDFT。

如果输入信号数组的数据点数大于 n 的话(即 $l \geq n$),那么算法的主要特点就是成组工艺型的流程,卷积结果的数据点数为 $l + n - 1$。对于求解 DGD 的目标检测问题,可以假定 DGD 使用的所有滤波器的冲激响应均不变化(至少对于同一类型的发射信号是满足的),那么就可以事先求出这些滤波器的冲激响应的 DFT 结果,并将其存储在相应计算机的内存之中。需要强调的是,在雷达检测与信号处理中,待卷积序列的长度为 DGD 所用滤波器冲激响应的点数 n_{im},与 n_{im} 相比,雷达的距离扫描长度相对应的卷积后序列长度 L 要大得多。

可以按照下述方法估算采用 FFT 之后在雷达信号处理子系统中实现 DGD 所需的存储容量。如果使用相同的存储单元进行 FFT 和 IFFT,并对需存储的输出信号进行缓冲(见图 2.11),完成 DGD 所需的存储容量 $Q = M_1 + M_2 + M_3 + l$,其中 M_1 是输入序列所需的存储单元数,M_2 是进行 FFT 和 IFFT 所需的存储单元数,M_3 是 DGD 所用到的所有滤波器冲激响应的频谱分量所需的存储单元数,l 是输出序列所需的存储单元数,因此 FFT 所需的存储容量比在频域直接进行 FT 要大得多。如果采用连续流水线式的 FFT 系统,可以大大提高卷积的速率,此种处理器包含 $0.5M\log_2 M$ 个并行执行算术运算的单元,其中每一单元执行某个特定步骤的 FFT 变换,于是就可将计算时间降低 $\log_2 0.5M$ 倍,这种连续流水线式 FFT 需要额外的步骤间延时寄存器作为存储单元。

参考文献

1. Haykin, S. and M. Mocher. 2007. Introduction to Analog and Digital Communications. 2nd edn. New York: John Wiley & Sons, Inc.

2. Lathi, B. P. 1998. Modern Digital and Analog Communication Systems. 3rd edn. Oxford, U. K.: Oxford University Press.

3. Ziemer, R. and B. Tranter. 2010. Principles of Communications: Systems, Modulation, and Noise. 6th edn. New York: John Wiley & Sons, Inc.

4. Kotel'nikov, V. A. 1959. The Theory of Optimum Noise Immunity. New York: McGraw-Hill, Inc.

5. Manolakis, D. G., Ingle, V. K., and S. M. Kogon. 2005. Statistical and Adaptive Signal Processing. Norwood, MA: Artech House, Inc.

6. Goldsmith, A. 2005. Wireless Communications. Cambridge, U. K.: Cambridge University Press.

7. Kamen, E. W. and B. S. Heck. 2007. Fundamentals of Signals and Systems. 3rd edn. Upper Saddle River, NJ: Prentice Hall, Inc.

8. Tse, D. and P. Viswanath. 2005. Fundamentals of Wireless Communications. Cambridge, U. K.: Cambridge University Press.

9. Simon, M. K., Hinedi, S. M., and W. C. Lindsey. 1995. Digital Communication Techniques: Signal Design and Detection. 2nd edn. Upper Saddle River, NJ: Prentice Hall, Inc.

10. Richards, M. A. 2005. Fundamentals of Radar Signal Processing. New York: McGraw-Hill, Inc.

11. Oppenheim, A. V. and R. W. Schafer. 1989. Discrete-Time Signal Processing. New York: Prentice Hall, Inc.

12. Kay, S. 1998. Fundamentals of Statistical Signal Processing: Detection Theory. Upper Saddle River, NJ: Prentice Hall, Inc.

13. Tuzlukov, V. 1998. Signal Processing in Noise: A New Methodology. Minsk, Belarus: IEC.

14. Tuzlukov, V. 2001. Signal Detection Theory. New York: Springer-Verlag, Inc.

15. Tuzlukov, V. 2002. Signal Processing Noise. Boca Raton, FL: CRC Press.

16. Tuzlukov, V. 2005. Signal and Image Processing in Navigational Systems. Boca Raton, FL: CRC Press.

17. Tuzlukov, V. 1998. A new approach to signal detection theory. Digital Signal Processing, 8(3): 166-184.

18. Tuzlukov, V. 2010. Multiuser generalized detector for uniformly quantized synchronous CDMA signals in AWGN noise. Telecommunications Review, 20(5): 836-848.

19. Tuzlukov, V. 2011. Signal processing by generalized receiver in DS-CDMA wireless communication systems with optimal combining and partial cancellation. EURASIP Journal on Advances in Signal Processing, 2011, Article ID 913189: 15, DOI: 10. 1155/2011/913189.

20. Tuzlukov, V. 2011. Signal processing by generalized receiver in DS-CDMA wireless communication systems with frequency-selective channels. Circuits, Systems, and Signal Processing, 30(6): 1197-1230.

21. Tuzlukov, V. 2011. DS-CDMA downlink systems with fading channel employing the generalized receiver. Digital Signal Processing, 21(6): 725-733.

22. Papoulis, A. and S. U. Pillai. 2001. Probability Random Variables and Stochastic Processes. 4th edn. New York: McGraw-Hill, Inc.

23. Hayes, M. H. 1996. Statistical Digital Signal Processing and Modeling. New York: John Wiley & Sons, Inc.

24. Proakis, J. G. and D. G. Manolakis. 1992. Digital Signal Processing. 2nd edn. New York: Macmillan, Inc.

25. Kammler, D. W. 2000. A First Course in Fourier Analysis. Upper Saddle River, NJ: Prentice Hall, Inc.

第3章 跨周期数字信号处理算法

3.1 数字式动目标指示算法

文献[1]详细介绍了动目标指示雷达的基本工作原理。基于以下4个优点,动目标指示雷达的性能得到了大幅提升:

(1) 增强了发射机、振荡器和接收机等雷达子系统的稳定性。

(2) 扩大了接收机和模数转换器的动态范围。

(3) 提高了数字信号处理的速度和能力。

(4) 基于对系统局限性的更好认识,提出了动目标指示雷达对环境进行自适应的解决方案。

以上4个优点使得多年前曾经考虑过、尝试过但却无法付诸实践的先进技术变得实用起来,如自适应技术之前的速度指示相参积累器[2]和相参存储滤波器[3,4]等早期概念。

动目标指示雷达的设计既是一门科学也是一门艺术,尽管以上技术的进步可以提高动目标指示雷达的能力,但依然不能完美解决实际应用中遇到的所有问题,其中之一就是随着接收机动态范围的扩大,因系统稳定性不够导致的杂波残留(相对于系统噪声)将会增加,进而产生虚假检测。

采用杂波图可以避免杂波残留引起的虚假检测,并在固定部署的雷达系统上发挥了良好作用,但对于移动载体却效果不佳。以舰载雷达为例,当舰船航行时,每一杂波单元的角度和距离都在发生变化,杂波图对消之后还会存在杂波残留。降低杂波图的分辨率可以减小迅速变化的杂波残留的影响;但同时也会降低杂波内可见度,进而影响动目标指示雷达的正常运转。动目标指示雷达的工作环境包括极强的固定杂波,飞鸟、蝙蝠和昆虫的反射,各种气候条件,各种车辆以及大气波导等。其中大气波导可以看作是一种异常传播,使得超出雷达作用距离的地表也能产生回波信号,不但加剧了飞鸟、车辆的影响,也会使雷达检测到数百千米之外的固定杂波。

3.1.1 构建原则与性能指标

在相关无源干扰(Correlated Passive Interference)环境中进行信号处理时,

对含有 N 个相参脉冲的脉冲串进行准最佳处理的方法就是对其复包络进行 ν 阶($\nu \leqslant N$)跨周期相减，然后将未被对消的残留进行积累。对来自固定位置的相关干扰进行跨周期相减（也称为对消），可以提取与雷达存在相对运动的目标，一般将这一过程称为动目标指示。

25～30 年以前，动目标指示是由时延电路、模拟滤波器等模拟器件完成的，现在则广泛采用数字式动目标指示器进行无源干扰对消。数字式动目标指示器由存储设备和数字式滤波器组成[5-8]。

数字式动目标指示器的设计及性能评价需要考虑如下因素：

（1）当对数字式动目标指示器中的目标回波信号采用 $N_b \geqslant 8$ 位进行幅度采样和量化时，可将量化误差看作是叠加在接收机噪声上的高斯白噪声，据此就可基于模拟式动目标指示器原型进行数字式动目标指示器的设计，也就是将熟知的模拟算法数字化。

（2）与使用模拟式动目标指示器相比，对目标回波信号的幅度采样进行量化后，无源干扰对消会产生额外损耗。

数字式动目标指示器既可采用双通道也可采用单通道，图 3.1 给出的是双通道结构框图。经 DGD 处理后，所输出的同相分量和正交分量分别送至两个相同的数字滤波器进行跨周期相减操作。单次相减后，滤波器两个正交通道的输出信号可写为

$$\begin{cases} Z_{\mathrm{I}}^{\mathrm{out}}[i] = Z_{\mathrm{DGD_I}}^{\mathrm{out}}[i] - Z_{\mathrm{DGD_I}}^{\mathrm{out}}[i-1] \\ Z_{\mathrm{Q}}^{\mathrm{out}}[i] = Z_{\mathrm{DGD_Q}}^{\mathrm{out}}[i] - Z_{\mathrm{DGD_Q}}^{\mathrm{out}}[i-1] \end{cases} \tag{3.1}$$

类似方式可得任意 ν（$\nu \leqslant N, \nu = 2,3,\cdots$）阶跨周期相减后滤波器输出信号的计算公式。需要注意的是，以上操作是在时域采样间隔相同情况下所得信号的基础上进行的，下标 i 表示当前的扫描次序号。因此，信号 $Z_{\mathrm{I}}^{\mathrm{out}}[i]$ 和 $Z_{\mathrm{Q}}^{\mathrm{out}}[i]$ 要么先积累再合并，要么先合并再进行非相参积累，然后送至判决电路。图 3.1 给出了同相分量和正交分量的 3 种合并方式，即输出 1、2 和 3。在图 3.1 中，如果只使用双通道中的一个通道工作的话，就形成了单通道数字式动目标指示器，这样虽然大大简化了结构框图，但同时也会带来信噪比的额外损耗。

实际工作中，广泛采用如下指标对数字式动目标指示器的性能进行评价：

（1）干扰对消系数 G_{can}：对消器输入端与输出端的无源干扰功率之比为

$$G_{\mathrm{can}} = \frac{P_{\mathrm{pi}}^{\mathrm{in}}}{P_{\mathrm{pi}}^{\mathrm{out}}} = \frac{\sigma_{\mathrm{pi_{in}}}^2}{\sigma_{\mathrm{pi_{out}}}^2} \quad \text{当 } \sigma_{\mathrm{p_{in}}}^2 \gg \sigma_{\mathrm{n}}^2 \text{ 时} \tag{3.2}$$

式中：$P_{\mathrm{pi}}^{\mathrm{in}}$ 为对消器输入端的无源干扰功率；$\sigma_{\mathrm{pi_{in}}}^2$ 为对消器输入端的无源干扰方差；$P_{\mathrm{pi}}^{\mathrm{out}}$ 为对消器输出端的无源干扰功率；$\sigma_{\mathrm{pi_{out}}}^2$ 为对消器输出端的无源干扰方

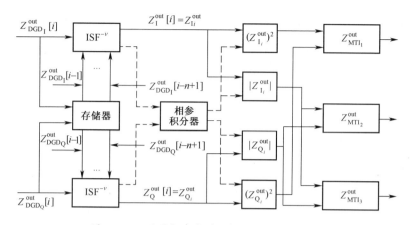

图 3.1　双通道数字式动目标指示器结构框图

$$Z_{\mathrm{MTI}_1}^{\mathrm{out}} = \sqrt{\left(Z_{\mathrm{I}_i}^{\mathrm{out}}\right)^2 + \left(Z_{\mathrm{Q}_i}^{\mathrm{out}}\right)^2}\,; Z_{\mathrm{MTI}_2}^{\mathrm{out}} = \mid Z_{\mathrm{I}_i}^{\mathrm{out}} \mid + \mid Z_{\mathrm{Q}_i}^{\mathrm{out}} \mid$$

$$Z_{\mathrm{MTI}_3}^{\mathrm{out}} = \mid \max(Z_{\mathrm{I}_i}^{\mathrm{out}}, Z_{\mathrm{Q}_i}^{\mathrm{out}}) \mid + 0.5 \mid \min(Z_{\mathrm{I}_i}^{\mathrm{out}}, Z_{\mathrm{Q}_i}^{\mathrm{out}}) \mid$$

差;σ_{n}^2 为接收机噪声的方差。

（2）品质因数:对无源干扰进行跨周期对消时,该因数可定义为

$$\eta = \frac{P_{\mathrm{s}}^{\mathrm{out}}/P_{\mathrm{pi}}^{\mathrm{out}}}{P_{\mathrm{s}}^{\mathrm{in}}/P_{\mathrm{pi}}^{\mathrm{in}}} = \frac{P_{\mathrm{pi}}^{\mathrm{in}}}{P_{\mathrm{pi}}^{\mathrm{out}}} \times \frac{P_{\mathrm{s}}^{\mathrm{out}}}{P_{\mathrm{s}}^{\mathrm{in}}} = G_{\mathrm{can}} \times G_{\mathrm{s}} \tag{3.3}$$

式中:G_{s} 为信号通过对消器后的增益。

一般情况下,当采用非线性信号处理时,品质因数 η 表示在一定检测性能的前提下,对消器输入端干扰功率的上限。

（3）改善因子:数字式动目标指示器输出端信干比与输入端信干比的比值:

$$G_{\mathrm{im}} = \frac{P_{\mathrm{s}}^{\mathrm{out}}/P_{\mathrm{pi}}^{\mathrm{out}}}{\overline{\left[P_{\mathrm{s}}^{\mathrm{in}}/P_{\mathrm{pi}}^{\mathrm{in}}\right]_{V_{\mathrm{tg}}}}} \tag{3.4}$$

式中:$\overline{\left[P_{\mathrm{s}}^{\mathrm{in}}/P_{\mathrm{pi}}^{\mathrm{in}}\right]_{V_{\mathrm{tg}}}}$ 为对消器输入端信干比,可通过对目标速度的所有可能取值求平均而得到。

前面提到的 Q 因子既适用于跨周期相减的无源干扰对消器,也适用于无源干扰对消后级联残留信号积累器的情况。

3.1.2　数字式带阻滤波器

数字式动目标指示器的主要部件是对相关无源干扰进行对消的数字式带阻滤波器(Digital Rejector Filter)。在最简单的情况下,数字式带阻滤波器是采用 ν ($\nu \leqslant N$)阶跨周期相减的非递归滤波器构建的,当然递归滤波器也广泛用

于无源干扰的对消。下面简要介绍带阻滤波器的分析与综合问题。

数字式非递归滤波器的信号处理算法为

$$Z_{IQ_{nr}}^{out}(nT) = Z_{IQ_{nr}}^{out}[n] = \sum_{i=0}^{\nu} h_i Z_{IQ_{nr}}^{in}[n-i] \tag{3.5}$$

式中:h_i 为滤波器的权重系数;$Z_{IQ_{nr}}^{in}[n-i]$ 为滤波器输入端(或 DGD 输出端)信号的同相分量和正交分量。

当 $\nu = 2$ 时,式(3.5)给出的是采用非递归滤波器的 3 脉冲对消处理算法。为了确定该滤波器的系数,可以建立以下方程:

$$\Delta Z_{IQ_{nr}}^{out}[n] = Z_{IQ_{nr}}^{in}[n] - Z_{IQ_{nr}}^{in}[n-1] \tag{3.6}$$

$$\Delta Z_{IQ_{nr}}^{out}[n-1] = Z_{IQ_{nr}}^{in}[n-1] - Z_{IQ_{nr}}^{in}[n-2] \tag{3.7}$$

$$\Delta Z_{IQ_{nr}}^{out}[n] = \Delta Z_{IQ_{nr}}^{out}[n] - \Delta Z_{IQ_{nr}}^{out}[n-1] = Z_{IQ_{nr}}^{in}[n] - 2Z_{IQ_{nr}}^{in}[n-1] + Z_{IQ_{nr}}^{in}[n-2]$$
$$\tag{3.8}$$

因此,该滤波器系数 $h_0 = h_2 = 1$,$h_1 = -2$,而当 $i > 2$ 时 $h_i = 0$。图 3.2 给出了单通道 2 阶跨周期相减滤波器的框图。通过类似方式也可得出 $\nu > 2$ 时的滤波器系数,如当 $\nu = 3$ 时,$h_0 = 1$,$h_1 = -3$,$h_2 = 3$,$h_3 = -1$,而 $i > 3$ 时 $h_i = 0$,其信号处理算法为

$$Z_{IQ_{nr}}^{out}[n] = Z_{IQ_{nr}}^{in}[n] - 3Z_{IQ_{nr}}^{in}[n-1] + 3Z_{IQ_{nr}}^{in}[n-2] - Z_{IQ_{nr}}^{in}[n-3]$$
$$\tag{3.9}$$

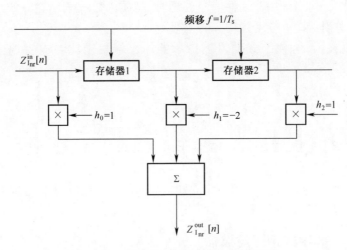

图 3.2　2 阶对消滤波器框图(同相通道)

数字式非递归滤波器的实现较为简单,但因其幅频特性的抑制凹口性能不佳,严重影响无源干扰的对消效果。除了非递归滤波器以外,采用如下信号处

理算法也可将递归滤波器用作带阻滤波器：

$$Z_{\text{IQ}_{\text{nr}}}^{\text{out}}[n] = \sum_{i=0}^{\nu} a_i Z_{\text{IQ}_{\text{nr}}}^{\text{in}}[n-i] + \sum_{j=0}^{\nu} b_j Z_{\text{IQ}_{\text{nr}}}^{\text{in}}[n-j] \tag{3.10}$$

式中：a_i 和 b_j 为数字式递归滤波器的系数。

文献[9~12]等大量资料都介绍了递归滤波器的综合方法，本文不再对其进行细节讨论，而是直接认为文献[22]给出的综合方法就是构建基于数字式带阻滤波器的动目标指示器的最有效方法。首先根据给定的环境条件参数和初始假设条件选定阶次，并确定模拟式滤波器原型的幅频特性，参照该幅频特性给出数字式滤波器幅频特性的近似（此处考虑了结构复杂性的约束）。椭圆滤波器（或称为 Zolotaryov-Cauer 滤波器[23]）是满足要求的最佳选择。

按照式（3.10）实现数字式带阻滤波器的便利之处在于，当 a_i 和 b_j 是简单的二进制数时，就无需使用 ROM 存储这些系数，而且乘法运算变为简单的位移与求和运算。如使用二阶递归椭圆滤波器的情况下，相应的系数为[22]：$a_0 = a_2 = 1$；$a_1 = -1.9682$；$b_1 = -0.68$；$b_2 = -0.4928$。为简化数字式带阻滤波器的实现，对系数 a_1、b_1 和 b_2 可以进行舍入近似：$a_1 = -1.875 = -2^1 + 2^{-3}$，$b_1 = -0.75 = -2^0 + 2^{-2}$，$b_2 = -0.5 = -2^{-1}$。研究表明，系数的舍入近似对干扰对消效果的影响极小，可以忽略不计。

与相同阶数的非递归带阻滤波器相比，由于幅频特性得到改善，递归式带阻滤波器能够实现无源干扰的最佳对消，但其输出端的干扰残留相关度却高于非递归滤波器。另外，由于存在正反馈环节，如果目标回波脉冲数少于 20（即 $n<20$），则过渡过程的持续时间将会延长，从而导致性能下降。

下面对比一下数字式滤波器和模拟式滤波器的性能。首先，将式（3.10）变换为非递归滤波器形式，即将数字式递归滤波器的信号处理算法改写为

$$Z_{\text{IQ}_{\text{nr}}}^{\text{out}}[n] = \sum_{i=0}^{N-1} h_{i_{\text{rf}}} Z_{\text{IQ}_{\text{nr}}}^{\text{in}}[n-i] \tag{3.11}$$

式中：N 为脉冲串中的脉冲数；$h_{i_{\text{rf}}}$ 为文献[23,24]给出的数字式递归滤波器的冲激响应系数，即

$$h_{0_{\text{rf}}} = 1, \quad h_{i_{\text{rf}}} = a_i + \sum_{j=1}^{k} b_j h_{i-j_{\text{rf}}} \tag{3.12}$$

如对于二阶递归滤波器（$\nu = k = 2$），$h_{0_{\text{rf}}} = 1$，$h_{1_{\text{rf}}} = a_1 + h_{2_{\text{rf}}} = a_2 + b_1 h_{1_{\text{rf}}} + b_2$，当 $i > 2$ 时，$h_{i_{\text{rf}}} = b_1 h_{i-1_{\text{rf}}} + b_2 h_{i-2_{\text{F}}}$。根据式（3.12），递归滤波器的冲激响应趋于无穷长，因此所用系数的个数就应根据输入信号的样本长度进行确定。

不同阶数的跨周期相减效果可用无源干扰对消系数进行对比[25]：

$$G_{\text{can}} = \frac{1}{\sum_{i=0}^{\nu} \sum_{j=0}^{\nu} b_i h_j \rho_{\text{pi}} [(i-j)T]} \qquad (3.13)$$

式中：$\rho_{\text{pi}}[\cdot]$ 为无源干扰的归一化跨周期相关系数；T 为雷达脉冲重复周期。

当利用式(3.13)确定非递归滤波器的 G_{can} 值时，ν 值表示跨周期相减的阶数，而对于递归滤波器来说，$\nu = N_{\text{pi}} - 1$(其中 N_{pi} 表示无源干扰的样本量)。

利用式(3.13)进行计算时，需要知道干扰模型。对于地表延展物体、云以及其他类型反射体反射回来的信号来说，这种无源干扰的频谱分布近似为高斯分布，即

$$f_{\text{pi}}(S_{\text{pi}}) \approx \exp\left[-2.8\left(\frac{S_{\text{pi}}}{\Delta f_{\text{pi}}}\right)^2\right] \qquad (3.14)$$

式中：S_{pi} 为无源干扰的频谱；Δf_{pi} 为无源干扰频谱的半功率带宽。

该频谱对应的归一化相关系数为

$$\rho_{\text{pi}}(iT) = \exp\left[-\frac{\pi^2(\Delta f_{\text{pi}} iT)^2}{2.8}\right] \qquad (3.15)$$

对于不同阶数的跨周期相减情况，图 3.3 给出了无源干扰对消系数 G_{can} 作为 $\Delta f_{\text{pi}} iT (i=1)$ 的函数结果，从该图可以看出，二阶对消比一阶对消大约有 15dB 的改善，三阶对消比二阶对消的改善小于 15dB，四阶对消比三阶对消的改善就更少了。递归滤波器的对消系数取决于无源干扰的样本量 N_{pi}，因此无法基于对消系数 G_{can} 比较递归滤波器和非递归滤波器的性能，但可用式(3.3)给出的品质因数 η 值进行评价，该因数表示数字式线性滤波器对于信噪比的改善情况。

假设无源干扰物静止不动(即多普勒频移 $\varphi_D = 0$)，而目标的速度是最佳的(即 $\varphi_D = \pi$)，那么品质因数 η 则为[24]

$$\eta = \frac{\sum_{i,j=0}^{\nu_s} (-1)^{i-j} h_i h_j \rho_s [(i-j)T]}{\sum_{i,j=1}^{\nu_{\text{in}}} h_i h_j \rho_{\text{pi}} [(i-j)T]} \qquad (3.16)$$

式中：ν_s 采用递归滤波器时为 $N_s - 1$(其中 N_s 是目标回波脉冲串中的脉冲数)，采用非递归滤波器时为跨周期相减的阶数 ν；ν_{in} 为无源干扰的样本量，可用与 ν_s 类似的方法得到；ρ_s 为目标回波信号的相关系数；ρ_{pi} 为无源干扰的跨周期相关系数。

为进行计算需要知道目标回波信号的模型。一般来说，可以假设目标回波信号的幅度包络服从瑞利分布，其相关系数为

$$\rho_s(T) = \exp(-\pi \Delta f_{\text{tg}} T) \qquad (3.17)$$

式中：Δf_{tg} 为起伏目标回波信号的频谱宽度。

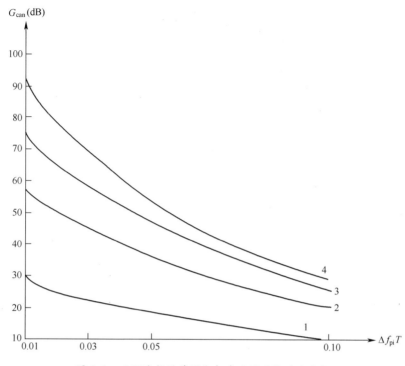

图 3.3　不同阶数的跨周期相减无源干扰对消系数

图 3.4 给出了品质因数 η 随 $\Delta f_{pi} iT(i=1)$ 的变化情况,其中的曲线分别对应跨周期相减的二阶非递归滤波器(曲线 1)、三阶非递归滤波器(曲线 3)、二阶递归滤波器(曲线 2)以及由一阶跨周期相减非递归滤波器和二阶递归滤波器组成的复合滤波器(曲线 4)。从图 3.4 可以看出,与跨周期相减的滤波器相比,使用数字式递归滤波器可将品质因数提高 10dB(比较时假设两者的阶数相同)。

数字式递归滤波器的过渡过程比非递归滤波器长得多,因此采用二阶递归滤波器时无源干扰的样本量必须大于 20(即 $\nu_{in} \geq 20$),而采用 3 阶递归滤波器时则要求 $\nu_{in} \geq 30$,只有这样才能在满足 $\nu_s \geq 10$ 的情况下,不会因目标回波信号样本量 ν_s 的大小而影响二阶和三阶数字式递归滤波器的性能。

为减少式(3.10)所给数字式递归滤波器信号处理算法的计算时间,可以采取并行运算方式,如采用迭代网络[14,26,27],那么当 $\nu = k = N$ 时,式(3.10)可改写为:

$$Z^{out}[n] = \sum_{i=0}^{N} a_i D^i(Z^{in}[n]) - \sum_{j=1}^{N} b_j D^j(Z^{out}[n]) \qquad (3.18)$$

式中:D^i 是输入数据在第 i 轮次的延迟算子。将式(3.18)展开如下:

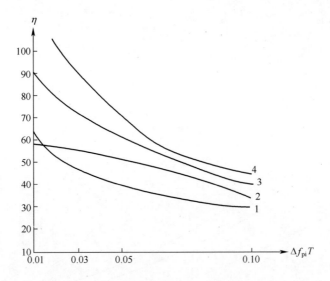

图 3.4 不同数字式滤波器的品质因数 η 随 $\Delta f_{pi} i T (i=1)$ 的变化情况

$$Z^{out}[n] = a_0 Z^{in}[n] + D^1(a_1 Z^{in}[n] - b_1 Z^{out}[n]) + \cdots + D^i(a_i Z^{in}[n] - b_i Z^{out}[n]) + \cdots + D^N(a_N Z^{in}[n] - b_N Z^{out}[n])$$

经过基本变换,可得

$$Z^{out}[n] = a_0 Z^{in}[n] + D^1 \{ (a_1 Z^{in}[n] - b_1 Z^{out}[n]) + D^1 \{ (a_2 Z^{in}[n] - b_2 Z^{out}[n]) + \cdots + D^1 \{ (a_i Z^{in}[n] - b_i Z^{out}[n]) + \cdots + D^1 (a_N Z^{in}[n] - b_N Z^{out}[n]) \} \cdots \} \}$$

(3.19)

根据式(3.19),可以采用同型基本模块构成的迭代网络实现基于数字式递归滤波器的信号处理算法(见图3.5)。

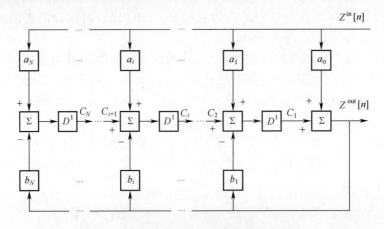

图 3.5 基于迭代网络的数字式递归滤波器

其中的基本模块有 3 个输入端、一个输出端,其算法为

$$C_i = C_{i+1} + a_1 Z^{\text{in}}[n] - b_i Z^{\text{out}}[n], \quad b_0 = 0 \tag{3.20}$$

图 3.5 中迭代网络的运行速度取决于单个基本模块的运算速度,该模块需执行两次与常数因子的乘法运算以及两次加法运算。因此,如果能够采用专用的结构设计提高式(3.20)的运算速度,就可以进一步提高迭代网络的运行速度。当迭代网络中的所有 $b_j = 0$ 时,就变成了数字式非递归滤波器。在实现数字式带阻滤波器时会产生一些损耗,原因主要在于对输入信号的量化处理以及对滤波器权重系数和计算结果的舍入操作。

根据第 2.1 节所述,如果选择的量化步长 Δx 满足 $\Delta x / \sigma_n \leqslant 1$(式中 σ_n^2 是接收通道噪声的方差),那么量化误差与被量化的噪声之间不相关,而量化噪声的方差 $\sigma_{\text{qn}}^2 = \Delta x^2 / 12$。计算结果的舍入操作所产生的滤波器设备误差与量化噪声无关,其均值为 0,方差 $\sigma_{\text{an}}^2 = m\delta^2/12$(式中,$m$ 是数字滤波器的单次信号处理算法实现过程中分数型权重系数的相乘次数,δ 是最低阶运算单元的值)。根据已经明确的误差源,数字滤波器输出端总误差的方差为

$$\sigma_{\text{out}}^2 \approx \sigma_n^2 + \sigma_{\text{qn}}^2 + \sigma_{\text{an}}^2 \tag{3.21}$$

那么,考虑了量化误差和舍入误差之后,品质因数就变为

$$\eta' = \frac{\eta}{1 + ((\sigma_{\text{qn}}^2 + \sigma_{\text{an}}^2)/\sigma_n^2)} \tag{3.22}$$

3.1.3 雷达系统重频变化时的数字式动目标指示器

当复杂雷达系统以固定的脉冲重复频率进行动目标搜索时,在多普勒频率 $f_D = \pm k/T (k=0,1,2,\cdots)$ 处会产生所谓的"盲速",其原因在于相差周期 T 的时间内,运动目标回波信号的相位恰好变化了 2π 的整数倍。为避免这种现象,雷达需要采用参差的重复频率,从而展宽动目标指示器的速度响应,并最终将速度响应的零点减少、零深降低。

由于每一不同的重复周期都要对应单独的时延电路,而且这些电路的切换系统也非常复杂,因此,在模拟式动目标指示器上实现重频参差是非常困难的。对于数字式动目标指示器来说,只要来自存储设备的时延数据样本与雷达发射信号的时刻保持同步即可实现重频参差,所需的存储容量不变,且与参差数量和参差函数都无关。假设目标回波脉冲串中有 N_s 个脉冲,如果其中每一脉冲都能调整到与新的重复周期相对应,那么该数字式动目标指示器就具有最佳的速度响应。新的重复周期 T 只能在平均周期 $\overline{T}$ 的基础上按固定时长 $\pm \Delta T$ 的整数倍变化,如果 N_s 是奇数,那么重复周期 T 的取值序列为

$$T_i = \overline{T} + i\Delta T, \quad i = 0, \pm 1, \cdots, \pm 0.5(N_s - 1) \tag{3.23}$$

设计和构建重频参差的数字式动目标指示器的关键就是正确选择 $\overline{T}$ 值并明确式(3.23)所给序列中脉冲串的参差函数。

对于相参脉冲雷达,在选择 $\overline{T}$ 值和 ΔT 时必须保证最小的重复周期 T_{min} 能够满足雷达的无模糊作用距离要求,即必须满足如下条件:

$$\overline{T} - 0.5(N_s - 1)\Delta T \geqslant T_{min} \tag{3.24}$$

最大重复周期 T_{max} 的确定与数字式动目标指示器没有什么关系。根据给定或已知的 T_{min} 和 T_{max},采用相对于 $\overline{T}$ 对称分布的参差间隔,可得

$$\overline{T} = 0.5(T_{min} + T_{max}) \tag{3.25}$$

那么知道 N_s 值之后,就可根据式(3.24)求出 ΔT。

一般情况下,参差方式的选择应以品质因数 η 最大化为准则,同时还要使数字式滤波器带宽内的幅频特性波纹最小,通常这种问题可用仿真手段解决。经常采用的参差方式有:

(1) 线性变化——脉冲串中各脉冲的重复周期 T 以 $\pm\Delta T$ 为步长连续增加或减少。

(2) 交叉变化——如采用如下方式:

$$\begin{cases} T_{2i} = \overline{T} + i\Delta T & , i = 0, 2, \cdots, 0.5(N_s - 1) \\ T_{2i+1} = \overline{T} - (i + 1)\Delta T, i = 1, 3, \cdots, 0.5(N_s - 2) \end{cases} \tag{3.26}$$

(3) 随机变化——如从事先给定的一组 T 中随机读取。

计算和仿真结果表明,重频参差可以降低非递归或递归数字滤波器幅频响应的零深,但同时伴随着频带的展宽和干扰频谱的畸变,两种滤波器的阻带都变窄了,导致对无源干扰的对消效果变差。在最佳速度的情况下,与重频不变的数字式动目标指示器相比,2 阶递归滤波器品质因数 η 的绝对损耗为 0.3~4.3dB,3 阶的则为 4~19dB[28-34]。

3.1.4　数字式动目标指示器中的自适应技术

实际工作中并没有无源干扰频谱特性的先验信息,而且该频谱在空域是各向异性的,在时域是非平稳时,那么相应的对消效果自然就不能满足要求。在无源干扰频谱参数存在不确定性和非平稳性的情况下,为了保证对消效果,就需要采用自适应的数字式动目标指示雷达子系统[4]。一般来说,自适应动目标指示的问题应该基于相关反馈原理来解决[35]。无源干扰的相关自动对消器是能够自动适应噪声和干扰环境的闭环跟踪器,并不需要考虑多普勒频率问题。虽然这种跟踪器的效果极好,但也存在以下不足:

(1) 由于自适应反馈环节的时间常数较大(约 10 个分辨单元),从而对面

状延展区域边缘的干扰对消效果较差。

（2）当目标回波信号较强时，干扰对消效果变差。

（3）实现起来非常困难，尤其是在进行数字信号处理时。

利用经验贝叶斯方法解决动目标指示的自适应问题时，首先需获得干扰参数的最大似然估计，然后利用这些参数确定出带阻滤波器的冲激响应系数，从而获得一个开环的自适应系统，该系统必须在数字式滤波器的暂态响应时间内完成系统响应系数的自适应变化。

对于开环自适应系统来说，最简单的自适应方法是消除因干扰源的移动所带来的平均多普勒频移。此时，无源干扰的平均多普勒频移估计值 $\bar{f}_{D_{pi}}$（或等效相移 $\Delta\bar{\varphi}_{D_{pi}} = 2\pi\bar{f}_{D_{pi}}T$）必须处于自适应带阻滤波器的阻带之内，并且需要实时确定无源干扰的平均多普勒频移 $\bar{f}_{D_{pi}}$（或等效相移 $\Delta\hat{\bar{\varphi}}_{D_{pi}}$）。当采用最大似然法估计无源干扰的平均相移时，所使用的样本由 k 组无源干扰的 I、Q 分量对组成，这些分量对是来自于连续两次扫描时雷达相邻距离单元的采样。无源干扰平均相移的估计方法为[35]

$$\Delta\hat{\bar{\varphi}}_{D_{pi}} = \arctan\frac{\sum_{i=1}^{k}(Z_{I1_i}^{in}Z_{Q2_i}^{in} - Z_{I2_i}^{in}Z_{Q1_i}^{in})}{\sum_{i=1}^{k}(Z_{I1_i}^{in}Z_{I2_i}^{in} - Z_{Q1_i}^{in}Z_{Q2_i}^{in})} \qquad (3.27)$$

式中：Z_{I1}^{in}、Z_{Q1}^{in} 和 Z_{I2}^{in}、Z_{Q2}^{in} 分别为两次扫描时输入信号的 I、Q 分量。

式（3.27）假设 k 个相邻距离单元的干扰采样互不相关，且是平稳随机过程。k 值必须在 5～10 之间才能保证计算精度满足要求。利用所得估计值 $\Delta\hat{\bar{\varphi}}_{D_{pi}}$ 对时延后的 I、Q 分量进行修正，相当于将和向量的复振幅包络旋转角度 $\Delta\hat{\bar{\varphi}}_{D_{pi}}$，其中和向量为

$$\dot{Z}^{in}[n-1] = Z_I^{in}[n-1] + jZ_Q^{in}[n-1] \qquad (3.28)$$

对式（3.28）中的 I、Q 分量进行修正的方法为

$$\begin{cases} Z_I'^{in}[n-1] = Z_I^{in}[n-1]\cos\Delta\hat{\bar{\varphi}}_{D_{pi}} - Z_Q^{in}[n-1]\sin\Delta\hat{\bar{\varphi}}_{D_{pi}} \\ Z_Q'^{in}[n-1] = Z_I^{in}[n-1]\sin\Delta\hat{\bar{\varphi}}_{D_{pi}} + Z_Q^{in}[n-1]\cos\Delta\hat{\bar{\varphi}}_{D_{pi}} \end{cases} \qquad (3.29)$$

图 3.8 给出了数字式动目标指示器对运动干扰源进行自适应处理的数字信号处理算法流程图，图中包括存储设备、数字信号处理电路以及一阶数字滤波器等。其中，存储设备要能够存储 4 组来自基准单元及 $(k-1)$ 个距离单元的输入信号样本；数字信号处理电路用来计算生成 $\Delta\hat{\bar{\varphi}}_{D_{pi}}$，$\cos\Delta\hat{\bar{\varphi}}_{D_{pi}}$，$\sin\Delta\hat{\bar{\varphi}}_{D_{pi}}$，$Z_I'^{in}[n-1]$，$Z_Q'^{in}[n-1]$；一阶数字滤波器则完成信号的跨周期相减运算。该

框图也适用于其他类型的数字滤波器,此时虽然无需增加新的单元,但计算消耗必然会增大。

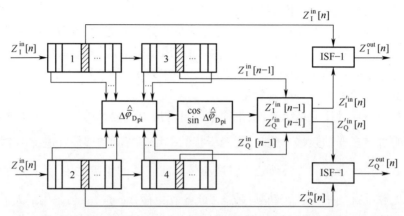

图 3.6　对目标运动自适应的数字式动目标指示器的数字信号处理算法框图

除了给出 $\Delta\hat{\bar{\varphi}}_{Dpi}$ 的估计以外,为对无源干扰提供更完善的自适应处理,还应给出其跨周期相关系数 ρ_{pi} 的估计。但计算结果表明,如果无源干扰的频谱是单峰的,且跨周期相减滤波器为多阶时,把相关系数 ρ_{pi} 近似看作为 1 的影响可以忽略不计。

3.2　参数已知时相参脉冲信号的 DGD

3.2.1　初始条件

在数字信号处理系统中,将 I、Q 通道信号分量合并之后,往往在视频级完成信号的积累和检测。解决信号检测问题时需要考虑如下初始条件:

（1）单一输入信号可以表述为

$$X_i = X(t_i) = S(t_i, \alpha) + \mathcal{N}(t_i) \tag{3.30}$$

式中:$S(t_i, \alpha)$ 为目标回波信号(又称信息信号,即包含着目标参数信息的信号);α 为时间与信号参数的函数(信号参数包括时延 t_d 和到达角 θ);$\mathcal{N}(t_i)$ 为噪声。

完整的目标回波信号是周期性重复的脉冲序列(或脉冲串),当雷达天线在搜索面内匀速旋转时,脉冲串会受到雷达天线方向图的调制,脉冲串中的脉冲数为

$$N_p = \frac{\varphi_{dd} f}{V_A} \tag{3.31}$$

式中：φ_{dd} 为给定功率电平下雷达天线在搜索面内的波束宽度；f 为搜索信号的脉冲重复频率；V_A 为天线波束的扫描速度。

对于离散扫描的相控阵雷达系统，其目标回波信号脉冲串的包络为方形，根据在目标搜索区域边缘对最小有效散射截面的目标的预设检测概率，可以求出脉冲串中的脉冲数。至于目标回波信号（信息信号）的统计特性，一般需考虑如下两种情况：

① 由非起伏脉冲组成的脉冲串。

② 由互不相关的起伏脉冲组成的脉冲串，其概率密度函数是均值为 0、方差为 σ_s^2 的瑞利分布，即

$$p(S_i) = \frac{S_i}{\sigma_s^2} \exp\left\{ -\frac{S_i^2}{2\sigma_s^2} \right\} \tag{3.32}$$

（2）在研究信号检测算法以及估算目标回波信号参数时，噪声模型一般采用均值为 0、方差为 σ_n^2 的高斯随机过程。当不存在时间相关的无源干扰时，相邻周期的噪声样本也不相关。如果经过数字式动目标指示器的对消处理后，仍然存在无源干扰或残留时，可用马尔可夫链对该干扰序列进行近似。为了描述马尔可夫链的统计特性，除方差以外还需知道无源干扰的跨周期相关系数 ρ_{pi}。若非相关噪声的方差为 σ_n^2，相关无源干扰的方差为 σ_{pi}^2，那么跨周期相关系数为

$$\rho_{ij} = \frac{\sigma_{pi}^2 \rho_{pi_{ij}} + \sigma_n^2 \delta_{ij}}{\sigma_\Sigma^2} \tag{3.33}$$

式中：

$$\sigma_\Sigma^2 = \sigma_{pi}^2 + \sigma_n^2 ; i = j \text{ 时 } \delta_{ij} = 1 ; i \neq j \text{ 时 } \delta_{ij} = 0 \tag{3.34}$$

可将其他辐射源产生的随机脉冲干扰看成是附加的非高斯型干扰的例子，其特征可用占空比 Q_{in}^{pulse} 和幅度 Z_{in}^{pulse} 两个随机变量进行描述，通常在信号处理中会采用仿真手段对随机脉冲干扰造成的影响进行分析。

（3）当目标反射没有起伏时，输入信号样本 X_i 服从广义瑞利分布，概率密度函数如下（假设 $\mathscr{H}_1$ 是有目标回波的情况）：

$$p_{SN}^{\mathscr{H}_1}(X_i) = \frac{X_i}{\sigma_\Sigma^2} \exp\left\{ -\frac{X_i^2 + S_i^2}{2\sigma_\Sigma^2} \right\} I_0\left(\frac{X_i S_i}{\sigma_\Sigma^2} \right), X_i > 0 \tag{3.35}$$

式中：$I_0(x)$ 为一类零阶贝塞尔函数。

当目标反射存在起伏时，概率密度函数则为

$$p'^{\mathscr{H}_1}_{SN}(X_i) = \frac{X_i}{\sigma_\Sigma^2 + \sigma_{S_i}^2} \exp\left\{ -\frac{X_i^2}{2(\sigma_\Sigma^2 + \sigma_{S_i}^2)} \right\} \tag{3.36}$$

式中:$\sigma_{S_i}^2$为目标回波信号幅度的方差。

引入如下记号:$x_i = X_i/\sigma_\Sigma$是相对包络幅度;$q_i = S_i/\sigma_\Sigma$是电压信噪比;$k_i^2 = \sigma_{S_i}^2/\sigma_\Sigma^2$是目标回波信号幅度方差与干扰幅度方差之比。那么式(3.35)和式(3.36)可分别改为

$$p_{SN}^{\mathcal{H}_1}(x_i) = x_i \exp\left\{-\frac{x_i^2 + q_i^2}{2}\right\} I_0(x_i q_i) \qquad (3.37)$$

$$p'^{\mathcal{H}_1}_{SN}(x_i) = \frac{x_i}{1 + k_i^2} \exp\left\{-\frac{x_i^2}{2(1 + k_i^2)}\right\} \qquad (3.38)$$

如果输入信号中不存在目标回波信号,其概率密度函数则为

$$p_N^{\mathcal{H}_0}(x_i) = x_i \exp\{-0.5x_i^2\} \qquad (3.39)$$

(4)在目标反射没有起伏的情况下(即雷达天线匀速扫描时),不相关的归一化脉冲串样本的联合概率密度函数为

$$p_{SN}^{\mathcal{H}_1}(x_1, x_2, \cdots, x_N) = p_{SN}^{\mathcal{H}_1}\{x\}_N = \prod_{i=1}^{N}\left\{x_i \exp\left\{-\frac{x_i^2 + q_i^2}{2}\right\} I_0(x_i q_i)\right\}$$
$$(3.40)$$

式中:$q_i = q_0 g_i$,其中g_i为与雷达天线方向图形状有关的权重系数,q_0为雷达天线方向图最大增益方向对应的信噪比。

类似地,当目标回波信号符合瑞利起伏条件时,对于含有N个样本的脉冲串,有

$$p_{SN}^{\mathcal{H}_1}\{x\}_N = \prod_{i=1}^{N}\left\{\frac{x_i}{1 + k_i^2}\exp\left\{-\frac{x_i^2}{2(1 + k_i^2)}\right\}\right\} \qquad (3.41)$$

如果雷达天线采用离散方式进行扫描,当满足如下条件时,式(3.40)和式(3.41)的形式不变:

$$x_1 = x_2 = \cdots x_N, a_i = a_0, k_1 = k_0, g_i = 1 \qquad (3.42)$$

(5)两种情况下的数字信号检测算法:

① 对目标回波信号进行幅度量化时,量化位数虽少但量化误差仍小于接收机噪声的均方根σ_n,这时可将量化的影响看作是在输入噪声上叠加了一个独立的量化噪声,那么数字信号处理算法的综合就转化为最佳模拟信号处理算法的数字式实现。

② 目标回波信号仅量化成两个数值,即二元量化。此时需要对信号处理算法和二元量化信号的判决网络进行直接综合。所需的信号检测概率P_D和虚警概率P_F分别为[37-40]

$$P_D\{d_i\} = \prod_{i=1}^{N} P_{SN_i}^{d_i} b_{SN_i}^{(1-d_i)} \qquad (3.43)$$

76

$$P_F\{d_i\} = \prod_{i=1}^{N} P_{N_i}^{d_i} b_{N_i}^{(1-d_i)} \qquad (3.44)$$

式中: P_{SN_i} 和 P_{N_i} 分别为脉冲串中第 i 个目标回波信号的检测概率和虚警概率,即

$$P_{SN_i} = \int_{c_0}^{\infty} p_{SN}^{\mathscr{H}_1}(x_i)\,\mathrm{d}x_i, \quad b_{SN_i} = 1 - P_{SN_i} \qquad (3.45)$$

$$P_{N_i} = \int_{c_0}^{\infty} p_N^{\mathscr{H}_0}(x_i)\,\mathrm{d}x_i, \quad b_{N_i} = 1 - P_{N_i} \qquad (3.46)$$

而

$$d_i = \begin{cases} 1, & x_i \geqslant c_0 \\ 0, & x_i < c_0 \end{cases} \qquad (3.47)$$

式中, c_0 为对信号幅度进行二元量化时的归一化门限。

3.2.2 目标回波脉冲串的 DGD

文献[39,40,42-69]详细探讨了 DGD 的一系列应用实例,本节简要介绍一下基于噪声中广义信号处理方法的数字信号处理算法问题,主要目的是将实现该算法的工作量与其他算法进行比较。首先考虑目标回波信号(由 N 个非起伏脉冲形成的脉冲串)参数已知,并且接收机噪声统计特性已知的情况。

根据文献[41,44,45]中的理论分析,广义信号处理算法中的似然比为

$$\mathscr{L}_g = \frac{p_{SN}^{\mathscr{H}_1}\{x_i\}}{p_N^{\mathscr{H}_0}\{\tilde{x}_i\}} = \prod_{i=1}^{N} \exp[-0.5q_i^2] I_0[2x_i q_i - x_i^2 + \tilde{x}_i^2] \qquad (3.48)$$

式中: $\tilde{x}$ 是先验信息为"没有目标"情况下的参考噪声,其统计特性与雷达系统接收机输入端的噪声相同。那么广义信号检测算法为

$$\prod_{i=1}^{N} \exp[-0.5q_i^2] I_0[2x_i q_i - x_i^2 + \tilde{x}_i^2] \geqslant K_g \qquad (3.49)$$

对式(3.49)两边取对数,并做数学变换可得

$$\sum_{i=1}^{N} \ln I_0[2x_i q_i - x_i^2 + \tilde{x}_i^2] \geqslant \ln K_g + \sum_{i=1}^{N} 0.5q_i^2 \qquad (3.50)$$

在弱信号条件下(即 $q_i \ll 1$),对式(3.50)中的 $\ln I_0(x)$ 函数可做如下近似:

$$\ln I_0[2x_i q_i - x_i^2 + \tilde{x}_i^2] \approx \frac{1}{2} x_i q_i^2 - x_i^2 + \tilde{x}_i^2 \qquad (3.51)$$

将 $q_i = q_0 g_i$ 带入式(3.51),可得弱目标回波脉冲串的检测算法为

$$\sum_{i=1}^{N}\left[2g_i^2x_i^2 - x_i^4 + \widetilde{x}_i^4\right] \geqslant K_g', K_g' = \frac{\ln K_g}{q_0^2} + 0.5q_0^2\sum_{i=1}^{N}g_i^2 \qquad (3.52)$$

在强信号条件下(即 $q_i \gg 1$),可做如下近似:

$$\ln I_0\left[2x_iq_i - x_i^2 + \widetilde{x}_i^2\right] \approx 2x_iq_i - x_i^2 + \widetilde{x}_i^2 \qquad (3.53)$$

将 $q_i = q_0g_i$ 带入式(3.53),可得强目标回波脉冲串的检测算法为

$$\sum_{i=1}^{N}\left[2g_ix_i - x_i^2 + \widetilde{x}_i^2\right] \geqslant K_g', K_g' = \frac{\ln K_g}{2q_0} + 0.5q_0\sum_{i=1}^{N}g_i^2 \qquad (3.54)$$

由上可知,对于参数完全已知且经雷达天线方向图调制后的目标回波脉冲串来说,其广义信号检测算法就变成对目标回波脉冲串归一化样本的加权求和、在正交检波器或线性检测器输出端进行能量检测以及将累积统计量与门限 K_g' 的比较。

真实的雷达系统在实际工作时,目标回波脉冲串会包含未知参数,如信噪比(即雷达天线方向图最大增益方向的 q_0 值)、目标回波脉冲串相对于扫描信号的时延 t_d 以及在搜索面内目标回波脉冲串中心角 θ 相对于固定方向 θ_0 的偏差等。因此,为将雷达覆盖范围内的信息完全处理完毕,应在每一采样区间(或雷达的离散距离单元)内完成广义信号检测算法,处理后的信号还需在"跟踪/滑动窗"内进行积累,该窗口的宽度应与目标回波脉冲串的脉冲数相等。在低信噪比条件下(对应第 r 个采样区间或离散距离单元),非起伏目标回波脉冲串的广义检测算法可以表示为

$$\ln\{\mathscr{L}_{g\mu}^{(r)}\} = \sum_{i=0}^{N-1}\left[2g_i^2(x_{\mu-i}^{(r)})^2 - (x_{\mu-i}^{(r)})^4 + (\widetilde{x}_{\mu-i}^{(r)})^4\right] \geqslant K_g', r = 1, 2, \cdots, M,$$

$$M = \frac{T}{T_s}, \mu \geqslant N \qquad (3.55)$$

而起伏目标回波脉冲串的广义检测算法可表示为($q_0 \ll 1$)

$$\ln\{\mathscr{L}_{g\mu}^{(r)}\} = \sum_{i=0}^{N-1}\left[\frac{2g_i^2k_i^2}{1 + g_i^2k_i^2}(x_{\mu-i}^{(r)})^2 - (x_{\mu-i}^{(r)})^4 + (\widetilde{x}_{\mu-i}^{(r)})^4\right] \geqslant K_g' \qquad (3.56)$$

在强信号条件下,"跟踪/滑动窗"内的广义信号检测算法可用类似方法获得。因此,参数未知时目标回波脉冲串的 DGD 由"跟踪/滑动窗"式加法器、带有门限的检测器以及表明探测到目标回波脉冲串的信号产生器构成。

3.2.3 目标回波脉冲串二元量化后的 DGD

下面分析输入脉冲串幅度二元量化的情况,此时广义检测算法是将似然比与门限进行比较。利用式(3.43)的信号检测概率 P_D 和式(3.44)的虚警概率 P_F,可得广义信号检测算法为

$$\ln\left\{\mathscr{L}_{g_\mu}^{(r)}\right\} = \sum_{j=0}^{N-1} \chi_j d_{\mu-j}^{(r)} \geqslant K_g' \tag{3.57}$$

其中,权重系数和门限分别为

$$\chi_j = \ln \frac{P_{SN} b_N}{P_N b_{SN_j}} \tag{3.58}$$

$$K_g' = \ln K_g - \sum_{j=0}^{N-1} \frac{b_{SN_j}}{b_N} \tag{3.59}$$

另外,有

$$P_{SN_j} = \int_{c_0}^{\infty} x_j \exp\left\{-\frac{x_j^2 + q_j^2}{2}\right\} I_0(x_j q_j) d(x_j) \tag{3.60}$$

是在目标回波脉冲串中第 j 个脉冲位置上检测到信号的概率;而

$$P_N = \int_{c_0}^{\infty} x_j \exp\left\{-\frac{x_j^2}{2}\right\} d(x_j) \tag{3.61}$$

是噪声区域(即没有信号的情况下)产生虚警的概率;并且

$$d_{\mu-j} = \begin{cases} 1, & z_{\mu-j}^{\text{in}} \geqslant c_0 \\ 0, & z_{\mu-j}^{\text{in}} < c_0 \end{cases} \tag{3.62}$$

式中: c_0 是对信号幅度进行二元量化时的归一化门限。

因此,二元量化目标回波脉冲信号的广义信号检测算法转化为对目标回波脉冲串中 $d_{\mu-j}^{(r)} = 1$ 处的脉冲按系数 χ_j 进行加权求和。无调制的目标回波脉冲串(即天线固定扫描情况下)的广义信号检测算法为

$$\ln\left\{\mathscr{L}_{g_\mu}\right\} = \sum_{j=0}^{N-1} d_{\mu-j} \geqslant K_g'' \tag{3.63}$$

或者说,广义信号检测信号算法转化为对目标回波脉冲串长度范围内(或者"跟踪/滑动窗"范围内)取"1"的结果进行累加,并将最终所得的和值与门限进行比较。

3.2.4 基于序贯分析的 DGD

序贯分析方法在信号检测理论中起到非常重要的作用。基于序贯分析方法构建的检测器可以根据如下递推公式确定对数似然比[70-75]:

$$\ln\left\{\mathscr{L}_{g_\mu}\right\} = \ln\left\{\mathscr{L}_{g_{\mu-1}}\right\} + \ln\left\{\Delta\mathscr{L}_{g_\mu}\right\} \tag{3.64}$$

式中: $\mathscr{L}_{g_{\mu-1}}$ 是经过 $\mu-1$ 步累积所得的似然比; $\Delta\mathscr{L}_{g_\mu}$ 是第 μ 步序贯分析的似然比增量。

将逐步累积所得的统计量 $\ln\left\{\mathscr{L}_{g_\mu}\right\}$ 与较高门限 $\ln A$ 和较低门限 $\ln B$ 进行

比较

$$\ln A = \ln \frac{P_D}{P_F}, \ln B = \ln \frac{1 - P_D}{1 - P_F} \tag{3.65}$$

式中：P_D 是预设检测概率；P_F 是相应的预设虚警概率。

若通过比较，得到

$$\ln \{ \mathscr{L}_{g_\mu} \} \geqslant \ln A \tag{3.66}$$

可做出"存在目标"的判决，从而终止分析过程。若经过比较，得到

$$\ln \{ \mathscr{L}_{g_\mu} \} \leqslant \ln B \tag{3.67}$$

可做出"没有目标"的判决，也可终止分析过程。但如果满足

$$\ln B < \ln \{ \mathscr{L}_{g_\mu} \} < \ln A \tag{3.68}$$

就应继续进行分析，即需要再观测一个新样本，并给出似然比增量。$\ln \{ \mathscr{L}_{g_\mu} \}$ 的累积过程以及相应判决过程如图 3.7 所示。

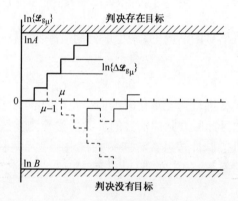

图 3.7　序贯分析中统计量的累积与判决过程

似然比增量的对数为

$$\ln \{ \Delta \mathscr{L}_{g_\mu} \} = \ln \frac{p_{SN}(x_\mu)}{p_N(\overset{\sim}{x_\mu})} \tag{3.69}$$

对于非起伏目标回波脉冲串，可使用如下似然比增量的对数：

$$\ln \{ \Delta \mathscr{L}_{g_\mu} \} = \ln I_0(x_\mu q_\mu) - \frac{q_\mu^2}{2} \tag{3.70}$$

而对于快速起伏的目标回波脉冲串，则可使用如下似然比增量的对数：

$$\ln \{ \Delta \mathscr{L}_{g_\mu} \} = \frac{k_\mu^2 x_\mu^2}{1 - k_\mu^2} - \ln(1 + k_\mu^2) \tag{3.71}$$

其中，参数 k 由式(3.42)给出。

为实现信号的序贯检测，首先需要确定非起伏目标回波脉冲串的期望电压

信噪比,或者快速起伏目标回波脉冲串的期望功率信噪比。序贯分析的主要特征参量是做出"存在目标"或"没有目标"的最终判决所需步骤数 $\bar{n}$ 的均值,下面分析判决目标存在与否所需步骤数的均值 $\bar{n}$ 与门限之间的关系。

如果输入信号中没有目标回波,当对数似然比 $\ln\{\Delta\mathscr{L}_{g_\mu}\}$ 低于较低门限 $\ln B$ 时,终止序贯分析过程。由于虚警概率 P_F 的取值范围为 $10^{-11} \sim 10^{-3}$,且仅取决于容许的漏报概率(即 $P_M = 1 - P_D$,其中 P_D 为检测概率),因此较低门限 $\ln B$ 的取值与预设的虚警概率 P_F 无关,于是当输入信号中没有目标回波时,序贯分析过程的平均步骤数仅取决于预设的检测概率 P_D,且随着 P_D 的增加而增大。

如果 DGD 的输入信号中包含目标回波,当对数似然比 $\ln\{\Delta\mathscr{L}_{g_\mu}\}$ 超过较高门限 $\ln A$ 时,终止序贯分析过程。较高门限 $\ln A$ 的取值取决于预设的虚警概率 P_F,因此当输入信号中包含目标回波时,序贯分析过程的平均步骤数取决于预设的虚警概率 P_F 和信噪比 SNR。

在虚警概率 P_F 和检测概率 P_D 预先给定的情况下,与大家熟知的聂曼–皮尔逊检测器相比,基于序贯分析的 DGD 的优点在于判决所需的回波信号样本平均数 $\bar{n}$ 少于后者所需的固定样本数 N,因此就有可能降低 CRS 检测目标的计算成本和能量消耗。当雷达系统的天线扫描方式可以编程控制时,由于可使波束驻留在某个方向上直至完成最终判决,因此上述目标是可以实现的。不过这一优点仅限于单个通道(即雷达的单个距离分辨单元内)的情况才有效,而在雷达信号处理期间,需要同时对所有的距离分辨单元(即多个通道的情况)做出判决,这时就应根据预设的虚警概率 P_F 和检测概率 P_D,采用完成所有距离分辨单元的最终判决所需的搜索信号平均数 $\bar{n}$ 来衡量序贯分析的性能。所需的平均数为

$$\bar{n} = \max_{k=1,\cdots,m} \bar{n}_k \tag{3.72}$$

式中:m 是所需分析的距离分辨单元数;$\bar{n}_k$ 是在第 k 个距离分辨单元进行序贯检测所需的平均步骤数。

目前为止还无法证明雷达系统多通道序贯分析的优越性,既没有解析的也没有理论的方法或手段来确定其成效,对于 DGD 来说尤其如此,因此只能针对特定个案采取仿真的手段进行分析,下面给出部分结论。

当雷达系统进行多通道序贯分析时,存在两种可能的情况:

① 独立判决:当某通道超过较高门限或低于较低门限时,该通道的检测过程结束。

② 同时判决:当所有各通道的似然比超过较高门限或低于较低门限时,判

决过程结束。这种情况下,门限会被多次跨越。

上述两种情况下的平均检测步骤数均可由式(3.72)得出,但从所需平均步骤数来看,第二种情况更为合算一些,原因在于此时可以将较低门限抬高,从而减小较高门限和较低门限之间的不确定区域。当给定虚警概率 $P_F = 10^{-3}$、检测概率 $P_D = 0.7$ 之后,针对快速起伏目标回波脉冲串与噪声的不同功率信噪比情况,图 3.8 给出了做出判决的较低门限与 m 之间的函数关系图(其中 m 是待分析的距离分辨单元数)。

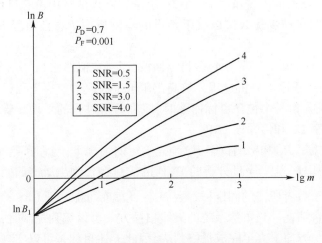

图 3.8   雷达系统多通道序贯分析的同时判决情况图

从图 3.8 可以看出,随着 SNR 和 m 的增加,较低门限 $\ln B$ 的值也增大。这种情况下,如果将较低门限取为固定值,目标回波信号的漏报概率 P_M 会随着待分析距离分辨单元数 m 的增大而减小;而对于第一种情况,漏报概率 P_M 与 m 无关。

如果 DGD 输入端不存在目标信号,雷达系统单通道的序贯分析平均步骤数仅取决于预设的检测概率 P_D,但多通道序贯分析的平均步骤数与预设检测概率 P_D 和待分析距离分辨单元数 m 均有关。在 $(SNR)^2 = 1.5$ 的条件下,针对不同的检测概率 P_D 和虚警概率 P_F,图 3.9 给出了序贯检测所需的平均步骤数与待分析距离分辨单元数之间的函数关系图。

对应每组预设的检测概率 P_D 和虚警概率 P_F 组合,图 3.9 中用水平线表示聂曼-皮尔逊检测器所需的平均步骤数,根据图中交叉点所对应的水平线和曲线,可以确定出聂曼-皮尔逊检测器和序贯分析 DGD 的平均步骤数相等时进行分析的雷达距离分辨单元数。在没有目标的情况下,显然当满足如下条件时,序贯分析 DGD 比聂曼-皮尔逊检测器的性能更好:

$$\overline{n}_{g_{seq}}^{\mathscr{H}_0} < \overline{n}_{N-P}^{\mathscr{H}_0} \tag{3.73}$$

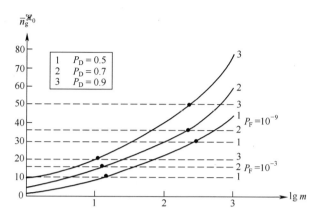

图 3.9　序贯检测所需的平均步骤数与距离分辨单元数的函数关系图

从图 3.9 可知,当没有目标时,序贯分析 DGD 的性能较好且其预设虚警概率 P_F 较低。当虚警概率 P_F 取固定值时,多通道序贯分析 DGD 在性能提升的同时伴随着检测概率 P_D 的下降。

对于多通道雷达系统来说,即使待分析的距离分辨单元数量较少,无论天线扫描方向上是否存在目标,所需的序贯分析平均步骤数都是基本一样的,因此进行判决之前所需的序贯分析平均步骤数就可以利用没有目标时的序贯分析平均步骤数确定。对于多通道雷达系统,序贯分析的平均步骤数有可能会增加到功耗不可承受的地步,同时也会影响其他战术应用,而避免天线在某一扫描方向上无限驻留的唯一方法是在序贯分析的第 n_{tr} 步就截止,同时引入一个固定门限 C 以供判决。这种情况下,截止分析造成的错误概率为

$$P_{er}^{tr} = P_{er}(\bar{n} < n_{tr}) + P_{er}(C)\left[1 - P_{er}(\bar{n} < n_{tr})\right] \tag{3.74}$$

式中: $P_{er}(\bar{n} < n_{tr})$ 是截止之前序贯分析的错误判决概率; $P_{er}(C)$ 是判决统计量与门限 C 比较时序贯分析的错误判决概率。

显然可以选择适当的 n_{tr} 和 C,以使截止所造成的额外误差满足

$$P_F(C) \leqslant P_F^{adder} - P_F(\bar{n} < n_{tr}) \tag{3.75}$$

$$P_M(C) \leqslant P_M^{adder} - P_M(\bar{n} < n_{tr}) \tag{3.76}$$

满足式(3.75)和式(3.76)的 n_{tr} 和 C 的选择方法为:当 $n = n_{tr_1}$ 时选定满足式(3.75)的 C 值,如果此时式(3.76)也成立,就可结束选择过程;如果式(3.76)不成立,则令 $n_{tr_2} = n_{tr_1} + 1$,再次核对式(3.75)和式(3.76)是否成立。根据序贯分析理论[25,71],必定能够找到满足要求的 n_{tr} 和 C。在没有目标的方向上,截止基本不影响序贯分析的平均步骤数;而在存在目标的方向上,截止只是令序贯分析的平均步骤数稍微减少。

对于二元量化后的目标回波脉冲串来说,基于序贯分析的广义检测算法变得非常简单,但同时检测性能也有所下降,这种情况下的额外损耗大约是15%~30%。但即便采用7~8位的量化,量化损耗也只是降至2%~5%,这就是在设计和构建序贯分析 DGD 时会采用较少位数对目标回波脉冲串进行量化的原因。

通过对序贯分析 DGD 和固定样本量检测器(如聂曼-皮尔逊检测器)的性能对比,可以提出两阶段信号检测方法:根据预设的检测概率 P_{D_1} 和虚警概率 P_{F_1},对固定样本量 n_1 的目标回波脉冲串进行广义信号处理,如果判决为没有目标,则过程终止。否则就对"疑似目标"进行附加处理,为此需选用含有 n_2 个样本的目标回波脉冲串,从而得到检测概率 P_{D_2} 和虚警概率 P_{F_2}。根据两个阶段的结果,可得

$$P_D = P_{D_1}P_{D_2}, P_F = P_{F_1}P_{F_2} \tag{3.77}$$

为解决两阶段方法的优化问题,可选用使序贯分析平均步骤数最少的 n_1 和 n_2:

$$\begin{cases} \bar{n}^{\mathscr{H}_1} = n_1 + P_D \bar{n}_2^{\mathscr{H}_1} \\ \bar{n}^{\mathscr{H}_0} = n_1 + P'_{sc} \bar{n}_2^{\mathscr{H}_0} \end{cases} \tag{3.78}$$

当 $P_{F_1} \ll 1$ 时,在没有目标的方向上天线重复扫描的概率为

$$P'_{sc} = (1 - P_{F_1})^{m_1} \approx m_1 P_{F_1} \tag{3.79}$$

式中:P_{F_1} 为第一阶段的虚警概率;$\bar{n}^{\mathscr{H}_1}$ 为存在目标的方向上序贯分析平均步骤数;$\bar{n}^{\mathscr{H}_0}$ 为没有目标的方向上序贯分析平均步骤数;$\bar{n}_2^{\mathscr{H}_1}$ 为第二阶段存在目标的方向上序贯分析平均步骤数;$\bar{n}_2^{\mathscr{H}_0}$ 为第二阶段没有目标的方向上序贯分析平均步骤数;m_1 为第一阶段待分析的雷达距离分辨单元数。

对于预设的检测概率 P_D 和虚警概率 P_F,与固定检测次数的 DGD 或聂曼-皮尔逊检测器相比,基于序贯分析的两阶段 DGD 的平均步骤数减少 25%~40%。当虚警概率 P_F 较高(如 $P_F = 10^{-3}$)且待分析距离分辨单元数较多时,两阶段 DGD 要优于序贯分析 DGD 的性能。

3.2.5　二元量化目标回波脉冲串的软件化 DGD

实际工作中,在设计二元量化目标回波脉冲串检测器的过程中,当基于包络检测器输出的目标回波脉冲串采样区间内的单元密度进行信号检测判决时,会用到很多探索性的方法,其中最广为人知的就是软件算法。当 m 个相邻位置中有 l 个以上单元存在信号时(其中 $l \leq m, m \leq 5 \sim 10$),该算法判定出现目标回波脉冲串,这就是所谓的"$l/m$"准则。确定目标回波脉冲串出现的初始时刻的

准则,也是目标回波脉冲串的检测准则。为了消除歧义,需要根据角坐标确定出目标回波脉冲串的尾端,一般来说当连续出现 k 个($k=2\sim3$)空位(或零值)后,即认为目标回波脉冲串已达尾端。为了给出目标回波脉冲串头部和尾端之间的位置数,需要使用二进制计数器。

以上操作都可采用数字式有限状态自动机实现,图3.10给出了使用有限状态自动机进行组合构成的软件化检测器的框图,其中 A1 是基于"l/m"准则的有限状态自动机,A2 是基于连续 k 个零点判定目标回波脉冲串尾端的有限状态自动机,A3 则是在开始检测目标回波脉冲串到清除所存储信息的期间内对位置数进行计数的有限状态自动机。采用广为人知的数字式自动机概念结构[76,77],可以获得转移矩阵以及针对各种数据模式 l、m 和 k 实现"$l/m-k$"程序的自动机框图。该框图是设计实现数字信号检测算法工具的基础,转移矩阵则有助于精确分析软件化检测器的性能。

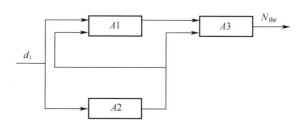

图3.10　软件化检测器框图

二元量化目标回波脉冲串的数字式存储设备也可看作是一类软件化检测器检测算法。存储计数器清零后,当第一个单元获得信号时,数字式存储设备就确定了目标回波脉冲串的头部,当出现连续 k 个零点后,即确定了目标回波脉冲串的尾端,该规则与软件化检测器相同。如果存储单元数等于或大于阈值 N_{thr},在清除计数器的同时开始进行信号检测。也可采用其他类型的存储设备,但其设计方式均是存储目标回波脉冲串内的位置数,而不是连续零点之间的单元数,这样目标回波脉冲串中那些固有位置的空位单元就会重新复位。利用这类存储设备非常容易确定目标回波脉冲串的方位角。

采用理论分析或仿真手段都能完成软件化检测器和存储设备的性能分析。如果预设虚警概率 $P_F=10^{-4}$,图3.11给出了软件化检测器和存储设备的检测性能,其中前者采用"$3/3-2$""$3/4-2$""$4/5-2$"等准则,后者包含15个经雷达天线方向图调制后的目标回波脉冲,其中天线方向图的形式为

$$g(x)=\left|\frac{\sin x}{x}\right| \tag{3.80}$$

文献[77,78]给出了二元量化门限的确定方法,存储设备的检测门限(计数

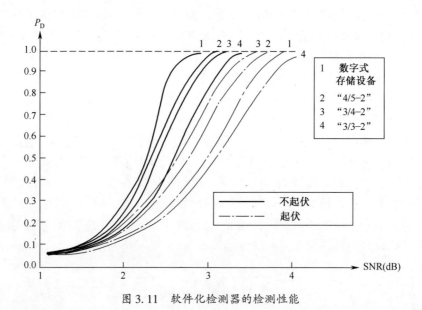

图 3.11 软件化检测器的检测性能

器门限)N_{thr} 为

$$N_{thr} = \text{entier}\left\{ 1.5 \sqrt{\sum_{i=1}^{N} g_i} \right\}, i = \{1, 2, \cdots, 15\}. \tag{3.81}$$

通过仿真手段可得如下结论：

(1) 当目标回波脉冲串不存在起伏时，存储设备比软件化检测器的检测性能更好；而当目标回波脉冲串存在起伏时，采用"l/m"准则的软件化检测器性能更好。

(2) 当利用"跟踪/滑动窗"检测目标回波脉冲串时，无论采用软件化检测器还是存储设备，门限损耗均较低。这些检测器的数字实现都非常简单，当用户更关心实现的简单性而非功耗时，软件化检测器更具优势。

(3) 在两阶段检测方法的第一阶段使用软件化检测器较为合适。

3.3 参数未知时相参脉冲信号的 DGD

3.3.1 数字检测器综合的问题描述

解决最佳检测器的综合问题有一个假设前提，即已知噪声、干扰以及目标回波信号(信息信号)的可能能量及相应统计特性等全部先验信息，根据这些条件获得的最佳信号处理和检测算法的性能是最佳的。如果环境噪声发生变化，或是与检测器综合时的特性存在差异，一般都会导致信号处理和检测算法性能的急剧下降,甚至无法正常工作。

实际工作中,CRS 在检测目标回波信号时,信号与噪声的能量和统计特性都会存在或多或少的不确定性,另外这些特性往往是时变的,或者说是时间的函数。实际的噪声跳变可达数十 dB,当检测门限保持不变时,哪怕噪声仅跳变 2~3dB,虚警概率 P_F 的变化也可能高达 4 个数量级[78]。因此当环境条件变化时,应特别关注稳健信号处理算法和检测算法的采用,以使其性能足够稳定。一般来说,仅需满足重要性能的稳定性要求或虚警概率 P_F 要求即可,这时就应解决好恒虚警(Constant False Alarm Rate,CFAR)问题。

根据目标回波信号和噪声的先验信息已知情况,可区分为参量化不确定性和非参量化不确定性。对于参量化不确定性,假设 $\mathscr{H}_1$(即存在目标)的概率密度函数 $p_{XN}^{\mathscr{H}_1}\{x_i\}$ 和假设 $\mathscr{H}_0$(即没有目标)的概率密度函数 $p_N^{\mathscr{H}_0}\{x_i\}$ 均已知,未知的仅是其中的部分参数。环境与外部工作条件的变化会改变噪声的均值、方差、协方差函数等统计特性,此时如果采用稳健信号处理算法以保持 CFAR,就要利用自适应算法获得噪声未知统计量的估计,并用其对输入信号进行归一化处理,或是对门限进行控制。而对于第二种情况,无论是假设 $\mathscr{H}_1$(即存在目标)还是假设 $\mathscr{H}_0$(即没有目标),目标回波信号和噪声的概率密度函数形状都是未知的,这种情况下稳健信号检测算法是基于非参量统计假设检验方法实现的。所获得的非参量化信号检测算法可使虚警概率 P_F 与噪声包络的概率密度函数 $p_N^{\mathscr{H}_0}\{x_i\}$ 无关,但目标回波样本之间的统计独立性是非参量化信号检测算法稳定的必要条件。如果目标回波信号样本是相关的,就要综合使用参量化和非参量化信号检测算法。

与固定不变的检测算法相比,当已知噪声概率密度函数的部分信息时,稳健信号检测算法可以确保获得最佳的检测性能,另外如果实际噪声与信号检测算法综合时采用的噪声模型有所差异的话,与最佳信号检测算法相比,稳健信号检测算法的稳定性最好。对于一维样本,噪声统计特性的不确定性为

$$p_N^{\mathscr{H}_0}\{x_i\} = (1 - \varepsilon)\hat{p}_N^{\mathscr{H}_0}\{x_i\} + \varepsilon\tilde{p}_N^{\mathscr{H}_0}\{x_i\} \tag{3.82}$$

式中:$\varepsilon > 0$ 为接近零的实数;$\hat{p}_N^{\mathscr{H}_0}\{x_i\}$ 为已知的概率密度函数;$\tilde{p}_N^{\mathscr{H}_0}\{x_i\}$ 为给定概率密度函数族中的未知概率密度函数。

当 $\hat{p}_N^{\mathscr{H}_0}\{x_i\}$ 为高斯分布且噪声服从同一分布时,基于稳健信号检测算法构建的 DGD 必须对输出的统计量进行累积,其输出是如下非线性函数[44]:

$$Z_{DGD}^{out}(z) = \begin{cases} x_0, x > x_0 \\ x, -x_0 < x < x_0 \\ -x_0, x \leqslant -x_0 \end{cases} \tag{3.83}$$

对于非平稳噪声(即脉冲型噪声),在稳健 DGD 的门限计算过程中,推荐使用基于选通门的方法处理目标回波信号样本。当 N 是偶数时,最简单的稳健信号检测算法可写成

$$Z_{DGD}^{out}(x) > C\max\left[\frac{2}{N}\sum_{i=1}^{0.5N}x_i, \frac{2}{N}\sum_{i=0.5N+1}^{N}x_i\right] \qquad (3.84)$$

式中:N 为计算门限所需的样本量;C 为常数因子。

跟最佳信号检测算法(噪声参数已知)相比,可以用达到同等 QoS 所需信噪比门限的增量评价噪声参数未知时信号检测算法的性能。信噪比的变化可表示为

$$L = 10\lg\frac{q_1^2}{q_0^2} \qquad (3.85)$$

式中:q_0^2 为最佳信号检测算法在给定虚警概率 P_F 下,达到预设检测概率 P_D 所需的信噪比门限;q_1^2 为噪声参数未知时信号检测算法达到同样的虚警概率 P_F 和检测概率 P_D 所需的信噪比门限。

为了比较各检测器的性能优劣,可采用如下渐近相对效率系数:

$$\mathscr{A}(A_1, A_2, P_F, P_D) = \lim_{N_1, N_2 \to \infty}\frac{N_1}{N_2} \qquad (3.86)$$

式中:N_1 和 N_2 分别是信号检测算法 A_1 和 A_2(即两种检测器)在给定虚警概率 P_F 下达到同样预设检测概率 P_D 所需的样本量,此处假设信号的总能量与样本量无关。如果 $\mathscr{A}(\cdot) > 1$,则说明信号检测算法 A_1 优于算法 A_2。

3.3.2　自适应 DGD

为了解决参量化不确定性问题,需要对目标回波信号、噪声及其概率密度函数的未知参数进行估计,这在文献[21,27,80-88]中都有介绍。在解决信号检测问题时,可以使用这些估计值替代信号和噪声未知参数的真值。利用所得估计值计算概率密度函数及其参数或其他统计特性,并进而进行信号检测,这种算法称为自适应信号检测算法。

获得未知信号参数 θ 的有关信息后,条件似然比可写为:

$$\mathscr{L}(x \mid \theta) = \frac{p_{XN}^{\mathscr{H}_1}\{x \mid \theta\}}{p_N^{\mathscr{H}_0}\{x \mid \theta\}} \qquad (3.87)$$

如果能够利用统计方法获得信号参数 θ 的估计值 $\hat{\theta}$,就可给出似然比,并且利用该似然比得出最佳信号检测算法。通过求解如下微分方程可以求出信号和/或噪声未知参数的估计:

$$\frac{\mathrm{d}p(x\mid\theta)}{\mathrm{d}\theta}\bigg|_{\theta=\hat{\theta}}=0 \tag{3.88}$$

自适应方法的实质是:首先根据有限的输入样本获得概率密度函数未知参数的最大似然估计,然后利用这些参数的值 $\theta=\hat{\theta}$ 求解最佳信号检测问题。这一方法的性能取决于信号和噪声未知参数的估计性能,而这又受限于用于估计的样本量(即训练样本)。

自适应方法的主要目的在于保持恒虚警,为此自适应 DGD(见图 3.12)必须具备估计当前噪声参数的设备,后续的统计判决网络会用到这些估计结果,其输出的判决统计量为

$$Z_{\mathrm{DGD}}^{\mathrm{out}}(x)=f\left\{\sum_{i=1}^{N}\frac{x_i}{\sigma_{\Sigma_i}}\right\} \tag{3.89}$$

式中: σ_{Σ}^2 是总方差。

利用该统计量,可对目标回波信号和噪声进行归一化处理,在进行一些函数变换后用于确定自适应检测门限。

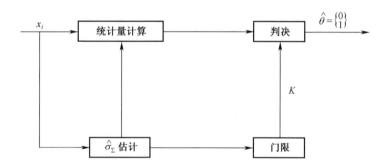

图 3.12　自适应 DGD 流程图

但由于用于噪声概率密度函数的参数估计以及确定连续噪声和干扰的非平稳性(即幅度跳变)的样本数量仅限于 m 个,而且受到非平稳噪声(如杂乱脉冲)的影响,虚警概率 P_{F} 将会明显偏离预定值,并且虚警概率 P_{F} 的偏离也不受自适应 DGD 的控制,因此不适于采用自适应处理方法。

有些特殊方法可以降低连续噪声和干扰的非平稳性以及杂乱脉冲型噪声和干扰对自适应 DGD 的影响,下面简要做些讨论:

(1) 在计算噪声和干扰的总方差 $\sigma_{\Sigma}^2=\sigma_{\mathrm{n}}^2+\sigma_{\mathrm{in}}^2$ 时,可假设噪声和干扰彼此不相关。在每次扫描时,都要在待检测距离分辨单元的相邻单元中对噪声和干扰进行采样,或者说把与待检测单元相邻的 m 个单元内的采样看成是仅存在干扰信号,同时假设噪声样本不相关且有限平稳(即准平稳)。为了减小噪声幅度跳

变导致的 σ_{Σ}^2 估计值的偏移, 在检测目标时应将待检测单元置于 $m+1$ 个相邻单元的中间位置。图 3.13 给出了总方差 σ_{Σ}^2 的估计方法以及存在目标时对其回波信号的电压进行归一化处理的方法。

(2) 为了降低总方差 σ_{Σ}^2 对较强干扰(如杂乱脉冲干扰)影响的敏感度, 可用检测杂乱脉冲的门限对两个相邻距离分辨单元的样本进行预比较[89]。根据该方法, 如果采样值 x_i 未超过门限, 即满足 $x_i<Cx_{i-1}(0<C<1)$, 就将其送入噪声总方差的估计网络。如果上述条件不满足, 那就对以前的结果进行核查, 如果 $x_{i-1}<Cx_{i-2}$ 则剔除 x_i, 样本量减少一个单元; 如果 $x_{i-1}>Cx_{i-2}$ 则用门限 Cx_{i-1} 替代样本值。常数因子 C 的选择, 应确保在给定的占空比和杂乱脉冲干扰能量条件下, 没有干扰时噪声方差估计结果的容许偏差在所要求的范围之内, 通常采用仿真手段选定常数因子 C。

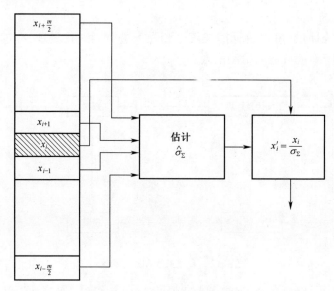

图 3.13 总方差 σ_{Σ}^2 的估计方法

(3) 如果在训练样本分析过程中, 不仅能够检测出杂乱脉冲干扰, 同时还能测定其幅度, 那么就可确定出自适应 DGD 的归一化因子。假设 m 个样本中有 l 个噪声样本受到杂乱脉冲的影响, 那么连续噪声(服从均值为 0 的高斯分布)的方差估计值为:

$$\hat{\sigma}_{\Sigma}^2 = \sum_{j=1}^{m-l} \frac{x_j^2}{m-l} \tag{3.90}$$

杂乱脉冲干扰的方差估计值则为

$$\hat{\sigma}_{chp}^2 = \frac{1}{l} \sum_{j=1}^{l} \left(A_j^{chp} \right)^2 \tag{3.91}$$

式中:A_j^{chp} 是杂乱脉冲干扰的幅度。采用如下权重对目标回波信号样本进行归一化处理:

$$w = \frac{1}{1+\delta}, \delta = \frac{\hat{\sigma}_{chp}^2}{\hat{\sigma}_{\Sigma}^2} \tag{3.92}$$

当杂乱脉冲干扰的样本量不超过训练样本量的 $25\% \sim 30\%$,并且杂乱脉冲的样本量 m 为 $15 \sim 20$ 时,这种方法是有效的。

上述对噪声和干扰的自适应方法有一个共同的缺点,即无法对检测器输出端的虚警次数进行记录,因此就不能发现虚警的变化情况,也不能对检测器进行控制,或者说检测器与虚警次数之间不存在反馈关系。对于具有自动信号处理和信号检测子系统的雷达系统来说,恒虚警的稳定性非常重要,因此通常采用闭环系统或开环系统对硬件进行设计和构建,并控制好其中的门限和判决函数,以确保恒虚警。

3.3.3 非参量化 DGD

对于非参量化不确定性来说,无论"存在目标"还是"没有目标",概率密度函数 $p(x)$ 的形状都是未知的,这种情况下就需要采用统计决策理论中的非参量化方法。这种方法无需考虑概率密度函数 $p(x)$ 的具体形状,即可根据预设的虚警概率 P_F 设计和综合出信号检测算法,或者说,即使不清楚输入信号概率密度函数 $p(x)$ 所属的分布族,仍能保持恒虚警。由于恒虚警对于 CRS 数字信号处理和检测子系统极为重要,因此研究如何实现非参量化信号检测算法是非常有意义的。

需要注意的是,非参量化数字检测器所使用的并不是目标回波信号的样本,而是其变体序列,这种序列包括"符号"向量和"秩"向量,为此需先将输入信号序列 $\{x_1, x_2, \cdots, x_N\}$ 变换为符号序列 $\{sgn\ x_1, sgn x_2, \cdots, sgn\ x_N\}$ 或秩序列 $\{rank x_1, rank x_2, \cdots, rank x_N\}$。在经典的信号检测问题中,进行非参量变换的前提条件是输入信号样本必须统计独立,即满足:

$$p(x_1, x_2, \cdots, x_N) = \prod_{i=1}^{N} p(x_i) \tag{3.93}$$

下面讨论基于"符号"和"秩"的非参量化检测器的设计和构建原理。

3.3.3.1 符号-非参量化 DGD

如果输入信号或目标回波信号是双极性脉冲,那么符号序列 $\{sgn x_1, sgn x_2, \cdots, sgn\ x_N\}$ 的生成方式为

$$\mathrm{sgn}x_i = \frac{x_i}{|x_i|} \tag{3.94}$$

符号序列的元素只有两个取值：$+1(x_i \geq 0)$ 和 $-1(x_i < 0)$。如果加性平稳噪声的概率密度函数关于零点对称，那么当 $N \to \infty$ 时，非相关噪声样本的正、负符号数量相等。但当输入信号中含有正值信号时，正符号的出现概率将大于负符号的出现概率，于是就可对目标回波信号进行检测。

图 3.14 说明了在将 I、Q 分量进行合并的包络检测器输出端如何获得符号序列。输入信号分两路送至符号生成器（对其中一路附加了 T_s 的时延），时延信号和非时延信号利用比较器进行比较，其输出为

$$\Delta x[kT_s] = x[kT_s] - x[(k-1)T_s] \tag{3.95}$$

将其变换为符号，可得

$$\mathrm{sgn}\{\Delta x[kT_s]\} = \begin{cases} 1, \Delta x[kT_s] \geq 0 \\ -1, \Delta x[kT_s] < 0 \end{cases} \tag{3.96}$$

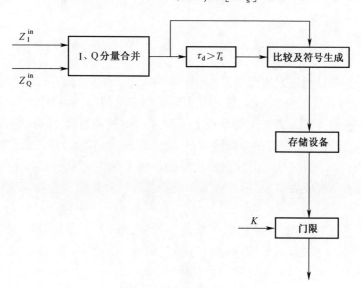

图 3.14　符号–非参量化 DGD 流程图

对每一个 k 值所对应的采样区间（即距离分辨单元），都可获得一系列的符号：

$$\mathrm{sgn}(ik) = \mathrm{sgn}\{\Delta x[kT_s]\}, \quad i = 1,2,\cdots,N \tag{3.97}$$

对于 N 个相邻的扫描周期，信号检测算法利用如下线性统计量完成：

$$\sum_{i=1}^{N} \mathrm{sgn}(ik) \geq K \tag{3.98}$$

式中：K 是根据预设虚警概率确定的检测门限。

上述信号检测算法采用的是单边对比法[89]。采用符号–非参量化广义信号检测算法的主要前提条件是信号加噪声与单纯的噪声相比,幅度相差较大,文献[70]给出了许多改进后的符号–非参量化信号检测算法。符号–非参量化信号检测算法的性能可用渐近系数和相对效率进行衡量。众所周知,当噪声服从高斯分布时,对于非起伏目标回波信号,符号–非参量化广义信号检测算法与最佳广义信号检测算法相比,其渐近系数和相对效率等于 $2/\pi = 0.65$,或者说符号–非参量化广义信号检测算法会有 35% 的性能损失。但当噪声的概率密度函数不是高斯分布时,符号–非参量化广义信号检测算法要比最佳广义信号检测算法的性能更好。

3.3.3.2　秩–非参量化 DGD

当噪声的概率密度函数未知时,为确保恒虚警也可以采用秩–非参量化检测器,该类检测器利用输入信号序列的秩信息做出判决,当然此时信号样本的统计独立性也是必不可少的条件。实际工作中雷达对信号进行检测时,如果"没有目标"的距离分辨单元数远大于"存在目标"的距离分辨单元数,就可以采用对比法[89],即将目标回波信号样本的每一个取值 $s_i(i=1,2,\cdots,N)$ 与从相邻距离分辨单元获得的参考样本(即噪声样本)序列 $w_{i1},w_{i2},\cdots,w_{im}$ 进行对比,于是可得如下秩:

$$r_i = \mathrm{rank}\, s_i = \sum_{i=1}^{m} X_{ij} \qquad (3.99)$$

式中:

$$X_{ij} = \begin{cases} 1, s_i - w_{ij} > 0 \\ 0, s_i - w_{ij} \leqslant 0 \end{cases} \qquad (3.100)$$

信号样本、参考样本以及所得的秩可以表示为

$$\left\| \begin{matrix} s_1 & w_{11} & w_{12} & \cdots & w_{1m} \\ s_2 & w_{21} & w_{22} & \cdots & w_{2m} \\ \vdots & \vdots & \vdots & \ddots & \vdots \\ s_N & w_{N1} & w_{N2} & \cdots & w_{Nm} \end{matrix} \right\| \Rightarrow \left\| \begin{matrix} r_1 \\ r_2 \\ \vdots \\ r_N \end{matrix} \right\| = R_N, \quad r_i = 1,2,\cdots,m$$

$$(3.101)$$

信号处理的下一步就是对秩统计量进行存储,并与门限进行比较:

$$\sum_{i=1}^{N} Z_{\mathrm{DGD}}^{\mathrm{out}}(r_i) \geqslant K_{\mathrm{g}}, \quad i=1,2,\cdots,N \qquad (3.102)$$

式中: $Z_{\mathrm{DGD}}^{\mathrm{out}}(r_i)$ 是已知的秩函数; K_{g} 是基于预设的容许虚警概率 P_{F} 给出的门限值。

最简单的秩统计量是 Wilcoxon 统计量,即秩和。根据 Wilcoxon 准则,满足

式(3.103)时判决为"存在目标":

$$\sum_{i=1}^{N} r_i \geq K_g, \quad i = 1, 2, \cdots, N \qquad (3.103)$$

与符号 DGD 相比,秩 DGD 的相对效率更高。当噪声服从高斯分布时,对于非起伏目标回波信号,后者的相对效率估计约为 $3/\pi \approx 0.995$,因此秩-广义信号检测算法的性能与最佳广义信号检测算法接近。由于对单个单元取秩需要 $m+1$ 次加法(或减法)运算,而对其取符号仅需单次加法(或减法)运算,导致秩-广义信号检测算法比符号-广义信号检测算法更为复杂。当需对雷达的所有距离分辨单元连续(即滑动式)进行取秩时,必须在采样区间 T_s 内完成 $m+1$ 次加法(或减法)运算。

总之需要注意的是,在参考样本是均匀的情况下(即噪声在采样区间内是平稳的),秩 DGD 可以确保恒虚警。参考样本的相关性会破坏虚警概率 P_F 的稳定性,需要采取适当措施减轻其影响,其中之一就是合理安排参考样本与取秩单元之间的相对位置。

3.3.4　自适应非参量化 DGD

如果进入 DGD 输入端的噪声是相关的,非参量化 DGD 无法保证恒虚警。如对于符号-非参量化 DGD 来说,如果噪声的相关系数从 0 增至 0.5,那么虚警概率 P_F 将增大 3~4 个数量级,其他类型的非参量化 DGD 情况类似,甚至更糟。

在相关噪声条件下,为了保持非参量化 DGD 输出端虚警概率 P_F 稳定,需根据噪声的相关特性对门限进行自适应调整[45],设计和构建的这种检测器称为自适应非参量化 DGD。原非参量化信号检测算法是构建自适应非参量化信号检测算法的基础,当噪声的概率密度函数或方差变化时,必须确保恒虚警,如果噪声的相关函数发生变化,就要调整门限值以弥补虚警概率 P_F 的不稳定性。

图 3.15 给出了自适应非参量化 DGD 框图。其中非参量化统计量计算器首先要完成如下原非参量化信号检测器的基本功能:

$$Z_{DGD}^{out}(x_i) = \sum_{i=1}^{N} \varsigma_i \qquad (3.104)$$

如果原非参量化信号检测器采用符号-非参量化信号检测算法,那么:

$$\varsigma_i = \mathrm{sgn}x_i = \begin{cases} 1, x_i \geq 0 \\ -1, x_i < 0 \end{cases} \qquad (3.105)$$

可以利用信号样本序列 $\{x_i\}$($i=1,2,\cdots,N$)和训练参考样本 $\{\eta_i\}$ 给出噪声相关函数 $R_n[k]$ 的估计结果,此时噪声相关函数的估计为

$$\hat{R}[k] = \frac{1}{N-k} \sum_{i=1}^{N-k} x_i x_{i+k} - \left(\frac{1}{N} \sum_{i=1}^{N} x_i\right)^2, \quad k = 0, 1, \cdots, N-1 \qquad (3.106)$$

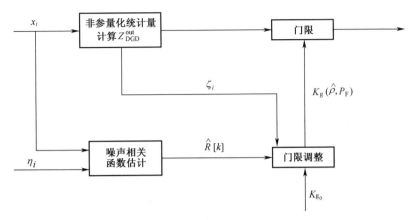

图 3.15　自适应非参量化 DGD 框图

如果已知噪声相关函数 $R_n[k]$ 的形状,比如为指数函数 $R_n[k] = (R_n[1])^k$ 或高斯函数 $R_n[k] = (R_n[1])^{k^2}$,那么当需要自动调整门限值时,给出噪声跨周期相关系数的如下估计就足够了(原因在于其他所有的 $\hat{R}[k]$ 都与该系数有着明确的关系):

$$\hat{\rho} = \frac{\hat{R}[1]}{\hat{R}[0]} \tag{3.107}$$

假设检测门限值 K_g 与预设的虚警概率 P_F 以及噪声的跨周期相关系数有关,那么自适应非参量化广义信号检测算法为

$$Z_{\text{DGD}}^{\text{out}}(x_i) = \sum_{i=1}^{N} \varsigma_i \geq K_g(\hat{\rho}, P_F) \tag{3.108}$$

如果根据序列 $\{x_i\}$ 给出的 ς_i 序列满足相关样本的中心极限定理条件[90],那么确定门限值就变得非常简单,此时自适应非参量化 DGD 输出端统计量 $Z_{\text{DGD}}^{\text{out}}(x_i)$ 的概率密度函数就是渐近高斯分布,虚警概率 P_F 可以表示为

$$P_F = 2\Phi \left\{ \frac{E_Z[\hat{\rho}] - K_g(\hat{\rho}, P_F)}{\sigma_Z(\hat{\rho})} \right\} \tag{3.109}$$

式中:

$$\Phi(x) = \frac{1}{\sqrt{2\pi}} \int_{-\infty}^{x} \exp(-0.5t^2) \, dt \tag{3.110}$$

是文献[41]给出的标准高斯分布函数,且

$$\Phi(x) = 1 - Q(x) \tag{3.111}$$

式中:$Q(x)$ 是众所周知的 Q 函数,定义为

$$Q(x) = \frac{1}{\sqrt{2\pi}} \int_x^\infty \exp(-0.5t^2) \, dt \qquad (3.112)$$

根据式(3.109)~式(3.112),可得门限值的控制与调整算法为

$$K_g(\hat\rho, P_F) = E_Z[\hat\rho] - \Phi^{-1}[0.5P_F\sigma_Z(\hat\rho)] \qquad (3.113)$$

式中: $E_Z[\hat\rho]$ 是输入过程的样本彼此相关时判决统计量的均值,该均值与原非参量化广义信号检测算法判决统计量的均值相等; $\sigma_Z^2(\hat\rho)$ 是输入过程的样本彼此相关时判决统计量的方差。

自适应非参量化广义信号检测器综合的主要问题在于确定其输出端判决统计量的方差,而这与输入过程的平稳性以及 ς_i 值序列的生成方式有关。

对于基于符号准则或秩准则进行门限调整的自适应非参量化 DGD 来说,当其输入端噪声的相关函数不断变化时,其稳定性仍然令人满意。仿真结果表明,当噪声的跨周期相关系数从 0 增至 0.5 时,自适应非参量化 DGD 输出端的虚警概率 P_F 只增加 2~5 倍,而原符号-非参量化 DGD 的虚警概率 P_F 则增加 100~300 倍。自适应非参量化广义秩检测算法也具有类似的虚警概率 P_F 稳定性。

总之需要说明的是,如果相关噪声或非相关噪声的概率密度函数未知,除可采用自适应非参量化广义信号检测算法对信号进行检测以外,也可采用数字式自适应渐近最佳广义信号检测算法以及基于相似性和不变性原理的广义信号检测算法。每种算法都有其特别之处,也都有特定的适用条件。由于输入信号并不可控,因此不可能设计出普适性的信号检测算法。

3.4 目标回波信号参数的数字化测量

目标回波信号中包含坐标及目标特性等信息,雷达信号处理的主要工作就是对目标回波信号的参数进行估计。一旦判定"存在目标"就应开始参数估计,或者说,在天线扫描方向上的特定距离处检测到目标时,就要对目标的坐标进行粗略计算,其中方位角精度与雷达天线波束宽度有关,距离精度与雷达距离分辨单元的大小有关。数字化测量器的主要任务就是按照预设的精度要求提取出比初始估计更多且更精确的信息。

自此处开始,假设用于确定参数所需的目标回波信号全部位于"跟踪/滑动窗"之内,该"跟踪/滑动窗"的尺寸取决于雷达距离分辨单元的长度和雷达天线方向图的波束宽度,并且假设数字信号处理时所使用的目标回波信号统计量的初始条件都能满足。主要分析角坐标、多普勒频移(或径向速度)以及时延等雷

达信号非能量参数的估计,另外还要分析一维测量结果的性能指标,如误差的方差 σ_θ^2(其中 $\theta = \{\beta, \varepsilon, f_D, t_d\}$),以及执行数字信号处理和检测算法所需的运算量等。

3.4.1 目标距离的数字化测量

复杂雷达系统对目标距离的测量是基于目标回波信号相对于发射信号的时延 t_d:

$$t_d = \frac{2r_{tg}}{c} \tag{3.114}$$

式中:c 是光速。当监视雷达的天线匀速圆周扫描(或扇扫)或是采用相控阵天线确定多个目标的坐标时,根据信号发射的时刻 Δt_{d1}(发射天线端,图3.16)和接收到目标回波信号的时刻 Δt_{d2}(接收天线端)之间的时延就可对目标距离进行估计。实际工作中,可以认为在接收回波脉冲串的期间内目标没有移动,因此如果利用回波脉冲串中的所有 N 个脉冲测定目标距离,就可获得如下均值:

$$\hat{r}_{tg} = \frac{1}{N}\sum_{j=1}^{N} r_{tg_j} \tag{3.115}$$

式中:r_{tg_j} 是由单个脉冲得到的目标距离。估计结果的方差为

$$\sigma_{\hat{r}}^2 = \frac{1}{N}\sum_{j=1}^{N} \sigma_{rj}^2 \tag{3.116}$$

式中:σ_{rj}^2 是由单个脉冲得到的目标距离估计的方差。

如果计数脉冲相对于搜索信号在时间轴上的位置是随机变化的,那么数字式目标距离测量器对单个脉冲时延 t_d 的测量误差就由两项构成(见图3.16):

$$\Delta t_d = \Delta t_{d1} + \Delta t_{d2} \tag{3.117}$$

式中:Δt_{d1} 是第一个计数脉冲相对于扫描信号的随机变化量;Δt_{d2} 是目标回波信号相对于最后一个计数脉冲的随机变化量。

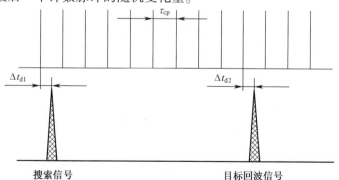

图3.16 目标距离估计的时域图

这些误差是相互独立的随机变量,在计数脉冲持续周期 τ_{cp} 内(即 $[-0.5\tau_{cp}, +0.5\tau_{cp}]$ 区间内)服从均匀分布。因此单个脉冲时延 t_d 估计误差的方差为

$$\sigma_{td}^2 = \frac{1}{6}\tau_{cp}^2 \tag{3.118}$$

如果第一个计数脉冲与发射信号是同步的(即 $\Delta t_{d1} = 0$),那么单个脉冲时延 t_d 估计误差的方差为

$$\sigma_{td}^2 = \frac{1}{12}\tau_{cp}^2 \tag{3.119}$$

上述数字式目标距离测量器可采用专用微处理器实现。

3.4.2 雷达天线匀速扫描时的角坐标估计算法

一般采用最大似然准则对角度测量的最佳算法进行综合,似然函数的形状取决于测量过程中信号和噪声的统计特性、天线方向图形状以及天线的扫描体制。下面先分析当目标始终处于雷达的距离采样区间内,且天线进行匀速圆周扫描时,如何对目标回波脉冲串进行处理。

基于目标回波信号和权重函数的多位量化值,可以获得扫描面内角坐标的数字式最佳测量结果,对于两坐标监视雷达系统来说就是目标的方位角坐标 β_{tg}。如果噪声是平稳的,那么基于 N 个归一化的非起伏目标回波脉冲串,方位角估计的似然函数为

$$\mathscr{L}(x_1, x_2, \cdots, x_N \mid q_0, \beta_{tg}) = \prod_{i=1}^{N} p(x_i \mid q_i, \beta_i) \tag{3.120}$$

此处有

$$p(x_i \mid q_i, \beta_i) = x_i \exp\left[-0.5(x_i^2 + q_i^2)\right] I_0(q_i x_i) \tag{3.121}$$

式中:

$$q_i = q_0 g(\beta_i, \beta_{tg}) \tag{3.122}$$

式中:q_0 是目标回波脉冲串中间位置的电压信噪比(见图3.17a),而

$$g(\beta_i, \beta_{tg}) = g\left[\frac{\beta_i - \beta_{tg}}{\varphi_0}\right] = g(\alpha) \tag{3.123}$$

是接收状态和发射状态下扫描面内的天线方向图包络函数;φ_0 是第一零深内雷达天线方向图主波束的半宽度;β_i 是接收到的脉冲串中第 i 个脉冲对应的方位角。

当 q_0 取固定值时,可得角坐标 β_{tg} 估计的似然函数方程的最终表达式[30,90,91]:

$$\sum_{i=1}^{N} x_i \gamma(\beta_i, \hat{\beta}_{\mathrm{tg}}) = 0 \tag{3.124}$$

式中：

$$\gamma(\beta_i, \hat{\beta}_{\mathrm{tg}}) = \frac{\partial g(\beta, \hat{\beta}_{\mathrm{tg}})}{\partial \hat{\beta}_{\mathrm{tg}}}, i = 1, 2, \cdots, N \tag{3.125}$$

是用于对目标回波脉冲串的归一化幅度进行加权的离散权重函数(即权重系数序列)，如图3.17b所示。该权重函数的增益曲线是天线方向图形状的函数，而且其零点恰好对应着天线方向图的最大增益点。

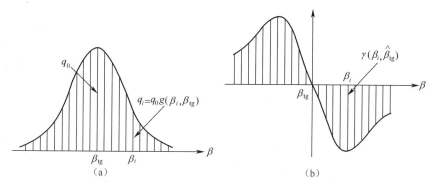

图3.17 (a)目标回波脉冲串(b)离散权重函数

对于快起伏目标的回波脉冲串，目标方位角估计的似然函数为

$$\sum_{i=1}^{N} x_i^2 \gamma'(\beta_i, \hat{\beta}_{\mathrm{tg}}) = 0 \tag{3.126}$$

式中：

$$\gamma'(\beta_i, \hat{\beta}_{\mathrm{tg}}) = \frac{\partial g(\beta_i, \hat{\beta}_{\mathrm{tg}})}{[1 + k_0^2 g^2(\beta_i, \hat{\beta}_{\mathrm{tg}})]^2} \times \frac{\partial g(\beta_i, \hat{\beta}_{\mathrm{tg}})}{\partial \hat{\beta}_{\mathrm{tg}}}, i = 1, \cdots, N \tag{3.127}$$

是对快起伏目标的回波脉冲串归一化幅度进行加权的离散权重函数。

对比式(3.124)和式(3.126)可以看出，相对于非起伏目标的情况，当对快起伏目标的方位角进行估计时，需要用到回波脉冲串的幅度加权平方和。此时，权重函数 $\gamma'(\beta_i, \hat{\beta}_{\mathrm{tg}})$ 的形式虽然更复杂，但其特性和作用不变。天线匀速扫描情况下目标方位角估计的最佳算法包括以下内容：

(1) 将目标回波脉冲串存储到"跟踪/滑动窗"内，"窗口"宽度等于脉冲串持续时间。

(2) 根据相应的权重系数，对目标各回波信号的幅度进行加权。

(3) 以权重函数的零点为界将"跟踪/滑动窗"分成左右两部分，分别求出两部分的回波信号幅度加权和。

(4) 将两部分的加权和进行比较,并找出比较结果中过零点的位置。

图 3.18 给出了利用式(3.124)和式(3.126)估计目标方位角坐标的算法框图,根据该图,当接收到目标回波脉冲串后,对于目标方位角的估计需要执行多位二进制数据的 $N-1$ 次乘法运算和 $N-1$ 次加法运算。可以借助理论分析或一定假设条件下的仿真手段给出目标方位角坐标的估计精度。

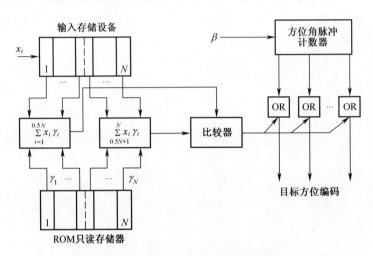

图 3.18 目标方位角估计算法框图

对目标回波信号的幅度进行二元量化后(权重函数仍为多位的),目标角坐标 β_{tg} 估计的似然函数为

$$\mathscr{L}(\beta_{\text{tg}}) = \prod_{i=1}^{N} P_{SN_i}^{d_i}(x_i) \widetilde{P}_{SN_i}^{1-d_i} \qquad (3.128)$$

式中:$P_{SN_i}^{d_i}$ 是目标回波脉冲串中第 i 个脉冲超过二元量化门限的概率,$\widetilde{P}_{SN_i}^{1-d_i} = 1 - P_{SN_i}^{d_i}$,而 d_i 则由式(3.47)给出。

对于非起伏目标回波信号,有

$$P_{SN_i} = \int_{c_0}^{\infty} x_i \exp\left\{-\frac{x_i^2 + q_i^2}{2}\right\} I_0(q_i x_i)\, \mathrm{d}x_i \qquad (3.129)$$

对于起伏目标回波信号,有

$$P_{SN_i} = \int_{c_0}^{\infty} \frac{x_i}{1 + k_i^2} \exp\left\{-\frac{x_i^2}{2(1 + k_i^2)}\right\} \mathrm{d}x_i \qquad (3.130)$$

通过适当的数学变换,似然函数方程可写为

$$\sum_{i=1}^{N} d_i \gamma''(\beta_i, \hat{\beta}_{\text{tg}}) = 0 \tag{3.131}$$

式中

$$\gamma''(\beta_i, \hat{\beta}_{\text{tg}}) = \frac{1}{P_{SN_i} \widetilde{P}_{SN_i}} \times \frac{\mathrm{d} P_{SN_i}}{\mathrm{d} \hat{\beta}_{\text{tg}}} \tag{3.132}$$

是估计目标方位角时对目标回波脉冲串进行加权的权重函数,对于非起伏目标回波信号,该函数的表达式与式(3.125)类似,对于起伏目标回波信号,该函数则与式(3.127)类似。

于是目标角坐标的最佳估计就变成了以权重函数的零点为中心,分别根据权重系数 $\gamma''(\beta_i, \hat{\beta}_{\text{tg}})$ 对左、右两边 $d_i = 1$ 对应的位置进行加权求和,当获得的累积和达到预设的精度时,就可给出角坐标的估计结果。与式(3.124)至式(3.127)给出的算法相比,由于无需多位数的乘法运算,这种估计算法实现起来要简单得多。利用 Cramer-Rao 等式,可以得出根据这种算法设计和构建的测量器的精度为

$$\sigma_{\beta_{\text{tg}}}^2 = \frac{1}{\displaystyle\sum_{i=1}^{N} \left(\frac{\mathrm{d} P_{SN_i}}{\mathrm{d} \hat{\beta}_{\text{tg}}} \right)^2 \times \frac{1}{P_{SN_i} \widetilde{P}_{SN_i}}} \tag{3.133}$$

如果不考虑雷达天线方向图形状的影响,在采用二元量化处理的情况下,可得目标回波角坐标估计的探索式算法如下:

(1) 利用目标回波脉冲串中的首、尾脉冲进行估计:

$$\hat{\beta}_{\text{tg}} = \{0.5[\lambda - (l - 1) + \mu - k]\} \Delta_{\beta} \tag{3.134}$$

式中:λ 为基于"l/m"准则将目标回波脉冲串中的某个位置选定为首脉冲后,当前脉冲相对于起点的位置序号;μ 为基于连续出现 k 个空位的准则选定目标回波脉冲串中的某个位置为尾脉冲后,该脉冲的位置序号;Δ_{β} 为角度分辨率。

该算法规定,当目标回波脉冲串第($l-1$)个位置及最后一个位置的检测状况发生改变时,均应立即进行调整。

(2) 利用目标回波脉冲串尾脉冲的位置以及首、尾脉冲之间的位置个数进行估计:

$$\hat{\beta}_{\text{tg}} = [\mu - 0.5(N_p - k - 1)] \Delta_{\beta} \tag{3.135}$$

式中:N_p 是与检测到的目标回波脉冲串长度相当的位置数。该算法可利用二元量化信号的数字式存储器加以实现。

目标回波角坐标估计的探索式广义算法实现起来非常简单,但与最佳广义信号检测算法相比,会有 $25\% \sim 30\%$ 的精度损失。当 $N_p = 15$、$P_F = 10^{-4}$ 时,图

3.19 给出了目标回波角坐标估计(由式(3.134)或式(3.135)给出)的相对方差与目标回波脉冲串中心位置的信噪比 SNR 间的函数关系,对于雷达天线匀速扫描的情况,利用该图可对目标回波角坐标估计的精度进行比较。

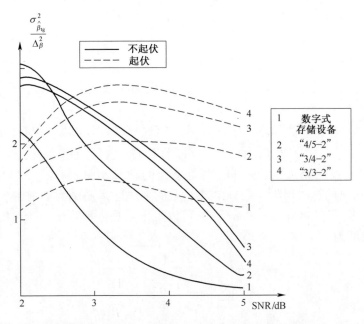

图 3.19　角坐标估计的相对方差与目标回波脉冲串中心位置处信噪比 SNR 间的函数关系

3.4.3　雷达天线离散扫描时的角坐标估计算法

对于目标跟踪与控制雷达系统来说,为获得目标角坐标的精确测量结果,多通道雷达系统可采用单脉冲测向法,也可采用天线离散扫描法,两种情况下都可使用跟踪式或非跟踪式数字测量器。下面分析天线离散扫描单通道雷达系统的非跟踪式角坐标测量算法综合问题。当采用天线离散扫描法进行角度测量时,雷达天线波束会有两个固定指向(见图 3.20),假设每一指向对应的最大辐射方向相对于起始方向的夹角分别为 θ_1 和 $\theta_2(\theta_2 > \theta_1)$,角 θ_1 和 θ_2 之差 $\Delta\theta = \theta_2 - \theta_1$ 称为离散扫描角。在角度测量时,天线最大辐射方向与雷达视线之间的偏角为 $\pm\theta_0$,目标与雷达视线之间的偏角为 θ_{tg}。

天线离散扫描情况下进行角坐标测量时,需要接收来自 θ_1 方向上的 n_1 个目标回波信号以及 θ_2 方向上的 n_2 个目标回波信号。如果目标相对于雷达视线的偏角为 θ_{tg},那么不同方向上接收到的目标回波信号幅度是不同的,分别为 X_{1i} 和 X_{2i},于是就可通过目标回波信号的幅度之比来确定其方位角。与之前类似,目标角坐标估计的最佳解决方案还是采用最大似然准则,此时似然函数方程为

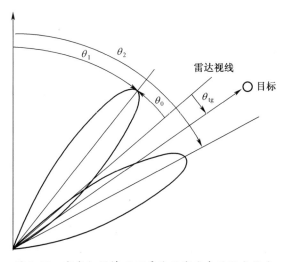

图 3.20 离散扫描情况下雷达天线波束的固定指向

$$\left. \frac{\partial \mathscr{L}(\boldsymbol{x}_1, \boldsymbol{x}_2 \mid \theta_{\mathrm{tg}})}{\partial \theta_{\mathrm{tg}}} \right|_{\theta_{\mathrm{tg}} = \hat{\theta}_{\mathrm{tg}}} = 0 \tag{3.136}$$

式中:$\boldsymbol{x}_1$ 和 $\boldsymbol{x}_2$ 分别是从 θ_1 和 θ_2 方向接收到的目标回波信号的归一化幅度向量,即

$$\boldsymbol{x}_1 = \left\| \frac{X_{11}}{\sigma_{n_1}} \quad \frac{X_{12}}{\sigma_{n_1}} \quad \cdots \quad \frac{X_{1n_1}}{\sigma_{n_1}} \right\| = \| x_{11} \quad x_{12} \quad \cdots \quad x_{1n_1} \|^{\mathrm{T}} \tag{3.137}$$

$$\boldsymbol{x}_2 = \left\| \frac{X_{21}}{\sigma_{n_2}} \quad \frac{X_{22}}{\sigma_{n_2}} \quad \cdots \quad \frac{X_{2n_2}}{\sigma_{n_2}} \right\| = \| x_{21} \quad x_{22} \quad \cdots \quad x_{2n_2} \|^{\mathrm{T}} \tag{3.138}$$

当采用不同的信号和噪声模型时,似然函数也不相同。当目标回波信号没有起伏,且样本之间统计独立时,似然函数为

$$\mathscr{L}(\boldsymbol{x}_1, \boldsymbol{x}_2 \mid \theta_{\mathrm{tg}}) = \prod_{i=1}^{n_1} p_{SN}^{\mathscr{H}_1}(x_{1i}) \prod_{j=1}^{n_2} p_{SN}^{\mathscr{H}_1}(x_{2j}) \tag{3.139}$$

式中:

$$p_{SN}^{\mathscr{H}_1}(x_{1i}) = x_{1i} \exp\left\{ -\frac{x_{1i}^2 + q_1^2(\theta_{\mathrm{tg}})}{2} \right\} \times I_0 \left[x_{1i} q_1(\theta_{\mathrm{tg}}) \right] \tag{3.140}$$

$$p_{SN}^{\mathscr{H}_1}(x_{2i}) = x_{2i} \exp\left\{ -\frac{x_{2i}^2 + q_2^2(\theta_{\mathrm{tg}})}{2} \right\} \times I_0 \left[x_{2i} q_2(\theta_{\mathrm{tg}}) \right] \tag{3.141}$$

$$q_1(\theta_{\mathrm{tg}}) = q_0 g(\theta_{\mathrm{tg}} + \theta_0) \tag{3.142}[1]$$

---

① 原文是 $q_1(\theta_{\mathrm{tg}}) = q_0 g(\theta_{\mathrm{tg}} - \theta_0) = q_0 g(\theta_{\mathrm{tg}} + \theta_0)$,有误。译者注。

$$q_2(\theta_{tg}) = q_0 g(\theta_0 - \theta_{tg}) \tag{3.143}$$

式中:$g(\cdot)$为雷达天线方向图包络的归一化函数;q_0为雷达天线方向图最大增益处的电压信噪比。

将式(3.139)带入式(3.136),根据式(3.140)至式(3.143),在强目标回波信号条件下,可得

$$\ln I_0[x_{1i}q_1(\theta_{tg})] \approx x_{1i}q_1(\theta_{tg}) \tag{3.144}$$

经过数学变换后,得到最终的似然函数如下:

$$\sum_{i=1}^{n_1} x_{1i} + v(\hat{\theta}_{tg}) \sum_{j=1}^{n_2} x_{2j} = q_1(\hat{\theta}_{tg}) n_1 + v(\hat{\theta}_{tg}) q_2(\hat{\theta}_{tg}) n_2 \tag{3.145}$$

式中:

$$v(\hat{\theta}_{tg}) = \frac{dg(\theta_0 - \hat{\theta}_{tg})}{d\hat{\theta}_{tg}} \times \left(\frac{dg(\theta_0 + \hat{\theta}_{tg})}{d\hat{\theta}_{tg}} \right)^{-1} \tag{3.146}$$

采用天线离散扫描法进行目标角度测量时,目标回波信号的主要处理方式就是将天线每一指向的归一化目标回波信号幅度进行累加,然后根据式(3.145)求解θ_{tg},此处假设信号和噪声参数q_1、σ_{n_1}、q_2、σ_{n_2}以及雷达天线方向图函数均已知。通常,式(3.145)可采用序贯搜索法进行求解,此时需将目标相对于雷达视线的可能角度范围$2\theta_0$划分为m个离散区间,其中$m = 2\theta_0/\delta\theta_{tg}$,而$\delta\theta_{tg}$是目标角坐标估计的精度要求。

为了缩短求解时间,可根据预设精度$\delta\theta_{tg}$将函数$v(\theta_{tg})$制成表格。式(3.145)的近似求解方法为:假设目标已经非常接近雷达的视线方向,即$\theta_{tg} \to 0$,那么

$$v(\theta_{tg}) = \frac{g'(\theta_0 - \hat{\theta}_{tg})}{g'(\theta_0 + \hat{\theta}_{tg})} = -1 \tag{3.147}$$

此时,式(3.145)变为

$$\sum_{i=1}^{n_1} x_{1i} - \sum_{j=1}^{n_2} x_{2j} = q_1 n_1 - q_2 n_2 \tag{3.148}$$

如果假设

$$n_1 = n_2 = n, \sum_{i=1}^{n} x_{1i} = \pi_1, \sum_{j=1}^{n} x_{2j} = \pi_2 \tag{3.149}$$

那么式(3.148)可变换为

$$\pi_1 - \pi_2 = nq_0[g(\theta_0 + \hat{\theta}_{tg}) - g(\theta_0 - \hat{\theta}_{tg})] \tag{3.150}$$

如果雷达天线方向图为高斯函数,就可使用如下近似式:

$$\begin{cases} g(\theta_0 - \hat{\theta}_{tg}) = \exp[-\alpha(\theta_0 - \hat{\theta}_{tg})^2] \approx 1 - \chi\hat{\theta}_{tg} \\ g(\theta_0 + \hat{\theta}_{tg}) = \exp[-\alpha(\theta_0 + \hat{\theta}_{tg})^2] \approx 1 + \chi\hat{\theta}_{tg} \end{cases} \quad (3.151)$$

式中：

$$\alpha = \frac{\beta_i - \beta_{tg}}{\varphi_0} \quad (3.152)$$

$$\chi = \frac{1}{g(\theta_0)}\left|\frac{\mathrm{d}g(\theta_0 \pm \hat{\theta}_{tg})}{\mathrm{d}\theta_{tg}}\right|_{\hat{\theta}_{tg} = \theta_0} \quad (3.153)$$

根据式(3.150)和式(3.151)，可得

$$\hat{\theta}_{tg} = \frac{\pi_1 - \pi_2}{2nq_0\chi} \quad (3.154)$$

3.4.4 多普勒频率测量

复杂相参脉冲雷达系统使用多通道滤波器测量多普勒频率(见图3.21a)，将幅频特性相互交叠的前置滤波器与DGD级联使用，形成 n 个频率通道(见图3.21b)。所需的通道数为

$$n = \frac{2\Delta f_{D_{max}}}{\delta f_D} \quad (3.155)$$

式中：$\Delta f_{D_{max}}$ 是多普勒频率范围(与测量条件有关)，该值可由如下公式得出，即

$$\Delta f_{D_{max}} = \pm\frac{2V_{tg_{max}}}{\lambda} \quad (3.156)$$

式中：λ 是雷达的工作波长；δf_D 是CRS的多普勒频率分辨率，该分辨率取决于信号模糊函数在频率轴上的展宽情况[35]。

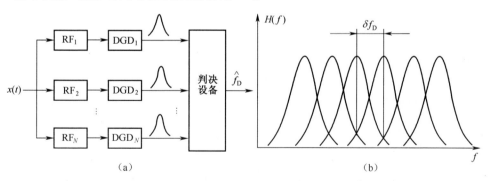

图3.21 (a)利用多通道滤波器测量多普勒频率(b)滤波器的幅频特性

根据测量器输出端电压幅度最大值所处的通道序号可以粗略估计目标的

多普勒频率f_D,而利用相邻3个频率通道的输出幅度可以提高f_D的估计精度,此时根据所选3个通道的幅度值进行抛物线拟合,拟合曲线包络幅度最大处对应的频率值即为多普勒频率f_D的估计值。

在时域采用多通道网络实现这种滤波器是非常困难的,因此基于离散傅里叶变换在频域实现就成为首选。众所周知,由于目标回波信号的样本量 N 有限,会导致频谱特性出现失真,这是 DFT 的固有属性。DFT 的每个系数都对应一个中心频率为

$$f_k = \frac{k}{NT}, k = 0, 1, \cdots, N - 1 \qquad (3.157)$$

的带通滤波器,其中每个滤波器的带宽为 N^{-1}。图 3.22 给出了基于 $N = 8$ 点 DFT 设计和构建的频谱分析仪幅频特性的主瓣,这种分析仪可看作是一组窄带滤波器,其中每一个滤波器都是针对载频为滤波器中心频率的正弦信号的匹配滤波器。

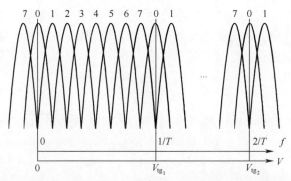

图 3.22 基于 DFT(N=8) 的频谱分析仪幅频特性

利用 DFT 的特性,可对多通道滤波器每一通道的相参目标回波信号进行积累,如果某个通道中的积累信号超过了检测门限,就可对该通道的多普勒频率进行估计,如果多个通道都出现了超过门限的情况,就要对多普勒频率估计结果进行平滑或加权。可以采用快速傅里叶变换法求解 DFT 系数,从而保证实时性。

频谱分析仪滤波器幅频特性中副瓣的存在会导致频谱泄露(即出现谐波),并且由于重叠会导致主瓣产生附加的幅度调制。为了减少谐波可以使用特定的权重函数(称为"窗函数"),采用"窗函数"加权后,离散傅里叶变换的形式为

$$F_{uw}[k] = \sum_{i=0}^{N-1} w[i] u[i] \exp\left\{-\frac{j2\pi ik}{N}\right\} \qquad (3.158)$$

式中:

$$w[i] = w[iT], i = 0, 1, 2, \cdots, N - 1 \qquad (3.159)$$

是加权"窗函数"。采用矩形权重函数相当于并未对 N 个输入信号(目标回波信号)进行加权处理,这种情况下进行离散傅里叶变换,滤波器幅频响应的副瓣最大,大概为-13dB,因此一般应采用权重系数递减的"窗函数",如三角型、余弦型、高斯型、Dolph-Chebyshev 型、海明型等。

采用离散傅里叶变换估计多普勒频率时,信号样本量 N 应满足频谱分辨率需求:

$$\delta f = \frac{\nu}{TN} \tag{3.160}$$

参数 ν 表示所选"窗函数"导致的频谱展宽系数。一般情况下,ν 值等于"窗函数"的等效噪声带宽,即

$$\nu = \frac{\sum_{i=0}^{N-1} w^2[iT]}{(\sum_{i=0}^{N-1} w[iT])^2} \tag{3.161}$$

如果脉冲串的多普勒频率不是基频($1/TN$)的整数倍,那么在目标回波信号处理时,频谱特性的附加幅度调制会导致额外的损耗。对于权重系数平滑递减的"窗函数",这种额外损耗大约是 $1\sim2$dB。在进行离散傅里叶变换时,因窗函数的附加幅度调制所带来的最大损耗以及窗函数的形状所造成的 DFT 损耗,一般不会超过 $3\sim4$dB。

3.5 跨周期数字信号处理的复杂广义算法

CRS 采用的跨周期数字信号处理的复杂广义算法为以下问题提供了解决方法:

(1)检测目标回波信号。

(2)测量目标回波信号的参数。

(3)利用目标回波信号所含信息估计目标的当前坐标、参数和特性。

(4)对目标坐标和参数进行编码以供后续处理。

跨周期数字信号处理的复杂广义算法可由特定的跨周期数字信号处理/检测算法组合而成,组合方式有很多,具体方式及内容取决于 CRS 的工作环境。同时需要注意的是,雷达系统的工作环境中可能存在着严重的干扰:对抗条件下的有意干扰(主动或被动);地物(建筑物、树木、车辆、山脉等)以及大气降水(雨、雪、云、雾)的反射;非同步脉冲型(即杂乱的)噪声和干扰。因此,设计跨周期数字信号处理时,复杂广义算法所需解决的主要问题就是背景和散射回波的对消问题,并且要保持虚警概率 P_F 恒定。

设计跨周期数字信号处理的复杂广义算法时,对于雷达系统的每一种具体

工作情况,必须针对特定的噪声和干扰环境对算法进行重构或调整,从而保证在雷达的整体覆盖范围内(或特定的部分覆盖范围内)信号的高质量接收和虚警概率 P_F 的恒定。由于情况种类较多,这里仅考虑如下几种主要情况:

(1)方差未知的高斯非相关(或弱相关)噪声条件下的信号处理/检测;

(2)方差未知的高斯非相关(或弱相关)噪声附加杂乱脉冲干扰条件下的信号处理/检测。

(3)非高斯噪声条件下的信号处理/检测,比如采用跨周期非线性信号处理/检测算法(限幅器、对数放大器等)后的信号处理/检测问题。

(4)大方差相关高斯噪声条件下的信号处理/检测。

在跨周期数字信号处理的复杂广义算法设计过程中,应包含可以根据噪声情况对环境进行辨识并做出选择的自适应算法,该自适应算法可以作为单独的信号处理子系统。另外,复杂广义算法中还应包含高速切换机制,以实现对噪声环境自适应所需的切换操作。

CRS 所用跨周期数字信号处理的复杂广义算法必须根据给定的总体条件进行调整,还能对不同噪声电平自适应地进行调整,图 3.23 是这种算法的最简流程图,其中周期内信号处理子系统(其输出就是跨周期数字信号处理的复杂广义算法的输入)以及环境分析子系统(其输出可供跨周期数字信号处理的复杂广义算法进行调整使用)都以单独模块的形式给出。

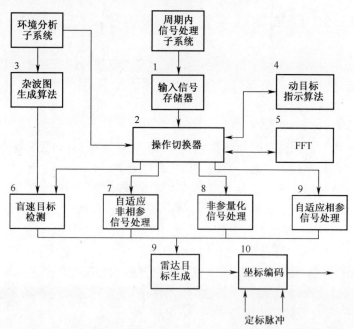

图 3.23 最简单的跨周期数字信号处理的复杂广义算法流程图

由图 3.23 所示的各模块可以组成不同的子系统：

（1）对慢速运动目标和盲速目标进行数字信号处理和检测的子系统。该子系统由图中的模块 3、5、6、10 和 11 组成，其中模块 3 生成、平滑并存储 CRS 所有分辨单元的噪声包络幅度，模块 6 根据噪声包络幅度生成检测门限，以检测 FFT 滤波器（模块 5）零速通道输出的目标回波信号（不包含动目标指示滤波器的输出结果），当目标的有效散射截面比无源干扰的有效散射截面大时，能够以较高的检测概率检测到静止目标的回波。

（2）由模块 1、7、10、11 组成的非相参数字式自适应信号处理和检测子系统。其中模块 7 由判决门限自适应生成器和目标回波信号参数测量器构成。

（3）由模块 1、8、10、11 组成的非参量化数字式信号处理/检测子系统。其中模块 8 由秩-非参量化数字信号处理/检测算法、具有自适应门限的秩检测器以及相应的检测器和测量器构成。

（4）由模块 1、4、5、9、10 和 11 组成的相参自适应数字信号处理检测子系统。在该子系统的每一通道内，完成动目标指示、将未对消掉的残留样本进行 FFT（目的是对目标回波信号进行积累）以及目标径向速度的估计等，然后每一通道都要完成相参自适应信号处理与检测以及信号参数估计。由于各频率通道之间有重叠，去重操作就显得至关重要。

（5）其他信号处理和检测子系统。如不具备动目标指示功能但采用 FFT 的相参信号处理和检测子系统，不具备动目标指示功能也不采用 FFT 的相参信号处理和检测子系统，以及采用 FFT 的非参量化数字信号处理和检测子系统等。

以上数字信号处理和检测算法的性能均可利用仿真手段进行评估。

3.6 总结与讨论

下面对本章主要内容进行总结。

本章详细讨论了动目标指示雷达的基本理论。基于以下 4 个优点，动目标指示雷达的性能可以得到大幅提升：①增强了发射机、振荡器和接收机等雷达子系统的稳定性；②扩大了接收机和模数转换器的动态范围；③提高了数字信号处理的速度和能力；④基于对系统局限性的更好认识，提出了动目标指示雷达对环境进行自适应的解决方案。这 4 个优点使得多年前曾经考虑过、尝试过但却无法付诸实践的先进技术变得实用起来。动目标指示雷达系统的设计既是一门科学也是一门艺术，尽管以上技术的进步可以提高动目标指示雷达的能力，但依然不能完美解决应用中遇到的所有问题。

数字式动目标指示器的设计及性能评价需要考虑如下因素：①当对数字式

动目标指示器中的目标回波信号采用 $N_b \geqslant 8$ 位进行幅度采样和量化时,可将量化误差看作是叠加在接收机噪声上的高斯白噪声,据此就可基于模拟式动目标指示器原型进行数字式动目标指示器的设计,也就是将熟知的模拟算法数字化;②与使用模拟式动目标指示器相比,对目标回波信号的幅度采样进行量化后,无源干扰对消会产生额外损耗。

实际工作中,广泛采用如下指标对数字式动目标指示器的性能进行评价:①干扰对消系数 G_{can},即对消器输入端与输出端的无源干扰功率之比;②品质因数,对无源干扰进行跨周期对消时,该因数由式(3.3)给定,一般情况下,当采用非线性信号处理时,品质因数表示在一定检测性能的前提下,对消器输入端干扰功率的上限;③改善因子,表示数字式动目标指示器输出端信干比与输入端信干比的比值。本章提到的 Q 因子既适用于跨周期相减的无源干扰对消器,也适用于无源干扰对消后级联残留信号积累器的情况。

数字式动目标指示器的主要部件是对相关无源干扰进行对消的数字式带阻滤波器。在最简单的情况下,数字式带阻滤波器是采用 $v (v \leqslant N)$ 阶跨周期相减的非递归滤波器构建的,当然递归滤波器也广泛用于无源干扰的对消。与相同阶数的非递归带阻滤波器相比,由于幅频特性得到改善,递归式带阻滤波器能够实现无源干扰的最佳对消,但其输出端的干扰残留相关度却高于非递归滤波器。另外,由于存在正反馈环节,如果目标回波脉冲数少于20(即 $N<20$),则过渡过程的持续时间将会延长,从而导致性能下降。

由于每一不同的重复周期都要对应单独的时延电路,而且这些电路的切换系统也非常复杂,因此在模拟式动目标指示器上实现重频参差是非常困难的。对于数字式动目标指示器来说,只要来自存储设备的时延数据样本与雷达发射信号的时刻保持同步即可实现重频参差,所需的存储容量不变,且与参差数量和参差函数都无关。假设目标回波脉冲串中有 N_s 个脉冲,如果其中每一脉冲都能调整到与新的重复周期相对应,那么该数字式动目标指示器就具有最佳的速度响应。新的重复周期 T 只能在平均周期 $\bar{T}$ 的基础上按固定时长 $\pm \Delta T$ 的整数倍变化。

设计和构建重频参差的数字式动目标指示器的关键就是正确选择 $\bar{T}$ 值并明确式(3.23)所给序列中脉冲串的参差函数。一般情况下,参差方式的选择应以品质因数 η 最大化为准则,同时还要使数字式滤波器带宽内的幅频特性波纹最小,通常这种问题可用仿真手段解决。计算和仿真结果表明,重频参差可以降低非递归或递归数字滤波器幅频响应的零深,但同时伴随着频带的展宽和干扰频谱的畸变,两种滤波器的阻带都变窄了,导致对无源干扰的对消效果变差。在最佳速度的情况下,与重频不变的数字式动目标指示器相比,2阶递归滤波器品质因数 η 的绝对损耗为 $0.3 \sim 4.3$ dB,3阶的则为 $4 \sim 19$ dB。

实际工作中,对于无源干扰的频谱特性并没有先验信息,而且该频谱在空域是各向异性的,在时域是非平稳的,那么相应的对消效果自然就不能满足要求。在无源干扰频谱参数存在不确定性和非平稳性的情况下,为了保证对消效果,就需要采用自适应的数字式动目标指示雷达子系统。一般来说,自适应动目标指示的问题应该基于相关反馈原理来解决。无源干扰的相关自动对消器是能够自动适应噪声和干扰环境的闭环跟踪器,并不需要考虑多普勒频率问题。这种跟踪器虽然效果极好,但也存在以下不足:(a)由于自适应反馈环节的时间常数较大(约10个分辨单元),从而对面状延展区域边缘的干扰对消效果较差;(b)当目标回波信号较强时,干扰对消效果变差;(c)实现起来非常困难,尤其是在进行数字信号处理时。利用经验贝叶斯方法解决动目标指示的自适应问题时,首先需获得干扰参数的最大似然估计,然后利用这些参数确定出带阻滤波器的冲激响应系数,于是就可得到一个开环的自适应系统,该系统必须在数字式滤波器的暂态响应时间内完成系统响应系数的自适应变化。

本章讨论的数字信号处理和检测算法考虑了两种情况:(1)参数已知的相参脉冲信号;(2)参数未知的相参脉冲信号。在数字信号处理系统中,将I、Q通道的信号分量合并之后,往往在视频级完成信号的积累和检测,那么解决信号检测问题时需要考虑如下初始条件:

(1)单一输入信号,信号参数包括时延 t_d 和到达角 θ。完整的目标回波信号是周期性重复的脉冲序列(或脉冲串)。目标回波信号(信息信号)的统计特性,一般需考虑如下两种情况:由非起伏脉冲组成的脉冲串;由互不相关的起伏脉冲组成的脉冲串,其概率密度函数是均值为0、方差为 σ_s^2 的瑞利分布。

(2)在研究信号检测算法以及估算目标回波信号参数时,噪声模型一般采用均值为0、方差为 σ_n^2 的高斯随机过程。当不存在时间相关的无源干扰时,相邻周期的噪声样本也不相关。如果经过数字式动目标指示器的对消处理后,仍然存在无源干扰或其残留时,可用马尔可夫链对该干扰序列进行近似。为了描述马尔可夫链的统计特性,除方差外还需知道无源干扰的跨周期相关系数 ρ_{pi}。当目标反射没有起伏时,输入信号样本 X_i 服从瑞利分布;当目标反射存在起伏时,概率密度函数则为

$$p'^{\mathscr{H}_1}_{SN}(X_i) = \frac{X_i}{\sigma_\Sigma^2 + \sigma_{S_i}^2} \exp\left\{ -\frac{X_i^2}{2(\sigma_\Sigma^2 + \sigma_{S_i}^2)} \right\}$$

式中:$\sigma_{S_i}^2$ 是目标回波信号幅度的方差。

(3)两种情况下的数字信号检测算法:①对目标回波信号进行幅度量化时,量化位数虽少但量化误差仍小于接收机噪声的均方根 σ_n,这时可将量化的影响看作是在输入噪声上叠加了一个独立的量化噪声,那么数字信号处理算法

的综合就转化为最佳模拟信号处理算法的数字式实现。②目标回波信号仅量化成两个数值,即二元量化,此时需要对信号处理算法和二元量化信号的判决网络进行直接综合。

基于以上条件,就复杂雷达系统中用到的 DGD 进行了讨论和分析:

(1) 参数已知时相参脉冲信号的处理。

① 目标回波脉冲串的 DGD。

② 目标回波脉冲串二元量化后的 DGD。

③ 基于序贯分析的 DGD。

④ 二元量化目标回波脉冲串的软件化 DGD。

(2) 参数未知时相参脉冲信号的处理。

① 自适应 DGD。

② 非参量化 DGD:符号-非参量化 DGD 和秩-非参量化 DGD。

③ 自适应非参量化 DGD。

目标回波信号中包含坐标及目标特性等信息,雷达信号处理的主要工作就是对目标回波信号的参数进行估计。一旦判定"存在目标"就应开始参数估计,或者说,在天线扫描方向上的特定距离处检测到目标时,就要对目标的坐标进行粗略计算,其中方位角精度与雷达天线波束宽度有关,距离精度与雷达距离分辨单元的大小有关。数字化测量器的主要任务就是按照预设的精度要求提取出比初始估计更多且更精确的信息。研究了雷达天线匀速扫描和离散扫描情况下的角坐标估计算法,并给出了多普勒频率测量的原理。

最后,提出并确定了跨周期数字信号处理复杂广义算法的结构。设计跨周期数字信号处理的复杂广义算法时,对于雷达系统的每一种具体工作情况,必须针对特定的噪声和干扰环境对算法进行重构或调整,从而保证在雷达的整体覆盖范围内(或特定的部分覆盖范围内)信号的高质量接收和虚警概率 P_F 的恒定。在跨周期数字信号处理的复杂广义算法设计过程中,应包含可以根据噪声情况对环境进行辨识并做出选择的自适应算法,该自适应算法可以作为单独的信号处理子系统。另外,复杂广义算法中还应包含高速切换机制,以实现对噪声环境自适应所需的切换操作。

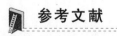 参考文献

1. Skolnik, M. 2008. Radar Handbook. 3rd edn. New York: McGraw-Hills, Inc.

2. Applebaum, S. 1961. Mathematical description of VICI. Report No. AWCS-EEM-1. Syracuse, NY: General Electric Co.

3. Chow, S. M. 1967. Range and Doppler resolution of a frequency-scanned flter. Proceedings of the IEEE, 114 (3): 321-326.

4. Shrader, W. W. 1970. MTI Radar, Chapter 17, in M. I. Skolnik, Ed. Radar Handbook. New York: McGraw-Hills, Inc.

5. Blackman, S. and R. Popoli. 1999. Design and Analysis of Modern Tracking Systems. Boston, MA: Artech House, Inc.

6. Richards, M. A. 2005. Fundamentals of Radar Signal Processing. New York: John Wiley & Sons, Inc.

7. Barton, D. K. and S. A. Leonov. 1997. Radar Technology Encyclopedia. Norwood, MA: Artech House, Inc.

8. Wehner, D. R. 1995. High Resolution Radar. Norwood, MA: Artech House, Inc.

9. Bozic, S. M. 1994. Digital and Kalman Filtering. 2nd edn. New York: Halsted Press.

10. Brown, R. G. and P. Y. C. Hwang. 1997. Introduction to Random Signals and Applied Kalman Filtering. 3rd edn. New York: John Wiley & Sons, Inc.

11. Diniz, P. S. 1997. Adaptive Filtering. Boston, MA: Kluwer Academic Publisher.

12. Figneiras-Vidal, A. R. Ed. 1996. Digital Signal Processing in Telecommunications. London, U. K. : Springer-Verlag.

13. Grant, P. and B. Mulgrew. 1995. Nonlinear adaptive flter: Design and application, in Proceedings of IFAC on Adaptive Systems in Control and Signal Processing, June 14-16, Budapest, Hungary, pp. 31-42.

14. Haykin, S. 1989. Modern Filters. New York: Macmillan Press, Inc.

15. Johnson, D. H. and D. E. Dudgeon. 1993. Array Signal Processing: Concepts and Techniques. Englewood Cliffs, NJ: Prentice Hall, Inc.

16. Lee, E. A. and D. G. Messerschmitt. 1994. Digital Communications. 2nd edn. Boston, MA: Kluwer Academic Publisher.

17. Mitra, S. K. 1998. Digital Signal Processing. New York: McGraw-Hills, Inc.

18. Regalia, P. A. 1995. Adaptive IIR Filtering in Signal Processing and Control. New York: Marcel Dekker, Inc.

19. Sayed, A. H. and T. Kailath. 1998. Recursive least - squares adaptive flters, in V. Madisetti, and D. Williams, Eds. The Digital Signal Processing Handbook. New York: CRC Press.

20. Shynk, J. J. 1989. Adaptive IIR fltering. IEEE ASSP Magazine, 6: 4-21.

21. Treichler, J. , Johnson, C. R. , and M. G. Larimore. 1987. Theory and Design of Adaptive Filters. New York: John Wiley & Sons, Inc.

22. Licharev, V. A. 1973. Digital Techniques and Facilities in Radar. Moscow, Russia: Soviet Radio.

23. Lutovac, M. D. , Tosic, D. V. , and B. L. Evans. 2001. Filter Design for Signal Processing Using MATLAB and Mathematica. Englewood Cliffs, NJ: Prentice Hall, Inc.

24. Popov, D. I. and V. A. Fedorov. 1975. Effcacy of recursive flters for moving-target indicators. Radio Electronics, 3: 63-68.

25. Wald, A. 1947. Sequential Analysis. New York: John Wiley & Sons, Inc.

26. Glushko, O. V. and L. M. Osynskiy. 1982. Microprocessor for construction of digital fltering systems. Control Systems and Computers, 1: 73-76.

27. Bellanger, M. G. 1987. Adaptive Digital Filters and Signal Analysis. New York: Marcel Dekker, Inc.

28. Purdy, R. J. et al. 2000. Radar signal processing. Lincoln Laboratory Journal, 12(2): 297.

29. Billingsley, J. B. 2002. Low-Angle Radar Land Clutter—Measurements and Empirical Models. Norwich, NY: William Andrew Publishing, Inc.

30. Barton, D. K. 2005. Modern Radar Systems Analysis. Norwood, MA: Artech House, Inc.

31. Skolnik, M. I. 2001. Introduction to Radar Systems. 3rd edn. New York: McGraw-Hills, Inc.

32. Ludloff, A. and M. Minker. 1985. Reliability of velocity measurement by MTD radar. IEEE Transactions on Aerospace and Electronic Systems, 21(7): 522-528.

33. Hall, T. M. and W. W. Shrader. 2007. Statistics of the clutter residue in MTI radars with IF limiting, in IEEE Radar Conference, April 17-20, Boston, MA, pp. 01-06.

34. Cho, J. Y. M. et al. 2003. Range-velocity ambiguity mitigation schemes for the enhanced terminal Doppler weather radar, in 31st Conference on Radar Meteorology, August 6-12, Seattle, WA, pp. 463-466.

35. Shirman, J. D. and V. H. Manjos. 1981. Theory and Techniques of Radar Signal Processing in Noise. Moscow, Russia: Radio and Svyaz.

36. Popov, D. I. 1981. Synthesis of digital adaptive rejector filters. Radiotechnika, 10: 53-57.

37. Tuzlukov, V. 2010. Multiuser generalized detector for uniformly quantized synchronous CDMA signals in AWGN noise. Telecommunications Review, 20(5): 836-848.

38. Tuzlukov, V. 2011. Signal processing by generalized receiver in DS-CDMA wireless communication systems with optimal combining and partial cancellation. EURASIP Journal on Advances in Signal Processing, 2011, Article ID 913189: 15, DOI: 10. 1155/2011/913189.

39. Tuzlukov, V. 2011. Signal processing by generalized receiver in DS-CDMA wireless communication systems with frequency-selective channels. Circuits, Systems, and Signal Processing, 30(6): 1197-1230.

40. Tuzlukov, V. 2011. DS-CDMA downlink systems with fading channel employing the generalized receiver. Digital Signal Processing, 21(6): 725-733.

41. Kay, S. M. 1998. Statistical Signal Processing: Detection Theory. Upper Saddle River, NJ: Prentice Hall, Inc.

42. Tuzlukov, V. P. 1998. Signal Processing in Noise: A New Methodology. Minsk, Belarus: IEC.

43. Tuzlukov, V. P. 1998. A new approach to signal detection theory. Digital Signal Processing, 8(3): 166-184.

44. Tuzlukov, V. P. 2001. Signal Detection Theory. New York: Springer-Verlag, Inc.

45. Tuzlukov, V. P. 2002. Signal Processing Noise. Boca Raton, FL: CRC Press.

46. Tuzlukov, V. P. 2005. Signal and Image Processing in Navigational Systems. Boca Raton, FL: CRC Press.

47. Tuzlukov, V. P. 2012. Generalized approach to signal processing in wireless communications: The main aspects and some examples. Chapter 11. In Wireless Communications and Networks—Recent Advances, ed. A. Eksim, 305-338. Rijeka, Croatia, IuTech.

48. Tuzlukov, V. P. , Yoon, W. -S. , and Y. D. Kim. 2004. Distributed signal processing with randomized data selection based on the generalized approach in wireless sensor networks. WSEAS Transactions on Computers, 5(3): 1635-1643.

49. Kim, J. H. , Kim, J. H. , Tuzlukov, V. P. , Yoon, W. -S. , and Y. D. Kim. 2004. FFH and MCFH spread-spectrum wireless sensor network systems based on the generalized approach to signal processing. WSEAS Transactions on Computers, 6(3): 1794-1801.

50. Tuzlukov, V. P. , Yoon, W. -S. , and Y. D. Kim. 2004. Wireless sensor networks based on the generalized

approach to signal processing with fading channels and receive antenna array. WSEAS Transactions on Circuits and Systems, 10(3): 2149-2155.

51. Kim, J. H., Tuzlukov, V. P., Yoon, W. -S., and Y. D. Kim. 2005. Performance analysis under multiple antennas in wireless sensor networks based on the generalized approach to signal processing. WSEAS Transactions on Communications, 7(4): 391-395.

52. Kim, J. H., Tuzlukov, V. P., Yoon, W. -S., and Y. D. Kim. 2005. Macrodiversity in wireless sensor networks based on the generalized approach to signal processing. WSEAS Transactions on Communications, 8 (4): 648-653.

53. Kim, J. H., Tuzlukov, V. P., Yoon, W. -S., and Y. D. Kim. 2005. Generalized detector under no orthogonal multipulse modulation in remote sensing systems. WSEAS Transactions on Signal Processing, 2(1): 203-208.

54. Tuzlukov, V. P. 2009. Optimal combining, partial cancellation, and channel estimation and correlation in DS-CDMA systems employing the generalized detector. WSEAS Transactions on Communications, 7(8): 718-733.

55. Tuzlukov, V. P., Yoon, W. -S., and Y. D. Kim. 2004. Adaptive beam-former generalized detector in wireless sensor networks, in Proceedings of IASTED International Conference on Parallel and Distributed Computing and Networks (PDCN 2004), February 17-19, Innsbruck, Austria, pp. 195-200.

56. Tuzlukov, V. P., Yoon, W. - S., and Y. D. Kim. 2004. Network assisted diversity for random access wireless sensor networks under the use of the generalized approach to signal processing, in Proceedings of the 2nd SPIE International Symposium on Fluctuations in Noise, May 25 - 28, Maspalomas, Gran Canaria, Spain, Vol. 5473, pp. 110-121.

57. Tuzlukov, V. P., Yoon, W. -S., and Y. D. Kim. 2005. MMSE multiuser generalized detector for no orthogonal multipulse modulation in wireless sensor networks, in Proceedings of the 9th World Multiconference on Systemics, Cybernetics, and Informatics (WMSCI 2005), July 10-13, Orlando, FL. (CD Proceedings)

58. Kim, J. H., Tuzlukov, V. P., Yoon, W. -S., and Y. D. Kim. 2005. Collaborative wireless sensor networks for target detection based on the generalized approach to signal processing, in Proceedings of International Conference on Control, Automation, and Systems (ICCAS 2005), June 2-5, Seoul, Korea. (CD Proceedings)

59. Tuzlukov, V. P., Chung, K. H., and Y. D. Kim. 2007. Signal detection by generalized detector in compound-Gaussian noise, in Proceedings of the 3rd WSEAS International Conference on Remote Sensing (REMOTE'07), November 21-23, Venice (Venezia), Italy, pp. 1-7.

60. Tuzlukov, V. P. 2008. Selection of partial cancellation factors in DS-CDMA systems employing the generalized detector, in Proceedings of the 12th WSEAS International Conference on Communications, July 23-25, Heraklion, Creete, Greece. (CD Proceedings)

61. Tuzlukov, V. P. 2008. Multiuser generalized detector for uniformly quantized synchronous CDMA signals in wireless sensor networks with additive white Gaussian noise channels, in Proceedings of the International Conference on Control, Automation, and Systems (ICCAS 2008), October 14 - 17, Seoul, Korea. pp. 1526-1531.

62. Tuzlukov, V. P. 2009. Symbol error rate of quadrature subbranch hybrid selection/maximal-ratio combining in Rayleigh fading under employment of generalized detector, in Recent Advances in Communications: Proceedings of the 13th WSEAS International Conference on Communications, July 23-25, Rodos (Rhodes)

Island, Greece, pp. 60-65.

63. Tuzlukov, V. P. 2009. Generalized detector with linear equalization for frequency-selective channels employing fnite impulse response beamforming, in Proceedings of the 2nd International Congress on Image and Signal Processing (CISP 2009), October 17-19, Tianjin, China, pp. 4382-4386.

64. Tuzlukov, V. P. 2010. Optimal waveforms for MIMO radar systems employing the generalized detector, in Proceedings of the International Conference on Sensor Data and Information Exploitation: Automatic Target Recognition, Part of the SPIE International Symposium on Defense, Security, and Sensing, April 5-9, Orlando, FL, Vol. 7697, pp. 76971G-1-76971G-12.

65. Tuzlukov, V. P. 2010. MIMO radar systems based on the generalized detector and space-time coding, in Proceedings of the International Conference on Sensor Data and Information Exploitation: Automatic Target Recognition, Part of the SPIE International Symposium on Defense, Security, and Sensing, April 5-9, Orlando, FL, Vol. 7698, pp. 769805-1-769805-12.

66. Tuzlukov, V. P. 2010. Generalized receiver under blind multiuser detection in wireless communications, in Proceedings of IEEE International Symposium on Industrial Electronics (ISIE 2010), July 4-7, Bari, Italy, pp. 3483-3488.

67. Khan, R. R. and V. P. Tuzlukov. 2010. Multiuser data fusion algorithm for estimation of a walking person position, in Proceedings of International Conference on Control, Automation, and Systems (ICCAS 2010), October 27-30, Seoul, Korea. pp. 863-867.

68. Khan, R. R. and V. P. Tuzlukov. 2010. Beamforming for rejection of co-channels interference in an OFDM system, in Proceedings of the 3rd International Congress on Image and Signal Processing (CISP 2010), October 16-18, Yantai, China. pp. 3318-3322.

69. Khan, R. R. and V. P. Tuzlukov. 2010. Null-steering beamforming for cancellation of co-channel interference in CDMA wireless communications systems, in Proceedings of the 4th IEEE International Conference on Signal Processing and Communications Systems (ICSPCS' 2010), December 13-15, Goald Coast, Queensland, Australia. (CD Proceedings).

70. Akimov, P. S., Bacut, P. A., Bogdanovich, V. A. et al. 1984. Theory of Signal Detection. Moscow, Russia: Radio and Svyaz.

71. Wald, A. 1950. Statistical Decision Functions. New York: John Wiley & Sons, Inc.

72. Fu, K. 1968. Sequential Methods in Pattern Recognition and Machine Learning. New York: Academic Press.

73. Ghosh, B. 1970. Sequential Tests of Statistical Hypotheses. Cambridge, MA: Addison-Wesley.

74. Siegmund, D. 1985. Sequential Analysis: Tests and Confdence Intervals. New York: Springer-Verlag.

75. Wald, A. and J. Wolfowitz. 1948. Optimum character of the sequential probability ratio test. Annual Mathematical Statistics, 19: 326-339.

76. Aarts, E. H. L. 1989. Simulated Annealing and Boltzman Machines: A Stochastic Approach to Combinational Optimization and Neural Computing. New York: John Wiley & Sons, Inc.

77. Blahut, R. E. 1987. Principles and Practice of Information Theory. Reading, MA: Addison-Wesley.

78. Kuzmin, S. Z. 1967. Digital Signal Processing in Radar. Moscow, Russia: Soviet Radio.

79. Eaves, J. L. and E. K. Reedy. 1987. Principles of Modern Radar. New York: Van Nostrand Reinhold.

80. Edde, B. 1995. Radar: Principles, Technologies, Applications. Upper Saddle River, NJ: Prentice Hall, Inc.

81. Levanon, N. 1988. Radar Principles. New York: John Wiley & Sons, Inc.

82. Peebles, Jr. P. Z. 1998. Radar Principles. New York: John Wiley & Sons, Inc.

83. Alexander, S. T. 1986. Adaptive Signal Processing: Theory and Applications. New York: Springer-Verlag.

84. Clarkson, P. M. 1993. Optimal and Adaptive Signal Processing. Boca Raton, FL: CRC Press.

85. Pitas, I. and A. N. Wenetsanopoulos. 1990. Nonlinear Digital Filters. Boston, MA: Kluwer Academic Publishers.

86. Sibal, L. H. , Ed. 1987. Adaptive Signal Processing. New York: IEEE Press.

87. Widrow, B. and S. Stearns. 1985. Adaptive Signal Processing. Englewood Cliffs, NJ: Prentice Hall, Inc.

88. Lacomme, P. , Hardange, J. -P. , Marchais, J. C. , and E. Normant. 2001. Air and Spaceborne Radar Systems. Norwich, NY: William Andrew Publishing, LLC.

89. Bakulev, P. A. and V. M. Stepin. 1986. Methods and Hardware of Moving-Target Indication. Moscow, Russia: Radio and Svyaz.

90. Sherman, S. M. 1986. Monopulse Principles and Techniques. Norwood, MA: Artech House, Inc.

91. Leonov, A. I. and K. I. Formichev. 1986. Monopulse Radar. Norwood, MA: Artech House, Inc.

第4章　目标航迹的检测与跟踪算法

目标距离跟踪是通过对所发射的射频脉冲与接收到的目标回波信号之间的时间差(即时延)进行持续测量,并将该双程时延转化为距离而完成的。距离是雷达所能得到的最精确的位置参数,典型高信噪比条件下,在数百千米的雷达作用距离范围内距离测量的精度可达米的量级。尽管也会用到多普勒频率和角度等信息,但由于利用距离波门(或时间波门)可以把不同距离上的目标回波信号从检测器输出端剔除,距离跟踪就成为鉴别期望目标与其他目标的主要手段。距离跟踪电路也可用于捕获期望目标。目标距离跟踪不仅需要确定脉冲往返目标所需的时间,还要辨别出是否为目标回波信号(以跟噪声相区别),而且对处于跟踪状态的目标还要保留其距离的历史信息。

尽管上述讨论针对的是典型的脉冲体制跟踪雷达,但连续波雷达系统也可利用调频连续波(Frequency-Modulated Continuous Wave, FM-CW)信号完成目标的距离测量,其中较为典型的是线性调频信号,目标距离可由发射信号与接收回波信号之间的频率差确定。文献[1]对调频连续波雷达系统的性能以及多普勒效应进行了讨论。

捕获:目标距离跟踪器的首要功能是捕获期望目标。尽管这并非是一种跟踪行为,但却是典型雷达系统开始距离跟踪或角度跟踪(即方位角跟踪)所必需的首要步骤。对于笔状波束跟踪雷达系统,需要事先知道目标的角度(即方位角)信息,才能将较窄的天线波束指到目标方向上,此处所需的信息称为指向数据,可由监视雷达系统或其他系统给出,如果该信息足够准确那么笔状波束就能据此对准目标,否则跟踪器就要对较大的不确定区域进行扫描。雷达的距离跟踪模块能够发现波束内从近程直至最大作用距离处的所有目标,一般将该范围划分为小的单元,并同时在每一单元内检测是否存在目标。当需要进行波束扫描时,距离跟踪器必须在极短的时间内(如0.1s)做出所有单元是否存在目标的判决,如果"没有目标"就要把波束移至新的角度位置上。对于机械扫描雷达来说,天线波束的移动是连续而缓慢的,从而保证在对各距离单元进行检测的短暂时间内,目标能一直保持在波束范围内。

与监视雷达系统类似,目标捕获也需要考虑信噪比以及在给定虚警概率 P_F 和检测概率 P_D 条件下进行积累所需的时间。但与监视雷达相比,由于操作人员已经确知存在目标,不会因搜寻目标而疲惫不堪,因此目标捕获时可令虚警概率 P_F 值稍高一些。应根据对每一距离区间进行观测以判断目标回波是否存在的电路性能,合理选取虚警概率 P_F 的值。

电压门限的典型设置方式之一,就是令其高到足以阻止绝大部分噪声,同时又低到足以允许微弱信号通过。无论所检测的距离区间内是否存在超过门限的情况,每发射一次脉冲都会进行一次观测。在做出是否存在目标的判决之前,雷达可在积累时间内进行多次观测。噪声和目标回波的主要区别在于,噪声超过门限的情况是随机的,而存在目标时其回波超过门限的情况是有规律的。有一种典型的雷达系统,只是在积累时间内对超过门限的次数进行简单计数,如果所发射信号的过半数回波能够超过门限,即可判定存在目标。假设雷达的脉冲重频为 300Hz,积累时间为 0.1s,如果存在一个强而稳定的目标回波,将会观测到 30 次超过门限的情况,但混有噪声的微弱回波不一定总能超过门限,如果在积累时间内设置一个超过检测门限的阈值(如 15 次),那么就能做出是否存在目标的判决。对于非起伏目标,当单个脉冲的信噪比 SNR 为 2.5dB、虚警概率 $P_F = 10^{-5}$ 时,其检测概率 P_D 可达 90%。

距离跟踪:一旦捕获目标之后,就要对其进行跟踪以提供距离信息(或斜距)。在搜寻期望目标回波信号时,选用适当的定时脉冲可以生成距离波门,从而使角度跟踪电路和自动增益控制(Automatic Gain Control,AGC)电路只在较短的目标距离区间(或时间区间)内工作。目标距离跟踪的工作方式与方位角跟踪器的闭环跟踪方式类似,测量出目标回波相对于距离波门中心的误差并产生误差电压,将其送至相应电路,从而移动距离波门使得目标回波脉冲重新回到波门中心。

对目标的自动距离跟踪一般可分解为图 4.1 所示的 5 个步骤:

(1)点迹检测:判断是否将检测到的目标点迹加入到跟踪过程,该步骤的目的是控制虚假跟踪率。

(2)将目标点迹与现有航迹进行关联处理。

(3)利用关联点迹对现有航迹进行更新。

(4)利用未关联点迹起始新航迹。

(5)雷达调度与控制。

自动距离跟踪的结果是生成航迹文件,其中包含雷达系统检测到的所有目标的航迹状态信息。如图 4.1 所示,这些功能之间存在反馈环节,因此更新现有航迹的能力自然会影响目标点迹与现有航迹的关联能力。另外,目标点迹与现有航迹的关联正确性,也会影响跟踪精度以及现有航迹与新航迹的辨别正确性。目标点迹检测步骤要使用关联函数反馈的信息,其中关联函数

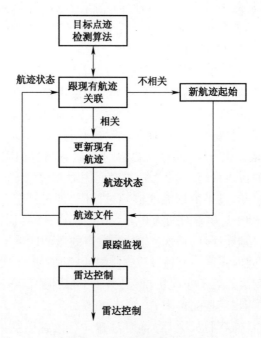

图 4.1　目标航迹跟踪过程

会对雷达覆盖范围内的检测行为进行衡量,而信号越密集的区域采用的检测准则越严格。

　　当在计算机中建立一条航迹时,会对其赋予航迹编号,与给定航迹相关的所有参数都可通过该编号进行存取。航迹的典型参数包括滤波位置和预测位置、速度、加速度(如果有的话)、最近一次更新时间、航迹质量、信噪比、采用卡尔曼滤波器时的协方差矩阵(协方差包含所有各维坐标的精度及其互相关系数)、航迹历史(即最近 n 次的检测情况)。可用分区链表等数据结构对航迹和检测进行存取,从而提高关联效率[2,4]。除航迹文件外,还要保留杂波文件,给每一静止回波或慢动回波赋予相应的杂波编号,与某一杂波位置相关的所有参数都通过该编号进行存取,同时为了有效关联还需将每一杂波编号与方位上的某一扇区对应起来。

　　当雷达系统没有或只有有限的相参处理功能时,自动检测器给出的所有目标点迹并不会全部用于跟踪过程,而是将其中大部分通过行为控制的软件方法予以滤除[5,6],其基本思想是结合使用检测信号的特点和检测行为图(该图是通过对跟踪过程中未能成功关联的目标点迹进行计数而获得的),从而把形成航迹所需的检测率降至可以接受的程度。

4.1 主要阶段与信号再处理过程

目标信号的再处理包括两个阶段[7,8]：目标点迹检测和目标航迹跟踪。对于雷达天线匀速扫描的情况，图 4.2 给出了两坐标雷达系统进行自动距离跟踪所用的笛卡尔直角坐标系数据。假设在雷达天线扫描区域内的任何位置上都有可能出现不属于现有航迹的目标点，就可将该目标点看作是新目标的航迹数据，如果已知目标沿各坐标轴的最小速度 V_{min} 和最大速度 V_{max} 的分量，那么在雷达天线下一次扫描时，就可将搜索新目标点的区域 S_1 看作是由两个矩形所限定的区域，其中内矩形的边长分别为 $2V_{X min}T_{scan}$ 和 $2V_{Y min}T_{scan}$，外矩形的边长分别为 $2V_{X max}T_{scan}$ 和 $2V_{Y max}T_{scan}$（T_{scan} 为雷达天线扫描周期）。形成区域 S_1 的过程称为波门形成，区域 S_1 称为初始锁定门。

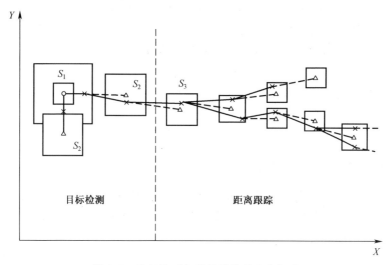

图 4.2 目标检测与距离跟踪所用坐标系

在初始锁定时波门内可能存在多个目标点，每一目标点都应看作是现有航迹的可能延伸（见图 4.2）。利用两个目标点可以算出目标运动的速度和方向，进而确定出雷达天线再下一次（即第 3 次）扫描时目标点的可能位置。采用专用滤波器（见第 5 章）可以获得目标的速度、运动方向以及雷达天线下一次扫描时目标点位置的外推结果（在图 4.2 中用三角形对其进行标记）。围绕外推位置又可形成波门 S_2，其尺寸取决于外推误差和目标点坐标的测量误差。在雷达天线第 3 次扫描时，如果在波门 S_2 之内观测到目标点，就可认为该目标点属于已跟踪航迹，根据其坐标又可获得目标航迹更为具体的参数信息，并形成新的跟踪波门。如果按照给定准则在 l 个连续形成的波门内都存在目标点，就可接受这些点迹并启动航迹跟踪。如图 4.2 所示,只要连续 3 次出现点迹(即 3/3 准则),就可接受这些点迹。因此目标点迹检测过程包含如下行为:

(1) 在波门内对目标点进行选通与选取。

(2) 核对检测准则。

(3) 目标航迹参数的估计与外推。

目标航迹跟踪是不断测量获得新点迹并将其与现有航迹进行关联以及准确测定航迹参数的序贯过程。目标的自动跟踪完成的工作有

(1) 在对新目标点进行关联的过程中准确测定目标的航迹参数。

(2) 为雷达天线的下一次扫描外推目标航迹参数。

(3) 在新目标点的可能位置设置距离波门。

(4) 当波门内存在多个目标点时,选取正确的目标点。

如果波门内存在多个目标点,需对每个目标点都进行关联操作。如果波门内没有目标点,就可用相应的外推点对航迹进行延伸,但由于外推误差的增加,下一波门的尺寸也应增大。如果雷达天线的连续 k 次扫描中均没有目标点,就删除该航迹。在目标点迹检测和航迹跟踪阶段,所需完成的工作有

(1) 为雷达天线扫描区域设置波门。

(2) 对波门内的目标点进行选取与确认。

(3) 目标航迹参数的滤波与外推。

下面分析以上第 1 步和第 2 步所用到的算法。

4.1.1 波门的形状与尺寸

根据目标自动距离跟踪的基本原理,如果新的目标点与波门中心的偏差没有超过由波门尺寸限定的事先给定值,就可将其用于目标的距离跟踪,或者说应满足如下条件:

$$| U_i - \hat{U}_i^{\text{center}} | \leqslant 0.5\Delta U_i^{\text{gate}} \tag{4.1}$$

式中,U_i 为第 i 个新目标点的坐标;$\hat{U}_i^{\text{center}}$ 为第 i 条目标航迹的波门中心坐标;ΔU_i^{gate} 为第 i 条目标航迹在坐标轴 r、β 和 ε 上的波门尺寸。且

$$U_i = \{r_i, \beta_i, \varepsilon_i\} \tag{4.2}$$

$$\hat{U}_i^{\text{center}} = \{\hat{r}_i^{\text{center}}, \hat{\beta}_i^{\text{center}}, \hat{\varepsilon}_i^{\text{center}}\} \tag{4.3}$$

$$\Delta U_i^{\text{gate}} = \{\Delta r_i^{\text{gate}}, \Delta \beta_i^{\text{gate}}, \Delta \varepsilon_i^{\text{gate}}\} \tag{4.4}$$

利用波门对目标航迹延伸时必须选定波门的形状与尺寸,这需要根据真实目标点(位于延伸后的目标航迹上)与其相应外推点的偏差的已知统计特性加以解决。真实目标点与波门中心的偏差可由利用先前的航迹平滑参数外推目标坐标的误差以及新目标点的坐标测量误差形成的总误差加以描述,这些误差

是独立同分布的,均服从高斯分布。

对雷达天线第 n 次扫描的航迹坐标进行外推需要用到第 $n-1$ 次扫描的数据。外推点的位置用 O 来表示(见图4.3),并设笛卡尔坐标系的原点位于 O 点,Y 轴对应着"雷达–目标"连线方向,X 轴与"雷达–目标"连线方向(即 Y 轴)垂直,且与雷达天线的旋转方向相反,Z 轴方向则按右手坐标系确定。雷达天线第 n 次扫描所得目标点与波门中心的随机偏差 Δx、Δy、Δz 分别为

$$\begin{cases} \Delta x_n = \pm r(\Delta \beta_n^{\mathrm{extr}} + \Delta \beta_n) \\ \Delta y_n = \pm(\Delta r_n^{\mathrm{extr}} + \Delta r_n) \\ \Delta z_n = \pm r(\Delta \varepsilon_n^{\mathrm{extr}} + \Delta \varepsilon_n) \end{cases} \tag{4.5}$$

式中:$\Delta r_n^{\mathrm{extr}}$,$\Delta \beta_n^{\mathrm{extr}}$ 和 $\Delta \varepsilon_n^{\mathrm{extr}}$ 是雷达天线第 n 次扫描时的坐标外推随机误差;Δr_n,$\Delta \beta_n$ 和 $\Delta \varepsilon_n$ 是雷达天线第 n 次扫描时的坐标测量随机误差。

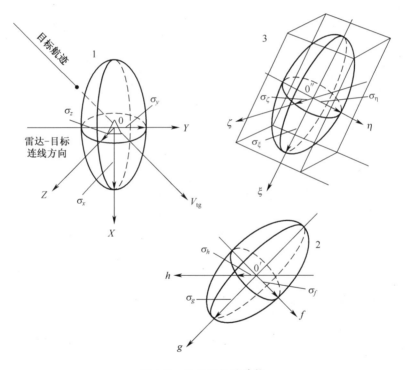

图4.3　目标坐标的外推

在确定波门尺寸时,可以认为 Δr_n,$\Delta \beta_n$ 和 $\Delta \varepsilon_n$ 统计独立,Δx_n,Δy_n,Δz_n 服从均值为0、方差分别为 σ_x^2、σ_y^2 和 σ_z^2 的高斯分布,且与扫描次数 n 无关。因此,它们的联合概率密度函数为

$$f(\Delta x, \Delta y, \Delta z) = \frac{1}{\sqrt{(2\pi)^3 \sigma_x^2 \sigma_y^2 \sigma_z^2}} \exp\left\{ -\frac{1}{2}\left[\frac{(\Delta x)^2}{\sigma_x^2} + \frac{(\Delta y)^2}{\sigma_y^2} + \frac{(\Delta z)^2}{\sigma_z^2} \right] \right\}$$

$$(4.6)$$

等概率密度曲面可由如下方程确定:

$$\frac{(\Delta x)^2}{\sigma_x^2} + \frac{(\Delta y)^2}{\sigma_y^2} + \frac{(\Delta z))^2}{\sigma_z^2} = \lambda^2 \tag{4.7}$$

式中:λ 是任意常数。

将式(4.7)左右两边同时除以 λ^2,可得

$$\frac{(\Delta x)^2}{\lambda^2 \sigma_x^2} + \frac{(\Delta y)^2}{\lambda^2 \sigma_y^2} + \frac{(\Delta z)^2}{\lambda^2 \sigma_z^2} = 1 \tag{4.8}$$

式(4.8)表示以 $\lambda\sigma_x$、$\lambda\sigma_y$ 和 $\lambda\sigma_z$ 为共轭轴的椭球体。当 $\lambda=1$ 时就是单位椭球体,如图 4.3 中的椭球体 1。

可以认为因目标的偶尔机动所导致的外推动态误差同样服从高斯分布,且沿 F、G 和 H 轴的分量相互独立,其中 F 轴对应目标的速度矢量,G 轴指向切向加速度的反方向,H 轴按照右手坐标系确定。所得坐标系的原点,与前文所用坐标系的原点一样,均与外推点 O 一致,但在图 4.3 中为了看得更清楚,就用 O' 进行表示。

在三维空间中,外推动态误差形成了一个等概率椭球体,其方程为

$$\frac{(\Delta f)^2}{\lambda^2 \sigma_f^2} + \frac{(\Delta g)^2}{\lambda^2 \sigma_g^2} + \frac{(\Delta h)^2}{\lambda^2 \sigma_h^2} = 1 \tag{4.9}$$

当 $\lambda=1$ 时就是图 4.3 中的椭球体 2。将椭球体 1 和椭球体 2 相加可得椭球体 3,其共轭轴方向是笛卡尔坐标系下相对于 $OXYZ$ 方向的 $O\eta\xi\zeta$ 指向,而沿各坐标轴方向的方差 σ_η^2,σ_ξ^2 和 σ_ζ^2 可由随机误差和动态误差所导致的各自偏差依据空间相加规则得出。在图 4.3 中为了看得更清楚,就将 $O\eta\xi\zeta$ 坐标系的原点用 O'' 进行表示。

随机分量 $\Delta\eta$,$\Delta\xi$ 和 $\Delta\zeta$ 的联合概率密度函数为

$$p(\Delta\eta, \Delta\xi, \Delta\zeta) = \frac{1}{\sqrt{(2\pi)^3 \sigma_\eta^2 \sigma_\xi^2 \sigma_\zeta^2}} \exp(-0.5\lambda^2) \tag{4.10}$$

式中:

$$\lambda^2 = \frac{(\Delta\eta)^2}{\sigma_\eta^2} + \frac{(\Delta\xi)^2}{\sigma_\xi^2} + \frac{(\Delta\zeta)^2}{\sigma_\zeta^2} = 1 \tag{4.11}$$

那么,真实目标点与波门中心的偏差的等概率曲面也形成了一个椭球体,其共轭轴的取值和相对于"雷达-目标"连线的方向取决于坐标测量误差、目标机动强度以及目标运动方向。如果真实目标点与波门中心的偏差呈椭球体形

分布时,波门形状显然也应是共轭轴为 $\lambda\sigma_\eta$, $\lambda\sigma_\xi$ 和 $\lambda\sigma_\zeta$ 的椭球体形,其中 λ 是波门相对于单位椭球体的放大因子,以确保真实目标点能够按照预定概率落入波门之内。

随机点落入椭球体(与等概率曲面形成的椭球体相似)的概率为

$$P(\lambda) = 2\left[\Phi_0(\lambda) - \frac{1}{\sqrt{2\pi}}\lambda\exp(-0.5\lambda^2) \right] \tag{4.12}$$

式中:Φ_0 是式(3.110)给出的标准高斯分布函数。

当 $\lambda \geqslant 3$ 时,概率 $P(\lambda)$ 非常接近于1,因此构建椭球体波门时,需要选取合适的 λ 值。

实际工作中,无论采用物理手段还是数学手段,构建椭球体波门的可能性都很小,那么最好的办法就是构建一个围绕总误差椭球体的平行六面体形波门(见图4.3),其各个边长分别为 $2\lambda\sigma_\eta$、$2\lambda\sigma_\xi$ 和 $2\lambda\sigma_\zeta$,其体积则为

$$V_{\mathrm{par}} = 8\lambda^3\sigma_\eta\sigma_\xi\sigma_\zeta \tag{4.13}$$

由于总误差椭球体的体积为

$$V_{\mathrm{el}} = \frac{4}{3}\pi\lambda^3\sigma_\eta\sigma_\xi\sigma_\zeta \tag{4.14}$$

可见实际波门的体积约是最佳波门的2倍,这会导致虚假目标点进入波门的概率增大,或者本属另一航迹却进入本波门的目标点数增多,从而降低了波门的信号筛选和分辨性能。

在 CRS 计算机子系统对大量目标进行实时处理的过程中,平行六面体形波门尺寸和取向的计算任务非常繁重,因此需要对其进行简化处理,基本思想就是应在雷达进行信息处理的维度上选取最简单的波门形状。对于球坐标系来说,最简单的波门可用距离维度的 Δr_{gate} 和两个角度维度(即方位角 $\Delta\beta_{\mathrm{gate}}$ 和俯仰角 $\Delta\varepsilon_{\mathrm{gate}}$)加以确定,如图4.4所示。

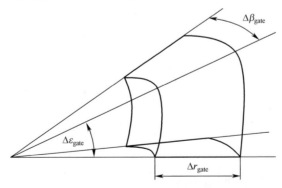

图4.4　最简单的波门示意图

在处理所有目标航迹时,波门尺寸可根据随机误差和动态误差的最大幅度进行预先设置,简而言之就是所选取的波门尺寸应让真实目标点相对于外推点所形成的椭球体内任意大小、任意方向的总偏差都落入波门之内,这可算得上是最简单的波门选取方法了。本节讨论的三维波门尺寸选取方法,均可用于两坐标雷达对新目标点进行关联时的二维波门选取过程。

4.1.2 基于距波门中心偏差最小的目标点指示算法

下面分析对单个目标进行距离跟踪时的目标点指示问题,这里假设除真实目标点以外,由噪声和干扰形成的虚假目标点也通过前置滤波器进入了波门。这种情况下,可以做出以下选择:

(1) 当存在多个目标点时,需利用每一目标点对目标航迹进行延伸,或者说,可以认为存在多条目标航迹。由于缺乏确认信息,使用虚假目标点所延伸的目标航迹在雷达天线扫描几次后就会被删除,但使用真实目标点延伸的航迹则继续保持。这种新目标点的关联方法非常占用资源,而且当虚假目标点数量较多时,可能导致虚假目标航迹数量的雪崩式增加,从而造成计算机子系统存储器的过载。

(2) 在波门内只选取一个目标点,应确保该目标点属于目标航迹的概率最大,其他目标点则视为虚假目标点。从降低计算消耗的角度来看,这种方法比较合适,但它带来了最佳目标点的指示问题。如果认为似然函数仅在真实目标点处取最大值,就可根据最大似然准则对目标点指示方法进行优化。如果三维波门的各面平行于总误差椭球体的各主轴(参见图4.3),那么目标点指示的最大似然条件就是:

$$\mathscr{L}(\Delta\eta_{i^{\text{true}}}, \Delta\xi_{i^{\text{true}}}, \Delta\zeta_{i^{\text{true}}}) = \max_i\{\mathscr{L}(\Delta\eta_i, \Delta\xi_i, \Delta\zeta_i)\} \tag{4.15}$$

式中:i^{true} 是被当作真实目标点的编号($i = 1, 2, \cdots, m$),m 则是波门内的目标点数量。式(4.15)给出的条件与下式等价,即

$$\lambda_{i^{\text{true}}}^2 = \min_i\left[\frac{(\Delta\eta_i)^2}{\sigma_{\eta_i}^2} + \frac{(\Delta\xi_i)^2}{\sigma_{\xi_i}^2} + \frac{(\Delta\zeta_i)^2}{\sigma_{\zeta_i}^2}\right] \tag{4.16}$$

因此,仅需选择距波门中心椭圆偏差最小的目标点来对目标航迹进行延伸。如果假设方差 $\sigma_{\eta_i}^2$、$\sigma_{\xi_i}^2$ 和 $\sigma_{\zeta_i}^2$ 相等,那么目标点指示就简化为根据目标点距波门中心的线性偏差平方和的最小化准则进行判断。如果在图4.4所示的球坐标系内进行目标点指示,那么准则就是:

$$\kappa_{i^{\text{true}}}^2 = \min_i[\Delta r_i^2 + (r_i\Delta\beta_i)^2 + (r_i\Delta\varepsilon_i)^2] \tag{4.17}$$

目标点指示的质量可用正确指示概率进行评价,也就是雷达天线下一次扫描时采用真实目标点对航迹进行延伸的概率。如果假设波门内出现的虚假目

标点都是由噪声和干扰引起的,并且均匀分布在雷达天线的扫描区域内,那么就可通过理论分析得出正确指示概率。对于参数 $\lambda_{\max} \geqslant 3$ 的椭圆,当在围绕该椭圆的二维矩形波门内进行目标点指示时,正确指示概率为[9,10]:

$$P_{\mathrm{ind}} = \frac{1}{1 + 2\pi\rho_S\sigma_\eta\sigma_\xi} \tag{4.18}$$

式中:ρ_S 是波门内单位面积中的虚假目标点密度;σ_η 和 σ_ξ 分别是真实目标点沿 η 轴和 ξ 轴距波门中心的标准差。

对于在围绕总误差椭球体的平行六边体形三维波门内进行目标点指示的情况来说(见图4.3),正确指示概率为

$$P_{\mathrm{ind}} \approx 1 - \frac{21.33\pi\sigma_\eta\sigma_\xi\sigma_\zeta\rho_V}{\sqrt{2\pi}} \tag{4.19}$$

式中:ρ_V 是波门内单位体积中的虚假目标点密度。

二维波门内的目标点指示算法利用的是距波门中心偏差最小化准则,并采用了极坐标系,图4.5给出了算法流程图,其中与算法无关的模块用虚线框表示。该算法的步骤如下:

第1步:利用雷达天线第 $(n-1)$ 次扫描的信号处理结果,可以算出雷达天线第 n 次扫描时的波门尺寸,此时需要考虑目标机动信息和目标点丢失情况。

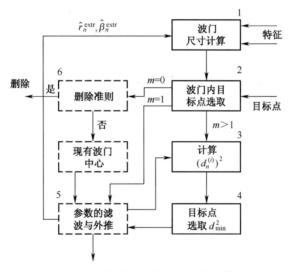

图 4.5　二维波门内的目标点指示算法

第2步:利用下式选取波门内的目标点,并确定目标点的数量(图4.5中的模块2):

$$\begin{cases} \mid \Delta r_n^{(i)} \mid = \mid r_n^{(i)} - \hat{r}_n^{(i)\,\text{extr}} \mid \leqslant 0.5 \Delta r_n^{\text{gate}} \\ \mid \Delta \beta_n^{(i)} \mid = \mid \beta_n^{(i)} - \hat{\beta}_n^{(i)\,\text{extr}} \mid \leqslant 0.5 \Delta \beta_n^{\text{gate}} \end{cases} \tag{4.20}$$

如果波门内仅有 1 个目标点(即 $m=1$),就可将其看作是真实目标,并送至滤波器输入端和目标航迹参数外推模块(模块 5)输入端。如果波门内有多个目标点,就将它们都送至计算模块 3,利用下式算出每一目标点与波门中心之间距离的平方为

$$(d_n^{(i)})^2 = (\Delta r_n^{(i)})^2 + (r_n^{(i)} \Delta \beta_n^{(i)})^2 \tag{4.21}$$

式中:$i = 1, 2, \cdots, m$,m 是波门内的目标点数量。

第 3 步:对各距离的平方进行比较(模块 4),并按如下条件选取目标点:

$$(d_n^{(i)})^2 = d_{\min}^2 \tag{4.22}$$

第 4 步:如果波门内没有目标点,则需核对航迹删除准则(模块 6),如果满足则删除该航迹,如果不满足则应进行坐标外推以继续航迹跟踪,并生成目标航迹参数。

需要说明的是,除目标点与波门中心的偏差以外,信号预处理过程中形成的目标点权重特征(与信噪比类似)也可用于目标点指示。在对目标回波脉冲串进行二元量化的简单情况下,可用其中的脉冲数(或脉冲串长度)生成目标点的权重特征。目标点的权重特征既可以与波门中心的偏差一起联合用于目标点指示,也可以各自单独使用。其中一种联合使用方法为:根据目标回波脉冲串的长度是否超过预定门限的情况,将波门内的所有目标点赋予权重 v_1 或是权重 v_0,如果存在权重为 v_1 的目标点,则认为其中距波门中心最近的就是真实目标点,如果没有则将权重为 v_0、距波门中心最近的目标点看作是真实目标点。如果能用目标回波脉冲串中的脉冲数表征目标点权重,就可用最大脉冲数指示目标航迹。这种情况下,仅当多个目标点的权重相同时,才使用目标点与波门中心的偏差。

4.1.3 重叠波门内的目标点分布与关联

当噪声较强时,围绕延伸航迹的外推点会形成几个重叠的波门,而且虚假目标点和新目标点都出现在其中,此时新目标点的分布问题以及与航迹的关联问题变得更加复杂,另外还产生了起始新航迹问题。当新目标点处于重叠波门内时,可能存在多种关联方式,就需要采用联合关联方法将其与现有航迹进行关联,因此需要分析所有可能的关联方式(或假设),并选择其中最可行的方式。

为解决重叠波门内的目标点分布与关联问题,应考虑如下基本前提:

(1) 在选取每一航迹的波门尺寸时,应尽量使得真实目标点属于该航迹的概率接近 1。

（2）重叠波门组的划分应保证每个组都能各自单独处理。

（3）问题限定在二维波门的情况。

图 4.6 给出了孤立的重叠波门组内的目标点分布和关联算法的流程图，模块 1 在重叠的波门中选取出孤立组，根据新目标点所形成的组的情况，模块 2 给出可能的关联方式，然后要么假设新目标点属于已有航迹或是起始一条新航迹，要么假设该目标点是虚假的，模块 3 对各种关联方式的概率进行计算，模块 4 给出合适的关联方式，即起始一条新航迹或是延伸已有航迹。

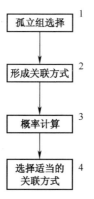

图 4.6　目标点分布和关联算法

以图 4.7（a）给出的两个重叠波门的最简单情况为例进行分析。可以看出，其中航迹 1 和航迹 2 各有一个外推点，3 个新目标点的编号分别为Ⅰ、Ⅱ、Ⅲ，而且目标点Ⅱ位于重叠波门内。对于每一新目标点来说，存在两种情况：如果该点位于某条航迹的波门之内，那么就属于该航迹；或者将新目标点从属于一条新航迹，比如认为目标点Ⅰ从属于航迹 3，目标点Ⅱ从属于航迹 4，目标点Ⅲ从属于航迹 5。如果以上都不成立的话，就认为该目标点是虚假的（即目标航迹 0）。可能的关联方式形成了如图 4.7（b）所示的关联假设树，其中每一条分支都是新目标点的一种可能分布方式，比如第一条（最左边）分支表示所有的新目标点都是虚假的，最后一条（最右边）分支表示 3 个新目标点分别从属于航迹 3、4 和 5。对于本例来说，可能的关联方式共有 30 种情况。

目标点属于现有航迹、起始新航迹以及虚假航迹的概率计算方法为

（1）当第 i 个新目标点位于现有第 j 条航迹的波门内时，根据对于该点的检测概率 $P_{\mathrm{tgp}_i}^{\mathrm{true}}$ 以及该点与外推点之间的距离（即新目标点与第 j 条航迹波门中心之间的距离），即可确定出新目标点从属于该航迹的概率。目标点的检测概率跟目标的距离、有效散射截面以及雷达系统的功率有关，由于在航迹跟踪时上述参数均已知，因此确定新目标点的检测概率 $P_{\mathrm{tgp}_i}^{\mathrm{true}}$ 是毫无困难的。如前所述，在笛卡尔坐标中，假设目标点与其所从属的航迹波门之间在各坐标轴上的

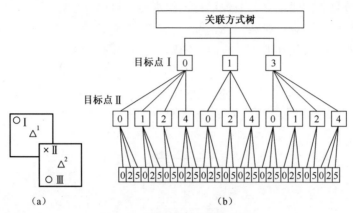

图 4.7　目标点的可能关联方式

(a)重叠的两个波门;(b)关联树。

距离均服从均值为 0 的高斯分布,该分布的方差为

$$\sigma_{\Sigma_{ij}}^2 = \sigma_{\text{extr}_j}^2 + \sigma_{\text{meas}_i}^2 \tag{4.23}$$

式中:$\sigma_{\text{extr}_j}^2$ 是第 j 条航迹坐标外推的误差方差,$\sigma_{\text{meas}_i}^2$ 是第 i 个目标点坐标的测量误差方差。

于是第 i 个目标点与第 j 条航迹外推点之间在 x 轴上的偏差分量的概率分布为

$$P_{x_{ij}} = \frac{1}{\sqrt{2\pi\sigma_{\Sigma_{ij}}^2}} \exp\left[\frac{(x_i - \hat{x}_{\text{extr}_i})^2}{2\pi\sigma_{\Sigma_{ij}}^2}\right] \tag{4.24}$$

式中:x_i 是被测目标点的坐标;$\hat{x}_{\text{extr}_i}$ 是外推点的坐标。

当满足如下条件时:

$$\sigma_{x_i}^2 = \sigma_{y_i}^2 \quad \text{且} \quad (\sigma_{x_i}^{\text{extr}})^2 = (\sigma_{y_i}^{\text{extr}})^2 \tag{4.25}$$

第 i 个目标点属于第 j 条航迹的概率为

$$P_{ij}^{\text{true}} = P_{\text{tgp}_i}^{\text{true}} P_{x_{ij}} P_{y_{ij}} \tag{4.26}$$

(2) 新目标点是虚假目标点的概率为

$$P_i^{\text{false}} = P_{\text{tgp}_i}^{\text{false}} L_{\text{gate}} \tag{4.27}$$

式中:L_{gate} 是波门内的分辨单元数。

(3) 利用新目标点起始一条新航迹的概率为

$$P_{\text{new}_i} = P_{\text{tgp}_i}^{\text{true}} \rho_{\text{scan}} S_{\text{gate}} \tag{4.28}$$

式中:ρ_{scan} 是单位扫描面积内新目标点的密度;S_{gate} 是波门面积。

当获得目标点属于现有航迹、起始新航迹以及虚假航迹的概率之后,就可得到所有关联方式的概率,并选取其中概率最大的那种方式。即便是最简单的

情况,以上问题也不容易解决,但如能遵循以下规则,则可对问题进行简化处理:

(1) 每一条航迹都必须有目标点与其进行关联。

(2) 如果目标点未能与已有航迹关联上,则必须起始一条新航迹,而这与目标点从属于新航迹的概率或者虚假航迹的概率没有关系。此时只需比较目标点与每条航迹的关联情况,其关联描述可以有以下两种情况:

① 第1个目标点对应于第1条目标航迹,第2个目标点对应于第2条目标航迹。

② 第2个目标点对应于第1条目标航迹,第3个目标点对应于第2条目标航迹。

那么,情况①中第3个目标点以及情况②中第1个目标点都可看作是新的目标点,据此可以起始新的航迹。

4.2　监视雷达目标航迹检测

4.2.1　目标航迹检测的主要过程

根据4.1节讨论的基本原则,初始锁定目标点并形成波门之后,就开始了新的目标航迹的检测过程。根据雷达天线扫描周期内目标的可能运动方式选择波门的尺寸,在雷达天线的下一个扫描周期中,如果波门之内有一个或多个目标点,则根据每一目标点起始一条新航迹,如果波门内没有目标点,那么或是将前次的目标点看作是虚假目标(新航迹起始的准则是"2/m")予以删除,或是将其保留并在雷达天线下一次扫描时加以确认,这时需将波门的尺寸增大。航迹跟踪开始之后,目标的运动方向和速度就确定下来,从而在雷达天线下一次扫描时就可以外推和选通目标点的位置。如果新目标点出现在波门之内,就可以完成航迹检测的最终判决。

目标航迹的检测过程分为以下两个步骤:

第1步:基于"2/m"准则进行目标航迹检测。

第2步:对航迹起始进行确认,即基于"l/n"准则完成最终的航迹检测。

基于"2/m"准则的航迹检测算法和基于"l/n"准则的最终检测算法形成了称为"2/m+l/n"准则的目标航迹联合检测算法。

目标航迹检测中计算机子系统的主要工作如下:

(1) 对目标的运动速度进行估计。

(2) 坐标外推。

（3）对目标点进行波门选通。

针对以上工作,后文将采用如下假设前提:

（1）坐标外推的依据是目标做匀速直线运动。

（2）目标航迹检测所有阶段的波门都是基于球坐标系下的坐标定义得到的(见图4.4),波门尺寸 Δr_{gate}、$\Delta \beta_{gate}$ 和 $\Delta \varepsilon_{gate}$ 根据坐标测量与外推的总误差确定。

（3）把雷达系统在相应坐标系内的距离分辨单元当作是波门的单位体积单元,如此则波门尺寸与目标的距离无关,而且由于每一单位体积波门内虚假目标点的出现概率相同,那么雷达天线扫描区域内的虚假目标点可以认为是均匀分布的。

目标航迹检测的性能可以利用以下参数进行评价:

（1）真实目标航迹的检测概率。

（2）单位时间内产生的虚假目标航迹数量。

（3）复杂雷达系统为了实现目标航迹检测算法,计算机子系统所需达到的运算速度。

对于采用全向扫描或扇形扫描的监视雷达,下面分析其目标航迹检测的算法。

4.2.2 "2/m+l/n"算法性能分析:虚假目标航迹检测

首先采用最简单的方法实现"2/m+l/n"算法。进行虚假目标航迹检测时,该算法的执行顺序可用随机转移图进行表示,如图4.8所示。

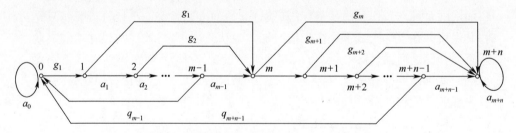

图 4.8 虚假目标航迹检测的"2/m+l/n"算法

当存在可看作是目标航迹起始点的目标点时,算法启动的同时,状态 a_0 转移至状态 a_1。假设在波门 $V_i(i=1,2,\cdots m-1)$ 内检查是否存在新目标点,如果 $(m-1)$ 个波门中有 1 个波门存在 1 个目标点,状态转移至 a_m,并做出是否起始航迹的判决。否则就从状态 a_{m-1} 转移至状态 a_0(即假想航迹的起始点被当作虚假目标点而删除)。基于"2/m"准则获得第 2 个目标点之后,就启动目标航迹检测的下一阶段,即在波门 $V_{m+j}(j=1,2,\cdots,n-1)$ 内检查是否获得新目标点。利用两个目标点的坐标可以外推出雷达天线下一次扫描的波门中心位置,波门尺寸可根据测量误差和外推误差确定。如果第 2 阶段 n 个波门中的 1 个存在新目标点,转移图进入状态 a_{m+n},并做出目标航迹检测的最终判决。否则转移图从状态 a_{m+n-1} 进入状态 a_0,并将新航迹作为虚假航迹予以删除。波门的体积可由基本单元或分辨单元的数量确定[11-13]:

$$V_i^{\mathrm{I}} = V_1 i^3$$

式中:

$$V_1 = \frac{8\nu_{r_{\max}}\nu_{\beta_{\max}}\nu_{\varepsilon_{\max}}}{\delta_r\delta_\beta\delta_\varepsilon}T_0^3 \tag{4.29}$$

在目标航迹检测的第 2 阶段,波门体积由下式决定:

$$V_j^{\mathrm{II}} = 8k^3 \frac{\sigma_{\Sigma_{jr}}\sigma_{\Sigma_{j\beta}}\sigma_{\Sigma_{j\varepsilon}}}{\delta_r\delta_\beta\delta_\varepsilon} \tag{4.30}$$

式中:$k\approx3$ 是波门尺寸相比于目标点距波门中心偏差的总平均方差的放大倍数。

需要强调的是,$1\sim(m+n-1)$ 的每一个状态,其波门都有相应的尺寸。

为了给出虚假目标航迹的检测概率,首先需要获得某随机点从状态 a_1 启动后可以到达任一状态 a_{m+n} 并停留在此状态这一事件的条件概率 p_1。基于图 4.8 建立线性方程组即可求解此概率:

$$\begin{cases} p_1 = q_{f_1}p_2 + g_{f_1}p_m \\ p_2 = q_{f_2}p_3 + g_{f_2}p_m \\ \vdots \\ p_{m-1} = g_{f_{m-1}}p_m \\ p_m = q_{f_m}p_{m+1} + g_{f_m} \\ p_{m+1} = q_{f_{m+1}}p_{m+2} + g_{f_{m+1}} \\ \vdots \\ p_{m+n-1} = g_{f_{m+n-1}} \end{cases} \tag{4.31}$$

式中:$g_{f_i}(i=1,2,\cdots,m-1)$ 是初始锁定波门内出现虚假目标点的概率;$g_{f_j}(j=m,m+1,\cdots,m+n-1)$ 是航迹确认波门内出现虚假目标点的概率。且

$$q_{f_i} = 1 - g_{f_i} \tag{4.32a}$$

$$q_{f_j} = 1 - g_{f_j} \tag{4.32b}$$

对任意 m、n,线性方程组(4.31)的解为

$$p_1 = \left(1 - \prod_{i=1}^{m-1}q_{f_i}\right)\left(1 - \prod_{j=m}^{m+n-1}q_{f_j}\right) \tag{4.33}$$

根据式(4.33)可以获得虚假目标航迹检测的条件概率,即

$$p_1 = p_{\text{beg}} \times p_{\text{conf}} \tag{4.34}$$

式中:p_{beg}是起始新航迹的条件概率,p_{conf}是确认新航迹起始的条件概率。

虚假目标航迹检测的非条件概率为

$$P_{\text{f}_{\text{tr}}} = P_1 \times p_1 \tag{4.35}$$

式中:P_1是单个虚假目标点被当作是新航迹起始点的概率。

如果把确认准则"l/m"当成是普遍情况,就无法得到概率p_{conf}的通用表达式,为此需对该准则进行单独分析。

目标航迹检测算法的滤波性能,可用雷达天线扫描周期内目标跟踪器所要分析的平均虚假目标航迹数$\overline{N}_{\text{f}_{\text{tr}}}$进行描述,$\overline{N}_{\text{f}_{\text{tr}}}$与$p_1$有关,其关系为

$$\overline{N}_{\text{f}_{\text{tr}}} = p_1 \times \overline{N}_1 \tag{4.36}$$

式中:$\overline{N}_1$是复杂雷达系统正常工作状态下天线扫描期间所获得的可当作虚假航迹起始点的目标点平均数。确定$\overline{N}_{\text{f}_{\text{tr}}}$首先要得到目标点平均数$\overline{N}_1$的计算公式,该公式可通过对"$2/m + l/n$"准则的最简化处理获得。

雷达天线经过($r+1$)次扫描后,作为新的虚假航迹起始点的目标点数为

$$N_1(r + 1) = N_{\text{f}}(r + 1) - \sum_{j=1}^{m+n-1} g_{\text{f}_j} N_j(r) \tag{4.37}$$

式中:$j = 1, 2, \cdots, m+n-1$;$N_{\text{f}}(r+1)$为雷达天线第($r+1$)次扫描时,计算机子系统再处理的虚假目标点数;g_{f_j}为波门V_j内出现虚假目标点的概率,这类波门的数量为$m+n-1$;$N_j(r)$为雷达天线第r次扫描期间形成的体积为V_j的波门个数;$\sum_{j=1}^{m+n-1} g_{\text{f}_j} N_j(r)$为雷达天线当前扫描期间,进行检测时出现在所有虚假航迹波门之内的虚假目标点的数量,此处要求波门之间不重叠。

对于波门个数,有

$$N_j(r) = \sum_{i=0}^{r} N_1(i) P_{1j}^{(r-i)} \tag{4.38}$$

式中:$N_1(i)$是雷达天线第i次扫描期间作为虚假航迹起始点的数量,$P_{1j}^{(r-i)}$是系统从初始状态a_1经过($r-j$)步后转移至状态a_j的概率(见图4.8)。

使用式(4.37)时需要考虑如下条件:

$$N_1(0) = N_{\text{f}}(0) \quad \text{且} \quad P_{1j}^{(0)} = \begin{cases} 1, j = 1 \\ 0, j > 1 \end{cases} \tag{4.39}$$

在式(4.38)中引入新变量$s = r-i$,以对应雷达天线结束第i次扫描时对起始点的重新定位,变量s表示从初始状态a_1转移至状态a_j所需的步骤数(即雷

达天线扫描次数)。对于"$2/m + l/n$"准则来说,s 的最大值对应着从初始状态 a_1 转移至状态 a_{m+n-1} 所需的最多步骤数:

$$s_{\max} = m + n - 2 \tag{4.40}$$

如果在图 4.8 中能够确定出最长分支的话,上述条件非常容易验证。根据先前讨论过的所有转移情况,可得

$$N_j(r) = \sum_{s=0}^{m+n-2} N_1(r-s) P_{1j}^{(s)} \tag{4.41}$$

对式(4.41)进行分析,可以发现满足 $P_{1j}^{(s)} \neq 0$ 条件的项并不等于 0,而且需要给出转移概率 $P_{1j}^{(s)}$,计算概率 $P_{1j}^{(s)}$ 的迭代方程组为

$$\begin{cases} P_{11}^{(s)} = \begin{cases} 1, s = 0 \\ 0, s > 0 \end{cases} \\ P_{12}^{(s)} = P_{11}^{(s-1)} q_{f_1} \\ P_{13}^{(s)} = P_{12}^{(s-1)} q_{f_2} \\ \vdots \\ P_{1m}^{(s)} = P_{11}^{(s-1)} q_{f_1} + P_{12}^{(s-1)} q_{f_2} + \cdots + P_{1,m-1}^{(s-1)} q_{f_{m-1}} = \sum_{i=1}^{m-1} P_{1i}^{(s-1)} q_{f_i} \\ P_{1,m-1}^{(s)} = P_{1,m}^{(s-1)} q_{f_m} \\ \vdots \\ P_{1,m+n-1}^{(s)} = P_{1,m+n-2}^{(s-1)} q_{f_{m+n-2}} \end{cases} \tag{4.42}$$

根据式(4.41),式(4.37)可表示为

$$N_1(r+1) = N_f(r+1) - \sum_{j=1}^{m+n-1} g_{f_j} \sum_{s=0}^{m+n-2} N_1(r-s) P_{1j}^{(s)} \tag{4.43}$$

在正常工作状态下($r \to \infty$),可以假设

$$N_1(r+1) = N_1(r) = N_1(r-1) = \cdots = N_1[r-(m+n-2)] = \overline{N}_1 \tag{4.44}$$

那么可得

$$N_f(r+1) = N_f(r) = \cdots N_f[r-(m+n-2)] = \overline{N}_f \tag{4.45}$$

$$\overline{N}_1 = \overline{N}_f - \overline{N}_1 \sum_{j=1}^{m+n-1} g_{f_j} \sum_{s=0}^{m+n-2} P_{1j}^{(s)} \tag{4.46}$$

于是可得

$$\overline{N}_1 = \frac{\overline{N}_f}{1 + \sum_{j=1}^{m+n-1} g_{f_j} \sum_{s=0}^{m+n-2} P_{1j}^{(s)}} \tag{4.47}$$

在雷达正常工作的情况下,结合使用式(4.47)和线性方程组式(4.42),就可确定出雷达天线每次扫描期间虚假航迹起始点的平均数。已知 $\overline{N}_1$ 和锁定的条件概率 p_1,利用式(4.36)就可确定出虚假航迹平均数 $\overline{N}_{f_{tr}}$ 与虚假目标点平均数 N_f 之间的函数关系。当确认准则不是"l/n"时,式(4.47)仍然适用于目标航迹检测,只是要求对 j 和 s 相加的上限有更加准确的信息,与 s 相加的上限可由航迹检测时所形成的波门总数得出,当采用"l/n"($l>1$)确认准则时,该数字要远远大于 $m+n-1$,因此一般情况下,与 s 相加的上限就用从状态 a_1 转移至可接受状态的前一状态所需的最大步骤数来确定。如果采用"l/n"准则的话,容易证明这一数字与 l 无关,并且总是等于 $m+n-2$。于是采用"$2/m+l/n$"准则时,作为虚假航迹起始点的目标点数通用计算公式为

$$\overline{N}_1 = \frac{\overline{N}_f}{1 + \sum_{j=1}^{m+\nu-1} g_{f_j} \sum_{s=0}^{m+n-2} P_{1j}^{(s)}} \tag{4.48}$$

式中:ν 可根据状态转移图确定。

为了比较不同准则的滤波性能,图4.9给出了需要跟踪的航迹平均数 $\overline{N}_{f_{tr}}$ 随雷达天线扫描期间虚假目标点平均数的函数变化曲线。通过对该图的分析可得以下结论:

(1)采用"$2/m+l/n$"准则的目标航迹检测算法的滤波性能,随着 m、n 的减小而提高,随着 l 值的增加而提高。

(2)即使 l 只增加1,其滤波性能改善程度也要明显大于 m、n 减小的效果。

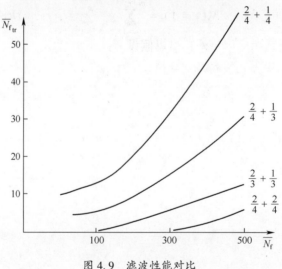

图4.9 滤波性能对比

在实际应用中选择目标航迹检测算法时必须考虑以上特点。如果复杂雷达系统的计算机子系统对需要跟踪的虚假航迹有数量限制,那么在产品测试阶段选择平均航迹数 $\overline{N}_{f_{tr}}$ 和目标航迹检测准则时,应对计算机子系统再处理输入端的噪声和干扰功率的大小(或信噪比)提出要求。

设计复杂雷达系统计算机子系统的再处理功能时,需要了解雷达正常工作状态下应当检测的虚假航迹平均数,并将其标记为 $\overline{N}_{f_{tr}}^{d}$。在没有做出继续跟踪还是予以删除的最终判决之前,显然需对所有的虚假航迹都要进行检测。复杂雷达系统正常工作状态下的目标航迹数:

$$N_{f_{tr}}^{d} = \sum_{j=1}^{m+\nu-1} \overline{N}_j \tag{4.49}$$

根据式(4.41),有

$$\overline{N}_j = \overline{N}_1 \sum_{s=0}^{m+n-2} P_{1j}^{(s)} \tag{4.50}$$

将式(4.50)代入式(4.49),可得

$$N_{f_{tr}}^{d} = \overline{N}_1 \sum_{j=1}^{m+\nu-1} \sum_{s=0}^{m+n-2} P_{1j}^{(s)} \tag{4.51}$$

或者根据式(4.48),可得

$$N_{f_{tr}}^{d} = \frac{\overline{N}_f \sum_{j=1}^{m+\nu-1} \sum_{s=0}^{m+\nu-2} P_{1j}^{(s)}}{1 + \sum_{j=1}^{m+\nu-1} g_{f_j} \sum_{s=0}^{m+n-2} P_{1j}^{(s)}} \tag{4.52}$$

4.2.3 "$2/m+l/n$"算法性能分析:真实目标航迹检测

首先用最简单的方法实现"$2/m + l/n$"算法,可用图4.10解释基于"$2/m +l/n$"准则进行真实目标航迹检测的算法功能,该图与图4.8的最大不同之处在于,从任一中间状态 $a_j(j=1,2,\cdots,m+n-1)$ 转移至初始状态 a_0 的概率都不为0,这一概率等于如下两个事件同时发生的概率;第1个事件是真实目标点并未出现在初始锁定对应的波门内;第2个事件是至少有一个虚假目标点出现在初始锁定波门内,即

$$p_{i0}(r) = [1 - p_{tr}(r)]g_{f_i} \tag{4.53}$$

式中:$p_{tr}(r)$ 为雷达天线第 i 次扫描期间真实目标点的检测概率,该值与波门体积 V_i 无关;g_{f_i} 为波门体积 V_i 内检测到至少一个虚假目标点的概率。

从任一中间状态 $a_j(j=m,m+1,\cdots,m+n-1)$ 转移至初始状态 a_0 的概率等于两个事件 A_r 和 B_r 的概率之和:

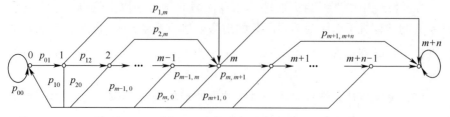

图 4.10　基于"$2/m+l/n$"准则的真实目标航迹检测算法

$$p_{i0}(r) = P_j(A_r) + P_j(B_r) \tag{4.54}$$

其中 $j = m, m+1, \cdots, m+n-1$，而

$$P_j(A_r) = [1 - p_{tr}(r)]g_{f_i} \tag{4.55}$$

$$P_j(B_r) = p_{tr}(r)g_{f_i}[(1 - P_{ind}(V_j)] \tag{4.56}$$

式中：$P_{ind}(V_j)$ 是波门 V_j 内从虚假目标点之中辨别出真实目标点的概率。

基于目标航迹检测算法的一般原则，并根据式（4.53）至式（4.56），就可以确定出图 4.10 的转移概率 $p_{ij}(r)$ 或相应转移概率矩阵的元素。这些概率可表示为

$$
\begin{cases}
p_{00}(r) = 1 - p_{tr}(r); \\
p_{01}(r) = p_{tr}(r); \\
p_{10}(r) = g_{f_i}[1 - p_{tr}(r)]; \\
p_{12}(r) = (1 - g_{f_i})[1 - p_{tr}(r)]; \\
p_{1m}(r) = p_{tr}(r); \\
\vdots \\
p_{m-1,0}(r) = 1 - p_{tr}(r); \\
p_{m-1,m}(r) = p_{tr}(r); \\
\vdots \\
p_{m,0}(r) = [1 - p_{tr}(r)]g_{f_m} + p_{tr}(r)g_{f_m}[1 - P_{ind}(V_m)]; \\
p_{m,m+1}(r) = [1 - p_{tr}(r)](1 - g_{f_i}); \\
p_{m,m+n}(r) = p_{tr}(r)(1 - g_{f_i}) + p_{tr}(r)g_{f_m}P_{ind}(V_m); \\
\vdots \\
p_{m+n-1,0}(r) = [1 - p_{tr}(r)]g_{f_{m+n-1}} + p_{tr}(r)g_{f_{m+n-1}}[1 - P_{ind}(V_{m+n-1})]; \\
p_{m+n-1,m+n}(r) = p_{tr}(r)[1 - g_{f_{m+n-1}}] + p_{tr}(r)g_{f_{m+n-1}}P_{ind}(V_{m+n-1}); \\
p_{m+n,m+n}(r) = 1.
\end{cases}
$$

$$\tag{4.57}$$

根据文献[14-17]，转移概率式(4.57)中的目标回波信号检测概率为

$$\mathbf{P}(r) = \| P_0(r)P_1(r)\cdots P_{m+n}(r) \| = \mathbf{P}(r-1)\mathbf{\Pi}(r) \tag{4.58}$$

式中：$\mathbf{P}(r-1)$ 为雷达天线第 $(r-1)$ 次扫描时的转移概率行向量；$\mathbf{\Pi}(r)$ 为雷达天线第 r 次扫描时的转移概率矩阵。

根据式(4.58)和式(4.57)，这些方程确定出了转移概率矩阵 $\mathbf{\Pi}(r)$ 的元素，而计算向量 $\mathbf{P}(r)$ 元素的递归方程组则为

$$
\begin{cases}
P_0(r) = P_0(r-1)p_{00}(r) + P_1(r-1)p_{10}(r) + \cdots + P_{m+n-1}(r)p_{m+n-1,0}(r) \\
\qquad = \sum_{j=1}^{m+n-1} p_j(r-1)p_{j0}(r) \\
P_1(r) = P_0(r-1)p_{01}(r) \\
\vdots \\
P_m(r) = P_1(r-1)p_{1,m}(r) + P_2(r-1)p_{2,m}(r) + \cdots + P_{m-1}(r-1)p_{m-1,m}(r) \\
\qquad = \sum_{j=1}^{m+n-1} P_j(r-1)p_{j,m}(r) \\
P_{m+1}(r) = P_m(r-1)p_{m,m+1}(r) \\
\vdots \\
P_{m+n}(r) = \sum_{j=m}^{m+n-1} P_j(r-1)p_{j,m-n}(r) + P_{m+n}(r-1) = P_{\text{true}}(r)
\end{cases}
$$

$$\tag{4.59}$$

式(4.59)的最后一行表明雷达天线第 r 次扫描时真实目标航迹检测的总概率随扫描次数的增加而增大的情况。

对于" $2/m + l/n$ "准则的普遍情况，无法给出 $l(l>1)$ 取任意值时真实目标航迹检测概率的计算公式，因此需要对每个 l 的取值进行单独分析[18-10]。为了比较真实目标航迹检测所用到的各种" $2/m + l/n$ "准则的性能，图 4.11 给出了检测概率随目标归一化距离 $d_r/d_{\max}$ 的变化曲线，其中 $d_{\max}$ 是雷达的最大作用距离，d_r 是当前正在进行检测的距离：

$$d_r = d_{\max} - r\Delta d(T_{\text{sc}}) \tag{4.60}$$

式中：$\Delta d(T_{\text{sc}})$ 是雷达天线扫描周期 T_{sc} 内雷达距离坐标的变化量。

雷达天线第 r 次扫描时，目标检测概率为

$$P_{\text{tg}}(r) = \exp\left[-\frac{0.68d_r^4}{d_{\max}^4} \right] \tag{4.61}$$

真实目标点在确认波门内的指示概率可认为是常数，即 $P_{\text{ind}} = 0.95$。雷达天线扫描区域每单位体积内的虚假目标点密度为 10^{-4}。

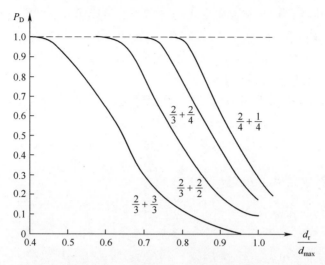

图 4.11　不同"$2/m+l/n$"准则下的真实目标航迹检测概率

通过图 4.11 给出的性能分析和比较,表明从减少真实目标航迹检测步骤数的角度来看,采用"$2/m + l/n$"准则是可以的,即 m 和 n 的微小变动并不会令确保真实目标航迹检测概率接近于 1 所需的步骤数发生大的变化。采用已经论述过的准则,在雷达系统最大作用距离的 0.75 倍处真实目标航迹检测概率等于 0.95,采用确认准则"$l/n(l>1)$"将延长真实目标航迹检测所需的时间。

4.3　监视雷达目标航迹跟踪

如果满足前文给出的目标检测准则,目标航迹检测阶段的目标回波信号处理就完成了,得出目标航迹的初始参数的同时就开始了对该航迹的自动跟踪。此处自动跟踪的含义包括目标运动航迹的自动延伸以及延伸航迹相关参数的准确获取。

4.3.1　目标航迹自动跟踪算法

目标航迹跟踪需要解决两个问题:对用于延伸航迹的新目标点进行选通和选定;估计航迹参数并给出其变化情况。如果航迹参数估计的性能能够满足用户的需求,那么原则上可用同一个检测算法解决上述两个问题,但由于某些自动跟踪系统所用的算法仅对航迹跟踪有效,为提高航迹参数估计的性能,就必须设计单独的目标航迹检测算法,并称之为目标航迹检测的估算法。设计该估算法的基本原则为

(1) 为保证输入信息发生变化时目标自动跟踪的连续性,航迹参数的估计

和外推必须在雷达坐标系内进行。由于对这一步骤的精度没有严格要求,因此可以基于目标沿直线运动的假设,采用较为简单的公式进行计算。

(2)根据用户关注的目标运动特性(空中目标或空间目标,机动目标或非机动目标等)的所有可用信息,必须采用精确的公式对目标航迹参数进行估算。此时输出参数采用的坐标系可以与雷达坐标系不同,如采用以信息获取点为中心的笛卡尔坐标系。另外,还要估计某些必要的目标航迹参数(比如飞机的航向和速度等),以及虽与自动跟踪无关但用户需要的参数或者复杂雷达系统其他检测算法需要的参数等。

(3)对于复杂雷达系统,用户关注的目标信息才是重要的,比如,对于机场的自动控制系统来说,系统中保存着待着陆飞机的类型和数量等信息,仅需给出待着陆飞机的准确航迹参数即可。一般情况下,并非雷达天线扫描区域内探测到的所有目标都同等重要,复杂雷达系统对其中的远离目标、过境目标等往往不感兴趣。因此仅需对待跟踪目标中的一少部分给出其参数的精确估计即可,这样在确定目标航迹自动跟踪算法时可以降低对计算机系统运算速度的要求。

图4.12给出了目标航迹跟踪算法的逻辑框图,其中模块1解决的是用于航迹延伸的目标点选取与指示问题(波门内目标点的选通与指示算法可根据4.1节论述的方法进行设计),对选中的目标点赋予航迹编号并交由航迹检测估算模块(模块6)进行处理,同时也利用新目标点估计航迹参数并外推雷达天线下一次扫描时的目标坐标(即为新一轮次的选通与指示做好准备)。为此,需要开展的工作有:

(1)基于目标匀速直线运动的假设,对目标航迹参数和坐标测量误差进行估计(模块2)。

(2)对雷达天线下一次扫描时的目标坐标进行线性外推(模块3)。

(3)确定波门尺寸(模块4),此处需用到测量坐标、外推坐标的准确性以及波门内目标丢失的情况信息。

(4)如果没有新目标点,基于航迹延伸的目的核对是否满足航迹删除准则(模块5),满足时停止该航迹的跟踪并删除此前的相关信息,不满足时则将外推点的坐标看作是新目标点的坐标,并重复估算过程。

总的来说,做出删除航迹的决定时,除了考虑波门之内是否存在延伸航迹所需的目标点以外,还应考虑目标的重要性、机动性(即飞行过程中目标的航迹可能会发生变化)、当前坐标、运动方向以及雷达天线扫描区域内的通视距离等其他因素。但由于计算机系统的运算速度有限,对于上述因素的记录和存取都非常困难,那么航迹删除所用的主要准则就可更改为波门内目标点连续丢失的

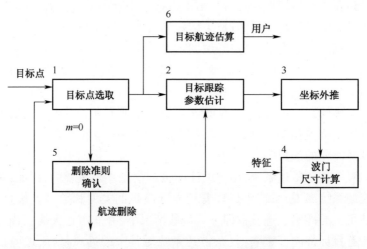

图 4.12　目标航迹跟踪算法方框图

次数是否超过某一门限 k_{th}，这一准则既未考虑每一航迹的各自特点，也没利用目标点序列丢失时刻所达到的跟踪精确程度这一信息，其唯一的优点就是简单。

选取 k_{th} 时，需要在以下两方面做出折中：一方面 k_{th} 越大，航迹删除决策错误的概率就越小；另一方面，k_{th} 值增加时，虚假航迹跟踪的数量及其平均长度也会增加。因此在选取 k_{th} 时，需要考虑目标点真正丢失（即未检测到目标）的统计特性，通常是在信号处理子系统的测试过程中完成 k_{th} 的最终选定。

根据目标点连续丢失 k_{th} 次的航迹删除准则，图 4.13 给出了航迹跟踪的随机转移图，基于图中的状态和状态转移特性可知，目标跟踪时可能处于下列模式：

（1）稳定跟踪模式：由初始状态 a_{m+n} 描述，当首次满足目标航迹检测准则时即进入该状态。

（2）非稳定跟踪模式：由图中任一中间状态 $a_j (j = m+n-1, \cdots, m+n+k_{th}-1)$ 描述。

（3）航迹删除模式：连续丢失的目标点数量超过门限 $k = k_{th}$，并且进入到状态 $a_{m+n+k_{th}}$。

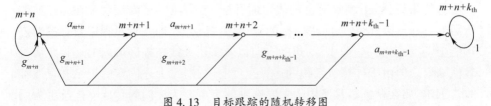

图 4.13　目标跟踪的随机转移图

目标航迹跟踪的转移图与二元量化目标回波脉冲串的锁存算法图[21-23]类似,因此它们的分析方法也一样。

当对目标航迹跟踪算法进行统计分析时,主要关注正常工作状态下的虚假航迹平均观测时间以及雷达所跟踪的虚假航迹平均数量,另外,在波门内目标点检测概率给定的情况下,也非常关注真实目标航迹被删除的概率。下面分析一下雷达天线每一扫描周期内的虚假航迹平均数量与雷达正常工作状态下虚假航迹平均数量之间的函数关系。当在 $\mu = 0$ 时刻起始虚假航迹之后,需要确定出在第 μ 步(即雷达天线扫描周期)正常终止该虚假航迹的概率,根据连续丢失 k_{th} 的删除准则,在第 μ 步终止虚假航迹的概率就等于转移图中经过 μ 步从状态 a_{m+n} 转移至状态 $a_{m+n+k_{th}}$ 的概率:

$$P_{can}(\mu) = P_{m+n+k_{th}}(\mu) \tag{4.62}$$

为了给出概率 $P_{m+n+k_{th}}(\mu)$,可用如下递推公式:

$$\begin{cases} P_{m+n}(0) = 1 \\ P_{m+n}(\mu) = \sum_{j=m+n}^{m+n+k_{th}-1} P_j(\mu - 1) g_{f_i} \\ P_{m+n+1}(\mu) = P_{m+n}(\mu - 1) g_{f_{m+n}} \\ \qquad\qquad \vdots \\ P_{m+n+k_{th}}(\mu) = P_{m+n+k_{th}-1}(\mu - 1) g_{f_{m+n+k_{th}-1}} \end{cases} \tag{4.63}$$

虚假目标航迹的平均长度可用雷达天线扫描的次数进行表示,即

$$\overline{\mu} = \sum_{\mu = k_{th}}^{\infty} \mu P_{m+n+k_{th}}(\mu) \tag{4.64}$$

已知虚假航迹的平均数量之后,处于跟踪状态的虚假航迹的平均数量为

$$\overline{N}_{f_{track}}^{tracking} = \overline{N}_{f_{track}} \overline{\mu} \tag{4.65}$$

在确定计算机子系统资源消耗和运算速度时,需要考虑处于跟踪状态的虚假航迹平均数量。

4.3.2　目标航迹检测与跟踪的联合算法

迄今为止,一直假设目标航迹检测算法和跟踪算法是由不同的计算机子系统单独实现的。实际工作中在大多数情况下,采用一种信号再处理子系统结构将检测算法和跟踪算法联合起来,并形成统一的目标航迹检测与跟踪联合算法,会带来很多便利,该联合算法可由独立的计算机子系统实现。下面分析一下该类型的信号再处理子系统结构。

如果给定了航迹起始准则"2/m"、航迹确认准则"l/n"以及航迹删除准则

（比如连续丢失 k_{th} 个目标点准则），那么航迹检测与跟踪联合算法的准则可用符号"$2/m+l/n-k_{th}$"表示，其状态转移图如图 4.14 所示。该图将航迹检测与跟踪过程视为整体进行分析，而不是前文那样各自独立分析。根据图 4.14，可以得出雷达正常工作状态下虚假目标航迹起始点的准确公式，即式（4.48）。

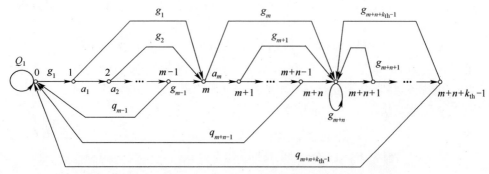

图 4.14 "$2/m+l/n-k_{th}$"准则下的目标航迹检测和跟踪联合算法图

应用"$2/m+l/n-k_{th}$"准则时的波门数量等于 $m+\nu+k_{th}-1$，因此式（4.48）中的求和上限 j 变为 $j_{max}=m+\nu+k_{th}-1$。由于从状态 a_1 转移至状态 $a_{m+n+k_{th}-1}$ 的所需的步骤数可能任意多，因此 s 的求和上限就变为 $s_{max}\rightarrow\infty$。

对于联合算法，作为新的目标航迹起始点的虚假目标点的数量为

$$\overline{N'_1} = \frac{\overline{N_f}}{1 + \sum_{j=1}^{m+\nu+k_{th}-1} g_{f_j} \sum_{s=0}^{\infty} P_{1j}^{(s)}} \tag{4.66}$$

如果确认准则是"l/n"，那么 $\nu=n$。有待跟踪的虚假航迹平均数量为

$$N'_{f_{tr}} = N'_1 p_1 \tag{4.67}$$

由于起始点的数量减少，该平均数量将比单独算法的要少，而处于跟踪状态的虚假航迹数量也会相应减少。

4.4 总结与讨论

目标距离跟踪是通过对所发射的射频脉冲与接收到的目标回波信号之间的时间差（即时延）进行持续测量，并将该双程时延转化为距离而完成的。连续波雷达系统也可利用调频连续波信号完成目标的距离测量，其中较为典型的是线性调频信号，目标距离可由发射信号与接收回波信号之间的频率差确定。目标距离跟踪器的首要功能是捕获期望目标，尽管这并非是一种跟踪行为，但却是典型雷达系统开始距离跟踪或角度跟踪（即方位角跟踪）所必需的首要步骤。

雷达的距离跟踪模块能够发现波束内从近程直至最大作用距离处的所有目标,一般将该范围划分为小的单元,并同时在每一单元内检测是否存在目标。当需要进行波束扫描时,距离跟踪器必须在极短的时间内(如0.1s)做出所有单元是否存在目标的判决,如果"没有目标"就要把波束移至新的角度位置上。

一旦捕获目标之后,就要对其进行跟踪以提供距离信息(或斜距)。在搜寻期望目标回波信号时,选用适当的定时脉冲可以生成距离波门,从而使角度跟踪电路和自动增益控制(AGC)电路只在较短的目标距离区间(或时间区间)内工作。目标距离跟踪的工作方式跟方位角跟踪器的闭环跟踪方式类似,测量出目标回波相对于距离波门中心的误差并产生误差电压,将其送至相应电路,从而移动距离波门使得目标回波脉冲重新回到波门中心。对目标的自动距离跟踪一般可分解为5个步骤:①目标点迹检测:判断是否将检测到的目标点迹加入到跟踪过程,该步骤的目的是控制虚假跟踪率;②将目标点迹与现有航迹进行关联处理;③利用关联点迹对现有航迹进行更新;④利用未关联点迹起始新航迹;⑤雷达调度与控制。

目标点迹检测过程包含如下行为:①在波门内对目标点进行选通与选取;②核对检测准则;③目标航迹参数的估计与外推。目标航迹跟踪是不断测量获得新点迹并将其与现有航迹进行关联以及准确测定航迹参数的序贯过程。目标自动跟踪完成的工作有:①在对新目标点进行关联的过程中准确测定目标的航迹参数;②为雷达天线的下一次扫描外推目标航迹参数;③在新目标点的可能位置设置距离波门;④当波门内存在多个目标点时,选取正确的目标点。如果波门内存在多个目标点,需对每个目标点都进行关联操作。如果波门内没有目标点,就可用相应的外推点对航迹进行延伸,但由于外推误差的增加,下一波门的尺寸也应增大。如果雷达天线的连续 k 次扫描中均没有目标点,就删除该航迹。在目标点迹检测和航迹跟踪阶段,所需完成的工作有:①为雷达天线扫描区域设置波门;②对波门内的目标点进行选取与确认;③目标航迹参数的滤波与外推。

在CRS计算机子系统对大量目标进行实时处理的过程中,平行六面体形波门尺寸和取向的计算任务非常繁重,因此需要对其进行简化处理,基本思想就是应在雷达进行信息处理的维度上选取最简单的波门形状。对于球坐标系来说,最简单的波门可用距离维度的 Δr_{gate} 和两个角度维度(即方位角 $\Delta \beta_{gate}$ 和俯仰角 $\Delta \varepsilon_{gate}$)加以确定(见图4.4)。在处理所有目标航迹时,波门尺寸可根据随机误差和动态误差的最大幅度进行预先设置,简而言之就是所选取的波门尺寸应让真实目标点相对于外推点所形成的椭球体内任意大小、任意方向的总偏差都落入波门之内,这可算得上是最简单的波门选取方法了。本节讨论的三维波

145

门尺寸选取方法,均可用于两坐标雷达对新目标点进行关联时的二维波门选取过程。

目标点指示的质量可用正确指示概率进行评价,也就是雷达天线下一次扫描时采用真实目标点对航迹进行延伸的概率。如果假设波门内出现的虚假目标点都是由噪声和干扰引起的,并且均匀分布在雷达天线的扫描区域内,那么就可通过理论分析得出正确指示概率。对于参数 $\lambda_{max} \geqslant 3$ 的椭圆,当在围绕该椭圆的二维矩形波门内进行目标点指示时,正确指示概率为

$$P_{\text{ind}} = \frac{1}{1 + 2\pi\rho_S\sigma_\eta\sigma_\xi}$$

式中:ρ_S 是波门内单位面积中的虚假目标点密度;σ_η 和 σ_ξ 分别是真实目标点沿 η 轴和 ξ 轴距波门中心的的标准差。

对于在围绕总误差椭球体的平行六边体形三维波门内进行目标点指示的情况来说,正确指示概率为

$$P_{\text{ind}} \approx 1 - \frac{21.33\pi\sigma_\eta\sigma_\xi\sigma_\zeta\rho_V}{\sqrt{2\pi}}$$

式中:ρ_V 是波门内单位体积中的虚假目标点密度。

除目标点与波门中心的偏差以外,信号预处理过程中形成的目标点权重特征(与信噪比类似)也可用于目标点指示。在对目标回波脉冲串进行二元量化的简单情况下,可用其中的脉冲数(或脉冲串长度)生成目标点的权重特征。目标点的权重特征既可以与波门中心的偏差一起联合用于目标点指示,也可以各自单独使用。其中一种联合使用方法为:根据目标回波脉冲串的长度是否超过预定门限的情况,将波门内的所有目标点赋予权重 ν_1 或是权重 ν_0,如果存在权重为 ν_1 的目标点,则认为其中距波门中心最近的就是真实目标点,如果没有则将权重为 ν_0、距波门中心最近的目标点看作是真实目标点。如果能用目标回波脉冲串中的脉冲数表征目标点权重,就可用最大脉冲数指示目标航迹。这种情况下,仅当多个目标点的权重相同时,才使用目标点与波门中心的偏差。

当噪声较强时,围绕延伸航迹的外推点会形成几个重叠的波门,而且虚假目标点和新目标点都出现在其中,此时新目标点的分布问题以及与航迹的关联问题变得更加复杂,另外还产生了起始新航迹问题。当新目标点处于重叠波门内时,可能存在多种关联方式,就需要采用联合关联方法将其与现有航迹进行关联,因此需要分析所有可能的关联方式(或假设),并选择其中最可行的方式。当获得目标点属于现有航迹、起始新航迹以及虚假航迹的概率之后,就可得到所有关联方式的概率,并选取其中概率最大的那种方式。即便是最简单的情况,以上问题也不容易解决,但如能遵循以下规则,则可对问题进行简化处理:

①每一条航迹都必须有目标点与其进行关联；②如果目标点未能与已有航迹关联上，则必须起始一条新航迹，而这与目标点从属于新航迹的概率或者虚假航迹的概率没有关系。此时只需比较目标点与每条航迹的关联情况。

目标航迹的检测过程分为以下两个步骤：①基于"$2/m$"准则进行目标航迹检测；②对航迹起始进行确认，即基于"l/n"准则完成最终的航迹检测。基于"$2/m$"准则的航迹检测算法和基于"l/n"准则的最终检测算法形成了称为"$2/m+l/n$"准则的目标航迹联合检测算法。目标航迹检测中计算机子系统的主要工作如下：①对目标的运动速度进行估计；②坐标外推；③对目标点进行波门选通。目标航迹检测的性能可以利用以下参数进行评价：①真实目标航迹的检测概率；②单位时间内产生的虚假目标航迹数量；③复杂雷达系统为了实现目标航迹检测算法，计算机子系统所需达到的运算速度。

图 4.9 给出了需要跟踪的航迹平均数 $\overline{N}_{f_{tr}}$ 随雷达天线扫描期间虚假目标点平均数的函数变化曲线。通过对该图的分析可得以下结论：①采用"$2/m+l/n$"准则的目标航迹检测算法的滤波性能，随着 m、n 的减小而提高，随着 l 值的增加而提高；②即使 l 只增加 1，其滤波性能改善程度也要明显大于 m、n 减小的效果。在实际应用中选择目标航迹检测算法时必须考虑以上特点。如果复杂雷达系统的计算机子系统对需要跟踪的虚假航迹有数量限制，那么在产品测试阶段选择平均航迹数 $\overline{N}_{tr}$ 和目标航迹检测准则时，应对计算机子系统再处理输入端的噪声和干扰功率的大小（或信噪比）提出要求。设计复杂雷达系统计算机子系统的再处理功能时，需要了解雷达正常工作状态下应当检测的虚假航迹平均数，并将其标记为 $\overline{N}_{f_{tr}}^{d}$。在没有做出继续跟踪还是予以删除的最终判决之前，显然需对所有的虚假航迹都要进行检测。

通过图 4.11 给出的性能分析和比较，表明从减少真实目标航迹检测步骤数的角度来看，采用"$2/m+l/n$"准则是可以的，即 m 和 n 的微小变动并不会令确保真实目标航迹检测概率接近于 1 所需的步骤数发生大的变化。采用已经论述过的准则，在雷达系统最大作用距离的 0.75 倍处真实目标航迹检测概率等于 0.95，采用确认准则"$l/n(l>1)$"将延长真实目标航迹检测所需的时间。

目标航迹跟踪需要解决两个问题：对用于延伸航迹的新目标点进行选通和选定；估计航迹参数并给出其变化情况。如果航迹参数估计的性能能够满足用户的需求，那么原则上可用同一个检测算法解决上述两个问题，但由于某些自动跟踪系统所用的算法仅对航迹跟踪有效，为提高航迹参数估计的性能，就必须设计单独的目标航迹检测算法。

总的来说，做出删除航迹的决定时，除了考虑波门之内是否存在延伸航迹所需的目标点以外，还应考虑目标的重要性、机动性（即飞行过程中目标的航迹可能会发生变化)、当前坐标、运动方向以及雷达天线扫描区域内的通视距离等其他因素。但由于计算机系统的运算速度有限,对于上述因素的记录和存取都非常困难,那么航迹删除所用的主要准则就可更改为波门内目标点连续丢失的次数是否超过某一门限 k_{th},这一准则既未考虑每一航迹的各自特点,也没利用目标点序列丢失时刻所达到的跟踪精确程度这一信息,其唯一的优点就是简单。

实际工作中,在大多数情况下,采用一种信号再处理子系统结构将检测算法和跟踪算法联合起来,并形成统一的目标航迹检测与跟踪联合算法,会带来很多便利,该联合算法可由独立的计算机子系统实现。如果给定了航迹起始准则"2/m"、航迹确认准则"l/n"以及航迹删除准则(如连续丢失 k_{th} 个目标点),那么航迹检测与跟踪联合算法的准则可用符号"$2/m+l/n-k_{th}$"表示,其状态转移图如图4.14所示。该图将航迹检测与跟踪过程视为整体进行分析,而不是前文那样各自独立分析。根据图4.14,可以得出雷达正常工作状态下虚假目标航迹起始点的准确公式,即式(4.48)。

参考文献

1. Sherman, S. M. 1986. Monopulse Principles and Techniques. Norwood, MA: Artech House, Inc.

2. Trunk, G. V. 1978. Range resolution of targets using automatic detectors. IEEE Transactions on Aerospace and Electronic Systems, 14(9): 750-755.

3. Trunk, G. V. 1984. Range resolution of targets. IEEE Transactions on Aerospace and Electronic Systems, 20 (11): 789-797.

4. Trunk, G. V. and M. Kim. 1994. Ambiguity resolution of multiple targets using pulse Doppler waveforms. IEEE Transactions on Aerospace and Electronic Systems, 30(10): 1130-1137.

5. Bath, W. G., Biddison, L. A., Haase, S. F., and E. C. Wetzlat. 1982. False alarm control in automated radar surveillance system, in IEE International Radar Conference, London, U. K., pp. 71-75.

6. Stuckey, W. D. 1992. Activity control principles for automatic tracking algorithms, in IEEE Radar'92 Conference, October 12-13, Birghton, U. K., pp. 86-89.

7. Leonov, A. I. and K. I. Formichev. 1986. Monopulse Radar. Norwood, MA: Artech House, Inc.

8. Barton, D. K. 1988. Modern Radar System Analysis. Norwood, MA: Artech House, Inc.

9. Bar-Shalom, Y. and T. Forthmann. 1988. Tracking ad Data Association. Orlando, FL: Academic Press.

10. Mookerjee, P. and F. Reifer. 2004. Reduced state estimator for system with parametric inputs. IEEE Transactions on Aerospace and Electronic Systems, 40(2): 446-461.

11. Leung, H., Hu, Z., and M. Blanchette. 1999. Evaluation of multiple radar target trackers in stressful environments. IEEE Transactions on Aerospace and Electronic Systems, 35(12): 663-674.

12. Blair, W. D. and Y. Bar-Shalom. 1996. Tracking maneuvering targets with multiple sensors: Does more data always mean better estimates? IEEE Transactions on Aerospace and Electronic Systems, 32(1): 450−456.

13. Simson, G. W. 1998. Introduction to Airborne Radar. 2nd edn. Mendham, NJ: SciTech Publishing.

14. Gumming, I. G. and F. N. Wong. 2005. Digital Processing on Synthetic Aperture Radar Data. Norwood, MA: Artech House, Inc.

15. Guerci, J. R. 2003. Space-Time Adaptive Processing for Radar. Norwood, MA: Artech House, Inc.

16. Levanon, N. and E. Mozeson. 2004. Radar Signals. New York: John Wiley & Sons, Inc.

17. Sullivan, R. J. 2000. Microwave Radar: Imaging and Advanced Concepts. Boston, MA: Artech House, Inc.

18. Peebles, P. Z. Jr. 1998. Radar Principles. New York: John Wiley & Sons, Inc.

19. Hayes, M. H. 1996. Statistical Digital Signal Processing and Modeling. New York: John Wiley & Sons, Inc.

20. Billingsley, J. B. 2001. Radar Clutter. New York: John Wiley & Sons, Inc.

21. Blackman, S. and R. Popoli. 1999. Design and Analysis of Modern Tracking Systems. Boston, MA: Artech House, Inc.

22. Cooperman, R. 2002. Tactical ballistic missile tracking using the interacting multiple model algorithm, in Proceedings of the Fifth International Conference on Information Fusion, July 8−11, Vol. 2, Annapolis, Maryland, pp. 824−831.

23. Pisacane, V. J. 2005. Fundamentals of Space Systems. 2nd edn. Oxford, U. K. : Oxford University Press.

第 5 章　基于雷达观测的目标航迹参数滤波与外推

　　能够给出航迹就表示物体(或目标)存在,而且复杂雷达系统确实已检测到该目标。当目标确实存在的检测信息比较充分(即并非一连串的虚警),并且有充足的时间准确算出目标的运动学状态(通常指位置与速度)时,雷达自动跟踪子系统就会形成一条航迹。跟踪的目的是将时域的检测结果(包括目标检测、虚警及杂波等)转换为跟踪视图(包括真实目标航迹、偶尔出现的虚假目标航迹、跟踪位置相对于真实目标位置的偶尔偏离等)。

　　当计算机子系统形成一条航迹时,会对其赋予一个航迹编号(即航迹文件),通过该编号可以存取此航迹的所有参数。航迹的典型参数包括滤波位置与预测位置、速度、加速度(如果有的话)、最近一次更新时间、航迹质量、信噪比、采用卡尔曼滤波器时的协方差矩阵(协方差包含所有各维坐标的精度及其互相关系数)、航迹历史(即最近 n 次的检测情况)。可用分区链表等数据结构对航迹和检测进行存取,从而提高关联效率。除航迹文件外,还要保留杂波文件,给每一静止回波或慢动回波赋予相应的杂波编号,跟某一杂波位置相关的所有参数都通过该编号进行存取,同时为了有效关联还需将每一杂波编号跟方位上的某一扇区对应起来。

　　雷达跟踪过程中存在很多误差源,但幸运的是,除了测距仪等高精度应用情况(其角度精度要求可能达到 0.05mrad,而 1mrad 相当于 1000m 距离处横向 1m 所对应的张角),大多数情况下的误差源并不显著。通过优化雷达设计或改进跟踪算法可以消除或减少许多误差。由于提高雷达跟踪精度的主要限制是经济成本,因此必须搞清误差的容许程度、影响应用的主要误差源,以便得到满足精度要求的高效费比实现方式。

　　由于雷达跟踪子系统不仅进行角度跟踪,还要进行距离跟踪(有时也进行多普勒跟踪),因此所有这些参数的误差都应该在进行误差裕量估算时予以考虑。不同复杂雷达系统获取输出信息的方式也不同:对于机械扫描的天线,根据天线主轴在方位向和俯仰向的指向可以获得角度跟踪信息,此时天线基座本身位置的测量精度也会影响目标在各维坐标上的位置信息;对于相控阵雷达系统(如多目标跟踪雷达)来说,其电扫波束能够覆盖大约±45°的扇区,如果再采用机械转动则可达±60°的覆盖范围[1-4]。

雷达发射脉冲对目标进行照射,然后利用反射的回波进行跟踪,这称为雷达跟踪。雷达跟踪与信标跟踪不同,后者采用信标或应答机向雷达发射较强的点源信号。诸如飞机等大多数目标的外形都很复杂,因此总的回波信号是由目标不同部件(如发动机、螺旋桨、机身、机翼等)所各自反射的回波信号叠加而成的。目标与雷达之间的相对运动导致目标回波随时间变化,使得雷达在测量目标参数时存在随机起伏,这种仅由目标导致的起伏称为目标噪声(即排除大气影响和接收机噪声等因素)。本文主要针对飞机进行讨论,但方法可以应用到任何其他目标(包括电大尺寸的外形复杂的地面目标),虽然它们之间存在是否运动的区别,但方法是通用的。

复杂目标与点目标的回波差异在于,各部位回波信号幅度和相对相位的变化会对总的回波信号产生调制,共有五种类型的调制,即幅度调制、相位波前调制(角闪烁)、极化调制、多普勒调制、脉冲时延调制(距离闪烁)。产生调制的原因在于目标运动(包括偏航、俯仰和横滚)导致不同部位与雷达之间的相对距离发生了变化,虽然距离变化的幅度可能很小,但即使只是半个波长也会导致相对相位改变360°(原因在于雷达信号的双程传输)。

5.1　初　始　条　件

基于坐标的观测样本 $Y(t_i)(i=0,1,\cdots,n)$ 确定目标航迹参数 $\theta(t)$ 的估计 $\hat{\theta}(t_i)$ 时,可把该问题分成如下几种类型[5,6]:

(1) 目标航迹参数滤波:给出时刻 $t_j=t_n$(即最近一次观测时刻)的估计值。

(2) 目标航迹参数外推:预测 $t_j>t_n$ 时刻的估计值。

(3) 目标航迹参数平滑:给出观测区间 $0 \leqslant t_j < t_n$ 内某一时刻的估计值。

本章只讨论上述第一种和第二种问题,且将目标类型限定为空中目标。对于复杂雷达系统信号再处理所需的滤波理论和外推方法,本章只给出一些主要的分析结果。

5.2　滤波子系统的方法描述

5.2.1　目标跟踪模型

在求解滤波问题时,由于目标的滤波参数值是时间的函数,如何对其进行描述是非常重要的,对于本文来说就是目标跟踪模型的选择问题。在复杂雷达系统的信号再处理过程中,根据对目标坐标观测结果和射频干扰的采样与离散化,目标跟踪模型可用一组线性差分方程进行表示,即

$$\boldsymbol{\theta}_{n+1} = \boldsymbol{\Phi}_n \boldsymbol{\theta}_n + \boldsymbol{\Gamma}_n \boldsymbol{\eta}_n = \boldsymbol{\theta}'_{n+1} + \boldsymbol{\Gamma}_n \boldsymbol{\eta}_n \tag{5.1}$$

式中:$\boldsymbol{\theta}_n$ 为第 n 步的 s 维目标航迹参数向量;$\boldsymbol{\Phi}_n$ 为已知的 $s \times s$ 维转移矩阵;$\boldsymbol{\eta}_n$ 为 h 维的干扰向量;$\boldsymbol{\Gamma}_n$ 为已知的 $s \times h$ 维矩阵;$\boldsymbol{\theta}'_{n+1}$ 为在第 $(n+1)$ 步目标航迹参数向量的确定性分量(即未受干扰的分量)。

如果目标的各维坐标相互独立,并可用多项式表示,以目标距离维的坐标 $r(t)$ 为例,那么无干扰情况下目标航迹的预测参数可表示为

$$r_{n+1} = r_n + \dot{r}_n \tau_n + 0.5 \ddot{r}_n \tau_n^2 + \cdots$$
$$\dot{r}_{n+1} = \dot{r}_n + \ddot{r}_n \tau_n + \cdots$$
$$\ddot{r}_{n+1} = \ddot{r}_n + \dddot{r}_n \tau_n + \cdots$$
$$\vdots \tag{5.2}$$

式中:$\tau_n = t_{n+1} - t_n$,t_n 和 t_{n+1} 是函数 $r(t)$ 的采样时刻;r_n,$\dot{r}_n$,$\ddot{r}_n$,$\cdots$是目标航迹参数,分别表示目标航迹在某维上的坐标、速度以及加速度等。

采用向量和矩阵对式(5.2)进行表示,可得

$$\boldsymbol{\theta}'_{n+1(r)} = \boldsymbol{\Phi}_n \boldsymbol{\theta}_{n(r)} \tag{5.3}$$

式中:

$$\boldsymbol{\theta}_{n(r)} = \begin{bmatrix} r_n \\ \dot{r}_n \\ \ddot{r}_n \\ r_n \\ \vdots \end{bmatrix}, \boldsymbol{\Phi}_n = \begin{bmatrix} 1 & \tau_n & 0.5\tau_n^2 & \cdots \\ 0 & 1 & \tau_n & \cdots \\ 0 & 0 & 1 & \cdots \\ \vdots & \vdots & \vdots & \end{bmatrix} \tag{5.4}$$

无干扰时,目标航迹参数其他各维坐标的表达式与之类似。

式(5.1)所给目标跟踪模型的第二项,必须考虑目标航迹参数受到的干扰,这些干扰是由目标所在的非均匀环境、大气条件、目标运动过程中控制的不准确性和惰性以及目标参数的稳定系统等所导致的。可将这些干扰称为控制噪声,即由目标控制系统产生的噪声。通常将控制噪声表示为均值为零的离散白噪声,其相关矩阵为

$$E[\boldsymbol{\eta}_i \boldsymbol{\eta}_j^{\mathrm{T}}] = \sigma_n^2 \delta_{ij} \tag{5.5}$$

式中:E 为数学期望;σ_n^2 为控制噪声的方差;δ_{ij} 为克罗内克(Kronecker)符号,即当 $i=j$ 时 $\delta_{ij}=1$,当 $i \neq j$ 时 $\delta_{ij}=0$。

除控制噪声外,目标飞行中的机动也会导致目标航迹参数产生不可预知的

变化,目标跟踪模型必须考虑由此引起的特殊干扰,将其称为目标机动噪声。通常情况下,目标机动噪声既不是白噪声也不是高斯噪声。目标机动噪声的一个例子是目标(或飞机)在某一维的加速度(也称为机动强度)的概率分布,设 P_0 是目标不机动的概率,P_1 是目标最大加速度为 $\pm g_{m_{\max}}$ 的概率(见图5.1),则机动强度(或加速度)取任意中间值的概率密度为

$$p = \frac{1-(2P_1+P_0)}{2g_{m_{\max}}} \tag{5.6}$$

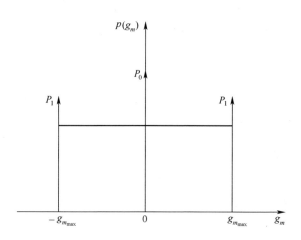

图5.1　目标机动强度(或加速度)的概率分布

由于目标航向上(这是最有可能发生机动的情况)的机动强度在任何方向的投影结果均在 $g_{m_{\max}}$ 之间,可知目标机动强度(或加速度)取某个中间值的概率是相等的,对于目标在时域和空域进行一系列机动的情况,可以认为其概率相同。

通常目标进行机动需要较长的时间(在任何情况下,都比对目标进行两次观测的时间间隔 τ_n 长),所以某一观测时刻目标机动强度(或加速度)的概率与之前或之后时刻的机动强度是相关的。因此必须知道目标机动噪声的自相关函数,从而对其进行统计描述。

通常目标机动强度的自相关函数可以表示为指数形式,即

$$E[g_m(t)g_m(t+\tau)] = R_m(\tau) = \sigma_m^2 \exp(-\alpha|\tau|) \tag{5.7}$$

式中:α 为目标机动平均持续时间 T_m 的倒数,即 $\alpha = T_m^{-1}$;σ_m^2 为目标机动强度的方差。

在等间隔采样的情况下,目标机动强度的自相关函数可以表示为

$$R_m(n) = \sigma_m^2 \exp\{-\alpha|n|T_{\text{new}}|\} = \sigma_m^2 \rho^{|n|} \tag{5.8}$$

式中：

$$\rho = \exp\{-\alpha T_{\text{new}}\} \tag{5.9}$$

T_{new}是获得目标新息的周期。下一时刻的目标机动强度可用前一时刻的目标机动强度表示，如

$$g_{m_{n+1}} = \rho g_{m_n} = \sqrt{\sigma_m^2(1-\rho^2)}\,\xi_n \tag{5.10}$$

式中：ξ_n是均值为0、方差为1的白噪声。

实际工作中，在设计复杂雷达系统时，可以将目标区分为机动目标和非机动目标。如果在控制噪声的幅度范围内目标作匀速直线运动，则认为是非机动目标，否则就看作是机动目标，比如飞航式目标就主要采用非机动模型，该模型的每一维坐标都可用一阶多项式表示。但在复杂雷达系统的信号处理过程中，只有在笛卡尔坐标系下表示目标航迹的滤波参数时，这种分类方式才有意义，如果在球坐标系中表示，即使目标是匀速直线运动的，其各维坐标也是非线性变化的，此时就必须采用二阶多项式表示各维坐标。

5.2.2　观测模型

在求解滤波问题时，除了目标跟踪模型，还要给出时刻n的m维观测向量$\boldsymbol{Y}_n$与s维参数估计向量$\boldsymbol{\theta}_n$之间的函数关系，该函数可表示为如下线性方程：

$$\boldsymbol{Y}_n = \boldsymbol{H}_n\boldsymbol{\theta}_n + \Delta\boldsymbol{Y}_n \tag{5.11}$$

式中：$\boldsymbol{H}_n$为目标航迹参数观测值和估计值之间的$m\times s$维已知变换矩阵；$\Delta\boldsymbol{Y}_n$为坐标测量误差。

通常，观测坐标是球坐标系下的目标当前坐标（即距离r_n、方位角β_n、俯仰角ε_n，或其他一些特定坐标）以及雷达坐标系下的坐标（如雷达距离、目标方向与雷达天线轴向夹角的余弦等）。在某些复杂雷达系统中，也可对径向速度$\dot{r}_n$进行测量。当在球坐标系中根据观测值估计目标航迹参数时，矩阵$\boldsymbol{H}_n = \boldsymbol{H}$的形式最简单，均由0和1组成。如观测到的目标球坐标参数是r_n、β_n，需要滤波的参数是$\hat{r}_n$、$\dot{\hat{r}}_n$、$\hat{\beta}$和$\hat{\beta}_n$（均为线性近似值），则矩阵$\boldsymbol{H}_n$的表达式为

$$\boldsymbol{H}_n = \begin{bmatrix} 1 & 0 & 0 & 0 \\ 0 & 0 & 1 & 0 \end{bmatrix} \begin{matrix} \to r_n \\ \to \beta_n \end{matrix} \tag{5.12}$$

$$\downarrow \quad \downarrow \quad \downarrow \quad \downarrow$$

$$\hat{r}_n \quad \dot{\hat{r}}_n \quad \hat{\beta}_n \quad \hat{\beta}_n$$

如果要用球坐标系中的观测结果对直角坐标系中的航迹参数进行滤波，矩阵$\boldsymbol{H}_n$元素的计算就要使用从球坐标系到直角坐标系变换的微分形式：

$$\boldsymbol{H}_n = \left.\begin{bmatrix} \dfrac{\mathrm{d}r_n}{\mathrm{d}x_n} & 0 & \dfrac{\mathrm{d}r_n}{\mathrm{d}y_n} & 0 \\[3mm] \dfrac{\mathrm{d}\beta_n}{\mathrm{d}x_n} & 0 & \dfrac{\mathrm{d}\beta_n}{\mathrm{d}y_n} & 0 \end{bmatrix}\right) \begin{matrix} \to r_n \\[3mm] \to \beta_n \end{matrix} \tag{5.13}$$

$$\downarrow \quad \downarrow \quad \downarrow \quad \downarrow$$

$$\hat{x}_n \quad \hat{\dot{x}}_n \quad \hat{y}_n \quad \hat{\dot{y}}_n$$

对于其他的观测坐标和滤波参数,也可用类似方法得到矩阵 $\boldsymbol{H}_n$ 的元素。

通常情况下,式(5.11)中由向量 $\boldsymbol{\Delta Y}_n = \boldsymbol{\Delta Y}(t_n)$ 给出的坐标测量误差可以看成是服从高斯分布的随机序列。对于该随机序列,一般使用如下初始条件:

(1)各维独立观测坐标的测量误差相互独立。本条件允许在各维上独立解决滤波问题。

(2)一般情况下,每一维在时刻 $t_1, t_2, \cdots, t_n$ 的测量误差是 n 维相关的正态分布随机变量,其相关矩阵 $\boldsymbol{R}_n$ 为

$$\boldsymbol{R}_n = \begin{bmatrix} \sigma_1^2 & R_{12} & R_{13} & \cdots & R_{1n} \\ R_{21} & \sigma_2^2 & R_{23} & \cdots & R_{2n} \\ \vdots & \vdots & \vdots & \ddots & \vdots \\ R_{n1} & R_{n2} & R_{n3} & \cdots & \sigma_n^2 \end{bmatrix} \tag{5.14}$$

相关矩阵 $\boldsymbol{R}_n$ 的元素关于对角线对称,即 $R_{ij} = R_{ji}$,这说明 $\boldsymbol{R}_n^{\mathrm{T}} = \boldsymbol{R}_n$。当测量误差不相关时,相关矩阵 $\boldsymbol{R}_n$ 中除对角线以外的所有元素均为零,这样的矩阵称为对角矩阵。

需要说明的是,目标跟踪模型与观测模型一起构成了用于滤波处理的动态系统组合模型,图5.2给出了动态组合模型的流程图,其中双箭头表示多维或向量关系。

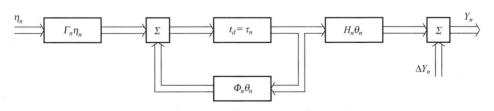

图 5.2　动态组合模型的流程图

5.3　对未知随机参数滤波问题的统计求解

根据式(5.1)和式(5.11),观测到的坐标向量序列 $\{Y\}_n = \{Y_1, Y_2, \cdots, Y_n\}$ 与动态系统状态向量序列 $\{\boldsymbol{\theta}\}_n = \{\boldsymbol{\theta}_1, \boldsymbol{\theta}_2, \cdots, \boldsymbol{\theta}_n\}$ 是统计相关的,由此引出了对未知随机参数的滤波问题,即需要给出状态向量 $\boldsymbol{\theta}_n$ 的当前估计 $\hat{\boldsymbol{\theta}}_n$。统计决策理论提供了通用解决方法,特别是当代价函数为平方代价函数时,根据最小平均风险准则,未知参数向量的最佳估计为

$$\hat{\boldsymbol{\theta}}_n = \int_{\Theta} \boldsymbol{\theta}_n p(\boldsymbol{\theta}_n \mid \{Y\}_n) \mathrm{d}\boldsymbol{\theta}_n \qquad (5.15)$$

式中:$p(\boldsymbol{\theta}_n \mid \{Y\}_n)$ 为基于观测序列 $\{Y\}_n$ 的参数向量 $\boldsymbol{\theta}_n$ 的后验概率密度函数;Θ 为参数估计向量 $\boldsymbol{\theta}_n$ 的取值空间。

如果后验概率密度函数是单峰且对称的,基于如下方程的解可以得出参数的最佳估计:

$$\left.\frac{\partial p(\boldsymbol{\theta}_n \mid \{Y\}_n)}{\partial \boldsymbol{\theta}_n}\right|_{\boldsymbol{\theta}_n = \hat{\boldsymbol{\theta}}_n} = 0 \quad \text{如果} \quad \frac{\partial^2 p(\boldsymbol{\theta}_n \mid \{Y\}_n)}{\partial \boldsymbol{\theta}_n^2} < 0 \quad (5.16)$$

这种情况下,最佳参数估计称为基于最大后验概率准则的最佳估计。在上述情况以及采用其他准则分析估计性能时,通过计算后验概率都能给出最佳估计。

按照数理统计学中的统计检验理论,有两种计算后验概率并进行参数估计的方法:①使用固定样本的批处理方法。②在每次新的观测后都对后验概率进行更新的递归算法。

使用第一种方法必须给出估计参数的先验概率密度函数,使用第二种方法时可将前一步的预测概率密度函数作为下一步的先验概率密度函数。当模型噪声与测量误差不相关时,后验概率密度函数的递归计算公式为[6]:

$$p(\boldsymbol{\theta}_n \mid \{Y\}_n) = \frac{p(Y_n \mid \boldsymbol{\theta}_n) p(\boldsymbol{\theta}_n \mid \{Y\}_{n-1})}{\int_{\Theta} p(Y_n \mid \boldsymbol{\theta}_n) p(\boldsymbol{\theta}_n \mid \{Y\}_{n-1}) \mathrm{d}\boldsymbol{\theta}_n} \qquad (5.17)$$

式中:$p(\boldsymbol{\theta}_n \mid \{Y\}_{n-1})$ 为基于前 $(n-1)$ 次观测数据,第 n 时刻待估计参数 $\boldsymbol{\theta}_n$ 的预测值所服从的概率密度函数;$p(Y_n \mid \boldsymbol{\theta}_n)$ 为第 n 次观测的似然函数。

一般情况下,目标跟踪模型和观测模型是非线性的,式(5.17)的计算往往不收敛,因此在解决滤波问题的实际过程中,要对复杂雷达系统的噪声模型及统计特性和观测模型进行各种各样的近似。实际广泛使用的是线性滤波方法,即假设系统状态模型和观测模型是线性的,并且认为噪声是高斯型的。下面主

要分析线性滤波算法。

5.4　观测样本量固定时的线性滤波与外推算法

基于如下假设对线性滤波和目标航迹参数外推算法进行推导：

（1）无干扰时，各维独立坐标分量的目标航迹模型可表示为如下多项式：

$$X(\boldsymbol{\theta},t) = \sum_{l=0}^{s} \theta_l \frac{t^l}{l!} \tag{5.18}$$

其中多项式的阶数取决于对目标运动状态的假设。式（5.18）中多项式的系数表示坐标、速度、加速度等目标航迹参数。以列向量表示的一组参数 θ_l 形成目标航迹参数的 $(s+1)$ 维向量：

$$\boldsymbol{\theta} = [\theta_0, \theta_1, \cdots, \theta_s]^{\mathrm{T}} \tag{5.19}$$

假设在观测时间内该向量保持不变。

（2）在各离散时刻 $t_1, t_2, \cdots, t_n$，坐标 Y_i 的观测结果与参数向量的关系为

$$Y_i = \sum_{l=0}^{s} \theta_l \frac{\tau_l^l}{l!} + \Delta Y_i, \quad \tau_l = t_l - t_0 \tag{5.20}$$

式中：ΔY_i 是测量误差。

（3）在独立观测时，测量误差的条件概率密度函数为

$$p(Y_i \mid \boldsymbol{\theta}) = \frac{1}{\sqrt{2\pi\sigma_{Y_i}^2}} \exp\left[-\frac{\left(Y_i - \sum_{l=0}^{s} \theta_l \frac{\tau_l^l}{l!}\right)}{2\sigma_{Y_i}^2} \right] \tag{5.21}$$

式中：$\sigma_{Y_i}^2$ 是测量误差的方差。

（4）通常情况下，所有的坐标测量误差 $\Delta Y_1, \Delta Y_2, \cdots, \Delta Y_n$ 可用 N 维相关的正态分布随机变量进行表示，其 $N \times N$ 维相关矩阵 $\boldsymbol{R}_N$ 如式（5.14）所示。在解决滤波问题时，该相关矩阵必须是已知的。N 维相关正态分布随机变量的条件概率密度函数可以表示为

$$p(Y_1, Y_2, \cdots, Y_N \mid \boldsymbol{\theta}) = \frac{1}{(2\pi)^{N/2}\sqrt{|\boldsymbol{R}_N|}} \exp[-0.5(\Delta \boldsymbol{Y}_N^{\mathrm{T}} \boldsymbol{R}_N^{-1} \Delta \boldsymbol{Y}_N)] \tag{5.22}$$

$$\Delta \boldsymbol{Y}_N^{\mathrm{T}} = [\Delta Y_1, \Delta Y_2, \cdots, \Delta Y_N] \tag{5.23}$$

$$\Delta Y_i = \left(Y_i - \sum_{l=0}^{s} \theta_l \frac{\tau_l^l}{l!}\right) = [Y_i - X(\boldsymbol{\theta}, \tau_i)] \tag{5.24}$$

式中：$\boldsymbol{R}_N^{-1}$ 为测量误差相关矩阵的逆矩阵；$|\boldsymbol{R}_N|$ 为相关矩阵的行列式。

（5）缺少关于滤波参数的先验信息。这对应着目标航迹初始阶段的参数

估计情况,即在航迹起始阶段采取某种特殊方式在一系列的目标点中进行选取以开始跟踪,以这种方式得出的估计值作为后续时刻的先验信息用于下一步的滤波。当没有先验信息时,采用最大似然准则解决最佳滤波问题。本节使用固定数量的观测样本进行目标航迹参数的滤波和外推,此时采用最大似然准则是最佳的。

5.4.1 基于最大似然准则的目标航迹参数最佳估计算法:一般情况

基于观测序列 $\{Y_N\}$ 对参数向量 $\boldsymbol{\theta}_N$ 估计的似然函数可表示为

$$L(\boldsymbol{\theta}_N) = C\exp[-0.5(\Delta Y_N^{\mathrm{T}} R_N^{-1} \Delta Y_N)]) \tag{5.25}$$

该式与 N 维相关正态分布随机变量的条件概率密度函数类似。使用似然函数的自然对数会更方便一些,即

$$\ln L(\boldsymbol{\theta}_N) = \ln C - 0.5\Delta Y_N^{\mathrm{T}} R_N^{-1} \Delta Y_N \tag{5.26}$$

采用最大似然方法估计目标航迹参数时,需在每个观测点将式(5.26)对估计结果向量的元素求导数,并令其在 $\boldsymbol{\theta}_N = \hat{\boldsymbol{\theta}}_N$ 处等于零。于是可得向量形式的似然方程[7,8]:

$$A_N^{\mathrm{T}} R_N^{-1} \left\| Y_i - \sum_{l=0}^{s} \hat{\boldsymbol{\theta}}_l \frac{\tau_l^l}{l!} \right\| = 0 \tag{5.27}$$

式中:

$$A_N^{\mathrm{T}} = \begin{bmatrix} \dfrac{\mathrm{d}X(\hat{\boldsymbol{\theta}},\tau_1)}{\mathrm{d}\theta_0} & \dfrac{\mathrm{d}X(\hat{\boldsymbol{\theta}},\tau_2)}{\mathrm{d}\theta_0} & \cdots & \dfrac{\mathrm{d}X(\hat{\boldsymbol{\theta}},\tau_N)}{\mathrm{d}\theta_0} \\ \dfrac{\mathrm{d}X(\hat{\boldsymbol{\theta}},\tau_1)}{\mathrm{d}\theta_1} & \dfrac{\mathrm{d}X(\hat{\boldsymbol{\theta}},\tau_2)}{\mathrm{d}\theta_1} & \cdots & \dfrac{\mathrm{d}X(\hat{\boldsymbol{\theta}},\tau_N)}{\mathrm{d}\theta_1} \\ \vdots & \vdots & \vdots & \vdots \\ \dfrac{\mathrm{d}X(\hat{\boldsymbol{\theta}},\tau_1)}{\mathrm{d}\theta_s} & \dfrac{\mathrm{d}X(\hat{\boldsymbol{\theta}},\tau_2)}{\mathrm{d}\theta_s} & \cdots & \dfrac{\mathrm{d}X(\hat{\boldsymbol{\theta}},\tau_N)}{\mathrm{d}\theta_s} \end{bmatrix} \tag{5.28}$$

是 $(s+1) \times N$ 维导数矩阵。

通常情况下,相关测量误差似然方程的最终解为

$$\hat{\boldsymbol{\theta}}_N = B_N^{-1} A_N^{\mathrm{T}} R_N^{-1} Y_N \tag{5.29}$$

式中:

$$B_N = A_N^{\mathrm{T}} R_N^{-1} A_N \tag{5.30}$$

而 Y_N 是 N 维观测向量。如果测量误差不相关,那么有

$$\boldsymbol{R}_N^{-1} \boldsymbol{Y}_N = \boldsymbol{Y}_N' = \begin{bmatrix} w_1 Y_1 \\ w_2 Y_2 \\ \vdots \\ w_N Y_N \end{bmatrix} \tag{5.31}$$

式中：$w_i = \sigma_{Y_i}^{-2}$ 是第 i 个测量值的权重系数。此时式(5.29)可表示为

$$\boldsymbol{\theta}_N = \boldsymbol{B}_N^{-1} \boldsymbol{A}_N^{\mathrm{T}} \boldsymbol{Y}_N' \tag{5.32}$$

这与采用最小二乘法给出的估计一致。

将式(5.27)的似然方程进行线性化可以给出上述方法的目标航迹参数估计的可能误差。目标航迹参数估计误差相关矩阵的最终形式为

$$\boldsymbol{\Psi}_N = \boldsymbol{B}_N^{-1} = (\boldsymbol{A}_N^{\mathrm{T}} \boldsymbol{R}_N^{-1} \boldsymbol{A}_N)^{-1} \tag{5.33}$$

在后文中会结合实例对式(5.33)进行深入分析。

5.4.2 线性目标航迹的最佳参数估计算法

本节分析如何得到目标航迹参数中坐标 $x(t)$ 的最佳估计。假设 $x(t)$ 是线性变化的，将其离散化为 $x_i(i=1,2,\cdots,N)$，测量误差的方差为 $\sigma_{x_i}^2$。基于最近时刻 t_N 的观测对坐标 x_N 及其增量 $\Delta_1 x_N$ 进行估计，为简化分析，假设观测间隔为 T_{eq}，而且观测与观测之间的误差不相关。坐标的变化规律为

$$x(t_i) = x_i = x_N - (N-i)\Delta_1 x_N, i = 1,2,\cdots,N \tag{5.34}$$

式中：

$$\Delta_1 x_N = T_{\mathrm{eq}} \dot{x}_N \tag{5.35}$$

是坐标增量。参数估计的向量表达式为

$$\boldsymbol{\theta}_N = \begin{bmatrix} \hat{\theta}_{0N} \\ \hat{\theta}_{1N} \end{bmatrix} = \begin{bmatrix} \hat{x}_N \\ \Delta_1 \hat{x}_N \end{bmatrix} \tag{5.36}$$

式(5.28)中微分算子的转置矩阵为

$$\boldsymbol{A}_N^{\mathrm{T}} = \begin{bmatrix} \dfrac{\mathrm{d}\hat{x}(t_1)}{\mathrm{d}\hat{x}_N} & \dfrac{\mathrm{d}\hat{x}(t_2)}{\mathrm{d}\hat{x}_N} & \cdots & \dfrac{\mathrm{d}\hat{x}(t_N)}{\mathrm{d}\hat{x}_N} \\ \vdots & \vdots & \ddots & \vdots \\ \dfrac{\mathrm{d}\hat{x}(t_1)}{\mathrm{d}\Delta_1 \hat{x}_N} & \dfrac{\mathrm{d}\hat{x}(t_2)}{\mathrm{d}\Delta_1 \hat{x}_N} & \cdots & \dfrac{\mathrm{d}\hat{x}(t_N)}{\mathrm{d}\Delta_1 \hat{x}_N} \end{bmatrix} = \begin{bmatrix} 1 & 1 & \cdots & 1 \\ N-1 & N-2 & \cdots & 0 \end{bmatrix} \tag{5.37}$$

由于误差相关矩阵是对角矩阵，因此其逆矩阵可表示为

$$\boldsymbol{R}_N^{-1} = [w_i \delta_{ij}] \tag{5.38}$$

式中: $w_i = \sigma_{x_i}^{-2}$, 当 $i=j$ 时 $\delta_{ij}=1$, 当 $i \neq j$ 时 $\delta_{ij}=0$。 将式(5.37)和式(5.38)代入式(5.27), 可得估计线性目标航迹参数的两个方程:

$$\begin{cases} f_N \hat{x}_N - g_N \Delta_1 \hat{x}_N = \sum_{i=1}^{N} w_i x_i \\ g_N \hat{x}_N - h_N \Delta_1 \hat{x}_N = \sum_{i=1}^{N} w_i (N-i) x_i \end{cases} \tag{5.39}$$

式(5.39)中引入了如下符号:

$$\begin{cases} f_N = \sum_{i=1}^{N} w_i \\ g_N = \sum_{i=1}^{N} w_i (N-i) \\ h_N = \sum_{i=1}^{N} (N-i)^2 w_i \end{cases} \tag{5.40}$$

方程组的解为

$$\begin{cases} \hat{x}_N = \dfrac{h_N \sum\limits_{i=1}^{N} w_i x_i - g_N \sum\limits_{i=1}^{N} w_i (N-i) x_i}{G_N} \\ \\ \Delta_1 \hat{x}_N = \dfrac{g_N \sum\limits_{i=1}^{N} w_i x_i - f_N \sum\limits_{i=1}^{N} w_i (N-i) x_i}{G_N} \end{cases} \tag{5.41}$$

式中:

$$G_N = f_N h_N - g_N^2 \tag{5.42}$$

假设在有限的观测区间内坐标测量精度是相同的, 即 $w_1 = w_2 = \cdots = w_N = w$, 那么

$$\begin{cases} f_N = Nw \\ g_N = \dfrac{N(N-1)}{2} w \\ h_N = \dfrac{N(N-1)(2N-1)}{6} w \end{cases} \tag{5.43}$$

在测量精度相同、测量间隔相等的条件下, 线性目标航迹参数估计的最终公式为

$$\begin{cases} \hat{x}_N = \sum_{i=1}^{N} \eta_{\hat{x}}(i) x_i \\ \Delta_1 \hat{x}_N = \sum_{i=1}^{N} \eta_{\Delta_1 \hat{x}}(i) x_i \end{cases} \qquad (5.44)$$

式中：

$$\begin{cases} \eta_{\hat{x}}(i) = \dfrac{2(3i - N - 1)}{N(N + 1)} \\ \eta_{\Delta_1 \hat{x}}(i) = \dfrac{6(2i - N - 1)}{N(N^2 - 1)} \end{cases} \qquad (5.45)$$

分别是坐标估计和增量估计中测量值的权重系数。当 $N = 3$ 时，有

$$\begin{cases} \eta_{\hat{x}}(1) = -\dfrac{1}{6} \\ \eta_{\hat{x}}(2) = \dfrac{2}{6} \\ \eta_{\hat{x}}(3) = \dfrac{5}{6} \end{cases} \quad 和 \quad \begin{cases} \eta_{\Delta_1 \hat{x}}(1) = -\dfrac{1}{2} \\ \eta_{\Delta_1 \hat{x}}(2) = 0 \\ \eta_{\Delta_1 \hat{x}}(3) = \dfrac{1}{2} \end{cases} \qquad (5.46)$$

于是，有

$$\begin{cases} \hat{x}_3 = \dfrac{1}{6}(5x_3 + 2x_2 - x_1) \\ \Delta_1 \hat{x}_N = \dfrac{1}{2}(x_3 - x_1) \end{cases} \qquad (5.47)$$

需要说明的是，权重系数必须满足如下条件：

$$\begin{cases} \sum_{i=1}^{N} \eta_{\hat{x}}(i) = 1 \\ \sum_{i=1}^{N} \eta_{\Delta_1 \hat{x}}(i) = 0 \end{cases} \qquad (5.48)$$

在线性目标航迹参数估计的同时，可利用式(5.33)给出其误差相关矩阵。对于测量间隔相等但测量精度不同的情况，线性目标航迹参数估计误差的相关矩阵为

$$\boldsymbol{\Psi} = \dfrac{1}{G_N} \begin{bmatrix} h_N & g_N \\ g_N & f_N \end{bmatrix} \qquad (5.49)$$

在测量精度相同的情况下，该矩阵的元素仅取决于观测次数：

$$\boldsymbol{\Psi}_N = \begin{bmatrix} \dfrac{2(2N-1)}{N(N+1)} & \dfrac{6}{N(N+1)} \\[3mm] \dfrac{6}{N(N+1)} & \dfrac{12}{N(N^2-1)} \end{bmatrix} \sigma_x^2 \qquad (5.50)$$

当 $N=3$ 时,线性目标航迹参数估计的误差相关矩阵为

$$\boldsymbol{\Psi}_3 = \begin{bmatrix} \dfrac{5}{6} & \dfrac{1}{2} \\[3mm] \dfrac{1}{2} & \dfrac{1}{2} \end{bmatrix} \sigma_x^2 \qquad (5.51)$$

可见利用 3 次精度相同的测量值所得坐标估计的误差方差是测量误差方差的 5/6,而目标速度估计的不准确性导致的增量估计的误差方差只是测量误差方差的 1/2,坐标估计误差与其增量误差之间的协方差也是测量误差方差的 1/2。图 5.3 给出了对目标线性航迹参数误差相关矩阵中的归一化元素进行估计时,精度系数与观测次数之间的关系曲线。从图 5.3 可知,为获得所需的估计精度,至少需要 5~6 次观测。

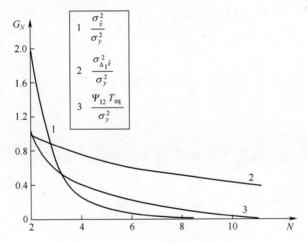

图 5.3　对线性目标航迹参数误差相关矩阵中的归一化元素进行
估计时,精度系数与观测次数的关系

对于线性目标航迹参数的估计算法式(5.43)和式(5.44)来说,明显可以看出它们是非递归滤波算法,其中权重系数 $\eta_{\hat{x}}(i)$ 与 $\eta_{\Delta_1\hat{x}}(i)$ 形成了这些滤波器的冲激响应序列。为采用这种滤波器进行滤波,每一步(即每次坐标观测后)都需将观测坐标值与相应的权重系数进行 N 次相乘,并将所得的部分乘积进行 N 次相加。为在存储设备中保存前 $(N-1)$ 次的观测记录,需要使用大容量的存储器,当 $N>5$ 时,这种滤波器所需的存储容量就很大,而且实现起来也比较复杂。

5.4.3　二阶多项式目标航迹的最佳参数估计算法

当采用二阶多项式表示目标航迹时,坐标 $\hat{x}_N$、一阶增量 $\Delta_1 \hat{x}_N$ 和二阶增量 $\Delta_2 \hat{x}_N$ 都是待估计参数。与 5.4.2 节相同的是,仍认为观测是按等间隔 T_{eq} 进行的,并且测量误差不相关。那么坐标的变化规律为

$$x_i = x(t_i) = x_N - (N - i)\Delta_1 x_N - (N - i)^2 \Delta_2 x_N, i = 1, 2, \cdots, N \quad (5.52)$$

式中:

$$\Delta_1 x_N = T_{eq} \dot{x}_N \quad (5.53)$$

是坐标的一阶增量,而

$$\Delta_2 x_N = 0.5 T_{eq}^2 \ddot{x}_N \quad (5.54)$$

是坐标的二阶增量。$\dot{x}_N$ 是 x 坐标轴上的速度,$\ddot{x}_N$ 是 x 坐标轴上的加速度。

推导二阶多项式目标航迹参数估计公式的过程与线性目标航迹的情况一样,省略数学变换的中间步骤,可得如下最终形式:

$$\hat{x}_N = \frac{1}{I_N} \left[\alpha_N \sum_{i=1}^{N} w_i x_i + \gamma_N \sum_{i=1}^{N} w_i (N - i) x_i + \delta_N \sum_{i=1}^{N} w_i (N - i)^2 x_i \right]$$

$$(5.55)$$

$$\Delta_1 \hat{x}_N = \frac{1}{I_N} \left[\gamma_N \sum_{i=1}^{N} w_i x_i - \xi_N \sum_{i=1}^{N} w_i (N - i) x_i + \eta_N \sum_{i=1}^{N} w_i (N - i)^2 x_i \right]$$

$$(5.56)$$

$$\Delta_2 \hat{x}_N = \frac{1}{I_N} \left[\delta_N \sum_{i=1}^{N} w_i x_i - \eta_N \sum_{i=1}^{N} w_i (N - i) x_i + \mu_N \sum_{i=1}^{N} w_i (N - i)^2 x_i \right]$$

$$(5.57)$$

式中:

$$\alpha_N = h_N e_N - d_N^2 \quad (5.58)$$

$$\gamma_N = g_N e_N - h_N d_N \quad (5.59)$$

$$\delta_N = g_N d_N - h_N^2 \quad (5.60)$$

$$\xi_N = f_N e_N - h_N^2 \quad (5.61)$$

$$\eta_N = f_N d_N - g_N h_N \quad (5.62)$$

$$\mu_N = f_N h_N - g_N^2 \quad (5.63)$$

$$d_N = \sum_{i=1}^{N} w_i (N - i)^3 \quad (5.64)$$

$$e_N = \sum_{i=1}^{N} w_i (N - i)^4 \quad (5.65)$$

$$I_N = \left[e_N(f_N h_N - g_N^2) + d_N(g_N h_N - f_N d_N) + h_N(g_N d_N - h_N^2) \right] \quad (5.66)$$

二阶多项式目标航迹参数估计的误差相关矩阵为

$$\boldsymbol{\Psi}_N = \boldsymbol{B}_N^{-1} = \frac{1}{I_N} \begin{bmatrix} \alpha_N & -\gamma_N & \delta_N \\ -\gamma_N & \xi_N & -\eta_N \\ \delta_N & -\eta_N & -\mu_N \end{bmatrix} \quad (5.67)$$

在测量精度相同的情况下,$w_i = w$,从式(5.58)~式(5.65)可得

$$d_N = w_i \sum_{i=1}^{N} (N-i)^3 = \frac{N^2(N-1)^2}{4} w \quad (5.68)$$

$$e_N = w_i \sum_{i=1}^{N} (N-i)^4 = \frac{N(N-1)(2N-1)(3N^2-3N-1)}{30} w \quad (5.69)$$

于是目标航迹参数的估计为

$$\hat{x}_N = \sum_{i=1}^{N} \eta_{\hat{x}}(i) x_i \quad (5.70)$$

$$\Delta_1 \hat{x}_N = \sum_{i=1}^{N} \eta_{\Delta_1 \hat{x}}(i) x_i \quad (5.71)$$

$$\Delta_2 \hat{x}_N = \sum_{i=1}^{N} \eta_{\Delta_2 \hat{x}}(i) x_i \quad (5.72)$$

式中:$\eta_{\hat{x}}(i)$、$\eta_{\Delta_1 \hat{x}}(i)$、$\eta_{\Delta_2 \hat{x}}(i)$ 分别是坐标估计、一阶增量估计、二阶增量估计公式中测量值的如下权重系数:

$$\eta_{\hat{x}}(i) = \frac{3\left[(N+1)(N+2) - 2i(4N+3) + 10i^2 \right]}{N(N+1)(N+2)} \quad (5.73)$$

$$\eta_{\Delta_1 \hat{x}}(i) = \frac{6\left[(N+1)(N+2)(6N-7) - 2i(16N^2-19) + 30i^2(N-1) \right.}{N(N^2-1)(N^2-4)]} $$

$$(5.74)$$

$$\eta_{\Delta_2 \hat{x}}(i) = \frac{30\left[(N+1)(N+2) - 6i(N+1) + 6i^2 \right]}{N(N^2-1)(N^2-4)]} \quad (5.75)$$

在测量间隔相等、测量精度相同的情况下,从式(5.70)至式(5.75)可以看出,二阶多项式目标航迹参数的最佳估计就是测量坐标值的加权和,其中权重系数是样本量 N 与序列中样本序号 i 的函数。对于样本量最少的情况(即 $N=3$),目标航迹参数的估计为

$$\hat{x}_3 = x_3 \quad (5.76)$$

$$\Delta_1 \hat{x}_3 = \dot{x}_3 T_{eq} = 0.5x_3 - 2x_2 + 1.5x_1 \quad (5.77)$$

$$\Delta_2 \hat{x}_3 = 0.5\ddot{x}_3 T_{eq}^2 = 0.5(x_3 - 2x_2 + x_1) \quad (5.78)$$

利用式(5.43)、式(5.68)和式(5.69)算出 f_N、g_N、h_N、d_N、e_N,进而得出 I_N、

α_N、γ_N、δ_N、ξ_N、η_N，并代入式(5.67)即可获得目标航迹参数估计误差相关矩阵，该矩阵的各元素为

$$
\begin{cases}
\psi_{11} = \dfrac{3(3N^2 - 3N + 2)}{N(N + 1)(N + 2)}\sigma_x^2 \\[3mm]
\psi_{12} = \psi_{21} = -\dfrac{18(2N - 1)}{N(N + 1)(N + 2)}\sigma_x^2 \\[3mm]
\psi_{13} = \psi_{31} = \dfrac{30}{N(N + 1)(N + 2)}\sigma_x^2 \\[3mm]
\psi_{22} = \dfrac{12(2N - 1)(8N - 11)}{N(N^2 - 4)(N^2 - 1)}\sigma_x^2 \\[3mm]
\psi_{23} = \psi_{32} = -\dfrac{180}{N(N^2 - 4)(N - 1)}\sigma_x^2 \\[3mm]
\psi_{33} = \dfrac{180}{N(N^2 - 4)(N^2 - 1)}\sigma_x^2
\end{cases}
\tag{5.79}
$$

当 $N = 3$ 时，可得

$$
\boldsymbol{\Psi}_3 = \begin{bmatrix} 1 & -\dfrac{3}{2} & \dfrac{1}{2} \\[3mm] -\dfrac{3}{2} & \dfrac{13}{2} & -3 \\[3mm] \dfrac{1}{2} & -3 & \dfrac{3}{2} \end{bmatrix} \sigma_x^2
\tag{5.80}
$$

图 5.4 给出了二阶多项式目标航迹时，对误差相关矩阵中归一化元素进行估计，精度系数与观测次数的关系曲线。将二阶多项式目标航迹坐标和一阶增

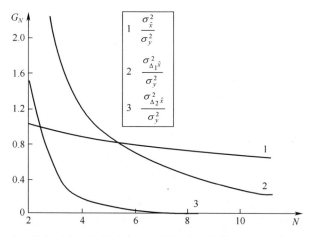

图 5.4 对二阶多项式目标航迹参数误差相关矩阵中归一化元素进行估计时，
精度系数与观测次数的关系曲线

量估计的相关矩阵式(5.80)中的对角元素跟线性目标航迹参数估计误差相关矩阵的对角元素进行比较可以看出,当 N 较小时,线性目标航迹参数估计比二阶多项式目标航迹参数估计的精度高很多,因此当观测区间较短时,应采用一阶多项式表示目标航迹,这种情况下通过滤波可以保证目标航迹参数估计随机误差的消除质量较高。由于仅是对目标航迹的一小段进行了近似,因此即便对目标运动状态所做的假设不准确,所导致的动态误差也可忽略。

5.4.4 目标航迹参数的外推算法

目标航迹参数的外推问题,是指利用最近一次观测得到的航迹参数值或利用一组观测结果,对观测区间之外某点的航迹参数进行估计。当航迹参数的各维独立坐标采用多项式进行表示时,对时间 τ_{ex} 之后的目标航迹参数的外推结果为

$$\hat{x}_{ex} = \hat{x}_N + \hat{\dot{x}}_N \tau_{ex} + \hat{\ddot{x}}_N \frac{\tau_{ex}^2}{2} + \cdots + \hat{x}_N^{(s)} \frac{\tau_{ex}^s}{s!} \qquad (5.81)$$

$$\hat{\dot{x}}_{ex} = \hat{\dot{x}}_N + \hat{\ddot{x}}_N \tau_{ex} + \hat{\dddot{x}}_N \frac{\tau_{ex}^2}{2} + \cdots + \hat{x}_N^{(s)} \frac{\tau_{ex}^{s-1}}{(s-1)!} \qquad (5.82)$$

$$\hat{x}_{ex}^{(s)} = \hat{x}_N^{(s)} \qquad (5.83)$$

式中: $\tau_{ex} = t_{ex} - t_N$ 是外推时长。利用式(5.81)~式(5.83)可得目标航迹任意表示形式下的外推坐标,如测量间隔相等时对于线性目标航迹,可得

$$\hat{x}_{N+p} = \hat{x}_N + \hat{\dot{x}}_N \frac{\tau_{ex}}{T_0} T_{eq} = \hat{x}_N + \Delta_1 \hat{x}_N \frac{\tau_{ex}}{T_0} \qquad (5.84)$$

$$\Delta_1 \hat{x}_{N+p} = \Delta_1 \hat{x}_N \qquad (5.85)$$

将相应的参数估计公式代入式(5.84)和式(5.85),可得

$$x_{N+p} = \frac{1}{G_N} \left[\left(h_N + \frac{\tau_{ex}}{T_0} g_N \right) \sum_{i=1}^N w_i x_i - \left(g_N + \frac{\tau_{ex}}{T_0} f_N \right) \sum_{i=1}^N w_i (N-i) x_i \right]$$

$$(5.86)$$

另外,如果测量精度相同,则有

$$\hat{x}_{N+p} = \sum_{i=1}^N \left[\eta_{\hat{x}}(i) + \frac{\tau_{ex}}{T_{eq}} \eta_{\Delta_1 \hat{x}}(i) \right] x_i \qquad (5.87)$$

当 $\tau_{ex} = T_{eq}$ 时,有

$$\hat{x}_{N+1} = \sum_{i=1}^N \eta_{\hat{x}_{N+1}}(i) x_i \qquad (5.88)$$

式中:

$$\eta_{\hat{x}_{N+1}}(i) = \frac{2(3i - N - 2)}{N(N-1)} \qquad (5.89)$$

是每个观测周期目标航迹参数外推时测量坐标值的权重系数。

测量间隔相等时,线性目标航迹参数外推的误差相关矩阵为

$$\boldsymbol{\Psi}_{N+p} = \frac{1}{G_N} \begin{bmatrix} h_N + 2\dfrac{\tau_{ex}}{T_0}g_N + \left(\dfrac{\tau_{ex}}{T_0}\right)^2 & g_N + \dfrac{\tau_{ex}}{T_0}f_N \\[3mm] g_N + \dfrac{\tau_{ex}}{T_0}f_N & f_N \end{bmatrix} \tag{5.90}$$

另外,当测量精度相同时,线性目标航迹参数外推的误差相关矩阵的元素为

$$\psi_{11} = \frac{2\left[(N-1)(2N-1) + 6(\tau_{ex}/T_{eq})(N-1) + 6(\tau_{ex}/T_{eq})^2\right]}{N(N^2-1)}\sigma_x^2 \tag{5.91}$$

$$\psi_{12} = \psi_{21} = \frac{6\left[(N-1) + (\tau_{ex}/T_{eq})\right]}{N(N^2-1)}\sigma_x^2 \tag{5.92}$$

$$\psi_{22} = \frac{12}{N(N^2-1)}\sigma_x^2 \tag{5.93}$$

当各维独立坐标分量的航迹参数采用二阶多项式表示时,可用类似方法得出其目标航迹参数的外推公式和误差相关矩阵。

5.4.5 极坐标系中目标航迹参数估计的动态误差

进行目标航迹参数估计时,有时会采用多项式确定性模型表示极坐标系中目标航迹参数 r_{tg} 和 β_{tg} 的变化。极坐标系中的多项式表示法不能反映目标运动的真实规律,只能在有限的观测区间内按给定的精度逼近目标运动规律。以固定部署的雷达系统为参考原点,假设目标的高度保持不变,当目标做航向任意的匀速直线运动时(见图 5.5),在极坐标系中的变化规律为

$$r_{tg}(t) = \sqrt{r_0^2 + \left[V_{tg}(t-t_0)\right]^2} \tag{5.94}$$

$$\beta_{tg}(t) = \beta_0 + \arctan\left[\frac{V_{tg}(t-t_0)}{r_0}\right] \tag{5.95}$$

式中:r_0 和 β_0 是目标航迹上离原点最近点的距离和方位(即图 5.5 中的 A 点),t_0 是飞到 A 点的时间,V_{tg} 是目标的运动速度。

目标机动阶段做圆弧状飞行或雷达与目标均处于运动状态时,相应公式与式(5.94)和式(5.95)类似,只是形式更复杂。根据式(5.94)和式(5.95),即使是在目标线性运动而雷达不动的简单情况下,极坐标参数的变化规律也是非线性的,对于更复杂的目标运动模型,尤其是当雷达处于运动状态时,非线性将进一步增强。多项式模型与非线性模型之间在目标航迹参数估计向量变化上的

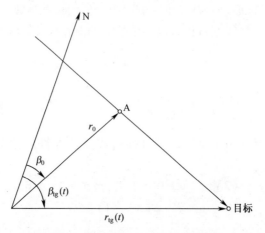

图 5.5　极坐标系中的目标运动情况

不一致性将导致平滑过程中出现动态误差,该误差可用目标航迹参数估计向量的真值与估计向量的数学期望的差值表示,即

$$\Delta \boldsymbol{\theta}_g = \left[\boldsymbol{\theta} - E(\hat{\boldsymbol{\theta}}) \right] \tag{5.96}$$

为了利用基于最大似然准则的算法和目标航迹多项式模型来描述目标航迹参数估计的动态误差,在时间区间 $t_N - t_0$ 内,可以采用误差理论中的最小二乘法,从而用一阶或者二阶多项式函数逼近任意的连续可微函数 $f(t)$,即

$$\begin{cases} f_1(t) = a_0 + a_1(t - t_0) \\ f_2(t) = a_0 + a_1(t - t_0) + 0.5 a_2(t - t_0)^2 \end{cases} \tag{5.97}$$

对于线性目标航迹,系数 a_0 和 a_1 可用如下方程组确定:

$$\begin{cases} \int\limits_{t_0}^{t_N} \left[f(t) - a_0 - a_1(t - t_0) \right] \mathrm{d}t = 0 \\ \int\limits_{t_0}^{t_N} \left[f(t) - a_0 - a_1(t - t_0) \right] t \mathrm{d}t = 0 \end{cases} \tag{5.98}$$

将函数 $f(t)$ 在点 $0.5(t_N + t_0)$ 处(即区间的中心位置)展开为泰勒级数:

$$f(t) = f\left[0.5(t_0 + t_N) \right] + \sum_{k=1}^{\infty} \frac{b_k}{k!} \left[t - 0.5(t_0 + t_N) \right]^k \tag{5.99}$$

$$b_k = \frac{\mathrm{d}^k \left[f(t) \right]}{\mathrm{d}t^k} \bigg|_{t = 0.5(t_0 + t_N)} \tag{5.100}$$

可求解式(5.98)。在时刻 $t = t_N$ 的近似误差为

$$\Delta f(t_N) = f(t_N) - f_1(t_N) \tag{5.101}$$

通过分析和计算可以给出如下结果,即对极坐标进行线性近似时,最大动

态误差为

$$
\begin{cases}
\Delta r_{\mathrm{d}}^{\max} \approx \dfrac{(N-1)^2 T_{\mathrm{eq}}^2 V_{\mathrm{tg}}^2}{12 r_{\min}} \\[3mm]
\Delta \beta_{\mathrm{d}}^{\max} \approx \dfrac{\sqrt{3}(N-1)^2 T_{\mathrm{eq}}^2 V_{\mathrm{tg}}^2}{32 r_{\min}^2}
\end{cases}
\tag{5.102}
$$

$$
\begin{cases}
\Delta \dot{r}_{\mathrm{d}}^{\max} \approx \dfrac{(N-1) T_{\mathrm{eq}} V_{\mathrm{tg}}^2}{2 r_{\min}} \\[3mm]
\Delta \dot{\beta}_{\mathrm{d}}^{\max} \approx \dfrac{3\sqrt{3}(N-1) T_{\mathrm{eq}} V_{\mathrm{tg}}^2}{16 r_{\min}^2}
\end{cases}
\tag{5.103}
$$

式中:N 是时间区间 $t_N - t_0$ 内坐标测量的次数。在极坐标的二阶多项式近似中,最大动态误差的公式更加复杂,这里将其省略。

当目标航迹参数 V_{tg}、$r_{\min}$、T_{eq} 和样本量 $(N-1)$ 全部相同时,将一阶多项式和二阶多项式得到的极坐标近似动态误差进行比较,结果表明前者比后者大约高一个数量级。此外,与随机误差相比,用二阶多项式对 $r_{\mathrm{tg}}(t)$ 和 $\beta_{\mathrm{tg}}(t)$ 进行近似的动态误差较小,可以忽略不计。但仿真结果表明,如果目标机动飞行且雷达处于运动状态,动态误差将显著增大,原因在于此时极坐标变化的非线性急剧增加。

5.5　非机动目标航迹参数的递归滤波算法

5.5.1　最佳滤波算法的流程图

前几节讨论了坐标测量样本量固定时的目标航迹参数估计方法,这种方法通常用于初始阶段的目标航迹检测。但由于观测样本量较少,在跟踪的中段应用以上方法时不但复杂而且精度不够,因此就需要采用递归算法对目标航迹参数和滤波结果进行连续更新,即在每次新的观测之后立即对跟踪进行更新。在递归滤波器的输出端得到的是根据最近观测结果给出的目标航迹参数估计,因此可将递归估计方法称为连续滤波,相应的算法称为目标航迹参数的连续滤波算法。

非机动目标航迹模型的差分方程为

$$
\boldsymbol{\theta}_n = \boldsymbol{\Phi}_n \boldsymbol{\theta}_{n-1}
\tag{5.104}
$$

观测到的随机序列为

$$
\boldsymbol{Y}_n = \boldsymbol{H}_n \boldsymbol{\theta}_n + \Delta \boldsymbol{Y}_n
\tag{5.105}
$$

式中:$\boldsymbol{\theta}_n$ 为目标航迹参数滤波后的 $(s+1)$ 维向量;$\boldsymbol{Y}_n$ 为坐标测量的 l 维向量;$\Delta \boldsymbol{Y}_n$

为测量误差的 l 维向量。

测量误差向量序列是均值为零、相关矩阵 R_n 已知的不相关随机序列，Φ_n 和 H_n 是 5.2 节定义的已知矩阵。另外，$\hat{\theta}_{n-1}$ 是根据前 $(n-1)$ 次观测获得的目标航迹参数估计向量，Ψ_{n-1} 是相应的估计误差相关矩阵。需要利用前一次估计向量 θ_{n-1} 和最近观测 Y_n 给出 $\hat{\theta}_n$ 的计算公式，也需要利用已知矩阵 Ψ_{n-1} 和 R_n 给出误差相关矩阵 Ψ_n 的计算公式。

根据通用的估计理论，由于后验概率中包含从先验信息和观测结果所能得到的全部信息，因此可先将连续滤波问题的最佳解决方案转化为滤波后目标航迹参数后验概率的确定问题。通过对后验概率密度函数求微分，即可按照最大后验概率准则获得目标航迹参数的最佳估计（即所关注的估计结果）。下面分析这种情况下的最佳连续滤波问题。

假设根据前 $(n-1)$ 次观测已经获得目标航迹参数向量 θ_n 的估计 $\hat{\theta}_{n-1}$，并设 $\hat{\theta}_{n-1}$ 的概率密度函数是数学期望为 $\hat{\theta}_{n-1}$、相关矩阵为 Ψ_{n-1} 的高斯分布。在第 n 次观测时利用如下公式将向量 $\hat{\theta}_{n-1}$ 进行外推：

$$\hat{\theta}_{n\,|\,n-1} = \hat{\theta}_{\mathrm{ex}_n} = \Phi_n \hat{\theta}_{n-1} \tag{5.106}$$

式中，外推矩阵 Φ_n 的形式由目标跟踪模型决定。如只有 x_n 坐标时，航迹参数可用二阶多项式表示为

$$\hat{\theta}_{n-1} = [\,\hat{x}_{n-1}, \hat{\dot{x}}_{n-1}, \hat{\ddot{x}}_{n-1}\,]^{\mathrm{T}} \tag{5.107}$$

那么

$$\Phi_n = \begin{bmatrix} 1 & \tau_{\mathrm{ex}} & 0.5\tau_{\mathrm{ex}}^2 \\ 0 & 1 & \tau_{\mathrm{ex}} \\ 0 & 0 & 1 \end{bmatrix} \tag{5.108}$$

于是式(5.106)可以表示为

$$\hat{\theta}_{\mathrm{ex}_n} = \begin{bmatrix} \hat{x}_{\mathrm{ex}_n} \\ \hat{\dot{x}}_{\mathrm{ex}_n} \\ \hat{\ddot{x}}_{\mathrm{ex}_n} \end{bmatrix} = \begin{bmatrix} 1 & \tau_{\mathrm{ex}} & 0.5\tau_{\mathrm{ex}}^2 \\ 0 & 1 & \tau_{\mathrm{ex}} \\ 0 & 0 & 1 \end{bmatrix} \begin{bmatrix} \hat{x}_{n-1} \\ \hat{\dot{x}}_{n-1} \\ \hat{\ddot{x}}_{n-1} \end{bmatrix} \tag{5.109}$$

式中：$\tau_{\mathrm{ex}} = t_n - t_{n-1}$。时刻 t_n 相关矩阵 Ψ_{n-1} 的外推为

$$\Psi_{n\,|\,n-1} = \Psi_{\mathrm{ex}_n} = \Phi_n \Psi_{n-1} \Phi_n^{\mathrm{T}} \tag{5.110}$$

根据外推算子 Φ_n 的线性特性，目标航迹参数外推向量的概率密度函数也是高斯分布，即

$$p(\hat{\theta}_{\mathrm{ex}_n}) = C_1 \exp[\,-0.5(\hat{\theta}_{\mathrm{ex}_n} - \theta_n)^{\mathrm{T}} \Psi_{\mathrm{ex}_n}^{-1} (\hat{\theta}_{\mathrm{ex}_n} - \theta_n)\,] \tag{5.111}$$

式中：θ_n 为时刻 t_n 目标航迹参数向量的真值；C_1 为归一化因子。

式(5.111)给出的概率密度函数是随后第 n 次观测时进行目标航迹参数估计的先验概率密度函数。在 t_n 时刻对目标坐标进行正常观测,对于三坐标雷达一般可得

$$Y_n = [r_n, \beta_n, \varepsilon_n]^T \tag{5.112}$$

假设坐标测量误差服从高斯分布,而且天线相邻扫描间是不相关的,那么

$$p(Y_n \mid \boldsymbol{\theta}_n) = C_2 \exp[-0.5(Y_n - H_n\boldsymbol{\theta}_n)^T R_n^{-1}(Y_n - H_n\boldsymbol{\theta}_n)] \tag{5.113}$$

式中:R_n^{-1} 是测量误差相关矩阵的逆矩阵。

在雷达天线相邻扫描间测量误差不相关的前提下,根据贝叶斯公式,第 n 次观测后目标航迹参数 $\boldsymbol{\theta}_n$ 的后验概率密度函数为

$$p(\boldsymbol{\theta}_n \mid Y_n) = C_3 p(\hat{\boldsymbol{\theta}}_{ex_n}) p(Y_n \mid \boldsymbol{\theta}_n) \tag{5.114}$$

由于各分量的概率密度函数是高斯分布,那么后验概率密度函数仍然是高斯分布:

$$p(\hat{\boldsymbol{\theta}}_n \mid Y_n) = C_4 \exp[-0.5(\hat{\boldsymbol{\theta}}_n - \boldsymbol{\theta}_n)^T \boldsymbol{\Psi}_n^{-1}(\hat{\boldsymbol{\theta}}_n - \boldsymbol{\theta}_n)] \tag{5.115}$$

式中:$\hat{\boldsymbol{\theta}}_n$ 为第 n 次观测的目标航迹参数估计向量;$\boldsymbol{\Psi}_n$ 为目标航迹参数估计误差的相关矩阵。

对于高斯分布的情况,$\max p(\hat{\boldsymbol{\theta}}_n \mid Y_n)$ 就是目标航迹参数估计向量的数学期望,于是基于最大后验概率的目标航迹参数估计问题就转化为确定式(5.115)中参数 $\hat{\boldsymbol{\theta}}_n$ 和 $\boldsymbol{\Psi}_n$ 的问题。将式(5.111)至式(5.114)代入式(5.115),并求对数后可得

$$
\begin{aligned}
(\hat{\boldsymbol{\theta}}_n - \boldsymbol{\theta}_n)^T \boldsymbol{\Psi}_n^{-1}(\hat{\boldsymbol{\theta}}_n - \boldsymbol{\theta}_n) = {} & (\hat{\boldsymbol{\theta}}_{ex_n} - \boldsymbol{\theta}_n)^T \boldsymbol{\Psi}_{ex_n}^{-1}(\hat{\boldsymbol{\theta}}_{ex_n} - \boldsymbol{\theta}_n) \\
& + (Y_n - H_n\boldsymbol{\theta}_n)^T R_n^{-1}(Y_n - H_n\boldsymbol{\theta}_n) + \text{const}
\end{aligned}
\tag{5.116}
$$

从该方程可知:

$$
\begin{cases}
\boldsymbol{\Psi}_n^{-1} = \boldsymbol{\Psi}_{ex_n}^{-1} + H_n^T R_n^{-1} H_n \\
\hat{\boldsymbol{\theta}}_n = \hat{\boldsymbol{\theta}}_{ex_n} + \boldsymbol{\Psi}_n H_n^T R_n^{-1}(Y_n - H_n\hat{\boldsymbol{\theta}}_{ex_n})
\end{cases}
\tag{5.117}
$$

根据式(5.106)和式(5.110)给出的 $\boldsymbol{\theta}_{ex_n}$ 和 $\boldsymbol{\Psi}_{ex_n}$,最佳连续滤波算法的主要方程为

$$
\begin{cases}
\hat{\boldsymbol{\theta}}_{ex_n} = \boldsymbol{\Phi}_n \hat{\boldsymbol{\theta}}_{n-1} \\
\boldsymbol{\Psi}_{ex_n} = \boldsymbol{\Phi}_n \boldsymbol{\psi}_{n-1} \boldsymbol{\Phi}_n^T \\
\boldsymbol{\Psi}_n^{-1} = \boldsymbol{\Psi}_{ex_n}^{-1} + H_n^T R_n^{-1} H_n \\
G_n = \boldsymbol{\Psi}_n H_n^T R_n^{-1} \\
\hat{\boldsymbol{\theta}}_n = \hat{\boldsymbol{\theta}}_{ex_n} + G_n(Y_n - H_n\hat{\boldsymbol{\theta}}_{ex_n})
\end{cases}
\tag{5.118}
$$

式(5.118)的方程组就是最佳递归线性滤波算法,称为卡尔曼滤波方程[9-16]。为了便于实现,可将这些方程变换为

$$
\begin{cases}
\hat{\boldsymbol{\theta}}_{\mathrm{ex}_n} = \boldsymbol{\Phi}_n \hat{\boldsymbol{\theta}}_{n-1} \\
\boldsymbol{\Psi}_{\mathrm{ex}_n} = \boldsymbol{\Phi}_n \boldsymbol{\Psi}_{n-1} \boldsymbol{\Phi}_n^{\mathrm{T}} \\
\boldsymbol{G}_n = \boldsymbol{\Psi}_{\mathrm{ex}_n} \boldsymbol{H}_n^{\mathrm{T}} (\boldsymbol{H}_n \boldsymbol{\Psi}_{\mathrm{ex}_n} \boldsymbol{H}_n^{\mathrm{T}} + \boldsymbol{R}_n)^{-1} \\
\hat{\boldsymbol{\theta}}_n = \hat{\boldsymbol{\theta}}_{\mathrm{ex}_n} + \boldsymbol{G}_n (\boldsymbol{Y}_n - \boldsymbol{H}_n \hat{\boldsymbol{\theta}}_{\mathrm{ex}_n}) \\
\boldsymbol{\Psi}_n = \boldsymbol{\Psi}_{\mathrm{ex}_n} - \boldsymbol{G}_n \boldsymbol{H}_n \boldsymbol{\Psi}_{\mathrm{ex}_n}
\end{cases}
\tag{5.119}
$$

图5.6给出了基于式(5.119)的通用滤波流程图。离散型最佳递归滤波器具有如下特点:

(1) 滤波方程具有递归关系,易于采用计算机系统实现。

(2) 给出滤波方程的同时也给出了滤波器的实现方式,而且滤波器的部分内容与目标航迹模型类似(对比图5.2和图5.6)。

(3) 目标航迹参数估计误差的相关矩阵 $\boldsymbol{\Psi}_n$ 可以独立于观测值 $\boldsymbol{Y}_n$ 单独计算,于是一旦给出了测量误差的统计特性,就可提前算出相关矩阵 $\boldsymbol{\Psi}_n$ 并存储起来,从而大大减少目标航迹参数滤波的时间。

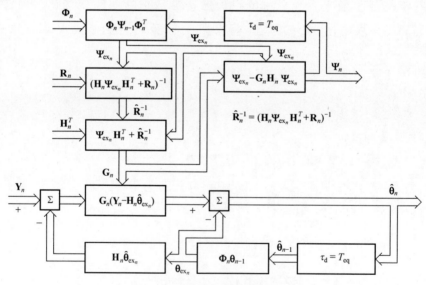

图5.6　通用卡尔曼滤波流程图

5.5.2　线性目标航迹参数的滤波

线性目标航迹参数的连续滤波算法公式可从式(5.119)直接得出。将第 n

次观测的目标航迹坐标及其变化速度作为滤波参数,并假设观测间隔相等(周期为 T_{eq})。

(1) 假设根据坐标 x 的前 $(n-1)$ 次观测可得滤波后的目标航迹参数向量为

$$\hat{\boldsymbol{\theta}}_{n-1} = \begin{bmatrix} \hat{x}_{n-1} \\ \dot{\hat{x}}_{n-1} \end{bmatrix} \tag{5.120}$$

而目标航迹参数估计误差的相关矩阵为

$$\boldsymbol{\Psi}_{n-1} = \frac{1}{\gamma_{n-1}} \begin{bmatrix} h_{n-1} & \dfrac{g_{n-1}}{T_{eq}} \\[2mm] \dfrac{g_{n-1}}{T_{eq}} & \dfrac{f_{n-1}}{T_{eq}^2} \end{bmatrix} \tag{5.121}$$

(2) 根据采用的目标航迹模型,下一观测时刻目标航迹坐标的外推为

$$\hat{\boldsymbol{\theta}}_{ex_n} = \begin{bmatrix} \hat{x}_{ex_n} \\ \dot{\hat{x}}_{ex_n} \end{bmatrix} = \begin{bmatrix} \hat{x}_{n-1} + \dot{\hat{x}}_{n-1} T_{eq} \\ \dot{\hat{x}}_{n-1} \end{bmatrix} \tag{5.122}$$

(3) 外推误差相关矩阵为

$$\boldsymbol{\Psi}_{ex_n} = \boldsymbol{\Phi}_n \boldsymbol{\Psi}_{n-1} \boldsymbol{\Phi}_n^T \tag{5.123}$$

经过基本的数学变换后,最终表达式为

$$\boldsymbol{\Psi}_{ex_n} = \frac{1}{\gamma_{n-1}} \begin{bmatrix} h_{n-1} + 2g_{n-1} + f_{n-1} & \dfrac{g_{n-1} + f_{n-1}}{T_{eq}} \\[3mm] \dfrac{g_{n-1} + f_{n-1}}{T_{eq}} & \dfrac{f_{n-1}}{T_{eq}^2} \end{bmatrix} \tag{5.124}$$

(4) 假设坐标 x 的测量误差为 $\sigma_{x_m}^2$,在第 n 次观测后,可以算出目标航迹参数滤波误差相关矩阵为

$$\boldsymbol{\Psi}_n = \frac{1}{\gamma_n} \begin{bmatrix} h_n & \dfrac{g_n}{T_{eq}} \\[2mm] \dfrac{g_n}{T_{eq}} & \dfrac{f_n}{T_{eq}^2} \end{bmatrix} \tag{5.125}$$

式中:

$$\begin{cases} h_n = h_{n-1} + 2g_{n-1} + f_{n-1} \\ g_n = g_{n-1} + f_n \\ f_n = f_{n-1} + v_n \\ \gamma_n = \gamma_{n-1} + v_n h_n \end{cases} \tag{5.126}$$

$v_n = \sigma_{x_m}^{-2}$ 是最后一次测量值的权重系数,根据该系数可利用式(5.126)从矩阵

173

$\boldsymbol{\Psi}_{n-1}$ 的元素直接得出矩阵 $\boldsymbol{\Psi}_n$ 的元素。

（5）滤波器的增益系数矩阵为

$$\boldsymbol{G}_n = \boldsymbol{\Psi}_n \boldsymbol{H}_n^{\mathrm{T}} \boldsymbol{R}_n^{-1} \tag{5.127}$$

对于本节分析的情况，该矩阵可表示为

$$\boldsymbol{G}_n = \begin{bmatrix} A_n \\ \dfrac{B_n}{T_{\mathrm{eq}}} \end{bmatrix} \tag{5.128}$$

式中：

$$A_n = \frac{h_n v_n}{\gamma_n}$$

$$B_n = \frac{g_n v_n}{\gamma_n} \tag{5.129}$$

（6）根据所得到的关系，线性目标航迹参数的估计如下：

$$\hat{x}_n = \hat{x}_{\mathrm{ex}_n} + A_n(x_{n_m} - \hat{x}_{\mathrm{ex}_n}) \tag{5.130}$$

$$\hat{\dot{x}}_n = \hat{\dot{x}}_{n-1} + \frac{B_n}{T_{\mathrm{eq}}}(x_{n_m} - \hat{x}_{\mathrm{ex}_n}) \tag{5.131}$$

（7）在目标航迹坐标测量间隔相等、测量精度相同的情况下，可得

$$\begin{cases} f_n = nv \\ g_n = \dfrac{n(n-1)}{2}v \\ h_n = \dfrac{n(n-1)(2n-1)}{6}v \\ \gamma_n = \dfrac{n^2(n^2-1)}{12}v^2 \end{cases} \tag{5.132}$$

将式（5.132）代入式（5.128）和式（5.129），有

$$\begin{cases} A_n = \dfrac{2(2n-1)}{n(n+1)} \\ B_n = \dfrac{6}{n(n+1)} \end{cases} \tag{5.133}$$

图 5.7 给出了系数 A_n、B_n 与观测次数 n 的关系，从该图可以看出，随着 n 的增大，对于坐标和速度的滤波增益都逐渐趋近于零。因此，在对坐标和速度进行滤波时，随着 n 的增大，最新观测结果所占的权重较小，滤波算法会停止对输入信号变化的响应。另外，由于数字表示的位数有限，也会给滤波器的计算机实现带来问题，当 n 较大时计算误差会逐步累积到与计算机截断误差相当的程

度,这将导致外推误差相关矩阵和目标航迹滤波参数的条件数和正定性降低。滤波误差急剧增加时会出现滤波发散现象,滤波器也会停止工作,如果不采取特殊措施予以纠正,最佳线性递归滤波器就不能应用在全自动雷达系统中。对于这一问题的解决可以说是复杂雷达系统自动化的一个重要进展。

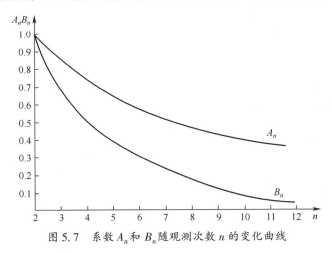

图 5.7　系数 A_n 和 B_n 随观测次数 n 的变化曲线

5.5.3　线性递归滤波器的稳定方法

通常情况下,递归滤波器的稳定性问题是一个病态问题,即初始数据的微小偏差会导致结果出现任意有限大的偏差。文献[17]给出了解决该病态问题的(近似)稳定方法,称为正则化方法或平滑法。当采用正则化方法对未受干扰的动态系统的参数进行最佳滤波时,需在式(5.14)给出的测量误差相关矩阵 $\boldsymbol{R}_n$ 中附加矩阵 $\alpha\boldsymbol{I}$(其中 $\boldsymbol{I}$ 是单位矩阵),即

$$\boldsymbol{R}_n' = \boldsymbol{R}_n + \alpha\boldsymbol{I} \tag{5.134}$$

式中:正则化参数 α 必须满足:

$$\frac{\delta}{\varepsilon(\delta)} \leqslant \alpha \leqslant \alpha_0(\delta) \tag{5.135}$$

式中:δ 是矩阵 $\boldsymbol{R}_n$ 的指定精度,$\varepsilon(\delta)$ 和 $\alpha_0(\delta)$ 是当 $\delta\to0$ 时趋向于零的任意递减函数。

利用正则化方法或平滑法得到稳定解的通用方法就是对观测结果进行人为的大致取整操作,但由于正则化参数 α 的选取方式通常是未知的,因此该方法并不能直接应用。实际工作中,通过限制递归滤波器中的存储容量,可以有效消除递归滤波器的发散问题,下面分析对存储容量进行限制的方法。

5.5.3.1　对外推误差相关矩阵引入附加项

当对外推误差相关矩阵引入附加项时,有

$$\boldsymbol{\Psi}'_{\mathrm{ex}_n} = \boldsymbol{\Phi}_n (\boldsymbol{\Psi}_{n-1} + \boldsymbol{\Psi}_0) \boldsymbol{\Phi}_n^{\mathrm{T}} \tag{5.136}$$

式中：$\boldsymbol{\Psi}_0$ 是任意正定矩阵。当坐标观测的测量间隔相等、测量精度相同，对多项式目标航迹参数滤波的各维坐标分别进行滤波时，可得

$$\boldsymbol{\Psi}_0 = \begin{bmatrix} c_0 & 0 & \cdots & 0 \\ 0 & c_1 & \cdots & 0 \\ & & \vdots & \\ 0 & 0 & \cdots & c_s \end{bmatrix} \sigma_{x_m}^2 \tag{5.137}$$

式中：$\sigma_{x_m}^2$ 为坐标测量误差的方差；c_i 为常系数，$i = 0, \cdots, s$。

为了限制递归滤波器的存储容量，需要使得向量 $\boldsymbol{G}_n$ 的元素收敛到常数 $0 < \gamma_0 < 1, \cdots, 0 < \gamma_s < 1$，并且处于递归滤波器能够可靠运行的范围内。利用滤波方程，可针对每种特殊情况都建立起增益 $\gamma_{1n}, \cdots, \gamma_{sn}$ 与 $c_0, c_1, \cdots, c_s$ 之间的关系，当 $n \to \infty$ 时取其极限，就可获得递归滤波器增益的稳态值 $\gamma_0 = \lim_{n \to \infty} \gamma_{0n}, \cdots, \gamma_s = \lim_{n \to \infty} \gamma_{sn}$ 与 $c_0, c_1, \cdots, c_s$ 之间的函数关系。对于线性目标航迹的情况[18]，有

$$\begin{cases} c_0 = \dfrac{12}{(n_{\mathrm{ef}}^2 - 1)} \\ c_1 = \dfrac{144}{(n_{\mathrm{ef}}^2 - 1)(n_{\mathrm{ef}}^2 - 4)} \end{cases} \tag{5.138}$$

式中：n_{ef} 是递归滤波器的有效固定存储容量。同时，稳态滤波时目标航迹参数估计误差的方差与非递归滤波器的参数类似，即

$$\sigma_{\hat{x}}^2 = \frac{2(2n_{\mathrm{ef}} - 1)}{n_{\mathrm{ef}}(n_{\mathrm{ef}} + 1)} \sigma_{x_m}^2 \tag{5.139}$$

$$\sigma_{\hat{\dot{x}}}^2 = \frac{12\sigma_{x_m}^2}{T_{\mathrm{eq}}^2 n_{\mathrm{ef}}(n_{\mathrm{ef}} - 1)} \tag{5.140}$$

对外推误差相关矩阵引入附加项的递归滤波器与选定相应系数 $c_0, c_1, \cdots, c_s$ 后的有限存储容量滤波器是近似的。

5.5.3.2　对测量误差引入人为衰减

对测量误差引入人为衰减等效为在时刻 t_{n-i} 将测量误差相关矩阵 $\boldsymbol{R}_{n-i}$ 替换为

$$\boldsymbol{R}_{n-i}^* = \exp[c(t_n - t_{n-i})] \boldsymbol{R}_{n-i}, c > 0 \tag{5.141}$$

在测量间隔相等的情况下，可得

$$\begin{cases} t_n - t_{n-i} = iT_0 \\ \exp[c(t_n - t_{n-i})] = \exp[ciT_0] = s^i \end{cases} \tag{5.142}$$

式中：$s = \exp(cT_0) > 1$。此时，外推误差相关矩阵为

$$\boldsymbol{\varPsi}'_{ex_n} = \boldsymbol{\varPhi}_n [s \boldsymbol{\varPsi}_{n-1}] \boldsymbol{\varPhi}_n^{\mathrm{T}} \tag{5.143}$$

对于这种情况,当测量间隔相等、测量精度相同时,在滤波器的可靠运行范围内平滑滤波器的系数将收敛到正的常数。不过对于这种滤波器来说,无法找到合适的参数 s 以使其方差和动态误差与有限存储容量滤波器近似。

5.5.3.3　增益下边界

在测量间隔相等、测量精度相同的情况下,给定滤波器的有效存储容量后可根据 $\boldsymbol{G}_n$ 的计算公式确定出增益的边界。

计算和仿真表明,在测量间隔相等、测量精度相同的情况下,如果以确定误差方差的实现代价和速度为准则的话,从限制递归滤波器的存储容量的角度来说,上述第二种方法是最好的方法,而第一种方法(即对外推误差相关矩阵引入附加项)的效果稍差。第二种方法(即对外推误差相关矩阵中引入乘性项)在实现成本以及误差方差收敛于常数的速度方面要比第一种方法和第三种方法差。

5.6　机动目标航迹参数的自适应滤波算法

5.6.1　机动目标航迹参数滤波算法的设计原则

迄今为止,在分析目标航迹参数的滤波方法和算法时,均假设目标航迹模型符合目标的真实运动状态,但由于目标可能存在机动,导致这种符合性不再成立,因此为成功解决真实目标航迹参数的滤波问题,就必须考虑目标机动的可能性。

机动目标的状态方程为

$$\boldsymbol{\theta}_n = \boldsymbol{\varPhi}_n \boldsymbol{\theta}_{n-1} + \boldsymbol{\varGamma}_n \boldsymbol{g}_{m_n} + \boldsymbol{K}_n \boldsymbol{\eta}_n \tag{5.144}$$

式中:$\boldsymbol{\varPhi}_n \boldsymbol{\theta}_{n-1}$ 为没有干扰时的目标航迹方程,即一阶多项式;$\boldsymbol{g}_{m_n}$ 为目标机动导致的 l 维目标航迹参数干扰向量;$\boldsymbol{\eta}_n$ 为由环境影响以及控制过程的不确定性(即控制噪声)导致的 p 维干扰向量;$\boldsymbol{\varGamma}_n$ 和 $\boldsymbol{K}_n$ 是已知矩阵。

根据复杂雷达系统的特性以及目标机动估计的精度要求,可采用以下3种方法设计真实目标航迹参数的滤波算法。

5.6.1.1　第一种方法

假设目标机动的可能性极其有限,比如认为目标的航迹只存在随机扰动。这种情况下,式(5.144)中的第二项为零,向量 $\boldsymbol{\eta}_n$ 的采样序列服从均值为零的高斯分布,其相关矩阵为

$$\boldsymbol{\varPsi}_\eta = \begin{bmatrix} \sigma_{\eta r}^2 & 0 & 0 \\ 0 & \sigma_{\eta \beta}^2 & 0 \\ 0 & 0 & \sigma_{\eta \varepsilon}^2 \end{bmatrix} \tag{5.145}$$

该矩阵的非零元素表示每个坐标 (r,β,ε) 上目标机动强度存在一系列先验数据,这种情况下滤波算法中对目标航迹扰动的记录转化为滤波器带宽的增加,此时对外推点的估计误差相关矩阵为

$$\boldsymbol{\Psi}_{\mathrm{ex}_n} = \boldsymbol{\Phi}_n \boldsymbol{\Psi}_{n-1} \boldsymbol{\Phi}_n^{\mathrm{T}} + \boldsymbol{K}_n \boldsymbol{\Psi}_{\eta} \boldsymbol{K}_n^{\mathrm{T}} \tag{5.146}$$

式中:$\boldsymbol{K}_n$ 是 $s \times l$ 维的矩阵,即

$$\boldsymbol{K}_n = \begin{bmatrix} 0.5\tau_{\mathrm{ex}_n}^2 & 0 & 0 \\ \tau_{\mathrm{ex}_n} & 0 & 0 \\ 0 & 0.5\tau_{\mathrm{ex}_n}^2 & 0 \\ 0 & \tau_{\mathrm{ex}_n} & 0 \\ 0 & 0 & 0.5\tau_{\mathrm{ex}_n}^2 \\ 0 & 0 & \tau_{\mathrm{ex}_n} \end{bmatrix} \tag{5.147}$$

$\tau_{\mathrm{ex}_n} = t_n - t_{n-1}$ 是目标航迹参数外推时长。递归滤波算法的其他公式与非机动目标的情况相同。

需要说明的是,在对递归滤波器的存储容量加以限制后,滤波器稳定性增加的同时也降低了对目标小幅度机动的灵敏度,因此 5.5.3 节讨论的限制递归滤波器存储容量的方法在灵敏度及效果上与本方法是等价的。

5.6.1.2 第二种方法

假设在观测区间内目标只做单一类型的高强度机动,这种情况下目标航迹可以分为 3 段:机动前、机动中以及机动后,相应的就可把目标机动强度表示为

$$\boldsymbol{g}_m(t_i) = \begin{cases} 0, t_i < t_{\mathrm{start}} \\ \boldsymbol{g}_{m_i}, t_{\mathrm{start}} \leqslant t_i \leqslant t_{\mathrm{finish}} \\ 0, t_i > t_{\mathrm{finish}} \end{cases} \tag{5.148}$$

式中:t_{start} 和 t_{finish} 分别是目标开始机动和结束机动的时刻。此时目标的开始机动时刻、结束机动时刻以及机动强度都需要利用输入信号(即坐标观测值)进行统计估计,因此滤波问题就变为基于对输入信号的分析进行开关控制的开关滤波算法(或开关滤波器)设计,这种算法属于自主训练系统中最简单的自适应算法类别。

5.6.1.3 第三种方法

假设所跟踪的目标具有良好的机动能力,并且在观测区间内可能有各种机动形式,这些机动是由躲避其他目标或满足预定空域中的飞行要求造成的。这种情况下为设计目标航迹参数的滤波算法,就需要获得每一信息更新周期内每一机动强度的数学期望 $E(g_{m_n})$ 和方差 σ_g^2。只有基于对输入信息的分析才能

获得以上数据(或估计),而滤波过程则由自适应递归滤波器实现。

为确定目标的机动概率,下面基于贝叶斯方法分析自适应递归滤波器的设计原理[19]。

5.6.2　混合坐标系中自适应滤波的实现方法

可以采用各种不同形式的自适应滤波算法解决目标机动检测(或确定目标机动概率)问题。在直角坐标系下,如果滤波后的某一维坐标偏离了直线航迹,即认为检测到目标的机动。但在球坐标系中,即使目标是匀速直线运动,雷达系统所测出的目标坐标也是非线性函数,因此在球坐标系中利用目标航迹参数滤波进行目标的机动检测是不可行的。

为了解决目标机动的检测问题,应该采用直角坐标系进行目标航迹参数的滤波,其中坐标原点就是雷达系统的部署位置,该坐标系称为本地直角坐标系。从球坐标系到本地直角坐标系的坐标变换公式为(见图5.8):

$$\begin{cases} x = r\cos\varepsilon\cos\beta \\ y = r\cos\varepsilon\sin\beta \\ z = r\sin\varepsilon \end{cases} \quad (5.149)$$

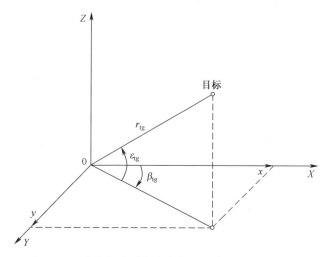

图5.8　从球坐标系到本地直角坐标系的坐标变换关系

变换到本地直角坐标系后,精度不再相同,滤波器的输入之间也会存在相关性,从而导致滤波器实现起来结构更复杂、计算消耗更多。另外,考虑到在球坐标系下,CRS 的目标点选通、目标点识别等信号再处理方式是最简单的,因此在目标信息更新的每一周期,还应将滤波后的目标航迹参数从本地直角坐标系变换回球坐标系。

因此,为解决机动目标航迹参数的自适应滤波问题,应当采用递归滤波器,并在直角坐标系中对滤波后的目标航迹参数进行表征,在球坐标系中对测量坐标和外推坐标进行比较,于是就可基于目标航迹参数估计与匀速直线运动之间偏差幅度的分析,完成目标的机动检测(或确定目标的机动概率)。

在分析递归滤波器时,应将线性滤波器作为基本滤波器,式(5.119)给出的方程组描述了这种线性滤波器的工作性能。为简便计,此处只能给出目标距离 r_{tg} 和方位角 β_{tg} 的两坐标复杂雷达系统进行分析。此时第 $(n-1)$ 步的目标航迹参数向量的转置为

$$\boldsymbol{\theta}_{n-1}^{T} = \begin{bmatrix} \hat{x}_{n-1} & \hat{\dot{x}}_{n-1} & \hat{y}_{n-1} & \hat{\dot{y}}_{n-1} \end{bmatrix} \tag{5.150}$$

目标航迹参数估计误差的相关矩阵包含 4×4 维的非零元素:

$$\boldsymbol{\Psi}_{n-1} = \begin{bmatrix} \boldsymbol{\Psi}_{11(n-1)} & \boldsymbol{\Psi}_{12(n-1)} & \boldsymbol{\Psi}_{13(n-1)} & \boldsymbol{\Psi}_{14(n-1)} \\ \boldsymbol{\Psi}_{21(n-1)} & \boldsymbol{\Psi}_{22(n-1)} & \boldsymbol{\Psi}_{23(n-1)} & \boldsymbol{\Psi}_{24(n-1)} \\ \boldsymbol{\Psi}_{31(n-1)} & \boldsymbol{\Psi}_{32(n-1)} & \boldsymbol{\Psi}_{33(n-1)} & \boldsymbol{\Psi}_{34(n-1)} \\ \boldsymbol{\Psi}_{41(n-1)} & \boldsymbol{\Psi}_{42(n-1)} & \boldsymbol{\Psi}_{43(n-1)} & \boldsymbol{\Psi}_{44(n-1)} \end{bmatrix} \tag{5.151}$$

根据目标直线运动的假设对目标航迹参数进行外推:

$$\boldsymbol{\Psi}_{ex_n} = \boldsymbol{\Phi}_n \boldsymbol{\Psi}_{n-1} \boldsymbol{\Phi}_n^{T} \tag{5.152}$$

式中:

$$\boldsymbol{\Phi}_n = \boldsymbol{\Phi} = \begin{bmatrix} 1 & T_0 & 0 & 0 \\ 0 & 1 & T_0 & 0 \\ 0 & 0 & 1 & T_0 \\ 0 & 0 & 0 & 1 \end{bmatrix} \tag{5.153}$$

外推点的极坐标可由其直角坐标算出:

$$\hat{r}_{ex_n} = \sqrt{\hat{x}_{ex_n}^2 + \hat{y}_{ex_n}^2} \tag{5.154}$$

$$\beta_{ex_n} = \begin{cases} A = \arctan \left| \dfrac{\hat{y}_{ex_n}}{\hat{x}_{ex_n}} \right|, & \hat{x}_{ex_n} > 0, \hat{y}_{ex_n} > 0 \\ \pi - A, & \hat{x}_{ex_n} < 0, \hat{y}_{ex_n} > 0 \\ \pi + A, & \hat{x}_{ex_n} < 0, \hat{y}_{ex_n} < 0 \\ 2\pi - A, & \hat{x}_{ex_n} > 0, \hat{y}_{ex_n} < 0 \end{cases} \tag{5.155}$$

目标航迹参数的观测坐标向量和误差相关矩阵分别为

$$\boldsymbol{Y}_n = \begin{bmatrix} r_n \\ \beta_n \end{bmatrix} \tag{5.156}$$

和

180

$$R_n = \begin{bmatrix} \sigma_{r_n}^2 & 0 \\ 0 & \sigma_{r_n}^2 \end{bmatrix} \tag{5.157}$$

为了建立观测坐标与目标航迹参数估计之间的关系,使用如下线性算子:

$$P = \begin{bmatrix} \dfrac{\partial r}{\partial x} & 0 & \dfrac{\partial r}{\partial y} & 0 \\ \dfrac{\partial \beta}{\partial x} & 0 & \dfrac{\partial \beta}{\partial y} & 0 \end{bmatrix}_{x=\hat{x}_{\mathrm{ex}_n}, y=\hat{y}_{\mathrm{ex}_n}} \tag{5.158}$$

该算子可表示为

$$P = \begin{bmatrix} P_r^{\mathrm{T}} \\ P_\beta^{\mathrm{T}} \end{bmatrix} \tag{5.159}$$

式中:

$$P_U^{\mathrm{T}} = \begin{bmatrix} \dfrac{\partial U}{\partial x} & 0 & \dfrac{\partial U}{\partial y} & 0 \end{bmatrix}, U = \{r, \beta\} \tag{5.160}$$

目标航迹参数估计误差相关矩阵 $\boldsymbol{\Psi}_n$ 可以通过 n 次观测得出。滤波器的增益矩阵为

$$G_n = \boldsymbol{\Psi}_n P^{\mathrm{T}} R_n^{-1} = \boldsymbol{\Psi}_n \begin{bmatrix} P_r & P_\beta \end{bmatrix} \begin{bmatrix} w_{r_n} & 0 \\ 0 & w_{\beta_n} \end{bmatrix} \tag{5.161}$$

因此,目标航迹参数估计向量为

$$\hat{\boldsymbol{\theta}}_n = \hat{\boldsymbol{\theta}}_{\mathrm{ex}_n} + \boldsymbol{\Psi}_n \begin{bmatrix} P_r & P_\beta \end{bmatrix} \begin{bmatrix} w_{r_n} & 0 \\ 0 & w_{\beta_n} \end{bmatrix} \begin{bmatrix} r_n - \hat{r}_{\mathrm{ex}_n} \\ \beta_n - \hat{\beta}_{\mathrm{ex}_n} \end{bmatrix} \tag{5.162}$$

利用该式容易得到向量 $\boldsymbol{\theta}_n$ 中元素的最终表达式, $\hat{x}_n$ 表达式为

$$\hat{x}_n = \hat{x}_{\mathrm{ex}_n} + \alpha_r w_{r_n}(r_n - \hat{r}_{\mathrm{ex}_n}) + \alpha_\beta w_{\beta_n}(\beta_n - \hat{\beta}_{\mathrm{ex}_n}) \tag{5.163}$$

式中:

$$\alpha_r = \boldsymbol{\Psi}_{11(n)} \frac{\partial r}{\partial x} + \boldsymbol{\Psi}_{13(n)} \frac{\partial r}{\partial y} \tag{5.164}$$

$$\alpha_\beta = \boldsymbol{\Psi}_{11(n)} \frac{\partial \beta}{\partial x} + \boldsymbol{\Psi}_{13(n)} \frac{\partial \beta}{\partial y} \tag{5.165}$$

其他元素可用类似方式得出。

根据前述讨论和已经得出的关系式,可知这种滤波器的目标航迹参数估计在各维坐标间存在统计相关性,这既给目标航迹参数估计带来难度,也对雷达的计算子系统提出了更严格的要求。可对目标航迹参数的最佳滤波加以限制,从而简化滤波器并减少计算消耗。实际工作中,一种基本的简化方式就是不再对目标航迹参数进行联合滤波,而是对各个直角坐标单独滤波,然后将所得参

数估计结果变换到极坐标系中。这种简化滤波方法为

（1）进行滤波之前，将每一对观测坐标 r_n 和 β_n 变换到直角坐标系：

$$x_n = r_n\cos\beta_n, y_n = r_n\sin\beta_n \tag{5.166}$$

可以假定所得 x_n 和 y_n 是独立的，相应测量误差的方差分别为

$$\sigma_{x_n}^2 = \cos^2\beta_n\sigma_{r_n}^2 + r_n^2\sin^2\beta_n\sigma_{\beta_n}^2 \tag{5.167}$$

$$\sigma_{y_n}^2 = \sin^2\beta_n\sigma_{r_n}^2 + r_n^2\cos^2\beta_n\sigma_{\beta_n}^2 \tag{5.168}$$

（2）根据采用的直角坐标系内的运动状态假设对每个坐标进行单独滤波，按照类似方法解决机动检测问题或给出目标机动的统计参数。

（3）利用式（5.154）和式（5.155）将直角坐标系的外推值变换到极坐标系。

可以利用仿真手段对最佳滤波和采用两坐标变换的简化滤波的精度进行比较，当 $r_{\min} = 10\text{km}$ 和 $r_{\min} = 20\text{km}$ 时，图5.9给出了最佳滤波算法（曲线1）和简化滤波算法（曲线2）的目标航迹方位角均方根误差与测量次数的关系曲线，从该图可以看出，简化滤波算法的精度下降了 $5\% \sim 15\%$，当 $r_{\min} < 10\text{km}$ 时，精度下降30%左右，但计算量则降低了大约一个数量级。

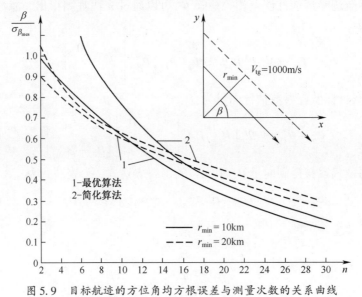

图5.9 目标航迹的方位角均方根误差与测量次数的关系曲线

5.6.3 基于贝叶斯方法的机动目标航迹自适应滤波算法

假设进行自适应滤波时，目标航迹模型为式（5.144）中状态方程所描述的线性动态系统。目标有意机动导致的目标航迹变化可用随机过程进行表示，其均值 $E(g_{m_n})$ 在范围 $[-g_{m_{\max}}, +g_{m_{\max}}]$ 内按固定值步进变化。从状态 i 到状态 j

的步进式转移过程是按照由目标机动的先验信息所确定的概率 $P_{ij} \geq 0$ 进行的，转移到状态 j 之前，停留在状态 i 的时间是服从概率密度 $p(t_i)$ 的随机变量，这种过程的数学模型称为半马尔可夫随机过程。在自适应算法中，目标有意机动导致的目标航迹变化和目标有意机动强度的估计误差可由随机分量 $\boldsymbol{\eta}_n$ 表征，其中的矩阵 $\boldsymbol{\Phi}_n$、$\boldsymbol{\Gamma}_n$ 和 $\boldsymbol{K}_n$ 都看作是已知的。

针对航迹以机动强度 g_{m_n} 连续变化的情况，下面分析基于贝叶斯方法的自适应滤波算法。当代价函数为平方函数时，参数向量 $\boldsymbol{\theta}_n$ 的最佳估计为

$$\hat{\boldsymbol{\theta}}_n = \int_{(\Theta)} \boldsymbol{\theta}_n p(\boldsymbol{\theta}_n \mid \{\boldsymbol{Y}\}_n) \mathrm{d}\boldsymbol{\theta}_n \tag{5.169}$$

式中：(Θ) 为目标航迹参数估计的取值空间；$p(\boldsymbol{\theta}_n \mid \{\boldsymbol{Y}\}_n)$ 为基于 n 维观测序列 $\{\boldsymbol{Y}_n\}$ 的向量 $\hat{\boldsymbol{\theta}}$ 的后验概率密度函数。

在机动强度参数为 g_m 时，向量 $\boldsymbol{\theta}_n$ 的后验概率密度函数可表示为

$$p(\boldsymbol{\theta}_n \mid \{\boldsymbol{Y}\}_n) = \int_{(g_m)} p(\boldsymbol{\theta}_n \mid g_{m_n}, \{\boldsymbol{Y}\}_n) p(g_{m_n} \mid \{\boldsymbol{Y}\}_n) \mathrm{d}g_{m_n} \tag{5.170}$$

式中：(g_m) 是机动强度参数的可能取值范围。那么

$$\begin{aligned}
\hat{\boldsymbol{\theta}}_n &= \int_{\Theta} \boldsymbol{\theta}_n \int_{(g_m)} p(\boldsymbol{\theta}_n \mid g_{m_n}, \{\boldsymbol{Y}\}_n) p(g_{m_n} \mid \{\boldsymbol{Y}\}_n) \mathrm{d}g_{m_n} \mathrm{d}\boldsymbol{\theta}_n \\
&= \int_{(g_m)} \boldsymbol{\theta}_n(g_{m_n}) p(\hat{\boldsymbol{\theta}} \mid g_{m_n}, \{\boldsymbol{Y}\}_n) \mathrm{d}g_{m_n}
\end{aligned} \tag{5.171}$$

于是向量 $\hat{\boldsymbol{\theta}}_n$ 的估计问题就转化为对估计 $\hat{\boldsymbol{\theta}}_n(g_{m_n})$ 进行加权平均，结果正是 g_{m_n} 取定值时滤波问题的解。估计 $\hat{\boldsymbol{\theta}}_n(g_{m_n})$ 可由基于最小均方误差准则的线性递归滤波器或卡尔曼滤波器等任何方式给出。在每一步得到后验概率密度 $p(g_{m_n} \mid \{\boldsymbol{Y}\}_n)$ 后，就可解决最佳自适应滤波问题。利用观测样本 $\{\boldsymbol{Y}\}_n$ 得出后验概率分布，并由其给出加权估计结果，是这种自适应滤波算法的主要特点。

如果机动强度参数 g_{m_j} 只取一系列的固定值（$j = -0.5m, \cdots -1, 0, 1 \cdots, 0.5m, m$ 为偶数），可用下式代替式（5.171）：

$$\hat{\boldsymbol{\theta}}_{m_n} = \sum_{j=-0.5m}^{0.5m} \boldsymbol{\theta}_n(g_{m_{jn}}) P(g_{m_{jn}} \mid \{\boldsymbol{Y}\}_n) \tag{5.172}$$

其中 $P(g_{m_{jn}} \mid \{\boldsymbol{Y}\}_n)$ 是由观测样本 $\{\boldsymbol{Y}\}_n$ 得出 $g_{m_{jn}} = g_{m_n}$ 这一事件的后验概率。可利用贝叶斯法则给出后验概率 $P(g_{m_{jn}} \mid \{\boldsymbol{Y}\}_n)$，根据式（5.17）可得

$$P(g_{m_{jn}} \mid \{\boldsymbol{Y}\}_n) = P_{nj} = \frac{P(g_{m_{jn}} \mid \{\boldsymbol{Y}\}_{n-1}) p(\boldsymbol{Y} \mid g_{m_{j,n-1}})}{\sum_{j=-0.5m}^{0.5m} P(g_{m_{jn}} \mid \{\boldsymbol{Y}\}_{n-1}) p(\boldsymbol{Y}_n \mid g_{m_{j,n-1}})}$$

$$\tag{5.173}$$

式(5.173)中 $P(g_{m_{jn}} \mid \{Y\}_{n-1})$ 是参数 g_{m_j} 在第 n 步的先验概率,根据第 $(n-1)$ 次的观测样本可得

$$P(g_{m_{jn}} \mid \{Y\}_{n-1}) = \sum_{j=-0.5m}^{0.5m} P_{ij} P(g_{m_{j,n-1}} \mid \{Y\}_{n-1}) \qquad (5.174)$$

式中:

$$P_{ij} = P(g_{m_n} = g_{m_j} \mid g_{m_{n-1}} = g_{m_i}) \qquad (5.175)$$

是扰动过程从第 $(n-1)$ 步的状态 i 转移到第 n 步的状态 j 的条件概率。$p(Y_n \mid g_{m_{j,n-1}})$ 是第 $(n-1)$ 步机动强度参数取 g_{m_j} 时坐标观测值 Y_n 的条件概率密度函数,该函数可用均值和方差分别为

$$\hat{Y}_{ex_{n,j}} = H_n [\Phi_{n-1}\theta_{n-1} + \Gamma_{n-1}g_{m_j}] \qquad (5.176)$$

$$\sigma_n^2 = H_n \Psi_{ex_n} H_n^T + \sigma_{Y_n}^2 \qquad (5.177)$$

的高斯分布进行近似。

根据式(5.176)和式(5.177),可得后验概率为

$$P_{nj} = \frac{\displaystyle\sum_{i=-0.5m}^{0.5m} P_{ij} P(g_{m_{i,n-1}} \mid \{Y\}_{n-1}) \exp\left[-(\hat{Y}_n - \hat{Y}_{ex_{n,j}})^2 / 2\sigma_n^2\right]}{\displaystyle\sum_{j=-0.5m}^{0.5m} \sum_{i=-0.5m}^{0.5m} P_{ij} P(g_{m_{i,n-1}} \mid \{Y\}_{n-1}) \exp\left[-(Y_n - Y_{ex_{n,j}})^2 / 2\sigma_n^2\right]}$$

$$(5.178)$$

对应每一 j 的 P_{nj} 值是对滤波后的目标航迹参数估计进行加权时的权重系数。

假设目标航迹参数是在各维坐标上独立进行滤波的,进入滤波器之前,将球坐标系的观测值变换到直角坐标系,如果不考虑直角坐标系测量误差的相关性,目标有意机动强度的直角坐标 g_{m_x}、g_{m_y} 和 g_{m_z} 也可看作是相互独立的,并且 $g_{m_x} = \ddot{x}$,$g_{m_y} = \ddot{y}$,$g_{m_z} = \ddot{z}$。下面给出用于直角坐标 x 的自适应滤波算法的详细方程。

第 1 步:在第 $(n-1)$ 步获得目标航迹参数估计 $\hat{x}_{n-1}$ 和 $\hat{\dot{x}}_{n-1}$,那么估计误差的相关矩阵为

$$\Psi_{n-1} = \begin{bmatrix} \Psi_{11,(n-1)} & \Psi_{12,(n-1)} \\ \Psi_{21,(n-1)} & \Psi_{22,(n-1)} \end{bmatrix} \qquad (5.179)$$

用 $P(\ddot{x}_{m_{j,n-1}} \mid \{x\}_{n-1})$ 表示机动强度幅度的后验概率($j = -0.5m, \cdots, -1, 0, +1, \cdots 0.5m$),$\sigma_{\ddot{x}_{n-1}}^2$ 表示航迹变化随机分量的方差。

第 2 步:根据 $\hat{\ddot{x}}_{m_j}$ 的每一可能取值,对目标航迹参数进行外推:

$$\begin{cases} \hat{x}_{\text{ex}_{nj}} = \hat{x}_{n-1} + \tau_{\text{ex}}\,\hat{\dot{x}}_{n-1} + 0.5\tau_{\text{ex}}^2\,\ddot{x}_{m_j} \\ \hat{\dot{x}}_{\text{ex}_{nj}} = \hat{\dot{x}}_{n-1} + \tau_{\text{ex}}\,\ddot{x}_{m_j} \end{cases} \tag{5.180}$$

第3步:外推误差相关矩阵的各元素为

$$\begin{cases} \Psi_{11_{\text{ex}_n}} = \Psi_{11,n-1} + 2\tau_{\text{ex}}\Psi_{12,n-1} + \tau_{\text{ex}}^2\Psi_{22,n-1} + 0.25\tau_{\text{ex}}^4\sigma_{\ddot{x}_{n-1}}^2 \\ \Psi_{12_{\text{ex}_n}} = \Psi_{21_{\text{ex}_n}} = \Psi_{12,n-1} + \tau_{\text{ex}}\Psi_{22,n-1} + 0.5\tau_{\text{ex}}^3\sigma_{\ddot{x}_{n-1}}^2 \\ \Psi_{22,n} = \Psi_{22,n-1} + \tau_{\text{ex}}^2\sigma_{\ddot{x}_{n-1}}^2 \end{cases} \tag{5.181}$$

第4步:在第 n 步滤波器增益向量的各元素为

$$\begin{cases} \boldsymbol{G}_{1n} = \dfrac{\Psi_{11,\text{ex}_n}}{\Psi_{11,\text{ex}_n} + \sigma_{x_n}^2} = \Psi_{11,\text{ex}_n}z_n^{-1} \\ \\ \boldsymbol{G}_{2n} = \dfrac{\Psi_{21,\text{ex}_n}}{\Psi_{11,\text{ex}_n} + \sigma_{x_n}^2} = \Psi_{21,\text{ex}_n}z_n^{-1} \end{cases} \tag{5.182}$$

式中:

$$z_n^{-1} = \dfrac{1}{\Psi_{11,\text{ex}_n} + \sigma_{x_n}^2} \tag{5.183}$$

$\sigma_{x_n}^2$ 是第 n 步时坐标 x 的测量误差的方差。

第5步:在第 n 步目标航迹参数估计误差相关矩阵的各元素为

$$\begin{cases} \psi_{11,n} = \psi_{11,\text{ex}_n}z_n^{-1}\sigma_{x_n}^2 \\ \psi_{12,n} = \psi_{21,n} = \psi_{11,\text{ex}_n}\sigma_{x_n}^2 \\ \psi_{22,n} = \psi_{22,\text{ex}_n} - \psi_{12,\text{ex}_n}^2z_n^{-1} \end{cases} \tag{5.184}$$

第6步:对于机动强度参数的每一取值,滤波后的目标航迹参数估计为

$$\hat{x}_{n_j} = \hat{x}_{\text{ex}_{nj}} + \gamma_{1n}(x_n - \hat{x}_{\text{ex}_{nj}})$$

$$\hat{\dot{x}}_{n_j} = \hat{\dot{x}}_{\text{ex}_{nj}} + \gamma_{2n}(x_n - \hat{x}_{\text{ex}_{nj}}) \tag{5.185}$$

式中:x_n 是第 n 步时坐标 x 的观测值。

第7步:每一机动强度的后验概率为

$$P(\ddot{x}_{m_{jn}} \mid \{\boldsymbol{Y}\}_n) = \dfrac{\displaystyle\sum_{i=-0.5m}^{0.5m} P_{ij}P(\ddot{x}_{m_{i,n-1}} \mid \{\boldsymbol{Y}\}_{n-1})\exp\left[-0.5(x_n - \hat{x}_{\text{ex}_{nj}})^2z_n^{-1}\right]}{\displaystyle\sum_{j=-0.5m}^{0.5m}\sum_{i=-0.5m}^{0.5m} P_{ij}P(\ddot{x}_{m_{i,n-1}} \mid \{\boldsymbol{Y}\}_{n-1})\exp\left[-0.5(x_n - \hat{x}_{\text{ex}_{nj}})^2z_n^{-1}\right]}$$

$$\tag{5.186}$$

第 8 步：目标航迹参数估计的结果为

$$\begin{cases} \hat{x}_n = \displaystyle\sum_{j=-0.5m}^{0.5m} \hat{x}_{n_j} P(\ddot{x}_{m_{jn}} \mid \{\boldsymbol{Y}\}_n) \\[2mm] \hat{\dot{x}}_n = \displaystyle\sum_{j=-0.5m}^{0.5m} \hat{\dot{x}}_{n_j} P(\ddot{x}_{m_{jn}} \mid \{\boldsymbol{Y}\}_n) \end{cases} \tag{5.187}$$

第 9 步：在第 n 步机动强度的估计结果为

$$\ddot{x}_{m_n} = \sum_j \ddot{x}_{m_j} P(\ddot{x}_{m_{jn}} \mid \{\boldsymbol{Y}\}_n) \tag{5.188}$$

第 10 步：在第 n 步机动强度估计的方差为

$$\sigma_{m_n}^2 = \sum_j (\ddot{x}_{m_j} - \hat{\ddot{x}}_{m_n})^2 P(\ddot{x}_{m_{jn}} \mid \{\boldsymbol{Y}\}_n) = \sigma_{\text{in}}^2 \tag{5.189}$$

式中：σ_{in}^2 是控制系统内部起伏噪声的方差。

图 5.10 给出了实现上述方程组的自适应滤波器流程图。自适应滤波器由 $(m+1)$ 个并行的卡尔曼滤波器组成，每个滤波器调整到一个可能的机动强度值上，滤波后的目标航迹参数最终估计结果就是这些滤波器输出的条件估计的加权和。在每一步运行过后，即每次根据观测坐标 x 使用递归式 (5.186) 之后，权重系数 $P(\ddot{x}_{m_{jn}} \mid \{\boldsymbol{Y}\}_n)$ 的取值就会更加精确。对目标航迹参数估计误差相关矩阵 $\boldsymbol{\varPsi}_n$ 和滤波器增益 $\boldsymbol{G}_n$ 进行计算的单元，是所有滤波器共用的。由于更新目标信息的每一个步骤都需对目标航迹参数的外推值和平滑值以及权重系数 $P(\ddot{x}_{m_{jn}} \mid \{\boldsymbol{Y}\}_n)$ 进行 $(m+1)$ 次的计算，因此自适应滤波器的实现变得更加复杂。

如果仅给出滤波后目标航迹参数外推结果的权重，并利用该权重采用常规滤波器而不是对滤波后的目标航迹参数估计结果进行加权，那么可对基于加权和估计的自适应滤波器进行简化。简化后的自适应滤波器的方程组与此前不同，式(5.180)给出的滤波后的目标航迹参数外推值变为

$$\begin{cases} \hat{x}_{\text{ex}_n} = \displaystyle\sum_j \hat{x}_{\text{ex}_{nj}} P(\ddot{x}_{m_{jn}} \mid \{\boldsymbol{Y}\}_n) \\[2mm] \hat{\dot{x}}_{\text{ex}_n} = \displaystyle\sum_j \hat{\dot{x}}_{\text{ex}_{nj}} P(\ddot{x}_{m_{jn}} \mid \{\boldsymbol{Y}\}) \end{cases} \tag{5.190}$$

然后就可根据第 n 次观测坐标采用卡尔曼滤波器给出滤波后的目标航迹参数更为精确的估计结果。图 5.11 给出了简化的自适应滤波器的流程图，其中包括误差相关矩阵 $\boldsymbol{\varPsi}_n$、滤波增益 $\boldsymbol{G}_n$ 和概率 $P(\ddot{x}_{m_{jn}} \mid \{\boldsymbol{Y}\}_n)$ 计算模块，该模块作为一个整体供滤波器使用，还包括目标航迹参数估计 $\hat{x}_n$ 和 $\hat{\dot{x}}_n$ 的计算模块、针对 $(m+1)$ 个加速度 $\ddot{x}_{m_{jn}}$ 固定值进行目标航迹参数外推的模块以及计算平滑后的外推坐标的加权模块等，根据图 5.11 很容易明白各模块间的交互关系。采

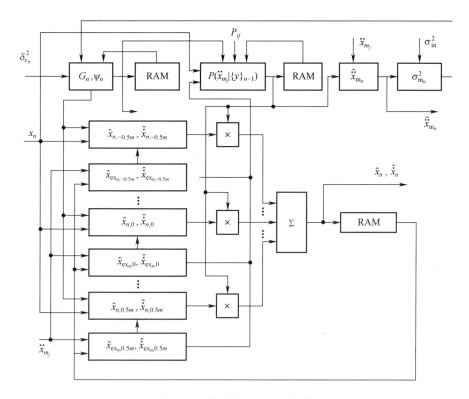

图 5.10　自适应滤波器流程图

用自适应滤波器可在目标的机动范围限度内有效减小目标航迹参数滤波的动态误差,但如果目标没有机动,滤波误差的均方根会稍有增大(平均 $10\% \sim 15\%$)。

当 $\sigma_{\ddot{x}}^2 = 0.5g$ 时,图 5.12 给出了对其右上角两条航迹的坐标 x 进行自适应滤波(用实线表示)和非自适应滤波(用虚线表示)的相对动态误差。目标机动的加速度分别为 $d_1 = 4g$ 和 $d_1 = 6g$(其中 g 为重力加速度),飞行速度固定为 $V_{tg} = 300 \text{m/s}$,在雷达天线的六个扫描周期内对目标机动进行观测。对于自适应滤波的情况,加速度的各个值分别是 $\ddot{x}_1 = -8g$、$\ddot{x}_2 = 0$ 和 $\ddot{x}_3 = 8g$。从图 5.12 可以看出,即使是在对加速度可能取值划分较为粗略的情况下,自适应滤波的动态误差仍然仅是非自适应滤波的一半,对于图 5.12 的情况,这些误差不会超过坐标测量误差的方差。但还应知道的是,自适应滤波的运算量是非自适应滤波的两倍。在范围 $(-\ddot{x}_{\max}, \cdots, \ddot{x}_{\max})$ 内,随着加速度离散取值数量 m 的增加(即对加速度范围进行精细划分的情况),自适应滤波的运算量将大大增加。

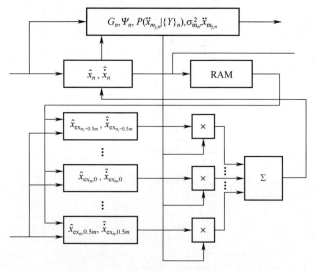

图 5.11 简化的自适应滤波器流程图

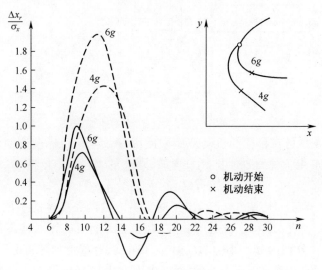

图 5.12 滤波动态误差:自适应滤波(实线)与非自适应滤波(虚线)

5.7 复杂雷达信号再处理算法的逻辑流程

第 4 章和第 5 章讨论了雷达信号再处理算法的主要内容,下面分析一下在解决目标检测、目标跟踪、多目标航迹参数滤波以及根据雷达信号再处理的输出给出目标点所含信息等问题的过程中,各算法在复杂雷达系统信号再处理中的联合应用方式。假设复杂雷达系统采用匀速旋转的天线进行全方位扫描,并假设不存在重叠波门。不妨采用专用计算子系统实现以上算法,在该系统的随机存取存储器的特定数组区中存储已跟踪航迹(数组 $D_{\text{tg}}^{\text{track}}$)、待判定航迹(数组 $D_{\text{tg}}^{\text{decision}}$,即尚未做出航迹确认或航迹删除的判决前的起始航迹)以及新航迹的起始点(数组 $D_{\text{tg}}^{\text{initial}}$)等信息,每个数组区都有两个相同的分区,一个存储雷达天线当前扫描周期内所使用的信息,另一个存储留待雷达天线下次扫描时进行处理的信息。可用任意方式对各个分区的信息进行记录。

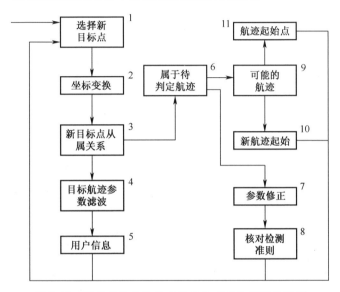

图 5.13 复杂雷达系统的信号再处理算法逻辑流程图

图 5.13 给出了复杂雷达系统信号再处理算法的逻辑流程图。根据该流程图,在将坐标变换到直角坐标系之后,从缓冲区取出的每个新目标点都要经历以下几个信号处理阶段:

(1)首先将新目标点与已跟踪航迹进行关联(模块 3)。如果该目标点落入某个已跟踪航迹的预测波门内,那么它就属于该航迹并予以登记。根据新目标点的坐标,采用本章介绍的某个算法还可获得更为精确的目标航迹参数(模块 4)。一般来说,该算法应能对机动目标的航迹参数进行滤波,原因在于这种输出信息才是用户所感兴趣的(模块 5)。完成了模块 5 的操作之后,对当前目标点的处理结束,再从缓冲区中选出新的目标点进行处理。

(2)如果新目标点没有落入任何已跟踪目标的航迹波门,就核对该目标点是否属于某个待判定航迹(模块 6)。检查新目标点是否从属于新起始航迹的预测波门,如果该目标点属于待判定航迹的数组 $D_{\text{tg}}^{\text{decision}}$ 中的某个波门,就可将其看作是该目标航迹的延伸。根据新目标点的坐标,可以获得待判定航迹更为精确的参数(模块7),然后根据检测准则将该航迹增加到已跟踪航迹,再开始对下一个目标点的处理。

(3) 如果新目标点不属于任何待判定航迹,那么检查该目标点是否属于围绕上一步的单独目标点(该点被看作是新的可能航迹的起始点)所形成的初始锁定波门(模块9)。如果新目标点属于数组 $D_{tg}^{initial}$ 中的初始锁定波门,就利用这两个目标点计算目标航迹参数的初始值,即完成新航迹起始的算法(模块10),并将其转移到数组 $D_{tg}^{decision}$ 之内,之后转入处理下一个目标点。

(4) 如果新目标点不属于任何初始锁定波门,就将其记录到数组 $D_{tg}^{initial}$ 中,以作为新航迹的可能起始点。

根据所采用的系统结构对新目标点进行处理的过程中,联合算法的某一次实现方式是随机变化的,其统计特性将留待下一章进行讨论。最后还要说明的是,本章给出的联合算法流程图并不具有代表性,也不适用于所有实际应用场合,本章仅以此为例进行计算以供进一步的深入分析。

5.8 总结与讨论

雷达跟踪过程中存在很多误差源,但幸运的是,除了测距仪等高精度应用情况(其角度精度要求可能达到 0.05mrad,而 1mrad 相当于 1000m 距离处横向 1m 所对应的张角),大多数情况下的误差源并不显著。通过优化雷达设计或改进跟踪算法可以消除或减少许多误差。由于提高雷达跟踪精度的主要限制是经济成本,因此必须搞清误差的容许程度、影响应用的主要误差源,以便得到满足精度要求的高效费比实现方式。由于雷达跟踪子系统不仅进行角度跟踪,还要进行距离跟踪(有时也进行多普勒跟踪),因此所有这些参数的误差都应该在进行误差裕量估算时予以考虑。不同复杂雷达系统获取输出信息的方式也不同,对于机械扫描的天线,根据天线主轴在方位向和俯仰向的指向可以获得角度跟踪信息,此时天线基座本身位置的测量精度也会影响目标在各维坐标上的位置信息。

目标与雷达之间的相对运动导致目标回波随时间变化,使得雷达在测量目标参数时存在随机起伏,这种仅由目标导致的起伏称为目标噪声(即排除大气影响和接收机噪声等因素)。本文主要针对飞机进行讨论,但方法可以应用到任何其他目标(包括电大尺寸的外形复杂的地面目标),虽然它们之间存在是否运动的区别,但方法是通用的。式(5.1)所给目标跟踪模型的第二项,必须考虑目标航迹参数受到的干扰,这些干扰是由目标所在的非均匀环境、大气条件、目标运动过程中控制的不准确性和惯性以及目标参数的稳定系统等所导致的。

可将这些干扰称为控制噪声,即由目标控制系统产生的噪声。通常将控制噪声表示为均值为零、方差为 σ_n^2 的离散白噪声。除控制噪声外,目标飞行中的机动也会导致目标航迹参数产生不可预知的变化,目标跟踪模型必须考虑由此引起的特殊干扰,将其称为目标机动噪声。通常情况下,目标机动噪声既不是白噪声也不是高斯噪声。

在求解滤波问题时,除了目标跟踪模型,还要给出时刻 n 的 m 维观测向量 $\boldsymbol{Y}_n$ 与 s 维参数估计向量 $\boldsymbol{\theta}_n$ 之间的函数关系。观测坐标是球坐标系下的目标当前坐标(即距离 r_n、方位角 β_n、俯仰角 ε_n,或其他一些特定坐标)以及雷达坐标系下的坐标(如雷达距离、目标方向与雷达天线轴向夹角的余弦等)。在某些复杂雷达系统中,也可对径向速度 $\dot{r}_n$ 进行测量。需要说明的是,目标跟踪模型与观测模型一起构成了用于滤波处理的动态系统组合模型。

按照数理统计学中的统计检验理论,有两种计算后验概率并进行参数估计的方法:①使用固定样本的批处理方法;②在每次新的观测后都对后验概率进行更新的递归算法。使用第一种方法必须给出估计参数的先验概率密度函数,使用第二种方法时可将前一步的预测概率密度函数作为下一步的先验概率密度函数。当模型噪声与测量误差不相关时,后验概率密度函数的递归计算公式为式(5.17)。一般情况下,目标跟踪模型和观测模型是非线性的,式(5.17)的计算往往不收敛,因此在解决滤波问题的实际过程中,要对复杂雷达系统的噪声模型及统计特性和观测模型进行各种各样的近似。实际广泛使用的是线性滤波方法,即假设系统状态模型和观测模型是线性的,并且认为噪声是高斯型的。

在对观测样本量固定的线性滤波和外推算法讨论中,考虑了几种类型的目标航迹,分别为线性目标航迹、一阶多项式目标航迹和二阶多项式目标航迹。另外,分析了目标航迹参数外推算法和目标航迹参数估计的动态误差。基于观测序列 $\{\boldsymbol{Y}_N\}$ 估计参数向量 $\boldsymbol{\theta}_N$ 时,其似然函数为式(5.25),这是向量形式的似然方程。通常情况下,相关测量误差的似然方程最终解为式(5.29)。将似然方程式(5.27)进行线性化可以得到多项式目标航迹参数估计的可能误差,该估计误差的相关矩阵最终形式为式(5.33)。利用 3 次精度相同的测量值所得坐标估计的误差方差是测量误差方差的 5/6,而目标速度估计的不准确性导致的增量估计的误差方差只是测量误差方差的 1/2,坐标估计误差与其增量误差之间的协方差也是测量误差方差的 1/2。图5.3给出了对目标线性航迹参数误差相关矩阵中的归一化元素进行估计时,精度系数与观测次数之间的关系曲线。从图5.3可知,为了获得所需的估计精度,至少需要 5~6 次观测。对于线性目标航迹参数的估计算法式(5.43)和式

(5.44)来说,明显可以看出它们是非递归滤波算法,其中权重系数 $\eta_{\hat{x}}(i)$ 与 $\eta_{\Delta_1\hat{x}}$ 形成了这些滤波器的冲激响应序列。为采用这种滤波器进行滤波,每一步(即每次坐标观测后)都需将观测坐标值与相应的权重系数进行 N 次相乘,并将所得的部分乘积进行 N 次相加。为在存储设备中保存前($N-1$)次的观测记录,需要使用大容量的存储器,当 $N>5$ 时,这种滤波器所需的存储容量就很大,而且实现起来也比较复杂。

在测量间隔相等、测量精度相同的情况下,从式(5.70)至式(5.75)可以看出,二阶多项式目标航迹参数的最佳估计就是测量坐标值的加权和,其中权重系数是样本量 N 与序列中样本序号 i 的函数。图5.4给出了二阶多项式目标航迹时,对误差相关矩阵中归一化元素进行估计,精度系数与观测次数的关系曲线。将二阶多项式目标航迹坐标和一次增量估计的相关矩阵式(5.80)中的对角元素与线性目标航迹参数估计误差相关矩阵的对角元素进行比较可以看出,当 N 较小时,线性目标航迹参数估计比二阶多项式目标航迹参数估计的精度高很多。因此,当观测区间较短时,应采用一阶多项式表示目标航迹,这种情况下通过滤波可以保证目标航迹参数估计随机误差的消除质量较高。由于仅是对目标航迹的一小段进行了近似,因此,即便对目标运动状态所做的假设不准确,所导致的动态误差也可忽略。

目标航迹参数的外推问题,是指利用最近一次观测得到的航迹参数值或利用一组观测结果,对观测区间之外某点的航迹参数进行估计。当航迹参数的各维独立坐标采用多项式进行表示时,对时间 τ_{ex} 之后的目标航迹参数的外推结果为式(5.81)至式(5.83),这3个公式就能够确定目标航迹任意表示形式下的外推坐标。测量间隔相等时,线性目标航迹参数外推的误差相关矩阵为式(5.90)。当各维独立坐标分量的航迹参数采用二阶多项式表示时,可用类似方法得出其目标航迹参数的外推公式和误差相关矩阵。

多项式模型与非线性模型之间在目标航迹参数估计向量变化上的不一致性将导致平滑过程中出现动态误差,该误差可用目标航迹参数估计向量的真值与估计向量的数学期望的差值表示。为了利用基于最大似然准则的算法和目标航迹多项式模型来描述目标航迹参数估计的动态误差,在时间区间 $t_N - t_0$ 内,可以采用误差理论中的最小二乘法,从而用一阶或者二阶多项式函数逼近任意的连续可微函数。将一阶多项式和二阶多项式得到的极坐标近似动态误差进行比较,结果表明前者比后者大约高一个数量级。此外,与随机误差相比,用二阶多项式对 $r_{tg}(t)$ 和 $\beta_{tg}(t)$ 进行近似的动态误差较小,可以忽略不计。但仿真结果表明,如果目标机动飞行且雷达处于运动状态,动态误差将显著增大,原因在于此时极坐标变化的非线性急剧增加。

前几节讨论了坐标测量样本量固定时的目标航迹参数估计方法,这种方法通常用于初始阶段的目标航迹检测。但由于观测样本量较少,在跟踪的中段应用以上方法时不但复杂而且精度不够,因此就需要采用递归算法对目标航迹参数和滤波结果进行连续更新,即在每次新的观测之后立即对跟踪进行更新。在递归滤波器的输出端得到的是根据最近观测结果给出的目标航迹参数估计,因此可将递归估计方法称为连续滤波,相应的算法称为目标航迹参数的连续滤波算法。

在递归滤波算法的讨论中,根据卡尔曼滤波方程得到了最佳递归线性滤波算法。离散型最佳递归滤波器具有如下特点:(1)滤波方程具有递归关系,易于采用计算机系统实现;(2)给出滤波方程的同时也给出了滤波器的实现方式,而且滤波器的部分内容与目标航迹模型类似(对比图 5.2 和图 5.6);(3) 目标航迹参数估计误差的相关矩阵 $\boldsymbol{\Psi}_n$ 可以独立于观测值 $\boldsymbol{Y}_n$ 单独计算,于是一旦给出了测量误差的统计特性,就可提前算出相关矩阵 $\boldsymbol{\Psi}_n$ 并存储起来,从而大大减少目标航迹参数滤波的时间。

从图 5.7 可以看出,随着 n 的增大,对于坐标和速度的滤波增益都逐渐趋近于零。因此,在对坐标和速度进行滤波时,随着 n 的增大,最新观测结果所占的权重较小,滤波算法会停止对输入信号变化的响应。另外,由于数字表示的位数有限,也会给滤波器的计算机实现带来问题,当 n 较大时计算误差会逐步累积到与计算机截断误差相当的程度,这将导致外推误差相关矩阵和目标航迹滤波参数的条件数和正定性降低。滤波误差急剧增加时会出现滤波发散现象,滤波器也会停止工作,如果不采取特殊措施予以纠正,最佳线性递归滤波器就不能应用在全自动雷达系统中。对于这一问题的解决可以说是复杂雷达系统自动化的一个重要进展。

通常情况下,递归滤波器的稳定性问题是一个病态问题,即初始数据的微小偏差会导致结果出现任意有限大的偏差。已经得到了求解该病态问题的(近似)稳定方法,称为正则化方法或平滑法。当采用正则化方法对未受干扰的动态系统的参数进行最佳滤波时,需在式(5.14)给出的测量误差相关矩阵 $\boldsymbol{R}_n$ 中附加矩阵 $\alpha\boldsymbol{I}$(其中 $\boldsymbol{I}$ 是单位矩阵),表示为式(5.134)。利用正则化方法或平滑法得到稳定解的通用方法就是对观测结果进行人为的大致取整操作,但由于正则化参数 α 的选取方式通常是未知的,因此该方法并不能直接应用。实际工作中,通过限制递归滤波器中的存储容量,可以有效消除递归滤波器的发散问题。

可以用各种方式限制递归滤波器的存储容量。对外推误差相关矩阵引入附加项的递归滤波器与选定相应系数 $c_0, c_1, \cdots, c_s$ 后的有限存储容量滤波器是近似的。对测量误差引入人为衰减后,当测量间隔相等、测量精度相同时,在滤波器的可靠运行范围内平滑滤波器的系数将收敛到正的常数。不过对于这种滤波器来说，无法找到合适的参数 s 以使其方差和动态误差与有限存储容量滤波器近似。

对于增益下边界，在测量间隔相等、测量精度相同的情况下，给定滤波器的有效存储容量后可根据 G_n 的计算公式确定出增益的边界。计算和仿真表明，在测量间隔相等、测量精度相同的情况下，如果以确定误差方差的实现代价和速度为准则的话，从限制递归滤波器的存储容量的角度来说，上述第二种方法是最好的方法，而第一种方法（即对外推误差相关矩阵引入附加项）的效果稍差。第二种方法（即对外推误差相关矩阵中引入乘性项）在实现成本以及误差方差收敛于常数的速度方面要比第一种方法和第三种方法差。

迄今为止，在分析目标航迹参数的滤波方法和算法时，均假设目标航迹模型符合目标的真实运动状态，但由于目标可能存在机动，导致这种符合性不再成立。因此，为成功解决真实目标航迹参数的滤波问题，就必须考虑目标机动的可能性。式(5.144)给出了目标机动的状态方程。根据复杂雷达系统的特性以及目标机动估计的精度要求，可采用以下 3 种方法设计真实目标航迹参数的滤波算法：(1)假设目标机动的可能性极其有限，比如认为目标的航迹只存在随机扰动。需要说明的是，在对递归滤波器的存储容量加以限制后，滤波器稳定性增加的同时也降低了对目标小幅度机动的灵敏度，因此限制递归滤波器存储容量的方法在灵敏度及效果上与本方法是等价的；(2)假设在观测区间内目标只做单一类型的高强度机动，这种情况下目标航迹可以分为 3 段：机动前、机动中以及机动后。此时目标的开始机动时刻、结束机动时刻以及机动强度都需要利用输入信号（即坐标观测值）进行统计估计，因此滤波问题就变为基于对输入信号的分析进行开关控制的开关滤波算法（或开关滤波器）设计，这种算法属于自主训练系统中最简单的自适应算法类别。(3)假设所跟踪的目标具有良好的机动能力，并且在观测区间内可能有各种机动形式，这些机动是由躲避其他目标或满足预定空域中的飞行要求造成的。这种情况下为设计目标航迹参数的滤波算法，就需要获得每一信息更新周期内每一机动强度的数学期望 $E(g_{m_n})$ 和方差 σ_g^2。只有基于对输入信息的分析才能获得以上数据（或估计），而滤波过程则由自适应递归滤波器实现。

可以采用各种不同形式的自适应滤波算法解决目标机动检测（或确定目标机动概率）问题。在直角坐标系下，如果滤波后的某一维坐标偏离了直线航迹，即认为检测到目标的机动。但在球坐标系中，即使目标是匀速直线运动，雷达系统所测出的目标坐标也是非线性函数,因此在球坐标系中利用目标航迹参数滤波进行目标的机动检测是不可行的。

为了解决目标机动检测问题,应该采用直角坐标系进行目标航迹参数的滤波,其中坐标原点就是雷达系统的部署位置,该坐标系称为本地直角坐标系。式(5.149)给出了从球坐标到本地直角坐标的坐标变换公式。变换到本地直角坐标系后,精度不再相同,滤波器的输入之间也会存在相关性,从而导致滤波器实现起来结构更复杂、计算消耗更多。另外,考虑到在球坐标系下,CRS 的目标点选通、目标点识别等信号再处理方式是最简单的,因此在目标信息更新的每一周期,还应将滤波后的目标航迹参数从本地直角坐标系变换回球坐标系。因此,为解决机动目标航迹参数的自适应滤波问题,应当采用递归滤波器,并在直角坐标系中对滤波后的目标航迹参数进行表征,在球坐标系中对测量坐标和外推坐标进行比较,于是就可基于目标航迹参数估计与匀速直线运动之间偏差幅度的分析,完成目标的机动检测(或确定目标的机动概率)。

上述滤波器的目标航迹参数估计在各维坐标间存在统计相关性,这既给目标航迹参数估计带来难度,也对雷达的计算子系统提出了更严格的要求。可对目标航迹参数的最佳滤波加以限制,从而简化滤波器并减少计算消耗。实际工作中,一种基本的简化方式就是不再对目标航迹参数进行联合滤波,而是对各个直角坐标单独滤波,然后将所得参数估计结果变换到极坐标系中。讨论了简化的滤波过程,利用仿真手段对最佳滤波和采用两坐标变换的简化滤波的精度进行了比较,当 $r_{min}=10km$ 和 $r_{min}=20km$ 时,图 5.9 给出了最佳滤波算法(曲线1)和简化滤波算法(曲线2)的目标航迹方位角均方根误差与测量次数的关系曲线,从该图可以看出,简化滤波算法的精度大约下降了 5%~15%,当 $r_{min}<10km$ 时,精度下降约 30% 左右,但计算量则降低了大约一个数量级。

进行自适应滤波时,目标航迹模型是式(5.144)中状态方程所描述的线性动态系统。目标有意机动导致的目标航迹变化可用随机过程进行表示,其均值 $E(g_{m_n})$ 在范围 $[-g_{m_{max}}, +g_{m_{max}}]$ 内按固定值步进变化。从状态 i 到状态 j 的步进式转移过程是按照由目标机动的先验信息所确定的概率 $P_{ij} \geq 0$ 进行的,转移到状态 j 之前,停留在状态 i 的时间是服从任意概率密度 $p(t_i)$ 的随机变量,这种过程的数学模型称为半马尔可夫随机过程。在自适应算法中,目标有意机动导致的目标航迹变化和目标有意机动强度的估计误差可由随机分量 η_n 表征,其中的矩阵 $\boldsymbol{\Phi}_n$、$\boldsymbol{\Gamma}_n$ 和 $\boldsymbol{K}_n$ 都看作是已知的。针对航迹以机动强度 g_{m_n} 连续变化的情况,采用贝叶斯方法设计了自适应滤波算法。

众所周知,二次代价函数情况下参数向量 $\boldsymbol{\theta}_n$ 的最佳估计可由式(5.169)确定。向量 $\hat{\boldsymbol{\theta}}_n$ 的估计问题就转化为对估计 $\hat{\boldsymbol{\theta}}_n(g_{m_n})$ 进行加权平均,结果正是 g_{m_n} 取定值时滤波问题的解。估计 $\hat{\boldsymbol{\theta}}_n(g_{m_n})$ 可由基于最小均方误差准则的线性递归滤波器或卡尔曼滤波器等任何方式给出。在每一步得到后验概率密度 $p(g_{m_n} \mid \{\boldsymbol{Y}\}_n)$ 后,就可解决最佳自适应滤波问题。利用观测样本 $\{\boldsymbol{Y}\}_n$ 得出后验概率分布,并由其给出加权估计结果,是这种自适应滤波算法的主要特点。

图 5.10 给出了实现上述方程组的自适应滤波器流程图。自适应滤波器由 $(m+1)$ 个并行的卡尔曼滤波器组成,每个滤波器调整到一个可能的机动强度值上,滤波后的目标航迹参数最终估计结果就是这些滤波器输出的条件估计的加权和。在每一步运行过后,即每次根据观测坐标 x 使用递归式(5.186)之后,权重系数 $P(\ddot{x}_{m_{jn}} \mid \{\boldsymbol{Y}\}_n)$ 的取值就会更加精确。对目标航迹参数估计误差相关矩阵 $\boldsymbol{\Psi}_n$ 和滤波器增益 $\boldsymbol{G}_n$ 进行计算的单元,是所有滤波器共用的。由于更新目标信息的每一个步骤都需对目标航迹参数的外推值和平滑值以及权重系数 $P(\ddot{x}_{m_{jn}} \mid \{\boldsymbol{Y}\}_n)$ 进行 $(m+1)$ 次的计算,因此自适应滤波器的实现变得更加复杂。

如果仅给出滤波后目标航迹参数外推结果的权重,并利用该权重采用常规滤波器而不是对滤波后的目标航迹参数估计结果进行加权,那么可对基于加权和估计的自适应滤波器进行简化。简化后的自适应滤波器的方程组与此前不同,体现为由式(5.180)给出的目标航迹参数滤波外推值变为利用给定权值的加权平均。然后就可根据第 n 次观测坐标采用卡尔曼滤波器给出滤波后的目标航迹参数更为精确的估计结果。

从图 5.12 可以看出,即使是在对加速度可能取值划分较为粗略的情况下,自适应滤波的动态误差仍然仅是非自适应滤波的一半,对于图 5.12 的情况,这些误差不会超过坐标测量误差的方差。但还应知道的是,自适应滤波的运算量是非自适应滤波的两倍。在 $(-\ddot{x}_{\max}, \cdots, \ddot{x}_{\max})$ 范围内,随着加速度离散取值数量 m 的增加(即对加速度范围进行精细划分的情况),自适应滤波的运算量将大大增加。

图 5.13 给出了复杂雷达信号再处理算法的逻辑流程图。根据该流程图,在将坐标变换到直角坐标系之后,从缓冲区取出的每个新目标点都要经历本章中给出的几个不同的信号处理阶段。根据所采用的系统结构对新目标点进行处理的过程中,联合算法的某一次实现方式是随机变化的,其统计特性将留待下一章进行讨论。最后还要说明的是,本章给出的联合算法流程图并不具有代表性,也不适用于所有实际应用场合,本章仅是以此为例进行计算以供进一步的深入分析。

参考文献

1. Milway, W. B. 1985. Multiple targets instrumentation radars for military test and evaluation, in Proceedings International Telemetry Council, October 28-31, Las Vegas, Nevada, Vol. XXI, pp. 625-631.

2. Stegall, R. L. 1987. Multiple object tracking radar: System engineering considerations, in Proceedings International Telemetry Council, October 26-29, San Diego, California, Vol. XXIII, pp. 537-544.

3. Noblit, R. S. 1967. Reliability without redundancy from a radar monopulse receiver. Microwave, 12: 56-60.

4. Sakamoto, H. and P. Z. Peeblez. 1978. Monopulse radar. IEEE Transactions on Aerospace and Electronic Systems, 14(1): 199-208.

5. Stark, H. and J. W. Woods. 2002. Probability and Random Processes with Applications to Signal Processing. 3rd edn. Upper Saddle River, NJ: Prentice-Hall, Inc.

6. Thomas, M. C. and J. A. Thomas. 2006. Elements of Information Theory. 2nd edn. New York: John Wiley & Sons, Inc.

7. Rappaport, T. S. 2002. Wireless Communications Principles and Practice. Upper Saddle River, NJ: Prentice Hall, Inc.

8. Kay, S. 2006. Intuitive Probability and Random Processes Using Matlab. New York: Springer, Inc.

9. Castella, F. R. 1974. Analytical results for the x, y Kalman tracking filter. IEEE Transactions on Aerospace and Electronic Systems, 10(11): 891-894.

10. Kalman, R. E. 1960. A new approach to linear filtering and prediction problem. Journal of Basic Engineering (ASME Transactions, Ser. D), 82: 35-45.

11. Kalman, R. E. and R. S. Bucy. 1961. New results in linear filtering and prediction theory. Journal of Basic Engineering (ASME Transactions, Ser. D), 83: 95-107.

12. Sorenson, H. 1970. Least-squares estimation: From Gauss to Kalman. IEEE Spectrum, 7: 63-68.

13. Stewart, R. W. and R. Chapman. 1990. Fast stable Kalman filter algorithm utilizing the square root, in Proceedings International Conference on Acoustics, Speech and Signal Processing, April 3 - 6, Albuquerque, New Mexico, pp. 1815-1818.

14. Lin, D. W. 1984. On the digital implementation of the fast Kalman algorithm. IEEE Transactions on Acoustics, Speech and Signal Processing, 32: 998-1005.

15. Bozic, S. M. 1994. Digital and Kalman Filtering. 2nd edn. New York: Halsted Press, Inc.

16. Bellini, S. 1977. Numerical comparison of Kalman filter algorithms: Orbit determination case study. Automatica, 13: 23-35.

17. Tikhonov, A. N. and V. Ya. Arsenin. 1979. Methods of Solution for Ill-Conditioned Problems. Moscow, Russia: Science, Inc.

18. Rybova-Oreshkova, A. P. 1974. Investigations of recurrent filters with limited memory capacity. News of Academy of Sciences of the USSR Series. Engineering Cybernetics, 5: 173-187.

19. Sayed, A. 2003. Fundamentals of Adaptive Filtering. New York: Wiley Interscience/IEEE Press, Inc.

第6章 动态模式下复杂雷达系统控制算法设计原理

图6.1给出了由各种子系统构成的雷达系统基本框图。发射机(即图6.1中的功率放大器)产生雷达完成特定任务所需的适当波形,其平均功率既可小到毫瓦级,也可大到兆瓦级,与峰值功率相比,平均功率是衡量雷达性能更为合适的指标。大部分雷达采用短脉冲波形,所以就可基于时分方式用单部天线进行发射和接收。收发转换开关的功能是在发射机工作时防止烧坏高灵敏度的接收机,并使接收到的回波信号进入接收机而非发射机,从而可用单部天线完成信号的收发。天线的作用是把发射能量辐射到空间,然后将接收到的回波送入接收机。天线的定向性通常比较强,既能把辐射能量集中在较窄的波束内,也能确定出目标所处的方位。天线在发射时具有窄波束的话,在接收时往往具有较大的有效面积,从而可以收集来自目标的微弱回波信号。天线不仅能在发射时集中能量,在接收时收集信号,而且作为空间滤波器还具有角度分辨能力和其他能力。

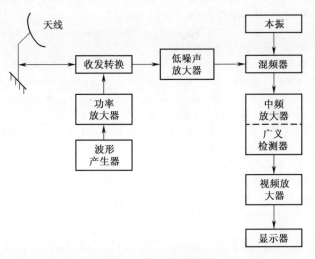

图 6.1 雷达系统框图

接收机将接收到的微弱信号放大到可以进行检测的程度。因为噪声是影

198

响雷达可靠检测判决和目标信息提取等能力的主要限制因素,所以必须保证接收机产生的内部噪声极低。大部分雷达工作在微波频段,影响雷达性能的噪声主要来自于接收机的第一级,即图6.1中的低噪声放大器。对于很多雷达应用来说,来自环境中非期望目标的回波(称为杂波)也会影响检测性能,杂波导致的接收饱和会严重影响雷达对期望动目标的检测能力,因此接收机需有足够大的动态范围才能减轻该影响。接收机的动态范围是指雷达可以正常工作的输入信号最大功率与最小功率的比值,通常用分贝表示。最大功率由可容忍的接收机响应的非线性效应(如接收机饱和)决定,最小功率则由最小可检测信号决定。信号处理器通常位于接收机的中频部分,其作用是从非期望信号中分离出期望信号,采用基于广义检测器的信号处理可使其输出端的信噪比达到最大化。当杂波超过接收机噪声时,采用基于多普勒处理的信号处理方式可使运动目标的信杂比达到最大化,另外多普勒处理还能从其他运动目标回波或杂波回波中分离出某个特定的运动目标。检测判决在接收机输出端进行,如果接收机的输出超过预设门限就表明"存在目标",如果门限设的太低,接收机的噪声会导致大量的虚警,而如果门限设的太高,就会漏报一些本应检测到的目标。判决门限的设置准则是让接收机噪声引起的平均虚警率控制在预设的容许范围内。

完成检测判决后即可确定目标的航迹,该航迹是目标位置随时间变化的测量结果,这个过程是雷达数据处理的一部分。处理后的目标检测信息(或航迹)既可显示给操作员,也可用于导弹攻击的自动引导,还可经进一步处理后提供其他信息,如目标特性有关的信息等。雷达控制可确保雷达的各部分能够协调一致地工作,如向雷达的各部分提供所需的时统信号等。

雷达工程师们拥有各种资源,如用于多普勒处理的时间资源,提供良好距离分辨能力的带宽资源,采用大口径天线的空间资源,进行远距离测量和精确测量的能量资源等。影响雷达性能的其他因素包括目标特性,经由天线进入的外界噪声,来自陆地、海洋、鸟群、雨滴等的杂波,来自其他电磁辐射源的干扰,地表和大气导致的传播效应等,这些因素在雷达系统的设计和应用中都有着非常重要的影响。

6.1　雷达控制子系统的配置和流程

雷达控制子系统将雷达系统看作更高层控制系统的子系统,其作用是对复杂雷达系统的配置进行有针对性的调整,从而使雷达各子系统的参数调整到性能最佳的状态。在动态模式下,需对复杂雷达系统的参数和结构进行控制的原因在于环境条件的复杂性和突变性、观测的瞬变性、待解决问题的多样性以及能量资源和计算资源的有限性等。其中雷达面临的环境条件包括人为干扰和回波干扰，其中回波干扰也就是来自地表以及树木、建筑物、水汽凝结体等其他物体的反射等。控制子系统是复杂雷达系统完成任务的途径之一，同时由于环境的非期望变化所产生的影响，会使雷达难以工作在最佳状态，此时控制子系统也是一种克服影响的弥补措施[1]。

在复杂雷达系统结构中采用控制子系统的主要前提是了解被控参数。被控参数越多，采用控制子系统的难度就越大。在多功能复杂雷达系统中有很多控制问题需要解决[2-7]，本章主要分析这类雷达系统中控制问题的描述和解决方法，并把实现给定控制目标的信号和数据处理算法都看作是控制子系统，此处"控制"既包括完成指定任务的方法，也有对复杂雷达系统的参数和结构所进行的调整。

控制子系统设计的第一步是选定或形成控制过程所须达成的目标，一般情况下，控制子系统的主要目标是使复杂雷达系统能够高效发挥作用，达成程度的评价可通过估计雷达输出参数向量 $Y(t)$，并由其给出效能指标 $\mathscr{W} = \mathscr{W}[Y(t)]$ [8-10]。在控制子系统中必须有控制通道以传输控制信号 $U(t)$。复杂雷达系统的内部参数以及减少资源消耗的方法都是控制子系统的控制对象。控制目标的达成程度可以看作是环境描述 $Z(t)$、控制系统校正后的内部参数 $X_U(t)$ 以及特定控制决策 $U(t)$ 的函数：

$$Y(t) = F[t, Z(t), X_U(t), U(t)] \tag{6.1}$$

其中 F 是被控对象功能的向量算子。一般情况下，如果向量 $Y(t) = Y^{\bullet}(t)$ 的值满足如下条件：

$$\max_{(Y)} \mathscr{W}[Y(t)] = \mathscr{W}[Y^{\bullet}(t)] = \mathscr{W}^{\bullet}(t) \tag{6.2}$$

即可认为控制子系统的目标就已达成。当环境条件、被控对象以及控制目标均已知后，就可利用如下算法给出控制信号 $U(t)$：

$$U(t) = f[\mathscr{W}^{\bullet}(t), Z(t), X_U(t), Y(t)] \tag{6.3}$$

由于被控的雷达系统十分复杂，很难给出控制问题的通用解决方案。困难一方面来自于在环境和雷达功能动态变化的短暂且严苛的时限内解决控制问题所需的计算量和 RAM 容量，另一方面是没有一种控制问题优化方法能够把复杂雷达系统作为一个整体给出其定量评价。因此在设计 CRS 控制子系统时，就要采用系统工程方法，将复杂系统分解为多个独立子系统。这时就应根据节省骨干节点的普遍原则，并按照 CRS 信号处理阶段的划分方式，确定各子系统的结构和规模，当然分解时还应考虑对各子系统以及雷达整体进行最佳控制的可能性。在将 CRS 划分或分解为子系统的过程中，假设根据 CRS 的整体目标函数已经为每个子系统生成了相应的控制准则函数。

在解决控制问题时,为提高性能并减少工作量,可以基于层次法对控制子系统的算法进行设计[11]。通过对整体任务的分解,控制子系统的层次结构就体现为相互联系的控制层级,高层级的控制算法要对低层级的工作性能进行明确和协调。根据以上表述,作为被控对象的复杂雷达系统可以分解为信号检测、信号处理等受控子系统,各受控子系统的被控参数具体为

（1）收发天线的被控参数。

① 天线的发射波束数量 N_{tr} 和接收波束数量 N_r。

② 天线的发射波束宽度 ($\theta_\beta^{tr}, \theta_\varepsilon^{tr}$) 和接收波束宽度 ($\theta_\beta^r, \theta_\varepsilon^r$)。

③ 多波束接收天线的波束重叠度 ($\delta\beta_r, \delta\varepsilon_r$)。

④ 发射天线波束的主瓣指向 (β_0, ε_0)。

⑤ 雷达天线方向图的零点数量与方向。

（2）发射机的被控参数。

① 搜索信号的脉冲宽度 τ_s。

② 发射脉冲的功率 P_p。

③ 载频 f_c 或多频点工作时的载频序列 $\{f_{ci}\}$。

④ 搜索信号的频谱宽度 Δf_s。

⑤ 搜索信号频率调制的方式及参数。

⑥ 搜索信号的脉冲重复频率 F。

（3）接收机的被控参数。

① 复杂噪声环境中使得信噪比最大的最佳结构。

② 工作模式。

③ 线性输入通道的工作带宽 Δf_r。

④ 波门尺寸,即波门内的单元数和波门中心的坐标。

（4）目标回波信号预处理器的被控参数。

① 目标回波信号参数检测和估计时的信号处理步骤数。

② 目标回波信号序贯检测的检测门限上界 A 和下界 B。

③ 目标回波信号序贯分析的截止门限 n_{tr}。

④ 样本量固定时检测器中的脉冲积累数量 N。

⑤ 二元量化的门限 U_0。

⑥ 对二元量化的目标回波信号进行检测时的逻辑运算 (l, m, k)。

（5）目标回波信号再处理器和用户信息预处理器的被控参数。

① 航迹起始准则（"$2/m+l/n$"）。

② 航迹删除准则 k_{tr}^{can}。

③ 目标跟踪中线性滤波器的算法与参数。

④ 目标航迹的更新方式。

⑤ 传送给用户的目标距离参数和精度。

复杂雷达系统和信号处理子系统的大部分被控参数之间存在相互依赖关系,比如扫描信号的脉宽 τ_s、重复周期 T(或重复频率 F)、发射脉冲功率 P_p、扫描信号的平均功率 $\overline{P}_{scan}$ 之间的关系可表示为

$$\overline{P}_{scan} = P_p \left(\frac{\tau_s}{T} \right) \tag{6.4}$$

如果扫描信号平均功率 $\overline{P}_{scan}$ 是常数,那么复杂雷达系统的能量资源就由参数 τ_s、T 和 P_p 决定。

雷达天线方向图的波束宽度取决于天线主轴方向与天线波束指向之间的夹角:

$$\theta_b = \frac{\theta_0}{\cos(\theta_b - \theta_0)} \tag{6.5}$$

式中:θ_0 是雷达天线主轴方向的波束宽度。天线方向图未对准天线轴向引起的波束展宽会使天线增益降低,进而导致为达到给定信噪比所需的目标回波信号积累数量 N 的增加。在控制过程中还要考虑其他的关系,由于被控参数之间存在相互影响,就不能把控制过程独立于受控模块(或子系统)进行设计,这说明无法对控制子系统进行空间分割。同时,复杂雷达系统工作的特殊性允许按时间逐步安排控制过程,并设计出多层次结构的控制子系统(见图 6.2)。

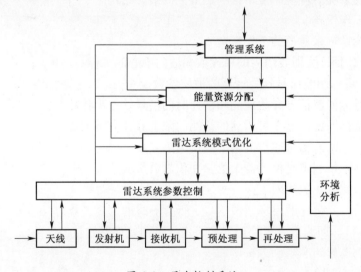

图 6.2 层次控制系统

第 1 个层次是根据雷达所执行的目标搜索、目标跟踪等任务,在雷达覆盖范围内的指定方向进行搜索时,对复杂雷达系统及其信号处理子系统参数的控制。这个阶段的控制目标是确保在指定搜索方向达到预期效果(如预定的检测概率 P_D、角度测量精度 σ_θ^2 等)的能耗最小,限制因素是可以接受的雷达技术参数范围及其集成方式。在第 1 个阶段,控制方法就是实时地直接选定复杂雷达系统及其信号预处理子系统的被控参数。

第 2 个层次是复杂雷达系统工作模式的优化。对于目标检测和航迹跟踪子系统,就新目标搜索和目标跟踪功能进行优化,控制雷达对覆盖范围的观测方式以及对已跟踪目标的更新能力。最佳控制的目标是将扫描阶段目标检测以及跟踪阶段航迹参数的更新和估计所需的能耗降至最低。第 2 层次的控制过程,在扫描模式下提供雷达覆盖范围内各单元的最佳观测时序,在跟踪模式下对每一目标进行更新。这个阶段控制过程的处理周期主要取决于雷达覆盖范围内的目标数量、目标重要性、环境噪声等数据的变化情况。

第 3 个层次是具有目标检测模式和目标跟踪模式的双功能雷达的有限能量资源在不同模式间的分配方式。这个阶段的最佳控制目标,从更高层次来看是使复杂雷达系统的效率达到最大化(此时复杂雷达系统仅作为目标检测和目标跟踪子系统),同时根据目标的重要性将目标处理的数量最大化。通过对扫描模式和跟踪模式所需的能量资源进行重新分配即可完成第 3 层次的控制过程,其处理周期取决于雷达作用距离范围内关于环境的先验信息和后验信息,以及目标处理设备的能力等。

第 4 个层次是根据下级子系统的工作情况、环境变化情况、来自同级子系统的信息以及来自更高层次的控制命令等让复杂雷达系统保持在所要求的工作状态。在这一层次,主要进行意外事件的处理。

对于所得到的雷达控制子系统多层次结构,图 6.2 给出了最简单的流程图。控制过程的层次性表现在从高层子系统到低层子系统信息传递的有序性,低层对于特定问题的解决结果是高层做出判决的基础。第 1 层次对于每一扫描方向的能耗、检测到的目标数量以及跟踪模式下的能耗等信息作为该层的解决方案上传至第 2 层次,已跟踪目标的数量 n_{tg}^{track} 及其重要性以及对新目标区域的扫描时长等信息作为该层的解决方案上传至第 3 层次,同时第 2 层和第 3 层控制子系统将设备工作能力和任务解决质量等信息上传至第 4 层次,在该层对复杂雷达系统进行整体控制。

6.2 复杂雷达子系统参数的直接控制

6.2.1 初始条件

在对指定方向进行扫描的过程中,通过直接选定复杂雷达系统及其信号预处理子系统的被控参数完成控制过程,以在给定的工作模式下适应动态变化的环境条件。复杂雷达系统的主要工作模式有:

(1) 在雷达覆盖范围内扫描新目标。

(2) 对已跟踪目标的航迹进行更新,或对已检测到的航迹进行目标搜索。其他的可能模式可看作是上述两种模式的特例。另外,模式数量的增加并不会改变控制过程的原则。

复杂雷达系统的外部环境可用目标、噪声以及各种干扰进行描述,即

(1) 无意干扰-来自广播电视网、无线电系统、移动通信系统等的射频辐射。

(2) 集中干扰-频谱集中在雷达信号中心频率或谐振频率的相邻频段、带宽超过接收机带宽或检测器输入带宽的辐射。

(3) 脉冲干扰-在信号带宽内,加性噪声的功率谱密度在短时间内急剧增加。

(4) 有意干扰-为了降低复杂雷达系统的工作性能和抗噪声能力而生成的特定干扰。

假设雷达覆盖范围内目标的所有信息都可基于复杂雷达系统工作过程中的先验信息和后验信息进行重建,利用对环境变化情况进行分析的特定信号处理子系统对环境噪声进行估计,在对指定方向进行扫描前,已经完成了对噪声类型、功率大小、功率谱密度等噪声参数的分析。在对雷达覆盖范围进行扫描时,对于无源干扰的分析与处理以及对抗这类干扰的保护措施都通过信号预处理子系统的控制设备完成。

必须在有限的时间范围内完成任务选择以及面向任务的复杂雷达子系统参数改变,这一要求非常严格。在控制过程中,由重复频率决定的脉冲率必须为常数而不能改变,两次扫描之间应当完成所有的判决过程,为此可基于对雷达覆盖范围内的环境噪声分析结果广泛采用查表法进行判决。

6.2.2 新目标搜索模式下的扫描指向控制

这种情况下的控制过程分为两个阶段。第一阶段,进行发射信号参数的计算和选择。发射信号的参数必须与目标搜索工作模式以及指定方向的雷达最大作用距离相适应。另外,还要给出接收机的性能和信号预处理子系统的信号

处理算法,在对指定方向进行扫描前就应完成这一阶段的工作。第二阶段,对接收信号的积累数量进行控制,如果采用的是序贯分析方式,那么当所有分辨单元都已给出"存在目标"或"没有目标"的判决之后就应停止积累,如果采用的是样本量固定的检测器,那么当目标回波信号的数量达到预定值后就停止积累。在积累过程中,除载频 f_c 外,发射信号的初始参数保持不变。图6.3 给出了搜索模式下完成方向扫描控制任务的算法流程图。

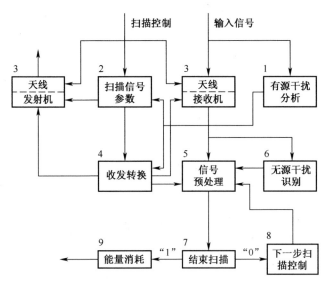

图6.3 搜索模式下完成方向扫描控制任务的算法流程图

第1步:沿指定方向(β_i, ε_i)设定好天线的发射波束和接收波束,对来自该方向的有源干扰进行分析(模块1)。首先确定噪声的功率 σ_n^2 和功率谱密度 $\mathcal{N}(f)$,噪声功率估计既用于做出是否接通有源干扰对抗设备的判决,也用于确定检测前的信噪比。有源干扰的功率谱密度估计用于分析工作带宽内的干扰影响情况,从而在干扰最弱的频带中选择发射信号的载频。一般情况下,在进行干扰分析时,要对有源干扰进行区别和分类,以便利用所得结果对雷达的接收通道进行调整。

第2步:解决发射信号参数的选择问题(模块2)。为此应首先根据雷达的天线方向图算出指定仰角 ε_i 对应的雷达至雷达覆盖边界的距离 r_{ε_i}。对于扫描和跟踪雷达,图6.4 给出了目标搜索理想区域的纵向剖面图,并假设该区域的所有特性都是未知的。

(1) 从图6.4 中的几何关系可知,如果 $\varepsilon_{\max} > \varepsilon_i > \varepsilon_0$,那么

$$r_{\varepsilon_i} = \frac{R_{\mathrm{Earth}} + H_{\max}}{\sin(0.5\pi + \varepsilon_i)} \sin\gamma_i \qquad (6.6)$$

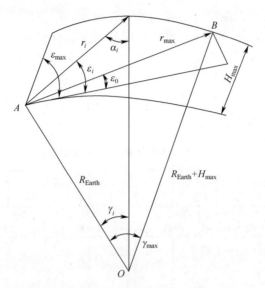

图 6.4 目标搜索理想区域的纵向剖面图

式中:

$$\gamma_i = 0.5\pi - \varepsilon_i - \alpha_i \quad 并且 \quad \gamma_i < 0.5\pi \tag{6.7}$$

$$\sin\alpha_i = \frac{R_{\text{Earth}}\sin(0.5\pi + \varepsilon_i)}{R_{\text{Earth}} + H_{\max}}, \alpha_i < 0.5\pi \tag{6.8}$$

将整个俯仰角覆盖范围按等间隔(如以垂直面内的雷达天线波束宽度为间隔)划分为($\varepsilon_0, \cdots, \varepsilon_{\max}$),即可事先给出相应的 r_{ε_i}。

(2) 对于已知的距离 r_{ε_i},相应的脉冲重复周期为

$$T_i = \frac{2r_{\varepsilon_i}}{c} \tag{6.9}$$

式中:$c=3\times10^8\,\text{m/s}$。

(3) 在搜索模式下,将未调制发射信号的脉宽设为 τ_s。

(4) 发射信号的脉冲功率设置为

$$P_{p_i} = \bar{P}_s T_i \tau_{s_i}^{-1} \tag{6.10}$$

利用算出的和选定的参数 f_c、P_{p_i}、T_i、τ_s 对发射机(图6.3中模块3)进行设置。

第3步:根据计算得到的和选定的发射信号参数确定出雷达覆盖区域边界处的最小信噪比 SNR,并且对与信噪比相关的信号预处理算法进行调整。

206

（1）目标回波信号的能量为

$$E_{tg} = \frac{P_{p_i} \sigma_{s_i} G_{tr_i} G_{r_i} \lambda^2 S_{tg}}{(4\pi)^3 r_{\varepsilon_i}^4 K} \tag{6.11}$$

式中，G_{tr} 为发射天线在方向（β_i, ε_i）的增益；G_r 为接收天线在方向（β_i, ε_i）的增益。

对于相控阵天线，有

$$\begin{aligned} G_{tr_i} &= G_{tr_0} \cos\beta_i' \cos\varepsilon_i' \\ G_{r_i} &= G_{r_0} \cos\beta_i' \cos\varepsilon_i' \end{aligned} \tag{6.12}$$

式中：

$$\begin{cases} \beta_i' = | \beta_i - \beta_{angle} | < 0.5\pi \\ \varepsilon_i' = | \varepsilon_i - \varepsilon_{angle} | < 0.5\pi \end{cases} \tag{6.13}$$

G_{tr_0} 和 G_{r_0} 分别是发射天线和接收天线在相控阵天线轴向的增益；

β_{angle} 和 ε_{angle} 分别是相控阵天线轴向的指向角度；

S_{tg} 为计算检测性能时所用标准目标的有效散射截面；

K 为广义损耗因子。

（2）不考虑无源干扰的情况下，在复杂雷达系统接收机输入端总的噪声功率谱密度为

$$\mathcal{N}_\Sigma = \overline{\mathcal{N}}_{in}^{active} \mu + \mathcal{N}_0 \tag{6.14}$$

式中：$\overline{\mathcal{N}}_{in}^{active}$ 为有源干扰的平均功率谱密度；μ 为经由补偿或其他防护措施给出的有源干扰抑制因子。

$$\mathcal{N}_0 = 2kTB_N \tag{6.15}$$

式中：k 为玻尔兹曼常数；T 为绝对温度；B_N 为接收机带宽。

（3）距离 r_{ε_i} 处目标回波的功率信噪比为

$$\text{SNR} = \frac{2E_s}{\mathcal{N}_\Sigma} \tag{6.16}$$

第4步：稍后可利用该信噪比对复杂雷达系统信号预处理子系统的检测器进行调整，即计算得到样本量固定时检测器达到给定检测概率 P_D 和虚警概率 P_F 所需的扫描次数，或是在对二元量化的目标回波信号进行序贯分析时"1"和"0"的权重系数（模块4）。需要说明的是，发射机、接收机以及信号处理子系统的上述各参数必须在 $T - \tau_d^{max}$ 的有限时长范围（称为自由扫描时段，Free Running of Sweep Time，FRST）内选择完毕，因此就可采用查表法从存储设备中选取噪声特性、俯仰角以及其他给定参数的取值或设置，而无需进行详细计算。

第5步：完成了前面的步骤以后，根据对无源干扰的判别结果并采用抗干扰的防护措施后（模块6），就可进行方向扫描和目标回波的积累（模块5）。在

这一步骤中,根据模块 7 和模块 8 的操作结果,由信号预处理子系统的算法完成控制过程。

完成积累并对所扫描的方向做出判决后,将判决结果发送出去,计算出对扫描方向进行观测所需的能量消耗和时间消耗(模块 9),由搜索模式的扫描管理算法或模式控制器对雷达天线波束进行控制。最后还需再次强调的是,所讨论的流程图只是新目标搜索模式下的一种控制方式,当然还有其他的控制方式,但从控制的一般理念(即让复杂雷达系统的子系统以及信号和数据处理子系统的各参数与环境参数相匹配)来说,它们所解决的问题以及所要完成的任务都是相同的。

6.2.3　目标跟踪模式下的目标更新控制

当复杂雷达系统的天线波束是以离散的方式进行信息数据更新时,下面分析一下相应的目标检测与坐标测量算法的设计。此处使用如下假设:

(1) 一旦明确上一步骤的目标跟踪参数后,就要对目标定期跟踪的下一时刻进行计算,两次测量之间的时间间隔是基于雷达天线不旋转的情况确定的。

(2) 由于被跟踪目标存在空间相互重叠的可能性,就需要更多的前台操作方式(Foreground Modes),因此会给指令的执行(如目标坐标测量)带来时延。CRS 的负荷越大,或者说雷达覆盖范围内的目标数量越多,时延也就越大。为了避免因时延导致的目标航迹删除,就要考虑根据角坐标和距离对定期更新的目标点搜索区域进行扩展。根据目标航迹参数,围绕外推方向补充一些扫描方向,就可完成基于角坐标的搜索区域扩展,并称之为补充搜索(Additional Target Searching),补充搜索的方向数无需太多,一般也就 3~5 个。基于距离的搜索区域扩展是通过增大波门尺寸 Δr_{gate} 实现的。

(3) 如果目标航迹在一次或几次扫描中丢失目标点,也应扩展搜索区域。

根据上述假设,在目标跟踪模式下目标坐标测量的控制算法就转化为以下操作(见图 6.5):

(1) 对于选定的目标,计算开始跟踪时刻 t_0 同预定跟踪时刻 $t_{\text{sp}i}$ 之间的时延 $\Delta\tau_{s_i}$。根据预设概率计算属于给定航迹目标点落入由雷达天线方向图波束宽度与待分析距离区间所限定的波门之内的容许时延,并将时延 $\Delta\tau_{s_i}$ 与容许时延进行比较(模块 1 和 2)。

(2) 如果时延 $\Delta\tau_{s_i}$ 小于容许时延且目标点未丢失(即上一次目标坐标更新时的丢失概率 P_{miss} 为零),则算出缩减后的距离波门,并在算出或外推的方向上定位(模块 3、4 和 7)。

(3) 如果时延 $\Delta\tau_{s_i}$ 大于容许时延或 $P_{\text{miss}} = 1$,就要算出为进行补充搜索所

需扩展的波门尺寸(模块5和6)。先在外推方向上进行目标回波信号定位,如果在该方向未能检测到目标,就要对其他方向进行搜索,直到在所有补充搜索方向中的某个方向检测到目标为止(模块14和16)。

(4) 对所选定的目标方向的噪声环境进行分析。算出或选定发射信号的参数,对接收机进行调谐(模块8),并将相应的控制算法赋予目标跟踪模式下的信号预处理子系统(模块9和10)。

(5) 根据给定的目标距离和角坐标测量精度等条件,算出目标跟踪模式下的方向扫描次数。当环境噪声非常严重时,就要根据预先制定的目标搜索模式和目标跟踪模式的能耗均衡原则来减少跟踪模式下的方向扫描次数。

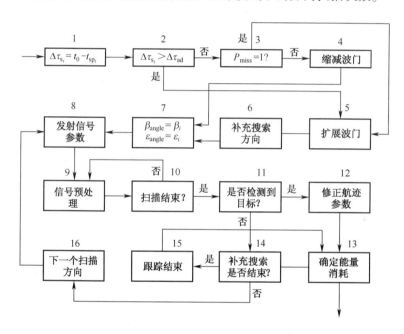

图6.5　目标坐标测量的控制算法流程图

(6) 如果已检测到目标并按给定精度完成了坐标测量,则生成相应的目标点以计算目标航迹参数。然后,确定出更新该目标航迹所需的能耗,并由模式管理器进行控制(模块11~13)。

(7) 如果在所有补充搜索方向都没有检测到目标,启动航迹终止算法以做出继续跟踪或是停止跟踪的判决(模块15)。当然,这种情况下的能耗是固定的。

控制算法与波门内的信号预处理和再处理子系统的基本运行算法存在着紧密的交互关系,在复杂雷达系统的目标跟踪模式中,这些算法相互协作以完成雷达天线方向图的波束控制。

6.3　新目标搜索模式下的扫描控制

6.3.1　搜索控制最优化问题的描述和准则

从数理统计的角度来说,搜索模式下的控制问题就是一系列的观测控制问题。设待观测随机变量 X 的概率密度函数 $p(x \mid \lambda)$ 并非完全已知,在下一次观测之前,该函数中还存在未知参数 v,需根据统计理论确定,那么

$$p(x \mid \lambda) = p(x \mid \lambda, v) \tag{6.17}$$

于是对随机变量 X 进行观测前,应先确定概率密度函数 $p(x \mid \lambda)$ 的参数 v。

对于雷达来说,控制过程就是完成雷达覆盖范围的扫描以及选定距离扫描的方向和区间、天线方向图形状、搜索信号类型等。在本章中,扫描控制过程转化为天线波束指向的控制,在对算法进行分析时假定波束的形状和宽度保持不变。在对观测控制算法进行综合时,自然应该遵循平均风险最小的原则(即决策错误导致的损失最小),不过这时相应代价函数的选取问题变成了一个难题。

下面以统计决策理论[12-14]中常用的平方代价函数为例进行分析。设 $\{N_{\mathrm{tg}}; \theta_1, \theta_2, \cdots, \theta_N\}$ 是雷达覆盖范围内真实情况的描述,其中 N_{tg} 为目标数量,θ_i 为目标参数。令 $v(t, \theta_i)$ 是参数为 θ_i 的目标的代价函数,则 $\sum_{i=1}^{N_{\mathrm{tg}}} v(t, \theta_i)$ 就是所有目标的综合代价函数。根据搜索结果或实验结果,可以得出雷达覆盖范围内的估计 $\{\hat{N}_{\mathrm{tg}}; \hat{\theta}_1, \hat{\theta}_2, \cdots, \hat{\theta}_N\}$ 以及综合代价函数的估计 $\sum_{i=1}^{\hat{N}_{\mathrm{tg}}} v(t, \hat{\theta}_i)$。为给出综合代价估计的品质因子,可以采用如下平方代价函数:

$$\int_{T_s} \left[\sum_{i=1}^{N_{\mathrm{tg}}} v(t, \theta_i) - \sum_{i=1}^{\hat{N}_{\mathrm{tg}}} v(t, \hat{\theta}_i) \right]^2 \mathrm{d}t = C\{N_{\mathrm{tg}}; \theta_1, \theta_2, \cdots, \theta_{N_{\mathrm{tg}}}; \hat{N}_{\mathrm{tg}}; \hat{\theta}_1, \hat{\theta}_2, \cdots, \hat{\theta}_{\hat{N}_{\mathrm{tg}}}\}$$

$$\tag{6.18}$$

如果能够获得后验概率密度函数 $p(\theta_i \mid X, V)$,其中 X 是观测数据向量,V 是搜索过程中的控制向量,那么平均风险可以表示为

$$\mathcal{R}(\hat{\theta} \mid V) = \int_{\theta} C\{N_{\mathrm{tg}}; \theta_1, \theta_2, \cdots, \theta_{N_{\mathrm{tg}}}; \hat{N}_{\mathrm{tg}}; \hat{\theta}_1, \hat{\theta}_2, \cdots, \hat{\theta}_{\hat{N}_{\mathrm{tg}}}\} p(\theta \mid X, V) \mathrm{d}\theta$$

$$\tag{6.19}$$

为得到式(6.19)所给的最小平均风险,控制向量的选取方式为

$$V: \quad \mathcal{R}(\hat{\theta})_{\min} = \min_{V} \mathcal{R}(\hat{\theta} \mid V) \tag{6.20}$$

显然这一准则实现起来非常困难,尤其是在雷达覆盖范围进行扫描的时间十分有限的情况下。

文献[15,16]给出了有效信息准则,可使在对雷达覆盖范围进行扫描和观

测的过程中获得的平均信息量最大。根据该准则,控制过程必须保证每一次观测都能获得信息增量。

一般来说,以上两个准则的求解都非常困难,为了给出近似方法,可以采用如下假设:

(1) 控制问题的对象是单个目标或多个不相关的目标。

(2) 观测空间由很多单元组成,每个观测步骤(或扫描周期)仅扫描单个单元,此时控制步骤数是整数 v (即与观测单元数量一致)。

(3) 扫描第 v 个单元时的观测值 X 是一个随机标量,没有目标时服从分布 $p_0(x)$,存在目标时服从分布 $p_1(x)$,且认为这两个分布均是已知的。

6.3.2　单个目标检测中的最佳扫描控制

从最简单的情况开始分析扫描的最佳控制方法,假定雷达覆盖范围包括 N 个分辨单元,其中只存在一个待检测目标。假设只有单个目标或是没有目标的情况下,如果尚未发现目标,那么在时间 τ 内第 i 个单元 $(i=1,2,\cdots,N)$ 内目标出现的概率为 $P_\tau(i)$,如果已有单个目标,那么新目标出现的概率为零。在扫描区域内,目标从一个单元移动到另一个单元的概率为 $P_\tau(i\mid j)$ 。在对控制算法进行综合时,可以采用扫描起始时刻到目标检测时刻之间的时间长度(或周期个数)作为品质因子,控制算法的最优化就是使该时间长度最小。

分析表明,对雷达覆盖范围进行扫描的最优化控制算法,就是得到单元 $i(i=1,2,\cdots,N)$ 中存在目标的后验概率 $P_t(i)$,并选定下一次扫描的单元 $(i=v)$,使得该单元内存在目标的后验概率最大,即

$$P_t(v) = \max_i P_t(i) \tag{6.21}$$

当没有先验信息时,假定雷达覆盖范围内任一单元存在目标的概率均相等,在此假定下,可给出 $t=0$ 时刻的初始概率 $P_0(i)$ 。在时刻 t_N 对第 v 个单元进行扫描后,单元内存在目标的后验概率为

(1) 对于刚扫描过的雷达分辨单元(即 $i=v$ 的情况):

$$P_{t_N}(v) = \frac{P_{t_N}^*(v)p_1(x)}{[1 - P_{t_N}^*(v)]p_0(x) + P_{t_N}^*(v)p_1(x)} \tag{6.22}$$

(2) 对于未扫描到的雷达分辨单元(即 $i \neq v$ 的情况):

$$P_{t_N}(v) = \frac{P_{t_N}^*(v)p_0(x)}{[1 - P_{t_N}^*(v)]p_0(x) + P_{t_N}^*(v)p_1(x)} \tag{6.23}$$

式中: $P_{t_N}^*(v)$ 是 t_N 时刻第 v 个单元存在目标的先验概率[①]。

---

① 原文中为后验概率,译者将其改为先验概率。

对第 v 个单元完成扫描之后,扫描过的单元和未扫描到的单元中存在目标的概率都会发生变化,如某个单元中存在目标的概率增大,那么其他单元中存在目标的概率就相应减小。

对第 i 个单元的下一次扫描将在时间间隔 τ 之后进行,因此在计算 $t_N + \tau$ 时刻存在目标的后验概率时,需要考虑目标移动到其他单元的概率,如果没有新目标,还要计算雷达覆盖范围内出现新目标的概率 $P_\tau(i)$。在 $t_N + \tau$ 时刻第 i 个单元中存在目标的概率为

$$P_{t_N+\tau}^*(i) = \left[1 - \sum_{i=1}^{N} P_{t_N}(t) \right] P_\tau(i) + \sum_{j=1}^{N} P_\tau(i \mid j) P_{t_N}(j) \tag{6.24}$$

控制算法一直如此运行,当扫描结束时,天线波束将会指向存在目标后验概率最大的那个单元,而不再对其他单元进行扫描,其中扫描停止的决策是根据存在目标的后验概率达到给定值(即门限)做出的。

6.3.3 未知数量目标检测时的最佳扫描控制

假定在雷达覆盖范围内存在一组不相关的目标,且这些目标的存在与否以及运动情况(即从一个单元移动到另一个单元)均是相互独立的。与稀疏流量模型类似,假定每个单元中存在多于一个目标的概率为零。与 6.3.2 节相同的是,在时间 τ 内第 i 个单元内存在目标的概率为 $P_\tau(i)$,目标从一个单元移动到另一个单元的概率为 $P_\tau(i \mid j)$。最佳扫描控制就是选取下一次扫描时存在目标后验概率最大的单元,但在这个过程中雷达覆盖范围内存在多个目标的事实将产生重要影响,因此就需要给出顺序查找各个单元(包括存在目标概率最小的单元)的方法。根据以上事实,控制算法的工作过程为

(1) 在各个单元中存在目标后验概率均较小的扫描初期,对具有最大概率 $P_t(v) = \max_i P_t(i)$ 的第 v 个单元进行扫描。

(2) 经过扫描后如果 $P_t(v)$ 持续增大,则继续对第 v 个单元进行扫描直至达到门限值 $C1$(该值根据容许的虚警概率 P_F 给出),然后做出目标是否存在的判决,并停止对该单元的扫描。

(3) 将扫描切换到具有最大概率 $P_t(i)$ 的未扫描单元中,如果经过扫描后该单元存在目标的后验概率减小,就要重新选取具有最大概率 $P_t(i)$ 的单元进行扫描。

(4) 对存在目标后验概率减小的单元继续进行扫描,直至其概率小于门限值 $C2$(该值根据确认没有目标所需的扫描次数给出)。

(5) 将检测到目标的单元加入到候选单元队列中(原因在于目标的运动),以便当该单元中存在目标的概率低于门限 $C1$ 时进行扫描。

从扫描开始到检测到所有目标所需扫描次数最少的角度来说,上述算法是最佳的。此时存在目标的后验概率为:

(1)对于刚扫描过的第 v 个单元,即式(6.22)。

(2)对于未扫描到的单元:

$$P_{t_N}(i) = P_{t_N}^*(i), i \neq v \tag{6.25}$$

考虑到目标的运动和新目标的出现情况,在 $t_N + \tau$ 时刻的下一次扫描中存在目标的后验概率为

$$P_{t_N + \tau}^*(i) = \sum_{j=1}^{N} P_\tau(i \mid j) P_{t_N}(j) + P_\tau(i) \tag{6.26}$$

以上各式都考虑了雷达覆盖范围内目标分布模型的特性,各个单元是相互独立的,一个单元内存在目标后验概率的变动不会影响其他单元存在目标的后验概率。如果在目标检测时采用上述方法,对最佳扫描控制算法进行综合的不足之处,在于未对扫描雷达覆盖范围所需的能耗加以限制。因此,还需要寻找解决扫描最优化控制的其他方法。

采用固定时间 T_s 内检测到的目标平均数量最大化准则是非常有用的。由于雷达覆盖范围包含多个分辨单元,可得

$$E\{T_s\} = \max_{\varphi_i} \sum_{i=1}^{N_{cell}} P_t(i) P_s(\varphi_i) \tag{6.27}$$

此处的条件是

$$\sum_{i=1}^{N_{cell}} \varphi_i = E_S, \quad \varphi_i \geqslant 0 \tag{6.28}$$

式中: E_S 为扫描期间的总能耗; N_{cell} 为雷达覆盖范围内的分辨单元数量; $P_t(i)$ 为第 i 个单元中存在目标的先验概率; φ_i 为对第 i 个单元进行扫描的能耗; $P_s(\varphi_i)$ 为在扫描能耗为 φ_i 的条件下第 i 个单元的目标检测概率。

式(6.27)所给准则可将有限的能量资源在各单元间最佳分配,但却解决不了对各单元的最佳扫描顺序问题。在对雷达覆盖范围进行扫描的能量资源有限的条件下,自然应该考虑结合使用式(6.21)和式(6.27),从而使对所有目标进行检测所需的时间最少。此时最佳扫描控制问题必须分成两个步骤解决:

(1)当用式(6.27)解决问题时,需要给出扫描雷达覆盖范围所需能耗的最佳分配情况,比如可用每个单元所需的扫描次数表示。

(2)当各单元能耗分配确定下来并采用式(6.21)的准则时,需要给出雷达覆盖范围内各单元的最佳扫描顺序。可以采用排队论的方法,尤其是采用减小比值 $P_t(i)/N_i$ 的请求服务最佳准则,其中 N_i 是雷达覆盖范围内第 i 个方向上的扫描次数。

最佳控制算法的设计过程为

（1）获得 t_N 时刻雷达覆盖范围内各单元存在目标的先验概率 $P_{t_N}(i)$，$i=1$，$2,\cdots,N$。

（2）当搜索信号的周期 T 固定时，用扫描次数 N_0 给出扫描雷达覆盖范围所需的能量资源。

（3）如果给出了雷达覆盖范围内每一单元的雷达最大作用距离 $R_{\max_i}$ 和目标的散射截面 S_{tg_i}（脉冲功率 P_{p} 和脉冲宽度 τ_{p} 均已知），就可确定出单次扫描中目标回波信号的能量 E_{s_i}、干扰和噪声的总功率谱密度 $\mathscr{N}_{\Sigma_i}$，以单个脉冲进行扫描时的信噪比 $\mathrm{SNR}_i = q_i^2 = E_{s_i}/\mathscr{N}_{\Sigma_i}$（雷达接收机是基于广义检测器构建的）以及 N_i 个脉冲积累的信噪比 $\mathrm{SNR}_{N_i} = q_{N_i}^2 = N_i q_i^2$。

（4）以扫描第 i 个单元为例，假设目标回波信号是不相参的脉冲串，其同相和正交分量具有独立的瑞利起伏特性。这种情况下，包含 N_i 个脉冲的脉冲串的虚警概率 P_{F} 和检测概率 P_{D} 分别为[15]

$$P_{\mathrm{F}}(N_i) = \frac{1}{2^{N_i}(N_i-1)!} \int_{K_g}^{\infty} X_i^{N_i-1} \exp(-0.5X_i)\,\mathrm{d}X_i \tag{6.29}$$

$$P_{\mathrm{D}}(N_i) = \frac{1}{2^{N_i}(N_i-1)!} \int_{K_g/(1+q_i^2)}^{\infty} X_i^{N_i-1} \exp(-0.5X_i)\,\mathrm{d}X_i \tag{6.30}$$

式中：X_i 是广义检测器输出端归一化后电压幅度（信号+噪声）的和；K_g 是根据虚警概率得到的归一化门限，用于广义检测器的回波信号检测。

（5）单次扫描中各单元能量资源的最佳分配问题通过各单元的扫描脉冲数量解决，即

$$E\{N_0\} = \max_{N_i} \sum_{i=1}^{N_{\mathrm{tg}}} P_t(i) P_s(N_i), \quad \sum_{i=1}^{N_{\mathrm{tg}}} N_i = N_0 \tag{6.31}$$

由此可以得到一系列脉冲串 $N_1, N_2, \cdots, N_{N_{\mathrm{tg}}}$ 用来对雷达覆盖范围内的所有单元进行扫描。

（6）确定比值 $P_t(i)/N_i$，将它们按照降序排列，然后根据比值 $P_t(i)/N_i$ 的序号开始顺序扫描所有单元。

这样就可得到一种可能的方法对目标扫描最优控制算法进行设计和实现，但在实际工作中这个算法的实现比较困难，原因在于如下的方法特点和计算特点：

（1）对于雷达来说，所采用的覆盖范围单元模型是不可接受的，至少还应考虑到具有离散方向扫描的模型，因此要么放弃雷达覆盖范围的单元模型，要么在每一方向都要具有同时扫描的一系列单元，文献[15]讨论了相应的方法，

但其实际应用却非常复杂。

（2）主要问题在于如何获得单元中存在目标的后验概率，并利用单元扫描数据计算出这些概率。但事实是每次扫描后的后验概率计算起来非常麻烦，而且计算过程与6.3.2节给出的搜索信号参数选择方法和调整设备以处理这些参数的方法不相匹配，如在这种情况下完全不清楚该如何控制设备以对抗无源干扰。

（3）根据式(6.27)的准则来确定扫描雷达覆盖单元所需的脉冲串也非常麻烦，而且不支持实时信号处理，另外还需知道雷达覆盖范围内各单元（方向）中存在目标的先验概率。

根据前面的讨论，在实际工作中，应当基于空域搜索和目标空间分布的最简单假设对信号处理和复杂雷达系统控制子系统进行设计，即假定搜索空域由同样的搜索区域组成，各区域中目标的种类相同。根据复杂雷达系统的用途和研发条件，对每个区域的目标密度进行预估，将所选扫描区域中每个方向上存在目标的概率看作是均等的，并假设噪声与扫描区域无关，因此在搜索目标时就没有优先方向，对于区域的扫描可按周期 T_s 顺序、均匀进行。这种情况下的扫描控制问题就转变为对区域扫描周期进行优化，比如对进入扫描区域内的目标，在利用有限的能量资源检测到目标之前，可以采用平均时间最小化准则对扫描周期进行优化。后文将对这种算法的一种可能实现方法进行讨论。

6.3.4 空中目标检测与跟踪的扫描控制算法实例

下面以雷达子系统为例分析扫描控制方式，此处假设能量资源是根据真实的目标和噪声环境在目标检测模式和目标跟踪模式之间独立进行分配的。首先讨论扫描控制算法设计的一般描述，然后再介绍相应的控制算法流程图。

首先需要说明的是，双模式雷达进行扫描所需的能量资源是个随机变量，该变量取决于跟踪目标的数量，如在工作的初始阶段，当尚未跟踪上任何目标时，所有的能量都用于在扫描空间（即雷达覆盖范围）中搜索新目标，随着目标的出现以及跟踪目标数量的增多，用于搜索的能量变少，由于跟踪模式的优先级高于检测模式，所以用于搜索的能量非常少，甚至接近于零。在复杂雷达系统的稳态工作模式下，跟踪目标的数量也会有较大的变化。

在搜索模式中，对每个方向进行扫描所需的能量资源既取决于目标、干扰和噪声的特性与参数，也与该模式采用的信号处理算法有关。前面章节曾提到过，信号处理时采用序贯分析算法和两阶段信号检测算法可令扫描方向的能耗最小。根据本章讨论的扫描控制方法和目标搜索方法，在每一次切换到新方向后，可以根据对噪声环境的分析以及雷达覆盖边界最远处给定的目标检测概率

（其有效散射截面 S_{tg_i} 已知）确定该方向的扫描次数，因此搜索模式下方向扫描的次数并非受控参数。

实际工作中，在搜索空间的每个方向计算存在目标的概率非常困难，但对于空间中某些明确界定的区域，可以计算出穿过区域边界的目标的参数和特性，进而，基于对目标执行任务时功能的先验分析，计算出目标的边界穿越概率，当然此处要认为目标有可能从任意方向进入该区域。如果认为每一搜索区域内的目标均有近似相同的散射截面，那么搜索区域的最远边界对应着该区域内的雷达最大作用距离。根据最佳控制的一般规则，必须将扫描过程视作受控环节之一。

一般来说，扫描区域的服务优先级不同。优先级既与目标的重要程度有关，也与搜索周期和进行扫描的计算量有关，特别当满足条件 $\bar{t}_{S_i}/T_{S_i} \to \min$（即用于扫描的能耗最小）时，将最高优先级分配给第 i 个区域，其中 $\bar{t}_{S_i}$ 是搜索第 i 个区域的平均时间，T_{S_i} 是对第 i 个区域的扫描周期。对于其他区域来说，扫描能耗越大，优先级越低。

在扫描空间内需要建立一个缓冲区，在其中对进行目标检测和目标跟踪所需的能量进行均衡。缓冲区内的扫描周期没有严格限制，只需根据在其中检测到的目标点起始新航迹的条件给出扫描周期的上界 T_S^*（即满足 $T_{S_{bz}} < T_S^*$）即可，这种情况下只有缓冲区的远界作用距离 R_{bz} 是受控参数。根据各区域的优先级对能量资源进行分配和使用，而缓冲区的远界对应着进行目标搜索时的能耗均衡情况，因此对 R_{bz} 的控制是扫描控制系统的最后一步操作。

根据上述讨论的内容，可将最佳扫描控制问题表示为

（1）最佳准则为

$$\gamma_{opt} = \max_{T_{S_{bz}}} R_{bz} \tag{6.32}$$

（2）约束条件为

$$T_{S_{bz}} < T_S^* \quad \text{并且} \quad R_{bz}^{\min} \leq R_{bz} \leq R_{bz}^{\max} \tag{6.33}$$

图 6.6 给出了扫描控制算法的流程图，该算法根据所建立的控制循环周期运行。一个控制循环就是控制命令输出之间的时间间隔，对于优先级高的区域，将其时间间隔设置为扫描周期 T_{S_i} 的整数倍，其他优先级区域的扫描周期也是 T_{S_i} 的整数倍。

在第 k 个控制循环 $T_{c_k} = t_k - t_{k-1}$，控制算法从计算缓冲区中的扫描方向数量 $N_{bz}^{(k)}$ 开始运行（模块 1 和模块 2），然后利用下式确定扫描优先区域所需的时间（模块 3）：

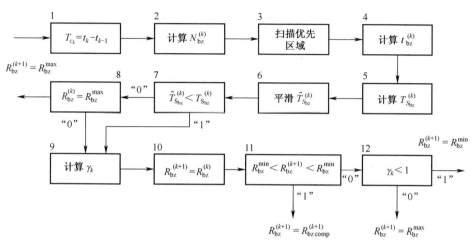

图6.6 扫描控制算法流程图

$$t_{\Sigma}^{(k)} = \sum_{j=1}^{v} t_{S_j}^{(k)} \qquad (6.34)$$

式中,v 是优先区域的数量。而

$$t_{S_j}^{(k)} = \sum_{l=1}^{v_j} N_{j_l}^{(k)} T_j \qquad (6.35)$$

是周期为 T_{c_k} 的第 k 个循环中,扫描第 j 个优先区域所需的时间;v_j 是在周期 T_{c_k} 内对第 j 个优先区域的扫描次数;$N_{j_l}^{(k)}$ 是第 k 个循环中对第 j 个优先区域进行第 s 次扫描中的扫描脉冲数量;T_j 是扫描第 j 个优先区域的搜索脉冲重复周期。第 k 个循环中扫描缓冲区的时间:

$$t_{bz}^{(k)} = T_{c_k} - t_{\Sigma}^{(k)} \qquad (6.36)$$

可由模块4进行计算。基于第 k 个循环中的数据,对缓冲区的搜索周期为

$$T_{S_{bz}}^{(k)} = \frac{N_{bz}}{N_{bz}^{(k)}} t_{bz}^{(k)} \qquad (6.37)$$

式中:N_{bz} 是由模块5给出的缓冲区内方向扫描数量,然后通过一些控制循环将扫描周期进行平滑(模块6)。

在一阶近似的情况下,可假设在较小的观测间隔内扫描周期变化较慢,于是就可采用简单形式的指数平滑公式[17]

$$\hat{T}_{S_{bz}}^{(k)} = (1 - \iota) T_{S_{bz}}^{(k)} + \iota \hat{T}_{S_{bz}}^{(k-1)} \qquad (6.38)$$

式中:ι 是表示平滑系数的常数,$0 < \iota < 1$。然后将扫描周期 $\hat{T}_{S_{bz}}^{(k)}$ 与容许值进行比较(模块7),即

$$\hat{T}_{S_{bz}}^{(k)} < T_{S_{bz}} \qquad (6.39)$$

如果满足式(6.39)的条件,就需要确认缓冲区内的雷达作用距离 R_{bz}^{max} 是否为最大值(模块8)。如果是最大值,那么复杂雷达系统的控制算法接收下一循环的指令:

$$R_{bz}^{(k+1)} = R_{bz}^{max} \qquad (6.40)$$

如果条件

$$T_{S_{bz}}^{(k)} > T_{S_{bz}}^{*} \qquad (6.41)$$

能够满足,由模块9计算缓冲区内雷达作用距离 $R_{bz}^{(k+1)}$ 的变化系数 γ_k 以确保对扫描周期的时长加以限制。该系数取决于缓冲区内上一次的雷达作用距离 $R_{bz}^{(k)}$ 以及偏差

$$\Delta T_{S_{bz}}^{(k)} = | \hat{T}_{S_{bz}}^{(k)} - T_{S_{bz}}^{*} | \qquad (6.42)$$

于是该系数可表示为

$$\gamma_k = f(R_{bz}^{(k)}, \Delta T_{S_{bz}}^{(k)}) \qquad (6.43)$$

模块10计算缓冲区内的雷达作用距离:

$$R_{bz}^{(k+1)} = R_{bz}^{max} \gamma_k \qquad (6.44)$$

当满足式(6.39)且 $R_{bz}^{(k)}$ 并非最大值时,也要对缓冲区内的雷达作用距离 $R_{bz}^{(k+1)}$ 进行计算。这种情况下首先计算 γ_k,然后得到更准确的雷达作用距离 $R_{bz}^{(k+1)}$。很显然,如果不满足式(6.39)那么 $\gamma_k < 1$,如果不满足最优准则式(6.44)那么 $\gamma_k > 1$。对于所有情况都应检查缓冲区内雷达作用距离的两个约束条件,如果满足则由模块11计算 $R_{bz}^{(k+1)}$,不满足则由模块12对不等式 $\gamma_k < 1$ 进行判断,若该不等式成立,则模块12给出:

$$R_{bz}^{(k+1)} = R_{bz}^{min} \qquad (6.45)$$

否则就要采用式(6.44)的结果。至此控制算法循环结束。

需要强调的是,此处给出的实例是仅供分析的扫描控制算法的一种可能实现方式,在设计复杂雷达系统时还要与其他实现方式进行比较。

6.4 目标跟踪时的能量资源控制

6.4.1 控制问题描述

目标跟踪模式可以分为两个阶段。第1个是检测到新目标航迹之后立即开始的预跟踪阶段,对新目标航迹参数的分析必须能够评估目标的重要程度(即是否具有威胁性),或者说要给出目标相对于被保护对象、提供起降服务的机场或其他受控点的运动参数和特性。另外,根据获得的目标航迹和信号处理数据,还需给出为目标提供服务的可预测航线,如针对空中目标的机场或者空

基、海基或陆基的其他位置。评估目标重要性所需的目标信息精度取决于目标与系统的指派情况,为了减少评估目标重要性所需的时间,需要采用可变的定位频次,并且定位频次还要尽可能高。

第 2 个是目标的稳定跟踪阶段,该阶段从完成目标重要性评估并给出目标服务航线之后开始。因为只有在边界线处达到给定的目标航迹估计精度时,才能提供符合要求的目标服务和跟踪,因此第 2 个阶段的主要任务就是当目标航迹信息稳定时,积累关于目标航迹参数的信息,并在需要的时刻进行信息外推。目标航迹参数估计的精度取决于目标坐标测量精度和观测(测量)次数,此时信号处理算法(尤其是滤波算法)的选择非常重要,一般情况下要求在能耗最小和数字信号处理系统负担最轻的条件下达到所需的精度。当然这些要求之间存在矛盾,原因在于只有采用复杂的信号处理算法或滤波算法才能提高精度和目标跟踪子系统可靠性,比如采用自适应信号处理算法将增加数字信号处理子系统的负担,而提高坐标测量的频次(即增加观测或测量的次数)则将增大复杂雷达系统的能耗。

在设计复杂雷达系统数字信号处理子系统的过程中,为了减轻数字信号处理子系统的负载,有时需要采用简单的滤波算法或其他类型的简单数字信号处理算法,但算法的简化将使得复杂雷达系统跟踪每个目标所需的能耗增加,或者说复杂雷达系统数字信号处理子系统通道的跟踪目标数量将会减少。显然,只有数字信号处理子系统的额外负担很小且在复杂雷达系统技术规范的允许范围内,数字信号处理算法的简化才有意义。

下面回到目标服务航线所要求的目标信息精度问题,并简要讨论精度的衡量标准是什么,即第 2 个阶段中目标跟踪品质因子的度量问题。目标跟踪的精度问题可由目标跟踪参数误差的相关矩阵进行描述,但由于误差相关矩阵是多维的,不能用作目标服务航线上目标跟踪精度的统一标准,因此就需要选择一个标量因子,并使其包含估计误差相关矩阵的绝大部分完整信息,下面给出可以选用的几种因子。

行列式:对角形的或经因式分解后的误差相关矩阵的行列式为

$$\det \boldsymbol{\Psi}_{n_f} = | \boldsymbol{\Psi}_{n_f} | = \prod_{l=1}^{s} \sigma_{l_n}^2 \tag{6.46}$$

式中:$\sigma_{l_n}^2$ 是第 n 步时第 l 个参数估计误差的方差。对于因式分解的相关矩阵,对角元素 $\sigma_{l_n}^2$ 等于相应单位误差椭球体主轴长度的平方,因此式(6.46)表示误差椭球体的体积。如果误差椭球体是长椭型的,即使某一主轴的方差极大,式(6.46)的行列式的值也可能很小,这正是该因子的最大不足。

迹:误差相关矩阵的迹为

$$\mathrm{tr}\,\boldsymbol{\Psi}_{n_f} = \sum_{l=0}^{s} \sigma_{l_n}^2 \qquad (6.47)$$

这种情况下,部分参数的高精度估计并不会给因子的整体值做出什么贡献,反而是其中精度较差的一个或几个坐标的估计会产生较大影响。

最大特征值: 误差相关矩阵的最大特征值为

$$\max\lambda_{l_n} = \max_l \sigma_{l_n}^2, l = 1, 2, \cdots, s \qquad (6.48)$$

这个因子给出的是误差椭球体的球形估计,其中$\max\limits_l \sigma_{l_n}^2$等于球体半径的平方,误差椭球体内切于该球体。

6.4.2 目标跟踪模式下控制算法实例

根据采用的初始假设,目标跟踪模式下检测到新目标航迹后即开始对目标的信息进行处理。在这个模式下,首先对目标相关信息进行积累,然后改善目标参数的估计精度,以根据重要程度对目标进行分类。在第 2 个阶段,如果目标重要程度的定量度量超过了给定门限,就需要对其进行单独跟踪。

基于能耗最小和计算负荷最小的准则,图 6.7 给出了目标跟踪模式下数字信号处理算法的简单流程图,其中包含必要的控制单元。按照控制算法的指令,根据脉冲串给出的时刻 t_n^{scan} 将天线波束指向第 j 个目标的预期方向(β_{tg_j},$\varepsilon_{\mathrm{tg}_j}$),同时对雷达距离进行采样(模块 1)。在对波门内进行数字信号处理的过程中,选取从属于目标航迹的目标点,并将其坐标变换为直角坐标(模块 2)。下一步检查分类因子的值 P(模块 3),如果 $P=1$ 则目标处于稳定跟踪状态,如果 $P=0$ 则处于过渡状态,后者的目标航迹参数由线性滤波器 F1 进行处理(模块 4)。然后检查目标航迹参数估计的方差或其他广义精度因子是否符合解决目标重要性评估问题的条件(模块 5),如果精度不满足要求,就要在如下时刻安排下一次扫描:

$$t_{n+1}^{\mathrm{scan}} = t_n^{\mathrm{scan}} + T_{\mathrm{renew}} \qquad (6.49)$$

式中,T_{renew} 是目标预跟踪的更新周期(模块 6)。然后,计算时刻 t_{n+1}^{scan} 的参数外推值(模块 7),将这些参数变换到复杂雷达系统的坐标系(模块 8),并生成新的测量请求(模块 9)。

如果获得的精度足以用于分类,那么令 $P=1$(模块 10)并评估目标的战术重要性(模块 11),所要评估的最简单因素就是目标的运动速度和方向。对目标重要性 M_{tg} 的定量评估是通过与门限 M_{th} 进行比较(模块 12),如果 $M_{\mathrm{tg}} < M_{\mathrm{th}}$,就利用雷达覆盖范围内的周期扫描数据对目标进行群组跟踪(模块 13),如果 $M_{\mathrm{tg}} > M_{\mathrm{th}}$,则认为该目标是重要目标并对其进行单独跟踪。为此,需要首先解决每个方向的扫描次数 N_{sc}(即脉冲串中的脉冲数)以及从启动单独跟踪至到达目标服务航线的定位点数 n_{sc} 的优化问题(模块 14)。一般情况下,根据问题描述的约束条件,应基于复杂雷达系统能耗最小的准则选取 N_{sc} 和 n_{sc} 的最佳值。由相应的数字信号处理算法模块记录下包含更新周期和每个定位点扫描次数的计算结果,并将其用于复杂雷达系统运行模式的调度。

在对目标的单独跟踪中,需要采用比前一阶段更为复杂的数字信号处理算法进行参数滤波,如第 5 章讨论的自适应数字信号处理算法。虽然自适应数字信号处理算法的采用会导致滤波器 F2 的实现变得更加复杂,但对于机动目标可在容许的平滑动态误差下保持稳定的周期或信息的更新。自适应滤波器 F2 输出的目标航迹参数送至显示系统、用户(模块 17)以及天线控制模块(模块 17 和后续模块)。

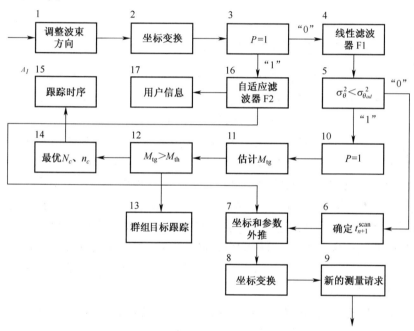

图 6.7　目标跟踪模式中数字信号处理算法流程图

对于所分析的实例,对重要目标航迹的直接控制转化为基于能耗最小化准则给出每个目标的合理测量时序,此处假设计算负荷足以实现相应的控制算法。为在一般情况下分析这种问题,需要附加如下关于能量消耗和计算负荷的约束条件:

(1)采用两种不同的目标跟踪模式:对重要目标进行单独跟踪,对重要性低于门限的目标进行群组跟踪(该模式下不需要额外的能耗)。

(2)在目标预跟踪阶段使用线性平滑滤波器,从而减轻计算负荷。

(3)当在目标服务航线上获取重要目标的信息时,要使达到给定精度所需的能耗最小化。

总之,在特定条件下设计目标跟踪算法时要注意以下两个要点:

(1)对于已经详细讨论过的双模式复杂雷达系统,目标跟踪处理方式应当是:无论重要性如何均应对所有的目标进行处理,而对重要目标则应额外使用单独的跟踪模式进行处理。这种情况下,数字信号处理的控制会变得简单,对重要目标的跟踪可靠性提高,但数字信号处理算法的负担也会增加。

(2)达到给定的精度时,可将重要目标分配给直接服务系统,但并不能从跟踪模式中删除这些目标,在能够提供它们的完整服务信息或者这些目标离开扫描区域之前,必须对其保持跟踪和观测。目标跟踪最后阶段的目标更新周期必须保证输出参数的精度达到给定程度,或者确保对目标的稳定跟踪(即没有错误)。

6.4.3　精度校正时的能耗控制

在每一目标的参数估计精度达到信息发布所需的给定程度之前,都应基于能耗最小化准则在相同的条件下对目标跟踪模式进行控制,其中扫描信号的脉宽 τ_{scan}、搜索信号脉冲重复周期 T、收发天线的波束宽度、每个目标定位点的扫描次数 N_{sc} 以及目标航迹测量区间内的定位点数 N_1 都可以作为受控参数。实际工作中,可以尝试减少受控参数的数量,如当仅需测定单个目标的坐标时可只考虑扫描次数 N_{sc}(即扫描脉冲串的容量),或者说将达到给定精度所需的对目标航迹坐标的测量(或更新)次数作为受控参数。这种情况下,目标跟踪模式的控制问题转化为复杂雷达系统对多个目标的每一目标提供最佳的工作时序。控制过程就是包含对第 j 个目标的坐标测量时刻 $t_j^{measure}$($j = 1, 2, \cdots, N_{tg}$,N_{tg} 是扫描区域内的目标数量)以及第 i 次($i = 1, 2, \cdots, N_{l_j}$)测量期间对第 j 个目标的扫描持续时间 $N_{c_{ij}}T$ 的指令。

目标跟踪模式的最佳控制问题可以通过数学编程方法(即软件)解决,但这些方法非常麻烦且并非总是合适,尤其是在复杂雷达系统的动态运行模式下。下面分析最简单也最容易实现的控制问题解决方法,令信息精度已经达到可以发布的要求,并以目标坐标估计的最大方差作为精度的度量,假设在测量精度相同、测量间隔相等的条件下对目标跟踪进行控制,就需要针对每个目标选定 N_{sc_j} 和 N_{l_j},以确保达到给定精度时复杂雷达系统的能耗最小。于是可采用如下最佳控制问题的约束条件:

(1)在进行分析的时间范围内,目标航迹是线性的。

(2)根据测量的可靠性要求确定 $N_{sc_j}^{min}$ 的最小值,即积累结果必须满足:

$$\mathrm{SNR}_\Sigma = N_{sc_{ij}} q_{1_j}^2 > q_{th}^2 \tag{6.50}$$

式中，$q_{1_j}^2$ 是第 j 个目标单个脉冲回波的能量信噪比。从而根据测量精度与能量信噪比之间的公式[18-24]，得到符合要求的信噪比。

（3）测量周期由目标航迹外推的容许误差限定。

更进一步，假如目标做匀速圆周运动，可以只考虑角坐标的情况，此时的测量精度为

$$\sigma_{\theta_j}^2 = \frac{\theta_{0.5}^2}{\pi q_{1_j}^2 N_{c_j} L_{ac}} \tag{6.51}$$

式中：L_{ac} 是积累损耗系数。如果给定复杂雷达系统的特性及参数、目标、噪声和干扰，那么

$$\sigma_{\theta_j}^2 = \frac{const}{N_{c_j}} \tag{6.52}$$

另一方面，当测量精度相同、测量间隔相等时，线性目标航迹的坐标滤波误差的方差为（见第 5 章）：

$$\sigma_{\hat{\theta}_j}^2 = \frac{2(2N_{1_j} - 1)}{N_{1_j}(N_{1_j} + 1)} \sigma_{\theta_j}^2 \tag{6.53}$$

此处必须满足：

$$\sigma_{\hat{\theta}_j}^2 \leqslant \sigma_{\hat{\theta}_{jaccept}}^2 \tag{6.54}$$

式中：$\sigma_{\hat{\theta}_{jaccept}}^2$ 是信息发布时滤波误差的容许方差值。根据式（6.52）和式（6.53），可得

$$\frac{2(2N_{1_j} - 1)c}{N_{1_j}(N_{1_j} + 1)N_{c_j}} = \sigma_{\hat{\theta}_{jaccept}}^2 \tag{6.55}$$

这样就得到了未知参数 N_{sc_j} 和 N_{1_j} 之间的关系。如果已知其中一个参数，根据式（6.55）就可获得另外一个参数，于是可以确定出能耗。应当选择如下参数作为能耗的度量：

$$K_j = N_{sc_j} N_{1_j} \tag{6.56}$$

这种情况下最优控制问题就转化为选择 $\{N_{sc_j}^*, N_{1_j}^*\}$ 以使 K_j 最小化：

$$K_{jmin} = \min_{\{N_{sc_j}^*, N_{1_j}^*\}} (N_{sc_j} N_{1_j}) \quad 满足 \quad N_{sc_j}^* \geqslant N_{sc_j}^{min}, N_{1_j}^* \geqslant N_{1_j}^{min}, \sigma_{\hat{\theta}_j}^2 \leqslant \sigma_{\hat{\theta}_{jaccept}}^2 \tag{6.57}$$

该计算比较简单，可以实时处理，图 6.8 给出了式（6.57）的计算结果，其中根据信噪比以及单次测量的能耗给出了复杂雷达系统的能耗参数。从图 6.8 可以看出，由于单次测量精度的提高会导致总能耗 K 的增加，因此需要对 N_{sc} 的

最小容许值进行选择,并且计算出为优化目标跟踪过程所需的相应 N_1,那么基于已经简化的准则,在对第 j 个目标进行跟踪的模式优化就是进行如下两步操作:

(1) 基于能量信噪比计算满足条件 $\sigma_{\hat{\theta}}^2 \leqslant \sigma_{\hat{\theta}_{jaccept}}^2$ 的扫描信号数量 N_{sc_j};

(2) 根据已知的 $\sigma_{\hat{\theta}_{jaccept}}^2$ 和 $\sigma_{\hat{\theta}_j}^2$,利用式(6.53)计算 N_{1_j}。

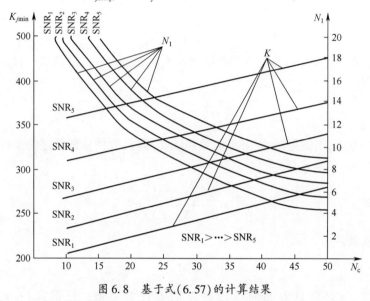

图 6.8　基于式(6.57)的计算结果

6.5　目标搜索与跟踪复合模式下的能量资源分配

在复杂雷达系统对重要目标进行单独跟踪时,如果检测到了新目标,就会产生有限能量资源在两个模式间的分配问题。此时要根据每种模式下的数字信号处理品质因子选取最佳分配准则,如在保证对于新目标的检测达到给定检测概率 P_D 的同时,保持目标跟踪数量的最大化,且精度均达到信息发布的要求,或是目标跟踪数量达到给定数量要求的同时使得搜索模式下的目标检测时间最短等。

一般情况下,目标扫描模式和跟踪模式之间的能量资源最优分配问题是无解的,本节对具有可控方向图的双模式复杂雷达系统的能量资源分配问题给出一种可能的工程实现方法。在最简单的情况下,当雷达覆盖范围内任何区域中都可能出现新目标,但目标出现的先验概率都不高时,就可将目标跟踪模式看作是高优先级模式,该模式的任何能量资源请求都将首先得到满足,剩余的能量资源可用于新目标搜索模式。当采用给定的扫描周期进行群组跟踪时,一旦给定真实目标(没有错误跟踪)的跟踪概率,这种模式下的最大容许扫描周期 $T_{\text{scan}}^{\text{per}}$ 也就固定了。

当跟踪目标的数量较少时,对雷达覆盖范围进行扫描所需的时间减少,此时所产生的额外能量就可用于改善目标检测。随着跟踪目标数量的增加,所需的能耗也相应增加,在某种工作情况下会使分配给搜索新目标的剩余能量不再满足条件 $T_{\text{scan}} < T_{\text{scan}}^{\text{per}}$,这时就要开始对两种模式间的能量资源进行限制和分配。如首先对搜索新目标的区域加以限制,直到在某些维度上可以节余一部分能量并能降低扫描周期 T_{scan},如果这种方式还不能降低扫描周期 T_{scan},就需要从单独跟踪的重要目标中将重要性稍低的那些目标转移到群组跟踪目标中,或者采取其他措施等。

下面分析复杂雷达系统双模式运行时实现能耗均衡的基本关系。设在第 i 次扫描 M_i 中对目标进行跟踪,令

$$t_{ij}^{\text{search}} = N_{ij}^{\text{search}} T \tag{6.58}$$

表示第 i 次扫描中对第 j 个($j=1,2,\cdots,M_i$)目标进行坐标测量所用的方向扫描时间,并以其代表所需的能耗,T_j^{search} 是第 j 个目标所需的更新周期,那么跟踪所有目标所需的能耗为

$$\Delta E_{ij}^{\text{search}} = \sum_{j=1}^{M_i} \frac{t_{ij}^{\text{search}}}{T_j^{\text{search}}} \tag{6.59}$$

令雷达覆盖范围内必须扫描的方向数量为 N_d,第 i 次扫描中雷达覆盖范围内的目标数量满足条件 $M_{d_i} \geqslant M_i$,并假设每个扫描方向只有一个目标。扫描过程是均匀的,对所有雷达覆盖单元都是均匀扫描的,那么第 i 次扫描中扫描所有方向所需的平均时间为

$$\overline{t_i^{\text{total}}} = (N_d - M_{d_i})\overline{\tau}_n + M_{d_i}\overline{\tau}_{\text{scan}} = N_d\overline{\tau}_n + M_{d_i}(\overline{\tau}_{\text{scan}} - \overline{\tau}_n) \tag{6.60}$$

式中:$\overline{\tau}_n$ 为没有目标的方向(即噪声方向)上的平均扫描时间;$\overline{\tau}_{\text{scan}}$ 为存在目标的方向上的平均扫描时间。

基于如下条件:

$$\Delta E_i^{\text{total}} = 1 - \Delta E_i^{\text{search}} = \frac{t_i^{\text{total}}}{T_i^{\text{total}}} \tag{6.61}$$

可以确定出雷达覆盖范围内第 i 次扫描的扫描时间:

$$T_i^{\text{total}} = \overline{t_i^{\text{total}}}\left(1 - \sum_{j=1}^{M_i} \frac{t_{ij}^{\text{search}}}{T_j^{\text{search}}}\right) \tag{6.62}$$

如果所得扫描时间满足条件 $T_{\text{scan}_i} < T_{\text{scan}}^{\text{per}}$,那么复杂雷达系统中的能耗是均

225

衡的,下一次扫描时就无需重新分配能量。如果该条件不满足,那么在下一次扫描时就应减少搜索区域,或是重新安排单独跟踪模式中的目标。以上控制任务应由上一级的控制模块完成。

下面分析一下复杂雷达系统有限能量资源分配的一般情况。设雷达覆盖范围内有多个区域,分别是 $Z_1, Z_2, \cdots, Z_l$,相应的周期为 $T_1^{\text{total}}, T_2^{\text{total}}, \cdots, T_l^{\text{total}}$ 并且至少有 $l+1$ 个区域的扫描约束条件为 $T_{\text{scan}_l} < T_{\text{scan}}^{\text{per}}$,在所有扫描区域内的目标跟踪方式相同,那么可用如下方法进行处理:与前文相同的是,目标跟踪的优先级最高,所扫描区域的优先级随着其序号的递增而降低,第 $l+1$ 个区域的优先级最低,而且高优先级区域的扫描请求会中断低优先级区域的扫描过程。开始时复杂雷达系统对于 $l+1$ 个区域可以做到能耗均衡,但高优先级的区域会影响能量分配的过程。

扫描第 k 个区域所需的能量资源比例为

$$\Delta E_{k_i}^{\text{total}} = \frac{\overline{t_{k_i}^{\text{total}}}}{T_k^{\text{total}}} \tag{6.63}$$

式中: $\overline{t_{k_i}^{\text{total}}}$ 是第 i 次扫描中对优先区域的平均扫描时间(计算方法与式(6.30)类似), T_k^{total} 是对第 k 个区域的扫描周期。

第 i 次扫描中扫描所有优先区域所需的能量资源为

$$\Delta E_i^{\text{total}} = \sum_{k=1}^{l} \Delta E_{k_i}^{\text{total}} \tag{6.64}$$

那么用于扫描低优先级的第 $l+1$ 个区域的剩余能量资源为

$$\Delta E_{l+1}^{\text{total}} = 1 - \sum_{k=1}^{l} \Delta E_{k_i}^{\text{total}} - \Delta E_i^{\text{search}} \tag{6.65}$$

于是又有

$$\Delta E_l^{\text{total}} = \frac{t_{(l+1)_i}^{\text{total}}}{T_{(l+1)_i}^{\text{total}}} \tag{6.66}$$

式中: $t_{(l+1)_i}^{\text{total}}$ 为第 i 次扫描中对低优先级的第 $l+1$ 个区域所需的扫描时间; $T_{(l+1)_i}^{\text{total}}$ 为第 i 次扫描中对第 $l+1$ 个区域的扫描周期。

于是扫描周期 $T_{(l+1)_i}^{\text{total}}$ 就可表示为

$$\frac{t_{(l+1)_i}^{\text{total}}}{T_{(l+1)_i}^{\text{total}}} = 1 - \sum_{k=1}^{l} \Delta E_{k_i}^{\text{total}} - \Delta E_i^{\text{search}} \tag{6.67}$$

如果满足条件 $T_{(l+1)_i}^{\text{total}} > T_{\text{scan}}^{\text{per}}$,由于跟踪目标的减少和优先扫描区域的扩大,就需要重新分配复杂雷达系统的能量资源。

6.6 总结与讨论

雷达工程师们拥有各种资源,如用于多普勒处理的时间资源,提供良好距离分辨能力的带宽资源,采用大口径天线的空间资源,进行远距离测量和精确测量的能量资源等。影响雷达性能的其他因素包括目标特性,经由天线进入的外界噪声,来自陆地、海洋、鸟群、雨滴等的杂波,来自其他电磁辐射源的干扰,地表和大气导致的传播效应等,这些因素在雷达系统的设计和应用中都有着非常重要的影响。

控制过程的层次性表现在从高层子系统到低层子系统信息传递的有序性,低层对于特定问题的解决结果是高层做出判决的基础。第一层次对于每一扫描方向的能耗、检测到的目标数量以及跟踪模式下的能耗等信息作为该层的解决方案上传至第二层次,已跟踪目标的数量 $n_{\text{tg}}^{\text{track}}$ 及其重要性以及对新目标区域的扫描时长等信息作为该层的解决方案上传至第三层次,同时第二层和第三层控制子系统将设备工作能力和任务解决质量等信息上传至第四层次,在该层对复杂雷达系统进行整体控制。

新目标搜索模式下的扫描指向控制分为两个阶段:第一阶段,进行发射信号参数的计算和选择。发射信号的参数必须与目标搜索工作模式以及指定方向的雷达最大作用距离相适应,另外,还要给出接收机的性能和信号预处理子系统的信号处理算法,在对指定方向进行扫描前就应完成这一阶段的工作。第二阶段,对接收信号的积累数量进行控制,如果采用的是序贯分析方式,那么当所有分辨单元都已给出"存在目标"或"没有目标"的判决之后就应停止积累,如果采用的是样本量固定的检测器,那么当目标回波信号的数量达到预定值就停止积累。在积累过程中,除载频 f_c 外,发射信号的初始参数保持不变。图6.3给出了搜索模式下完成方向扫描控制任务的算法流程图。

完成积累并对所扫描的方向做出判决后,将判决结果发送出去,并计算出对扫描方向进行观测所需的能量消耗和时间消耗(图6.3中模块9),由搜索模式的扫描管理算法或模式控制器对雷达天线波束进行控制。还需强调的是,所讨论的流程图只是新目标搜索模式下的一种控制方式,当然还有其他的控制方式,但从控制的一般理念(让复杂雷达系统子系统以及信号和数据处理子系统的各参数与环境参数相匹配)来说,它们所解决的问题以及所要完成的任务都是相同的。

控制算法与波门内的信号预处理和再处理子系统的基本运行算法存在着紧密的交互关系,在复杂雷达系统的目标跟踪模式中,这些算法相互协作以完成雷达天线方向图的波束控制。

对于雷达来说,控制过程是完成雷达覆盖范围的扫描以及选定距离扫描的方向和区间、天线方向图形状、搜索信号类型等。在本章中,扫描控制过程转化为天线波束指向的控制,在对算法进行分析时假定波束的形状和宽度保持不变。在对观测控制算法进行综合时,自然应该遵循平均风险最小的原则(决策错误导致的损失最小),不过这时相应代价函数的选取问题变成了一个难题。为了给出近似方法,可以采用如下假设:控制问题的对象是单个目标或多个不相关的目标;观测空间由很多单元组成,每个观测步骤(或扫描周期)仅扫描单个单元,此时控制步骤数是整数 v(即与观测单元数量一致);扫描第 v 个单元时的观测值 X 是一个随机标量,没有目标时服从分布 $p_0(x)$,存在目标时服从分布 $p_1(x)$,且认为这两个分布均是已知的。

分析表明,对雷达覆盖范围进行扫描的最优化控制算法,就是得到单元 $i(i=1,2,\cdots,N)$ 中存在目标的后验概率 $P_t(i)$,并选定下一次扫描的单元($i=v$),使得该单元内存在目标的后验概率最大,$P_t(v)=\max\limits_{i}P_t(i)$。当没有先验信息时,假定雷达覆盖范围内任一单元存在目标的概率均相等,在此假定下,可给出 $t=0$ 时刻的初始概率 $P_0(i)$。在时刻 t_N 进行扫描后(如对第 v 个单元),单元中存在目标的后验概率可以通过相应的公式确定,公式中用到了 t_N 时刻第 v 个单元存在目标的后验概率分布。对第 v 个单元完成扫描之后,扫描过的单元和未扫描到的单元中存在目标的概率都会发生变化,比如某个单元中存在目标的概率增大,那么其他单元中存在目标的概率就相应减小。

假定在雷达覆盖范围内存在一组不相关的目标,这些目标的存在与否以及运动情况(从一个单元移动到另一个单元)均是相互独立的。每个单元中存在多于一个目标的概率为零,这与稀疏流量模型相对应。与 6.3.2 节相同的是,在时间 τ 内第 i 个单元内存在目标的概率为 $P_\tau(i)$,目标从一个单元移动到另一个单元的概率为 $P_\tau(i\mid j)$。最佳扫描控制就是选取下一次扫描时存在目标后验概率最大的单元,但在这个过程中雷达覆盖范围内存在多个目标的事实将产生重要影响,因此就需要给出顺序查找各个单元(包括存在目标概率最小的单元)的方法。这样,控制算法给出了单元查找的顺序,包括存在目标概率较低的单元。从扫描开始到检测到所有目标所需扫描次数最少的角度来说,上述算法是最佳的。这样就可得到一种可能的方法对目标扫描最优控制算法进行设计和实现,但在实际工作中这个算法的实现比较困难。

在实际工作中,应当基于空域搜索和目标空间分布的最简单假设对信号处理和复杂雷达系统运行的控制子系统进行设计,假定搜索空域由同样的搜索区域组成,各区域中目标的种类相同。根据复杂雷达系统的用途和研发条件,对每个区域的目标密度进行预估,将所选扫描区域中每个方向上存在目标的概率看作是均等的,并假设噪声与扫描区域无关,因此在搜索目标时就没有优先方向,对于区域的扫描可按周期 T_s 顺序、均匀进行。这种情况下的扫描控制问题就转变为对区域扫描周期进行优化,比如对进入扫描区域内的目标,在利用有限的能量资源检测到目标之前,可以采用平均时间最小化准则对扫描周期进行优化。

在复杂雷达系统对重要目标进行单独跟踪时,如果检测到了新目标,就会产生有限能量资源在两个模式间的分配问题。此时就要根据每种模式下的数字信号处理品质因子选取最佳分配准则,比如在保证对于新目标的检测达到给定检测概率 P_D 的同时,保持目标跟踪数量的最大化且精度均达到信息发布的要求,或是目标跟踪数量达到给定数量要求的同时使得搜索模式下的目标检测时间最短等。

当跟踪目标的数量较少时,对雷达覆盖范围进行扫描所需的时间减少,此时所产生的额外能量就可用于改善目标检测。随着跟踪目标数量的增加,所需的能耗也相应增加,在某种工作情况下会使分配给搜索新目标的剩余能量不再满足条件 $T_{scan} < T_{scan}^{per}$,此时就要开始对两种模式间的能量资源进行限制和分配。如首先对搜索新目标的区域加以限制,直到在某些维度上可以节余一部分能量并能降低扫描周期 T_{scan},如果这种方式还不能降低扫描周期 T_{scan},就需要从单独跟踪的重要目标中将重要性稍低的那些目标转移到群组跟踪目标中,或者采取其他措施等。如果所得扫描时间满足条件 $T_{scan_i} < T_{scan}^{per}$,那么复杂雷达系统中的能耗是均衡的,下一次扫描时就无需重新分配能量。如果该条件不满足,那么在下一次扫描时就应减少搜索区域,或是重新安排单独跟踪模式中的目标。以上控制任务应由上一级的控制模块完成。

参考文献

1. Scolnik, M. 2008. *Radar Handbook*. 3rd edn. New York: McGraw Hill, Inc.

2. Scolnik, M. 2002. *Introduction to Radar Systems*. 3rd edn. New York: McGraw Hill, Inc.

3. Hansen, R. C. 1998. *Phased Array Antenna*. New York: John Wiley & Sons, Inc.

4. Mailloux, R. J. 2005. *Phased Array Antenna Handbook*. Norwood, MA: Artech House, Inc.

5. Cantrell, B., de Graaf, J., Willwerth, F., Meurer, G., Leibowitz, L., Parris, C., and R. Stableton. 2002. Development of a digital array radar. *IEEE AEES Systems Magazine*, 17(3): 22-27.

6. Scott, M. 2003. Sampson MFR active phased array antenna, in *IEEE International Symposium on Phased Ar-*

ray Antenna Systems and Technology, October 14－17, Boston, Massachussets, Isle of Wight, U. K. , pp. 119-123.

7. Brookner, E. 2006. Phased arrays and radars—Past, present, and future. *Microwave Journal*, 49 (1): 24-46.

8. Brookner, E. 1988. *Aspects of Modern Radar*. Norwood, MA: Artech House, Inc.

9. Wehner, D. R. 1995. *High-Resolution Radar*. 2nd edn. Boston, MA: House, Inc.

10. Nathanson, F. E. 1991. *Radar Design Principles*. 2nd edn. New York: McGraw-Hill, Inc.

11. Rastrigin, L. A. 1980. *Modern Control Principles of the Complex Objects*. Moscow, Russia: Soviet Radio.

12. Picinbono, B. 1993. *Random Signals and Noise*. Englewood Cliffs, NJ: Prentice-Hall, Inc.

13. Porat, B. 1994. *Digital Processing of Random Signals*. Englewood Cliffs, NJ: Prentice-Hall, Inc.

14. Therrein, C. W. 1992. *Discrete Random Signals and Statistical Signal Processing*. Englewood Cliffs, NJ: Prentice-Hall, Inc.

15. Bacut, P. A. , Julina, Yu. V. , and N. A. Ivanchuk. 1980. *Detection of Moving Targets*. Moscow, Russia: Soviet Radio.

16. Kontorov, D. S. and Yu. S. Golubev-Novogilov. 1981. *Introduction to Radar Systems Engineering*. Moscow, Russia: Soviet Radio.

17. Kuzmin, S. Z. 1974. *Foundations of Radar Digital Signal Processing Theory*. Moscow, Russia: Soviet Radio.

18. Helstrom, C. W. 1995. *Elements of Signal Detection and Estimation*. Upper Saddle River, NJ: Prentice-Hall, Inc.

19. Levanon, N. and E. Mozeson. 2004. *Radar Signals*. New York: John Wiley/IEEE Press.

20. Middleon, D. 1996. *An Introduction to Statistical Communication Theory*. New York: McGraw-Hill. Reprinted by IEEE Press, New York.

21. Kay, S. M. 1998. *Fundamentals of Statistical Signal Processing: Detection Theory*. Englewood Cliffs, NJ: Prentice-Hall, Inc.

22. Levanon, N. 1988. *Radar Principles*. New York: John Wiley & Sons, Inc.

23. Di Franco, J. V. and W. L. Rubin. 1980. *Radar Detection*. Norwood, MA: Artech House, Inc.

24. Carrara, W. G. , Goodman, R. S. , and R. M. Majewski. 1995. *Spotlight Aperture Radar—Signal Processing Algorithms*. Norwood, MA: Artech House, Inc.

第二部分

用于实现雷达信号处理与控制算法的计算机系统设计原理

第7章 雷达系统复杂算法的计算方法设计原则

　　自20世纪80年代以来,随着数字技术的快速发展以及数字器件成本的下降,对雷达系统的设计方式产生了深远的影响。很多之前采用模拟硬件实现的系统改为采用数字器件实现,数字技术极大地提高了雷达的性能和灵活性,并降低了雷达的体积和成本。模数转换器(Analog-to-Digital Converter, ADC)与数模转换器(Digital-to-Analog Converter, DAC)技术的进展,使得模拟处理和数字处理的分界线越来越靠近天线端。图7.1给出了一个典型雷达系统接收机前端的简化流程图(设计于1990年左右),需要注意的是该系统具有模拟式脉冲压缩(Pulse Compression, PC)功能,另外还有若干模拟式下变频电路,从而得到带宽足够窄的I、Q分量基带信号,以满足ADC电路对其进行采样的要求,采样所得数字信号送至数字式动目标指示器进行检测处理。

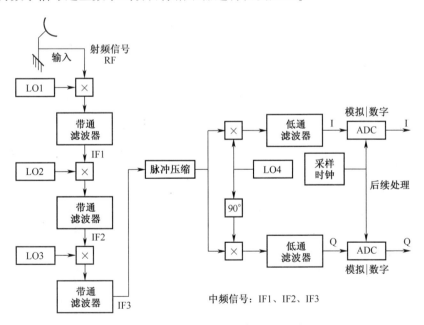

图7.1　典型雷达接收机前端(1990年)

　　为了进行对比,图7.2给出了一个典型的雷达数字接收机前端。射频(Radio Frequency, RF)信号通过1~2级的模拟下变频得到中频(Intermediate

Frequency，IF)信号，然后由 ADC 对其直接进行采样。数字下变频器(Digital Down Converter，DDC)将数字化的信号样本转换为速率较低的复数形式，并交由数字式脉冲压缩器进行后续处理。与采用模拟电路相比，数字信号处理技术可有效提高系统的动态范围、稳定性以及综合性能，并且使得系统的体积减小、成本降低。

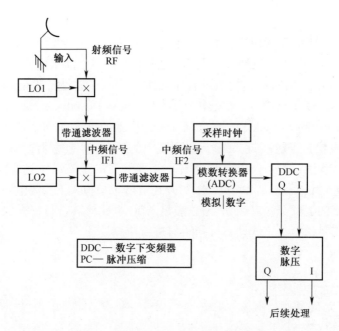

图 7.2　典型的雷达数字接收机前端

7.1　设计规划

在相参雷达系统中，所有本地振荡器(Local Oscillator，LO)以及产生系统定时信号的时钟都来源于同一个参考振荡器，但仅这一点还不能满足相参系统对每一脉冲的发射波形都具有相同初始射频相位的要求。假设某系统参考振荡器的工作频率为 5MHz，由此可设置 75MHz 的 IF 中心频率(供发射和接收用)以及 30MHz 的复采样率，为确保脉冲与脉冲之间的相位相参，根据经验，用于生成脉冲重复间隔(Pulse Repetition Interval，PRI)的时钟应是 IF 中心频率和复采样率的公因子，对于本例来说，由于 IF 中心频率为 75MHz，复采样率为 30MHz，因此 PRI 的时钟频率就只能是 15MHz 和 5MHz。

以往，数字式雷达信号处理器的实时运行往往需要设计定制计算机，这种计算机需采用数以千计的高性能集成电路，其设计、研发及调整都极其困难。

234

现在,数字技术的发展提供了更多的选择,与以前相比,这些处理器更易于可编程处理,而且设计和改进也更方便。

7.1.1　通用并行计算机

这种结构采用高速通信网络将多个通用处理器互联起来。通用型处理器按类型可分为高档服务器和嵌入式处理器等。高档服务器中往往包含多个同型处理器,所有的处理节点均相同,并通过高性能数据总线进行互联。嵌入式处理器由包含多个通用处理器的单板计算机(即刀片式)组成,并插入到标准的背板中,这种方式提供了异型结构的灵活性,使得不同的处理刀片或接口板都能插入标准背板而构成整个系统。此处的标准背板是在并行结构与串行数据链之间进行转换的装置,其中前者传输的是 32 位或 64 位的数据,后者可以极高的时钟频率传输单个字节(目前已超过 3GB/s)。串行数据链往往是点对点连接的,为了实现多个电路板之间的通信,每一电路板的串行数据链均应与高速切换板相连,从而将合适的信源与信宿相连以构成串行结构。随着数据带宽的不断增加,未来多处理器系统的主要通信机制将采用高速串行数据链。并行处理结构带来的好处就是可用 C 和 C++等高级语言进行编程,即使编程人员并不了解硬件细节也可以完成系统设计,而且当技术更新换代时,原系统软件可以相对容易地移植到新的硬件结构中。

但从另一方面来说,这些系统很难通过程序设计实现信号的实时处理,原因在于所需的操作往往要恰当地分解到可用的处理器之中,而且要把各部分的结果正确合并才能获得最终结果,其中最大的挑战就是系统所需的执行时间,也就是生成结果所允许的最长时间。微处理器的执行时间定义为输入信号发生变化时输出信号做出反应所需的时间长度。为了实现执行时间这一设计目标,需将工作量分解为多个小的部分,并分配给不同的处理器,由此导致处理器数量的增加以及系统成本的增大。在雷达应用中还需面对的另一挑战是重置时间,在军事应用场合,当需要重置以解决问题时,系统应在极短的时间内回到所有操作的起点。但微处理器重新启动的时间往往较长,难以满足系统重置的要求。针对这些问题研发相关技术将是大有作为的。通常这些微处理器会用于目标跟踪或信息显示等非实时或近实时数据处理,自 20 世纪 90 年代以来,也开始用于实时信号处理。虽然这对于窄带系统的效费比较高,但对于 21 世纪早期的宽带 DSP 系统来说,由于要使用大量的处理器,其成本还是非常高昂的,但由于可以使用的处理器速度越来越快,这种状况会随着时间的推移而逐步好转。

7.1.2　硬件定制设计

在 20 世纪 90 年代,雷达的实时数字信号处理系统采用分立的逻辑单元进行设计,这样的系统很难研发和改进,但为了实现所需的功能,这又是唯一的选择。很多雷达系统采用了专用集成电路(Application-Specific Integrated Circuit, ASIC)进行构建,这属于针对特定功能的用户定制设备。采用 ASIC 可使 DSP 系统变得体积小、性能高,但问题是设计难度大且成本高,经常需要多次反复才能完成。如果基于 ASIC 的系统需要改进,就需要重新设计 ASIC,导致花费巨大。只有所开发的系统能够售出成千上万台,从而将开发成本分摊,这种设计才有意义,但这在雷达系统设计中十分罕见。现在通信领域已经研发出了数字式上变频和下变频等许多 ASIC,它们也能应用到雷达系统中。

20 世纪 80 年代,现场可编程门阵列(Field Programmable Gate Array, FPGA)的引入预示着实时 DSP 系统设计的革命。FPGA 是由大规模可配置逻辑单元阵列组成的集成电路,各逻辑单元彼此之间通过可编程接口连接。FPGA 还包含数以百计的每秒运算次数达 5 亿次的乘法器、内存模块、微处理器以及支持每秒数 G 比特数据传输的串行通信链路。电路设计通常采用硬件描述语言(Hardware Description Language, HDL,如 VHDL 或 Verilog),这些软件工具可将针对处理器的高层描述转换成一个文件,并发送给相应的设备让其进行配置。高性能 FPGA 将这些配置存储于内存中,当关闭电源时,这些内容随之消失,从而使得设备具有无限次的可编程性。

FPGA 使得设计人员可高效构建复杂的信号处理结构。在典型的大型应用中,与采用通用处理器相比,基于 FPGA 设计的处理器可使系统体积和成本降低 10 倍或更多,原因主要在于绝大多数通用处理器仅有一个或极少几个处理单元,而 FPGA 却有数量众多的可编程逻辑单元和乘法器。如采用具有单个乘法器和累加器的微处理器实现一个 16 抽头的 FIR 滤波器时,完成乘法运算需要 16 个时钟周期,而在 FPGA 中可以指定 16 个乘法器和 16 个累加器完成相应任务,因此仅需 1 个时钟周期即可完成滤波。为了最有效地使用 FPGA,必须尽可能利用其所提供的所有资源,这些资源不仅包括数量众多的逻辑单元、乘法器和内存模块,还包括各组件所能同步的时钟频率。在前面的例子中,假设数据采样率为 1MHz,乘法器和逻辑单元的时钟频率为 500MHz,如果只是简单的让一个乘法器处理一个系数,就需要使用时钟频率为 500MHz 的 16 个乘法器。由于数据采样率仅为 1MHz,每一个乘法器在一个微秒内仅执行了一次有意义的乘法,其余 499 个时钟周期均为空闲,效率极低。此时如果让一个乘法器执行尽可能多的任务,就可以提高效率,这称为时分复用技术,需要额外的逻辑单元对系统进行控制,并在正确的时间向乘法器提供正确的运算对象。由于FPGA 包含数以百计的乘法器,该技术的威力不言而喻。

从另一方面来说,为了充分发挥 FPGA 的作用,要求设计人员对器件所能提供的全部资源有着透彻的认识,这就使得基于 FPGA 的系统设计比基于通用处理器的设计更难,因为后者并不需要详细了解微处理器的系统结构。另外,FPGA 的设计一般是面向特定的器件系列,以力争充分利用该系列器件所能提供的资源,但硬件供货商总是不断推出性能更高的新产品,经过一个技术更新周期之后,老旧器件就因过时而面临更换。经过几年的技术更新后,FPGA 的最新可用资源已经发生变化,或是全新的器件系列,这就可能导致需要对系统重新设计。而针对通用处理器开发的软件可能仅需重新编译一下,就可以移植到新的处理器上。现在已有可将 C 或 MATLAB 代码整合到 FPGA 设计之中的工具,只是其效率还不够高,为解决这些问题,对 FPGA 设计工具进行改进也是一个值得研究、具有发展前景的领域。

混合处理器:尽管都想简单地编写 C 代码以实现复杂雷达系统的信号处理功能,但 21 世纪早期的现实表明,对于很多雷达系统来说,采用这种设计方式的成本极高,或者会使某些主要性能降级。虽然随着处理器能力的稳步提高,可能会有一天能够解决这一问题,但是目前(即本书编写时)高性能雷达信号处理器还是得采用专用处理器与可编程处理器的混合形式。FPGA 或 ASIC 等专用处理器往往用于雷达信号处理器的高速前端,以完成数字下变频和脉冲压缩等要求较高的功能,然后再采用可编程处理器完成检测处理等低速任务。两者的分界线与应用密切相关,但随着时间的推移,该分界线必将逐步移向雷达前端。

7.2　复杂算法分配

在雷达计算处理过程中的复杂算法指的是复杂雷达系统所有阶段以及所有工作模式中的一系列基础性 DSP 算法集,当然也可能包括某些单独 DSP 阶段的离线复杂算法,这些 DSP 阶段可能与其他的信息处理和控制操作并没有什么关联。复杂算法设计过程中,在解决面向任务的 DSP 问题时必须清晰界定微处理器系统的功能,界定的内容必须包括基本 DSP 及其控制算法、工作时序、每一基本 DSP 及其控制算法的应用条件以及 DSP 及其控制算法之间进行交互所需的输入信息和输出信息等。采用 DSP 及其控制算法的逻辑流程图或图形化流程图,可给出这种界定或描述的通用形式。

复杂算法可由多微处理器系统实现,根据相应的运算速度将基本操作在各微处理器之间进行分配,并将复杂算法变换为适于并行微处理器系统实现的形式(即复杂算法的并行化)。复杂算法的描述及变换方法是算法理论研究的一个课题。

7.2.1 逻辑流程图与矩阵算法流程图

利用算法理论可以设计出算法分配的通用方式,任何一种通用分配方法都是基于计数算子和逻辑算子(或识别器)这两个符号进行的。计数算子 A_1, $A_2, \cdots, A_i$ 指的是基本 DSP 算法,逻辑算子 $P_1, P_2, \cdots, P_i$ 则用于识别复杂 DSP 算法所处理信息的一些特征,并根据识别结果将基本算法的操作顺序进行改变。

可以基于复杂度对复杂 DSP 算法进行分配,常用的方式是逻辑流程图或公式-逻辑流程图。在逻辑流程图中采用几何图形(如矩形、菱形、梯形等)对基本算子和识别器进行表示,并根据计数算子和逻辑算子在复杂算法中的顺序,彼此之间用箭头进行连接。基本算子(DSP 算法)的名称写在几何图形之中,有时也将逻辑运算的公式和进行测试的逻辑条件写在几何图形中,这种情况下复杂 DSP 算法的逻辑流程图称为公式–逻辑流程图。

复杂算法也可以采用由基本计数算子、识别器以及表示操作顺序的指示符构成的算子图进行表示,此外用特定的算子表示从 A_0 开始到 A_k 结束。比如可用计数算子 A_1, A_2, A_3, A_4 和 A_5 以及识别器 P_1, P_2, P_3 和 P_4 给出如下算子图:

$$A_0 \overset{3}{} A_1 P_1 \overset{1}{\uparrow} A_2 P_2 \overset{2}{\uparrow} \downarrow P_3 \overset{3}{\uparrow} A_3 \overset{2}{\downarrow} A_4 P_4 \overset{4}{\uparrow} A_5 \overset{4}{\downarrow} A_k \tag{7.1}$$

式中:↑表示箭头开始,↓表示箭头结束。

同一个箭头的开始和结束用同一个数字表示。算子 A_0 "启动"后算法开始运行,流程图中其他算子的工作顺序:如果下一个活动算子是计数算子,那么后面的算子就按顺序逐步工作;如果下一个活动算子是识别器,则分为两种情况:当满足测试条件时紧邻其后的算子开始工作;不满足测试条件时,识别器指向的箭头上所标记数字对应的算子开始工作。如果下一个活动算子是 A_k "停止",结束整个算法。这种算法流程图虽然非常紧凑,但并不清晰直观,而且需要额外的说明以及对算子进行解译。

为将基本 DSP 算法的执行顺序写成复杂算法的一个组成部分,可用矩阵进行表示：

$$
\boldsymbol{A} = \begin{array}{c c} & \begin{array}{c c c c c} A_1 & A_2 & \cdots & A_n & A_k \end{array} \\ \begin{array}{c} A_0 \\ A_1 \\ A_2 \\ \vdots \\ A_n \end{array} & \left\| \begin{array}{c c c c c} \alpha_{01} & \alpha_{02} & \cdots & \alpha_{0n} & \alpha_{0k} \\ \alpha_{11} & \alpha_{12} & \cdots & \alpha_{1n} & \alpha_{1k} \\ \alpha_{21} & \alpha_{22} & \cdots & \alpha_{2n} & \alpha_{2k} \\ \vdots & \vdots & \cdots & \vdots & \vdots \\ \alpha_{n1} & \alpha_{n2} & \cdots & \alpha_{nn} & \alpha_{nk} \end{array} \right\| \end{array} \tag{7.2}
$$

式中：

$$
\alpha_{ij} = \alpha_{ij}(P_1, P_2, \cdots, P_l) \quad i = 0,1,2,\cdots,n; \quad j = 1,2,\cdots,n,n+1 \tag{7.3}
$$

是满足如下条件的逻辑函数：当这一组逻辑单元 $P_1, P_2, \cdots, P_l$ 取 $P_i = 1$ 或 $\overline{P_i} = 0$ 时，α_{ij} 等于 1，那么在算法 A_i 执行之后，接下来将执行算法 A_j，也就是说当 $\alpha_{ij} = 1$ 时，算法 A_i 之后一定是 A_j。相反地，如果函数 $\alpha_{ij} \equiv 0$，那么在复杂算法的实现过程中，算法 A_i 之后一定不是 A_j。式(7.1)所给算法的矩阵流程图如下：

$$
\boldsymbol{A} = \begin{array}{c c} & \begin{array}{c c c c c c} A_1 & A_2 & A_3 & A_4 & A_5 & A_k \end{array} \\ \begin{array}{c} A_0 \\ A_1 \\ A_2 \\ A_3 \\ A_4 \\ A_5 \end{array} & \left\| \begin{array}{c c c c c c} 1 & 0 & 0 & 0 & 0 & 0 \\ \overline{P_1}\,\overline{P_3} & P_1 & \overline{P_1}P_3 & 0 & 0 & 0 \\ P_2\overline{P_3} & 0 & P_2P_3 & \overline{P_2} & 0 & 0 \\ 0 & 0 & 0 & 1 & 0 & 0 \\ 0 & 0 & 0 & 0 & P_4 & \overline{P_4} \\ 0 & 0 & 0 & 0 & 0 & 1 \end{array} \right\| \end{array} \tag{7.4}
$$

令记号 $A_i \rightarrow A_j$ 表示完成算法 A_i 之后需要执行算法 A_j。那么如下记号：

$$
A_i \rightarrow \alpha_{i1}A_1 + \alpha_{i2}A_2 + \cdots + \alpha_{in}A_n \tag{7.5}
$$

就表示凡 $\alpha_{ij} \neq 0$ 的算法都有可能会在算法 A_i 之后执行。式(7.5)被称作算法 A_i 的传递公式，这些公式可用于设计矩阵流程图给出的复杂算法的所有基本 DSP 算法。根据式(7.4)的矩阵表达式，可得如下传递公式组：

$$
\begin{cases} A_0 \rightarrow A_1 \\ A_1 \rightarrow \overline{P_1}\,\overline{P_3}A_1 + \overline{P_1}A_2 + \overline{P_1}P_3A_3 \\ A_2 \rightarrow P_2\overline{P_3}A_1 + P_2P_3A_3 + \overline{P_2}A_4 \\ A_3 \rightarrow A_4 \\ A_4 \rightarrow P_4A_5 + \overline{P_4}A_k \\ A_5 \rightarrow A_k \end{cases} \tag{7.6}
$$

利用复杂算法的矩阵流程图可以制作出反映基本 DSP 算法之间信息交互和控制关系的表格。将矩阵元素用如下数值替代：

$$l_{ij} = \begin{cases} 1, \alpha_{ij} \neq 0 \\ 0, \alpha_{ij} = 0 \end{cases} \tag{7.7}$$

于是可得反映基本 DSP 算法之间的信息交互情况的邻接矩阵。如式(7.4)所给算法的邻接矩阵为

$$\boldsymbol{A} = \begin{matrix} & \begin{matrix} A_1 & A_2 & A_3 & A_4 & A_5 & A_k \end{matrix} \\ \begin{matrix} A_0 \\ A_1 \\ A_2 \\ A_3 \\ A_4 \\ A_5 \end{matrix} & \left\| \begin{matrix} 1 & 0 & 0 & 0 & 0 & 0 \\ 1 & 1 & 1 & 0 & 0 & 0 \\ 1 & 0 & 1 & 1 & 0 & 0 \\ 0 & 0 & 0 & 1 & 0 & 0 \\ 0 & 0 & 0 & 0 & 1 & 1 \\ 0 & 0 & 0 & 0 & 0 & 1 \end{matrix} \right\| \end{matrix} \tag{7.8}$$

根据邻接矩阵可以设计出反映复杂算法计算方法的图形化流程图。

7.2.2　算法的图形化流程图

算法的图形化流程图是一种有限节点的有向图,所满足的条件有:

(1) 图中有两个标志节点:输入节点对应"开始"算子,从该算子仅有一个输出箭头;输出节点对应"结束"算子,该节点没有输出箭头。

(2) 除输入节点和输出节点外,每一节点都有一个输出箭头(如节点 A)或两个输出箭头(如节点 P);节点 P 的输出箭头标有符号"+"和"−"或数字"1"和"0"。

(3) 基本 DSP 算子 A_i 与节点 A 对应,逻辑算子 P_l 与节点 P 对应;在算法的图形化流程图中,节点 A 以及输入节点、输出节点用圆圈表示,节点 P 用菱形表示。

与矩阵流程图等价的图形化流程图(操作顺序相同)的设计方式为

(1) 设计出与矩阵流程图传递公式等价的子图。

(2) 将各等价子图的分支合并起来。

(3) 将相同算子组合起来,从而得到最终的图形化流程图。

为使图形化流程图的 P 节点数量最少(或接近最少),在利用转移公式设计子图时就应采用最少数量的 P 节点。通过将各等价子图的分支进行合并可以减少 P 节点的数量。以式(7.4)的算法矩阵流程图为例,说明一下算法图形化流程图的设计和变换过程。以式(7.6)的传递公式作为设计图形化流程图的原形,根据它们可以绘制出每一基本 DSP 算法 A_1, A_2, A_3, A_4, A_5 的子图。将传递

公式变换为包含针对每一变量的逻辑扩展函数的形式,就可进行子图的设计,如式(7.6)给出的基本 DSP 算法 A_1 传递公式的形式为

$$A_1 \rightarrow P_1 A_2 + \overline{P}_1 (P_3 A_3 + \overline{P}_3 A_1) \tag{7.9}$$

由式(7.6)给出的基本 DSP 算法 A_2 传递公式的形式为

$$A_2 \rightarrow P_2 (\overline{P}_3 A_1 + P_3 A_3) + \overline{P}_2 A_4 \tag{7.10}$$

式(7.6)中的其他传递公式就无需一一列出了,依此类推即可绘制出每一基本 DSP 算法的子图(见图7.3)

下一步是寻找并组合等价的子图分支,在这种情况下,等价分支就是由虚线圈出的起始于算子 P 的分支。等效分支合并之后可得图7.4中所示的子图,这时已经没有其他等效分支了。最后再将相同的计数算子进行合并,就可得到与给定的矩阵流程图等价的图形化流程图(见图7.5)。该例演示了如何减少复杂算法中逻辑算子的数量(或者说是简化),而减少算子数量是 DSP 设计必经的一步。

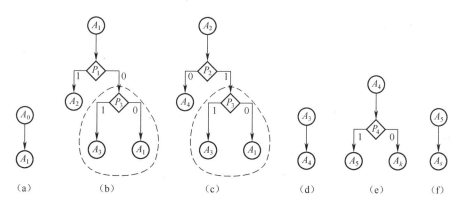

图 7.3 每一基本 DSP 算法的子图

(a)算法 A_0;(b)算法 A_1;(c)算法 A_2;(d)算法 A_3;(e)算法 A_4;(f)算法 A_5。

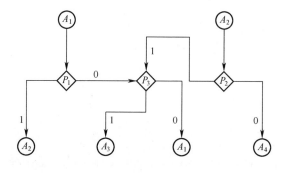

图 7.4 子图等价分支的合并

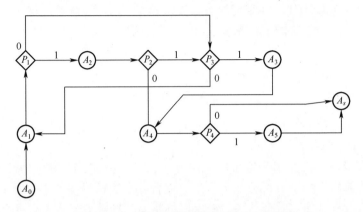

图 7.5　跟矩阵流程图等价的图形化流程图

通过对图形化流程图所表示的算法特点和质量进行分析,为将基本 DSP 算法与逻辑算子合并成复杂算法实现时所用的节点(将它们配对,或是多个基本 DSP 算法与一个逻辑算子组合),还应对它们做进一步的变换。合并后的节点会有两个输出箭头:如果节点操作的结果满足测试条件,箭头被标记为"+"或"1",否则用"-"或"0"进行标记。如对于图 7.5 给出的算法流程图,可以合并的算法有: $a_1 \sim A_1 P_1, a_2 \sim A_2 P_2, a_3 \sim P_3, a_4 \sim A_1 P_1, a_4 \sim A_4 P_4, a_5 \sim A_3 A_4 P_4$, $a_6 = A_5$。所得流程图如图 7.6 所示,此处节点采用小圆圈表示。

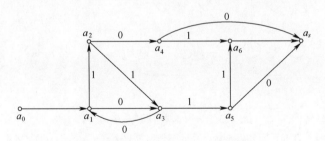

图 7.6　算法合并后的结果

7.2.3　利用网络模型进行复杂算法分析

复杂 DSP 算法图形化流程图主要给出了问题的合理表述方式,在雷达系统复杂 DSP 算法的实现过程中,给计算软件工具和微处理器子系统的选择提供支持。简言之就是对计算处理优化问题进行了分配,以大大缩短实现时间,并简化了雷达系统复杂 DSP 算法。在网络规划和控制领域也会遇到同样的问题[1,2]。

为了设计 CRS 中 DSP 计算过程的网络模型,需要将复杂算法的图形化流程图转化为网络图,相应的要求为:网络图中不能含有回路,即起始节点与结束节点不能相连;如果存在由 a_i 向 a_j 的转移的话,节点编号必须服从严格的顺序,即节点 i 的序号必须小于节点 j 的序号($i<j$)。根据相应的方式把基本 DSP 算法组合成 CRS 的信号处理过程,并且符合前述要求的话,就可称其为复杂 DSP 算法的网络模型。网络节点就是用运算次数表示的基本 DSP 算法操作,网络中的箭头表示基本 DSP 算法操作的顺序。网络内的转移方式既可是确定性的(已规划过的)也可是随机性的,后一种情况称为随机网络模型。

如果无法确定特定情况的基本 DSP 算法及其实现顺序,确定性网络模型将无法对其进行预测,也无法描述 CRS 复杂算法的运行情况。由于在随机网络模型中网络图内的转移是根据特定条件下 CRS 功能对应的转移概率确定的,因此更适于反映和分析微处理系统中的复杂 DSP 算法。当网络模型构建完毕以后,就产生了完成所有操作的时间估计问题,也就是微处理器子系统在给定的有效运算速度下完成所有操作的时间,该时间不应超过最差状态下从起始节点 a_0 到结束节点 a_k(这条路径也称作极限路径)完成复杂 DSP 算法操作的时间。在随机网络模型中,极限路径不能像给定结构的网络模型那样以显式形式表示出来,因此在分析随机网络模型的实现算法时,就要求确定出平均时间或者平均操作次数。为了说明随机网络图的设计原则,举例如下。

采用图 5.13 给出的数字信号再处理算法作为复杂 DSP 算法,相应的网络流程图如图 7.7 所示。

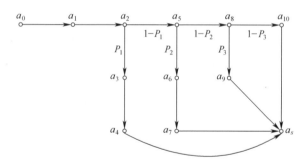

图 7.7　网络流程图

设计网络流程图时并不需要对逻辑流程图进行特殊的变换。当前扫描中一旦从缓存区中选取了目标点就开始了算法的执行(基本 DSP 算法 a_0),然后将目标点的坐标从极坐标系变换到笛卡尔坐标系(算法 a_1),下一步将新目标点的坐标与基于目标航迹的外推点坐标进行比较(算法 a_2),如果目标点处于所选目标航迹的波门以内,就可将该目标点看作是这一航迹的延伸。更新后的目标航迹参数会更为精确(算法 a_3),并为向用户发送所需信息做好准备(算法

a_4),此后该图进入最后状态(算法 a_k)。如果目标点处于所有目标航迹的波门之外,就要核对目标点是否从属于待判定航迹(算法 a_5),如果可以确认新目标点从属于某一待判定航迹,就可对该航迹的参数进行修正(算法 a_6),并且对检测准则进行核对(算法 a_7)。如果目标点处于所有待判定航迹的波门之外,就将其看作是起始新航迹的可能点(算法 a_8),如果该目标点能被某个初始锁定波门捕获,就可起始一条新航迹,并确定出新航迹相应参数的初始值(算法 a_9),而如果目标点处于所有初始锁定波门之外,就将其当作是新航迹的可能起始点予以记录(算法 a_{10})。

毫无疑问该网络图是随机的,因此有必要给出网络图节点之间的转移概率。令所选取的目标点从属于目标航迹的概率 $P_1 = P_{\text{tr}}$,并采用基本 DSP 算法 a_1, a_2, a_3, a_4, a_k 进行处理,那么

$$P_1' = 1 - P_1 \tag{7.11}$$

就是该目标点不从属于任何目标航迹的概率,还需要进一步的处理。令 P_{D} 表示目标点从属于待判定航迹的概率,那么对目标点可用算法 $a_1, a_2, a_5, a_6, a_7,$ a_k 完成处理的概率为

$$P_2 = (1 - P_{\text{tr}}) P_{\text{D}} \tag{7.12}$$

对其需要进一步处理的概率为

$$P_2' = (1 - P_{\text{tr}})(1 - P_{\text{D}}) \tag{7.13}$$

采用类似的方法,可得

$$P_3 = (1 - P_{\text{tr}})(1 - P_{\text{D}}) P_{\text{beg}} \tag{7.14}$$

以及

$$P_3' = (1 - P_{\text{tr}})(1 - P_{\text{D}})(1 - P_{\text{beg}}) \tag{7.15}$$

式中,P_{beg} 为目标点从属于所起始的新航迹的概率;P_3' 为目标点当作是新航迹起始点的概率。

概率 $P_{\text{tr}}, P_0, P_{\text{beg}}$ 取决于所处理的目标航迹、待判定航迹以及航迹起始点的数量。利用第 4 章给出的准则,对于目标点起始算法则有

(1) 每次扫描时所需处理的目标点平均数为

$$\overline{N}_\Sigma = \overline{N}_{\text{false}} + \overline{N}_{\text{true}} \tag{7.16}$$

式中,$\overline{N}_{\text{false}}$ 为虚假目标点的平均数;$\overline{N}_{\text{true}}$ 为扫描周期内出现的真实目标点的平均数。

(2) 每次扫描时真实目标点处于目标航迹波门之内的平均数为

$$\overline{n}_{\text{true}}^{\text{scan}} = P_{\text{D}}^{\text{gate}} \overline{N}_{\text{tr}}^{\text{gate}} \tag{7.17}$$

式中,$P_{\text{D}}^{\text{gate}}$ 是目标航迹波门内真实目标点的检测概率,该值对于所有目标航迹均相同。

（3）每次扫描时进入目标航迹波门内的虚假目标平均数为

$$\overline{n}_{\text{false}}^{\text{scan}} = \sum_{j=m+n}^{m+n+k_{\text{th}}-1} P_{F_j}^{\text{scan}} \overline{N}_j^{\text{scan}} \tag{7.18}$$

式中：$P_{F_j}^{\text{scan}}$ 为虚假目标点落入第 j 个波门之内的概率；$\overline{N}_j^{\text{scan}}$ 为所有真实航迹或虚假航迹形成的第 j 个波门的平均数。

根据式(7.16)至式(7.18)，任意选定的目标点从属于某条目标航迹的概率为

$$P_{\text{tr}} = \frac{\overline{n}_{\text{true}}^{\text{scan}} + \overline{n}_{\text{false}}^{\text{scan}}}{\overline{N}_{\Sigma}} \tag{7.19}$$

同理可得目标点从属于待判定航迹的概率为

$$P_{\text{D}} = \frac{\overline{n}_{\text{D}}^{\text{true}} + \overline{n}_{\text{D}}^{\text{false}}}{\overline{N}_{\Sigma}} \tag{7.20}$$

式中，

$$\overline{n}_{\text{D}}^{\text{true}} = P_{\text{DD}} \overline{N}_{\text{D}}^{\text{true}} \tag{7.21}$$

$$\overline{n}_{\text{D}}^{false} = \sum_{j=m}^{m+n-1} P_{\text{D}_j}^{\text{fase}} \overline{N}_{\text{D}_j} \tag{7.22}$$

且有 $P_{D_j}^{\text{false}}$ 为虚假目标点进入待判定航迹第 j 个波门内的概率；P_{DD} 为真实目标点在待判定航迹波门之内的检测概率；$\overline{N}_{\text{D}_j}$ 为所有待判定航迹所形成的第 j 个波门的平均数；$\overline{N}_{\text{D}}^{\text{true}}$ 为检测过程中的真实目标航迹平均数。

目标点从属于新起始航迹的概率为

$$P_{\text{beg}} = \frac{\sum_{j=1}^{m-n} P_{F_j}^{\text{lock-in}} \overline{N}_j^{\text{lock-in}} + P_{\text{D}}^{\text{lock-in}} \overline{N}_{\text{true}}^{\text{lock-in}}}{\overline{N}_{\Sigma}} \tag{7.23}$$

式中：$P_{F_j}^{\text{lock-in}}$ 为虚假目标点落入第 j 个初始锁定波门内的概率；$\overline{N}_j^{\text{lock-in}}$ 为第 j 个初始锁定波门的平均数；$P_{\text{D}}^{\text{lock-in}}$ 为真实目标点在初始锁定波门内的检测概率；$\overline{N}_{\text{true}}^{\text{lock-in}}$ 为真实目标航迹的初始锁定波门平均数。

如果雷达覆盖范围内的噪声和目标环境的统计特性和参数已知，并且确定了目标点起始算法的参数，就可给出复杂 DSP 算法网络图内的转移概率。不过这一概率并非永远有解，在某些情况下，只能利用计算机仿真手段对复杂 DSP 算法的转移概率进行估计。

7.3 采用微处理器子系统实现复杂数字信号
处理算法的运算量估计

7.3.1 基本数字信号处理算法的运算量

将 CRS 中实现基本操作和控制的如下 DSP 算法看作是基本 DSP 算法：

（1）信号预处理阶段：时域或频域的匹配滤波、采用数字动目标指示的无源干扰对消、目标回波信号参数的检测与估计、类型识别、干扰和噪声的参数估计以及样本取秩等 DSP 算法。

（2）信号再处理阶段：目标航迹检测、目标点选取及相应的航迹起始、目标航迹参数滤波、坐标系变换等 DSP 算法。

（3）CRS 控制过程：目标搜索与跟踪的扫描信号参数确定、CRS 工作模式间的能量均衡等 DSP 算法。

上述 DSP 算法的运算量可用实现该算法所需的算术运算次数进行描述。仅当算法的输入与输出间存在解析表达式时，才能大致得出所需的算术运算次数。如果算法里含有逻辑操作符，那么只有当利用微处理器子系统实现该算法时才能知道所需的算术运算次数。

通过对解析表达式的分析，可以得到所需的算术运算次数，首先单独给出所需的加、减、乘、除法的次数，进而得到折算后的算术运算次数，通常用加法（短操作）来表示折算结果。根据第 i 次长、短操作所需时间的比值（$\tau_i^{\text{long}} / \tau_i^{\text{short}}$），可得出某一微处理器子系统所需的算术运算折算次数。此时，运算量的估算工作还要继续，因为还要考虑其他的非算术运算情况。

目标回波信号的 DSP 具有明显的信息-逻辑特征。采用复杂 DSP 算法实现 CRS 功能时，逻辑操作和转换操作占基本 DSP 操作量（或周期）的 80%。如采用具有永久性存储器的微处理器子系统实现两坐标雷达系统的数字信号预处理算法时，所需的运算量（以百分比计）分别为：发送或传递——45%；折算的算术运算——23%；控制转移——17%；移位——5%；逻辑操作——3%；信息交换——2%；其他操作——5%。因此在计算基本 DSP 算法的运算量时，也要考虑非算术操作的影响，为此引入如下系数 K_{na}：

$$\overline{N}_i = \overline{N}_{a_i} K_{\text{na}}, \quad K_{\text{na}} > 1 \tag{7.24}$$

式中：$\overline{N}_{a_i}$ 是第 i 个算法所需的算术运算平均次数。微处理器的运算次数还取决于编程方式，如果采用高级编程语言，代码长度是最优代码的 2~5 倍，根据这一事实可以引入系数 $K_{\text{prog}} \approx 2$，于是式（7.24）变为

$$\overline{N}_i = \overline{N}_{a_i} K_{na} K_{prog} \tag{7.25}$$

在后续计算中将使用运算量的这一定义。

7.3.2 基于网络模型的复杂算法运算量计算

在分析复杂 DSP 算法的运算量时,可以采用马尔可夫模型或者随机网络模型[3-6]。与马尔可夫模型相比,采用随机网络模型可以减少估计运算量时的计算量。因此,倾向于采用随机网络模型。正如先前所指出的,复杂 DSP 算法的网络模型是估算运算量的初始条件,该网络图中不能包含任何回路,而且对于网络节点来说,任一转入节点的编号必须大于所有可能的相应转出节点的编号,而且结束节点的编号 k 必须最大。图 7.8 给出了满足以上条件的网络图的示例。

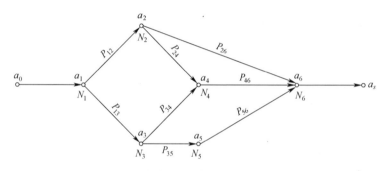

图 7.8 复杂 DSP 算法的网络图示例

在单次实现复杂 DSP 算法时,执行基本 DSP 算法(即经过网络节点)的平均次数可表示为 $n_1, n_2, \cdots, n_{k-1}$。由于网络图中不存在回路,那么在单次实现复杂 DSP 算法的过程中,编号为 i 的网络节点的运算次数平均值为

$$n_i = \sum_{j=0}^{k-1} n_j P_{ji} \qquad i = 1, 2, \cdots, k \tag{7.26}$$

在根据已建立的节点编号顺序计算 n_i 时,假定 i 之前所有 $n_1, n_2, \cdots, n_{i-1}$ 均已知。在单次实现复杂 DSP 算法时的平均运算次数为

$$\overline{M} = \sum_{i=1}^{k} n_i \overline{N}_i \tag{7.27}$$

式中:$\overline{N}_i$ 是复杂 DSP 算法网络图中第 i 个节点所对应的基本 DSP 算法的运算平均数。

举例说明,根据如下条件计算图 7.8 所给网络图对应的复杂 DSP 算法平均运算量:$\overline{N}_1 = 100$;$\overline{N}_2 = 30$;$\overline{N}_3 = 150$;$\overline{N}_4 = 20$;$\overline{N}_5 = 200$;$\overline{N}_6 = 30$;$P_{12} = 0.25$;$P_{13} = 0.75$;

$P_{24} = 0.3; P_{26} = 0.7; P_{34} = 0.2; P_{35} = 0.8; P_{46} = P_{56} = 1$。

（1）根据式（7.26），可得

$$n_1 = 1, n_2 = n_1 P_{12} = 0.25, n_3 = n_1 P_{13} = 0.75, n_4 = n_2 P_{24} + n_3 P_{34} = 0.225,$$

$$n_5 = n_3 P_{35} = 0.6, n_6 = n_2 P_{26} + n_4 P_{46} + n_5 P_{56} = 1 \tag{7.28}$$

（2）根据式（7.27），可得

$$\overline{M} = 100 + 30 \times 0.25 + 150 \times 0.75 + 20 \times 0.225 + 200 \times 0.6 + 30 = 374.5 \tag{7.29}$$

因此，图 7.8 所对应的复杂 DSP 算法的平均运算量包括 374.5 次折算后的算术运算。

如果复杂 DSP 算法网络图中含有回路，就不能采用上述方法确定运算量 $\overline{M}$ 了，而是要先去掉回路，或者说将回路变换为运算量相同的算子。文献[7]给出了将复杂 DSP 算法网络图进行变换以去除回路的通用方法，下面以图 7.9a 为例分析一下变换方法。此图中含有几个等级不同的回路，最里层不含回路的回路定为 1 级，该回路的递归次数记为 $n^{(1)}$；包含 1 个或多个 1 级回路的回路定为 2 级，该回路的递归次数记为 $n^{(2)}$；依此类推。于是网络图的变换就转变为采用单个算子对回路进行表示。图 7.9a 所给网络图的变换即为

$$N_2' = \{\overline{N}_2 + [\overline{N}_3 + (\overline{N}_4 + \overline{N}_5) n^{(1)} + \overline{N}_6] n^{(2)} + \overline{N}_7\} n^{(3)} \tag{7.30}$$

变换结果如图 7.9b 所示。从理论上说，利用复杂 DSP 算法的网络模型可以求出平均运算量。如果已知每一变换后运算的实现时间，就可计算出复杂 DSP 算法的平均实现时间。反之，如果限定了复杂 DSP 算法的平均实现时间，就能确定出微处理器子系统实现给定复杂 DSP 算法所需的运算量。有时为了对计算资源进行分析，需要知道运算量的变化情况，但运算量变化的计算过程非常复杂，本节对其不予讨论。

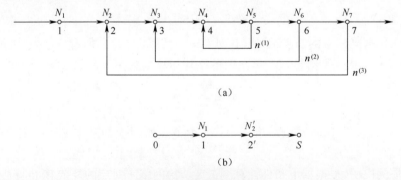

（a）

（b）

图 7.9 网络图变换示例

（a）不同等级的回路；（b）最终图形。

7.3.3　雷达系统复杂数字信号再处理算法的运算量

接下来继续分析和讨论 7.1 节给出的 CRS 数字信号再处理算法的例子。按如图 7.5 的算法图形化流程图进行分析还需使用如下数据：

（1）已跟踪的目标航迹平均数 $\bar{N}_{tr}^{gate} = 80$。

（2）待判定航迹的平均数 $\bar{N}_{D}^{true} = 10$。

（3）起始航迹的平均数 $\bar{N}_{beg} = 5$。

（4）真实目标点被当作是新航迹起始点的平均数 $\bar{N}_{initial}^{true} = 5$。

因此，需要处理的目标点平均数 $\bar{N}_{\Sigma} = 100$。此处不考虑虚假目标点和真实目标点的丢失情况，根据初始条件可得如下概率：

（1）新目标点属于已跟踪航迹的确认概率 $P_{tr} = 0.8$。

（2）新目标点属于待判定航迹的确认概率 $P_D = 0.1$。

（3）新目标点属于起始航迹的确认概率 $P_{beg} = 0.05$。

（4）新目标点被当作是新航迹初始点的概率 $P_{new} = 0.05$。

现在就可确定图 7.7 所示复杂数字信号再处理算法中基本 DSP 算法 a_1，$\cdots$，a_{10} 的运算量了。首先分析节点 a_2，a_5，a_8 对应的目标点跟航迹从属关系确认的典型算法，为此采用图 7.10 表示相应的算法。

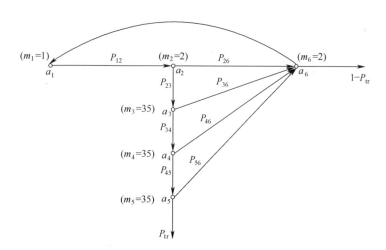

图 7.10　目标点与航迹从属关系的确认算法

基本 DSP 算法（操作）如下：

（1）从相应的扫描区域中选取下一个目标点（或目标航迹参数）（图 7.10 中算法 a_1）。

（2）计算 $| t_n - t_{n-1} | \leqslant \Delta t_n^{\text{acceptable}}$（图 7.10 中算法 a_2），其目的在于辨别是新航迹还是原有航迹。该操作的运算量为 $m_2 = 2$ 次折算后的算术运算。

（3）如果满足条件 2，就要检验新目标点是否处于所选航迹外推点的波门之内。检验过程分为几个步骤：根据所得新目标点的坐标，先后检验 x 坐标（算法 a_3）、y 坐标（算法 a_4）、z 坐标（算法 a_5）是否满足条件。在依次检验过程中如果有一步不满足条件就转入算法 a_6，即核对是否已经检验完扫描区域内的所有航迹。如果"否"的话转到算法 a_1，如果"是"的话就对其他类型的航迹进行检验。

如果不管航迹的类型，而采用单一坐标进行确认的话，那么过程为

（1）对所选航迹的坐标进行外推：

$$\hat{x}_n^{\text{extr}} = \hat{x}_{n-1} + \hat{\dot{x}}_{n-1} \Delta t_n, \quad \Delta t_n = t_n - t_{n-1} \tag{7.31}$$

（2）计算外推误差的方差：

$$\sigma_{\hat{x}_n^{\text{extr}}}^2 = \sigma_{\hat{x}_{n-1}}^2 + 2\Delta t_n R_{\hat{x}\hat{\dot{x}}_{n-1}} + \Delta t_n^2 \sigma_{\hat{\dot{x}}_{n-1}}^2 \tag{7.32}$$

式中：$R_{\hat{x}\hat{\dot{x}}_{n-1}}$ 是目标坐标估计与第 $(n-1)$ 步速度估计的相关函数。

（3）计算该维坐标的波门尺寸：

$$\Delta x_{\text{gate}} = 3\sqrt{\sigma_{\hat{x}_n^{\text{extr}}}^2 + \sigma_{x_{\text{measure}}}^2} \tag{7.33}$$

（4）核对新目标点是否处于波门之内：

$$| x_{\text{measure}} - \hat{x}_n^{\text{extr}} | \leqslant \Delta x_{\text{gate}} \tag{7.34}$$

简单计算表明，利用给定公式采取单一坐标对比法，需要 35 次折算后的算术运算方可完成，于是 $m_3 = m_4 = m_5 = 35$。在对图 7.10 的网络图中的概率 P_{ij} 进行计算时，采用如下假设：

（1）对利用原有信息建立的已跟踪航迹的删除比例不能超过 1%，据此可得 $P_{23} = 0.99$；$P_{26} = 0.01$。

（2）完成某一维的对比后，95% 的情况下结束确认过程。因此，$P_{36} = 0.95$；$P_{34} = 0.05$。

（3）由于采用两个或三个坐标进行确认的概率大小，因此计算复杂 DSP 算法运算量时可将这些概率忽略不计。如果不考虑各种类型航迹的数组①的话，在计算确认算法的运算量时，可以获得以下结果：

① 如果新目标点处于首次所选航迹的波门之内，那么所需的运算量最少，此时折算后的算术运算次数为

$$M_{\text{min}} = m_1 + m_2 + m_3 + m_4 + m_5 \approx 100 \tag{7.35}$$

② 如果新目标点未能与现有数组内的航迹成功确认，那么就要与其他数组

---

① 参见第 5.7 节。译者注。

的航迹进行确认,此时所需的运算量最大。对于已跟踪航迹的数组来说,折算后的算法运算量为

$$M_{tr}^{max} = (m_3 P_{23} + m_4 P_{34} + m_5 P_{45}) N_{tr}^{gate} \approx m_3 P_{23} N_{tr}^{gate} \tag{7.36}$$

对于其他类型的数组,有

$$M_D^{max} \approx m_3 P_{23} N_D^{trne}, N_{max}^{lock-in} = m_3 P_{23} N_{tr}^{lock-in} \tag{7.37}$$

平均运算量为

$$\overline{M} = 0.5(M_{min} + M_{max}) \tag{7.38}$$

为了进一步简化计算,可将图 7.7 中串行方式变换为图 7.11 的并行方式。在并行图中,向网络节点 $a_2', a_5', a_8', a_{10}'$ 的转移概率分别对应 $P_{tr}, P_D, P_{beg}, P_{new}$。这些节点的平均运算量为

$$\begin{cases} M_2' = 0.5(M_2^{max} + M_2^{min}) = \overline{M}_2 \\ M_5' = M_2^{max} + 0.5(M_5^{max} + M_5^{min}) = M_2^{max} + \overline{M}_5 \\ M_8' = M_2^{max} + M_5^{max} + 0.5(M_8^{max} + M_8^{min}) = M_2^{max} + M_5^{max} + \overline{M}_8 \\ M_{10}' = M_2^{max} + M_5^{max} + M_8^{max} \end{cases} \tag{7.39}$$

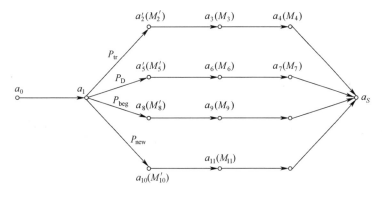

图 7.11 串行网络图变换为并行网络图

计算结果见表 7.1。

表 7.1 串行网络图变换为并行网络图后的运算量

a	M_i^{max}	M_i^{min}	M_i^{av}	M_i'
a_2'	100	3200	1650	1650
a_5'	100	400	250	3450
a_8'	100	200	150	3750
a_{10}'	—	—	—	3800

根据图形变换后其他 DSP 算法(图 7.11 中的其他节点)的运算量不变这一事实,下面分析相应的运算量。

(1) 算法 a_1 的运算量对应着利用式(5.149)直接将极坐标变换为笛卡尔坐标,对于坐标测量误差相关矩阵的重新计算主要取决于三角函数分量的坐标变换公式。如将 $\sin x$ 和 $\cos x$ 分别展开成如下有限项级数形式:

$$\sin x = x - \frac{x^3}{3!} + \frac{x^5}{5!} + \cdots, \cos x = 1 - \frac{x^2}{2!} + \frac{x^4}{4!} + \cdots \quad (7.40)$$

共需 21 次加法和 62 次乘法。如果将乘法折算为短操作,并采用 $K_{red}>1$ 的折算系数,令 $K_{red}=4$,那么描述算法 a_1 运算量的折算后算术运算次数 $M_1 \approx 270$。

(2) 算法 a_3 的运算量由实现平滑滤波算法所需的运算数给出。如果采用标准的线性递归滤波器(如卡尔曼滤波器)对航迹参数进行滤波,那么所需的算术运算次数为

① 加法次数:

$$n_{add} = 2s^3 + s^2(3m + h - 1) + s[m(2m - 1) + (h^2 - 1)] + m^2(m - 1) \quad (7.41)$$

② 乘法次数:

$$n_{mul} = 2s^3 + s^2(3m + h + 1) + s[2m(m + 1) + h(h + 1)] + m^2(m - 1) \quad (7.42)$$

③ 除法次数:

$$n_{div} = m^2 \quad (7.43)$$

式中:s,m,h 分别是平滑参数向量、测量坐标和扰动的维数。当 $s=6,m=3,h=3$ 时可得 $n_{add}=984, n_{mul}=1116$ 以及 $n_{div}=9$。采用折算系数 $K_{mul}^{red}=4, K_{div}^{red}=7$,可得折算后的算术运算次数 $M_3 \approx 5500$。

(3) 算法 a_4 的运算量由给用户准备信息所需的运算数给出。该过程需通过常规变换或特定变换将坐标和目标航迹参数变换到用户坐标系中,而且还要进行数据外推。对于本例来说,$M_4 = M_5 \approx 270$。

(4) 算法 a_5 的运算量由样本量固定时对所检测到的目标航迹参数进行估计所需的运算数给出。利用两个坐标起始的目标航迹,如果能用下一次扫描所获得的目标点对其加以确认,就可认为航迹检测已经完成,那么航迹检测所需的观测数据样本量 $n=3$。当对多项式航迹参数进行滤波时,样本量固定情况下的运算次数为

① 加法次数:

$$n_{add} = (s + 1)[(n + s)^2 + n - 2] + n^2(n - 1) \quad (7.44)$$

② 乘法次数:

$$n_{\mathrm{mul}} = (s + 1)\left[(n + s)^2 + 3n + s\right] + n^2(n - 1) \tag{7.45}$$

③ 除法次数：

$$n_{\mathrm{div}} = n^2 + (s + 1) \tag{7.46}$$

式中：s 为多项式的阶数，n 为样本量。

对于线性目标航迹，有 $s = 1$ 和 $n = 3$，可得折算后的算术运算次数 $M_6 \approx 400$。

（5）算法 a_l 是对待判定航迹进行确认并将相应的待判定航迹数组记录到已跟踪航迹数组中，算法 a_9 给出起始航迹参数的初步估计并将其传送到待判定航迹数组中，算法 a_{10} 则对新航迹的起始点进行记录，由于这些算法的实现均较为简单，因此可以忽略其运算量。

于是可得复杂 DSP 算法整体的平均运算量：

$$M = M_1 + P_{\mathrm{tr}}(M_2 + M_3 + M_4) + P_D(M_5 + M_6 + M_7) +$$
$$P_{\mathrm{beg}}(M_8 + M_9) + P_{\mathrm{new}}(M_{10} + M_{11}) \tag{7.47}$$

将所得的各数值代入式（7.47），可得 $M \approx 6700$。另外还应根据相应的折算系数 $K_{\mathrm{red}}^{\mathrm{na}}$ 考虑非算术运算量（如令 $K_{\mathrm{red}}^{\mathrm{na}} = 3$），于是可得采用微处理器子系统对复杂数字信号再处理进行单次实现时所需的总运算量为 $M \approx 2 \times 10^4$ 次，也就是说，处理单个目标点就需要微处理器平均进行 2×10^4 次运算。当然这一结果仅是针对所分析的算法，如果采用目标点确认的升级算法或是目标航迹参数平滑的简化算法等，可以大大减少运算量。分析以上示例的主要目的就是介绍如何计算复杂 DSP 算法的运算量，以及计算过程中可能出现的其他问题。

7.4　计算过程的并行化

在为 CRS 挑选实现复杂 DSP 算法所需的微处理系统结构和单元时，复杂 DSP 算法运算量的估算结果提供了初步信息。为了完成该运算量并保证操作的可靠性，计算子系统通常应包含多个微处理器子系统，它们的特别之处在于其计算过程的并行性。为了完成并行计算过程，需要对复杂 DSP 算法进行并行化。通常情况下，必须根据计算系统的假定结构，将复杂 DSP 算法的并行化当作特殊问题进行具体分析，因此在设计过程中，基于微处理器子系统选择计算结构，与基于计算系统拟采用的结构对算法进行变换，两者之间是密切相关的。算法并行化的一般描述和通用方法有很多，本节将介绍其中的一些方法。

7.4.1　复杂数字信号处理算法的层次图

并行化的基础是以层次形式给出的复杂算法图形化流程图[8]。层次形式是对图形化流程图的扩展，用以说明算法中串行–并行操作的可行性。对于同一层的节点来说,由于某一节点的运行结果并不能作为其他节点的初始数据,因此它们之间在信息层面是没有关系的。相互独立的节点(或算法)可以同时运行,因此就可在某些层次上采用不同的微处理器实现基本 DSP 算法。

获得层次图的方式为(见图 7.12):第一层节点没有输入箭头,第二层节点的输入箭头就是第一层节点的输出箭头,依此类推,第 $(n-1)$ 层节点的输出箭头是第 n 层节点的输入箭头,而其输入箭头则是上一层的输出箭头。在实现基本 DSP 算法时,基于复杂 DSP 算法的网络图表示形式也有可能进行并行化处理,但对复杂 DSP 算法通常需将原始网络图变换为层次图。在层次图中,每一层表示的都是独立的基本 DSP 算法(或算法集),这些都是在单次实现复杂 DSP 算法时所必需的。如果每一层的基本 DSP 算法都用单独的微处理器子系统来实现的话,就成为可对顺序传递的数据同时进行多个操作的流水线子系统。这种情况下,DSP 会分成多个步骤(根据图形的层次数),而各个步骤都是并行运行的。

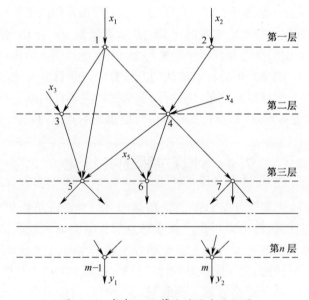

图 7.12　复杂 DSP 算法的层次流程图

为了评估基于层次图实现并行计算的可能性,需要引入一些质量指标:用 b_i 表示第 i 层的宽度,即第 i 层的独立分支数;B 表示层次图的宽度 $\max\limits_{i}\{b_i\}$;L 表示图的长度,即从零开始到最后阶段的最长关键路径。根据层次图,应对 DSP 算法集的实现时间设置一个上限 T_{th}。知道了 T_{th} 之后,就可给出实现 DSP 算法集所需的同型微处理器的数量 N_{mp}。此时有

$$N_{mp} \leqslant \frac{T_{mp}^{single}}{T_{th}} \tag{7.48}$$

式中: $T_{mp}^{single} = \sum_{i=1}^{m} t_i$ 为采用单个微处理器子系统实现所有算法所需的时间; t_i 为实现第 i 个基本 DSP 算法的时间; m 为复杂算法中基本 DSP 算法的个数。

以式(5.1)的状态方程所给目标航迹参数线性递归滤波的算法并行化为例,下面分析层次图的设计方法。这种情况下的线性递归滤波算法为

$$\begin{cases} \hat{\boldsymbol{\theta}}_{ex_n} = \boldsymbol{\Phi}_n \boldsymbol{\theta}_{n-1} + \boldsymbol{\Gamma}_n \boldsymbol{\eta}_{n-1} \\ \boldsymbol{\psi}_{ex_n} = \boldsymbol{\Phi}_n \boldsymbol{\psi}_{n-1} \boldsymbol{\Phi}_n^T + \boldsymbol{\Gamma}_n \boldsymbol{\psi}_\eta \boldsymbol{\Gamma}_n^T \\ \boldsymbol{G}_n = \boldsymbol{\psi}_{ex_n} \boldsymbol{H}_n^T (\boldsymbol{H}_n \boldsymbol{\psi}_{ex_n} \boldsymbol{H}_n^T + \boldsymbol{R}_n)^{-1} \\ \hat{\boldsymbol{Y}}_{ex_n} = \boldsymbol{H}_n \hat{\boldsymbol{\theta}}_{ex_n} \\ \hat{\boldsymbol{\theta}}_n = \hat{\boldsymbol{\theta}}_{ex_n} + \boldsymbol{G}_n (\boldsymbol{Y}_n - \hat{\boldsymbol{Y}}_{ex_n}) \\ \boldsymbol{\psi}_n = \boldsymbol{\psi}_{ex_n} - \boldsymbol{G}_n \boldsymbol{H}_n \boldsymbol{\psi}_{ex_n} \end{cases} \tag{7.49}$$

式中: $\hat{\boldsymbol{\theta}}_n$ 为 $(s \times 1)$ 维的目标航迹参数估计向量; $\hat{\boldsymbol{\theta}}_{ex_n}$ 为 $(s \times 1)$ 维的目标航迹参数外推向量; $\boldsymbol{Y}_n$ 为 $(m \times 1)$ 维的测量坐标向量; $\hat{\boldsymbol{Y}}_{ex_n}$ 为 $(m \times 1)$ 维的外推坐标向量; $\boldsymbol{\eta}_{n-1}$ 为 $(h \times 1)$ 维的目标航迹参数扰动向量; $\boldsymbol{\Phi}_n$ 为 $(s \times s)$ 维的目标航迹转移矩阵; $\boldsymbol{\Psi}_n$ 为 $(s \times s)$ 维的目标航迹参数估计误差的相关矩阵; $\boldsymbol{\psi}_{ex_n}$ 为 $(s \times s)$ 维的目标航迹参数外推误差的相关矩阵; $\boldsymbol{\Psi}_\eta$ 为 $(h \times h)$ 维的目标航迹随机扰动的相关矩阵; $\boldsymbol{\Gamma}_n$ 为 $(s \times h)$ 维的矩阵(见式(5.1)); $\boldsymbol{H}_n$ 为 $(m \times s)$ 维的矩阵(见式(5.11)); $\boldsymbol{R}_n$ 为 $(m \times m)$ 维的目标航迹坐标测量误差的相关矩阵。

在评估复杂 DSP 算法层次图中各分支的运算量时,需要知道矩阵和向量的维数。

复杂 DSP 算法的图形化流程图是形成层次图的基础。在流程图中,将处理向量或矩阵的双输入操作符看作是节点和操作结果,图中的转移看作是箭头,于是一系列没有初始节点的箭头就构成初始参数,而所有没有结束节点的箭头就构成输出结果。由于这一过程的实现难度很大,往往需要手工完成图形的设计。线性滤波算法的初始图形如图 7.13 所示。为了设计出层次图,首先需将初始图形表示成邻接矩阵的形式,其行数和列数应该等于初始图形的节点数。如果节点 i 和节点 j 之间没有箭头相连,邻接矩阵的元素 l_{ij} 为 0,反之为 1。表 7.2 给出了图 7.13 对应的邻接矩阵的元素。

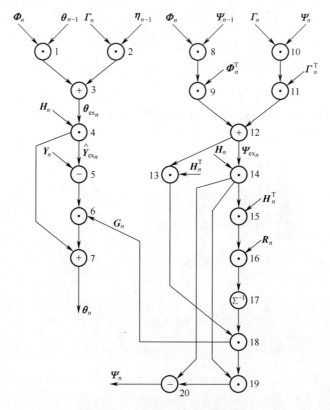

图 7.13 线性滤波算法的层次图

表 7.2 图 7.13 对应的邻接矩阵的元素

$_i$ \ ^{j}	1	2	3	4	5	6	7	8	9	10	11	12	13	14	15	16	17	18	19	20
1	0	0	1	0	0	0	0	0	0	0	0	0	0	0	0	0	0	0	0	0
2	0	0	1	0	0	0	0	0	0	0	0	0	0	0	0	0	0	0	0	0
3	0	0	0	1	0	0	0	0	0	0	0	0	0	0	0	0	0	0	0	0
4	0	0	0	0	1	0	1	0	0	0	0	0	0	0	0	0	0	0	0	0
5	0	0	0	0	0	1	0	0	0	0	0	0	0	0	0	0	0	0	0	0
6	0	0	0	0	0	0	1	0	0	0	0	0	0	0	0	0	0	0	0	0
7	0	0	0	0	0	0	0	0	0	0	0	0	0	0	0	0	0	0	0	0
8	0	0	0	0	0	0	0	0	1	0	0	0	0	0	0	0	0	0	0	0
9	0	0	0	0	0	0	0	0	0	0	0	1	0	0	0	0	0	0	0	0
10	0	0	0	0	0	0	0	0	0	0	1	0	0	0	0	0	0	0	0	0
11	0	0	0	0	0	0	0	0	0	0	0	1	0	0	0	0	0	0	0	0

（续）

i \ j	1	2	3	4	5	6	7	8	9	10	11	12	13	14	15	16	17	18	19	20
12	0	0	0	0	0	0	0	0	0	0	0	0	1	1	0	0	0	0	0	0
13	0	0	0	0	0	0	0	0	0	0	0	0	0	0	0	0	0	1	0	0
14	0	0	0	0	0	0	0	0	0	0	0	0	0	0	1	0	0	0	1	0
15	0	0	0	0	0	0	0	0	0	0	0	0	0	0	0	1	0	0	0	1
16	0	0	0	0	0	0	0	0	0	0	0	0	0	0	0	0	1	0	0	0
17	0	0	0	0	0	0	0	0	0	0	0	0	0	0	0	0	0	1		
18	0	0	0	1	0	0	0	0	0	0	0	0	0	0	0	0	0	1		
19	0	0	0	0	0	0	0	0	0	0	0	0	0	0	0	0	0	0		
20	0	0	0	0	0	0	0	0	0	0	0	0	0	0	0	0	0	0		

　　将复杂 DSP 算法初始图形变换为层次图，就是对邻接矩阵的行和列进行排序。根据邻接矩阵的特点，如果有结束节点就应设为零行向量，如果有初始节点（所有箭头均从这些节点起始）就应设为零列向量。本例中节点"1""2""8"和"10"是初始节点，这些节点构成了层次图的第一层，下一步是将第一步所选节点号对应的行向量的非零元素置零。同时，将第一层节点看作是结束节点，并将其输出的箭头当成是更高层（下一层）的输入箭头。在邻接矩阵中寻找上一次未标记过的全零元素的列向量，这些列的序号就构成了第二层节点，依此类推直至所有列向量的编号处理完毕。最终可得与各层编号所对应的图形节点表，表 7.3 给出了节点在各层的分布情况。根据图 7.14 所给初始节点之间的关系，利用表 7.3 即可设计出线性滤波复杂 DSP 算法的层次图。需要说明的是，层次图的形式取决于设计该图的顺序，或者说是从图 7.14 所给的一系列初始节点开始设计，还是从一系列输出节点开始设计。对于后一种情况来说，表7.4 给出了节点在各层的分布情况，相应的层次图如图 7.15 所示，可以看出该图与之前的图形是不一样的。

表 7.3　各层的节点分布情况

层编号	节点编号
1	[1],[2],[8],[10]
2	[3],[9],[11]
3	[4],[12]
4	[5],[13],[14]
5	[15]

（续）

层编号	节点编号
6	[16]
7	[17]
8	[18]
9	[6]，[19]
10	[7]，[20]

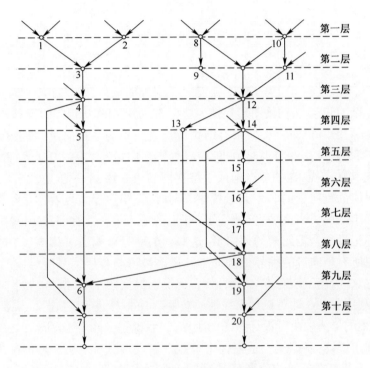

图7.14 初始图形节点分布图

表7.4 各层的节点分布情况

层编号	节点编号
1	[20]，[7]
2	[6]，[10]
3	[5]，[18]
4	[4]，[13]，[17]
5	[3]，[16]
6	[1]，[2]，[15]

（续）

层编号	节点编号
7	［14］
8	［12］
9	［9］,［11］
10	［8］,［10］

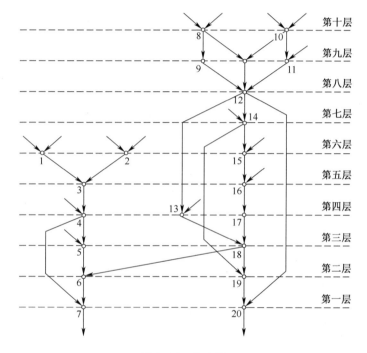

图 7.15 层次图

通过对层次图的简单分析,就会发现实现相应复杂 DSP 算法时存在并行计算处理的可能性。如图 7.14 和图 7.15 所示,在实现线性滤波算法时,多个宏操作(从 1 到 3)可同时运行,于是可用多个微处理器子系统(即从 1 到 3)分别参与到计算过程中,从而大大减少复杂 DSP 算法的实现时间,只采用一个微处理器子系统时需要顺序执行 20 个宏操作,而并行方案下每个微处理器所要执行的宏操作不超过 10 个。

通过两个途径可对层次图进行进一步的变换:①在给定的最短时限内实现复杂 DSP 算法并行化所需的微处理器子系统的合理数量;②给定微处理器子系统(其特性已知)的数量,并以最短实现时间作为效率准则,对微处理器子系统所要执行的宏操作分布进行优化。为了解决这两个问题,需要知道图形节点权

259

重的额外信息,即实现所有宏操作时所执行的基本运算数,并据此对图形节点进行标注。

7.4.2 线性递归滤波算法宏操作的并行化

根据所给出的线性递归滤波器的例子,下面分析给定同型微处理器子系统数量时(此处为 2 个)的计算并行化问题。为此首先需要算出线性递归滤波算法层次图中各节点的运算量,以图 7.15 为基础进行分析,对图中所有节点按从上到下、从左到右的方式重新进行编号,并算出转移到每一节点所需执行的宏操作。正如先前所指出的,这些宏操作是对向量和矩阵的双输入操作以及矩阵求逆。表 7.5 给出了采用微处理器系统实现相应算法操作时,图形节点对应的操作和计算算术运算次数的表达式,计算时所用的参数为 $s=6$、$m=3$、$h=3$。与此前一样,为减少算术运算次数,微处理器系统可在 4 个周期内完成乘法操作,在 7 个周期内完成除法操作。表 7.5 给出的结果也考虑到了非算术操作的运算量,在图 7.16 的层次图中,各节点都用相应的计算结果进行了标识。

表 7.5 图形节点对应的操作以及计算算术运算次数的表达式

节点编号	操作	加法+减法	乘法	除法	M	N	计算结果
[1]	$\boldsymbol{\Phi}_n \boldsymbol{\Psi}_{n-1}$	$(s-1)s^2$	s^3	—	1044	3000	11230
[2]	$\boldsymbol{\Gamma}_n \boldsymbol{\Psi}_\eta$	$(h-1)hs$	sh^2	—	252	750	7480
[3]	$(\boldsymbol{\Phi}_n \boldsymbol{\psi}_{n-1}) \boldsymbol{\Phi}_n^{\mathrm{T}}$	$(s-1)s^2$	s^3	—	1044	3000	8230
[4]	$(\boldsymbol{\Gamma}_n \boldsymbol{\psi}_\eta) \boldsymbol{\Gamma}_n^{\mathrm{T}}$	$(h-1)s^2$	hs^2	—	504	1500	6730
[5]	$[3]+[4]$	s^2	—	—	36	100	5230
[6]	$\boldsymbol{H}_n \boldsymbol{\psi}_{\mathrm{ex}_n}$	$sm(s-1)$	ms^2	—	522	1500	5130
[7]	$\boldsymbol{\Phi}_n \hat{\boldsymbol{\theta}}_{n-1}$	$s(s-1)$	s^2	—	174	500	1060
[8]	$\boldsymbol{\Gamma}_n \boldsymbol{\eta}_{n-1}$	$(h-1)s$	hs	—	84	250	810
[9]	$(\boldsymbol{H}_n \boldsymbol{\psi}_{\mathrm{ex}_n}) \boldsymbol{H}_n^{\mathrm{T}}$	$m^2(s-1)$	sm^2	—	261	750	3630
[10]	$[7]+[8]=\hat{\boldsymbol{\theta}}_{\mathrm{ex}_n}$	s	—	—	6	25	560
[11]	$\boldsymbol{R}_n+[9]=\Sigma_n$	m^2	—	—	9	30	2880
[12]	$\boldsymbol{H}_n \hat{\boldsymbol{\theta}}_{\mathrm{ex}_n}$	$(s-1)m$	sm	—	87	250	535
[13]	$\boldsymbol{\psi}_{\mathrm{ex}_n} \boldsymbol{H}_n^{\mathrm{T}}$	$sm(s-1)$	ms^2	—	522	1500	3850
[14]	$[\Sigma_n]^{-1}$	$m^2(m-1)$	$m^2(m-1)$	m^2	153	500	2850
[15]	$\boldsymbol{Y}_n-[12]=\Delta\hat{\boldsymbol{Y}}_n$	m	—	—	3	15	285

（续）

节点编号	操作	加法+减法	乘法	除法	M	N	计算结果
［16］	［13］［14］$= G_n$	$sm(m-1)$	sm^2	—	250	750	2350
［17］	G_n［15］	$(m-1)s$	ms	—	86	250	270
［18］	$G_n(H_n\,\boldsymbol{\psi}_{ex_n})$	$(m-1)s^2$	ms^2	—	504	1500	1600
［19］	［10］+［17］$= \dot{\boldsymbol{\theta}}_n$	s	—	—	6	20	20
［20］	［5］−［18］$= \boldsymbol{\Psi}_n$	s^2	—	—	36	100	100

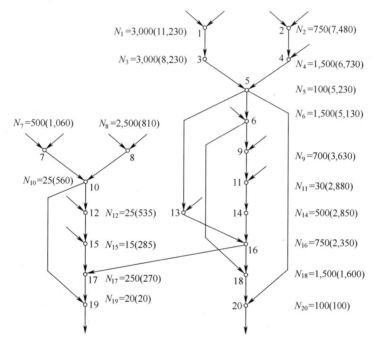

图 7.16　层次图

下面可对各微处理器子系统的节点进行直接分配,分配方法如下:

（1）对于图中的每一节点给出其权重(相当于从该节点到结束节点以运算次数计的最长路径),表 7.5 的最后一列给出了节点的权重,并在图 7.16 中用带有圆括号的数字进行了标注。

（2）将权重最大的节点(节点 1)分配给第一个微处理器子系统。在第一个微处理器子系统加载之后,将不需要等待其处理结果的权重最大的节点(节点 2)分配给第二个微处理器子系统。

（3）根据数据需求的情况,将剩余节点按权重大小依次进行分配以实现指定的算法。如果所需数据暂不可用或不存在,微处理器子系统进入待命状态,直到从其他子系统那里获得所需的数据为止。微处理器子系统的加载时序如图 7.17 所示。根据该图可知,如果所分析算法的全部运算量为 $M_{total} = 16290$ 次,当采用两个微处理器子系统并行工作时,每个微处理器子系统运算次数的下限为 $N_{th} = 11230$ 次。第二个微处理器子系统的加载率仅为 45%,而全体微处理器子系统的总体加载系数为

$$K_{load} = \frac{M_{total}}{2N_{th}} = 0.725 \tag{7.50}$$

因此从两个微处理器子系统加载情况的角度来看,对于所分析算法的这种并行化处理并不理想。为了提高微处理器子系统的加载系数 K_{load},需要减小宏操作的长度,并在每一宏操作的内部进行并行计算。

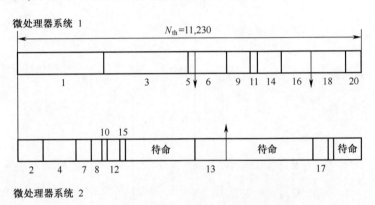

图 7.17　微处理器子系统的加载时序

需要说明的是,上面给出的例子仅供说明问题,并未考虑实现某些图形节点时减少运算次数的可能性,如矩阵的稀疏性,以及特定的向量-矩阵操作时的专用方法等。另外,将乘法和除法变换为短操作的折算系数也是有条件的。

7.4.3　复杂数字信号处理算法目标集的并行原则

复杂数字信号处理要处理的目标很多,每个目标的信息通常包括目标回波信号、目标点、目标航迹等。来自所有目标的信息的处理必须依靠同一个复杂 DSP 算法实现。如果这些目标是相互独立的,每一目标的信息都能够单独处理,于是就可对它们进行并行处理。以监视雷达中不同层次的复杂 DSP 算法为例,分析一下针对相互独立目标的并行处理原则。

例 1:对雷达的覆盖范围进行扫描时,假定采用如图 7.18 所示的带有信号预处理的多通道接收机进行目标检测和目标点参数估计。接收机由包含一系

列专用信号处理器的多通道微处理器子系统构成,还有一个通用控制处理器完成新信息在各通道之间的分配。假设并行信号处理的通道数量等于或少于独立目标回波源的数量。将独立的目标回波视作随机过程,通过适当选择输入随机过程时域离散化的采样频率,使随机过程的相关时间小于采样间隔,可以使得来自相邻采样时刻的信号之间保持统计独立。多通道接收机的每一通道均可对信号进行积累、形成目标点、解决信号检测问题、给出目标点的坐标以及将目标点的坐标传递给用户。新信号到达每一通道的周期与发射信号的重复周期相对应,因此对于处理器参数的要求是适中的。多通道接收机的另一优点是通道分配所带来的低功耗。

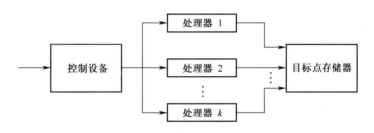

图 7.18　带有数字信号预处理算法的多通道接收机

例 2:下面分析在整个信号处理周期内采用微处理器子系统对单个目标进行航迹自动跟踪的情况。如图 7.19 所示,目标跟踪系统由 m 个通道(即微处理器子系统)构成。目标自动跟踪系统的每一通道分别完成信号检测算法、信号参数的计算与测量、单独航迹波门内的信号选取(以上为模块 1)以及目标航迹参数估计算法、将最终信息发送给系统形成整体定位结果(以上为模块 2)等。一般情况下,每一复杂 DSP 算法(信号预处理和信号再处理)都可用单独的专用微处理器子系统实现,这样就可认为信号预处理和信号再处理的通道数量是不同的。另外,目标自动跟踪系统还包含对信号处理通道进行控制和交互以及对接收机进行选通的微处理器子系统。该目标自动跟踪系统使用有限性能的微处理器子系统即可实现目标回波信号复杂处理算法的实时运行。

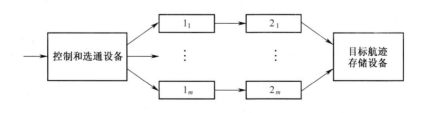

图 7.19　目标自动跟踪系统流程图

例3：采用由 N 个微处理器子系统构成的计算机系统，对来自 M 部独立 CRS 的回波信号进行并行的数字信号处理。DSP 算法利用每一雷达系统（或信号预处理子系统）发送的目标点信息给出目标的航迹。所有雷达系统工作在异步模式，且其覆盖范围相互重叠。

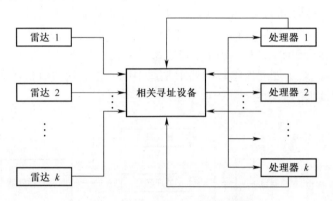

图 7.20　具有并行 DSP 算法的计算机系统

图 7.20 给出的进行并行数字信号处理的计算机系统中，除了微处理器子系统以外，还包含一个相关寻址设备，从而使得来自雷达系统的目标点坐标可以同时与雷达系统所有已跟踪航迹的外推点波门进行比较。计算机系统运行过程中，每一个微处理器子系统将其当前所处理目标的波门信息发送给相关寻址设备，所有波门均按确定的周期进行外推，从而可同时获得新目标点和目标航迹外推点的信息。CRS 输出的目标点信息进入相关寻址设备的输入端，相关寻址设备通过对所有波门边界的比较，确定由哪一个微处理器子系统处理目标点，于是目标点信息就传送给相应的微处理器子系统以更新特定目标的信息。如果目标点从属于新目标，也就是说没有任何波门与该目标点匹配，那么相应信息就送给尚未完全加载的微处理器子系统（微处理器的加载过程是可控的）。为此需要确定每一扫描周期 T_{scan} 内，所有微处理器子系统的当前加载系数：

$$K_{ij}^{\text{load}} = \frac{T_{ij}}{T_{\text{scan}}} \qquad (7.51)$$

式中：T_{ij} 为在第 j 次扫描时第 i 个微处理器子系统处理所有目标所需要的时间；T_{scan} 为扫描周期。

为了增加控制的稳定性，可给出 n 次扫描的加载系数平均值：

$$K_{i}^{\text{load}} = \frac{1}{n} \sum_{j=1}^{n} K_{ij}^{\text{load}} \qquad (7.52)$$

每次扫描之后加载系数都会变得更加准确。若是所有的 $K_{i}^{\text{load}} = 1 (i = 1, \cdots, N)$，微处理器子系统乃至计算机系统就已完全加载，此时如果又出现新的目标点,计算机系统和微处理器子系统都会过载,相应的控制信号就会针对这种情况给出提示。含有微处理器子系统的计算机系统的设计方式为:可先让第一个微处理器子系统过载,然后让第二个微处理器子系统过载,之后依此类推。在这类计算机系统中,根据未完全加载的微处理器子系统的能力实现完全加载是比较简单的。

此处所讨论的由微处理器子系统构成的并行计算机系统,在完成数字信号再处理算法时,可靠性和可操作性都很好,从而能为用户提供高质量的跟踪航迹信息。这种复杂数字信号再处理算法并行化方式的不足之处就是必须采用非常复杂的相关寻址设备,尤其当跟踪目标数量较多时更是如此。

7.5 总结与讨论

自20世纪80年代以来,随着数字技术的快速发展及数字器件成本的下降,对雷达系统的设计方式产生了深远的影响。很多之前采用模拟硬件实现的系统,转为采用数字器件实现,数字技术极大地提高了雷达的性能和灵活性,并降低了雷达的体积和成本。模数转换器与数模转换器技术的进展,使得模拟处理和数字处理的分界线越来越靠近天线端。以往,数字式雷达信号处理器的实时运行往往需要设计定制计算机,这种计算机需采用数以千计的高性能集成电路,其设计、研发及调整都极其困难。现在,数字技术的发展提供了更多的选择,与以前相比,这些处理器更易于可编程处理,而且设计和改进也更方便。

通用并行计算机的结构采用高速通信网络将多个通用处理器互联起来。通用型处理器按类型可分为高档服务器和嵌入式处理器等。高档服务器中往往包含多个同型处理器,所有的处理节点均相同,并通过高性能数据总线进行互联。嵌入式处理器由包含多个通用处理器的单板计算机(刀片式)组成,并插入到标准的背板中,这种方式提供了异型结构的灵活性,使得不同的处理刀片或接口板都能插入标准背板而构成整个系统。此处的标准背板是在并行结构与串行数据链之间进行转换的装置,其中前者传输的是32位或64位的数据,后者可以极高的时钟频率传输单个字节(目前已超过3GB/s)。串行数据链往往是点对点连接的,为了实现多个电路板之间的通信,每一电路板的串行数据链均应与高速切换板相连,从而将合适的信源与信宿相连以构成串行结构。随着数据带宽的不断增加,未来多处理器系统的主要通信机制将采用高速串行数据链。

并行处理结构带来的好处就是可用C和C++等高级语言进行编程,即使编程人员并不了解硬件细节也可以完成系统设计,而且当技术更新换代时,原系统软件可以相对容易地移植到新的硬件结构中。但从另一方面来说，这些系统很难通过程序设计实现信号的实时处理，原因在于所需的操作往往要恰当地分解到可用的处理器之中，而且要把各部分的结果正确合并才能获得最终结果，其中最大的挑战就是系统所需的执行时间，也就是生成结果所允许的最长时间。微处理器的执行时间定义为输入信号发生变化时输出信号做出反应所需的时间长度。为了达成执行时间的设计目标，需将工作量分解为多个小的部分，并分配给不同的处理器，由此导致处理器数量的增加以及系统成本的增大。在雷达应用中还需面对的另一挑战是重置时间，在军事应用场合，当需要重置以解决问题时，系统应在极短的时间内回到所有操作的起点。但微处理器重新启动的时间往往较长，难以满足系统重置的要求。针对这些问题研发相关技术将是大有作为的。通常这些微处理器会用于目标跟踪或信息显示等非实时或近实时数据处理，自 20 世纪 90 年代以来，也开始用于实时信号处理。虽然这对于窄带系统的效费比较高，可对于 21 世纪早期的宽带 DSP 系统来说，由于要使用大量的处理器，其成本还是非常高昂的，但由于可资使用的处理器速度越来越快，这种状况会随着时间的推移而逐步好转。

20 世纪 80 年代，现场可编程门阵列的引入预示着实时 DSP 系统设计的革命。FPGA 是由大规模可配置逻辑单元阵列组成的集成电路，各逻辑单元彼此之间通过可编程接口连接。FPGA 还包含数以百计的每秒运算次数达 5 亿次的乘法器、内存模块、微处理器以及支持每秒数吉比特数据传输的串行通信链路。FPGA 使得设计人员可高效构建复杂的信号处理结构。在典型的大型应用中，与采用通用处理器相比，基于 FPGA 设计的处理器可使系统体积和成本降低 10 倍或更多，原因主要在于绝大多数通用处理器仅有一个或极少几个处理单元，而 FPGA 却有数量众多的可编程逻辑单元和乘法器。从另一方面来说，为了充分发挥 FPGA 的作用，要求设计人员对器件所能提供的全部资源有着透彻的认识，这就使得基于 FPGA 的系统设计比基于通用处理器的设计更难，因为后者并不需要详细了解微处理器的系统结构。另外，FPGA 的设计一般是面向特定的器件系列，以力争充分利用该系列器件所能提供的资源，但硬件供货商总是不断推出性能更高的新产品，经过一个技术更新周期之后，老旧器件就因过时而面临更换。经过几年的技术更新后，FPGA 的最新可用资源已经发生变化，或者就是全新的器件系列，这就可能导致需对系统重新设计。而针对通用处理器开发的软件可能仅需重新编译一下，就可以移植到新的处理器上。现在已有可将 C 或 MATLAB 代码整合到 FPGA 设计之中的工具，只是其效率还不够高，为解决这些问题，对 FPGA 设计工具进行改进也是一个值得研究、具有发展前景的领域。

在雷达计算处理过程中的复杂算法指的是复杂雷达系统所有阶段以及所有工作模式中的一系列基础性 DSP 算法集,当然也可能包括某些单独 DSP 阶段的离线复杂算法,这些 DSP 阶段可能与其他的信息处理和控制操作并没有什么关联。复杂算法设计过程中,在解决面向任务的 DSP 问题时必须清晰界定微处理器系统的功能,界定的内容包括基本 DSP 及其控制算法、工作时序、每一基本 DSP 及其控制算法的应用条件以及 DSP 及其控制算法之间进行交互所需的输入信息和输出信息等。采用 DSP 及其控制算法的逻辑流程图或图形化流程图,可给出这种界定或描述的通用形式。

可以基于复杂度对复杂 DSP 算法进行分配,常用的方式是逻辑流程图或公式-逻辑流程图。在逻辑流程图中采用几何图形(如矩形、菱形、梯形等)对基本算子和识别器进行表示,并根据计数算子和逻辑算子在复杂算法中的顺序,彼此之间用箭头进行连接。基本算子(DSP 算法)的名称写在几何图形之中,有时也将逻辑运算的公式和进行测试的逻辑条件写在几何图形中,这种情况下复杂 DSP 算法的逻辑流程图称为公式-逻辑流程图。

复杂 DSP 算法图形化流程图给出了问题的合理表述方式,在雷达系统复杂 DSP 算法的实现过程中,可为计算软件工具和微处理器子系统的选择提供支持。简言之就是对计算处理优化问题进行了分配,以大大缩短实现时间,并简化了雷达系统复杂 DSP 算法。在网络规划和控制领域也会遇到同样的问题。

如果无法确定特定情况的基本 DSP 算法和实现顺序,确定性网络模型将无法对其进行预测,也无法描述 CRS 的复杂算法运行情况。由于在随机网络模型中网络图内的转移是根据特定条件下 CRS 功能对应的转移概率确定的,因此更适于反映和分析微处理系统中的复杂 DSP 算法。当网络模型构建完毕以后,就产生了完成所有操作的时间估计问题,也就是微处理器子系统在给定的有效运算速度下完成所有操作的时间,该时间不应超过最差状态下从起始节点 a_0 到结束节点 a_k(这条路径也称作极限路径)完成复杂 DSP 算法操作的时间。在随机网络模型中,极限路径不能像给定结构的网络模型那样以显式形式表示出来,因此在通过对随机网络模型的分析实现复杂算法时,就要确定出平均时间或者平均运算次数。如果雷达覆盖范围内的噪声和目标环境的统计特性和参数已知,并且确定了目标点起始算法的参数,就可给出复杂 DSP 算法网络图内的转移概率。不过这一概率并非永远有解,在某些情况下,只能利用计算机仿真手段对复杂 DSP 算法的转移概率进行估计。

通过对解析表达式的分析,可以得到所需的算术运算次数,先单独给出所需的加、减、乘、除法的次数,进而得到折算后的算术运算次数,通常用加法(短操作)来表示折算结果。根据第 i 次长、短操作所需时间的比值($\tau_i^{\text{long}}/\tau_i^{\text{short}}$),可得出某一微处理器子系统所需的算术运算折算次数。目标回波信号的 DSP 具有明显的信息–逻辑特征。采用复杂 DSP 算法实现 CRS 功能时,逻辑操作和转换操作占基本 DSP 操作量(或周期)的 80%。在计算基本 DSP 算法的运算量时,也要考虑非算术操作的影响。在计算微处理器的运算次数时,还要考虑到编程方式的影响。

从理论上说,利用复杂 DSP 算法的网络模型可以求出平均运算量。如果已知每一变换后运算的实现时间,就可计算出复杂 DSP 算法的平均实现时间。反之,如果限定了复杂 DSP 算法的平均实现时间,就能确定出微处理器子系统实现给定复杂 DSP 算法所需的运算量。有时为了对计算资源进行分析,需要知道运算量的变化情况。

另外,还应根据相应的折算系数 $K_{\text{red}}^{\text{na}}$ 考虑非算术运算量(如令 $K_{\text{red}}^{\text{na}}=3$),于是可得采用微处理器子系统对复杂数字信号再处理进行单次实现时所需的总运算量为 $M \approx 2 \times 10^4$ 次,也就是说,处理单个目标点就需要微处理器平均进行 2×10^4 次运算。当然这一结果仅是针对所分析的算法,如果采用目标点确认的升级算法或是目标航迹参数平滑的简化算法等,是可以大大减少运算量的。分析以上示例的主要目的就是给出如何计算复杂 DSP 算法的运算量,以及计算过程中可能出现的其他问题。

在为 CRS 挑选实现复杂 DSP 算法所需的微处理系统结构和单元时,复杂 DSP 算法运算量的估算结果提供了初步信息。为了完成该运算量并保证操作的可靠性,计算子系统通常应包含多个微处理器子系统,它们的特别之处在于其计算过程的并行性。为了完成并行计算过程,需要对复杂 DSP 算法进行并行化。通常情况下,必须根据计算系统的假定结构,将复杂 DSP 算法的并行化当作特殊问题进行具体分析,因此在设计过程中,基于微处理器子系统选择计算结构,与基于计算系统拟采用的结构对算法进行变换,两者之间是密切相关的。算法并行化的一般描述和通用方法有很多。

通过对层次图的简单分析,就会发现实现相应复杂 DSP 算法时存在并行计算处理的可能性。如图 7.14 和图 7.15 所示,在实现线性滤波算法时,多个宏操作(1~3)可同时运行,于是可用多个微处理器子系统(从 1 到 3)分别参与到计算过程中,从而大大减少复杂 DSP 算法的实现时间,只采用一个微处理器子系统时需要顺序执行 20 个宏操作,而并行方案下每个微处理器所要执行的宏操作不超过 10 个。

通过两个途径可对层次图进行进一步的变换:

(1)在给定的最短时限内实现复杂 DSP 算法并行化所需的微处理器子系

统的合理数量；

（2）给定微处理器子系统(其特性已知)的数量，并以最短实现时间作为效率准则，对微处理器子系统所要执行的宏操作分布进行优化。

为了解决这两个问题，需要知道图形节点权重的额外信息，即实现所有宏操作时所执行的基本运算数，并据此对图形节点进行标注。

微处理器子系统的加载时序如图 7.17 所示。根据该图可知，如果所分析算法的全部运算量为 $M_{total} = 16290$ 次，当采用两个微处理器子系统并行工作时，每个微处理器子系统运算次数的下限为 $N_{th} = 11230$ 次。第二个微处理器子系统的加载率仅为 45%，而全体微处理器子系统的总体加载系数由公式(7.50)决定。因此从两个微处理器子系统加载情况的角度来看，对于所分析算法的这种并行化处理并不理想。为了提高微处理器子系统的加载系数 K_{load}，需要减小宏操作的长度，并在每一宏操作的内部进行并行计算。

复杂数字信号处理要处理的目标很多，每个目标的信息通常包括目标回波信号、目标点、目标航迹等。来自所有目标的信息的处理必须依靠同一个复杂DSP 算法实现。如果这些目标是相互独立的，每一目标的信息都能够单独处理，于是就可对它们进行并行处理。

此处所讨论的由微处理器子系统构成的并行计算机系统，在完成数字信号再处理算法时，可靠性和可操作性都很好，从而能为用户提供高质量的跟踪航迹信息。这种复杂数字信号再处理算法并行化方式的不足之处就是必须采用非常复杂的相关寻址设备，尤其是当跟踪目标数量较多时更是如此。

参考文献

1. Rahnema, M. 2007. UMTS Network Planning, Optimization, and Interoperation with GSM. New York：John Willey & Sons, Inc.

2. Laiho, J., Wacker, A., and T. Novosad. 2006. Radio Network Planning and Optimization for UMTS. 2nd edn. New York：John Wiley & Sons, Inc.

3. Woolery, J. and K. Crandall. 1983. Stochastic network model for planning scheduling. Journal of Construction Engineering and Management, 109(3)：342-354.

4. Butler, R. and A. Huzurbazar. 1997. Stochastic network models for survival analysis. Journal of the American Statistical Association, 92(437)：246-257.

5. Tsitsiashvili, G. and M. Osipova. 2008. Distributions in Stochastic Network Models. New York：Nova Publishers.

6. Neely, M. 2010. Stochastic Network Optimization with Application to Communication and Queuing Sys-

tems. Synthesis Lectures on Communication Networks. Los Angeles, CA: Morgan & Claypool Publishers.

7. Creebery, D. and D. Golenko-Ginzburg. 2010. Upon scheduling and controlling large-scale stochastic network project. Journal of Applied Quantitative Methods, 5(3): 382-388.

8. Pospelov, D. 1982. Introduction to Theory of Computational Systems. Moscow, Russia: Soviet Radio (in Russian).

第8章 复杂雷达系统数字信号
处理子系统的设计原则

8.1 数字信号处理子系统的结构与主要技术规范

当前,复杂雷达系统采用数字信号处理子系统来解决各种各样的问题。下面主要分析数字信号处理子系统的如下应用情况:

(1) 实时积累和处理信息文件。

(2) 实现传感器与用户间的信息交互。

(3) 长时间连续工作。

(4) 在实现各类信号处理和控制功能时,要与系统研发时期所设计的功能保持一致。

为了满足上述要求,应针对每一种情况设计相应的微处理器子系统。本节主要讨论 CRS 的基本设计原则、参数以及数字信号处理子系统所采用的微处理器子系统的性能。

8.1.1 单机子系统

如图 8.1 所示的控制微处理器是单机子系统的核心器件,其构成如下:

(1) 中央处理器,由运算和逻辑单元(Arithmetic and Logic Unit, ALU)与中央控制器(Central Control Device, CCD)组成。

(2) 随机存取存储器,用于存储数字信号处理期间所需直接读取的信息(包括程序、中间结果、最终计算结果等)。

(3) 外部存储器(External Memory, EM),用于长时间存储海量信息,并可与 RAM 交换数据。

(4) 输入输出设备(Input-Output, I/O),用于在 RAM、控制微处理器及其他设备间进行信息交互。

(5) 适配器,包括操控台、显示器等。

在诸如 CRS 等信息管理系统中,单机子系统具有在传感器、用户以及数字信号预处理的特定子系统间进行信息交互的设备,在图 8.1 中,这些设备被集

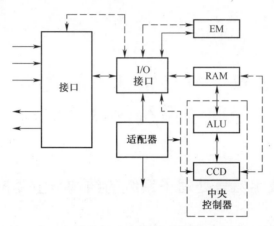

图 8.1　控制微处理器

成在一个模块中。控制微处理器可用总体技术规范进行描述,经常使用以下技术规范对微处理器系统进行比较:

寻址方式:指令代码所使用的地址代码数量。分别有一地址指令、二地址指令、三地址指令以及零地址指令,控制微处理器所使用的是一地址指令。

编码容量:控制微处理器子系统使用的有 16 位字、24 位字、32 位字和 64 位字等。

编码格式:有定点制和浮点制两种编码格式,定点制采用真分数(即小数)表示数字,小数点位于最高有效位(Most Significant Digit, MSD)之前,浮点制采用符号、尾数和阶码表示数字(规格化形式)。

运算速度:为了描述微处理器子系统的运算速度,可引入如下与问题类型无关的"额定速度"的概念:

$$V_{rs} = \tau_{short} \tag{8.1}$$

式中:τ_{short}是短操作(比如加法运算)所用的时间。

有效运算速度:为完成特定数字信号处理算法所需的每秒平均运算次数,有

$$V_{eff} = \mu \frac{N_{total}}{T_{sol}} \tag{8.2}$$

式中:N_{total}为单次实现数字信号处理算法所需的综合平均运算次数;μ为基于微处理器寻址方式的系数(对于一地址微处理器 $\mu = 1$);T_{sol}为解决问题所需的时间:

$$T_{sol} = \sum_{i=1}^{n} N_i \tau_i \tag{8.3}$$

式中:n为执行数字信号处理算法过程中的操作数量,如加法、乘法、除法以及对

RAM 的寻址等操作;N_i 为第 i 种操作的数量;τ_i 为第 i 种操作的执行时间。

根据式(8.3)可以得出

$$V_{\text{eff}} = \frac{1}{\sum_{i=1}^{n} \omega_i \tau_i} \tag{8.4}$$

式中:ω_i 是第 i 种操作的平均运行频率(概率)。

存储设备容量可用比特(存储单元)、字节(8 比特)、千比特(1024 比特)或千字节表示,也可用计算机字来表示,字的长度就是用比特表示的微处理器子系统内存的编码容量。存储设备的运行速度可用循环时间 τ_{cycle} 来表述,该时间与写入时间和读取时间均有所不同,相应的定义为

$$\tau_{\text{cycle}}^{\text{rec}} = \tau_{\text{search}} + \tau_{\text{rec}} + \tau_{\text{clean}} \tag{8.5}$$

$$\tau_{\text{cycle}}^{\text{read}} = \tau_{\text{search}} + \tau_{\text{read}} + \tau_{\text{rebuild}} \tag{8.6}$$

式中:τ_{search} 为寻找信息所需的时间;τ_{rec} 为写入信息所需的时间;τ_{clear} 是为写入新信息而清除内存单元所需的时间;τ_{read} 为读取信息所需的时间;τ_{rebuild} 为对因读取而被破坏的信息进行恢复所需的时间。

通常,微处理器子系统的可靠性是指单次使用数字信号处理算法而正确发布指令的概率:

$$P(t_{\text{real}}) = \left[1 - P_{\text{fail}}(t_{\text{real}}) \right]\left[1 - P_{\text{circuit}}(t_{\text{real}}) \right] \tag{8.7}$$

式中:t_{real} 为针对待解决的问题,单次实现数字信号处理算法所需的时间;$P_{\text{fail}}(t_{\text{real}})$ 为微处理器子系统在 t_{real} 时限内的失效概率,此种失效无需关闭微处理器子系统即可恢复;$P_{\text{circuit}}(t_{\text{real}})$ 为微处理器子系统的电路在 t_{real} 时限内出现混乱信息的概率。

在进行比较分析时,微处理器子系统的可靠性可用其在 t_{real} 时限内失效之间的平均时间进行评价,这里的失效包含微处理器子系统的硬件和软件两方面的问题。

8.1.2 多机子系统

直到最近,由于基本单元运算速度的提高,以及对微处理器子系统功能算法进行了更为有效的设计,有效运行速度得到了很大提升。目前,基本单元运算速度已接近极限,于是采用并行微处理器子系统就成为提升有效运行速度的主要手段。并行计算的思想非常简单,即利用多个微处理器子系统共同解决同一个问题,这种思想的技术实现主要取决于待解决问题的特点(进行并行处理的可能性)和现代并行微处理器子系统的效率。

在进行实时数字信号处理时,提高微处理器子系统性能和可靠性的方法之

一就是设计和构建多计算机子系统,CRS 系统中也采用了这种做法,以有效利用数字信号处理算法。多机子系统的计算过程采用了新的原则,用多个微处理器子系统并行执行数字信号处理过程。决定这种多机子系统结构的主要因素有最终用途、所需性能、解决问题所需的存储容量、考虑到外部环境影响的功能可靠性、经济因素(即可承受的最高成本)以及能耗等。

为了解决问题,需要在微处理器子系统之间进行信息交互,这需要足够大的存储容量和足够快的微处理器速度,并将这些微处理器子系统嵌入到 CRS 所使用的计算机子系统中。另外一个因素就是等待前一级计算机子系统给出某些问题的最终结果所导致的空闲时间。与单机子系统相比,上述情况会导致多机子系统的性能有所下降,但其它参数如可靠性和系统生存能力等则会提高。单机子系统的有效速度和存储容量都有限,无法运行某些具有大存储容量需求的数字信号处理算法,但通过对这些微处理器子系统的结构进行改进,就可以运行上述类型的数字信号处理算法。

通常,多机子系统的性能可由其有效运行速度给出:

$$\mathscr{L}_{\text{eff}} = K(M) \sum_{i=1}^{M} V_{\text{eff}i} \tag{8.8}$$

式中: $V_{\text{eff}i}$ 为第 i 个微处理器的有效运行速度; M 为子系统中微处理器的数量; $K(M) < 1$ 为将多个微处理器集成为一个多机子系统时的运行效率,该值由多机子系统的运行成本决定(与微处理器的数量有关)。

多机子系统的微处理器在进行数字信号处理时,既可采用离线模式,也可彼此间进行交互,于是就有两种类型的多机子系统。

第一类仅在自主微处理器(由同型的微处理器构成)间进行信息交互,多机子系统中的每一个微处理器都含有处理单元和 RAM,并通过特定接口和信息通道与其他微处理器进行交互。多路复用型多机子系统就属于这一类,其微处理器的总数为 M 个,其中 $M-m$ 个在工作,剩余 m 个则用于冗余。这类多机子系统的一个重要用途是实现微处理器间的信息交互,信息交互可能发生在:

(1) 使用相同转移地址区域的微处理器 RAM 之间。

(2) 基于"通道-通道"型适配器,使用标准信息通道的微处理器 RAM 之间。

(3) 基于整体的外部存储控制设备,使用标准信息通道的微处理器外部存储设备之间。

第二类多机子系统通过采用独立通道同时执行并行数字信号处理算法的方式提升系统性能,其结构是可编程的。通常这类多机子系统由同型微处理器组成,采用标准信息通道和切换板构成标准化可编程的交互通道以完成微处理器之间的交互。切换板和含有子系统运算实现模块（Block of Subsystem Operation Realization，BSOR）的微处理器形成了多机子系统的基本单元[1-3]。在多机子系统中，基本单元的组合有环形耦合型和路由切换型两种，图8.2给出了环形耦合型多机子系统的框图，切换板 S_i 通过控制开关门，实现对右侧紧邻单元通信信道的启闭。BSOR 由调节寄存器和用于实现子系统运算的模块组成，调节寄存器的内容决定了切换板的功能类型以及每一步数字信号处理算法执行时相应基本单元对于某些指令的参与程度。这类多机子系统的操作有

（1）调节操作，规定基本单元之间的连接结构。

（2）信息交互操作，完成多机子系统基本单元间的信息交换。

（3）广义条件转移操作，控制多机子系统微处理器联合工作时的计算过程。

（4）广义无条件转移操作，提供计算数据从某一单元到其他单元间的连接。

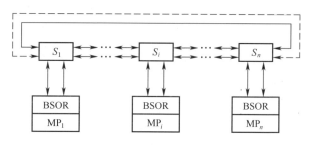

图 8.2　多个同型微处理器的环形耦合连接

基于以上原则构建的同型多机子系统可以实现任何数字信号处理算法，或者说从算法的角度讲，这种子系统是普遍适用的。这种多机子系统如果基本单元（或微处理器）的数量无限多，则在实现复杂数字信号处理算法时没有任何限制，并可保证子系统所需的可靠性和生存能力。设计同型多机子系统的主要任务是根据多机子系统有效运行速度的损失情况，确定基本单元的数量，这决定了复杂数字信号处理算法能否实时实现以及操作的可靠性。

8.1.3　用于数字信号处理的多微处理器子系统

多微处理器子系统是指通过共用 RAM 和接口彼此相连的多个微处理器组成的计算机子系统，通常多微处理器子系统是基于同型微处理器子系统进行设计的，由于这种设计确保了互换性，因此有效提高了多微处理器子系统的可靠性和生存能力。共用 RAM 对所有微处理器都是可用的，因此降低了并行计算过程中进行数据交换所需的设计成本。由于可以针对几个问题同时进行数字

信号处理,或是把同一问题分解为多个部分同时进行数字信号并行处理,因此多微处理器子系统要比单微处理器子系统的性能更好。为了有效应用多微处理器子系统,需要将问题分解为多个部分,以供并行工作的子程序进行处理,此时信息的传递是由同一个RAM进行的。相比多机子系统来说,采用统一的控制命令流对所有的微处理器进行协调。对多微处理器子系统的编程与多机子系统不同,这是一个与系统编程原理和技巧相关的特定问题。

目前可以采用两种结构对用于数字信号处理的同型微处理器子系统进行设计:并行数字信号处理情况下采用矩阵式结构或关联式结构,串行数字信号处理情况下采用骨干式结构。矩阵式同型多微处理器子系统拥有单个控制模块(Control Block,CB)和一系列呈矩阵式排列的微处理器(见图8.3),每一微处理器都有可对内部数据进行操作的自身RAM,从而使得多微处理器子系统可对大型数据阵列进行操作。在同型多微处理器结构中还有中央控制模块(Central Control Block,CCB)以及用于存储数据和程序的存储设备。另外,同型多微处理器子系统结构中还可包含共用存储器,所有微处理器只要遵从一定规则就能对其进行寻址。很多文献[4-8]都讨论过矩阵式同型多微处理器系统。关联式并行同型多微处理器子系统与矩阵式的差别在于存在所谓的关联式存储器,在这种存储器中是基于数据内容而非数据地址对数据进行选择。由

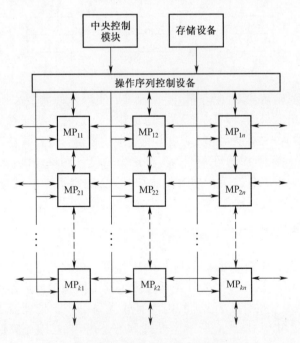

图8.3 矩阵式同型多微处理器子系统

于所有微处理器同时执行的都是相同的操作(各自使用各自的数据),因此就可用并行结构的同型微处理器子系统解决具有并行性的问题[9]。这些子系统可用于 CRS 的数字信号处理,包括空时信号处理,采用矩阵式的递归滤波器对目标航迹参数进行滤波,以及其他必须进行线性代数运算的场合(如向量和矩阵的乘法、矩阵转置等)。

骨干式多微处理器子系统由多个独立的微处理器连接而成,其中某个微处理器的输出信息就是下一个微处理器的输入信息,也就是说,微处理器对于信息的处理是顺序式或传送带式进行的。传送带式的数字信号处理是基于将数字信号处理算法划分为多个步骤,并将这些步骤的时间与数字信号处理算法的完成时间相匹配而实现的。与矩阵式同型多微处理器相比,骨干式多微处理器子系统的优点是内部连接的需求较为适中,而且也比较易于提高计算能力,通过对系统单元之间信息交换的优先级进行适当安排,还可避免更多的不足。

实时数字信号处理中广泛采用两类骨干式多微处理器子系统[10-12]:第一类是分时运行模式的单线程内部长程通道(见图 8.4),第二类是连接着两输入 RAM 的多线程内部长程通道(见图 8.5)。在第一类中,所有 RAM、ROM、中央微处理器(Central MicroProcessor, CMP)以及专用微处理器(Specific MicroProcessor, SMP)都连在同一个通道上,并有一个模块负责通道控制,以用于多个微处理器同时对 RAM 进行寻址时的冲突控制,并利用通道的数据交换单元对数据上传和数据抽取进行控制。单个骨干式多微处理器子系统的工作方式为:当必要时每一微处理器向通道提交对 RAM 或 ROM 进行寻址的申请,如果通道空闲则可立即寻址,否则微处理器就处于等待状态,如果没有优先级更高的请求,那么在其他微处理器操作结束后,该微处理器就可对 RAM 或 ROM 进行寻址了。这对信息通道的数据吞吐率提出了较高要求,利用排队论可对每种特定情况所需的数据吞吐率进行分析,需要注意的是,这种结构的骨干式多微处理器子系统的运行速度受限于数据通道的吞吐率。另外,如果数据通道失效,整个子系统就会停止工作。骨干式多微处理器子系统的最大优点就是简单。

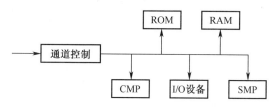

图 8.4 采用单线程内部长程通道的骨干式多微处理器子系统

采用多线程内部长程通道的骨干式多微处理器子系统(见图 8.5)中,所有微处理器工作在独立的异步模式,从而事实上避免了所有冲突。该系统的可靠

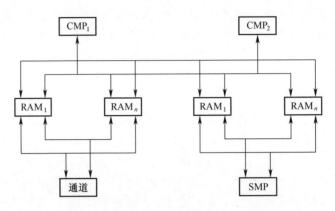

图8.5 采用多线程内部长程通道的骨干式多微处理器子系统

性较高,且可不受限制地提高性能,其最大不足是采用了多输入 RAM 和 ROM 所导致的系统复杂性。设计多微处理器子系统的最大问题是通过选取微处理器的数量以提供所需的性能,随着多微处理器子系统中微处理器数量的增加,微处理器对 RAM 或 ROM 的寻址等待时间会带来一部分系统开销,对共用表和操作系统的同时访问也会导致监视路由时间表的增加。多微处理器子系统的总体性能为

$$\mathscr{L} = MV'_{\text{eff}}(1 - \eta) \tag{8.9}$$

式中:V'_{eff} 为单个微处理器的有效运行速度;η 为相对性能损失系数。

如果事先给定多微处理器子系统的总体性能,那么利用式(8.9)就可近似确定出所需的微处理器数量。

8.1.4 用于雷达数字信号处理的微处理器子系统

基于微处理器的微机具有较高的可靠性和灵活性,但运行速度较慢,此时 CRS 数字信号处理所需的性能可通过多个微处理器组合成多微机系统实现,这种计算机系统称作微处理器子系统。任何这种微处理器子系统均具有用于各单元进行通信的网络,以实现各微机之间的数据交互,通信网络的结构和复杂程度取决于 CRS 所采用的信号处理算法、微机间的运算分配情况以及单个微机的可用 RAM 容量。

以如图8.6所示的微处理器子系统为例进行说明。该微处理器子系统的主要单元是微机,其中包含微处理器、RAM、I/O 接口以及为各单元间提供通信的切换板。基于微机带有的 RAM 形成了微处理器子系统的整体内存,每一微机既可寻址本地 RAM,也可通过地址转换控制器(Address Translation Controller, ATC)寻址其他微机的 RAM。任何微机寻址整体内存的过程:寻址

机制与微处理器子系统 RAM 的拓扑结构完全无关,存取时间是距被寻址 RAM 单元距离的函数,微机与 ATC 之间的通信通过单通道数据总线以时分方式进行。此处假设微机主要是对本地 RAM 进行寻址,也就是说并不使用微机之间的数据总线。当然,为了确保微处理器子系统所需的可靠性,以及将来可能会提高的可靠性要求,它们实际上是包含 1~14 个微机的模块。

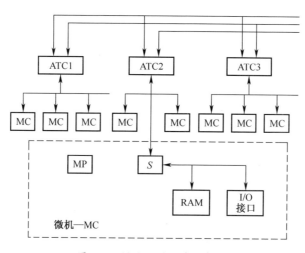

图 8.6　微处理器子系统实例

微处理器子系统的这种结构使得微机及 RAM 间进行通信的复杂度极高,从而导致有效运行速度的降低。只有当微机间能够进行高效交互时,系统性能才较高。还要特别避免数据总线过载,为此在进行并行数字信号处理时应确保每一微处理器优先寻址本地 RAM。图 8.7 给出了另一个微处理器子系统实例,其中在微机和 RAM 间采用异步通信方式,如果多个微处理器连接到数据总线,它们就要采用分时工作模式,于是运行效率就取决于通道的吞吐率。

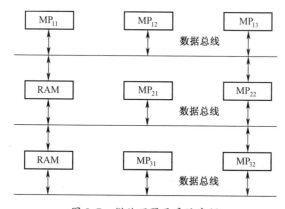

图 8.7　微处理器子系统实例

为了将数据上传到数据总线,对每一微机都引入了可供其进行寻址的本地 RAM,凡能连接到数据总线的其他微机都可对 RAM 进行寻址。将多个单通道数据总线整合成单数据总线也是可行的。

8.2 有效运行速度需求

CRS 数字信号处理实现特定数字信号处理算法时的实时性要求取决于输入请求的到达速度。在数字信号处理算法的不同阶段,存在不同的输入请求,输入请求的到达速度限定了 CRS 必须在有限的时间内对这些请求提供服务,因此设计微处理器子系统的主要挑战就是在下一请求到来之前,对输入请求进行响应。对于动态运行模式下的微处理器子系统,可以利用排队论[13]来进行分析,以确定其结构需求和技术参数。根据数字信号处理的实时运行速度,本节分析 CRS 所用微处理器子系统的主要技术规范。

8.2.1 作为排队系统的微处理器子系统

排队系统(Queuing System, QS)与队列中的申请者进行交互,可将雷达覆盖范围内的目标和其他干扰看作是队列中的申请者(见图 8.8),它们通过请求传感器(此处由 CRS 担任这一角色)与排队系统进行交互,雷达系统将排队请求转换为待处理的信号。雷达对受控区域进行感知和扫描时,就按这些信号的输入时间进行排序,从而形成了针对排队系统的输入请求流。

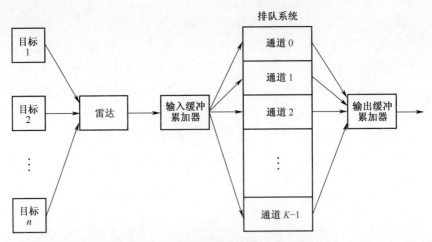

图 8.8　将雷达覆盖范围看作排队系统

通常,输入请求流可看作是随机过程,随机过程的特性主要包括两个相邻请求的时间间隔的概率密度函数。CRS 的初始输入请求流就是雷达覆盖范围内的目标集,在初始设计阶段可将相邻目标时间间隔 τ_{tg} 的概率密度函数用指数函数表示为

$$p(\tau_{\text{tg}}) = S_{\text{tg}}\exp\{- S_{\text{tg}}\tau_{\text{tg}}\} \tag{8.10}$$

式中:

$$S_{\text{tg}} = \frac{1}{\bar{\tau}_{\text{tg}}} \tag{8.11}$$

是信息密度,即单位时间内沿雷达覆盖范围的边界运动的目标平均数,$\bar{\tau}_{\text{tg}}$ 是两个事件(即目标穿越边界)之间的平均时间间隔。如果时间间隔 τ_{tg} 的概率密度分布服从式(8.10),这种流称作泊松流,如果还满足平稳性、普通性和无后效性这些附加要求,就可将其称为最简泊松流[14-16]。雷达覆盖范围内的目标平均数为

$$\bar{N} = S_{\text{tg}}\bar{t}_{\text{rc}} \tag{8.12}$$

式中:$\bar{t}_{\text{rc}}$ 是目标处于雷达覆盖范围内的平均时间。进一步假设目标均匀分布在雷达覆盖范围之内,单位体积内的概率密度分布相同,在 CRS 数字信号处理子系统的输入端(即雷达接收机),雷达覆盖范围内目标的空间分布方式就转换为待处理信号的时间序列,于是可将信号流看作是强度如下的最简流:

$$\gamma_{\text{tg}} = \bar{N}_{\text{tg}}T_{\text{scan}} \tag{8.13}$$

式中:T_{scan} 是雷达覆盖范围内的扫描周期。

　　在许多情况下,数字信号处理子系统中采用的最简请求流假设与实际输入信号流的参数和特性并不相符,但在设计雷达系统时,基于如下原因也可以采用这种假设:

　　(1)只对排队系统进行简单分析。

　　(2)最简信号流虽然特性简单,但对于这种类型的排队系统,最简信号流已经是非常困难的问题,于是就可以认为最简信号流假设下设计出的 CRS 也能对强度相同的其他类型信号流成功提供服务。

　　除了目标回波信号以外,到达数字信号处理子系统输入端的还包括由内部和外部噪声源引起的干扰(虚假信号),这些干扰也会提出服务请求,这种干扰流也可看作是符合假设条件的最简信号流。

　　对输入请求流提供服务的排队系统,既可看作是对请求直接进行服务的设备,也可看作是存储等待服务的请求队列的设备。排队系统的特征参数如下:

　　(1)存储输入信号流请求队列的设备(或单元)数量,即输入缓冲累加器(Input Buffer Accumulator, IBA)的存储容量。

（2）可同时服务多个请求的设备（或通道）数量 K。

（3）积累和存储数字信号处理结果的设备（或单元）数量，即输出缓冲累加器（Output Buffer Accumulator，OBA）的存储容量。

请求队列存储在 IBA 中，等待时间和排队请求数（请求队列长度）都是取决于输入信号流和服务速率等统计参数的随机变量，由于 IBA 容量有限，因此请求队列长度和请求的等待时间也会受限，这种排队系统称作有限队长的排队系统（等待时间受限）。数字信号处理子系统可以看作是有限队长的排队系统。

CRS 数字信号处理子系统中的请求服务可用单个或一系列并行通道的微处理器实现，于是就转化为相应数字信号处理算法的单一程序实现。由于各种原因，每次实现数字信号处理算法所需的时间都是随机变量，因此只能给出统计结果。如果将单一请求的服务时间记为 τ_{queue}，作为随机变量来说，其充分统计量就是概率密度函数 $p(\tau_{\text{queue}})$。在排队论中，通常假定 τ_{queue} 的概率密度函数为指数型：

$$p(\tau_{\text{queue}}) = \mu\exp\{-\mu\tau_{\text{queue}}\} \tag{8.14}$$

式中：

$$\mu = \frac{1}{\bar{\tau}_{\text{queue}}} \tag{8.15}$$

μ 为队列强度。在 CRS 的数字信号处理子系统中，通过指数型概率密度函数对请求队列进行近似，就可在最简输入信号流的情况下，采用非常简单的方法对请求处理的统计特性进行解析分析和估计。

如果数字信号处理子系统中请求队列由 K 个相同的通道（或是与这些通道相连的微处理器）进行处理，每一通道（或微处理器）的 τ_{queue} 都具有指数型的概率密度函数，那么对于整个数字信号处理子系统来说，其 τ_{queue} 的概率密度函数为

$$p(\tau_{\text{queue}}) = \frac{K}{\bar{\tau}_{\text{queue}}} \times \frac{(\tau_{\text{queue}})^{K-1}}{(K-1)!}\exp\{-\mu^K\tau_{\text{queue}}\} \tag{8.16}$$

式中：

$$\bar{\tau}_{\text{queue}} = \frac{1}{\mu K} \tag{8.17}$$

表示请求的平均服务时间。式（8.16）给出的分布称为埃尔朗（Erlang）分布，当 $K=1$ 时，埃尔朗分布退化为指数分布。如果能够使用不同衰变率的指数分布进行表示的话，那么也可以使用其他的分布形式。基于组合原理将分布形式表示为指数型分量，就可利用马尔可夫过程对请求队列进行近似，并获得问题的解析解。遗憾的是，CRS 的数字信号处理子系统中 τ_{queue} 的概率密度分布与指数

分布不同,不能转化为埃尔朗分布,因此在设计 CRS 数字信号处理子系统时,必须针对各种特定的情况,对 τ_{queue} 的概率密度分布进行分析。

最后讨论一下数字信号处理子系统输出端形成的信号流,即输出信号流。输出流首先存储到输出缓存累加器中,然后将输出流按给定的速率传送给用户。通常,目标回波信号的数字信号处理是采用一系列串行的微处理器子系统实现的,在数字信号处理过程中,需要对信号流进行转换,如信号流必须转换为坐标流,检测到的目标点流必须转换为目标跟踪航迹参数流等。进行数字信号处理时,上一步骤的输出流就是下一步骤的输入流。

数字信号处理中每一步骤的输出流和输入流,均可看作是最简单流,基于雷达覆盖范围内的目标和噪声的参数值可以估计出相应的强度。比如利用雷达覆盖范围内的目标点数、目标检测概率以及扫描速率可以给出数字信号预处理子系统输出端真实目标点的信号流强度,相类似地,利用雷达覆盖范围内的噪声环境、扫描速率等则可给出虚假目标点的信号流强度。为了设计出在微处理器子系统内的微处理器和向用户提交信息的通道之间进行信息交换的信息总线,在确定必需的 IBA 容量时必须对输出流有所了解。

8.2.2　作为排队系统的单微处理器控制子系统功能分析

假设基于单个微处理器子系统实现数字信号处理子系统(见图 8.9)。请求流进入数字信号处理子系统的输入端,该输入流是包含 M 个分量的多维过程,其维数与单微处理器子系统所实现的数字信号处理算法相对应。请求 z_1,z_2,$\cdots$,z_M 送至微处理器结构中的中断设备输入端,当请求 z_i 到达时,该设备中断计算处理过程,并将控制权交给对接收过程进行管理的监视路由 SR_1,如果 z_i 不要求立即处理,那么就根据所分配的优先级将其加入到队列中。排队中的过程均存储于缓冲累加器中,单元组 Q_1,Q_2,$\cdots$,Q_N 形成相应优先级的请求存储区域。在同等优先级区域内,请求按照先到先处理的原则进行写入。完成接收和排队之后,控制权交给监视路由 SR_2,将队列中的请求进行安排以交由微处理器完成数字信号处理。

从队列的一系列等待请求中选择新请求的过程:在对即时请求完成数字信号处理之后,监视路由 SR_2 依次审核队列 Q_1,Q_2,$\cdots$,Q_N,并选取优先级最高的请求 z_k 进行服务,请求 z_k 离开系统,控制权再次交给监视路由 SR_2。如果不再有其他请求,监视路由 SR_2 将微处理器切换到空闲模式。在每一时刻,微处理器仅能运行一个程序,因此该排队系统就称作单通道排队系统或单微处理器排队系统。

对于作为排队系统来说的微处理器子系统,主要的质量参数有描述排队系

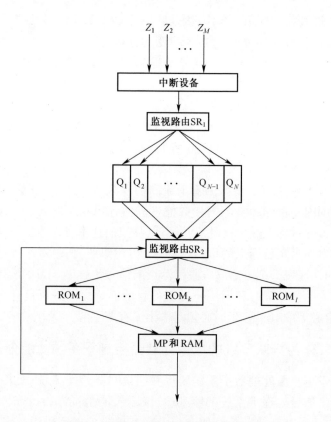

图 8.9　单微处理器数字信号处理子系统

统处理请求期间时间间隔的容量因子以及当前时刻排队系统的工作(即非空闲模式)概率。输入流的强度 λ_k 由式(8.18)决定:

$$\rho_k = \frac{\lambda_k}{\mu_k} \tag{8.18}$$

式中:

$$\mu_k = \frac{1}{\tau_{\text{queue}k}} \tag{8.19}$$

是第 k 个请求队列流的强度。当面对 M 个输入流时,微处理器子系统的总负载因子为

$$U = \sum_{k=1}^{M} \rho_k \tag{8.20}$$

当排队系统工作在平稳模式时,其运行的概率特性与时间无关,其中平稳模式存在的条件是负载因子 $U<1$。值 $\mathscr{L}=1-U$ 称作停工率,平稳模式的排队系统停工率为正值,即 $\mathscr{L}>0$。从逻辑上讲,微处理器子系统的 $\mathscr{L}$ 值应尽可能小。

284

作为排队系统的微处理器子系统,其运行质量由微处理器子系统对于请求的服务时间决定,即从收到请求直到完成服务所消耗的时间,对于第 k 个请求,该时间由等待时间 $t_{\text{wait}k}$ 和服务时间 $\tau_{\text{queue}k}$ 组成:

$$\overline{\tau}_{\Sigma k} = \overline{t}_{\text{wait}k} + \overline{\tau}_{\text{queue}k} \tag{8.21}$$

其中 $\overline{t}_{\text{wait}k}$ 和 $\overline{\tau}_{\text{queue}k}$ 都是平均值。等待时间 $\overline{t}_{\text{wait}k}$ 取决于请求队列的排队规则,即从所有的请求中选取请求进行服务的次序。对于请求进行服务的规则有

(1) 无优先权服务:根据请求到达排队系统的次序进行服务,即"先到先服务"。

(2) 相对优先权服务:仅在提供服务的时刻考虑请求的优先级。

(3) 绝对优先权服务:较高优先级请求可以中断对较低优先级请求的服务过程。

在无优先权服务时,所有请求的平均等待时间相同:

$$\overline{t}_{\text{wait}} = \sum_{k=1}^{M} \frac{1 + \nu_k^2}{2(1-U)} \rho_k \overline{\tau}_{\text{queue}k} \tag{8.22}$$

式中:

$$\nu_k = \frac{\sigma_{\text{queue}k}}{\overline{\tau}_{\text{queue}k}} \tag{8.23}$$

是由 $\tau_{\text{queue}k}$ 的均方根偏差与其均值 $\overline{\tau}_{\text{queue}k}$ 之比给出的变动因子。根据式 (8.22),当 $\tau_{\text{queue}k}$ 为常值(即 $\nu_k = 0$)时 $\overline{t}_{\text{wait}}$ 最小,当 $\tau_{\text{queue}k}$ 的概率密度分布为指数形式($\nu_k = 1$)时,$\overline{t}_{\text{wait}}$ 将增加一倍。

在 CRS 中,信息子系统广泛应用的服务规则是请求流中每一请求的相对优先级固定。据此一旦开始对低优先级的请求进行服务,即使出现优先级更高的请求,也不能中断既有操作。这种情况下,第 i 个请求的平均等待时间与 $\tau_{\text{queue}i}$ 分布无关:

$$\overline{t}_{\text{wait}i} = \sum_{k=1}^{M} \frac{1 + \nu_k^2}{2(1-U_{i-1})(1-U_i)} \rho_k \overline{\tau}_{\text{queue}k} \tag{8.24}$$

式中:

$$U_{i-1} = \rho_1 + \rho_2 + \cdots + \rho_{i-1} \tag{8.25}$$

是由优先级高于 i 的信号流生成的微处理器子系统负载因子,优先级越高,i 的数值就越小。

$$U_i = \rho_1 + p_2 + \cdots \rho_i \tag{8.26}$$

是由不低于优先级 i 的信号流产生的负载因子。对式(8.24)的分析表明,随着优先级的降低,对请求启动服务的等待时间单调递增。对比相对优先权服务和无优先权服务的等待时间,可以看出由于优先级的引入,高优先级请求的等待

时间减小,但低优先级请求的等待时间增加。

作为排队系统的微处理器子系统的整体负载因子决定了相对优先权服务的等待时间。如果总负载因子较小(如 $U = 0.2 \sim 0.3$),那么相对优先权服务规则对于不同信号流请求的等待时间影响较小。如果负载因子接近于1,影响就会较大,导致高优先级请求的等待时间减小,但低优先级请求的等待时间增加。除了已讨论过的服务规则外,有些情况下,对于信号流中的某些分量也会适用绝对优先权服务规则,此时平均等待时间为

$$\bar{t}_{\text{wait}i} = \frac{U_{i-1}\tau_{\text{queue}k}}{1 - U_{i-1}} + \frac{1}{2(1 - U_{i-1})(1 - U_i)} \sum_{k=1}^{M} (1 + v_k^2)\rho_k\bar{\tau}_{\text{queue}k} \quad (8.27)$$

显然由于绝对优先权服务规则的引入,会导致高优先级请求的等待时间减小,但低优先级请求的等待时间随之增加。

图 8.10 给出了平均等待时间与请求的优先级之间的函数曲线,其中无优先权服务(曲线1)的平均等待时间为常数,对于相对优先权服务(曲线2)和绝对优先权服务(曲线3),低优先级请求排队等待的时间增加,高优先级请求排队等待的时间减小。

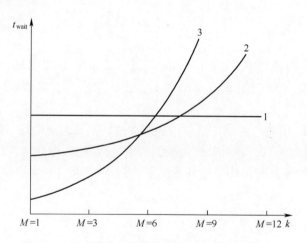

图 8.10　平均等待时间作为请求优先级的函数曲线

当需对某个信号流赋予绝对优先权时(如对目标回波信号的处理),通常必须遵从请求服务等待时间的严格约束。对于其他等待时间过长的请求,可以赋予相对优先级。有些请求可以采用简单排队过程进行处理。于是,在提供服务时应该采用混合规则,并利用仿真手段对每一种特定情况进行分析。

在应用式(8.21)时应注意如下事实:平均等待时间 $\bar{t}_{\text{wait}k}$ 与平均服务时间 $\bar{t}_{\text{queue}k}$ 一样,都是总体服务时间的组成部分,但服务时间不会随排队系统服务规则的改变而变化,因此微处理器子系统运行的主要时间特征是平均等待时间

$\bar{t}_{\text{wait}k}$。排队系统的其他参数和特征将在必要时予以介绍。

8.2.3 微处理器子系统的有效运行速度

假设可基于以下数据计算微处理器子系统的有效运行速度：

（1）针对每一信号或请求流分量，用流程图表示的数字信号处理算法。

（2）单次实现复杂计算处理算法时，以平均运算次数及其方差表示的运算量。

（3）所设计的微处理器子系统排队系统的类型。

复杂计算处理算法的表示方法及其运算量的确定方法已在第 7 章中讨论过。

请求的服务类型或微处理器子系统的类型由排队系统对请求的处理时间决定，或是由排队系统的容许等待时间(与服务类型或微处理器子系统的类型无关)决定。于是如果某种微处理器子系统对于输入信号流的所有分量都没有等待时间的限制，就将其称为第一类排队子系统。这类微处理器子系统需要较高的有效运行速度以满足在有限的时间区间范围内对请求进行服务的要求，当然目前对该时间区间尚不做限制。

当微处理器子系统工作在平稳模式时，或者说微处理器子系统的总体负载因子 U 小于 1 时，请求的等待时间是有限的。平稳模式的条件为

$$\sum_{k=1}^{M} \rho_k = \sum_{k=1}^{M} \lambda_k \bar{\tau}_{\text{queue}k} < 1 \tag{8.28}$$

平均服务时间 $\bar{\tau}_{\text{queue}k}$ 与运算量 $\bar{N}_{0k}$ 和微处理器子系统的有效运行速度 V_{eff} 的关系为

$$\bar{\tau}_{\text{queue}k} = \frac{\bar{N}_{0k}}{V_{\text{eff}}}, k = 1, 2, \cdots, M \tag{8.29}$$

将式(8.29)代入式(8.28)，可得

$$\frac{1}{V_{\text{eff}}} \sum_{k=1}^{M} \lambda_k \bar{N}_{0k} < 1 \quad \text{或者} \quad V_{\text{eff}} > \sum_{k=1}^{M} \lambda_k \bar{N}_{0k} \tag{8.30}$$

为了实现给定的 CRS 数字信号处理算法，式(8.30)给出了微处理器子系统进入平稳模式所需的最小速度。如果已有的或设想中将要用于 CRS 数字信号处理子系统的单微处理器子系统不满足式(8.30)的基本要求，那么只能采用多微处理器子系统完成运算，此时就出现了并行计算问题，需要设计相应的工具进行并行数字信号处理。

如果单微处理器子系统能够满足第一类排队系统的有效运行速度要求，就要分析使用该子系统实现第二类和第三类排队系统的可能性。如果对信号流

中所有或多个分量的平均等待时间有所限制,就称其为第二类排队子系统。限制条件如下:

$$t_{\mathrm{waitk}} \leqslant t_k^* \quad , \quad k = 1, 2, \cdots, L, L \leqslant M \tag{8.31}$$

式中:t_k^* 是对第 k 个输入信号流的平均等待时间的限值。

下面分析在给定时限内完成服务时如何确定单微处理器子系统的有效运行速度问题,与第一类排队系统类似,所有请求都已进入队列(即所谓的排队系统没有请求损失),但平均等待时间受限。这种情况下所需的最短操作时间主要取决于请求的服务规则,如采用无优先权服务规则,那么所有请求的平均等待时间相同(由式(8.22)给出)。第二类排队子系统的有效运行速度为

$$\frac{\sum_{k=1}^{M} \lambda_k \overline{\tau}_{\mathrm{queue}k} < 1(1 + v_k^2)}{2\left\{1 - \sum_{k=1}^{M} \lambda_k \overline{\tau}_{\mathrm{queue}k}\right\}} \leqslant t^* \tag{8.32}$$

式(8.32)的解为

$$V_{\mathrm{eff}} \geqslant \frac{1}{2} \sum_{k=1}^{M} \lambda_k \overline{N}_{0k} + \sqrt{0.25\left\{\sum_{k=1}^{M} \lambda_k \overline{N}_{0k}\right\}^2 + (t^*)^{-1} \sum_{k=1}^{M} \lambda_k \overline{N}_{0k}(1 + v_k^2)} \tag{8.33}$$

当信号流的分量进入单微处理器子系统输入端时,根据给定的平均等待时间限值(该值对信号流的所有分量均相同),就可利用式(8.33)求出单微处理器子系统的有效运行速度要求。在极限情况下,如果等待时间没有限制(即 $t^* \to \infty$),式(8.33)可转化为

$$V_{\mathrm{eff}} \geqslant \sum_{k=1}^{M} \lambda_k \overline{N}_{0k} \tag{8.34}$$

即与式(8.30)一致。当 $t^* < \infty$ 时,第二类排队子系统所需的有效运行速度要比第一类的更快。

为了分析类似于相对优先权服务规则的情况,就要对第二类排队系统的各平均等待时间加以不同的限制。这个问题原则上可用如下方法解决:所有平均等待时间相同的请求划分到一组,每组各自确定出所需的单微处理器子系统的负载因子和有效运行速度 V_{eff}。将有效运行速度的各部分值相加,可得

$$V_{\mathrm{eff}} = \sum_{p=1}^{P} V_{\mathrm{eff}p} \tag{8.35}$$

其中 P 是具有相同平均等待时间的请求组的数量。对于第二类排队系统(第一类也一样),通过将排队系统对有效运行速度的需求和规范与 CMP 的有效运行速度进行比较,即可知道采用单微处理器子系统是否可行。

第三类排队系统指的是微处理器子系统对于请求的处理有着绝对的容许限值,此时的限制条件为

$$P(t_{\text{wait}k} > T_k^*) \leq P^* \tag{8.36}$$

式中:T_k^* 为第 k 个信号流容许的等待时间;P^* 为满足不等式 $t_{\text{wait}k} > T_k^*$ 的容许概率。

全部信号流等待时间的概率分布可用下式进行近似(精度可满足要求)[17-19]:

$$P(t_{\text{wait}} \leq \tau) = 1 - R\exp\left\{-\frac{R\tau}{\bar{t}_{\text{wait}}}\right\} \tag{8.37}$$

此时,超过容许等待时间 T_k 的概率为

$$P(t_{\text{wait}} > T^*) = 1 - R\exp\left\{-\frac{RT^*}{\bar{t}_{\text{wait}}}\right\} \tag{8.38}$$

如采用无优先权服务规则时,$\bar{t}_{\text{wait}}$ 由式(8.22)给出,基于对超越方程的求解,有

$$1 - R\exp\left\{-\frac{RT^*}{\bar{t}_{\text{wait}}}\right\} = P^* \tag{8.39}$$

于是可得第三类排队子系统所需的有效运行速度。式(8.39)中 V_{eff} 的数学表达式非常难以写出,但可以通过数值方法进行求解。

求出第三类排队子系统有效运行速度的下限仅是设计 CRS 数字信号处理微处理器子系统的初始阶段,下一阶段是选取最佳的服务规则。在系统设计阶段,缺乏选择服务规则所需的足够信息,但必须考虑如下情况:

(1)对于进入单微处理器子系统的请求来说,所选服务规则的性能应比所有无优先权服务规则的都好,特别是等待时间的方差应比所有无优先权服务规则的都小。

(2)采用优先权服务规则会大大减少信号流中重要请求的等待时间,但是增加了信号流中次要请求的排队时间。

(3)通常,采用一种优先权服务规则,与针对该规则对应的依次请求队列构建出的提供服务的单微处理器子系统,二者的性能是等价的。因此确定了单微处理器子系统所需的最小速度之后,就可通过选择的服务规则完成服务,而无需额外提高有效运行速度。

下面讨论一些单微处理器子系统最佳运行速度的选择方法。最小有效运行速度保证了前述各类服务规则对应的等待时间下限,第 k 个信号流的队列长度则为 $l_k = \lambda_k t_{\text{wait}k}$。队列的保持与存储通常会带来损失,为了减少损失,单微处理器子系统的有效运行速度必须大于最小有效运行速度,但负载因子 U 的减

小又会引起空闲因子 $Q = 1 - U$ 的增加,这从硬件成本的角度来看并不太合算。

通过对两个矛盾方面的综合权衡,可以选出最佳运行速度。不妨采用如下函数作为有效性准则:

$$C_V = \beta_Q Q(V_{\text{eff}}) + \sum_{k=1}^{M} \beta_k \lambda_k \bar{t}_{\text{wait}k}(V_{\text{eff}}) \tag{8.40}$$

式中: β_Q 为空闲模式造成的损失; $\beta_k (k = 1, 2, \cdots, M)$ 为每一信号流的队列长度导致的损失。

单微处理器子系统的最佳有效运行速度可通过如下方程求解:

$$\frac{\mathrm{d}C_V}{\mathrm{d}V_{\text{eff}}} = 0, 当 \frac{\mathrm{d}^2 C_V}{\mathrm{d}V_{\text{eff}}^2} > 0 \tag{8.41}$$

式(8.41)的求解并不困难,但损失 β_Q 和 β_k 的选择比较困难,一个可接受的方法是通过专家打分来给出。

8.3　RAM 的容量与结构需求

系统的最终用途、数字信号处理算法的特点以及输入输出信号流决定了随机存储器的容量和结构。作为初步近似,RAM 的总体容量可表示为

$$Q_\Sigma = Q_{\text{routine}} + Q_{\text{digit}} \tag{8.42}$$

式中: Q_{routine} 为用于存储数字信号处理算法程序、整个系统的计算处理和运行控制程序、中断程序以及对运算进行控制的程序所需的 RAM 单元阵列; Q_{digit} 为用于存储数值信息的 RAM 单元阵列。

而 Q_{digit} 可表示为

$$Q_{\text{digit}} = Q_{\text{in}} + Q_{\text{working}} + Q_{\text{out}} \tag{8.43}$$

式中: Q_{in} 为用于接收外部信息的 RAM 单元阵列; Q_{working} 为参与运算过程的 RAM 单元阵列; Q_{out} 为用于存储数字信号处理结果的 RAM 单元阵列。

大多数情况下,由于数值形式的程序信息相对独立,可以非常方便地采用独立的永久存储器或 ROM 进行存储。ROM 仅用于读取模式,采用 ROM 的最大优点在于即使掉电其中存储的信息也不会丢失,另外 ROM 的可靠性很高。在设计数字信号处理子系统的初始阶段,只能大致估算所需的 ROM 容量,其准确值只有在程序调试完毕后才可获得。

下面分析确定数值信息存储容量的方法。单元阵列 Q_{out} 形成了缓冲存储区,缓存的大小取决于外部目标数量、数字信号处理周期内每一目标的信息内容、微处理器运行速度以及对请求的服务规则等因素。以单微处理器子系统接收来自三坐标 CRS 对空间进行周期扫描的信息为例,假设所扫描的目标数量为

$\overline{N}_{\text{scan}}^{\text{tg}}$，到达单微处理器子系统输入端的每一目标信息(目标点)包括目标当前位置的球坐标及其测量误差的方差。假设在数字信号处理的上一个阶段已经给出每一目标点的坐标编码长度和测量误差，且以 n_p 位的二进制数进行表示。在进行数字信号处理时，必须确保上一周期所获得的信息能在下一周期得到完全处理，那么在与扫描周期相同的处理时间内，就需将 $\overline{N}_{\text{scan}}^{\text{tg}}$ 个 n_p 位的字记录在缓存中。假定雷达覆盖范围内目标分布是均匀的，缓存输入端的目标点流服从泊松分布，单微处理器子系统采用的是无优先权服务规则，那么请求的队列长度为

$$\overline{n}_{\text{wait}} = \overline{N}_{\text{scan}}^{\text{tg}} \overline{t}_{\text{wait}} \tag{8.44}$$

式中：$\overline{t}_{\text{wait}}$ 是由式(8.22)给出的平均等待时间。

由于缓存可看作是带有损失的多通道排队系统，对于服从泊松分布的输入信号流，可用埃尔朗公式计算缓存单元的数量 Q_{buf}[13]，结果与请求的损失概率 P_{Qbuf} 有关：

$$P_{\text{Qbuf}} = \frac{\{\overline{N}_{\text{scan}}^{\text{tg}} \overline{t}_{\text{wait}}\}^{Q_{\text{buf}}}}{Q_{\text{buf}}!} = \frac{\dfrac{\{\overline{N}_{\text{scan}}^{\text{tg}} \overline{t}_{\text{wait}}\}^{Q_{\text{buf}}}}{Q_{\text{buf}}!}}{\displaystyle\sum_{k=0}^{Q_{\text{buf}}} \dfrac{\{\overline{N}_{\text{scan}}^{\text{tg}} \overline{t}_{\text{wait}}\}^{k}}{k!}} \tag{8.45}$$

根据缓存输入端给定的 P_{Qbuf}，利用式(8.45)可以得到以 n_p 位的字表示的 Q_{buf}。单微处理器子系统的缓存可用单独模块或 RAM 阵列实现。

单元阵列 Q_{working} 是 RAM 的主要组成，用于存储常数、初始值以及下一步计算所需的此前计算结果。另外，在数字信号处理算法各部分的依次实现过程中，单元阵列 Q_{working} 中还应具有存储中间计算结果的工作单元。在系统设计阶段，可对实现特定数字信号处理算法所需的 RAM 容量进行初步估算。

下面以实现线性递归滤波的数字信号处理算法(卡尔曼滤波器)为例说明如何确定 RAM 的容量。式(7.49)给出的方程组可作为卡尔曼滤波器的初始数据，表8.1给出了所有的初始数据，根据该表可得出对单个目标进行滤波所需的 RAM 单元数量：

$$Q'_{\text{RAM}} = 2s^2 + s(2m + h + 1) + m(m + 1) + h \tag{8.46}$$

表 8.1　初始数据以及存储计算结果所需的 RAM 单元数量

初始数据	维数	RAM 单元数量
$\boldsymbol{\Phi}_n$	$s \times s$	s^2
$\boldsymbol{\Gamma}_n$	$s \times h$	sh

(续)

初始数据	维数	RAM 单元数量
$\boldsymbol{\Psi}_{\eta-1}$	$h \times h$	h^2
$\boldsymbol{R}_n$	$m \times m$	m^2
$\boldsymbol{\eta}_n$	$h \times 1$	h
$\boldsymbol{H}_n$	$m \times s$	ms
$\boldsymbol{\Psi}_{n-1}$	$s \times s$	s^2
$\boldsymbol{G}_{n-1}$	$s \times m$	ms
$\boldsymbol{\theta}_{n-1}$	$s \times s$	s
$\boldsymbol{Y}_n$	$s \times 1$	m

如果数字信号再处理子系统对 $\overline{N}_{\text{scan}}^{\text{tg}}$ 个目标进行跟踪,那么所需的 RAM 单元数量为 $Q_{\text{RAM}} = Q'_{\text{RAM}} \overline{N}_{\text{scan}}^{\text{tg}}$。由于目标的部分参数是常数,矩阵 $\boldsymbol{\Phi}_n, \boldsymbol{\Gamma}_n, \boldsymbol{\psi}_\eta, \boldsymbol{H}_n$ 具有稀疏性以及可用特定方法生成数组,因此 RAM 单元的数量可进一步减少。除了式(8.46)给出的 RAM 单元数量外,还应考虑存储中间计算结果的工作单元,在根据图 7.13 依次实现线性滤波算法时,阵列中的单元数量不会超过 s^2。RAM 是任何微处理器子系统的主要存储器,且以模块的形式进行构建。

单元阵列 Q_{out} 用于存储将目标回波信号的数字信号处理结果传送给外部设备的数值信息,该单元阵列跟 Q_{in} 单元阵列一样,都是与用户进行通信的缓冲累加器,因此其数量(Q_{out} 的容量)的确定方法跟阵列 Q_{in} 类似。最后需要说明的是,RAM 容量需求的确定跟微处理器子系统运行速度需求的确定是同步进行的。

8.4　微处理器子系统设计时的微处理器选择

根据待设计微处理器子系统的运行速度、RAM 和 ROM 容量、技术特点、可靠性、整体尺寸、用途、成本及其他需求等,可以完成专用微处理器的选择。微处理器选择适当与否取决于所选微处理器的 QoS 特性与相应质量指标要求之间的一致程度。对于所选择的微处理器,必须给出有效性的定量衡量准则,但在设计的初始阶段,建立微处理器参数与有效性准则间的函数是非常困难的,而且从计算的角度讲,选择明晰而方便的通用准则也很不容易。下面给出一个选择适当微处理器的简化方法。

假设业界给出的微处理器产品目录为

$$M = \{M_1, M_2, \cdots, M_i, \cdots, M_m\} \tag{8.47}$$

式中：m 是微处理器的类型数。而式（8.47）中每一元素的特性都可用下式描述：

$$K_{ij}^{(M)} = \{K_{i1}^{(M)}, K_{i2}^{(M)}, \cdots, K_{ij}^{(M)}, \cdots, K_{in}^{(M)}\} \tag{8.48}$$

式中：n 是应该予以考虑的参数数量。令对于微处理器子系统的需求为

$$K = \{K_1, K_2, \cdots, K_j, \cdots, K_n\} \tag{8.49}$$

应从 $M = \{M_i\}_1^m$ 中选择 1 个或多个可用的微处理器以满足给定的需求和规范 $\{K_j\}_1^m$。当把微处理器的参数与需求 K 进行比较时，可能会有以下结果：

（1）产品目录中仅有一种微处理器满足所有需求。

（2）产品目录中没有任何微处理器满足所有需求。

（3）产品目录中有多种微处理器满足所有需求。

对于第一种情况，就可选择满足所有需求的那种微处理器用于设计微处理器子系统。对于第二种情况，要么针对所要解决的问题简化数字信号处理算法并更换使用环境以对需求做出调整，要么采用业界提供的相同或不同型号的微处理器构建多微处理器子系统。对于第三种情况，就要选出满足所有需求的最佳微处理器，选择方法有很多，下面给出最简单的排序法。

将对微处理器的需求按重要程度降序排列，如 K_1 是可靠性、K_2 是重量、K_3 是功率等，并将参与比较的微处理器参数也按相应次序排列。如果某微处理器排序参数（重要程度）中的第一个参数大大优于其他微处理器的，就认为该微处理器的其他参数也是最佳的。如果有多个微处理器的第一个参数相同，就比较第二个参数，可将该参数最好的当作是最佳微处理器，依次类推，直到仅剩最后一个微处理器。优选过程是多阶段的，同时微处理器的数量在逐渐减少。在系统优化设计理论中，这种方法称为有效性分辨率递增的实用准则。

8.5 数字信号处理和控制微处理器子系统的组成与结构

为了设计出微处理器子系统的结构，首先需要分析所要解决问题的内容和特点。自动化 CRS 的数字信号处理子系统所要解决的问题有：

（1）以特定速度对目标回波信号进行周期内数字信号处理，该速度主要取决于采样间隔 t_d。

（2）以特定速度对目标回波信号进行跨周期数字信号处理，该速度取决于发射信号的脉冲重复周期 T。

（3）以特定速度对目标回波信号进行跨扫描数字信号处理，该速度取决于目标检测时对雷达覆盖范围的扫描周期 T_{sc} 或目标跟踪时的更新周期 T_{new}。

如果要对 CRS 目标回波信号数字信号处理所需的微处理器子系统进行结构设计,必须考虑清楚数字信号处理的实现步骤与次序,以及每一步中对信号处理实时程度的不同要求。对微处理器子系统进行综合的一个重要任务是硬件和软件的选择,它们是作为一个整体用于解决 CRS 面临的问题。微处理器子系统的硬件可以划分为以下部件:

(1) 实现数字信号处理算法的微处理器子系统设备。

(2) 用于从信息源向用户传递信息的通信设备。

(3) 信息传输设备。

(4) 通信设备和接口设备:有些情况下,为了提高运行速度以及计算和数值运算的可靠性,需要将微处理器子系统设备整合进多微处理器子系统,此时需要相应的通信设备和接口设备。

决定微处理器子系统结构的主要单元是计算设备,数字信号处理子系统用到的计算设备有两类:

(1) 微处理器子系统和多微处理器子系统,这两个系统主要负责完成数字信号处理算法和控制算法。

(2) 专用高性能微处理器,负责周期内或跨周期数字信号处理阶段的目标回波信号滤波[20-22]。

其他之前提到的硬件设施也有其特定用途,可用于专用 CRS 中的 SMP 子系统。设计微处理器子系统时合理选择硬件设施非常关键,原因在于某些特定用途中,此类 SMP 子系统的尺寸和成本等方面的因素远比一般微处理器系统的特性和性能等因素更为重要。

软件是一种可以提高微处理器子系统工作效率并减少问题求解预操作工作量的可编程型程序,分为内部软件和外部软件。在控制微处理器中,内部软件包括自动可编程例程软件、操作系统软件(计算过程控制软件)和功能控制软件,外部软件主要由应用程序库和 CRS 数字信号处理专用程序组成。由于软件比硬件的设计成本更高,因此微处理器子系统研发的主要领域之一就是用硬件实现某些典型的软件功能。

总的来说,微处理器子系统的结构取决于硬件设施(如微处理器、控制器、接口等)、将硬件嵌入系统的方式、计算过程的安排方式、微处理器子系统各单元之间的信息交互方式、为获得更高性能时对微处理器子系统的扩展方式以及微处理器子系统不同单元的合理安排方式等。根据以上总体考虑以及所解决问题的特点,可将 CRS 数字信号处理微处理器子系统划分为如下几类:

(1) 完全自主结构的微处理器子系统,具有控制信号处理的 CMP 和受CMP 控制的一系列接口处理模块(如微处理器、存储单元等)。此时,CMP 必须具有足够的有效运行速度(8.6节将给出此类微处理器子系统的实例)。

(2) 具有联邦结构的微处理器子系统,其中有些专用微处理器在自主运行模式下完成数字信号处理,并可看作是可维护的 CRS 设备。根据用户的需求,CMP 的功能包括对微处理器输出端和数字信号处理终端的信息进行融合,以及对微处理器子系统进行联合控制。

图 8.11 给出了具有联邦结构的微处理器子系统实例,该子系统用于 CRS 目标检测和目标跟踪时进行数字信号处理和控制。微处理器子系统中的独立设备是信号微处理器,对利用接口设备接收到的目标回波信号进行数字信号处理。这种微处理器有多个,其中每一个都根据所处的数字信号处理阶段按自身的时标运行。处理后的信息(即目标点)传递到缓冲累加器(BA1)的中央模块输入端,由 CMP 解决数字信号再处理以及用户所关注的其他问题。处理后的信息通过 BA2 和数据总线传递到控制与显示子系统和数据记录与传输子系统(Documenting and Transferring Data Subsystems, DTDS)的输入端,这些子系统也可在离线模式下完成其他数字信号处理。仅当对操作进行规划以及根据环境的变化和所要解决问题的特性进行调整时才进行控制处理,控制操作可由与 CRS 硬件同步的独立控制处理器完成。

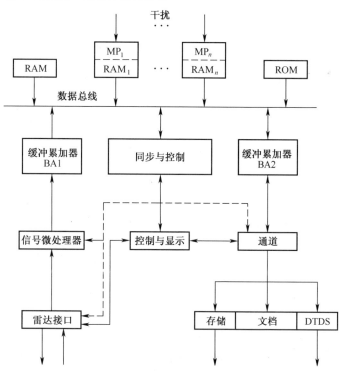

图 8.11 具有联邦结构的微处理器子系统

(3) 在空间和功能上完全去中心化结构的微处理器子系统。其中的本地数字信号处理模块采用离线模式或在某个模块的控制下解决问题。由于采用了专用模块进行数值计算,而且结构上与所要实现的数字信号处理算法特点更加匹配,因此这种微处理器子系统能够大大提高数字信号处理的性能,其明显的不足之处在于控制的复杂性,但这一不足无疑是可以被克服的,而且这种分布式的目标回波数字信号处理微处理器子系统在实际工作中得到了广泛应用。

对微处理器子系统的结构和组成进行改进涉及的主要问题如下:

(1) 根据已分析和讨论过的问题以及面临的新问题,设计性能更好的微处理器以完成目标回波的数字信号处理,显然解决这些问题的一个方法是采用更专业化的专用微处理器或采用并行算法。

(2) 基于当前的可用器件库,设计和构建高性能的并行(矩阵式、传送带式及其他类型)微处理器,以便在解决目标回波数字信号处理和控制过程的所有主要问题时,满足相应的性能需求。

(3) 设计和构建具有均匀的和非均匀的分布式结构的微处理器子系统,以满足面向特定用途的数字信号处理硬件标准化需求。

本节分析了开发 CRS 微处理器子系统的硬件和结构的适当方法,正如文中最后的分析,计算过程的最大并行化转化为解决并行编程的具体操作问题,在多微处理器子系统中,并行数值计算过程的规划方法是一个全新的课题。

8.6　用于数字信号处理的高性能中央微处理器子系统

可利用高性能中央微处理器子系统进行目标回波数字信号处理,下面分析由一系列并行微处理器构成的微处理器子系统[23,24],该类子系统在目标跟踪期间使用独立的设备实现并行化。如图 8.12 所示,计算子系统主要由主微处理器、N 个独立的同型微处理器(称为微处理器单元)以及微处理器子系统的中央控制器三个部分组成。主微处理器是整个微处理器子系统的中央单元,用于解决与目标回波数字信号再处理无关的所有问题,另外还对计算子系统的程序功能进行控制,包括对微处理器单元程序的编译。独立的同型微处理器单元在主微处理器的统一控制下完成并行操作,其数量描述了微处理器系统的性能。每一个微处理器单元的组成包括:

(1) 算术运算设备(Arithmetical Device, AD),用于完成微处理器单元的计算。

(2) 联合输出设备(Associative Output Device, AOD),包含选择(或激活)微处理器单元所必需的电路。

（3）相关设备（Correlation Device，CD），利用内容进行寻址的高速数据输入设备，是为目标回波信号的数据输入特意设计的。

（4）任意寻址方式的 RAM。

中央控制微处理器由 3 个同时工作的控制模块组成，将微处理器单元与主微处理器连接起来。通过这种方式，AD 中目标回波的并行数字信号处理就可与 CD 的数据输入和 AOD 的数据输出在时间上匹配起来，于是微处理器子系统就能并行实现 3N 次操作。图 8.12 所示的微处理器子系统用于独立的多目标跟踪，为此需为每一个已跟踪的目标分配单独的微处理器单元。在对目标回波进行数字信号处理时，需要解决数据输入、线性滤波、CRS 控制和数据输出等问题。利用 CD 相应的微处理器单元可将每一已跟踪目标的新信息以目标点坐标的形式存储到存储设备中。每一微处理器 RAM 的分配方式都相同，划分为 3个部分：存储有待于滤波的未处理数据（对未处理数据的缓冲），存储上一步滤波所得已跟踪目标的航迹参数；存储请求队列（下一次坐标测量的时刻以及该时刻的目标航迹外推参数）。

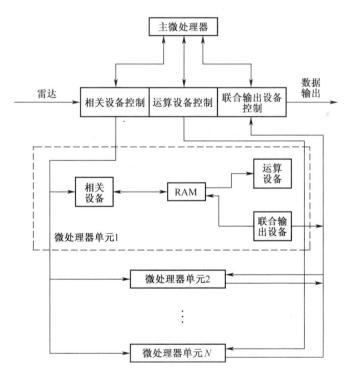

图 8.12　包含并行微处理器的微处理器子系统

假设仅使用单个坐标（如雷达距离）对新目标点与目标航迹进行关联，那么数字式相关信号处理算法就转化为完成以下操作：

（1）当出现新目标点时，CD 的控制模块中断所有微处理器单元的算术运算，那么在新目标点到达时刻所有已跟踪目标的预测雷达距离为

$$\hat{R}_n^{\text{el}} = \hat{R}_{n-1} + \dot{R}_{n-1}(t_n - t_{n-1}) \tag{8.50}$$

（2）对于每一个预测雷达距离，给出对应的波门 ΔR，并将其尺寸加载到相应微处理器单元的比较寄存器中。

（3）将新目标点的雷达距离坐标与所有已跟踪目标的预测坐标进行并行比较，如果新目标点处于某一已跟踪目标的波门之内，就将雷达距离坐标传送给相应的微处理器单元。否则就可认为是探测到了新的目标，并开始积累新目标的航迹信息。

这种情况下，新目标点的确认时间与所跟踪目标的数量无关，每一微处理器单元利用数字信号处理算法的迭代进行目标航迹滤波。采用 AOD 完成所要服务的下一目标的选择，并针对某一特征并行完成所有跟踪目标的核对，因此在目标队列中搜寻最高优先级目标所需的时间与核对单个目标所需的时间是相同的。

8.7　用于数字信号预处理的可编程微处理器

为了给出用于目标回波数字信号预处理问题的高性能 CMP 子系统的实例，下面分析可编程信号微处理器的某种可能实现形式，由于其结构和软件在一定程度上具有普遍性，因此就可将这种 CMP 子系统与不同类型的 CRS 结合使用，包括对按旧有标准设计的雷达系统进行现代化改造。图 8.13 给出了可编程信号微处理器子系统的结构，其主要组成单元为

（1）周期内数字信号微处理器（输入微处理器），包括模数转换器、在频域对线性调频信号进行压缩的双通道滤波器（FFT）和控制模块。ADC 完成输入信号（目标回波信号）的时域离散化，FFT 微处理器完成 FFT 算法、频域卷积、IFFT 算法和对 I、Q 分量的合并。还可进一步提升这种结构的微处理器的性能。

（2）算术运算微处理器由具有 RAM 和控制模块的两个并行通用微处理器组成，可采用两个完全相同的通道完成数据传输与计算的并行化，用以解决动目标指示、恒虚警、目标检测与分辨、目标坐标估计等目标回波跨周期数字信号处理问题。该微处理器子系统的运算速度是以用于解决多普勒滤波问题，为此采用 FFT 微处理器即可。

（3）由一系列 RAM 模块构成的 RAM，这些 RAM 模块可以通过控制模块与其他微处理器子系统互连。

（4）与外部设备的接口,包括 8 个确保 32 位字传输的双向 I/O 通道,另外还有一个宽带的直接存取通道。

（5）解决微处理器子系统控制问题的控制微处理器,由 32 位字的可编程微处理器实现,其中包含大容量 RAM 以及微指令存储器。

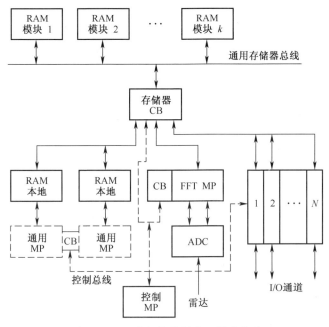

图 8.13 可编程信号微处理器子系统

通过使用两个实时时标,可编程微处理器子系统可独立实现数字信号处理:采用输入可编程微处理器实时进行周期内数字信号处理,采用算术运算微处理器完成跨周期数字信号处理。可编程微处理器子系统在多种多样的机械扫描 CRS 中得到了广泛应用,以完成目标检测和目标跟踪任务。如果单个可编程微处理器子系统的运算速度和存储容量不能满足要求,就可采用带有控制器的可编程多微处理器子系统。

8.8 总结与讨论

控制微处理器可用总体技术规范进行描述,经常使用以下技术规范对微处理器系统进行比较。**寻址方式**:指令代码所使用的地址代码数量;**编码容量**:控制微处理器子系统使用的有 16 位字、24 位字、32 位字和 64 位字等;**编码格式**:有定点制和浮点制两种编码格式;**运算速度**:为了描述微处理器子系统的运算速度,可引入与问题类型无关的"额定速度"的概念;**有效运算速度**:为完成特定数字信号处理算法所需的每秒平均运算次数。

在进行实时数字信号处理时,提高微处理器子系统性能和可靠性的方法之一就是设计和构建多计算机子系统,CRS 系统中也采用了这种做法,以有效利用数字信号处理算法。多机子系统的计算过程采用了新的原则,即用多个微处理器子系统并行执行数字信号处理过程。决定这种多机子系统结构的主要因素有最终用途、所需性能、解决问题所需的存储容量、考虑到外部环境影响的功能可靠性、经济因素(即可承受的最高成本)以及能耗等。

基于调节操作、信息交互操作、广义条件转移操作和广义无条件转移操作原则构建的同型多机子系统可以实现任何数字信号处理算法,或者说从算法的角度讲,这种子系统是普遍适用的。这种多机子系统如果基本单元(或微处理器)的数量无限多,则在实现复杂数字信号处理算法时没有任何限制,并可保证子系统所需的可靠性和生存能力。设计同型多机子系统的主要任务是根据多机子系统有效运行速度的损失情况,确定基本单元的数量,这决定了复杂数字信号处理算法能否实时实现以及操作的可靠性。

骨干式多微处理器子系统由多个独立的微处理器连接而成,其中某个微处理器的输出信息就是下一个微处理器的输入信息,也就是说,微处理器对于信息的处理是顺序式或传送带式进行的。传送带式的数字信号处理是基于将数字信号处理算法划分为多个步骤,并将这些步骤的时间与数字信号处理算法的完成时间相匹配而实现的。与矩阵式同型多微处理器相比,骨干式多微处理器子系统的优点是内部连接的需求较为适中,而且也比较易于提高计算能力,通过对系统单元之间信息交换的优先级进行适当安排,还可避免更多的不足。

实时数字信号处理中广泛采用两类骨干式多微处理器子系统:第一类是分时运行模式的单线程内部长程通道,第二类是连接着两输入 RAM 的多线程内部长程通道。在第一类中,所有的 RAM、ROM、CMP 以及 SMP 都连在同一个通道上,并有一个模块负责通道控制,以用于多个微处理器同时对 RAM 进行寻址时的冲突控制,并利用通道的数据交换单元对数据上传和数据抽取进行控制。单个骨干式多微处理器子系统的工作方式为:当必要时每一微处理器向通道提交对 RAM 或 ROM 进行寻址的申请,如果通道空闲则可立即寻址,否则微处理器就处于等待状态,如果没有优先级更高的请求,那么在其他微处理器操作结束后,该微处理器就可对 RAM 或 ROM 进行寻址。这对信息通道的数据吞吐率提出了较高要求,利用排队论可对每种特定情况所需的数据吞吐率进行分析,需要注意的是,这种结构的骨干式多微处理器子系统的运行速度受限于数据通道的吞吐率,另外,如果数据通道失效,整个子系统就会停止工作。骨干式多微处理器子系统的最大优点就是简单。采用多线程内部长程通道的骨干式多微处理器子系统中,所有微处理器工作在独立的异步模式,从而事实上避免了所有冲突。该系统的可靠性较高,且可不受限制地提高性能,其最大不足是采用了多输入 RAM 和 ROM 所导致的系统复杂性。设计多微处理器子系统的最大问题是通过选取微处理器的数量以提供所需的性能,随着多微处理器子系统中微处理器数量的增加,微处理器对 RAM 或 ROM 的寻址等待时间会带来一部分系统开销,对共用表和操作系统的同时访问也会导致监视路由时间表的增加。

基于微处理器的微机具有较高的可靠性和灵活性,但运行速度较慢,此时 CRS 数字信号处理所需的性能可通过多个微处理器组合成多微机系统实现,这种计算机系统称作微处理器子系统。任何这种微处理器子系统均具有用于各单元进行通信的网络,以实现各微机之间的数据交互,通信网络的结构和复杂程度取决于 CRS 所采用的信号处理算法、微机间的运算分配情况以及单个微机的可用 RAM 容量。

排队系统与队列中的申请者进行交互,可将雷达覆盖范围内的目标和其他干扰看作是队列中的申请者,它们通过请求传感器(此处由 CRS 担任这一角色)与排队系统进行交互,雷达系统将排队请求转换为待处理的信号。雷达对受控区域进行感知和扫描时,就按这些信号的输入时间进行排序,从而形成针对排队系统的输入请求流。

排队系统会对输入请求流提供服务,排队系统可以看作是既可对请求直接进行服务也可存储等待服务的请求队列的设备。排队系统的特征参数如下:(1)存储输入信号流请求队列的设备(或单元)数量,即输入缓冲累加器的存储容量;(2)可同时服务多个请求的设备(或通道)数量 K;(3)积累和存储数字信号处理结果的设备(或单元)数量,即输出缓冲累加器的存储容量。请求队列存储在 IBA 中,等待时间和排队请求数(请求队列长度)都是取决于输入信号流和服务速度等统计参数的随机变量,由于 IBA 容量有限,因此请求队列长度和请求的等待时间也会受限,这种排队系统称作有限队长的排队系统(等待时间受限)。数字信号处理子系统可以看作是有限队长的排队系统。

从队列的一系列等待请求中选择新请求的过程为,在对即时请求完成数字信号处理之后,监视路由依次审核队列,选取优先级最高的请求进行服务,该请求离开系统,控制权再次交给监视路由。如果不再有其他请求,监视路由将微处理器切换到空闲模式。在每一时刻,微处理器仅能运行一个程序,因此该排队系统就称作单通道排队系统或单微处理器排队系统。

当需对某个信号流赋予绝对优先权时(如对目标回波信号的处理),通常必须遵从请求服务等待时间的严格约束。对于其他等待时间过长的请求,可以赋予相对优先级。有些请求可以采用简单排队过程进行处理。于是,在提供服务时应该采用混合规则,并利用仿真手段对每一种特定情况进行分析。

求出第三类排队子系统有效运行速度的下限仅是设计 CRS 数字信号处理微处理器子系统的初始阶段,下一阶段是选取最佳的服务规则。在系统设计阶段,缺乏选择服务规则所需的足够信息,但必须考虑如下情况:(1)对于进入单微处理器子系统的请求来说,所选服务规则的性能应比所有无优先权服务规则的都好,特别是等待时间的方差应比所有无优先权服务规则的都小。(2)采用优先权服务规则会大大减少信号流中重要请求的等待时间,但是增加了信号流中次要请求的排队时间。(3)通常,采用一种优先权服务规则,与针对该规则对应的依次请求队列构建出的提供服务的单微处理器子系统,二者的性能是等价的。因此确定了单微处理器子系统所需的最小速度之后,就可通过选择的服务规则完成服务,而无需额外提高有效运行速度。最小有效运行速度保证了前述各类服务规则对应的等待时间下限,第 k 个信号流的队列长度则为 $l_k = \lambda_k t_{waitk}$。队列的保持与存储通常会带来损失,为了减少损失,单微处理器子系统的有效运行速度必须大于最小有效运行速度,但负载因子 U 的减小又会引起空闲因子 $Q = 1 - U$ 的增加,这从硬件成本的角度来看并不太合算。

系统的最终用途、数字信号处理算法的特点以及输入输出信号流决定了随机存储器的容量和结构。作为初步近似,RAM 的总体容量可表示为 $Q_{\Sigma} = Q_{\text{routine}} + Q_{\text{digit}}$,其中 Q_{routine} 是用于存储数字信号处理算法例程、整个系统的计算处理和运行控制例程、中断例程以及对运算进行控制的例程所需的 RAM 单元阵列;Q_{digit} 是用于存储数值信息的 RAM 单元阵列。而 Q_{digit} 可表示为 $Q_{\text{digit}} = Q_{\text{in}} + Q_{\text{working}} + Q_{\text{out}}$,其中 Q_{in} 是用于接收外部信息的 RAM 单元阵列;Q_{working} 是参与运算过程的 RAM 单元阵列;Q_{out} 是用于存储数字信号处理结果的 RAM 单元阵列。大多数情况下,由于数值形式的例程信息相对独立,可以非常方便地采用独立的永久存储器或 ROM 进行存储。ROM 仅用于读取模式,采用 ROM 的最大优点在于即使掉电其中存储的信息也不会丢失,另外 ROM 的可靠性很高。在设计数字信号处理子系统的初始阶段,只能大致估算所需的 ROM 容量,其准确值只有在程序调试完毕后才可获得。

根据待设计微处理器子系统的运行速度、RAM 和 ROM 容量、技术特点、可靠性、整体尺寸、用途、成本及其他需求等,可以完成专用微处理器的选择。微处理器选择适当与否取决于所选微处理器的 QoS 特性与相应质量指标要求之间的一致程度。对于所选择的微处理器,必须给出有效性的定量衡量准则,但在设计的初始阶段,建立微处理器参数与有效性准则间的函数是非常困难的,而且从计算的角度讲,选择明晰而方便的通用准则也很不容易。下面给出一个选择适当微处理器的简化方法。当把微处理器的参数与需求进行比较时,可能会有以下结果:①产品目录中仅有一种微处理器满足所有需求;②产品目录中没有任何微处理器满足所有需求;③产品目录中有多种微处理器满足所有需求。对于第一种情况,就可选择满足所有需求的那种微处理器用于设计微处理器子系统。对于第二种情况,要么针对所要解决的问题简化数字信号处理算法并更换使用环境以对需求做出调整,要么采用业界提供的相同或不同型号微处理器构建多微处理器子系统。对于第三种情况,就要选出满足所有需求的最佳微处理器,选择方法有很多,可以采用最简单的排序法。

为了设计出 CRS 对目标回波信号进行数字信号处理所需的微处理器子系统结构,必须考虑清楚数字信号处理的实现步骤次序,以及每一步中对信号处理实时程度的不同要求。对微处理器子系统进行综合的一个重要任务是硬件和软件的选择,它们是作为一个整体用于解决 CRS 面临的问题。微处理器子系统的硬件可以划分为以下部件:①实现数字信号处理算法的微处理器子系统设备;②用于从信息源向用户传递信息的通信设备;③信息传输设备;④为了提高运行速度以及计算和数值运算的可靠性,将微处理器子系统设备整合进多微处理器子系统的通信设备和接口设备。决定微处理器子系统结构的主要单元是计算设备,数字信号处理子系统用到的计算设备有两类:一类是主要完成数字信号处理算法和控制算法的微处理器子系统和多微处理器子系统;另一类是在周期内或跨周期数字信号处理期间主要用于目标回波信号滤波的专用高性能微处理器。其他先前提到的硬件设施也有其特定用途,可用于专用 CRS 中的 SMP 子系统。设计微处理器子系统时合理选择硬件设施非常关键,原因在于某些特定用途中,此类 SMP 子系统的尺寸和成本远比一般微处理器系统的特性和性能更重要。

软件是一种可以提高微处理器子系统工作效率并减少问题求解预操作工作量的可编程型程序,可分为内部软件和外部软件。在控制微处理器中,内部软件包括自动可编程例程软件、操作系统软件(计算过程控制软件)和功能控制软件,外部软件主要由应用程序库和 CRS 数字信号处理专用程序组成。由于软件比硬件的设计成本更高,因此微处理器子系统研发的主要领域之一就是用硬件实现某些典型的软件功能。

对微处理器子系统的结构和组成进行改进涉及的主要问题如下:(1)根据已分析和讨论过的问题以及面临的新问题,设计性能更好的微处理器以完成目标回波的数字信号处理,显然解决这些问题的一个方法是采用更专业化的专用微处理器或采用并行算法。(2)基于当前适当的器件库,设计和构建高性能的并行(矩阵式、传送带式及其他类型)微处理器,以便在解决目标回波数字信处理和控制过程的所有主要问题时,满足相应的性能需求。(3)设计和构建具有均匀的和非均匀的分布式结构微处理器子系统,以满足面向特定用途的数字信号处理硬件标准化需求。

参考文献

1. Evreinov, A. V. and V. G. Choroshevskiy. 1978. Homogeneous Computer Systems. Novosibirsk, Russia: Nauka.

2. Corree, E., de Castro Dutra, I., Fiallos, M., and L. F. G. da Silva. 2010. Models for Parallel and Distributed Computation: Theory, Algorithmic Techniques and Applications. New York: Springer, Inc.

3. Dandamudi, S. 2003. Hierarchical Scheduling in Parallel and Cluster Systems. New York: Springer, Inc.

4. Milutinovic, V. 2000. Surviving the Design of Microprocessor and Multimicroprocessor Systems: Lessons Learned. New York: Wiley Interscience, Inc.

5. Shen, J. P. and M. H. Lipasti. 2004. Modern Processor Design: Fundamentals of Superscalar Processors. New York: McGraw Hill, Inc.

6. Conte, G. and D. de Corso. 1985. Multi-Microprocessor Systems for Real-Time Applications. New York: Springer, Inc.

7. Gupta, A. 1987. Multi-Microprocessors. New York: IEEE Press, Inc.

8. Parker, Y. 1984. Multi-Microprocessor Systems. San Diego, CA: Academic Press, Inc.

9. Cartsev, M. A. and V. A. Brick. 1981. Computer Systems and Synchronous Arithmetics. Moscow, Russia: Radio and Svyaz.

10. Yamanaka, N., Shiomoto, K., and E. Ok. 2005. GMPLS Technologies: Broadband Backbone Networks and Systems. Boca Raton, FL: CRC Press, Inc.

11. Kartalopoulos, S. 2010. Next Generation Intelligent Optical Networks from Access to Backbone. New York: Springer, Inc.

12. Williams, M. 2010. Broadband for Africa: Developing Backbone Communications Networks. New York: World Bank Publications, Inc.

13. Gnedenko, V. V. and I. N. Kovalenko. 1966. Queuing Theory. Moscow, Russia: Nauka.

14. Kobayqashi, H., Mark, B. L., and W. Turin. 2011. Probability, Random Processes, and Statistical Analysis: Applications to Communications, Signal Processing, Queuing Theory, and Mathematical Finance. Cambridge, U. K.: The Cambridge University Press, Inc.

15. Furmans, K. 2012. Material Handling and Production Systems Modeling—Based on Queuing Models. New York: Springer, Inc.

16. Alfa, A. S. 2010. Queuing Theory for Telecommunications. New York: Springer, Inc.

17. Tolk, A. and L. C. Jain. 2009. Complex Systems in Knowledge-Based Environments: Theory, Models, and Applications. New York: Springer, Inc.

18. Cornelius, T. L. Ed. 1996. Digital Control Systems Implementation and Computational Techniques. San Die-

go, CA: Academic Press, Inc.

19. Nedjah, N. 2010. Multi - Objective Swarm Intelligent Systems: Theory & Experiences. New York: Springer, Inc.

20. Yu, H. H. Ed. 2001. Programmable Digital Signal Processors: Architecture, Programming, and Applications. Boca Raton, FL: CRC Press, Inc.

21. Baese, M. 2007. Digital Signal Processing with Field Programmable Gate Arrays, 3rd edn. New York: Springer, Inc.

22. Parhi, K. K. 1999. VLSI Digital Signal Processing Systems: Design and Implementation. New York: Wiley-Interscience Publication.

23. Kirk, D. B. and W. H. Wen - Mei. 2010. Programming Massively Parallel Processors. Burlington, MA: Morgan Kaufman Publishers.

24. McCormick, J. W. , Singhoff, F. , and J. Huques. 2011. Building Parallel, Embedded, and Real-Time Applications with Ada. Cambridge, U. K. : The Cambridge University Press, Inc.

第9章 数字信号处理子系统设计实例

9.1 概 述

针对采用相控阵天线的复杂监视雷达系统(此处并无任何实际型号背景),本章论述其目标回波数字信号处理子系统设计的主要步骤,重点是对设计和构建目标回波数字信号处理子系统(尤其是自动化复杂雷达的数字信号处理和控制子系统)所涉及的主要因素进行讨论。

任何一个复杂雷达系统(CRS)的数字信号处理和控制子系统的基本设计思想都取决于 CRS 的类型和用途,因此在设计开始前,在借助高层系统解决问题的初始分析阶段,明确 CRS 所应支持的技术需求,其中第一步就是分析和选定所要设计的 CRS 类型(包括所使用的雷达类型),这对确定数字信号处理和控制子系统相关的特定问题,并对解决设计与构建过程中可能遇到的问题都非常关键。同时还应遵循如下基本原则,作为信息源的 CRS 既异常复杂又非常昂贵,在设计过程的每一阶段,都必须确保设计和构建的方式满足较高的技术要求。在恶劣的环境条件下,CRS 的数字信号处理和控制子系统必须保证雷达的高精度运转及应用等性能的稳定发挥。

从自动化 CRS 数字信号处理和控制的角度看,可以区分为全自动雷达系统和自动化雷达系统①,如在那些人员难以到达的区域就需部署全自动雷达系统以监视空情。当在整体系统中 CRS 需要完成控制、陆基导航与跟踪、着陆指示等工作时,采用完全自动化的数字信号处理和控制子系统是值得的,这种情况下应该采用所有能够消除干扰和噪声的方法和工具,还应保持恒虚警以防止中央处理器过载。如果基于特定的技术或战术考虑,发现不值得或者不可能采用完全自动化的 CRS 时,尤其是当某些处理(甚至信号处理及其他特定控制等)需由操作人员手动完成时,如对干扰和噪声区域的屏蔽、用于目标跟踪的目标初步锁定、为预防干扰和噪声而对防御设施或工具的切换、对于目标的半自动跟踪等,就应设计不同类型的系统以满足这些特殊需求。

数字计算系统器件库的发展水平和生产状况,对有效设计和构建数字信号

---

① 前者对应原文的 automatic radar system,后者对应原文的 automated radar system。译者注。

处理和控制子系统至关重要,本章仅关注解决信号处理和控制过程中特定问题时所需的相关计算机应用,而不是计算机工程领域的普遍问题,因此本章更多关注的是如石墨烯等的新型器件库。

在设计特定的数字信号处理和控制系统时,信号处理方法和算法的理论分析与技术研究、技术团队(包括工程师和领域专家)以及沟通技能等都起到非常重要的作用。

9.2　数字信号处理和控制子系统结构设计

9.2.1　初始条件

根据基本设计思想,假设所设计的 CRS 用途为空中目标检测与跟踪,该空中目标的有效散射截面 $S_{tg} \geqslant 1m^2$,雷达天线作全方位扫描,雷达的最大作用距离 $R_{max} \leqslant 150km(T=1ms)$,提供给用户的信息是经平滑处理后的极坐标 $\hat{\rho}_{tg}$ 和 $\hat{\beta}_{tg}$、目标航向 $\hat{Q}_{tg}$ 以及速度向量的值 V_{tg} 等。平滑后的坐标和参数精度分别为 $\sigma_\rho = 500m$,$\sigma_\beta = 0.5°$,$\sigma_Q = 2°$ 及 $\sigma_V = 50m/s$。

CRS 必须具备足够的分辨能力,才能在分清目标和无源干扰的同时保持对目标的检测与跟踪,从而将目标从无源干扰背景中区分出来。系统还必须能够检测出固定目标或具有所谓盲速的运动目标($f_D = kT^{-1}(k=1,2,\cdots)$)的情况)。当检测概率 $P_D = 0.95$ 时,对于扫描区域边界目标的检测时限设为 15s,在扫描区域内对目标的跟踪失败概率 $P_{failure} \leqslant 0.05$,同时跟踪目标的最大数量 $N_{tg} = 20$。目标检测、目标锁定及航迹跟踪等 CRS 操作均应完全自动进行,CRS 还应具备无需人工干预即可正常运转的可靠性控制措施。

任何雷达系统设计的第一阶段都是选择 CRS 的雷达结构和能量参数。在该阶段,需要确定的参数包括雷达天线的类型、形状以及波束宽度,天线的扫描方式和周期,发射功率,扫描信号的持续时间和调制技术,扫描信号的周期,对抗有源干扰的防御设施和方法,以及其他一些参数。第一阶段的工作完成后,可以给出以下结果:

(1)选择柱状天线作为收发天线,从而利用天线波束的方向性在全方位进行离散扫描。天线方向图在垂直面内为扇形,通过改变俯仰角以覆盖所有扫描范围;在水平面内的波束宽度 $\theta_\beta = 3°$,扫描步长为 2.5°,因此方向图在全方位扫描时的固定波束指向位置数为 144 个,并将其全方位扫描周期设定为 $T_{scan} = 4.5s$。

(2)扫描信号设定为线性调频脉冲,其持续时间 $\tau_{scan} = 64\mu s$,带宽 $\Delta f_{scan} = $

0.5MHz，于是基带信号的 $\tau_{scan}\Delta f_{scan}=32$，在广义检测器（GD）输出端所得脉压后信号的持续时间为 $\tau_{scan}^{comp}=2\mu s$。

（3）扫描信号的能量选择方式为：对于每一方位采用由 30 个脉冲构成的脉冲串进行扫描，并以 10 个脉冲为一组将其划分为三组，各组对应的频率分别为 f_{01}、f_{02}、f_{03}（间隔 Δf_0 为固定值），以满足所需的信噪比。对每组 10 个脉冲的回波信号进行相参积累，并对组与组之间在雷达距离单元、方位角单元和多普勒单元的所有相应信号进行非相参积累。

这里给出了部分雷达参数的具体取值，原因在于可以直接利用这些数据进行 CRS 数字信号处理和控制子系统的设计与构建。

第二阶段的设计过程包括如下主要步骤：确定 CRS 结构的具体细节；确定数字信号处理子系统的参数；明确具体实现方式。最重要的是要理清数字信号处理和控制子系统的主要问题与任务，并明确这些问题的解决措施。

9.2.2　数字信号处理和控制子系统的主要工作

CRS 运行于全自动模式的基础在于初始设计阶段所能获取的数据，其成功工作的前提是能对来自起伏地表（Underlying Surface）、局域地物（Local Objects）以及水汽凝结体等无源干扰的高质量对消。在全自动工作模式下，普遍认为对来自起伏地表和局域地物的无源干扰的对消因子 η_{can} 应不小于 50dB，对来自水汽凝结体的无源干扰的对消因子应约为 30dB。

为了消除无源干扰，广泛采用基于 ν 阶跨周期相减带阻滤波器的动目标指示系统。然而当存在高强度的非静态无源干扰时，基于低阶（$\nu=2\sim3$）跨周期相减带阻滤波器的动目标指示系统并不能确保输出的 SNR 达到要求，采用基于高阶带阻滤波器的动目标指示系统虽然能够扩大盲速区，但却会影响检测性能，尤其是对天线主波束切线方向运动目标的检测。雷达回波脉冲串的相参处理可以有效提高动目标检测性能，并减少盲速现象的发生，这种信号处理方法可以采用快速傅里叶变换（FFT）处理器（或滤波器）实现。因此，将基于 ν 阶跨周期相减的带阻滤波器与 FFT 处理器（或滤波器）式的相参积累器串接使用，既能保证所需的无源干扰对消质量，也能获得更高的动目标检测性能。

在数字信号处理子系统中，如果采用 $\nu=2$ 的跨周期相减带阻滤波器以及 8 点 FFT 的相参积累器，那么就可确定 3 个载频 f_{01}、f_{02}、f_{03} 中每一扫描脉冲串的脉冲个数。此时还应能对每一雷达距离单元以及每一多普勒通道的 3 个脉冲组进行非相参积累。组与组之间扫描脉冲载频的变化会导致动目标回波信号多普勒频率的相应偏移，其主要影响在于给辨别回波信号是否来自同一目标带来困难，特别是当回波信号出现在不同多普勒通道时。为了消除不同通道的同

一目标回波信号的多普勒频率偏移,在确定每一脉冲组内发射信号的重复周期时应遵循如下条件:

$$f_{0i}T_i = 常数, \quad i = 1,2,3 \tag{9.1}$$

事实上,对于每一载频f_{0i},当V_{tg}为常数时,对应的多普勒频率为

$$f_D = \frac{2V_{tg}f_{0i}}{c} \tag{9.2}$$

另外,N点FFT处理器(或滤波器)冲激响应的极值出现在如下频点:

$$f_l^{(i)} = \frac{kl}{NT_i}, k = 0,1,2,\cdots \quad 且 \quad l = 0,1,\cdots,N-1 \tag{9.3}$$

为了保证多普勒频率与第l个通道的调谐频率相一致,需满足如下等式:

$$\frac{kl}{NT_i} = \frac{2V_{tg}f_{0i}}{c} \quad 或 \quad f_{0i}T_i = \frac{kcl}{2V_{tg}N} \tag{9.4}$$

当l为常数时,式(9.4)的第一部分也是常数,从而满足$f_{0i}T$为常数的条件。

正如第3章所提到的,为了降低多普勒通道幅频特性的旁瓣电平,可用系数递减的对称窗函数对FFT处理器(或滤波器)输出端的信号进行加权,实际工作中常用的是海明窗函数。此时FFT处理器(或滤波器)输出端的I、Q通道加权后信号计算如下:

$$f_l^{weight} = -0.25f_{l-1} + 0.5f_l - 0.25f_{l+1} \tag{9.5}$$

式中,f_l^{weight}是第l个多普勒通道输出端的加权后信号;f_{l-1},f_l,f_{l+1}分别是第$l-1$、l、$l+1$个多普勒通道输出端的未加权信号。

在这种情况下,可对$l=2\sim6$的几个多普勒通道按照式(9.5)对信号进行加权。需要注意的是,即使目标的径向运动速度为零,FFT处理器(或滤波器)也会对目标回波信号进行相参积累,从而使目标检测变得更为容易。

保持恒虚警也非常重要,信号检测时常采用自适应门限控制来解决这一问题。FFT处理器(或滤波器)多普勒通道输出端的自适应检测器工作原理:对于除零多普勒以外的所有多普勒通道,采用宽度为$[-0.5m,0.5m]$的滑窗,利用下式估计出滑窗内干扰和噪声的方差:

$$\sigma_{n_j}^2 = \frac{1}{m-3}\sum_{i=-0.5m}^{0.5m}\alpha_i Z_{ij}^2 \tag{9.6}$$

其中i是相对于信号所在单元的雷达距离分辨单元序号,需要对这些单元(信号单元处在中间位置)中干扰和噪声的平均功率进行估计。而

$$\alpha_i = \begin{cases} 1, i = j-0.5m, j-0.5m+1, \cdots, j-2, j+2, j+3, \cdots, j+0.5m; \\ 0, i = j-1, j, j+1; \end{cases}$$

$$\tag{9.7}$$

Z_{ij}^2 则是第 ij 个单元内信号包络幅度的平方($j=0.5m,\cdots,M_R-0.5m$,其中 M_R 是雷达的距离分辨单元数)。从式(9.7)可以看出,在进行平均时并未考虑信号单元及其紧邻的左右单元,这样做的目的在于进行干扰和噪声的方差估计时,可以减轻信号峰值及其第一副瓣的影响。

利用零多普勒通道可以建立干扰和噪声图(Interference and Noise Map)①,对于雷达的每一距离-方位分辨单元,该图表示的是起伏地表及局域地物所反射信号的平均能量,并将其存储在特定的存储器中。干扰和噪声的当前幅度可根据零多普勒通道的输出获得,针对每一距离-方位分辨单元,需将已有结果与当前测量值进行平滑(如采用指数平滑方式),利用平滑后的结果对干扰和噪声图进行周期性更新(该周期与雷达信号的扫描周期相同)。

当对径向速度极低或为零的目标进行检测时,需要用到干扰和噪声图,这些目标的回波信号将在零多普勒通道中得到积累。根据来自起伏地表和局域地物反射信号的平均能量,可以设置各距离-方位分辨单元的检测门限。如果来自低速运动目标或盲速运动目标的回波信号超过了该门限,就能够将目标检测出来。

因此,对干扰和噪声图进行自适应调整即可保持目标检测时的恒虚警,但这种情况下虚警的平均次数并不可控,只有通过仿真手段或在数字信号处理和控制子系统样机调试时才能对虚警次数进行估算。

接下来讨论目标自动锁定、目标航迹跟踪以及目标航迹重置等问题。根据已经给出的技术要求,所需跟踪的目标航迹数 $N_{tg}=20$,不进行重置时对目标航迹的跟踪概率 $P_{tt}\geq 0.95$,可知这仅是一种比较适中的工作模式。然而如果要求雷达系统在面临极强的干扰时仍能工作在全自动模式,就必须防止数字信号处理子系统在没有运动目标时因虚警而过载,为了避免这种问题的发生,推荐采用以下方法:

(1)研究目标航迹跟踪的有效算法,提供减小虚假目标跟踪概率的方法和手段。

(2)当存在大量虚假目标信号时,利用跟踪波门对目标回波信号进行选定。

(3)对目标航迹参数进行滤波,以实现对非机动目标和机动目标的跟踪。

(4)采用目标分类的特定算法,以实现对重点目标航迹的选定。

(5)提高运行速度,合理利用好中央计算机系统的存储能力等资源。

当雷达系统工作在全自动模式时,非常重要的一点是,确保对雷达系统的

---

① 即杂波图—译者注。

整体有效控制以及所有单元都能与中央计算机系统同步运转。在构建中央计算机系统时,数字信号处理和控制子系统的算法设计与实现是其中的一项具体任务。

前面仅谈到了 CRS 中央计算机系统中的主要子系统,其他子系统或组成部分,如数字信号处理和控制子系统、与用户进行交互的子系统等,对于整个系统的正常工作也十分重要,但限于本章的主题与篇幅,不可能对雷达系统所有相关子系统的特点和功能进行一一论述。

9.2.3　用于信号处理和控制的中央计算机系统结构

信号处理可以划分为相参数字信号预处理、非相参数字信号预处理以及数字信号再处理等几个步骤,这些都是复杂雷达系统数字信号处理和控制子系统的结构设计基础。另外,中央计算机系统的个别单元也可看成是信号处理的子系统,如敌我识别子系统和 CRS 控制子系统等。图 9.1 给出的是数字信号处理和控制子系统的整体结构框图,其中实线框表示用于信号发射、接收以及信号预处理的单元,实线表示数据流向,虚线表示子系统之间的交互。各部分的主要功能如下:

(1) 相参目标回波数字信号预处理子系统。

① 匹配滤波并对线性调频脉冲进行压缩。

② 利用带阻滤波器对目标回波信号进行跨周期相减。

③ 对目标回波脉冲组进行 8 点 FFT 运算。

④ 在 FFT 处理器(或滤波器)输出端对目标回波信号进行幅度加权。

⑤ 确定雷达每一距离-多普勒分辨单元内的目标回波信号幅度。

(2) 非相参目标回波数字信号预处理子系统。

① 对相应单元中已处理的目标回波信号三个脉冲组进行非相参积累。

② 对起伏地表和局域地物反射形成的无源干扰图进行修正。

③ 对目标回波信号进行自适应检测。

④ 估计出目标的距离。

⑤ 估计出目标的方位角。

(3) 数字信号再处理子系统。

① 目标航迹检测。

② 对检测到的目标航迹进行跟踪。

③ 对运动目标航迹的坐标及参数进行估计。

④ 目标的重要性评估。

⑤ 向用户提供信息。

(4) CRS 控制子系统。

① 控制 CRS 的开关机。

② 改变发射脉冲的工作频率。

③ 雷达天线方向图的波束控制。

④ 检测门限设置等。

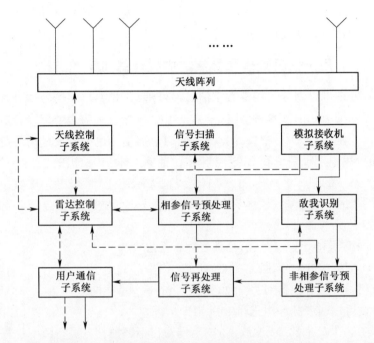

图 9.1　雷达数字信号处理和控制子系统结构框图

下面详细介绍以上各子系统。

9.3　相参信号预处理子系统的结构

作为复杂雷达系统的模拟接收机与中央计算机系统之间的中介,相参数字信号预处理子系统的主要功能如下:

(1) 模数转换。

(2) 基于噪声中信号处理的广义方法对线性调频目标回波信号进行检测。

(3) 抑制无源干扰。

(4) 对目标回波信号进行相参积累。

(5) 为解决恒虚警问题提供数据支持。

相参信号预处理子系统可用单独的微处理器或分布式多微处理器实现。

设计的关键在于相参数字信号预处理子系统的设计和构建以及选择合理的微处理器结构,在以下选项中如何取舍对于相参数字信号预处理子系统的设计与构建有着重要影响:

(1) 基于大规模集成电路(VLSI)设计和构建的专用微处理器。

(2) 基于多微处理器构建的微型计算机。

(3) 基于模拟式电耦合器件构建的专用处理器。

当需要优先考虑工作速度时(比如对线性调频目标回波信号进行匹配滤波和压缩),基于多微处理器构建的微型计算机并不能满足要求。从理论上说,利用基于模拟式电耦合器件构建的处理器虽然能满足速度快、功耗低等基本要求,但从目前的研究来看,对于相参数字信号预处理子系统主要部分(如 GD 的线性滤波器)来说,这种实现方法的研究还不够成熟。因此,采用基于 VLSI 的专用微处理器对相参数字信号预处理子系统进行设计就成为事实上的选择,用其可以解决的问题有

(1) 基于噪声中信号处理的广义方法对信号进行检测。

(2) 抑制无源干扰。

(3) 计算目标回波信号。

(4) 估计干扰和噪声的功率。

利用简单且有效的复数乘法实现方法,可由 FFT 处理器(或滤波器)解决多普勒滤波问题。基于 VLSI 微处理器构建的专用相参数字信号预处理子系统的各部件具有可靠性高且功耗低的特点,通过设备备份或信息冗余设计可以提高可靠性,通过精心设计电路并采用损耗功率小的 VLSI 可以降低功耗。

下面分析基于 VLSI 的专用微处理器的相参数字信号预处理子系统各个部件间的交互问题(见图 9.2),并讨论该子系统主要目标的实现原理以及硬件的基本技术规范。

相参数字目标回波信号预处理子系统结构的第一个部件是位于相位检测器输出端的模数转换器。由于压缩后线性调频扫描信号的持续时间 $\tau_{\text{scan}}^{\text{comp}} = 2\mu s$,那么在 I、Q 通道的时域采样率就应达到 $f_s = 500\text{kHz}$,但为提高数字式 GD(即 DGD)的性能,至少应将采样率提高两倍,即 $f_s = 1\text{MHz}$(见第 2 章)。幅度量化位数的选择依据是应使变换后的目标回波信号比接收机噪声高 $50 \sim 60\text{dB}$,为此需采用 10 比特或更多位数的 ADC,于是在 I、Q 通道输出端的 ADC 所给信号编码的分辨率 $\tau_s = 1\mu s$,而位数 $N_{\text{capacity}} = 10$。

相参数字目标回波信号预处理子系统结构的下一个部件是处理线性调频目标回波信号的 DGD,该部件既可在时域采用非递归滤波器实现,也可在频域采用 FFT 处理器(或滤波器)实现。如果在时域采用序贯分析式的 DGD 对单个

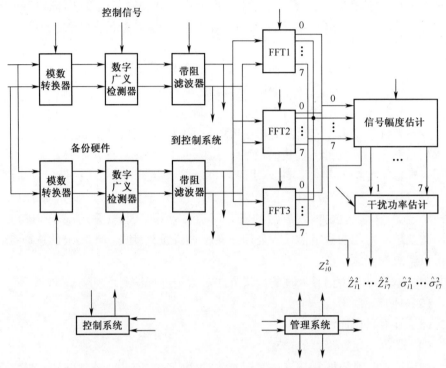

图 9.2　用于相参信号处理的专用微处理器结构图

输出信号的幅度进行计算,需要 $4f_s\tau_{scan}=4\times1\times64=256$ 次乘法和 252 次加法操作,那么 DGD 所需的工作速度等于每秒完成 256×10^6 次乘法,这是非常难以实现的。在频域进行 DGD 虽然运行速度会有所提升(参考第 2 章),但改善程度还不能让人放心使用。

为利用匹配滤波算法的并行特性提高 DGD 的运行速度,可以采用基于 ROM 的并行混频器、同时完成多个数字相加的并行加法器以及并行寄存器等实现高速 DGD 操作。如果采用并行非递归数字滤波器、重合型加法器(Coincidence-Type Adder)以及并行寄存器的话,同时完成 I、Q 通道卷积工作的最短时间为 75ns,而对四通道 DGD 来说(见图 2.7),给出单个输出信号幅度的最短时间是 100ns。

DGD 之后是冲激响应较短的非递归平滑滤波器,该滤波器的主要任务有:①压低 DGD 输出信号的旁瓣;②在满足采样定理的前提下降低采样率。从输入的采样后目标回波信号序列 $\{x(kT_s)\}$ 中每隔 m 个采样点抽取 1 个,可将采样率降低 m 倍(m 是整数),于是可得采样周期 $T'_s=mT_s$ 的输出信号 $\{x(kmT_s)\}$。显然,I、Q 通道的采样周期 T'_s 均应满足:

314

$$T'_s = \frac{1}{\Delta f_{\text{scan}}^{\text{max}}} \qquad (9.8)$$

在基于噪声中信号处理的广义方法完成信号检测后,就需对干扰进行对消。为此应将 I、Q 通道中 10 个周期内每一距离分辨单元(单元数 $M_R = 500$)的采样点都存储在缓冲存储器中,所需的存储容量 $Q_{\text{BM}} = 2 \times 500 \times 10 = 10^4$ 个 10 位存储字。然后利用 $\nu = 2$ 阶的带阻滤波器对 I、Q 通道每一距离分辨单元的 10 个脉冲进行跨周期相减操作,由于 2 阶带阻滤波器的跨周期相减算法较为简单,因此易于保证工作的实时性。至此已经分析和讨论了相参数字信号处理第一阶段的所有工作,为了确保所需的可靠性,该阶段所有的硬件器件都应预留备份,并采用专用模块对主通道和和备份通道的输出信号进行比较,搜索系统与预设系统(the default system)将会用到该结果。

将带阻滤波器输出的 8 个脉冲一个个送入 I、Q 通道中执行目标回波信号相参积累的滤波器,考虑到使用的简便性和调谐的方便性,此处采用频域的 FFT 处理器(或滤波器)是最恰当的。FFT 处理器(或滤波器)输出的信息在 8 个扫描周期内(8×10^{-3} s, $T_{\text{scan}} = 10^{-3}$ s)完成积累,由于雷达的距离分辨单元数 $M_R = 500$,因此 8 点 FFT 处理器必须在 16μs 内完成。按照现有的技术水平,采用不同的 FFT 处理器实现方案来确保较快的运行速度是毫无问题的。为了提高相参信号处理的效率和相应硬件模块的可靠性,需要串接使用 3 个 FFT 处理器(见图 9.3),这种情况下可以放宽对 FFT 处理器(或滤波器)运行速度以及相应硬件模块的可靠性要求。

图 9.3 3 个 FFT 处理器的时序关系图

每一 FFT 处理器(或滤波器)都有存储输入信号的缓冲存储器,该存储器必须能够存储 500 个距离分辨单元内的 8 个脉冲,考虑到 I、Q 通道的存在,那么所需的 10 位字的存储容量就是 $Q_{\text{BM}} = 2 \times 8 \times 500 = 8 \times 10^3$。在 FFT 处理器(或滤波器)的输出端对第 2~6 个多普勒通道进行加权(加权算法由式(9.5)给出),既能降低信号副瓣的影响,也会展宽多普勒滤波器幅频特性的主瓣。加权之后就完成了信号的相参处理过程,此时就要对回波信号的幅度包络进行检测,即将I、Q通道的输出信号重新组合起来。

对所有多普勒通道每一距离分辨单元的包络幅度进行估计时,需要用到第3章所介绍的信号处理算法,其中零多普勒通道的包络幅度平方估计可用于修正干扰和噪声图,其他多普勒通道给出的包络幅度平方的估计则输入到对干扰与噪声进行估计的模块,利用式(9.6)对滑窗内中间单元(信号单元)两侧8个距离分辨单元内(大约对应2.5km)的干扰和噪声的方差进行估计,除零多普勒通道以外的其他多普勒通道均可给出干扰和噪声的方差估计结果,于是就可将相应的幅度包络平方 $\hat{x}_1^2, \cdots, \hat{x}_7^2$ 和方差 $\hat{\sigma}_1^2, \cdots, \hat{\sigma}_7^2$ 传递给非相参信号预处理子系统。

9.4　非相参目标回波信号预处理子系统的结构

9.4.1　非相参目标回波信号预处理问题

根据复杂雷达数字信号处理和控制子系统的结构图(见图9.1),非相参目标回波信号预处理子系统主要完成以下功能:

(1) 对3组各8个脉冲利用FFT处理器(或滤波器)相参信号处理后的输出信号进行非相参积累。对第 ij 个单元($i = 1, 2, \cdots, M_R$ 为雷达距离单元序号;$j = 0, 1, \cdots, 7$ 为多普勒通道序号)信号包络幅度的平方进行相加即可完成积累,所需处理的单元数共计为 $500 \times 8 = 4000$ 个。为了避免信息丢失,对各脉冲组的非相参积累必须在后续脉冲组的相参信号预处理期限内完成,对于本例来说时限就是8个信号扫描周期(8ms)。

(2) 在雷达的全部距离分辨单元,对除零多普勒通道以外的所有多普勒通道进行干扰和噪声功率估计结果的非相参积累。该过程与信号的非相参积累类似,对中央计算机系统的性能需求也大致相同。

(3) 干扰和噪声图修正。该图存储于非相参信号预处理子系统的特定存储器中,所表示的是雷达每个方位上每一距离分辨单元内零多普勒通道的信号幅度平方的平均估计结果,并采用下式对其进行周期更新:

$$\hat{Z}_{n_{il}}^2 = (1 - \zeta) \hat{Z}_{(n-1)_{il}}^2 + \zeta \overline{Z}_{n_{il}}^2 \tag{9.9}$$

式中: $\hat{Z}_{(n-1)_{il}}^2$ 为第 l 个方位上的第 i 个距离分辨单元内信号幅度平方的上一次估计结果;$\overline{Z}_{n_{il}}^2$ 为第 l 个方位上的第 i 个距离分辨单元内,基于3个零速多普勒滤波器的数据,在接下来的(即第 n 个)更新周期得到的信号幅度平方值;ζ 为平滑系数,通常 $\zeta = 0.2 \sim 0.3$。

执行一次式(9.9)所给的算法,需要进行两次乘法和一次加法,如果不考虑其他因素,那么所需的算术运算大约为 10 次,如果天线波束在每一方位驻留 24ms(3×8ms),且仅仅更新该方向上 500 个单元内的干扰和噪声图的话,那么在确定非相参信号预处理子系统的技术规格时,就无需担心更新干扰和噪声图所占用的时间。

(4) 形成自适应检测门限。可以利用第 1～7 个多普勒通道的干扰和噪声功率估计以及每一零多普勒通道的平均功率估计形成检测门限。根据雷达每一距离-多普勒单元内方差估计 σ_{ij}^2 的当前值给出所有多普勒通道(零多普勒通道除外)的信号检测门限,按照所要求的虚警概率确定出系数 α_1,将其与 σ_{ij}^2 相乘即可得出这些通道的门限值。根据零速多普勒通道的虚警概率要求(该概率与针对动目标检测的虚警概率可以不同)确定出系数 α_2,将其与该通道的干扰和噪声幅度相乘,可得出这一通道的检测门限。

(5) 将每一距离-多普勒单元的信号与相应门限进行比较,完成信号检测。为了减少对干扰和噪声图的调用次数,根据零速多普勒通道信号可能超出接收机噪声的容许概率预先设定一个固定门限,将该通道的信号先与这一门限进行比较,如果信号超过了固定门限,那么就利用干扰与噪声图重新计算门限,并将信号与之进行比较。比较结果可能会发现雷达的多个距离分辨单元内有一个或几个信号超过检测门限。对于门限形成以及广义信号检测算法的单次实现,可能需要与常数的一次乘法以及两个幅度的一次比较,其运算次数大致应为7～8 次,在 24ms 的信号周期内,必须完成 4000 个广义信号处理算法。

(6) 如果雷达天线波束在相邻 3 个方位上都有信号超过检测门限,则用其对目标的方位角进行估计。首先看在同一距离上能否选出超过检测门限的一组信号:如果仅有一个信号超过检测门限,那么就用该信号的方位角作为目标的方位角;如果有 2 个或 3 个信号超过检测门限,那么先选出幅度最大的信号,并将其所对应的方位角记为 $\beta[i]$,然后利用旁边的附加信号对目标的方位角进行修正:

$$\hat{\beta}_{tg} = \beta[i] + \gamma \frac{Z_i - Z_j}{Z_i + Z_j} \varphi(\vartheta) \tag{9.10}$$

式中: Z_i 是最大的信号幅度, $\varphi(\vartheta)$ 是雷达天线方向图的特征函数,而

$$Z_j = \begin{cases} Z_{i-1}, Z_{i-1} > Z_{i+1} \\ Z_{i+1}, Z_{i+1} > Z_{i-1} \end{cases} \tag{9.11}$$

$$\gamma = \begin{cases} -1, j = i - 1 \\ +1, j = i + 1 \end{cases} \tag{9.12}$$

完成式(9.10)至式(9.12)所给广义信号处理算法的单次运算大约需要微

处理器的 30 次操作,所需时间为 24ms。由于在 3 个方位角上彼此靠近的目标数量可能不同,那么每个处理周期内的运算次数也是个随机量。迄今分析和讨论的非相参信号处理问题仅仅使用了信号处理的部分算法,这些部分算法的全体构成了整个非相参目标回波信号预处理算法。

9.4.2　非相参目标回波信号预处理子系统的需求

与相参信号预处理算法相比,非相参信号预处理的所有基本操作都是可编程的且周期循环的。非相参信号预处理的每一环节都有自身的处理周期,因此相应微处理器的运算速度要求就与 CRS 其他子系统都不同。完成非相参目标回波信号积累对微处理器的吞吐率要求最高,其运算周期与相参目标回波信号预处理的周期相同(即 $T_{cycle} = 8ms$),在 8ms 之内必须完成 $500 \times 8 = 4000$ 个距离–多普勒单元中新的目标回波信号幅度与之前求和结果的相加,如果单次相加需要 3 次运算,那么在 8ms 的处理周期内就要完成 $4000 \times 3 = 12 \times 10^3$ 次运算,这意味着非相参目标回波信号预处理子系统的微处理器的有效运算速度应为:

$$\eta_{eff} = \frac{12 \times 10^3}{8 \times 10^{-3}} = 1.5 \times 10^6 \text{ 次/s} \tag{9.13}$$

虽然雷达的最大作用距离是根据脉冲重复频率计算得到的,但雷达的实际作用距离有可能小于该预设的最大作用距离,因此其实际距离单元数小于 500,那么对微处理器运算速度的要求就可以放宽一些,不过还是会超过 10^6 次/s。非相参目标回波信号预处理子系统执行所有任务所需的有效运算速度详见表 9.1。

表 9.1　非相参目标回波信号预处理子系统所需的有效运算速度

任务	命令数	单元数	周期/ms	所需运算速度/ 10^6 次/s
非相参目标回波信号积累	3~5	4000	8	1.5~2.5
非相参干扰功率积累	3~5	3500	8	1.3~2.2
干扰和噪声图修正	≈10	500	24	≈0.35
门限形成和信号检测	7~8	3500	24	1.0~1.2
目标方位角估计	≈30	500	245	0.6

根据表 9.1,如果分成几部分来实现广义信号处理算法,非相参目标回波信号预处理子系统所需的有效运算速度不超过 2.5×10^6 次/s。假设信号处理算法的所有运算均由单个微处理器承担,所需的运算速度为

$$\eta_{\Sigma}^{eff} = \frac{N_{\Sigma}^{op}}{T_{cycle}^{max}} \tag{9.14}$$

其中 N_Σ^{op} 是在 T_{cycle}^{max} = 24ms 的时间周期内所应执行的全部命令数(如表 9.1 所列)。对于广义信号处理算法的单次实现所需的最少命令数为

$$N_\Sigma^{op} = 2 \times 12 \times 10^3 + 2 \times 10500 + 5000 + 24500 + 500 = 75 \times 10^3$$

$$(9.15)$$

为了计算 N_Σ^{op},可以假设在给定的时间周期 T_{cycle}^{max} = 24ms 内,目标回波信号以及干扰和噪声均进行了两次非相参积累,根据式(9.13)可得

$$\eta_\Sigma^{eff} = \frac{75 \times 10^3}{24 \times 10^{-3}} \approx 3 \times 10^6 \text{ 次 /s} \qquad (9.16)$$

可见非相参目标回波信号预处理子系统对微处理器运算速度的要求相当高,当然相关工作也可由两个微处理器并行完成,如第 1 个微处理器完成目标回波信号的非相参积累、干扰和噪声图的修正以及目标方位角的估计,第 2 个微处理器完成干扰和噪声的非相参积累、门限形成以及信号检测,这样每个微处理器所需的运算速度就不超过 2×10^6 次/s。

下面估算微处理器的存储需求。所需存储容量(或存储单元数)的基本情况如下:

(1)存储信号幅度:4000。

(2)存储非相参积累的中间结果:4000。

(3)存储干扰和噪声估计结果:4000。

(4)存储干扰和噪声估计的非相参积累中间结果:4000。

(5)存储 3 个方位角的输出信号:1500。

(6)存储干扰和噪声图:500×144 = 72000。

因此,总的存储容量要求就是 Q_Σ = 89500。

9.5 数字信号再处理子系统的技术要求

检测到的目标坐标信息输入给数字信号再处理子系统(见图 9.4)。数字信号再处理子系统的主要任务是进行目标航迹检测、目标跟踪和目标航迹跟踪、目标航迹参数滤波以及向用户提供特定信息等。此处假设数字信号再处理子系统的所有任务均由单个微处理器完成,并假设前述数字信号处理算法在经过改造后也适用于两坐标监视雷达,因此本节不再对数字再处理算法的整体情况给出详细介绍。为了适应两坐标监视雷达应用的特定情况,这些数字信号处理算法具有如下特点:

(1)为减少将新的目标点迹与所跟踪目标航迹进行关联所需的操作次数,应在新点迹的方位±15°范围内进行航迹选择。对方位范围加以限定之后,就可

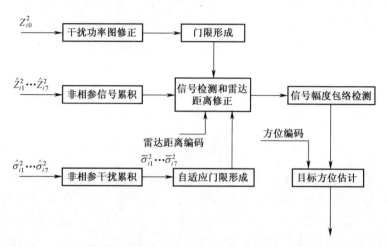

图 9.4 非相参目标回波信号再处理算法流程图

根据目标的最大可能速度所引起的径向位移以及航迹上点迹的容许丢失次数（一般为 3 次），从而仅对那些利用新点迹能够延伸的航迹进行比较。一旦获得新的目标点迹，就应立即进行坐标外推，然后在已选航迹的波门之内进行波门选通和点迹核对，其中波门的尺寸取决于上一扫描周期所验证航迹中确认已经消失航迹的数量。

（2）采用 2/3 准则进行点迹与航迹的关联，该关联也可看成是对目标航迹检测的判决，因此在这种情况下，就需要一个或几个目标点迹来对航迹关联进行确认。

（3）对每一检测到的目标按照"重要-不重要"（Important-Not Important）的原则进行判断，并做出对该目标"进行-不进行"（Apply-Not Apply）信号处理的决策。

（4）只有给出足够准确的信息，才可以不考虑各坐标之间的相关性而分别对笛卡尔坐标系的 X 轴和 Y 轴分别进行平滑处理，从而避免繁杂的向量计算和矩阵计算，于是就可极大减少实现数字信号再处理算法时所需的运算次数。

（5）在对笛卡儿坐标系的 X 轴和 Y 轴进行滤波的第 n 步，目标速度向量 $\hat{V}_n^{\mathrm{tg}}$ 和目标航向 Q_n^{tg} 的值分别为

$$\hat{V}_n^{\mathrm{tg}} = \sqrt{(\hat{V}_{X_n}^{\mathrm{tg}})^2 + (\hat{V}_{Y_n}^{\mathrm{tg}})^2} \tag{9.17}$$

$$\hat{Q}_n' = \arctan \frac{|\dot{\hat{Y}}_n|}{|\dot{\hat{X}}_n|} \tag{9.18}$$

320

$$\hat{Q}_n^{\text{tg}} = \begin{cases} \hat{Q}_n', & \text{若 } \hat{Y}_n > 0, \hat{X}_n > 0 \\ \pi - \hat{Q}_n', & \text{若 } \hat{Y}_n > 0, \hat{X}_n < 0 \\ \pi + \hat{Q}_n', & \text{若 } \hat{Y}_n < 0, \hat{X}_n < 0 \\ 2\pi - \hat{Q}_n', & \text{若 } \hat{Y}_n < 0, \hat{X}_n > 0 \end{cases} \tag{9.19}$$

其中 $\hat{V}_{X_n}^{\text{tg}}$ 和 $\hat{V}_{Y_n}^{\text{tg}}$ 分别是在笛卡儿坐标系的 X 轴和 Y 轴上目标速度的估计结果。数字信号再处理算法的流程图如图 9.5 所示,根据该流程图,可以确定出数字信号再处理算法的操作步骤和模块间的交互。

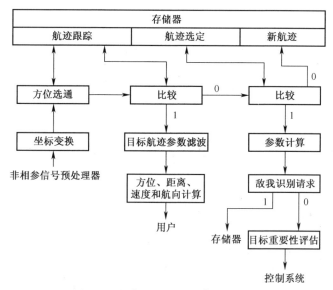

图 9.5　数字信号再处理算法流程图

下面分析对数字信号再处理子系统微处理器的运算速度和存储容量的需求。当对新的目标点迹执行单次再处理时,所需的折合运算次数大约为 2×10^3,假设在每一扫描周期有 20 个新的真实点迹和 5 个虚假点迹进入微处理器,那么该周期内就要执行 $N_{\Sigma}^{\text{re}} = 5 \times 10^4$ 次运算,假设扫描周期 $T_{\text{scan}} = 4.5\text{s}$,那么所需的有效运算速度 $\eta_{\Sigma}^{\text{eff}} \approx 10^4$ 次,可见数字信号再处理子系统对微处理器的运算速度要求并不高。

为了给出数字信号再处理子系统的存储容量需求,可以假设需要存储 10 个虚假点迹和 20 个真实点迹。根据估算可知一个目标航迹的数据需求大约是 15 个 32 位的字,那么跟踪 30 条航迹就需约 450 个 32 位的字,另外为存储已检测到的目标航迹数据以及新的目标航迹,还要给存储能力留出余量,这大约需要 400~500 个 32 位的字。因此,为解决数字信号再处理问题共需约 10^3 个存储单元。

进一步的分析表明,相比之前的目标回波信号处理步骤,数字信号再处理算法并不需要较多的计算资源,因此就可给该子系统赋予控制 CRS 所有单元和参数的任务。对于全自动雷达系统的数字信号处理系统来说,其控制系统可按预先确定的控制命令顺序开展工作,无需在动态模式下解决控制优化问题,本章不再讨论该系统,而是将其放在 CRS 设计与构建的下一阶段再加以考虑。

9.6   数字信号处理子系统的结构

在进行 CRS 数字信号处理子系统结构设计时,应考虑功能需求、成本、可靠性、故障定位方便性以及可维护性等因素。如前述各节所讨论的,各个单元的功能需求不同,因此各个单元对应的中央计算机系统所需处理的信息量也不相同。实时运行的相参数字目标回波预处理子系统的工作强度最大,因此一旦在信号检测、信号处理理论以及计算机应用等方面取得新的技术突破,就应基于 VLSI 或电荷注入设备等开发出专用的加法器、混频器、卷积网络以及存储设备等,以设计和构建相参数字目标回波预处理子系统所需的专用型不可编程微处理器。针对 CRS 的实际工作环境,可以确切无疑地说,能否成功设计和构建出这种专用微处理器已经成为解决数字目标回波信号全自动处理问题的关键。

相参数字目标回波预处理子系统输出端的信息量会大大减少,因此非相参数字信号预处理阶段就可以采用可编程的微处理器。基于复杂雷达系统各专用子系统的需求分析以及现有适用的各种微处理器对比分析可知,较好的选择是采用模块式结构,该结构的主体就是几个完全相同的微处理器网络。这种网络从整体上提升了数字信号处理系统的易用性、可靠性和有效性,只是在目标回波信号处理的某些阶段需要采用并行工作方式,这种需求在讨论非相参目标回波信号预处理子系统时已经分析过。另外,对于这种多微处理器的网络系统,还必须关注其控制过程的合理安排问题。

对于本章的情况,控制过程的安排相当棘手,也就是说,控制过程必须与预先指定的程序保持一致,并且遵从给定的时间顺序。按照数字信号处理系统的时序关系图,将后续备选任务放入专用的堆栈存储器,从而实现对信号处理与控制的执行指令的管理。每个微处理器在完成当前任务后,就可从可编程控制设备的存储器中选出下一个任务,内容包括:

(1) 必须完成的操作。

(2) 必须使用的初始数据。

(3) 用于存储结果的存储单元。

（4）进一步计算的处理方法。

通过以上步骤可使各微处理器网络独立运行,增加微处理器网络的数量能够提高数据处理的可靠性和速度,而且无需对管理策略进行更改。

根据目前为止所讨论的常用原则,结合对复杂雷达系统的信号处理和控制子系统所用中央计算机进行设计与构建时所需考虑的因素,图9.6给出了一个更改后的结构框图。

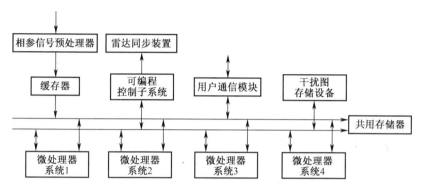

图9.6　用于信号处理和控制的中央计算机系统结构图

图9.6中的各子系统如下:

（1）相参信号预处理器:其缓存中存储的数据将用于后续的非相参信号预处理。

（2）可编程控制子系统:给CRS发布控制命令与操作时序,主要有

① 雷达天线扫描控制。

② 改变载频。

③ 计算检测门限。

④ 确定工作模式,即扫描模式或敌我识别模式。

（3）雷达同步装置:生成数字信号处理系统以及复杂雷达系统的控制信号。

（4）干扰图存储设备:由于存储容量需求较大以及所解决问题的特殊性,该存储器采用单独的框图加以表示。

（5）用户通信模块:具有"输入-输出"接口,对有待显示的信息进行准备,并可通过通信信道发送信息。

（6）4个微处理器网络:其中有3个工作网络和一个备份网络,以解决除相参目标回波信号预处理以外的所有信号处理和系统控制问题。

（7）共用存储器:在数据处理和控制过程中,支持中央计算机系统的运行。

（8）中央计算机系统:用于复杂雷达系统的信号处理和控制,对于所需解

决的问题先给出一个初步方案,然后进一步详细考虑各部分的信号处理与控制算法,并将其整合到综合的信号处理与控制算法中,从而设计出系统的功能时序图。在开始这一阶段的设计过程之前,必须选定微处理器网络的具体类型并确定所设计和构建的 CRS 具有实用价值。

9.7　总结与讨论

任何雷达系统设计的第一阶段都是选择 CRS 的雷达结构和能量参数。在该阶段,需要确定的参数包括雷达天线的类型、形状以及波束宽度,天线的扫描方式和周期,发射功率,扫描信号的持续时间和调制技术,扫描信号的周期,对抗有源干扰的防御设施和方法,以及其他一些参数。第二阶段的设计过程包括如下主要步骤:确定 CRS 结构的具体细节;确认数字信号处理子系统的参数;明确具体实现方式。最重要的是要理清数字信号处理和控制子系统的主要问题与任务,并明确这些问题的解决措施。

将基于 ν 阶跨周期相减的带阻滤波器与 FFT 处理器(或滤波器)式的相参积累器串接使用,既能保证所需的无源干扰对消质量,也能获得更高的动目标检测性能。保持恒虚警也非常重要,信号检测时常采用自适应门限控制来解决这一问题。对干扰和噪声图进行自适应调整即可保持目标检测时的恒虚警,但这种情况下虚警的平均次数并不可控,只有通过仿真手段或在数字信号处理和控制子系统样机调试时才能对虚警次数进行估算。

自动目标锁定、目标航迹跟踪、目标航迹重置等功能的地位也非常重要。如果要求雷达系统在面临极强的干扰时仍能工作在全自动模式,就必须防止数字信号处理子系统在没有运动目标时因虚警而过载,为了避免这种问题的发生,推荐采用以下方法:研究目标航迹跟踪的有效算法,提供减小虚假目标跟踪概率的方法和手段;当存在大量虚假目标信号时,利用跟踪波门对目标回波信号进行选定;对目标航迹参数进行滤波,以实现对非机动目标和机动目标的跟踪;采用目标分类的特定算法,以实现对重点目标航迹的选定;提高运行速度,合理利用好中央计算机系统的存储能力等资源。当雷达系统工作在全自动模式时,非常重要的一点是,确保对雷达系统的整体有效控制以及所有单元都能与中央计算机系统同步运转。在构建中央计算机系统时,数字信号处理和控制子系统的算法设计与实现是其中的一项具体任务。

信号处理可以划分为相参数字信号预处理、非相参数字信号预处理以及数字信号再处理等几个步骤,这些都是复杂雷达系统(CRS)数字信号处理和控制子系统的结构设计基础。复杂雷达系统由相参目标回波数字信号预处理子系统、非相参目标回波数字信号预处理子系统、数字信号再处理子系统和数字控制子系统等组成。

　　作为复杂雷达系统的模拟接收机与中央计算机系统之间的中介,相参数字信号预处理子系统的主要功能包括:模数转换;基于噪声中信号处理的广义方法对线性调频目标回波信号进行检测;抑制无源干扰;对目标回波信号进行相参积累;为解决恒虚警问题提供数据支持。相参数字信号预处理子系统可用单独的微处理器或分布式多微处理器实现。设计的关键在于相参数字信号预处理子系统的设计和构建以及选择合理的微处理器结构。

　　采用基于 VLSI 的微处理器对相参数字信号预处理子系统进行设计是非常重要的,用其可以解决的问题有:基于噪声中信号处理的广义方法对信号进行检测;抑制无源干扰;计算目标回波信号;估计干扰和噪声的功率。利用简单且有效的复数乘法实现方法,可由 FFT 处理器(或滤波器)解决多普勒滤波问题。基于 VLSI 微处理器构建的专用相参数字信号预处理子系统的各部件具有可靠性高且功耗低的特点,通过设备备份或信息冗余设计可以提高可靠性,通过精心设计电路并采用损耗功率小的 VLSI 可以降低功耗。

　　相参数字目标回波信号预处理子系统的第一个部件是位于相位检测器输出端的模数转换器。相参数字目标回波信号预处理子系统结构的下一个部件是处理线性调频目标回波信号的 DGD,该部件既可在时域采用非递归滤波器实现,也可在频域采用 FFT 处理器(或滤波器)实现。为利用匹配滤波算法的并行特性提高 DGD 的运行速度,可以采用基于 ROM 的并行混频器、同时完成多个数字相加的并行加法器以及并行寄存器等实现高速 DGD 操作。DGD 之后是冲激响应较短的非递归平滑滤波器,该滤波器的主要任务有:第一,压低 DGD 输出信号的旁瓣;第二,在满足采样定理的前提下降低采样率。从输入的采样后目标回波信号序列 $\{x(kT_s)\}$ 中每隔 m 个采样点抽取 1 个,即可将采样率降低 m 倍(m 是整数)。上述是相参数字信号处理第一阶段的所有工作,该阶段所有的硬件器件都应预留备份,并采用专用模块对主通道和和备份通道的输出信号进行比较,搜索系统与预设系统将会用到该比较结果。

　　根据复杂雷达数字信号处理和控制子系统的结构图(见图 9.1),非相参信号预处理子系统主要完成以下功能:(1)对 3 组各 8 个脉冲利用 FFT 处理器(或滤波器)相参信号处理后的输出信号进行非相参积累;(2)在雷达的全部距离分辨单元,对除零多普勒通道以外的所有多普勒通道进行干扰和噪声功率估计结果的非相参积累;(3)干扰和噪声图修正;(4)形成自适应检测门限;(5)将每一距离–多普勒单元的信号与相应门限进行比较,完成信号检测;(6)如果雷达天线波束在相邻 3 个方位上都有信号超过检测门限,则用其对目标的方位角进行估计。

　　非相参目标回波信号预处理子系统对微处理器运算速度的要求相当高,该部分工作也可由两个微处理器并行完成,如第一个微处理器完成目标回波信号的非相参积累、干扰和噪声图的修正以及目标方位角的估计,第二个微处理器完成干扰和噪声的非相参积累、门限形成以及信号检测。这样每个微处理器所需的运算速度就不超过 2×10^6 次/s。

　　数字信号再处理子系统的主要任务是进行目标航迹检测、目标跟踪和目标航迹跟踪、目标航迹参数滤波以及向用户提供特定信息等。相比之前的目标回波信号处理步骤,数字信号再处理算法并不需要较多的计算资源,因此就可给该子系统赋予控制 CRS 所有单元和参数的任务。对于全自动雷达系统的数字信号处理系统来说,其控制系统可按预先确定的控制命令顺序开展工作,而无需在动态模式下解决控制优化问题。

　　在进行 CRS 数字信号处理子系统结构设计时,应考虑功能需求、成本、可靠性、故障定位方便性以及可维护性等因素。如前述各节所讨论的,各个单元的功能需求不同,因此各个单元对应的中央计算机系统所需处理的信息量也不相同。实时运行的相参数字目标回波预处理子系统的工作强度最大,因此一旦在信号检测、信号处理理论以及计算机应用等方面取得新的技术突破,就应基于VLSI 或电荷注入设备等开发出专用的加法器、混频器、卷积网络以及存储设备等,以设计和构建相参数字目标回波预处理子系统所需的专用型不可编程微处理器。能否成功设计和构建出这种专用微处理器已经成为解决数字目标回波信号全自动处理问题的关键。

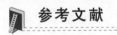

参考文献

1. Moon, T. K. and W. C. Stirling. 2000. Mathematicaĺ Methods and Algorithms for Signaĺ Processing. Upper Saddle River, NJ: Prentice Hall, Inc.

2. Billingsley, L. B. 2002. Low-Angle Radar Land Clutter—Measurements and Empiricaĺ Models. Norwich, NY: William Andrew Publishing, Inc.

3. Richards, M. A. 2005. Fundamentals of Radar Signal Processing. New York: McGraw Hill, Inc.

4. Levy, B. C. 2008. Principles of Signal Detection and Parameter Estimation. New York: Springer Science + Business Media, LLC.

第10章 数字信号处理系统分析

10.1 数字信号处理系统设计

10.1.1 数字信号处理系统结构

假定复杂雷达系统是装配有匀速旋转天线的全向监视雷达,本章讨论该雷达系统的设计和构建问题,该 CRS 的主要任务是目标搜索、信息融合和空情生成,辅助任务是对用户关注的重要目标进行高精度跟踪。图 10.1 给出了该类型 CRS 的数字信号处理系统的结构图[1,2]。

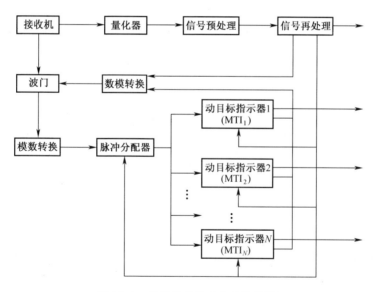

图 10.1 数字信号处理系统结构图

为对全向监视雷达覆盖范围内的所有目标进行探测和高精度跟踪,从而对空情进行重现和判断,需要利用数字信号处理系统中的所谓粗通道(Rough Channel)。粗通道包含的子系统有:二进制量化器、用于目标回波信号预处理的专用微处理器网络、用于数字信号再处理和控制的微处理器网络。通过采用二进制量化器以及数字信号处理算法的简化版,就可在数字信号处理系统的粗通道中使用微处理器网络完成数字信号再处理和控制功能。

由雷达测量设备完成对用户关注的重要目标的精确跟踪,该设备是用于解决一个或多个目标信号处理问题的数字式设备。对于目标的精确跟踪过程至少有如下两种安排方式:

(1)给每一目标分配一个单独的雷达测量设备。当目标处于雷达的覆盖范围内时,该测量设备可在扫描周期内完成目标跟踪。这种称为动目标指示器的雷达测量设备可基于自动跟踪系统原理进行构建,MTI 的数量与有待于跟踪的目标数量相当,即 $N_{MTI} = N_{tg}$,此时需要采用具有并行计算能力的数字信号处理系统对目标进行处理(见第 7 章)。

(2) 基于排队论的 MTI 系统。尽管 MTI 数量少于目标数量($N_{MTI} < N_{tg}$),但若将每一目标跟踪波门内收到的信号时序看作是请求队列,就可利用那些暂时未处在跟踪状态的 MTI 对有待于跟踪的目标提供服务。数字信号处理系统的粗通道和精通道(Accurate Channel)之间的交互方式是:利用数字信号再处理子系统的微处理器网络对队列中目标的重要性进行核对,对重要性超过给定门限的目标,逐个将目标初始锁定时的波门中心坐标和波门尺寸传送给物理波门装置,同时,将该目标的航迹参数传送给 MTI 系统的分配设备。在天线的扫描方向上,由物理波门设备对雷达覆盖范围内波门区域中的信号进行选择,波门内的目标回波信号经模数变换后,由脉冲分配器送至选中的 MTI 进行处理。在 MTI 进行精确跟踪的初期阶段,可用数字信号再处理子系统微处理器网络给出的目标航迹参数作为初始值,随后就要把计算出的波门中心外推坐标和波门尺寸送至相应 MTI 的物理波门设备。当 MTI 对目标航迹的跟踪出现原因不明的重置时,由数字信号处理系统的粗通道对目标进行重新锁定。数字信号处理系统的可靠性较高,因此不需要过高的设计费用和运行成本。

10. 1. 2　非跟踪式 MTI 的结构与工作过程

非跟踪式 MTI(Nontracking MTI)是用于数字信号处理的微处理器网络。雷达覆盖范围内的信号,通过物理波门后输入到非跟踪式 MTI,图 10.2 给出了非跟踪式 MTI 的结构图,其功能同跟踪设备基本相同,它们之间的实质差别在于是否将信号预处理同跟踪波门内目标点迹的选择进行匹配。有限尺寸的跟踪波门提高了对信号进行量化并执行信号处理算法的可能性。通过对目标航迹参数进行平滑,非跟踪式 MTI 可以确保对机动目标的跟踪。

下面详细探讨跟踪波门内的信号预处理和目标选择算法。波门内的目标检测、位置确定和信号选择等问题可以简化成几个假设检验,将波门内不存在信号作为假设 H_0,相反的假设则是一个(或几个)波门内存在信号,此处将波门

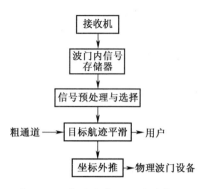

图 10.2　非跟踪式 MTI 的结构图

看作是根据雷达的距离、方位角及俯仰角等参数划分的体单元(或面单元)。根据正确决策和错误决策所能允许的损失情况确定出门限值,那么就可基于统计假设检验对观测结果进行处理,统计检测的最佳手段就是得到似然比,并将其与门限值进行比较。下面进一步分析二维波门内二元信号的处理算法,在对二维波门(对应雷达的距离和方位角)内的二元信号进行最佳处理时,似然比的对数可表示为[3]

$$\ln l = \sum_{i,j} d_{ij} \widetilde{\omega}(ij \mid i_0 j_0) \tag{10.1}$$

式中:d_{ij} 是第 ij 个波门内二元信号的取值"1"或"0"($i = 1, \cdots, n, j = 1, \cdots, m$,其中 n 和 m 分别是距离波门和方位波门的数量);$\widetilde{\omega}(ij \mid i_0 j_0)$ 是为了给出似然比而对信号"1"或"0"相加时使用的权重系数。

有待处理信号的幅度包络形状决定了函数 $\widetilde{\omega}(ij \mid i_0 j_0)$ 的具体形式,如果认为信号模型在极坐标系中存在着二维的概率密度函数曲面(相应坐标为 r 和 β),那么权重函数为

$$\widetilde{\omega}(ij \mid i_0 j_0) = C_1 \exp\left[-\frac{C_2 \Delta_r^2 (i - i_0)^2}{2\delta_r^2}\right] \exp\left[-\frac{C_2 \Delta_\beta^2 (j - j_0)^2}{2\delta_\beta^2}\right] \tag{10.2}$$

式中:C_1 和 C_2 是常数;Δ_r 和 Δ_β 是沿坐标 r 和 β 方向的波门宽度;δ_r 和 δ_β 是坐标 r 和 β 方向上的半功率信号宽度,半功率宽度边界上权重函数的幅度等于最大幅度的 $\exp(-0.5)$;i_0 和 j_0 是幅度包络最大的信号对应的坐标。

利用式(10.2)的权重函数对二元信号进行加权,获得二维似然比曲面,可将其作为在波门内进行目标检测和点迹选择的依据,此二维似然比曲面的峰值包含着信号是否存在以及目标坐标的全部信息。

根据似然比极值在波门内对单个目标进行检测和选择的方式为:假定波门

329

内仅有一个目标,此时波门内存在多个目标的可能性虽有但却很小,如果凹凸不平的二维似然比曲面存在 M 个取值不同的极值点,就需要确定出目标回波信号所对应的最大值(峰值),如果检验结果为真,还要给出该极值点所对应的坐标。可将极值点 $Z_l(l = 1, 2, \cdots, M)$ 的幅度及其相对于波门中心的坐标 ξ_l 和 η_l 当作判决的依据。如果二维似然比曲面各极值的幅度是统计独立的,并且极值点对应的坐标都已知时,波门内目标点迹的最佳检测−选择问题就可用如下两个步骤加以解决[4]:

第一步:根据如下方式选取二维似然比曲面的极值点 l^*:

$$Q_{l^*} = \left[\frac{(Z_{l^*} - \bar{Z})^2}{2\sigma_Z^2} + \frac{\xi_{l^*}^2}{2\sigma_\xi^2} + \frac{\eta_{l^*}^2}{2\sigma_\eta^2} \right] = \min_{\{l\}} \qquad (10.3)$$

式中:$\bar{Z}$ 是信号区域内二维似然比曲面的平均幅度,σ_Z^2 是信号区域内二维似然比曲面的幅度方差。

第二步:基于错误决策的容许概率得到门限值,将所得 Q_{l^*} 与门限值进行比较,如果超过门限则认为检测到目标点迹,此时可将二维似然比曲面极值点的坐标当成是波门内检测到的目标点迹的坐标。

由于在信号区域对二维似然比曲面的幅度均值 $\bar{Z}$ 和幅度方差 σ_Z^2 进行估计的工作量极大,所给算法实现起来非常困难,因此实际工作中对于目标点迹的检测和选择往往采用如下简化算法:

(1)基于二维似然比曲面极值点的目标检测与选择算法:首先确定波门内二维似然比曲面极值点的幅度值,并将其与门限进行比较,一旦该幅度超过门限即可将其确定为目标点迹,而且相应极值点的位置就是该目标的坐标。

(2)基于二维似然比曲面极值点超过门限并且相对于波门中心偏离最小的目标检测与选择算法。

在虚警概率 P_F 相同的情况下,如果以检测概率 P_D 的高低作为评价标准的话,第一种算法的选择性能更好。对于以上每一种情况,都要在解决问题的质量要求与可资利用的计算资源之间进行折衷,从而为非跟踪式 MTI 找到恰当的跟踪波门内信号检测与选择算法。

10.1.3　作为排队系统的 MTI

MTI 的组成包括如下模块,相应的功能分别为(见图 10.3 至图 10.5):

(1)对跟踪波门内的数字目标回波信号进行存储的静态存储器。

(2)在跟踪波门内对目标回波信号进行检测和选择的检测−选择器。

(3)估计目标航迹参数、外推目标航迹坐标以及计算跟踪波门尺寸的测量设备。

静态存储器可采用矩阵形式(二维情况)或矩阵系列形式(在三维跟踪波门内进行目标回波信号处理的情况)的存储单元实现,所存储的是物理跟踪波门内相应体单元或面单元中的目标回波采样信息。当所有波门都完成存储之后,开始对目标回波信息进行处理,处理完成后,相应的存储矩阵又可以接收新的信息。可用单个或多个微处理器网络作为检测–选择器,但考虑到目标回波信号再处理时对目标航迹参数和坐标进行估计以及对上一周期每一目标跟踪航迹进行存储所需的巨大计算量,最好采用多个微处理器网络构建 MTI。

对于使用多个 MTI 进行目标跟踪的情况,通过合理安排系统结构,可将模块进行简化,那么就会出现以下几种情况:

(1)"n-1-1"系统(见图 10.3)。存储器是损失制[①]的 n 通道排队系统,由检测–选择器和 MTI 组成的单通道排队系统为请求队列提供服务。"n-1-1"系统是输入存在损失的三阶段排队系统。

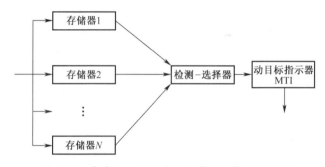

图 10.3　包含"n-1-1"系统的非跟踪式 MTI 框图

(2)"n-n-1"系统(见图 10.4)。本系统与前一系统的不同之处在于每一

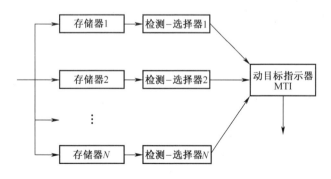

图 10.4　包含"n-n-1"系统的非跟踪式 MTI 框图

---

① 损失制为排队规则,即顾客到达时,若所有服务台均被占用,该顾客就自动消失—译者注。

检测-选择器都有自身的存储单元。存储器-检测器-选择器的串接使用可以看成是单通道的排队系统,全部的存储器-检测器-选择器则构成损失制的 n 通道排队系统。与前一系统一样,MTI 依然是为请求队列提供服务的单通道排队系统。

(3)"n-m-1"系统(见图 10.5)。对于本系统来说,是将 n 个通道存储器输出的请求队列通过分路器送入 m 个通道的检测-选择器。分路器一般是当作伴随设备(Associate Device)或随机自动机(Probabilistic Automation)使用,其工作模式取决于存储器输出请求队列的特性与参数以及第二个设备①的工作状态。第二个设备是为请求队列服务的 m 通道排队系统,其输出将送至第三个设备②,该设备是为请求队列服务的单通道排队系统。

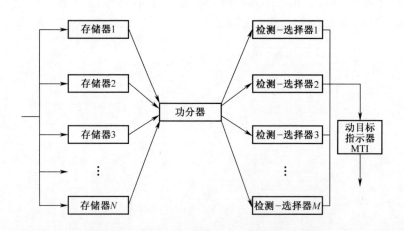

图 10.5 包含"n-m-1"系统的非跟踪式 MTI 框图

以上介绍了 3 种利用 MTI 进行目标跟踪的系统,这些系统都是三阶段排队系统,每一阶段的功能可由串接使用的排队系统的一个或多个设备完成。每一设备的服务时间通常是随机量,其概率密度函数可通过分析得到。假设输入排队系统第一阶段的是最简单流③,如果排队系统至少有一个通道空闲的话,那么第一个设备就会立即为请求队列提供服务,否则就拒绝并清除该请求。第一个设备处理后的请求会按顺序送入下一阶段,或者说下一阶段不允许有损失。为此,在排队系统进行第二、三阶段的工作之前应将存储器中的请求队列整理好。

下面分析一下排队系统不同阶段服务时间的概率密度函数。存储设备的

---

① 即检测-选择器—译者注。

② 即动目标指示器(MTI)—译者注。

③ 即泊松输入,具有平稳性、无后效性、普通性和有限性—译者注。

服务时间是用跟踪波门内的数据填满所有存储单元的时间,可以表示为

$$\tau_{memory} = \frac{\Delta\beta_{gate}T_{scan}}{2\pi} \tag{10.4}$$

式中:$\Delta\beta_{gate}$是方位角的大小(单位为弧度),T_{scan}是扫描周期。

利用目标航迹坐标测量的随机误差、坐标外推的随机误差以及机动目标的动态误差,就可根据波门内能够照射到目标的预期概率求出跟踪波门的尺寸。假设每一坐标的测量误差和外推误差均服从均值为零、方差已知的高斯分布。

正如第4章所指出的,当对目标稳定跟踪时,跟踪波门在每个坐标轴上的尺寸最小,即$\Delta Z_{min}\{Z = \{r,\beta\}\}$。虽然目标机动、目标回波信号功率的规律变化或随机变化以及目标跟踪时的点迹丢失都有可能导致波门尺寸变大,但大多数情况下波门尺寸还是非常接近最小值。跟踪波门尺寸变化的概率密度分布为

$$p(\Delta Z) = \begin{cases} \dfrac{2}{\sqrt{2\pi}\sigma_{\Delta Z}}\exp\left[-\dfrac{(\Delta Z - \Delta Z_{min})^2}{2\sigma_{\Delta Z}^2}\right], & \Delta Z \geqslant \Delta Z_{min} \\ 0, & \Delta Z < \Delta Z_{min} \end{cases} \tag{10.5}$$

式中,$\sigma\Delta_Z^2$是跟踪波门尺寸沿Z轴方向变化的方差。此时,服务时间所服从的分布为

$$p(\tau_{memory}) = \begin{cases} \dfrac{2}{\sqrt{2\pi}\sigma_{\tau_{memory}}}\exp\left[-\dfrac{(\tau_{memory} - \tau_{memory_{min}})^2}{2\sigma_{\tau_{memory}}^2}\right], & \tau_{memory} \geqslant \tau_{memory_{min}} \\ 0, & \tau_{memory} < \tau_{memory_{min}} \end{cases}$$

$$\tag{10.6}$$

有时可根据坐标外推的最大误差将跟踪波门的尺寸设为固定值,此时存储器的服务时间为常数。

如果信号检测–选择器采用的信号处理算法是最简单的信号处理算法,即计算目标回波信号加权和的最大值,则信号处理过程如下:

(1)给出各跟踪波门内目标回波信号幅度的加权和。

(2)对所有跟踪波门内的目标回波信号进行顺序比较,选出其中的幅度最大者。

(3)将选中的目标回波幅度同该跟踪波门内的检测门限进行比较,进而判断该波门内是否检测到目标点迹。

此情况下,跟踪波门的尺寸决定着分析所需的时间。下面分析二维波门的情况,根据式(10.5),二维波门在各坐标轴方向上归一化尺寸的分布分别为

$$p(x) = \frac{2}{\sqrt{2\pi}}\exp\left[-\frac{(x - x_0)^2}{2}\right], x \geqslant x_0 \tag{10.7}$$

$$p(y) = \frac{2}{\sqrt{2\pi}} \exp\left[-\frac{(y - y_0)^2}{2} \right], y \geqslant y_0 \qquad (10.8)$$

式中：

$$x = \frac{\Delta\beta_{\text{gate}}}{\sigma_{\beta_{\text{gate}}}}; y = \frac{\Delta r_{\text{gate}}}{\sigma_{r_{\text{gate}}}}; x_0 = \frac{\Delta\beta_{\text{gate}}^{\min}}{\sigma_{\beta_{\text{gate}}}}; y_0 = \frac{\Delta r_{\text{gate}}^{\min}}{\sigma_{r_{\text{gate}}}} \qquad (10.9)$$

将式(10.7)和式(10.8)所给随机变量 x 和 y 的概率密度函数相乘，即可获得二维跟踪波门面单元 S_{gate} 的概率：

$$P(S_{\text{gate}}) = \int_{x_0}^{\infty} \int_{\frac{S_{\text{gate}}}{x}}^{\infty} p(x)p(y)\,\mathrm{d}x\mathrm{d}y = \frac{2}{\pi} \int_{x_0}^{\infty} \int_{\frac{S_{\text{gate}}}{x}}^{\infty} \exp\left[-\frac{(x - x_0)^2}{2} \right] \exp\left[-\frac{(y - y_0)^2}{2} \right] \mathrm{d}x\mathrm{d}y$$

$$(10.10)$$

对式(10.10)求 S_{gate} 的导数，可得其概率密度函数为

$$p(S_{\text{gate}}) = \frac{2}{\pi} \int_{x_0}^{\infty} \exp\{-0.5(x - x_0)^2\} \exp\left[-0.5\frac{(S_{\text{gate}} - S_0)^2}{x^2} \right] \frac{\mathrm{d}x}{x}$$

$$(10.11)$$

式(10.11)的积分无法得到解析形式，进行数值积分的结果表明，当 S_0 较小时，S_{gate} 的概率密度函数可用有偏移的指数分布进行近似，即

$$p(S_{\text{gate}}) = \gamma\exp\{-\gamma(S_{\text{gate}} - S_0)\}, S_{\text{gate}} > S_0 \qquad (10.12)$$

当 S_0 增大时，二维波门面单元 S_{gate} 的概率密度函数可用截断型高斯分布进行近似，即

$$p(S_{\text{gate}}) = \frac{2}{\sqrt{2\pi}} \exp\{-0.5(S_{\text{gate}} - S_0)^2\}, S_{\text{gate}} > S_0 \qquad (10.13)$$

根据式(10.12)，检测–选择器服务时间的概率密度函数可用带有偏移的截断型指数分布进行近似，即

$$p(\tau_{\text{DS}}) = \mu\exp\{-\mu(\tau_{\text{DS}} - \tau_0)\}, \tau_{\text{DS}} \geqslant \tau_0 \qquad (10.14)$$

式中：μ 是检测–选择器的平均服务率①。根据式(10.13)，检测–选择器服务时间的概率密度函数也可用带有偏移的截断型高斯分布进行近似，即

$$p(\tau_{\text{DS}}) = \frac{2}{\sqrt{2\pi\sigma_{\tau_{\text{DS}}}^2}} \exp\left[-\frac{(\tau_{\text{DS}} - \tau_0)^2}{2\sigma_{\tau_{\text{DS}}}^2} \right], \tau_{\text{DS}} > \tau_0 \qquad (10.15)$$

由于一般情况下无法得到服务时间所服从概率分布的准确表达式，因此就可用式(10.14)或式(10.15)的近似结果对检测–选择器的性能做进一步的分

---

① 即单位时间内能够被完成服务的顾客数—译者注。

析。另外,在此处可认为完成任何信号处理操作所需的时间均为固定值。

下面分析多阶段排队系统的服务质量。若从针对下一请求的服务失败概率的角度分析服务质量,那么它就是输入存储器的存储容量以及排队系统所需处理时间的函数:

$$\bar{\tau}_{\Sigma}^{QS} = \sum_{i=1}^{3} \bar{\tau}_i + \sum_{i=2}^{3} \bar{t}_i^{wait} \tag{10.16}$$

式中:$\bar{\tau}_i$ 是第 i 个阶段的平均服务时间;$\bar{t}_i^{wait}$ 是在第 i 个阶段之前请求队列的平均等待时间。

当单个请求所需的运算次数已知时,根据以上 QoS 指标可以估算出利用微处理器网络实现排队系统各阶段功能所需的运算速度。

对多阶段排队系统进行分析的困难在于,所有实际应用中输出流的形式均比输入队列的形式更为复杂。在某些应用中,输出流可用参数相同的输入流进行近似,那么就可用排队论的解析方法和手段对下一阶段的情况进行分析,但当无法做这种近似时,仿真就成为分析输出流的唯一方法。无论设计和构建哪一种 MTI 系统,只要合理使用解析方法与仿真手段,都可以解决三阶段信号处理所遇到的问题。

10.2　"n-1-1"MTI 系统分析

10.2.1　所需存储通道的数量

根据 MTI 系统的工作情况,只有当跟踪波门所对应的存储器存满数据之后,才能开始进行数字信号处理。存储器的服务时间与雷达天线扫过该波门方位向尺寸所对应的方位角宽度的时间相等,并服从式(10.6)所给的分布,于是存储器的平均服务时间为

$$\bar{\tau}_{memory} = \tau_{memory_{min}} + \frac{2\sigma_{\tau_{memory}}}{\sqrt{2\pi}} \tag{10.17}$$

通常,事先会给定存储器的请求丢失容许概率,如 $P_{loss} = 10^{-3} \sim 10^{-4}$。假设存储器的输入流是强度① γ_{in} 给定的最简单流,其中强度 γ_{in} 取决于待跟踪的目标数量。根据 Erlang 公式[4],有

$$P_{loss} = \frac{(\gamma_{in}\bar{\tau}_{memory})^N/N!}{\sum_{k=0}^{N}(1/k!)(\gamma_{in}\bar{\tau}_{memory})^k} \tag{10.18}$$

---

①　即单位时间内到达顾客的平均数量—译者注。

可以求出所需的通道数 N。在失败概率较小情况下,输出流可以看作是输入请求流的重复,即最简单流。

10.2.2　检测−选择器的性能分析

作为单通道排队系统,检测−选择器的 QoS 因子包括平均服务时间 $\bar{\tau}_{DS}$ 和平均等待时间 $\bar{\tau}_{DS}^{wait}$。首先以带有偏移的指数分布作为平均服务时间的概率密度函数,那么

$$\bar{\tau}_{DS} = \int_{\tau_0}^{\infty} \tau_{DS} p(\tau_{DS}) \mathrm{d}\tau_{DS} = \tau_0 + \sigma_{\tau_{DS}} \tag{10.19}$$

式中: $\sigma_{\tau_{DS}} = \mu^{-1}$。服务时间的方差为

$$\mathrm{Var}(\tau_{DS}) = \bar{\tau}_{DS}^2 + \sigma_{\tau_{DS}}^2 = \tau_0^2 + 2\tau_0 \sigma_{\tau_{DS}} + 2\sigma_{\tau_{DS}}^2 = \tau_0^2 \left[1 + \frac{2\sigma_{\tau_{DS}}}{\tau_0} + 2\frac{\sigma_{\tau_{DS}}^2}{\tau_0^2} \right] \tag{10.20}$$

令 $\nu = \tau_0 \sigma_{\tau_{DS}}^{-1}$,可得

$$\bar{\tau}_{DS} = \tau_0(1 + \nu^{-1}) \tag{10.21}$$

$$\mathrm{Var}(\tau_{DS}) = \tau_0^2(1 + 2\nu^{-1} + 2\nu^{-2}) \tag{10.22}$$

对于无优先权的队列,平均等待时间为

$$\bar{t}_{DS}^{wait} = \frac{\gamma_{in}}{2(1 - \gamma_{in}\bar{\tau}_{DS})} \mathrm{Var}(\tau_{DS}) \tag{10.23}$$

将式(10.22)代入式(10.23),可得

$$\bar{t}_{DS}^{wait} = \frac{\gamma_{in}\tau_0^2}{2(1 - \gamma_{in}\bar{\tau}_{DS})}(1 + 2\nu^{-1} + 2\nu^{-2}) \tag{10.24}$$

根据式(10.21)将 τ_0 用 $\bar{\tau}_{DS}$ 进行表示,通过简单的代数运算可得

$$\bar{t}_{DS}^{wait} = \frac{\gamma_{in}\bar{\tau}_{DS}^2}{2(1 - \gamma_{in}\bar{\tau}_{DS})}\left(1 + \frac{1}{(1 + \nu)^2}\right) \tag{10.25}$$

令 $\chi_{DS} = \gamma_{in}\bar{\tau}_{DS}$,最后可得

$$\bar{t}_{DS}^{wait} \nu_{DS} = \frac{\chi_{DS}}{2(1 - \chi_{DS})}\left(1 + \frac{1}{(1 + \nu)^2}\right) \tag{10.26}$$

其中,$\nu_{DS} = \bar{\tau}_{DS}^{-1} \chi_{DS}$ 是检测−选择器的负载因子(Loading Factor)。从式(10.26)可以看出,检测−选择器的 QoS 因子取决于负载因子以及概率密度函数的相对偏移 ν。

如果服务时间 τ_{DS} 服从式(10.15)所给的分布,可得

$$\tau_{DS} = \tau_0 + \frac{2\sigma_{\tau_{DS}}}{\sqrt{2\pi}} \tag{10.27}$$

$$Var(\tau_{DS)} = \tau_0^2 + \sigma_{\tau_{DS}}^2 + \frac{4\tau_0\sigma_{\tau_{DS}}}{\sqrt{2\pi}} \tag{10.28}$$

由于 $\nu = \tau_0\sigma_{\tau_{DS}}^{-1}, 2 \times (\sqrt{2\pi})^{-1} \approx 0.8$，那么

$$\tau_{DS} = \tau_0\left[\frac{\nu + 0.8}{\nu}\right] \tag{10.29}$$

$$Var(\tau_{DS}) = \bar{\tau}_{DS}^2\frac{1 + 1.6\nu + \nu^2}{(\nu + 0.8)^2} \tag{10.30}$$

于是平均等待时间为

$$\bar{t}_{DS}^{wait} = \frac{\gamma_{in}Var(\tau_{DS})}{2(1 - \chi_{DS})} = \frac{\gamma_{in}\bar{\tau}_{DS}^2}{2(1 - \chi_{DS})} \times \frac{1 + 1.6\nu + \nu^2}{(\nu + 0.8)^2} \tag{10.31}$$

或

$$\bar{t}_{DS}^{wait}\nu_{DS} = \frac{\chi_{DS}}{2(1 - \chi_{DS})}\left(1 + \frac{0.36}{(\nu + 0.8)^2}\right) \tag{10.32}$$

利用式(10.32)可根据相应的服务时间分布函数确定检测–选择器的性能。尤其是式(10.26)和式(10.32)表明,当负载因子 χ_{DS} 相同时,随着服务时间分布相对偏移量的增加,平均等待时间将会减小。在 $\nu \to \infty$ 的极限情况下服务时间将变为常量,此时请求队列均已存储在存储器中。利用式(10.30)计算所需的存储容量时,需要考虑检测–选择器的平均等待时间以及存储器的平均服务时间:

$$\bar{\tau}_{memory}' = \bar{\tau}_{memory} + \bar{t}_{DS}^{wait} \tag{10.33}$$

如果已知平均服务时间 $\bar{\tau}_{DS}$ 以及执行单次信号检测与选择算法所需的等效运算次数,就可求出检测–选择器的有效运算速度:

$$V_{DS}^{effective} = \frac{\overline{N}_{DS}}{\bar{\tau}_{DS}} = \frac{\gamma_{in}\overline{N}_{DS}}{\chi_{DS}} \tag{10.34}$$

假设负载因子 χ_{DS} 接近于 $1(\chi_{DS} = 0.9 \sim 0.95)$,下面分析检测–选择器输出端请求队列的情况。该请求队列可用请求服务的时刻、服务时间、等待时间等加以描述,假设以 $t_1, t_2, \cdots, t_{i-1}, t_i, t_{i+1}$ 表示请求队列到达检测–选择器输入端的时刻, t_i^{wait} 表示 t_i 时刻到达的请求队列的等待时间, $\tau_i = \tau_0 + \xi_i$ 表示对第 i 个请求的服务时间(τ_0 为常数分量, ξ_i 则是服务时间的随机分量)。在给请求队列提供服务的过程中,可能发生如下两种情况:

情况 1:请求队列在 t_i 时刻到达并请求服务,但此时检测–选择器正在为前

一队列提供服务,因此只能排队等待(见图 10.6(a),(b)),请求队列开始等待的时间为 t_i^{wait}。将两个请求队列到达检测−选择器输入端和离开输出端的时间间隔分别记为 $\Delta t_i = t_i - t_{i-1}$ 和 $\Delta t_i' = t_i' - t_{i-1}'$,那么这种情况下(见图 10.6(b)),两个请求队列离开检测−选择器输出端的时间间隔就等于服务时间:

$$\Delta t_i = t_{i-1}^{\mathrm{wait}} + \tau_{i-1} \tag{10.35}$$

$$\Delta t_i' = \tau_0 + \xi_i = \tau_i \tag{10.36}$$

情况 2:请求队列在 t_{i+1} 时刻提出服务请求,由于此时检测−选择器空闲,因此立即为其提供服务(见图 10.6(c))。这种情况下,两个相邻队列离开检测−选择器输出端的时间间隔大于服务时间,差值为空闲期的时长 Δt:

$$\Delta t_{i+1}' = t_{i+1}' - t_i' = \tau_{i+1} + \Delta t \tag{10.37}$$

初始条件下负载因子 χ_{DS} 一般较高,第二种情况出现的概率正比于 $1-\chi_{\mathrm{DS}}$,因此可能性较小,而第一种情况发生的概率较高。

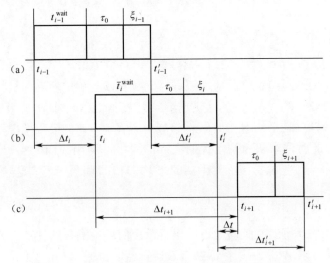

图 10.6　检测−选择器为请求队列提供服务的时序图

(a)为前一队列提供服务;(b)请求队列排队中;(c)为请求队列提供服务。

根据前述讨论可知,检测−选择器为相邻队列开始提供服务的时间间隔的分布与服务时间的分布一致,检测−选择器输出流的参数与相应输入流的参数一致。

10.2.3　MTI 特性分析

MTI 可以看作是具有等待时间的单通道排队系统。对于进入 MTI 请求检测−选择器提供服务的队列(其参数为 γ_{in})来说,请求之间时间间隔的分布与式(10.14)或式(10.15)给出的检测–选择器服务时间的分布一致。MTI 的服务时间为常数值,即 $\tau_{MTI} = a$。根据式(10.36)中常数分量 τ_0 跟请求时间间隔之间的关系,可能会有以下情况:

情况 1:$a \leqslant \tau_0$。在下一请求队列到来之前 MTI 可以一直为请求队列提供服务,当然也可能会有一定的空闲期,空闲期的均值取决于进入 MTI 的请求队列之间时间间隔随机分量 ξ_i 的方差。如果请求之间的时间间隔服从式(10.14)给出的带有偏移的指数分布,那么空闲期的均值为

$$\bar{t}_{down} = \bar{\tau}_{DS} - a \geqslant \sigma_{\tau_{DS}} \tag{10.38}$$

而如果时间间隔服从式(10.15)给出的分布,那么

$$\bar{t}_{down} = \bar{\tau}_{DS} - a \geqslant \frac{2\sigma_{\tau_{DS}}}{\sqrt{2\pi}} \tag{10.39}$$

情况 2:$\tau_0 < a \leqslant \gamma_{in}^{-1}$。如果 MTI 输入端的请求队列并非最简单流,那么就无法采用解析方法算出请求队列长度或者等待时间,只能采用仿真手段给出相应特性。对式(10.14)或式(10.15)给出的分布函数进行仿真的难度极大,图 10.7 给出了偏移系数 α 不同时相对等待时间与负载因子的函数关系图。从该图可以看出,当负载因子固定时,不同的偏移系数对应的平均等待时间也不同。当 $\alpha > 3$ 时,输入请求队列退化为常规队列,MTI 的服务时间近似等于 τ_0,此时 MTI 输入端不存在请求队列,而输入寄存器则被用作缓冲存储器。

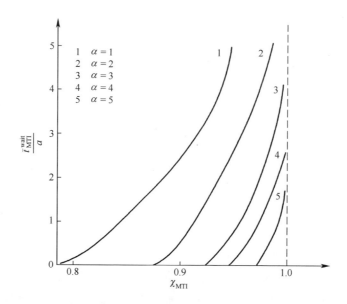

图 10.7 偏移系数 α 不同时相对等待时间与负载因子的函数关系图

10.3 "*n*–*n*–1" MTI 系统分析

图 10.4 给出的是"*n*–*n*–1"MTI 系统,对于该系统来说,一旦存储矩阵存满,检测–选择器就会立即开始提供服务。假设存满存储器的时间服从式(10.6)所给的分布,那么存储–检测–选择器每一通道服务时间的分布就是式(10.6)与式(10.14)或者式(10.6)与式(10.15)的组合,平均服务时间为

$$\bar{\tau}_{\text{memory-DS}} = \bar{\tau}_{\text{memory}} + \bar{\tau}_{\text{DS}} \tag{10.40}$$

式中,$\bar{\tau}_{\text{memory}}$是由式(10.17)给出的存满存储器的平均时间;$\bar{\tau}_{\text{DS}}$是式(10.29)给出的检测–选择器的平均服务时间。

假设请求队列的参数已经给定(将请求队列看作是最简单流),如果同时给定失败概率 P_{failure},就可利用式(10.18)所示的 Erlang 公式计算出存储–检测–选择器的通道数量需求。

下面分析 *n* 通道存储–检测–选择器输出队列的特性。存储–检测–选择器对于输入请求队列的作用相当于把最简单流展开成为多个基本请求队列,基本请求队列的数量等于通道数,一般情况下这种基本请求队列并非最简单流。存储–检测–选择器的输出是基本请求队列的叠加,当失败概率 P_{failure} 较小时,根据 Sevastyanov 定理[5],可以将其看作是最简单流,并且参数等于输入流的参数。MTI 的服务时间为常数 a,那么请求队列的平均等待时间为

$$\bar{t}_{\text{MTI}}^{\text{wait}} = \frac{\gamma_{\text{in}} a^2}{2(1-\gamma_{\text{in}} a)} = \frac{\chi_{\text{MTI}} a}{2(1-\chi_{\text{MTI}})} \tag{10.41}$$

队列中请求数量的均值为

$$\bar{N}_{\text{wait}} = \chi_{\text{MTI}} \frac{3-2\chi_{\text{MTI}}}{2(1-\chi_{\text{MTI}})} \tag{10.42}$$

方差为

$$D_{N_{\text{wait}}} = \sigma_{N_{\text{wait}}}^2 = \chi_{\text{MTI}}\left\{1 + \frac{\chi_{\text{MTI}}}{1-\chi_{\text{MTI}}}\left[\frac{1}{2} + \chi_{\text{MTI}}\left(\frac{1}{3} + \frac{\chi_{\text{MTI}}}{4(1-\chi_{\text{MTI}})}\right)\right]\right\} \tag{10.43}$$

式中:χ_{MTI}是 MTI 的负载因子。

当 $\bar{N}_{\text{wait}}$ 和 $\sigma_{N_{\text{wait}}}^2$ 已知后,根据给定的请求丢失容许概率,并假设队列中的请求数量服从高斯分布,那么就可确定出 MTI 输入端所需的缓冲存储容量,当然这种近似仅当 $\bar{N}_{\text{wait}}$ 值较大时才比较合理。这种情况下,MTI 输入端请求丢失的概率为[6]

$$P_{\mathrm{MTI}}^{\mathrm{loss}} = \int\limits_{Q_{\mathrm{BM}}}^{\infty} \frac{1}{\sqrt{2\pi\sigma_{N_{\mathrm{wait}}}^2}} \exp\left\{ - \frac{(N_{\mathrm{wait}} - \overline{N}_{\mathrm{wait}})^2}{2\sigma_{N_{\mathrm{wait}}}^2} \right\} \mathrm{d}N_{\mathrm{wait}} \qquad (10.44)$$

式中：Q_{BM}是所需的缓冲存储容量。需要注意的是，MTI 输入端的请求丢失容许概率 $P_{\mathrm{MTI}}^{\mathrm{loss}}$ 必须小于系统输入端的请求丢失容许概率（至少也应与其相当），只有这样才能满足系统运行的基本要求，即 MTI 能为所有完成第一阶段处理的请求队列提供服务。

10.4　"n-m-1"MTI 系统分析

该系统是带有输入损失的三阶段排队系统，其中第一阶段是带有损失的 n 通道排队系统，可根据前文给出的方法确定该系统所需的通道数。第二阶段是具有等待时间的 m 通道排队系统，本节对其 QoS 因子进行分析。输入的请求队列是参数为 γ_{in} 的最简单流，而分路器则可看作是将序号为 $i, i+m, i+2m$ 的请求分发至第 i 个通道$(i=1,2,\cdots,m)$的基数为 m 的服务台，这种请求分配方法称为循环法（Cyclic Way）。由于最简单流被压缩了 m 倍，因此成为$(m-1)$阶的 Erlang 输入流，在每一单通道排队系统的输入端，其分布为

$$p_{m-1}(t) = \frac{\gamma_{\mathrm{in}}(\gamma_{\mathrm{in}}t)^{m-1}\exp(-\gamma_{\mathrm{in}}t)}{(m-1)!} \qquad (10.45)$$

m 通道排队系统达到稳态的条件为

$$\sum_{i=1}^{m} \chi_i = \chi_m = \gamma_{\mathrm{in}}\overline{\tau}_{\mathrm{DS}} < m \qquad (10.46)$$

假设所有通道的平均服务时间 $\overline{\tau}_{\mathrm{DS}}$ 都相同，那么所要分析的仅仅就是请求队列为 Erlang 输入流、服务时间服从式(10.14)或式(10.15)所给分布（相应参数为 $\overline{\tau}_{\mathrm{DS}}$ 和 $\sigma_{\tau_{\mathrm{DS}}}^2$）的单通道排队系统，分析结果是等待时间的统计特性，即平均等待时间 $\overline{t}_{\mathrm{wait}}$ 及其方差 $\sigma_{t_{\mathrm{wait}}}^2$。

正如之前所提到的，对于非最简单流的排队系统进行分析是极其复杂的问题，虽然文献[5]给出了解决此类问题的通用方法，但该方法针对本章特定情况的应用却比较困难，而且也无法给出 $\overline{t}_{\mathrm{wait}}$ 和 $\sigma_{t_{\mathrm{wait}}}^2$ 的最终计算公式。图 10.8 给出的是通过数值仿真方法得到的 $\overline{t}_{\mathrm{wait}}/\overline{\tau}_{\mathrm{DS}}$ 结果，其中实线表示服务时间服从带有偏移的指数分布的情况，虚线表示服务时间服从带有偏移的截断型高斯分布的情况。从图 10.8 可以看出，随着 m 的增大相对平均等待时间按指数律减小，偏移系数 α 对于平均等待时间的影响与先前的系统类似。当参数 $\gamma_{\mathrm{in}}, m, \alpha$ 均给定时，可以根据图 10.8 中的曲线算出 $\overline{\tau}_{\mathrm{DS}}$，根据求出的请求队列平均等待时间，

可确定出第一阶段排队系统所需的通道数量 n。

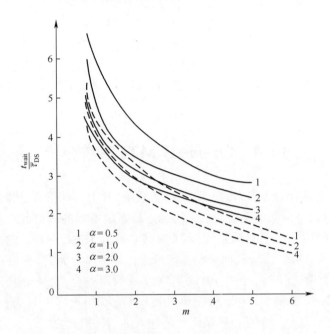

图 10.8　平均等待时间与排队系统通道数量的函数关系图

对于第二阶段排队系统 m 个通道的每一通道来说,如果采用式(10.15)给出的带有偏移的截断型高斯分布,假设负载因子 $\chi_i = 0.9m$,对应输入请求队列参数 γ_{in} 的不同取值,图 10.9 给出了每一通道所需运算速度与处理单次请求所需折合运算的平均次数 $\overline{N}$ 之间的函数关系图。所需的运算速度为

$$V_{ef} = \frac{\overline{N}\gamma_{in}}{0.9m} \tag{10.47}$$

根据式(10.47)以及图 10.9 给出的关系,当输入请求队列的参数固定,并且执行单次数字信号处理算法所需的运算次数事先给定时,第二阶段排队系统所需的运算速度随着其通道数的增加而成比例下降。

第三阶段排队系统是具有等待时间的单通道系统,第二阶段排队系统处理过后的请求形成了该阶段的输入请求队列。根据汇总流的极限定理(Limiting Theorem for Summarized Flows),第三阶段排队系统的输入流非常接近于参数为 γ_{in} 的最简单流。假设第三阶段排队系统的服务时间也是常数,那么该阶段的所需特性及缓存容量都可按照第 10.3 节给出的方法进行计算。

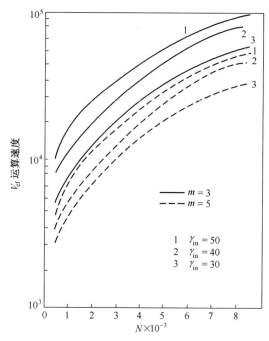

图 10.9 第二阶段排队系统 m 个通道中每一通道
所需运算速度跟平均运算速度的函数关系图

10.5 目标跟踪系统的比较分析

各类目标跟踪系统的所有 QoS 因子如下:

(1) 给定失败概率 $P_{failure}$ 的前提下,所需输入存储器通道数量。

(2) 所需有效运算速度。

(3) 排队系统处理请求所需的平均时间。

根据前述各节的讨论,可基于如下初始数据对各类目标跟踪系统进行对比
分析:

(1) 目标跟踪系统的输入请求队列为最简单流,参数 $\gamma_{in} = 40s^{-1}$。

(2) 目标跟踪系统输入端的请求失败容许概率 $P_{failure} = 10^{-3}$。

(3) 检测–选择器以及 MTI 的负载因子 $\chi_{DS(MTI)} = 0.9$。

(4) 检测–选择器的服务时间服从式(10.15)所给的分布,其中 $\alpha = 2$。

(5) 检测–选择器处理单次请求所需的折合运算的平均次数 $\overline{N}_{DS} = 1500$。

(6) MTI 处理单次请求所需的折合运算的次数 $\overline{N}_{MTI} = 2500$。

（7）对于方位角的匀速扫描速度 $V_0 = 250°\mathrm{s}^{-1}$。

（8）目标跟踪波门在方位向的最小尺寸 $\Delta\beta_{\mathrm{gate}}^{\min} = 2°$。

（9）存满存储矩阵所需的最小时间（即存储器服务时间的常数分量）$\tau_{\mathrm{memory}}^{\min} = \Delta\beta_{\mathrm{gate}}^{\min}/V_0 = 0.008\mathrm{s}$。

假设式（10.6）中 $\alpha = \tau_{\mathrm{memory}}^{\min}/\sigma_{\tau_{\mathrm{memory}}} = 2$，那么存储器的平均服务时间为

$$\bar{\tau}_{\mathrm{memory}} = \tau_{\mathrm{memory}}^{\min} + \frac{2\sigma_\tau}{\sqrt{2\pi}} = 0.011\mathrm{s} \tag{10.48}$$

为了比较不同类型的目标跟踪系统，定义如下参量：

（1）输入存储器的通道数 N_{memory}。

（2）检测–选择器输入端的平均等待时间 $\bar{t}_{\mathrm{DS}}^{\mathrm{wait}}$。

（3）检测–选择器的平均服务时间 $\bar{\tau}_{\mathrm{DS}}$。

（4）检测–选择器所需的运算速度 $V_{\mathrm{DS}}^{\mathrm{ef}}$。

（5）检测–选择器的数量 N_{DS}。

（6）MTI 输入端的平均等待时间 $\bar{t}_{\mathrm{MTI}}^{\mathrm{wait}}$。

（7）MTI 的服务时间 τ_{MTI}。

（8）MTI 输入端的缓存单元数量 $N_{\mathrm{BM(MTI)}}$。

（9）MTI 所需的运算速度 $V_{\mathrm{MTI}}^{\mathrm{ef}}$。

（10）排队系统的平均延迟 τ_Σ。

表 10.1 给出了计算结果，当 MTI 的运算速度 $V_{\mathrm{MTI}}^{\mathrm{ef}} = 150\times10^3$ 次/s、检测–选择器的运算速度 $V_{\mathrm{DS}}^{\mathrm{ef}} = 66.7\times10^3$ 次/s 时，"n–1–1" 系统对单个目标信号的最短平均处理时间为 $\tau_\Sigma = 0.16\mathrm{s}$，或者说每次扫描过程中可以更新 9 个目标。当采用 6 个运行速度 $V_{\mathrm{DS}}^{\mathrm{ef}} = 66.7\times10^3$ 次/s 的检测–选择器，并选用速度较慢的 MTI 时，"n–n–1" 系统也可达到同样的信号处理平均时间，但与 "n–1–1" 系统相比，这种系统的成本显然高得多。"n–m–1" 系统也可用速度较慢的检测–选择器实现，所需的数量并不多（2~3 个），这是相比于第二类系统的优点，但缺点是增加了服务时间。

表 10.1　不同目标跟踪系统的对比分析

系统	N_{memory}	检测–选择器				MTI					τ_Σ/ s
		$\bar{\tau}_{\mathrm{DS}}$/ s	$\bar{t}_{\mathrm{DS}}^{\mathrm{wait}}$/s	$V_{\mathrm{DS}}^{\mathrm{ef}}$/ (1000 次/s)		N_{DS}	τ_{MTI}/ s	$\bar{t}_{\mathrm{MTI}}^{\mathrm{wait}}$/s	$N_{\mathrm{BM(MTI)}}$	$V_{\mathrm{MTI}}^{\mathrm{ef}}$/ 1000 次/s	
n–1–1	14	0.0225	0.107	66.7		1	0.0167	0	1	150	0.16
n–n–1	6	0.0225	0	66.7		6	0.0225	0.1	15	110	0.16
	8	0.045	0	33.3		8	0.0225	0.1	15	110	0.18
	15	0.15	0	10		15	0.0225	0.1	15	110	0.28

（续）

系统	N_{memory}	检测-选择器			MTI					
		$\overline{\tau}_{\text{DS}}/$ s	$\overline{t}_{\text{DS}}^{\text{wait}}/\text{s}$	$V_{\text{DS}}^{\text{ref}}/$ (1000 次/s)	N_{DS}	$\tau_{\text{MTI}}/$ s	$\overline{t}_{\text{MTI}}^{\text{wait}}/\text{s}$	$N_{\text{BM(MTI)}}$	$V_{\text{MTI}}^{\text{ref}}/$ 1000 次/s	$\tau_{\Sigma}/$ s
$n\text{-}m\text{-}1$	14	0.045	0.12	33.3	2	0.0225	0.1	15	110	0.3
	14	0.0685	0.123	22.2	3	0.0225	0.1	15	110	0.325
	13	0.09	0.112	16.7	4	0.0225	0.1	15	110	0.335
	13	0.113	0.107	13	5	0.0225	0.1	15	110	0.355

具体选择那种类型的系统,取决于计算资源以及允许的信号处理时间,从已经分析过的系统类型来说,显然最有效的就是采用 2~3 个检测-选择器的"$n\text{-}m\text{-}1$"系统。

10.6　总结与讨论

为对全向监视雷达覆盖范围内的所有目标进行探测和高精度跟踪,从而对空情进行重现和判断,需要利用数字信号处理系统中的所谓粗通道。粗通道包含的子系统有二进制量化器、用于目标回波信号预处理的专用微处理器网络、用于数字信号再处理和控制的微处理器网络。通过采用二进制量化器以及数字信号处理算法的简化版,就可在数字信号处理系统的粗通道中使用微处理器网络完成数字信号再处理和控制功能。

根据似然比极值在波门内对单个目标进行检测和选择的方式有:假定波门内仅有一个目标,此时波门中存在多个目标的可能性虽有但却很小,如果凹凸不平的二维似然比曲面存在 M 个取值不同的极值点,就需要确定出目标回波信号所对应的最大值(即峰值),如果检验结果为真,还要给出该极值点所对应的坐标。可将极值点 $Z_l(l=1,2,\cdots,M)$ 的幅度及其相对于波门中心的坐标 ξ_l 和 η_l 当作判决的依据。如果二维似然比曲面各极值的幅度是统计独立的,并且极值点对应的坐标都已知时,波门内目标点迹的最佳检测-选择问题可以分成两步来解决。

讨论了三种利用 MTI 进行目标跟踪的系统,这些系统都是三阶段排队系统,每一阶段的功能可由串接使用的排队系统的一个或多个设备完成。每一设备的服务时间通常是随机量,其概率密度函数可通过分析得到。假设输入排队系统第一阶段的是最简单流,如果排队系统至少有一个通道空闲的话,那么第一个设备就会立即为请求队列提供服务,否则就拒绝并清除该请求。第一个设备处理后的请求会按顺序送入下一阶段,或者说下一阶段不允许有损失,为此,在排队系统进行第二、三阶段的工作之前应将存储器中的请求队列整理好。

对多阶段排队系统进行分析的困难在于,所有实际应用中输出流的形式均比输入队列的形式更为复杂。在某些应用中,输出流可用参数相同的输入流进行近似,那么就可用排队论的解析方法和手段对下一阶段的情况进行分析,但当无法做这种近似时,仿真就成为分析输出流的唯一方法。无论设计和构建哪一种MTI系统,只要合理使用解析方法与仿真手段,都可以解决三阶段信号处理所遇到的问题。

 **参考文献**

1. Lyons, R. G. 2004. Understanding Digital Signal Processing. 2nd edn. Upper Saddle River, NJ：Prentice.

2. Hall, Inc. Harris, F. J. 2004. Multirate Signal Processing for Communications Systems. Upper Saddle River, NJ：Prentice Hall, Inc.

3. Barton, D. K. 2005. Modern Radar System Analysis. Norwood, MA：Artech. House, Inc.

4. Skolnik, M. I. 2008. Radar Handbook. 3rd edn. New York：McGraw-Hill, Inc.

5. Gnedenko, V. V. and I. N. Kovalenko. 1966. Introduction to Queueing Theory. Moscow, Russia：Nauka.

6. Skolnik, M. I. 2001. Introduction to Radar Systems. 3rd edn. New York：McGraw-Hill, Inc.

7. Hall, T. M. and W. W. Shrader. 2007. Statistics of clutter residue in MTI radars with IF limiting, in IEEE Radar Conference, April 2007, Boston, MA, pp. 01-06.

第三部分

雷达系统中随机过程的测量

第 11 章　统计估计理论综述

11.1　概念与问题表述

通常可将随机过程的参数估计问题表述为:在特定的时间区间$[0,T]$内,对随机过程$\xi(t)$的一个实现$x(t)$或多个实现$x_i(t)(i=1,\cdots,\nu)$进行观测,随机过程$\xi(t)$的多维(一维或n维)概率密度函数中包含μ个待估计的未知参数$\mathbf{l}=\{l_1,l_2,\cdots,l_\mu\}$。假设参数矢量$\mathbf{l}=\{l_1,l_2,\cdots,l_\mu\}$是可能取值区间$L$内的连续函数,基于随机过程的一个实现$x(t)$或多个实现$x_i(t)$的观测量进行分析,在参数$\mathbf{l}=\{l_1,l_2,\cdots,l_\mu\}$的取值范围内给出未知参数的估计值。若无特殊声明,本章只考虑基于随机过程$\xi(t)$的一个实现$x(t)$进行估计的情况,只对特定时间区间$[0,T]$内观测到的实现$x(t)$进行处理,从而得到多维参数$\mathbf{l}=\{l_1,l_2,\cdots,l_\mu\}$的估计值。

参数$\mathbf{l}=\{l_1,l_2,\cdots,l_\mu\}$的估计是关于观测到的实现$x(t)$的单个函数或多个函数,对于给定的实现$x(t)$来说,以某种方式获得的函数值就代表了随机过程未知参数的估计值。根据参数估计过程和估计结果的不同需求,可能会采用不同的估计方法。不同估计的性能通常有一定差别,大多数情况下,估计的性能代表着估计值与待估计参数真值之间的近似程度,并且可以选用不同的估计准则对其进行度量,因此估计之前首先需要选定估计准则。准则的选择取决于参数估计的目的(或者说用途),由于面临的问题各不相同,所以既不存在通用准则,也不可能获得参数的通用估计值,这使得不同的估计结果难以进行相互比较。

在很多实际情况下,需要基于假定的估计目的选择估计准则,此时就需要设计一种最佳估计准则的选择方法,该方法有助于更好地理解参数估计问题的本质,并使我们能够更加合理地选择估计准则。由于观测时长有限,而且观测过程中还伴有噪声和干扰,估计就不可避免地存在误差。估计误差不仅取决于估计方法的性能,还取决于估计过程所处的环境条件,因此参数$\mathbf{l}=\{l_1,l_2,\cdots,l_\mu\}$的最佳估计问题,就是要找到一种使误差最小的估计方法。估计误差最小是估计问题中的基本要求,一旦选定估计准则,就可用其对估计的性能进行评价,于是最佳估计问题就转化为求解性能评价函数的最小化或最大化问题。估计值应在某种意义上接近待估计参数的真值,最佳估计就是要按照选定的准则使估计值最接近于真值。

为简化书写以便于后续讨论,若无特殊声明,后文假设随机过程 $\xi(t)$ 的未知参数仅为 l,但关于 l 的分析结论也适用于该随机过程多组参数联合估计的情况。为对随机过程 $\xi(t)$ 的参数 l 进行估计,应根据观测实现 $x(t)$ 构造出一个函数。显然对随机过程 $\xi(t)$ 以及接收实现 $x(t)$ 中的噪声和干扰的特性了解得越多,对参数的可能取值的估计结果也就越精确,如果选用的准则能使估计的误差最小,并据此设计所需的器件,那么所获得的系统解决方案也就更加准确。

需要特别指出的是,待估计参数本身也是随机变量,这种情况下,随机过程 $\xi(t)$ 的参数 l 可能取值的全部信息就可由后验概率密度函数 $p_{post}(l) = p\{l \mid x(t)\}$ 给出,该函数就是给定接收实现 $x(t)$ 后的条件概率密度函数。根据两个随机变量 l 和 X 条件概率的相关理论可以给出后验 pdf 的表达式,其中 $X = \{x_1, x_2, \cdots, x_n\}$ 是在时间区间 $[0, T]$ 内对实现 $x(t)$ 的多维(n 维)采样。根据条件概率理论可知[1]:

$$p(l, X) = p(l)p(X \mid l) = p(X)p(l \mid X) \tag{11.1}$$

据此可得

$$p_{post}(l) = p(l \mid X) = \frac{p_{prior}(l)p(X \mid l)}{p(X)} \tag{11.2}$$

在式(11.1)和式(11.2)中,$p(l) \equiv p_{prior}(l)$ 是待估计参数的先验概率密度函数(pdf),$p(X)$ 是 $x(t)$ 的多维采样 X 所服从的 pdf。$p(X)$ 与待估计参数 l 的当前值无关,并且可以通过对条件概率中的 $p_{prior}(l)$ 进行归一化得出

$$p(X) = \int_L p(X \mid l)p_{prior}(l)\,\mathrm{d}l \tag{11.3}$$

式(11.3)的积分区间是待估计参数所有可能取值的先验范围 L。根据式(11.3),可将式(11.2)重写为

$$p_{post}(l) = \frac{p_{prior}(l)p(X \mid l)}{\int_L p(X \mid l)p_{prior}(l)\,\mathrm{d}l} \tag{11.4}$$

当待估计参数取某个特定值 l 时,观测数据采样 X 的条件概率密度函数为

$$p(X \mid l) = p(x_1, x_2, \cdots, x_n \mid l) \tag{11.5}$$

可将该条件概率密度函数看作是 l 的函数,并称之为似然函数。对于特定的采样 X,似然函数表示参数 l 取某值或其他值的相对可能性大小。

似然函数在信号检测问题(特别是雷达系统的信号检测问题)中发挥着重要作用,但在很多应用中,常用似然比取代似然函数:

$$\Lambda(l) = \frac{p(x_1, x_2, \cdots, x_n \mid l)}{p(x_1, x_2, \cdots, x_n \mid l_{\text{fix}})} \tag{11.6}$$

式中：$p(x_1, x_2, \cdots, x_n \mid l_{\text{fix}})$ 为待估计参数取特定值 l_{fix} 时观测数据采样值的 pdf。在分析时间区间 $[0, T]$ 内的连续实现 $x(t)$ 时，引入如下形式的似然比函数：

$$\hat{\Lambda}(l) = \lim_{n \to \infty} \frac{p(x_1, x_2, \cdots, x_n \mid l)}{p(x_1, x_2, \cdots, x_n \mid l_{\text{fix}})}, \tag{11.7}$$

其中，采样点之间的间隔为

$$\Delta = \frac{T}{n} \tag{11.8}$$

采用上述表示方法，后验概率密度函数可写为

$$p_{\text{post}}(l) = \kappa p_{\text{prior}}(l) \Lambda(l) \tag{11.9}$$

式中：κ 为与待估计参数 l 的取值无关的归一化系数：

$$\kappa = \frac{1}{\displaystyle\int_L p_{\text{prior}}(l) \Lambda(l) \, \mathrm{d}l} \tag{11.10}$$

需要说明的是，待估计参数 l 的后验概率密度函数 $p_{\text{post}}(l)$ 和似然比函数 $\Lambda(l)$ 都是取决于接收实现 $x(t)$ 的随机函数。

从理论上说，统计参数存在两种类型的估计：

（1）区间估计，得到该参数的置信区间。

（2）点估计，得到的估计值为某一点。

区间估计的结果是给出未知参数的真值所在的区间范围，而且真值处于该区间的概率不能低于指定值，这一指定的概率值称作置信因子，而待估计参数的可能取值区间则称为置信区间，其上限和下限称作置信极限，置信区间既可用于接收实现 $x(t)$ 的数字式处理（离散化），也可用于模拟式处理（连续函数）。点估计则是在待估计参数的可能取值区间内为其指定某一取值，该值是基于对接收实现 $x(t)$ 的分析得到的，并将其看作是待估计参数的真值。

除了上述基于接收实现 $x(t)$ 对随机过程的参数进行分析的方法以外，还有一种序贯估计方法。这种方法通过序贯统计分析对未知的随机参数进行估计[2,3]，其基本思想是给出处理接收实现 $x(t)$ 所需的时间长度，以保证获得的参数估计结果达到预定的可信度。对于点估计，可用均方根偏差或其他函数描述估计值偏离参数真值的程度，以度量其可信度；对于区间估计，则可用达到指定置信因子所需的置信区间长度来衡量估计的可信度。

11.2 点估计及其性质

进行点估计意味着对每个可能接收到的实现 $x(t)$,需从待估计参数 l 的可能取值区间内给出相应的取值 $\gamma = \gamma[x(t)]$,该值就称为点估计。随机过程参数的点估计具有随机性,其随机特性可用条件概率密度函数 $p(\gamma \mid l)$ 进行描述,$p(\gamma \mid l)$ 代表了其全部特性,该函数的形状既给出了点估计的质量,也给出了点估计的全部性质。对于给定的估计准则 $\gamma = \gamma[x(t)]$,根据经典的 pdf 变换方法[4],可利用接收实现 $x(t)$ 的 pdf 获得条件概率密度函数 $p(\gamma \mid l)$,但也有很多应用中难以直接得到 $p(\gamma \mid l)$ 。通常假定该 pdf 是单峰函数且近似满足对称性,那么无需给出 $p(\gamma \mid l)$ 的表达式,也能得到估计的偏差、离差和方差,这 3 个指标正是广泛使用的 γ 估计性能的特征量。

根据定义,估计的偏差、离差和方差可以通过以下公式得到

$$b(\gamma \mid l) = \langle (\gamma - l) \rangle = \int_X [\gamma(X) - l] p(X \mid l) \, \mathrm{d}X \tag{11.11}$$

$$D(\gamma \mid l) = \langle (\gamma - l)^2 \rangle = \int_X [\gamma(X) - l]^2 p(X \mid l) \, \mathrm{d}X \tag{11.12}$$

$$\mathrm{Var}(\gamma \mid l) = \langle [\gamma - \langle \gamma \rangle]^2 \rangle = \int_X [\gamma(x) - \langle \gamma \rangle]^2 p(X \mid l) \, \mathrm{d}X \tag{11.13}$$

此处及后文中的 $\langle \cdot \rangle$ 表示求平均。

基于先验概率得到的估计称为非条件估计。对于非条件估计,根据先验概率密度函数 $p_{\mathrm{prior}}(l)$,将式(11.11)至式(11.13)在变量 l 的可能取值范围内求平均,得到估计的非条件偏差、离差和方差分别为

$$b(\gamma) = \int_L b(\gamma \mid l) p_{\mathrm{prior}}(l) \, \mathrm{d}l \tag{11.14}$$

$$D(\gamma) = \int_L D(\gamma \mid l) p_{\mathrm{prior}}(l) \, \mathrm{d}l \tag{11.15}$$

$$\mathrm{Var}(\gamma) = \int_L \mathrm{Var}(\gamma \mid l) p_{\mathrm{prior}}(l) \, \mathrm{d}l \tag{11.16}$$

由于条件估计和非条件估计的记法不同,所以当单独讨论某种情况时可省略前面的限定语。

如果条件偏差为零,随机过程参数的估计称为条件无偏估计,也就是说估计值的数学期望等于待估计参数的真值 $\langle \gamma \rangle = l$ 。 如果非条件偏差为零,则称该估计为非条件无偏估计,$\langle \gamma \rangle = l_{\mathrm{prior}}$,其中 l_{prior} 是待估计参数的先验数学期望。可以肯定地说,如果某估计为条件无偏估计,那么它必然是非条件无偏估

计，反之不然，因此实际应用中条件无偏性的要求更为严格。当需要同时估计随机过程的多个参数时（如估计参数矢量 $\mathbf{l} = \{l_1, l_2, \cdots, l_\mu\}$ 时），不仅要知道估计的条件及非条件偏差、离差和方差，还要知道各个参数估计之间的统计关系，为此就需要使用估计之间的互相关函数。

若将参数 $l_1, l_2, \cdots, l_\mu$ 的估计值分别记作 $\gamma_1, \gamma_2, \cdots, \gamma_\mu$，那么参数 l_i 和 l_j 的估计之间的互相关函数可以表示为

$$R_{ij}(\gamma \mid l) = \langle [(\gamma_i - \langle \gamma_i \rangle)(\gamma_j - \langle \gamma_j \rangle)] \rangle \qquad (11.17)$$

利用这些元素 $R_{ij}(\gamma \mid l)$ 可以构造出相关矩阵，其对角线元素就是估计的条件方差。在待估计参数的先验概率取值范围内对条件互相关函数求平均，就可获得估计的非条件互相关函数。

衡量点估计性质的方法有多种，当采用条件特征量进行表示时，需要考虑以下几个方面的需求：

（1）在确定点估计 γ 时，自然应使条件概率密度 $p(\gamma \mid l)$ 尽可能分布于 l 附近。

（2）随着观测时长的增加（即 $T \to \infty$），估计值应等于或趋近于待估计参数的真值，满足这一条件的估计称为一致估计。

（3）估计必须是无偏的（即 $\langle \gamma \rangle = l$），如果不是无偏的，也应该是渐近无偏的（即 $\lim_{T \to \infty} \langle \gamma \rangle = l$）。

（4）估计必须在某种准则下最佳，即要么离差或方差最小，要么偏差为零或常数。

（5）估计必须具备统计充分性。

作为观测数据的函数，统计量具备充分性的条件是：关于待估计参数的全部信息都可基于已有数据获得，而无需任何额外的数据，显然后验概率密度函数总是充分统计量。若用似然函数表示统计量的充分性条件的话，那么某种估计具备充分性的充要条件是似然函数可以分解为如下两个函数的乘积[5,6]：

$$p(X \mid l) = h[x(t)] g(\gamma \mid l) \qquad (11.18)$$

此处 $h[x(t)]$ 是关于接收实现 $x(t)$ 的任意函数，该函数与待估计参数 l 的当前取值无关。由于函数 $h[x(t)]$ 中不包含参数 l，所以基于 $h[x(t)]$ 并不能获得 l 的任何信息。另外一个因子 $g(\gamma \mid l)$ 只通过统计量 $\gamma = \gamma[x(t)]$ 依赖于实现 $x(t)$，因此待估计参数 l 的全部信息都包含在 $\gamma = \gamma[x(t)]$ 中。

11.3 有 效 估 计

估计的基本要求之一是方差或离差最小，为此数理统计学中引入了有效估

计这一概念。当随机过程的参数估计为有偏估计时,估计值 l_{ef} 为有效估计的条件是:l_{ef} 与参数真值 l 之差的平方的数学期望最小。也就是满足如下条件:

$$D_{ef}(l) = \langle (l_{ef} - l)^2 \rangle \leqslant \langle (\gamma - l)^2 \rangle \tag{11.19}$$

由于无偏估计的离差等于方差,所以有效无偏估计就是指方差最小的估计。

如果随机过程的参数存在有效估计,那么该估计的方差或离差就可以看作是 Cramer-Rao 界[5]。对于有偏估计来说,其方差必然满足:

$$\mathrm{Var}(\gamma \mid l) \geqslant \dfrac{\left[1 + \dfrac{\mathrm{d}b(\gamma \mid l)}{\mathrm{d}l} \right]^2}{\left\langle \left[\dfrac{\mathrm{d}}{\mathrm{d}l} \ln \Lambda(l) \right]^2 \right\rangle} \tag{11.20}$$

对于无偏估计或偏差为常数的估计,上式可以简化为

$$\mathrm{Var}(\gamma \mid l) \geqslant \dfrac{1}{\left\langle \left[\dfrac{\mathrm{d}}{\mathrm{d}l} \ln \Lambda(l) \right]^2 \right\rangle} \tag{11.21}$$

需要说明的是,当对所有可能的实现 $x(t)$ 进行数字信号处理时,是利用观测数据 X 的多维采样进行求平均的,求导数则是在待估计参数的真值处进行。式(11.20)和式(11.21)中的等号仅在为有效估计且满足以下两个条件时才成立:第一个是估计具备充分性,满足式(11.18);第二个是似然函数或似然比对数的导数满足如下等式[5]

$$\dfrac{\mathrm{d}}{\mathrm{d}l} \ln \Lambda(l) = q(l)(\gamma - \langle \gamma \rangle) \tag{11.22}$$

式中:函数 $q(l)$ 与估计值 γ 以及观测数据的采样无关,仅取决于待估计参数 l 的当前取值。当且仅当满足式(11.18)时(具备充分性),式(11.22)才成立,但即使式(11.22)不成立,估计也有可能是充分的。对于有效无偏估计来说,如果在式(11.21)中取等号,情况也是类似的。

11.4　代价函数和平均风险

在统计估计理论中有非随机和随机两种判决方式。非随机判决是根据接收数据 $x(t)$ 的特定实现做出的判决,也就是说在接收到的实现和所做出的判决之间存在确定性的依赖关系。但由于观测数据本质上是随机的,因此应将估计值视为随机变量。对于随机判决方式,利用特定实现 $x(t)$ 做出判决时需赋予相应的概率,也就是说判决结果与接收实现之间存在概率关系。下面我们只考虑非随机判决的情况。

由于观测到的实现具有随机性,因此任何判决准则都不可避免地存在误差,也就是说得到的结果 γ 与参数 l 的真值并不一致。显然判决准则不同,出现误差的可能性大小也不同。由于出现误差的概率不可能为零,因此需要以某种方式对不同估计的性能进行度量,于是就在判决理论中引入了代价函数,从而给每一对估计值 γ 和参数真值 l 的组合定义一个代价 $\mathscr{L}(\gamma,l)$ 。错误判决的代价一般设为正值,正确判决的代价一般设为零或负值。代价函数的物理意义是给不正确的判决赋以相应的非负权值,其目的在于根据所要达成的目标(估计的目的),给最不恰当的判决赋予最大的权值。代价函数的选择取决于随机过程参数 l 的特定估计问题,并不存在通用的准则,只能是基于主观原则做出选择,选择代价函数时的这种随意性会给统计判决理论的应用造成一定的困难。广泛使用的代价函数有以下几种类型:

(1)简单代价函数(见图11.1)

$$\mathscr{L}(\gamma,l) = 1 - \delta(\gamma - l) \tag{11.23}$$

式中: $\delta(z)$ 是 Dirac 冲激函数。

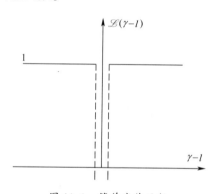

图 11.1　简单代价函数

(2)线性代价函数(见图11.2)

$$\mathscr{L}(\gamma,l) = |\gamma - l| \tag{11.24}$$

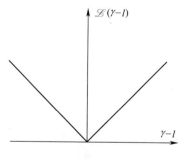

图 11.2　线性代价函数

(3) 二次代价函数(见图 11.3)

$$\mathscr{L}(\gamma,l) = (\gamma - l)^2 \qquad (11.25)$$

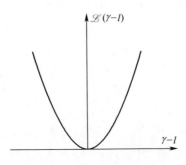

图 11.3 二次代价函数

(4) 矩形代价函数(见图 11.4)

$$\mathscr{L}(\gamma,l) = \begin{cases} 0, \text{如果} |\gamma - l| < \eta, \eta > 0 \\ 1, \text{如果} |\gamma - l| > \eta, \eta > 0 \end{cases} \qquad (11.26)$$

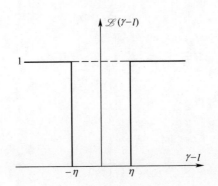

图 11.4 矩形代价函数

通常,式(11.23)和式(11.24)给出的代价函数,等号右边应有一个因子。上述代价函数都是关于 $|\gamma - l|$ 的对称函数,这种情况下,估计值与待估计参数真值只要存在偏差,就会导致一定的代价。此外,在有些应用中,如果观测者忽视了估计值的符号,则代价函数就不再具有对称性。

由于参数 l 和估计 γ 都具有随机性,因此无论哪种判决准则,导致的代价也是随机的,从而无法用于度量估计的质量。为了解决这一问题,可以用代价函数的数学期望来度量估计的质量,该期望考虑了所有错误判决及其出现的频率。选择数学期望而非其他统计量来度量估计的质量虽然具有合理性,但也存在随意性。代价函数的条件/非条件数学期望称为条件/非条件风险。条件风险是将代价函数在所有可能的观测数据的多维采样上求平均(其中观测数据的

特性可由条件概率 $p(X \mid l)$ 给出）：

$$\mathfrak{R}(\boldsymbol{\gamma} \mid l) = \int_X \mathscr{L}(\boldsymbol{\gamma}, l) p(X \mid l) \mathrm{d}X \tag{11.27}$$

从式(11.27)可以看出，条件风险最小的估计是比较好的估计。但待估计参数 l 取值不同时，条件风险的取值也不同，因此适用的判决准则也可能不一样。所以，如果已知待估计参数的先验概率分布，就可以根据条件或非条件平均风险最小来选择最佳的判决准则，其中平均风险可以表示为

$$\mathfrak{R}(\boldsymbol{\gamma}) = \int_X p(X) \left[\int_L \mathscr{L}(\boldsymbol{\gamma}, l) p_{\mathrm{post}}(l) \mathrm{d}l \right] \mathrm{d}X \tag{11.28}$$

式中：$p(X)$ 是观测数据采样的概率密度函数。

基于条件或非条件平均风险最小得到的估计称为条件或非条件贝叶斯估计，其中非条件贝叶斯估计常简称为贝叶斯估计。还应清楚的是，参数 l 的贝叶斯估计 γ_m 能够确保在给定的代价函数 $\mathscr{L}(\boldsymbol{\gamma}, l)$ 下的平均风险最小。贝叶斯估计对应的最小平均风险称为贝叶斯风险，有

$$\mathfrak{R}_m = \left\langle \int_L \mathscr{L}(\boldsymbol{\gamma}, l) p_{\mathrm{post}}(l) \mathrm{d}l \right\rangle \tag{11.29}$$

其中，求平均是对观测数据的采样值（即数字信号）或实现 $x(t)$（即模拟信号）进行的。对于任何一种给定的判决准则，都可以给出相应的平均风险，但根据贝叶斯估计的定义，下式永远成立：

$$\mathfrak{R}_m \leqslant \mathfrak{R}(\boldsymbol{\gamma}) \tag{11.30}$$

对于不同的估计，根据式(11.28)计算平均风险，然后将计算结果与贝叶斯风险进行比较，可知道孰优孰劣，而其中最接近贝叶斯估计的就是最佳估计。条件和非条件风险的物理含义随代价函数的形状以及物理解释的不同而不同，所以最佳估计准则的含义也取决于代价函数的形状。

概率密度函数 $p(X)$ 是非负函数，因此在特定观测数据采样对应的 γ 处求式(11.28)的最小值，就可简化为如下函数的最小值：

$$\mathfrak{R}_{\mathrm{post}}(\boldsymbol{\gamma}) = \int_L \mathscr{L}(\boldsymbol{\gamma}, l) p_{\mathrm{post}}(l) \mathrm{d}l \tag{11.31}$$

该值称为后验风险。如果后验风险对 γ 可导，那么贝叶斯估计 γ_m 就是如下方程的解：

$$\left[\frac{\mathrm{d}\mathfrak{R}_{\mathrm{post}}(\boldsymbol{\gamma})}{\mathrm{d}\boldsymbol{\gamma}} \right]_{\gamma_m} = 0 \tag{11.32}$$

求解时需确保所得到的后验风险 $\mathfrak{R}_{\mathrm{post}}(\boldsymbol{\gamma})$ 是全局最小值（局部极小值之中的最小者）。

最小平均风险准则是基于待估计参数的全部先验信息进行估计，这种方法

给出了如何利用先验信息以得到最佳估计。但在大多数应用中待估计参数的先验信息往往不足,这就给统计估计理论方法的应用带来一定的问题(先验问题)。如果不知道待估计参数的先验概率分布,也还有一些方法可以给出参数的最佳估计,其中之一就是选择对先验分布不敏感的不变量作为贝叶斯估计。在其他情况下,选择估计方法时就要考虑使条件风险达到最小,或者对待估计参数的先验分布做出一些假设。当采用贝叶斯风险最大的最不利分布作为先验分布进行估计时,得到的估计就称为极大极小估计。极大极小估计给出的是贝叶斯风险的上界,称为极大极小风险。虽然极大极小估计相比其他估计的风险要高一些,但如果能够避免先验条件更为不利时所产生的代价,这种估计也还是有用的。

根据定义,可按以下方式给出极大极小估计:根据给定代价函数所对应的先验分布,为得到贝叶斯估计值 $\gamma_m = \gamma_m[x(t)]$,所选择的先验分布应使平均风险(即贝叶斯风险)的极小值达到极大,此时的贝叶斯估计就是极大极小估计。需要指出的是,由于给出最不利先验分布的数学难度太大,因此在大多数应用(包括参数估计问题)中,最不利分布经常指的就是给定区间范围内的均匀分布。

11.5　不同代价函数对应的贝叶斯估计

接下来讨论前述几种代价函数所对应的贝叶斯估计及其性质。

11.5.1　简单代价函数

将式(11.23)给出的简单代价函数代入式(11.31),根据冲激函数的滤波特性

$$\int_{-\infty}^{\infty} \varphi(z)\delta(z - z_0)\,\mathrm{d}z = \varphi(z_0) \tag{11.33}$$

可得

$$\Re_{\text{post}}(\gamma) = 1 - p_{\text{post}}(\gamma) \tag{11.34}$$

对于给定的估计,如果后验概率 $p_{\text{post}}(\gamma)$ 最大的话,则后验风险 $\Re_{\text{post}}(\gamma)$ 及平均风险 $\Re(\gamma)$ 最小。此处着重指出:如果后验概率密度函数 $p_{\text{post}}(\gamma)$ 只有唯一的极大值,则取该值;如果有多个局部极大值,则取其中的最大值。这就意味着,满足如下条件:

$$p_{\text{post}}(\gamma_m) \geq p_{\text{post}}(l), \gamma_m, l \in L \tag{11.35}$$

的可能取值 γ_m 即为贝叶斯估计值。如果后验概率密度函数 $p_{\text{post}}(\gamma)$ 对参数 l

可导,则可由式(11.36)给出估计 γ_m:

$$\left[\frac{\mathrm{d}p_{\mathrm{post}}(l)}{\mathrm{d}l}\right]_{\gamma_m} = 0 \text{ 且} \left[\frac{\mathrm{d}^2 p_{\mathrm{post}}(l)}{\mathrm{d}l^2}\right]_{\gamma_m} < 0 \qquad (11.36)$$

满足式(11.36)的解还应满足式(11.35)。将简单代价函数代入式(11.29),可得贝叶斯风险为

$$\Re_m = 1 - \langle \max p_{\mathrm{post}}(l) \rangle = 1 - \langle p_{\mathrm{post}}(\gamma_m) \rangle \qquad (11.37)$$

式(11.37)等号右边的第二项与正确判决的平均概率之间只差一个常数因子。选用简单代价函数时,贝叶斯估计会使正确判决的概率达到最大,或者说贝叶斯估计的错误判决概率最小。另外,这种情况下,任何错误估计的代价均一样,这意味着不管估计结果取值如何,这些错误估计都不是所需要的。对于简单代价函数的情况,贝叶斯估计就是文献资料中广为人知的最大后验概率估计。

如果先验概率密度函数 $p_{\mathrm{prior}}(l)$ 在待估计参数的可能取值范围内保持不变,根据式(11.9)可知后验概率密度函数与似然比 $\Lambda(l)$ 之间只差一个常数因子,于是最大后验概率估计 γ_m 就转化为最大似然估计 l_m,而后者是在似然比取最大值时得到。通常,最大似然估计主要应用于以下情况中:

(1) 待估计参数的先验概率密度函数未知。

(2) 相比于似然比或似然函数,获得后验概率密度函数比较困难。

最大似然方法相比于其他方法具有以下优点:

(1) 对于大多数先验概率分布来说,待估计参数的最大似然估计与最大后验概率估计非常接近,或者说最大似然估计就是简单代价函数下的贝叶斯估计。实际上,如果随机过程参数测量的精度非常高,则经常可将估计量的先验概率密度函数看作是固定常数,估计值的后验概率密度函数与似然函数或似然比的形状一样。当待估计参数的先验概率密度函数未知,或者难以给出最不利先验概率分布时,这一性质非常重要。

(2) 在接收机输出端对信号的待估计参数进行无记忆——对应变换 $F[\Lambda(t)]$ 后,根据最大似然比得到的参数估计值保持不变,原因在于进行变换时最大似然值的位置保持不变。这一点对于最佳测量器的设计实现非常重要。

(3) 相比于其他估计方法,利用最大似然方法进行参数估计时,估计质量的理论分析面临的数学问题和困难要少。通常,其他估计方法需要通过数学仿真或物理仿真来给出估计质量,从而导致相应参数测量器的设计和构建比较复杂。

(4) 根据数理统计[5]的有关理论,如果存在有效估计,那么最大似然估计就是有效估计。

（5）如果随机过程观测时长趋于无穷大，那么最大似然估计将是渐近有效和无偏的，这就是很多先验概率分布和代价函数下贝叶斯估计的极限形式。

最大似然估计所具有的诸如此类的独特优点使其得到广泛应用。还需指出的是，当存在噪声时，由于会把待估计参数连同噪声一起进行联合分析，从而导致多个极大值的出现，这是最大似然估计的一个明显不足。

11.5.2　线性代价函数

根据式（11.31），对式（11.24）给出的代价函数，后验风险可由如下方程得到，即

$$\Re_{post}(\gamma) = \int_{-\infty}^{\infty} |\gamma - l| \, p_{post}(l) \, dl \tag{11.38}$$

将上式的积分限划分为 $-\infty < l \leqslant \gamma$ 和 $\gamma < l \leqslant \infty$ 两个区间。根据 $\Re_{post}(\gamma)$ 极值的定义，有

$$\left[\frac{d\Re_{post}(\gamma)}{d\gamma} \right]_{\gamma_m} = \int_{-\infty}^{\gamma_m} p_{post}(l) \, dl - \int_{\gamma_m}^{\infty} p_{post}(l) \, dl = 0 \tag{11.39}$$

由此可知贝叶斯估计为后验概率分布函数的中值。

11.5.3　二次代价函数

根据式（11.31），对于二次代价函数可得

$$\Re_{post}(\gamma) = \int_{-\infty}^{\infty} (\gamma - l)^2 p_{post}(l) \, dl \tag{11.40}$$

根据函数 $\Re_{post}(\gamma)$ 的极值条件，可以给出如下估计：

$$\gamma_m = \int_{-\infty}^{\infty} l p_{post}(l) \, dl = l_{post} \tag{11.41}$$

由此可知，后验概率密度函数 l_{post} 的均值，或者说后验概率分布的中心位置，就是二次代价函数下参数 l 的估计值。$\Re_{post}(\gamma)$ 的取值表示参数估计的最小离差，由于 $\Re_{post}(\gamma)$ 取决于接收实现 $x(t)$ 的特定形式，所以条件离差也是随机变量。在二次代价函数情况下，贝叶斯风险就是式（11.15）给出的非条件离差，即

$$\Re_m = \mathrm{Var}(\gamma_m) = \mathrm{Var}(l_{post}) = \iint_{LX} (l - l_{post})^2 p_{post}(l) p(X) \, dl \, dX \tag{11.42}$$

式（11.41）的估计是按照平均风险最小的条件得到，因此二次代价函数下的贝叶斯估计可使估计的非条件离差最小。换言之，当选用二次代价函数时，在所有可能的估计中，贝叶斯估计确保待估计参数偏离真值的方差最小。对于

二次代价函数,其贝叶斯估计还具有另一个特点:如果把后验概率密度函数式(11.2)代入式(11.41),并对观测数据 X 的采样求平均,可得

$$\langle l_{\text{post}} \rangle = \int\limits_{-\infty}^{\infty} \int\limits_{X} l p_{\text{prior}}(l) p(X \mid l) \, \mathrm{d}l \mathrm{d}X \tag{11.43}$$

改变积分次序,并考虑归一化条件,可得

$$\langle l_{\text{post}} \rangle = \int\limits_{-\infty}^{\infty} l p_{\text{prior}}(l) \, \mathrm{d}l = l_{\text{prior}} \tag{11.44}$$

这说明,二次代价函数下的贝叶斯估计永远是非条件无偏的。

二次代价函数与估计值与参数真值之差的平方成正比,或者说是对偏差赋予了权值,而且权值随偏差值平方的增大而增加,在数理统计和估计理论的各类应用中经常用到这种代价函数。尽管二次代价函数具有一系列的优点,比如说从数学的角度看比较便于处理,并且也充分考虑了偏差越大则代价越大的事实,但与简单代价函数相比,二次代价函数很少用于最佳估计问题的解决,原因在于,要得到式(11.41)的估计结果,测量装置的构建及其运行过程都非常复杂。另外,对于二次代价函数,贝叶斯估计方差的计算也非常困难。

11.5.4 矩形代价函数

当选用式(11.26)所示的矩形代价函数时,如果估计值与待估计参数真值的偏差小于给定的阈值 η,均视为不会造成损失,不影响参数估计的质量;一旦偏差的瞬时值超过阈值 η,则均看作是非期望值,并对其赋予相同的权重。将式(11.26)代入式(11.31),并把积分限划分为 3 个部分,分别为 $-\infty < l < \gamma - \eta$,$\gamma - \eta < l < \gamma + \eta$,$\gamma + \eta < l < \infty$,于是可得

$$\Re_{\text{post}}(\gamma) = 1 - \int\limits_{\gamma - \eta}^{\gamma + \eta} p_{\text{post}}(l) \, \mathrm{d}l \tag{11.45}$$

由式(11.45)可以看出,当取矩形代价函数时,使得 $\mid \gamma - l \mid \leqslant \eta$ 范围内后验概率最大的取值 $\gamma = \gamma_m$ 就是贝叶斯估计。根据后验风险取极值的条件,可得估计方程

$$p_{\text{post}}(\gamma_m - \eta) = p_{\text{post}}(\gamma_m + \eta) \tag{11.46}$$

式(11.46)说明,如果某估计值 γ_m 使得待估计参数在偏离真值两侧 η 处的后验概率相同,则可将该值看作是贝叶斯估计结果。

若后验概率分布 $p_{\text{post}}(\gamma)$ 可导,对于较小的 η,可将式(11.46)给出的后验概率密度函数在 γ_m 处进行泰勒级数展开,当只取其中前 3 项时,所得方程与式(11.36)一样。因此,在不敏感区间 η 较小时,简单代价函数和矩形代价函数对

应的贝叶斯估计相同。选用矩形代价函数时,式(11.29)对应的贝叶斯风险如下:

$$\Re_m = 1 - \int\limits_{X} \left[\int\limits_{\gamma_m - \eta}^{\gamma_m + \eta} p_{\text{post}}(l) p(X) \, \mathrm{d}l \right] \mathrm{d}X \qquad (11.47)$$

式(11.45)给出的随机变量表示给定实现的待估计参数真值不处于区间 $-\eta < \gamma_m < \eta$ 内的后验概率值,贝叶斯估计所对应的这种概率比其他估计所对应的都小,而式(11.47)给出的贝叶斯风险就是该准则下错误判决的最小平均概率。

11.6　总结与讨论

在很多实际情况下,需要基于假定的估计目的选择估计准则,此时就需要设计一种最佳估计准则的选择方法,该方法有助于更好地理解参数估计问题的本质,并使我们能够更加合理地选择估计准则。由于观测时长有限,而且观测过程中还伴有噪声和干扰,估计就不可避免地存在误差。估计误差不仅取决于估计方法的性能,还取决于估计过程所处的环境条件。估计误差最小是估计问题的基本要求,一旦选定估计准则,就可用其对估计的性能进行评价,于是最佳估计问题就转化为求解性能评价函数的最小化或最大化问题。估计值应在某种意义上接近待估计参数的真值,最佳估计就是要按照选定的准则使估计值最接近于真值。

从理论上说,统计参数存在两种类型的估计:区间估计,得到该参数的置信区间;点估计,得到的估计值为某一点。区间估计的结果是给出未知参数的真值所在的区间范围,而且真值处于该区间的概率不能低于指定值,这一指定的概率值称作置信因子,而待估计参数的可能取值区间则称为置信区间,其上限和下限称作置信极限,置信区间既可用于接收实现 $x(t)$ 的数字式处理(离散化),也可用于模拟式处理(连续函数)。点估计则是在待估计参数的可能取值区间内为其指定某一取值,该值基于对接收实现 $x(t)$ 的分析得到,并将其看作是待估计参数的真值。

除了上述基于接收实现 $x(t)$ 对随机过程的参数进行分析的方法以外,还有一种序贯估计方法。这种方法通过序贯统计分析对未知的随机参数进行估计,其基本思想是给出处理接收实现 $x(t)$ 所需的时间长度,以保证获得的参数估计结果达到预定的可信度。对于点估计,可用均方根偏差或其他函数描述估计值偏离参数真值的程度,以度量其可信度;对于区间估计,则可用达到指定置信因子所需的置信区间长度来衡量估计的可信度。

进行点估计意味着对每个可能接收到的实现 $x(t)$，需从待估计参数 l 的可能取值区间内给出相应的取值 $\gamma = \gamma[x(t)]$，该值就称为点估计。随机过程参数的点估计具有随机性，其随机特性可用条件概率密度函数 $p(\gamma \mid l)$ 进行描述，$p(\gamma \mid l)$ 代表了其全部特性，该函数的形状既给出了点估计的质量，也给出了点估计的全部性质。

衡量点估计性质的方法有多种，当采用条件特征量进行表示时，需要考虑以下几个方面的需求：（1）在确定点估计 γ 时，自然应使条件概率密度 $p(\gamma \mid l)$ 尽可能分布于 l 附近；（2）随着观测时长的增加（即 $T \rightarrow \infty$），估计值应等于或趋近于待估计参数的真值，满足这一条件的估计称为一致估计；（3）估计必须是无偏的（$\langle \gamma \rangle = l$），如果不是无偏的，也应该是渐近无偏的（$\lim\limits_{T \rightarrow \infty} \langle \gamma \rangle = l$）；（4）估计必须在某种准则下最佳，要么离差或方差最小，要么偏差为零或常数；（5）估计必须具备统计充分性。

由于观测到的实现具有随机性，因此任何判决准则都不可避免地存在误差，也就是说得到的结果 γ 与参数 l 的真值并不一致。显然判决准则不同，出现误差的可能性大小也不同。由于出现误差的概率不可能为零，因此需要以某种方式对不同估计的性能进行度量，于是就在判决理论中引入了代价函数，从而给每一对估计值 γ 和参数真值 l 的组合定义一个代价 $\mathscr{L}(\gamma, l)$。错误判决的代价一般设为正值，正确判决的代价一般设为零或负值。代价函数的物理意义是给不正确的判决赋以相应的非负权值，其目的在于根据所要达成的目标（估计的目的），给最不恰当的判决赋予最大的权值。代价函数的选择取决于随机过程参数 l 的特定估计问题，并不存在通用的准则，只能是基于主观原则做出选择，选择代价函数时的这种随意性会给统计判决理论的应用造成一定的困难。广泛使用的代价函数有以下几种类型：简单代价函数、线性代价函数、二次代价函数以及矩形代价函数。

参考文献

1. Kay, S. M. 2006. Intuitive Probability and Random Processes Using MATLAB. New York：Springer + Business Media, Inc.

2. Govindarajulu, Z. 1987. The Sequential Statistical Analysis of Hypothesis Testing Point and Interval Estimation, and Decision Theory (American Series in Mathematical and Management Science). New York：American Sciences Press, Inc.

3. Sieqmund, D. 2010. Sequential Analysis: Test and Confidence Intervals (Springer Series in Statistics). New York: Springer + Business Media, Inc.

4. Kay, S. M. 1993. Fundamentals of Statistical Signal Processing: Estimation Theory. Upper Saddle River, NJ: Prentice Hall, Inc.

5. Cramer, H. 1946. Mathematical Methods of Statistics. Princeton, NJ: Princeton University Press.

6. Cramer, H. and M. R. Leadbetter. 2004. Stationary and Related Stochastic Processes: Sample Function Properties and Their Applications. Mineola, NY: Dover Publications.

第 12 章　数学期望的估计

12.1　条　件　函　数

在时间区间$[0,T]$内,对高斯随机过程$\xi(t)$进行观测。假定高斯随机过程$\xi(t)$的数学期望为

$$E(t) = E_0 s(t) \tag{12.1}$$

相关函数为$R(t_1,t_2)$。假设数学期望$E(t)$和相关函数$R(t_1,t_2)$均已知,那么接收到的实现具有如下形式:

$$x(t) = E(t) + x_0(t) = E_0 s(t) + x_0(t), 0 \leqslant t \leqslant T \tag{12.2}$$

式中:

$$x_0(t) = x(t) - E(t) \tag{12.3}$$

为零均值的高斯随机过程,于是数学期望的估计问题就转化为在加性高斯噪声背景下估计确定信号的幅度$E(t)$。

对于式(12.2)给出的高斯随机过程,其概率分布函数为

$$F[x(t) \mid E_0] = B_0 \exp \left\{ -0.5 \int_0^T \int_0^T \vartheta(t_1,t_2)[x(t_1) - \right.$$

$$\left. E_0 s(t_1)] \times [x(t_2) - E_0 s(t_2)] \mathrm{d}t_1 \mathrm{d}t_2 \right\} \tag{12.4}$$

式中:B_0是与待估计参数E_0无关的系数,而函数

$$\vartheta(t_1,t_2) = \vartheta(t_2,t_1) \tag{12.5}$$

满足积分方程

$$\int_0^T R(t_1,t) \vartheta(t,t_2) \mathrm{d}t = \delta(t_2 - t_1) \tag{12.6}$$

引入函数

$$v(t) = \int_0^T s(t_1) \vartheta(t_1,t) \mathrm{d}t_1 \tag{12.7}$$

该函数是如下积分方程

$$\int_0^T R(t, \tau) \upsilon(\tau) \mathrm{d}\tau = s(t) \tag{12.8}$$

的解。接收到的高斯随机过程实现的概率分布函数可以表示为

$$F[x(t) \mid E_0] = B_1 \exp\left\{ E_0 \int_0^T x(t) \upsilon(t) \mathrm{d}t - 0.5 E_0^2 \int_0^T s(t) \upsilon(t) \mathrm{d}t \right\} \tag{12.9}$$

式中:B_1 是与待估计参数 E_0 无关的系数。

对于平稳随机过程,可以认为:

$$\begin{cases} s(t) = 1 \\ R(t_1, t_2) = R(t_2 - t_1) = R(t_1 - t_2) \end{cases} \tag{12.10}$$

这种情况下,函数 $\upsilon(t)$ 以及概率分布函数可分别表示为

$$\int_0^T R(t - \tau) \upsilon(\tau) \mathrm{d}\tau = 1 \tag{12.11}$$

$$F[x(t) \mid E_0] = B_1 \exp\left\{ E_0 \int_0^T x(t) \upsilon(t) \mathrm{d}t - 0.5 E_0^2 \int_0^T \upsilon(t) \mathrm{d}t \right\} \tag{12.12}$$

实际中经常遇到的平稳随机过程,其相关函数可以表示成如下形式之一:

$$R(\tau) = \sigma^2 \exp\{ -\alpha \mid \tau \mid \} \tag{12.13}$$

$$R(\tau) = \sigma^2 \exp\{ -\alpha \mid \tau \mid \} \left[\cos\omega_1 \tau + \frac{\alpha}{\omega_1} \sin\omega_1 \mid \tau \mid \right] \tag{12.14}$$

式中:σ^2 为平稳随机过程的方差。如果以白噪声作为激励信号,分别输入到 RC 回路或 RLC 回路,可得到上述平稳随机过程对应的相关函数。其中对于 RC 回路,$\alpha = (RC)^{-1}$;对于 RLC 回路,$\omega_1^2 = \omega_0^2 - \alpha^2$,$\omega_0^2 = (LC)^{-1} > \alpha = R(2L)^{-1}$。

对式(12.13)和式(12.14)给出的相关函数,式(12.8)的解分别为

$$\upsilon(t) = \frac{\alpha}{2\sigma^2} [s(t) - \alpha^{-2} s''(t)] + \frac{1}{\sigma^2} \{ [s(0) - \alpha^{-1} s'(0)] \delta(t)$$
$$+ [s(T) + \alpha^{-1} s'(T)] \delta(T - t) \} \tag{12.15}$$

$$\upsilon(t) = \frac{1}{4\sigma^2 \alpha \omega_0^2} [s''''(t) + 2(\omega_0^2 - 2\alpha^2) s''(t) + \omega_0^4 s(t)]$$

$$+ \frac{1}{2\sigma^2 \alpha \omega_0^2} \{ [s'''(0) + (\omega_0^2 - 4\alpha^2) s'(0) + 2\alpha\omega_0^2 s(0)] \delta(t)$$

$$- [s'''(T) + (\omega_0^2 - 4\alpha^2) s'(T) - 2\alpha\omega_0^2 s(T)] \delta(t - T) + [s''(0)$$

$$- 2\alpha s'(0) + \omega_0^2 s(0)] \delta'(t) - [s''(T) + 2\alpha s'(T) + \omega_0^2 s(T)] \delta'(t - T) \}$$

$$\tag{12.16}$$

式中:符号 $s'(t)$、$s''(t)$、$s'''(t)$、$s''''(t)$ 分别表示关于 t 的一阶、二阶、三阶和四阶

导数。如果在 $t = 0$ 和 $t = T$ 处函数及其导数均为零,式(12.15)和式(12.16)可以写成更简单的形式。假设随机过程满足 $s(t) = 1$(常数),式(12.15)和式(12.16)可分别写为

$$v(t) = \frac{\alpha}{2\sigma^2} + \frac{1}{\sigma^2}[\delta(t) + \delta(T - t)] \tag{12.17}$$

$$v(t) = \frac{\omega_0^2}{4\alpha\sigma^2} + \frac{1}{\sigma^2}[\delta(t) + \delta(t - T)] + \frac{1}{2\alpha\sigma^2}[\delta'(t) - \delta'(t - T)] \tag{12.18}$$

对式(12.13)和式(12.14)给出的相关函数,所对应的功率谱密度分别为

$$S(\omega) = \frac{2\alpha\sigma^2}{\alpha^2 + \omega^2} \tag{12.19}$$

以及

$$S(\omega) = \frac{4\alpha\sigma^2(\omega_1^2 + \alpha^2)}{\omega^4 - 2\omega^2(\omega_1^2 - \alpha^2) + (\omega_1^2 + \alpha^2)^2} \tag{12.20}$$

需要说明的是,式(12.8)并不存在通用的求解步骤。

相关时间的定义为

$$\tau_{\text{cor}} = \frac{1}{\sigma^2}\int_0^\infty |R(\tau)| \, d\tau = \int_0^\infty |\Re(\tau)| \, d\tau \tag{12.21}$$

式中:

$$\Re(\tau) = \frac{R(\tau)}{\sigma^2} \tag{12.22}$$

是归一化相关函数。如果随机过程的相关函数仅取决于时间差的绝对值 $|t_2 - t_1|$,同时观测时长远大于相关时间,并且函数 $s(t)$ 及其导数在 $t = 0$ 和 $t = T$ 处均为零,则有可能利用傅里叶变换得到积分方程式(12.8)的近似解。对如下方程的左、右两边进行傅里叶变换

$$\int_{-\infty}^\infty R(t - \tau)\tilde{v}(\tau) \, d\tau = s(t) \tag{12.23}$$

然后利用傅里叶反变换,不难得到

$$\tilde{v}(t) = \frac{1}{2\pi}\int_{-\infty}^\infty \frac{\mathbf{S}(\omega)}{S(\omega)}\exp\{j\omega t\} \, d\omega \tag{12.24}$$

式中:$S(\omega)$ 为相关函数 $R(\tau)$ 的傅里叶变换,$\mathbf{S}(\omega)$ 为函数 $s(t)$ 的数学期望的傅里叶变换,二者的定义分别为

$$S(\omega) = \int_{-\infty}^\infty R(\tau)\exp\{-j\omega\tau\} \, d\tau \tag{12.25}$$

$$\mathbf{S}(\omega) = \int_{-\infty}^{\infty} s(t)\exp\{-\mathrm{j}\omega t\}\,\mathrm{d}t \tag{12.26}$$

傅里叶反变换的对应公式如下：

$$R(\tau) = \frac{1}{2\pi}\int_{-\infty}^{\infty} S(\omega)\exp\{\mathrm{j}\omega\tau\}\,\mathrm{d}\omega \tag{12.27}$$

$$s(t) = \frac{1}{2\pi}\int_{-\infty}^{\infty} \mathbf{S}(\omega)\exp\{\mathrm{j}\omega t\}\,\mathrm{d}\omega \tag{12.28}$$

如果函数 $s(t)$ 及其导数在 $t=0$ 和 $t=T$ 处不为零，并且函数 $\mathbf{S}(\omega)$ 是关于 ω^2 的 p 阶和 d 阶多项式之比（$d>p$），那么就需要在 $t=0$ 和 $t=T$ 处添加冲激函数 $\delta(t)$ 及其导数 $\delta'(t)$。于是方程（12.8）就变成如下形式：

$$v(t) = \widetilde{v}(t) + \sum_{\mu=0}^{d-1}\left[b_{\mu}\delta^{\mu}(t) + c_{\mu}\delta^{\mu}(t-T)\right] \tag{12.29}$$

式中：系数 b_{μ} 和 c_{μ} 是将式（12.29）代入式（12.8）后解方程得到的系数，$\delta^{\mu}(t)$ 为冲激函数关于时间 t 的 μ 阶导数。

对于平稳随机过程，由于 $s(t)=1$，因此其功率谱密度为

$$\mathbf{S}(\omega) = 2\pi\delta(\omega) \tag{12.30}$$

根据式（12.24）和式（12.29），可得

$$v(t) = S^{-1}(\omega=0) + \sum_{\mu=0}^{d-1}\left[b_{\mu}\delta^{\mu}(t) + c_{\mu}\delta^{\mu}(t-T)\right] \tag{12.31}$$

对具有式（12.19）所示功率谱密度的平稳随机过程，可知 $d=1$，于是上式可写为

$$v(t) = \frac{\alpha}{2\sigma^2} + b_0\delta(t) + c_0\delta(t-T) \tag{12.32}$$

将式（12.13）和式（12.32）代入式（12.11），可得

$$0.5\left[\alpha\int_0^T\exp\{-\alpha|t-\tau|\}\,\mathrm{d}\tau + b_0\sigma^2\exp\{-\alpha t\} + c_0\sigma^2\exp\{-\alpha(T-t)\}\right] = 1$$

$$\tag{12.33①}$$

---

① 译文中公式与原文相同，但原文中式（12.13）和式（12.32）代入式（12.11）后，求得的式（12.33）应为

$$0.5\left[\alpha\int_0^T\exp\{-\alpha|t-\tau|\}\,\mathrm{d}\tau\right] + b_0\sigma^2\exp\{-\alpha t\} + c_0\sigma^2\exp\{-\alpha(T-t)\} = 1$$，后续的式（12.34）应为

$$(b_0\sigma^2 - 0.5)\exp\{-\alpha t\} + (c_0\sigma^2 - 0.5)\exp\{-\alpha(t-T)\} = 0$$，求得的 $b_0 = c_0 = 0.5\sigma^{-2}$，相应的式（12.17）应为 $v(t) = \dfrac{\alpha}{2\sigma^2} + \dfrac{1}{2\sigma^2}[\delta(t) + \delta(T-t)]$——译者注。

将积分限划分为 $0 \leqslant \tau < t$ 和 $t \leqslant \tau \leqslant T$ 两个区间,积分可得

$$(b_0\sigma^2 - 1)\exp\{-\alpha t\} + (c_0\sigma^2 - 1)\exp\{-\alpha(t - T)\} = 0 \quad (12.34)$$

当 $\exp\{-\alpha t\}$ 项和 $\exp\{-\alpha(t-T)\}$ 项的系数均等于零时,上式成立,于是求得 $b_0 = c_0 = \sigma^{-2}$。将 b_0 和 c_0 代入式(12.32),可得到式(12.17)。

现在分析式(12.9)中的指数函数,有

$$\rho_1^2 = \int_0^T s(t)v(t)\,\mathrm{d}t \quad (12.35)$$

表示的是确定性分量,或者说就是待估计参数 $E_0 = 1$ 时所对应的信号。而随机分量

$$\int_0^T x_0(t)v(t)\,\mathrm{d}t \quad (12.36)$$

表示的是噪声分量。根据式(12.8)可得噪声分量的方差为

$$\left\langle \left[\int_0^T x_0(t)v(t)\,\mathrm{d}t\right]^2 \right\rangle = \int_0^T\int_0^T \langle x_0(t_1)x_0(t_2)\rangle v(t_1)v(t_2)\,\mathrm{d}t_1\mathrm{d}t_2 = \int_0^T s(t)v(t)\,\mathrm{d}t = \rho_1^2$$

$$(12.37)$$

从式(12.37)可以看出,ρ_1^2 是信号功率与噪声功率之比,因此可以认为式(12.37)就是待估计参数 $E_0 = 1$ 时的信噪比。

12.2 数学期望的最大似然估计

对于式(12.9)给出的观测随机过程的条件函数,通过求解关于参数 E 的似然方程,可得数学期望的估计为

$$E_E = \frac{\displaystyle\int_0^T x(t)v(t)\,\mathrm{d}t}{\displaystyle\int_0^T s(t)v(t)\,\mathrm{d}t} \quad (12.38)$$

对于平稳随机过程,式(12.38)可简化为

$$E_E = \frac{\displaystyle\int_0^T x(t)v(t)\,\mathrm{d}t}{\displaystyle\int_0^T v(t)\,\mathrm{d}t} \quad (12.39)$$

当对数学期望进行估计时,如果 $T\tau_{\mathrm{cor}}^{-1} \to \infty$,则可忽略随机过程及其导数在 $t=0$ 和 $t=T$ 处的取值,或者说可以认为如下近似正确:

$$v(t) = S^{-1}(\omega = 0) \quad (12.40)$$

于是可得平稳随机过程数学期望估计的渐近公式为

$$E_E = \lim_{T \to \infty} \frac{1}{T} \int_0^T x(t) \, dt \qquad (12.41)$$

在随机过程理论中,上式广泛用于对具有任意概率分布函数的各态历经随机过程的数学期望进行估计。对于 $T\tau_{cor}^{-1}$ 较大但仍取有限值的情况,进行数学期望估计时也可忽略随机过程及其导数在 $t=0$ 及 $t=T$ 处的取值对计算结果的影响,于是可得:

$$E_E \approx \frac{1}{T} \int_0^T x(t) \, dt \qquad (12.42)$$

对于高斯随机过程,式(12.42)的数学期望估计是最佳估计,对于非高斯型随机过程,如果估计是线性的,式(12.42)也是最佳估计。若对数学期望的先验取值区间不作任何限制,则式(12.38)和式(12.39)成立。根据式(12.38)可以设计出随机过程数学期望估计器的最佳结构(见图12.1),其主要工作环节是用 $v(t)$ 对接收实现 $x(t)$ 加权然后进行线性积分,而权重 $v(t)$ 是积分方程式(12.8)的解。在 $t=T$ 时刻,除法器给出估计结果。

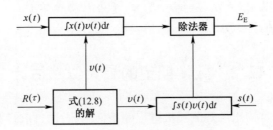

图 12.1　数学期望估计器的最佳结构

如欲获得数学期望估计的当前值,就要把式(12.38)的积分限分别取为 $t-T$ 和 t,于是可得

$$E_E(t) = \frac{\int_{t-T}^t x(\tau) v(\tau) \, d\tau}{\int_{t-T}^t s(\tau) v(\tau) \, d\tau} \qquad (12.43)$$

上述加权积分可以使用线性滤波器完成,该滤波器的冲激响应满足:

$$v(\tau) = h(t - \tau) \text{ 或者 } h(\tau) = v(t - \tau) \qquad (12.44)$$

将冲激函数代入式(12.43)以取代 $v(t)$,并引入新变量 $t - \tau = z$,于是式(12.43)变为

$$E_E(t) = \frac{\int_0^T x(t-z)h(z)\,dz}{\int_0^T s(t-z)h(z)\,dz} \tag{12.45}$$

式(12.45)中的积分项分别是 $x(t)$ 和 $s(t)$ 输入到线性滤波器后的输出,该滤波器的冲激响应就是式(12.44)给出的 $h(t)$。

估计值的数学期望为

$$\langle E_E \rangle = \frac{1}{\rho_1^2}\int_0^T \langle x(t) \rangle v(t)\,dt = E_0 \tag{12.46}$$

这说明数学期望的最大似然估计既是条件无偏估计也是非条件无偏估计。数学期望估计的条件方差可以表示为

$$\mathrm{Var}\{E_E \mid E_0\} = \langle E_E^2 \rangle - \langle E_E \rangle^2 = \frac{1}{\rho_1^4}\iint_0^{TT} \langle x_0(t_1)x_0(t_2) \rangle v(t_1)v(t_2)\,dt_1dt_2 = \rho_1^{-2}$$

$$\tag{12.47}$$

这说明估计的方差是非条件的。根据式(12.38),由于高斯随机过程的积分是线性的,因此估计值 E_E 也服从高斯分布。

如果所分析的随机过程是平稳过程,且相关函数如式(12.13)所示,将式(12.17)得出的函数 $v(t)$ 值代入式(12.47),并对冲激函数进行积分,可得

$$\mathrm{Var}\{E_E\} = \frac{2\sigma^2}{2+(T/\tau_{cor})} = \frac{2\sigma^2}{2+\alpha T} = \frac{2\sigma^2}{2+p} \tag{12.48}$$

式中,p 是对随机过程进行分析所需的时间与该随机过程相关时间之比。于是根据式(12.38),最佳估计为

$$E_E = \frac{x(0)+x(T)+\alpha\int_0^T x(t)\,dt}{2+p} \tag{12.49}$$

当 $p \gg 1$ 时,可得

$$\mathrm{Var}\{E_E\} \approx \frac{2\sigma^2}{p} \tag{12.50}$$

即使概率密度函数未知,利用式(12.48)和式(12.49)也可以得出结果。为此可将如下方程给出的结果作为估计值:

$$E^* = \int_0^T h(t)x(t)\,dt \tag{12.51}$$

式中:$h(t)$ 是满足估计的无偏性条件以及使方差最小的加权函数,其中无偏性条件为

$$\int_0^T h(t)\mathrm{d}t = 1 \tag{12.52}$$

估计的最小方差则为

$$\mathrm{Var}\{E^*\} = \int_0^T\int_0^T h(t_1)h(t_2)R(t_1,t_2)\mathrm{d}t_1\mathrm{d}t_2 \tag{12.53}$$

为了简化估计方差的计算公式,在双重积分中引入新的变量:

$$\tau = t_2 - t_1 \text{ 和 } t_1 = z \tag{12.54}$$

改变积分的次序,由于 $R(\tau) = R(-\tau)$,则有

$$\mathrm{Var}\{E^*\} = 2\int_0^T R(\tau)\int_0^{T-\tau} h(z)h(z+\tau)\mathrm{d}z\mathrm{d}\tau \tag{12.55}$$

根据文献[1],最佳权重函数 $h(t)$ 的求解就转化为解如下维纳-霍夫(Wiener-Hopf)积分方程:

$$\int_0^T h(\tau)R(\tau - s)\mathrm{d}\tau - \mathrm{Var_{min}}\{E\} = 0, 0 \leqslant s \leqslant T \tag{12.56}$$

式中:$\mathrm{Var_{min}}\{E\}$ 是以式(12.52)为约束条件的估计最小方差。不过式(12.56)的求解过程非常复杂。

对于具有式(12.14)所示相关函数的平稳随机过程和式(12.18)给出的权重函数,可推导出数学期望的最佳估计公式。将式(12.18)代入式(12.38)给出的数学期望估计公式,并进行积分可得

$$E_E = \dfrac{\dfrac{1}{T}\int_0^T x(t)\mathrm{d}t + \dfrac{2\alpha}{\omega_0^2 T}[x(0) + x(T)] + \dfrac{1}{\omega_0^2 T}[x'(0) - x'(T)]}{1 + \dfrac{4\alpha}{\omega_0^2 T}}$$

$$\tag{12.57}$$

那么数学期望估计的方差为

$$\mathrm{Var}\{E_E\} = \frac{4\alpha\sigma^2}{\omega_0^2 T + 4\alpha} \tag{12.58}$$

如果 $\alpha \ll \omega_0$ 且 $\omega_0 T \gg 1$,那么平稳高斯随机过程数学期望的估计就转化为式(12.42)所示的各态历经随机过程数学期望的经典估计公式,其方差为

$$\mathrm{Var}\{E_E\} \approx \frac{4\alpha\sigma^2}{\omega_0^2 T} \tag{12.50}$$

当 $\omega_1 = 0(\omega_0 = \alpha)$ 时,通过极限处理,式(12.14)给出的相关函数就变为

$$R(\tau) = \sigma^2\exp\{-\alpha|\tau|\}(1 + \alpha|\tau|), \tau_{cor} = \frac{2}{\alpha} \tag{12.60}$$

当用白噪声激励串联的两个 RC 回路时,式(12.60)恰好就是回路输出端平稳随机过程的相关函数,此时数学期望的估计与方差分别为

$$E_E = \cfrac{\dfrac{1}{T}\displaystyle\int_0^T x(t)\,\mathrm{d}t + \dfrac{2}{\alpha T}[x(0) + x(T)] + \dfrac{1}{\alpha^2 T}[x'(0) - x'(T)]}{1 + \dfrac{4}{\alpha T}}$$

$$(12.61)$$

$$\mathrm{Var}\{E_E\} = \frac{4\sigma^2}{\alpha T + 4} \tag{12.62}$$

即使随机过程的相关函数是其他类型的,数学期望的估计与方差之间也存在类似的关系。

在前面的讨论中,事先并未对数学期望的取值范围做任何限定。如果事先给定了数学期望取值范围的上界和下界,即

$$E_L \leqslant E \leqslant E_U \tag{12.63}$$

此时尽管数学期望本应是式(12.9)给出的似然函数取最大值时所对应的数值,但事实上估计值 $\hat{E}$ 却不能超出式(12.63)的限定范围。假设似然函数在 $E = E_E$ 处取最大值,那么如果 $E_E \leqslant E_L$ 时似然函数是 $[E_L, E_U]$ 内的单调递减函数,就应在 $E = E_L$ 处取最大值;或者 $E_E \geqslant E_U$ 时似然函数是 $[E_L, E_U]$ 内的单调递增函数,就应在 $E = E_U$ 处取最大值。因此,若事先对数学期望的取值区间进行了限定,那么估计就应是:

$$\hat{E} = \begin{cases} E_U, 若 E_E > E_U \\ E_E, 若 E_L \leqslant E_E \leqslant E_U \\ E_L, 若 E_E < E_L \end{cases} \tag{12.64}$$

基于式(12.64)给出的关系,在事先限定了数学期望取值区间的情况下,就应在最佳估计设备的结构(见图12.1)中增加具有如下特性的线性限幅器:

$$g(z) = \begin{cases} E_U, 若 z > E_U \\ z, \quad 若 E_L \leqslant z \leqslant E_U \\ E_L, 若 z < E_L \end{cases} \tag{12.65}$$

当采用具有上述传递特性 $g(z)$ 的非线性无记忆系统对高斯型随机变量的概率密度函数进行变换时,根据有关理论[2]可知数学期望估计的条件概率密度函数为

$$p(\hat{E}|E_0) = \begin{cases} P_L\delta(\hat{E}-E_L)+P_U\delta(\hat{E}-E_U)+\dfrac{1}{\sqrt{2\pi\mathrm{Var}(E_E|E_0)}}\exp\left\{-\dfrac{(\hat{E}-E_0)^2}{2\mathrm{Var}(E_E|E_0)}\right\}, \\ \qquad\qquad\qquad\qquad\qquad\qquad\qquad E_L\leqslant\hat{E}\leqslant E_U \text{ 时} \\[2mm] 0, \qquad\qquad\qquad\qquad\qquad\qquad\quad \hat{E}<E_L,\hat{E}>E_U \text{ 时} \end{cases}$$

$$\text{(12.66)}$$

式中:

$$\begin{cases} P_L = 1 - Q\left(\dfrac{E_L - E_0}{\sqrt{\mathrm{Var}(E_E \mid E_0)}}\right) \\[3mm] P_U = Q\left(\dfrac{E_U - E_0}{\sqrt{\mathrm{Var}(E_E \mid E_0)}}\right) \end{cases} \qquad\qquad \text{(12.67)}$$

式(12.67)所用到的高斯型 Q 函数[3,4] 为

$$Q(z) = \frac{1}{\sqrt{2\pi}}\int_z^\infty \exp\{-0.5y^2\}\mathrm{d}y \qquad\qquad \text{(12.68)}$$

$\mathrm{Var}(E_E|E_0)$ 是式(12.47)给出的方差,进而可得估计的条件偏差为

$$b(\hat{E}|E_0) = \langle\hat{E}\rangle - E_0 = \int_{-\infty}^\infty (\hat{E}-E_0)p(\hat{E}|E_0)\mathrm{d}\hat{E}$$

$$= P_L(E_L-E_0)+P_U(E_U-E_0)+\sqrt{\frac{\mathrm{Var}(E_E|E_0)}{2\pi}}\left\{\exp\left[-\frac{(E_L-E_0)^2}{2\mathrm{Var}(E_E|E_0)}\right]\right.$$

$$\left.-\exp\left[-\frac{(E_U-E_0)^2}{2\mathrm{Var}(E_E|E_0)}\right]\right\} \qquad\qquad \text{(12.69)}$$

因此,如果事先对数学期望的取值区间进行了限定,那么其最大似然估计就是条件有偏的。但如果最大似然估计的方差非常小($\mathrm{Var}(E_E \mid E_0) \to 0$),根据式(12.67)和式(12.69),可得如下渐近表达式:

$$\lim_{\mathrm{Var}(E_E \mid E_0)\to 0} b(E_E \mid E_0) = 0 \qquad\qquad \text{(12.70)}$$

也就是说,如果 $\mathrm{Var}(E_E|E_0)\to 0$,数学期望的最大似然估计是渐近无偏的。而如果最大似然估计的方差非常大(即 $\mathrm{Var}(E_E|E_0)\to\infty$),其偏差就趋近于

$$b(E_E \mid E_0) = 0.5(E_L + E_U - 2E_0) \qquad\qquad \text{(12.71)}$$

数学期望最大似然估计的条件离差为

$$D(E_E \mid E_0) = \int_{-\infty}^{\infty} (\hat{E} - E_0)^2 p(E_E \mid E_0) \mathrm{d}\hat{E} = P_L (E_L - E_0)^2 + P_U (E_U - E_0)^2$$

$$+ \mathrm{Var}(E_E \mid E_0)(1 - P_U - P_L) + \sqrt{\frac{\mathrm{Var}(E_E \mid E_0)}{2\pi}}$$

$$\left\{ (E_L - E_0) \exp\left[-\frac{(E_L - E_0)^2}{2\mathrm{Var}(E_E \mid E_0)} \right] \right.$$

$$\left. - (E_U - E_0) \exp\left[-\frac{(E_U - E_0)^2}{2\mathrm{Var}(E_E \mid E_0)} \right] \right\} \tag{12.72}$$

当数学期望最大似然估计的方差比较小时,即

$$\frac{\mathrm{Var}(E_E \mid E_0)}{E_U - E_L} \ll 1 , 且满足 E_L < E < E_U \tag{12.73}$$

如果将限幅区间改变为 $E_L \to -\infty$ 且 $E_U \to \infty$,那么最大似然估计的条件离差就与式(12.47)给出的估计方差相同。

当数学期望的真值等于事先设定的可能取值区间的上、下边界之一时,则下式近似成立:

$$D(E_E \mid E_0) \approx 0.5\mathrm{Var}(E_E \mid E_0) \tag{12.74}$$

也就是说,估计的离差是事先未限定区间范围时方差的一半。

如果数学期望最大似然估计的方差增大,即 $\mathrm{Var}(E_E \mid E_0) \to \infty$ 时,由于 $P_L = P_U = 0.5$,所以其条件离差就趋于有限值:

$$D(E_E \mid E_0) \to 0.5[(E_L - E_0)^2 + (E_U - E_0)^2] \tag{12.75}$$

但如果事先未对最大似然估计的可能取值进行限定的话,当 $\mathrm{Var}(E_E \mid E_0) \to \infty$ 时,其离差将趋于无穷大。

需要说明的是,尽管在前述讨论中将数学期望最大似然估计的偏差和离差看作是条件值,但它们其实与数学期望的真值 E_0 无关,所以同时也是非条件值。

对于事先限定了估计值可能取值区间的情况,下面计算数学期望最大似然估计的非条件偏差和离差。为此需先假设待估计参数的先验概率分布为区间 $[E_L, E_U]$ 内的均匀分布,并对式(12.69)和式(12.72)给出的条件特征量在待估计参数的可能取值范围内求平均。此时可以看出,估计是非条件无偏的,而且非条件离差为

$$D(\hat{E}) = \mathrm{Var}\left\{ 1 - 2Q\left[\frac{E_U - E_L}{\sqrt{\mathrm{Var}(E_E \mid E_0)}} \right] \right\} + \frac{2}{3} (E_U - E_L)^2 Q\left[\frac{E_U - E_L}{\sqrt{\mathrm{Var}(E_E \mid E_0)}} \right]$$

$$- \frac{2\mathrm{Var}(E_E \mid E_0)\sqrt{\mathrm{Var}(E_E \mid E_0)}}{3\sqrt{2\pi}(E_U - E_L)}\left\{1 - \exp\left\{-\frac{(E_U - E_L)^2}{2\mathrm{Var}(E_E \mid E_0)}\right\}\right\}$$

$$- \frac{2\sqrt{\mathrm{Var}(E_E \mid E_0)}(E_U - E_L)}{3\sqrt{2\pi}}\exp\left\{-\frac{(E_U - E_L)^2}{2\mathrm{Var}(E_E \mid E_0)}\right\}$$

$$(12.76)$$

不难看出,若方差非常小(即 $\mathrm{Var}(E_E \mid E_0) \to 0$),非条件离差就转变为事先未限定取值范围情况下的估计离差,即 $D(\hat{E}) \to \mathrm{Var}(E_E \mid E_0)$。反之若方差非常大(即 $\mathrm{Var}(E_E \mid E_0) \to \infty$),式(12.47)给出的估计离差将不断增大以至趋于无穷,而式(12.76)给出的非条件离差则趋于某个极限值,该值就是估计的先验可能取值范围的均方,即 $(E_U - E_L)^2/3$。

12.3　数学期望的贝叶斯估计:二次代价函数

与前面类似,本节的研究对象是式(12.2)给出的随机过程的实现 $x(t)$,待估计参数 E 的后验概率密度函数为

$$p_{\mathrm{post}}(E) = \frac{p_{\mathrm{prior}}(E)\exp\left\{E\int_0^T x(t)v(t)\mathrm{d}t - \frac{E^2}{2}\int_0^T s(t)v(t)\mathrm{d}t\right\}}{\int_{-\infty}^{\infty} p_{\mathrm{prior}}(E)\exp\left\{E\int_0^T x(t)v(t)\mathrm{d}t - \frac{E^2}{2}\int_0^T s(t)v(t)\mathrm{d}t\right\}\mathrm{d}E}$$

$$(12.77)$$

式中: $p_{\mathrm{prior}}(E)$ 为待估计参数的先验概率密度函数; $v(t)$ 为式(12.8)所示积分方程的解。

根据第11.4节给出的定义,贝叶斯估计 γ_E 是在给定的代价函数下,使得式(11.29)的非条件平均风险最小的估计值。对于如下二次代价函数

$$\mathscr{L}(\gamma, E) = (\gamma - E)^2 \tag{12.78}$$

来说,平均风险就等于估计的离差。那么对于观测数据中的每个特定实现,可以基于后验风险最小化来得到贝叶斯估计 γ_E:

$$\gamma_E = \int_{-\infty}^{\infty} E p_{\mathrm{post}}(E)\mathrm{d}E \tag{12.79}$$

为了给出估计值的偏差和离差等特征量,必须知道随机变量 γ_E 的一阶矩和二阶矩,但并非对于任意形式的待估计参数 E 的先验概率分布,都能得到矩的通用表达式,只有少数的几种概率分布可以得到解析表达式。为此,先分析一下待估计参数的先验概率分布为高斯分布的情况,假设

$$p_{\text{prior}}(E) = \frac{1}{\sqrt{2\pi \text{Var}_{\text{prior}}(E)}} \exp\left\{ -\frac{(E - E_{\text{prior}})^2}{2\text{Var}_{\text{prior}}(E)} \right\} \qquad (12.80)$$

式中：E_{prior} 和 $\text{Var}_{\text{prior}}(E)$ 为数学期望估计的先验均值和先验方差。将式（12.80）代入贝叶斯估计公式进行积分，可得

$$\gamma_{\text{E}} = \frac{\text{Var}_{\text{prior}}(E) \int_0^T x(t) v(t) \, \mathrm{d}t + E_{\text{prior}}}{\text{Var}_{\text{prior}}(E) \int_0^T s(t) v(t) \, \mathrm{d}t + 1} \qquad (12.81\text{a})$$

易知当 $\text{Var}_{\text{prior}}(E) \to \infty$ 时，估计的先验概率分布近似为均匀分布，那么估计结果就变成了式（12.38）所示的最大似然估计。反之，若 $\text{Var}_{\text{prior}}(E) \to 0$，估计的先验概率密度函数就演变为冲激函数 $\delta(E - E_{\text{prior}})$，此时估计 γ_{E} 自然就等于 E_{prior}。估计的数学期望可以表示为

$$\langle \gamma_{\text{E}} \rangle = \frac{\text{Var}_{\text{prior}}(E) \rho_1^2 E_0 + E_{\text{prior}}}{\text{Var}_{\text{prior}}(E) \rho_1^2 + 1} \qquad (12.81\text{b})$$

式中：ρ_1^2 由式（12.35）给出。于是估计值的条件偏差为

$$b(\gamma_{\text{E}} \mid E_0) = \langle \gamma_{\text{E}} \rangle - E_0 = \frac{E_{\text{prior}} - E_0}{\text{Var}_{\text{prior}}(E) \rho_1^2 + 1} \qquad (12.82)$$

将条件偏差关于 E_0 的所有可能值求平均，可知在二次代价函数下，当先验概率分布为高斯型时，贝叶斯估计是非条件无偏的。

估计值对应的条件离差可以表示为

$$D(\gamma_{\text{E}} \mid E_0) = \langle (\gamma_{\text{E}} - E_0)^2 \rangle = \frac{(E_{\text{prior}} - E_0)^2 + \text{Var}_{\text{prior}}^2(E) \rho_1^2}{\{ \text{Var}_{\text{prior}}^2(E) \rho_1^2 + 1 \}^2} \qquad (12.83)$$

也可看出非条件离差与非条件方差是一致的，即

$$\text{Var}(\gamma_{\text{E}}) = D(\gamma_{\text{E}}) = \frac{\text{Var}_{\text{prior}}(E)}{\text{Var}_{\text{prior}}(E) \rho_1^2 + 1} \qquad (12.84)$$

如果 $\text{Var}_{\text{prior}}(E) \rho_1^2 \gg 1$，那么贝叶斯估计的方差等于式（12.47）给出的最大似然估计的方差。反之，如果 $\text{Var}_{\text{prior}}(E) \rho_1^2 \ll 1$，则估计的方差近似为

$$\text{Var}(\gamma_{\text{E}}) \approx \text{Var}_{\text{prior}}(E) \{ 1 - \text{Var}_{\text{prior}}(E) \rho_1^2 \} \qquad (12.85)$$

当对其他类型的概率分布进行估计时，也可得到估计偏差和离差的近似公式，为此可将式（12.2）给出的实现代入式（12.77），进行变换可得

$$E \int_0^T x(t) v(t) \, \mathrm{d}t - \frac{E^2}{2} \int_0^T s(t) v(t) \, \mathrm{d}t = \rho^2 S(E) + \rho N(E) \qquad (12.86)$$

式中：

$$\rho^2 = E_0^2 \rho_1^2 \qquad (12.87)$$

$$S(E) = \frac{E(2E_0 - E)}{2E_0^2} \tag{12.88}$$

$$N(E) = \frac{E}{E_0\rho_1}\int_0^T x_0(t)v(t)\,\mathrm{d}t \tag{12.89}$$

可将此处引入的函数 $S(E)$ 和 $N(E)$ 分别称为归一化信号分量和归一化噪声分量。其中归一化方法为当 $E = E_0$ 时,函数 $S(E)$ 取最大值 0.5,即

$$S(E)_{\max} = S(E = E_0) = 0.5 \tag{12.90}$$

而噪声分量的均值为零,相关函数为

$$\langle N(E_1)N(E_2) \rangle = \frac{E_1E_2}{E_0^2} \tag{12.91}$$

于是当 $E = E_0$ 时,噪声分量的方差为

$$\langle N^2(E_0) \rangle = 1 \tag{12.92}$$

那么,随机过程数学期望的贝叶斯估计可重新写为如下形式:

$$\gamma_E = \frac{\int_{-\infty}^{\infty} Ep_{\text{prior}}(E)\exp\{\rho^2 S(\square) + \rho N(E)\}\,\mathrm{d}E}{\int_{-\infty}^{\infty} p_{\text{prior}}(E)\exp\{\rho^2 S(E) + \rho N(E)\}\,\mathrm{d}E} \tag{12.93}$$

下面分析信号极小和信号极强两种极限情况,或者说是信噪比极低和极高两种情况。

12.3.1 信噪比极低的情况 ($\rho^2 \ll 1$)

式(12.93)在信噪比极低($\rho \to 0$)时,指数函数趋于 1,因此贝叶斯估计 γ_E 就等于先验均值:

$$\gamma_E = \gamma_0 = \int_{-\infty}^{\infty} Ep_{\text{prior}}(E)\,\mathrm{d}E = E_{\text{prior}} \tag{12.94}$$

当信噪比为有限值时,差值 $\gamma_E - \gamma_0$ 并不等于零,但当 $\rho \ll 1$ 时 γ_E 将趋于 γ_0,因此,如果能以相应的近似式表示出 γ_E 与 γ_0 的差值,或者说 γ_E 与待估计参数真值 E_0 之间的差值(一般情况下 $E_{\text{prior}} \neq E_0$),那么就可以知道估计的特性。在 $\rho \ll 1$ 时,估计值 γ_E 可表示为如下近似形式[6]:

$$\gamma_E = \gamma_0 + \rho\gamma_1 + \rho^2\gamma_2 + \rho^3\gamma_3 + \cdots \tag{12.95}$$

若将式(12.93)中的指数项 $\exp\{\rho^2 S(E) + \rho N(E)\}$ 看作是 ρ 的函数,则可将其展开成关于 ρ 的 Maclaurin 级数,忽略其中阶数高于 4 的那些项,于是可得

$$\int_{-\infty}^{\infty} (\gamma_E - E) p_{prior}(E) \exp\{\rho^2 S(E) + \rho N(E)\} \,dE$$

$$= \int_{-\infty}^{\infty} (\gamma_0 - E + \rho\gamma_1 + \rho^2\gamma_2 + \rho^3\gamma_3 + \cdots) p_{prior}(E) \times$$

$$\left\{1 + \rho N(E) + \frac{1}{2}\rho^2[N^2(E) + 2S(E)] + \frac{1}{6}\rho^3[N^3(E) + 6N(E)S(E)] + \cdots\right\} dE = 0 \tag{12.96}$$

令 ρ 的同阶项的系数等于零，可得以下近似计算公式：

$$\gamma_0 = \int_{-\infty}^{\infty} E p_{prior}(E) \,dE = E_{prior} \tag{12.97}$$

$$\gamma_1 = \int_{-\infty}^{\infty} (E - E_{prior}) p_{prior}(E) N(E) \,dE \tag{12.98}$$

$$\gamma_2 = \int_{-\infty}^{\infty} (E - E_{prior}) p_{prior}(E) [0.5N^2(E) + S(E)] \,dE - \gamma_1 \int_{-\infty}^{\infty} p_{prior}(E) N(E) \,dE \tag{12.99}$$

$$\gamma_3 = \frac{1}{6} \int_{-\infty}^{\infty} (E - E_{prior}) p_{prior}(E) [N^3(E) + 6N(E)S(E)] \,dE - \gamma_2 \int_{-\infty}^{\infty} p_{prior}(E) N(E) \,dE$$

$$- \gamma_1 \int_{-\infty}^{\infty} p_{prior}(E) [0.5N^2(E) + S(E)] \,dE \tag{12.100}$$

为了给出估计偏差和离差的近似值，需要知道近似值 γ_1、γ_2 和 γ_3 的相应矩。由于随机过程 $x(t)$ 的所有奇数阶矩均等于零，那么有

$$\langle \gamma_1 \rangle = \langle \gamma_3 \rangle = 0 \tag{12.101}$$

$$\langle \gamma_2 \rangle = \frac{Var_{prior}(E_0 - E_{prior})}{E_0^2} \tag{12.102}$$

$$\langle \gamma_1^2 \rangle = \frac{Var_{prior}^2}{E_0^2} \tag{12.103}$$

式中：

$$Var_{prior} = \int_{-\infty}^{\infty} E^2 p_{prior}(E) \,dE - E_{prior}^2 \tag{12.104}$$

是先验分布的方差。

根据式（12.101）至式（12.104），可得估计的条件偏差为

$$b(\gamma_E \mid E_0) = E_{\text{prior}} + \rho^2 \text{Var}_{\text{prior}} \frac{E_0 - E_{\text{prior}}}{E_0^2} - E_0 = (E_{\text{prior}} - E_0)(1 - \rho_1^2 \text{Var}_{\text{prior}})$$

$$(12.105)$$

信噪比极低($\text{Var}_{\text{prior}} \rho_1^2 \ll 1$)情况下的条件偏差公式与式(12.82)是近似一致的。可以看出,当对 E_0 的所有可能取值求平均后,数学期望的估计是非条件无偏的。

忽略 ρ 的 4 阶及更高阶,条件离差可以近似表示为

$$D(\gamma_E \mid E_0) = \langle (\gamma_E - E_0)^2 \rangle \approx (E_{\text{prior}} - E_0)^2 + \rho^2 [\langle \gamma_1^2 \rangle + 2(E_{\text{prior}} - E_0)\langle \gamma_2 \rangle]$$

$$(12.106)$$

将已获得的矩代入上式,可得

$$D(\gamma_E \mid E_0) \approx (E_{\text{prior}} - E_0)^2 (1 - 2\text{Var}_{\text{prior}} \rho_1^2) + \rho_1^2 \text{Var}_{\text{prior}}^2 \quad (12.107)$$

根据 $p_{\text{prior}}(E)$ 所对应的先验概率密度函数 $p_{\text{prior}}(E_0)$,将式(12.107)对待估计参数 E_0 的所有可能取值求平均,即可得出近似式(12.85)给出的数学期望估计的非条件离差。

12.3.2 信噪比极高的情况($\rho^2 \gg 1$)

式(12.93)给出的随机过程数学期望的贝叶斯估计可以写成:

$$\gamma_E = \frac{\int_{-\infty}^{\infty} E p_{\text{prior}}(E) \exp\{-\rho^2 Z(E)\} \mathrm{d}E}{\int_{-\infty}^{\infty} p_{\text{prior}}(E) \exp\{-\rho^2 Z(E)\} \mathrm{d}E} \quad (12.108)$$

式中:

$$Z(E) = [S(E_E) + \rho^{-1} N(E_E)] - [S(E) + \rho^{-1} N(E)] \quad (12.109)$$

E_E 是式(12.38)给出的最大似然估计。可以看出,在最大似然点 $E = E_E$ 处,函数 $Z(E)$ 取最小值零,即此时 $Z(E) = 0$ 。

当信噪比极高时,可用渐近拉普拉斯公式[7]计算式(12.108)中的积分,即

$$\lim_{\lambda \to \infty} \int_a^b \varphi(x) \exp\{\lambda h(x)\} \mathrm{d}x \approx \sqrt{\frac{2\pi}{\lambda h''(x_0)}} \exp\{\lambda h(x_0)\} \varphi(x_0)$$

$$(12.110)$$

式中: $a < x_0 < b$ 且函数 $h(x)$ 在 $x = x_0$ 处取最大值。

将式(12.110)代入式(12.108),可得 $\gamma_E \approx E_E$ 。因此,当信噪比极高时,随机过程数学期望的贝叶斯估计就是最大似然估计。

12.4 数学期望估计方法的应用

随机过程数学期望的最佳估计方法,需要精确且完全已知该随机过程的相关统计特征量,但实际应用中这一条件往往难以满足,因此通常采用的是基于式(12.51)的各种非最佳方法。那么在选择权重函数时,就应使估计的方差渐近趋于最佳估计的方差。

假设估计值的定义如下:

$$E^* = \int_0^T h(t)x(t)\,\mathrm{d}t \tag{12.111}$$

权重函数 $h(t)$ 通常为如下形式:

$$h(t) = \begin{cases} T^{-1}, & 0 \leqslant t \leqslant T \\ 0, & t < 0 \text{ 或 } t > T \end{cases} \tag{12.112}$$

那么随机过程数学期望的估计值可以表示为

$$E^* = \frac{1}{T}\int_0^T x(t)\,\mathrm{d}t \tag{12.113}$$

式(12.113)的估计方法与式(12.42)给出的近似式是一致的,其中后者是在观测时长远大于该随机过程相关时间的条件下,基于最佳估计准则得到的。按照式(12.113)的准则进行工作的设备称为理想积分器。

数学期望估计的方差为

$$\mathrm{Var}(E^*) = \frac{1}{T^2}\int_0^T\int_0^T R(t_2 - t_1)\,\mathrm{d}t_1\,\mathrm{d}t_2 \tag{12.114}$$

通过引入新变量 $\tau = t_2 - t_1$ 和 $t_2 = t$,可将双重积分变换为

$$\mathrm{Var}(E^*) = \frac{1}{T^2}\int_0^T\left\{\int_{-t}^0 R(\tau)\,\mathrm{d}\tau + \int_0^{T-t} R(\tau)\,\mathrm{d}\tau\right\}\mathrm{d}t \tag{12.115}$$

其积分区域如图 12.2 所示。改变积分次序,可得

$$\mathrm{Var}(E^*) = \frac{2}{T}\int_0^T\left(1 - \frac{\tau}{T}\right)R(\tau)\,\mathrm{d}\tau \tag{12.116}$$

如果观测区间 $[0,T]$ 的时长远大于相关时间 τ_{cor},则可将积分上限改为无穷大,同时忽略积分项中远小于 1 的 τ/T,于是可得

$$\mathrm{Var}(E^*) = \frac{2\mathrm{Var}(E_{\mathrm{E}} \mid E_0)}{T}\int_0^\infty \Re(\tau)\,\mathrm{d}\tau \tag{12.117}$$

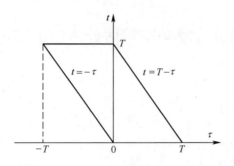

图 12.2　积分区域

如果归一化相关函数 $\Re(\tau)$ 关于变量 τ 是符号不变的函数,则式(12.117)可改写为更简单直观的形式:

$$\mathrm{Var}(E^*) = \frac{2\mathrm{Var}(E_E \mid E_0)}{T} \tau_{\mathrm{cor}} \tag{12.118}$$

于是当理想积分器的积分时间远大于随机过程的相关时间时,只需知道方差的取值以及观测时长与相关时间之比,即可计算出随机过程数学期望估计的方差。

如果归一化相关函数关于变量 τ 是变符号的函数,则有

$$\int_0^T \mid \Re(\tau) \mid \mathrm{d}\tau > \int_0^\infty \Re(\tau) \mathrm{d}\tau \tag{12.119}$$

那么当 $T \gg \tau_{\mathrm{cor}}$ 时,无论平稳随机过程的相关函数为哪种形式,数学期望估计的方差均满足下式:

$$\mathrm{Var}(E^*) \leqslant \frac{2\mathrm{Var}(E_E \mid E_0)}{T} \tau_{\mathrm{cor}} \tag{12.120}$$

当 $T \gg \tau_{\mathrm{cor}}$ 时,数学期望估计的方差可用随机过程的功率谱密度 $S(\omega)$ 进行表示,其中功率谱密度与相关函数之间存在式(12.25)和式(12.27)给出的傅里叶变换对应关系。于是式(12.117)给出的数学期望估计的方差可表示为

$$\mathrm{Var}(E^*) \approx \frac{1}{T} \int_{-\infty}^\infty R(\tau) \mathrm{d}\tau = \frac{1}{T} \int_{-\infty}^\infty S(\omega) \left\{ \frac{1}{2\pi} \int_{-\infty}^\infty \exp\{\mathrm{j}\omega\tau\} \mathrm{d}\tau \right\} \mathrm{d}\omega \tag{12.121}$$

由于

$$\delta(\omega) = \frac{1}{2\pi} \int_{-\infty}^\infty \exp\{\mathrm{j}\omega\tau\} \mathrm{d}\tau \tag{12.122}$$

于是可得

382

$$\mathrm{Var}(E^*) \approx \frac{1}{T}S(\omega)\mid_{\omega=0} \tag{12.123}$$

那么,当使用理想积分器作为平滑电路时,随机过程数学期望估计的方差与该随机过程中的起伏分量在 $\omega=0$ 处的功率谱密度值成正比,或者说此时数学期望估计的方差可由零频处的功率谱分量给出。为了得到数学期望估计的当前取值,并对较长观测时间内随机过程的实现进行分析,采用如下估计:

$$E^*(t) = \int_0^t h(\tau)x(\tau)\mathrm{d}\tau \tag{12.124}$$

显然,这一估计与式(12.111)给出的估计具有相同的统计特性。

实际工作中,会采用具有如下冲激响应的线性时不变低通滤波器

$$h(t) = \begin{cases} h(t) & \text{当 } t \geq 0 \\ 0 & \text{当 } t < 0 \end{cases} \tag{12.125}$$

作为平均装置。此时,考虑到估计的无偏性,低通滤波器输出端的随机过程可用如下公式进行表示:

$$E^*(t) = c\int_0^T h(\tau)x(t-\tau)\mathrm{d}\tau \tag{12.126}$$

其中,常系数 c 可由式(12.127)给出:

$$c = \frac{1}{\int_0^T h(\tau)\mathrm{d}\tau} \tag{12.127}$$

如果观测时刻与随机过程出现在低通滤波器输入端的时刻之差远大于该随机过程的相关时间 τ_{cor} 和低通滤波器的时间常数,那么可得

$$E^*(t) = \frac{\int_0^\infty h(t-\tau)x(\tau)\mathrm{d}\tau}{\int_0^\infty h(\tau)\mathrm{d}\tau} \tag{12.128}$$

随机过程数学期望估计的方差为

$$\mathrm{Var}(E^*) = c^2\int_0^T\int_0^T R(\tau_1-\tau_2)h(\tau_1)h(\tau_2)\mathrm{d}\tau_1\mathrm{d}\tau_2 \tag{12.129}$$

引入新变量 $\tau_1-\tau_2=\tau$ 和 $\tau_2=t$,并改变积分次序,那么数学期望估计的方差可以表示为

$$\mathrm{Var}(E^*) = 2c^2\int_0^T R(\tau)r_h(\tau)\mathrm{d}\tau \tag{12.130}$$

如果 $T \gg \tau_{\text{cor}}$,则可将积分上限改为无穷大,而式(12.130)中引入的函数为

$$r_h(\tau) = \int_0^{T-\tau} h(t)h(t+\tau)\mathrm{d}t, \tau > 0 \qquad (12.131)$$

对于冲激响应为 $h(t)$ 的滤波器,当在其输入端用相关函数 $R(\tau) = \delta(\tau)$ [8] 的白噪声进行激励时, $r_h(\tau)$ 就是该滤波器输出的随机过程的相关函数。

如果低通滤波器的输入过程是平稳的,也就是若输入随机过程的激励持续时间远大于低通滤波器的时间常数的话,随机过程数学期望估计的方差可以表示为

$$\text{Var}(E^*) = \frac{1}{2\pi}\int_{-\infty}^{\infty} S(\omega)\mid \mathbf{S}(\mathrm{j}\omega)\mid^2\mathrm{d}\omega \qquad (12.132)$$

其中,功率谱密度

$$\mathbf{S}(\mathrm{j}\omega) = \int_0^{\infty} h(t)\exp\{-\mathrm{j}\omega t\}\mathrm{d}t \qquad (12.133)$$

表示的是低通滤波器冲激响应的傅里叶变换,或者说是该滤波器的频率特性。

下面分析一个例子,该例利用冲激响应为式(12.112)的理想积分器以及冲激响应如下的 RC 回路对随机过程进行平均,

$$h(t) = \begin{cases} \beta\exp\{-\beta t\} & \text{当 } 0 \leqslant t \leqslant T \\ 0 & \text{当 } t < 0, t > T \end{cases} \qquad (12.134)$$

其中理想积分器和 RC 回路的频率特性分别为

$$\mathbf{S}(\mathrm{j}\omega) = \frac{1 - \exp\{-\mathrm{j}\omega T\}}{\mathrm{j}\omega T} \qquad (12.135)$$

$$\mathbf{S}(\mathrm{j}\omega) = \frac{\beta\{1 - \exp\{-(\beta + \mathrm{j}\omega)T\}\}}{\beta + \mathrm{j}\omega} \qquad (12.136)$$

下面对数学期望估计的归一化方差 $\text{Var}(E^*)/\sigma^2$(将其看作是比值 T/τ_{cor} 的函数)进行分析。

如果平稳随机过程具有式(12.13)所示的指数型相关函数,而且其参数 α 与相关时间成反比,即

$$\alpha = \frac{1}{\tau_{\text{cor}}} \qquad (12.137)$$

将式(12.13)代入式(12.116)和式(12.130),可得对于理想积分器和 RC 回路,所得数学期望估计的归一化方差分别为

$$\frac{\text{Var}_1(E^*)}{\sigma^2} = \frac{2}{p^2}[p - 1 + \exp\{-p\}] \qquad (12.138)$$

$$\frac{\mathrm{Var}_2(E^*)}{\sigma^2} = \lambda \frac{1 - \lambda + 2\lambda \exp\{-p(1+\lambda)\} - (1+\lambda)\exp\{-2p\lambda\}}{(1-\lambda^2)[1-\exp\{-\lambda p\}]^2}$$

$$(12.139)$$

式中:

$$p = \alpha T = \frac{T}{\tau_{\mathrm{cor}}} \text{ 和 } \lambda = \frac{\beta}{\alpha} = \frac{\tau_{\mathrm{cor}}}{\tau_{\mathrm{RC}}} \qquad (12.140)$$

分别是观测时长与相关时间之比以及相关时间与 RC 滤波器时间常数之比,其中 RC 滤波器时间常数 τ_{RC} 的定义与相关时间的定义类似(见式(12.21))。

如果观测时长较大,或者说 RC 回路满足条件 $\lambda p \gg 1$ 时,数学期望估计的归一化方差将主要受 RC 滤波器的限制,即

$$\frac{\mathrm{Var}_2(E^*)}{\sigma^2} \approx \frac{\lambda}{1+\lambda} \qquad (12.141)$$

如果 $\lambda \ll 1$,或者说该随机过程的频谱宽度远大于 RC 滤波器的带宽时,可以认为 RC 滤波器的作用跟理想积分器相同,于是在极限情况下($\lambda \to 0$ 时),估计方差的式(12.139)在形式上与式(12.138)一样。

图 12.3 给出了归一化数学期望估计方差 $\mathrm{Var}(E^*)/\sigma^2$ 随观测时长与相关时间之比的变化曲线,其中实线对应理想积分器,虚线对应 RC 滤波器,而且给出了不同 λ 所对应的不同曲线。从图 12.3 可以看出,理想积分器的估计方差随着观测时长的增加线性下降,而 RC 滤波器的估计方差则受式(12.141)给出的数值限制,当 $\lambda \ll 1$ 时,归一化方差的极限值就等于相关时间与 RC 滤波器的时间常数之比。

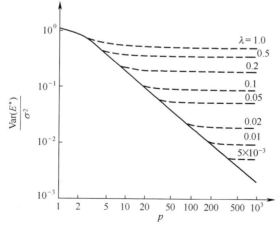

图 12.3 不同 λ 值对应的归一化数学期望估计方差随 p 的变化曲线

将理想积分器给出的数学期望估计与最佳估计进行对比(后者的方差 Var (E_E) 可由式(12.48)得出),两相比较可得方差的相对增加率为

$$\kappa = \frac{\mathrm{Var}_1(E^*) - \mathrm{Var}(E_E)}{\mathrm{Var}(E_E)} = \frac{(2+p)[p-1+\exp\{-p\}]}{p^2} - 1$$

(12.142)

方差的相对增加率随 T/τ_{cor} 的变化情况如图 12.4 所示,可以看出对于相关函数为式(12.13)的随机过程,观测时长较大时,理想积分器给出的数学期望估计与最佳估计相比,方差的相对增加率小于 0.01。另外,方差相对增加率的最大值为 0.14(在 $p \approx 2.7$ 处),其原因在于当观测时长较小时,最佳估计相比于理想积分器给出的估计,方差的下降速度更快。但不出所料的是,当 $p \to \infty$ 时,两种估计是等效的。

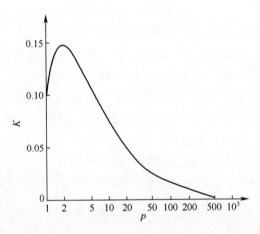

图 12.4　方差的相对增加率随 T/τ_{cor} 的变化关系

假定利用理想积分器对随机过程的数学期望进行估计,下面分析当随机过程的归一化相关函数为下面常见的几类时,数学期望估计的归一化方差。首先分析用白噪声激励两个线性 RC 滤波器级联的情况,此时归一化相关函数为

$$R(\tau) = (1 + \alpha|\tau|)\exp\{-\alpha|\tau|\}, \alpha = \frac{1}{RC}$$ （12.143）

那么数学期望估计的归一化方差为

$$\frac{\mathrm{Var}_3(E^*)}{\sigma^2} = \frac{2[2p_1 - 3 + (3 + p_1)\exp\{-p_1\}]}{p_1^2}$$ （12.144）

式中:

$$p_1 = \alpha T = \frac{2}{\tau_{\mathrm{cor}}}T \text{ 和 } \tau_{\mathrm{cor}} = \frac{2}{\alpha}$$ （12.145）

很多随机过程的归一化相关函数可近似表示为

$$R(\tau) = \exp\{-\alpha \mid \tau \mid\}\cos\widetilde{\omega}\tau \tag{12.146}$$

根据参数 α 和 $\widetilde{\omega}$ 之间的关系,归一化相关函数式(12.146)既可以表示低频随机过程(当 $\alpha \gg \widetilde{\omega}$ 时),也可以表示高频随机过程(当 $\alpha \ll \widetilde{\omega}$ 时)。当随机过程的归一化相关函数为式(12.146)时,其数学期望估计的归一化方差为:

$$\frac{\mathrm{Var}_4(E^*)}{\sigma^2} = \frac{2[p_1(1+\eta^2)-(1-\eta)^2]+2\exp\{-p_1\}[(1-\eta^2)\cos p_1\eta - 2\eta\sin p_1\eta]}{p_1^2(1+\eta^2)^2} \tag{12.147}$$

式中: $\eta = \widetilde{\omega}\alpha^{-1}$。当 $\widetilde{\omega} = 0(\eta = 0)$ 时,式(12.147)变成式(12.138)。式(12.138)是当随机过程的指数型相关函数为式(12.13)时,理想积分器给出的数学期望估计值的归一化方差。如果 $\widetilde{\omega} = \alpha$,式(12.147)可简化为

$$\frac{\mathrm{Var}_4(E^*)}{\sigma^2} = \frac{p_1 - \exp\{-p_1\}\sin p_1}{p_1^2} \tag{12.148}$$

对于式(12.14)给出的相关函数,随机过程数学期望估计的归一化方差为

$$\frac{\mathrm{Var}_5(E^*)}{\sigma^2} = \frac{2[2p_1(1+\eta_1^2)-(3-\eta_1^2)]+2\exp\{-p_1\}[(3-\eta_1^2)\cos p_1\eta_1 - 3\eta_1 + \eta_1^{-1}\sin(p_1\eta_1)]}{p_1^2(1+\eta_1^2)^2} \tag{12.149}$$

式中: $\eta_1 = \widetilde{\omega}\alpha^{-1}$。当 $\widetilde{\omega}_1 \to 0(\eta_1 \to 0)$ 时,式(12.14)就变为式(12.143),从而式(12.149)变为式(12.144)。

在不同参数 η 下,式(12.144)、式(12.147)和式(12.149)给出的数学期望估计的归一化方差随参数 p_1 的变化情况如图12.5所示。从图中可以看出,当参数 p_1 取值相同时,归一化方差随着 η 的增大而减小,而 η 的增大表示该随机过程中存在着准谐波分量。

上述讨论的数学期望测量方法都假设观测过程中未对随机过程的瞬时值进行限幅,而采取限幅措施会带来额外的误差。

假定以瑞利随机过程作为限幅器的激励信号,下面分别分析对称型无记忆限幅器(见图12.6)和非对称型无记忆限幅器(见图12.7)给出的估计偏差和方差。此时假设利用式(12.113)对数学期望进行估计,并以 $y(t) = g[x(t)]$ 代替 $x(t)$,其中 $g(t)$ 是变换的特征函数。为利用式(12.116)得到数学期望估计的方差,需将相关函数 $R(\tau)$ 替换为 $R_y(\tau)$,即

$$R_y(\tau) = \int_{-\infty}^{\infty}\int_{-\infty}^{\infty} g(x_1)g(x_2)p_2(x_1,x_2;\tau)\mathrm{d}x_1\mathrm{d}x_2 - E_y^2 \tag{12.150}$$

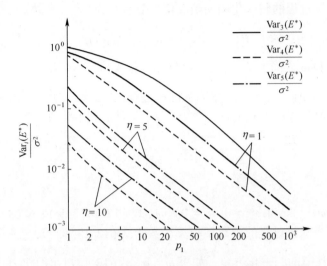

图 12.5　不同参数 η 下，归一化方差随参数 p_1 的变化情况

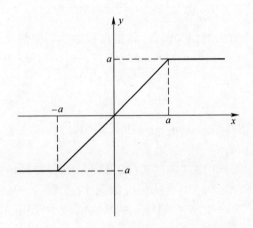

图 12.6　对称型无记忆限幅器的性能曲线

若用高斯随机过程激励图 12.6 的非线性装置，该装置的转移函数为

$$y = g(x) = \begin{cases} a & 若\ x > a \\ x & 若\ -a \leqslant x \leqslant a \\ -a & 若\ x < -a \end{cases} \tag{12.151}$$

那么估计的偏差为

$$b(E^*) = \int_{-\infty}^{\infty} g(x)p(x)\,\mathrm{d}x - E_0 = -a\int_{-\infty}^{-a} p(x)\,\mathrm{d}x + \int_{-a}^{a} xp(x)\,\mathrm{d}x + a\int_{a}^{\infty} p(x)\,\mathrm{d}x - E_0 \tag{12.152}$$

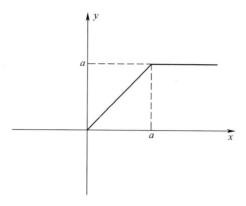

图 12.7 非对称型无记忆限幅器的性能曲线

将高斯随机过程的一维概率密度函数

$$p(x) = \frac{1}{\sqrt{2\pi \mathrm{Var}(x)}} \exp\left\{ -\frac{(x - E_0)^2}{2\mathrm{Var}(x)} \right\} \tag{12.153}$$

代入式(12.152),可得随机过程数学期望估计的偏差如下:

$$b(E^*) = \sqrt{\mathrm{Var}(x)} \left\{ \mathcal{X}[Q(\mathcal{X} - q) - Q(\mathcal{X} + q)] - q[Q(\mathcal{X} + q) + Q(\mathcal{X} - q)] \right.$$
$$\left. + \frac{1}{\sqrt{2\pi}} \{ \exp[-0.5(\mathcal{X} + q)^2] - \exp[-0.5(\mathcal{X} - q)^2] \} \right\}$$

$$\tag{12.154}$$

式中:

$$\mathcal{X} = \frac{a}{\sqrt{\mathrm{Var}(x_0)}} \text{ 和 } q = \frac{E_0}{\sqrt{\mathrm{Var}(x_0)}} \tag{12.155}$$

分别是限幅门限以及数学期望与随机过程观测实现的方差平方根之比,而 $Q(x)$ 是式(12.68)给出的高斯型 Q 函数。

为利用式(12.116)和式(12.150)得到随机过程数学期望估计的方差,需将高斯随机过程的二维概率密度函数展开为如下级数形式[9]:

$$p_2(x_1, x_2; \tau) = \frac{1}{\mathrm{Var}(x)} \sum_{\nu=0}^{\infty} Q^{(\nu+1)}\left(\frac{x_1 - E_0}{\sqrt{\mathrm{Var}(x)}} \right) Q^{(\nu+1)}\left(\frac{x_2 - E_0}{\sqrt{\mathrm{Var}(x)}} \right) \frac{\Re^\nu(\tau)}{\nu!}$$

$$\tag{12.156}$$

式中:$\Re(\tau)$ 是原随机过程 $\xi(t)$ 的归一化相关函数。而

$$Q^{(\nu+1)}(z) = \frac{\mathrm{d}^\nu}{\mathrm{d}z^\nu}\left[\frac{\exp\{-0.5z^2\}}{\sqrt{2\pi}} \right], \nu = 0,1,2,\cdots \tag{12.157}$$

是高斯型 Q 函数的 $\nu+1$ 阶导数。

将式(12.156)代入式(12.150)和式(12.116)，由于

$$E_y = \frac{1}{\sigma^2} \int_{-\infty}^{\infty} g(x) Q'\left(\frac{x - E_0}{\sigma}\right) dx \qquad (12.158)$$

可得

$$\mathrm{Var}(E^*) = \frac{1}{\sigma^2} \sum_{\nu=1}^{\infty} \frac{1}{\nu!} \left\{ \int_{-\infty}^{\infty} g(x) Q^{(\nu+1)}\left(\frac{x - E_0}{\sigma}\right) dx \right\}^2 \frac{2}{T} \int_0^T \left(1 - \frac{\tau}{T}\right) \Re^{\nu}(\tau) d\tau$$

$$(12.159)$$

对括号内的积分进行计算，得

$$\mathrm{Var}(E^*) = \sigma^2 \sum_{\nu=1}^{\infty} \frac{1}{\nu!} [Q^{(\nu-1)}(\chi - q) - Q^{(\nu-1)}(-\chi - q)]^2 \frac{2}{T} \int_0^T \left(1 - \frac{\tau}{T}\right) \Re^{\nu}(\tau) d\tau$$

$$(12.160)$$

当 $\chi \to \infty$ 时，高斯型 Q 函数的导数趋于零，因此可只保留 $\nu = 1$ 的项，就得到公式 (12.116)。

在实际应用中，通常是在对瞬时值"弱"限幅的条件下进行随机过程的观测，也就是说 $(x - |q|) \geq 1.5 \sim 2$，此时式(12.160)的第一项仅需取 $\nu = 1$ 即可占据支配地位，于是有

$$\mathrm{Var}(E^*) \approx [1 - Q(\chi - q) - Q(\chi + q)]^2 \frac{2\sigma^2}{T} \int_0^T \left(1 - \frac{\tau}{T}\right) \Re(\tau) d\tau$$

$$(12.161)$$

对于式(12.161)，当限幅门限足够大时($(\chi - |q|) \geq 3$)，方括号中的项接近于1，于是可利用式(12.116)计算得到随机过程数学期望估计的方差。

实际工作中，由于瑞利随机过程在各领域应用较为广泛，因此常以这种过程作为分析对象。需要指出的是，对如下窄带高斯随机过程

$$z(t) = x(t) \cos[2\pi f_0 t + \varphi(t)] \qquad (12.162)$$

其包络服从瑞利分布。式(12.162)中 $x(t)$ 为包络，$\varphi(t)$ 为随机过程的相位。

只有当窄带随机过程的功率谱集中在中心频率为 f_0、带宽为 Δf 的较窄范围之内，并且满足 $f_0 \gg \Delta f$ 时，才可以用式(12.162)的表达式。如果功率谱密度具有对称性，那么平稳窄带随机过程的相关函数可表示为

$$R_z(\tau) = \sigma^2 \Re(\tau) \cos(2\pi f_0 \tau) \qquad (12.163)$$

一维瑞利分布的概率密度函数可以表示为

$$f(x) = \frac{x}{\sigma^2} \exp\left\{-\frac{x^2}{2\sigma^2}\right\}, x \geq 0 \qquad (12.164)$$

瑞利随机过程的一、二阶原点矩和归一化相关函数分别为

$$\begin{cases} \langle \xi(t) \rangle = \sqrt{\dfrac{\pi}{2}\sigma^2} \\ \langle \xi^2(t) \rangle = 2\sigma^2 \\ \rho(\tau) \approx \Re^2(\tau) \end{cases} \tag{12.165}$$

如果对瑞利随机过程进行如下式所示的非线性变换(见图 12.7)

$$y = g(x) = \begin{cases} a & \text{当 } x > a \\ x & \text{当 } 0 \leqslant x \leqslant a \end{cases} \tag{12.166}$$

那么数学期望估计的偏差为

$$b(E^*) = E_y - E_0 = \int_0^\infty g(x) f(x) \, dx - E_0 = \sqrt{2\pi\sigma^2}\, Q(\chi) \tag{12.167}$$

式中:χ 由式(12.155)给出。当 $\chi \to \infty$ 时,数学期望估计是无偏的。

对于瑞利随机过程,利用式(12.116)和式(12.150)计算数学期望估计方差的难度非常大。但如果仅仅是为了获得估计方差的初步近似结果,显然,只要满足 $\chi \geqslant 2 \sim 3$,式(12.116)就是成立的。这一情况与弱限幅条件下对于高斯过程的处理是类似的。

12.5　基于随机过程采样值的数学期望估计

实际工作中,通常是在采样之后利用数字装置对随机过程的参数进行测量。这种情况下,无法利用随机过程采样点之外的那部分信息。

假设在离散时刻 t_i 对高斯随机过程 $\xi(t)$ 进行观测,那么数字测量装置的输入就是一系列的采样点 $x_i = x(t_i)$,$(i = 1,2,\cdots,N)$。通常情况下,对随机过程进行采样的间隔 $\Delta = t_{i+1} - t_i$ 是相等的。每个采样取值可以表示为

$$x_i = E_i + x_{0i} = E s_i + x_{0i} \tag{12.168}$$

与式(12.2)一样,此处 $E_i = E s_i = E s(t_i)$ 是数学期望,$x_{0i} = x_0(t_i)$ 是时刻 $t = t_i$ 处零均值高斯随机过程的实现。采样所得到的一系列采样值 x_i 服从条件 N 维概率密度函数,即

$$f_N(x_1,\cdots,x_N \mid E) = \frac{1}{(2\pi)^{-0.5N}\sqrt{\det \| R_{ij} \|}} \exp\Big\{ -0.5 \sum_{i=1}^N \sum_{j=1}^N (x_i - E_i)(x_j - E_j) C_{ij} \Big\}$$

$$\tag{12.169}$$

式中:$\det \| R_{ij} \|$ 为 $N \times N$ 阶相关矩阵 $\| R_{ij} \| = \boldsymbol{R}$ 的行列式,C_{ij} 为矩阵 $\| C_{ij} \| = \boldsymbol{C}$ 的元素,而矩阵 $\boldsymbol{C}$ 是相关矩阵的逆矩阵,元素 C_{ij} 由如下方程给出,即

$$\sum_{l=1}^N C_{il} R_{lj} = \delta_{ij} = \begin{cases} 1 & \text{若 } i = j \\ 0 & \text{若 } i \neq j \end{cases} \tag{12.170}$$

式(12.169)中的条件多维概率密度函数是随机过程参数 E 的多维似然函数。对关于参数 E 的似然方程求解,可得随机过程数学期望的估计为

$$E_E = \frac{\sum_{i=1,j=1}^{N} x_i s_j C_{ij}}{\sum_{i=1,j=1}^{N} s_i s_j C_{ij}} \qquad (12.171)$$

为了对式(12.171)进行化简,引入如下权重系数:

$$v_i = \sum_{j=1}^{N} s_j C_{ij} \qquad (12.172)$$

与式(12.7)给出的函数 $v(t)$ 类似,权重系数应满足如下方程组:

$$\sum_{l=1}^{N} R_{il} v_l = s_i, i = 1, 2, \cdots, N \qquad (12.173)$$

于是可将数学期望的估计表示为

$$E_E = \frac{\sum_{i=1}^{N} x_i v_i}{\sum_{i=1}^{N} s_i v_i} \qquad (12.174)$$

估计的均值为

$$\langle E_E \rangle = \frac{\sum_{i=1}^{N} \langle x_i \rangle v_i}{\sum_{i=1}^{N} s_i v_i} = E_0 \qquad (12.175)$$

根据式(12.172),估计的方差为

$$\mathrm{Var}(E_E) = \frac{\sum_{i=1,j=1}^{N} R_{ij} v_i v_j}{(\sum_{i=1}^{N} s_i v_i)^2} = \frac{1}{\sum_{i=1}^{N} s_i v_i} \qquad (12.176)$$

其中的权重系数可通过求解下列线性方程组得出:

$$\begin{cases} \sigma^2 v_1 + R_1 v_2 + R_2 v_3 + \cdots + R_{N-1} v_N = s_1 \\ R_1 v_1 + \sigma^2 v_2 + R_1 v_3 + \cdots + R_{N-2} v_N = s_2 \\ \vdots \qquad\qquad\qquad \vdots \\ R_{N-1} v_1 + R_{N-2} v_2 + R_{N-3} v_3 + \cdots + \sigma^2 v_N = s_N \end{cases} \qquad (12.177)$$

式中:$R_l = R(l\Delta)$ 是时间差为 $|i-j|\Delta = l\Delta$ 时所对应的相关矩阵中的元素($l = 0, 1, \cdots, N-1$)。求解线性方程组可得

$$v_j = \frac{\det \| G_{ij} \|}{\det \| R_{ij} \|}, j = 1, 2, \cdots, N \qquad (12.178)$$

式中:$\det \| G_{ij} \|$ 是用包含元素 $s_1, \cdots, s_N$ 的列向量替代矩阵 $\| R_{ij} \| = R$ 的第 j 列后所得矩阵的行列式。

如果随机过程的采样彼此独立,$i \neq j$ 时 $R_{ij} = 0$,并且 $R_{ii} = \sigma^2$,那么相关矩

及其逆矩阵都是对角矩阵,于是对于所有的 $i = 1,2,\cdots,N$,其权重系数都可表示为

$$v_i = \frac{s_i}{\sigma^2} \tag{12.179}$$

将式(12.179)代入式(12.174)和式(12.176),可得

$$E_E = \frac{\sum_{i=1}^{N} x_i s_i}{\sum_{i=1}^{N} s_i^2} \tag{12.180}$$

$$\mathrm{Var}(E_E) = \frac{\sigma^2}{\sum_{i=1}^{N} s_i^2} \tag{12.181}$$

如果所观测的随机过程是平稳的,对 $\forall i$ 有 $s_i = 1(i = 1,2,\cdots,N)$,而且采样之间又彼此独立,那么数学期望估计的均值和方差分别为

$$E^* = \frac{1}{N} \sum_{i=1}^{N} x_i \tag{12.182}$$

$$\mathrm{Var}(E^*) = \frac{\sigma^2}{N} \tag{12.183}$$

下面分析相关函数为式(12.13)的平稳随机过程的数学期望估计问题。令 $\psi = \exp\{-\alpha\Delta\}$,那么相关矩阵可写为

$$\| \boldsymbol{R}_{ij} \| = \sigma^{2N} \begin{vmatrix} 1 & \psi & \psi^2 & \cdots & \psi^{N-1} \\ \psi & 1 & \psi & \cdots & \psi^{N-2} \\ \psi^2 & \psi & 1 & \cdots & \psi^{N-3} \\ \vdots & & & & \vdots \\ \psi^{N-1} & \psi^{N-2} & \psi^{N-3} & \cdots & 1 \end{vmatrix} \tag{12.184}$$

于是该矩阵的行列式及其逆矩阵分别为[10]

$$\det \| \boldsymbol{R}_{ij} \| = \sigma^{2N}(1 - \psi^2)^{N-1} \tag{12.185}$$

$$\| \boldsymbol{C}_{ij} \| = \frac{1}{(1 - \psi^2)\sigma^2} \begin{vmatrix} 1 & -\psi & 0 & \cdots & 0 \\ -\psi & 1+\psi^2 & -\psi & \cdots & 0 \\ 0 & -\psi & 1+\psi^2 & \cdots & 0 \\ \vdots & & & & \vdots \\ 0 & 0 & 0 & \cdots & 1 \end{vmatrix} \tag{12.186}$$

需要注意的是,在逆矩阵中除主对角线及其左右两边紧邻的元素以外,其他元素均为零。根据式(12.172)和式(12.186)可知,最佳权重系数的取值为

$$\begin{cases} v_1 = v_N = \dfrac{1}{(1+\psi)\sigma^2} \\[3mm] v_2 = v_3 = \cdots = v_{N-1} = \dfrac{1-\psi}{(1+\psi)\sigma^2} \end{cases} \quad (12.187)$$

将上述权重系数代入式(12.174)和式(12.176),可得

$$E_E = \frac{(x_1 + x_N) + (1-\psi)\sum_{i=2}^{N-1} x_i}{N - (N-2)\psi} \quad (12.188)$$

$$\mathrm{Var}(E_E) = \sigma^2 \frac{1+\psi}{N(N-2)\psi} \quad (12.189)$$

数学期望最佳估计的归一化方差随采样值之间归一化相关函数取值 ψ 以及采样点数 N 的变化情况如图 12.8 所示,从该图可以看出,从 $\psi \geqslant 0.5$ 开始,估计方差会随着归一化相关函数取值的增加而迅速增大,最终当 $\psi \to 1$ 时,估计方差趋近于所观测随机过程的方差。

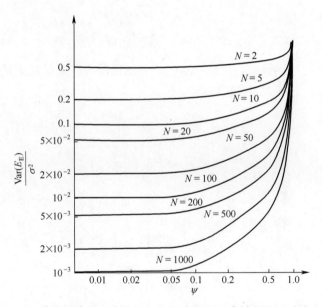

图 12.8　数学期望最佳估计的归一化方差随 ψ 和采样点数 N 的变化曲线

如果不使用最大似然法,也可采用其他方法得出式(12.188)和式(12.189),为此需将

$$E^* = \sum_{i=1}^{N} x_i h_i \quad (12.190)$$

作为估计结果。为保证估计结果的无偏性,式(12.190)中的权重系数 h_i 应满

足如下条件:

$$\sum_{i=1}^{N} h_i = 1 \qquad (12.191)$$

权重系数的选择应使数学期望估计的方差最小。如果平稳随机过程具有式(12.13)给出的相关函数,文献[11]给出了相应的权重系数,它们同式(12.187)给出的权重系数式之间具有如下关系:

$$h_i = \frac{v_i}{\sum_{i=1}^{N} v_i} \qquad (12.192)$$

在采样间隔 $\Delta \to 0$ 的极限情况,式(12.188)和式(12.189)分别变为式(12.48)和式(12.49)。实际上,当 $\Delta \to 0$ 时,如果 $(n-1)\Delta = T$(即为常数),那么 $\exp\{-\alpha\Delta\} \approx 1 - \alpha\Delta$,式(12.188)中的求和就变为积分,而 x_1 和 x_N 则分别变为 $x(0)$ 和 $x(T)$。实际应用中,通常采用式(12.182)给出的等间隔采样估计(即均值)对平稳随机过程的数学期望进行估计,该式正是式(12.190)的权重系数取常数 $h_i \approx N^{-1}$ 时的特例。

假设采样间隔 Δ 是均匀的,下面计算数学期望估计的方差。所求方差为

$$\mathrm{Var}(E^*) = \frac{1}{N^2} \sum_{i=1,j=1}^{N} R(t_i - t_j) = \frac{1}{N^2} \sum_{i=1,j=1}^{N} R[(i-j)\Delta] \qquad (12.193)$$

可将式(12.193)中的双重求和转换为更方便的形式,为此需对下标作些变换。令 $l = i - j, j = j$,并按图12.9所示的下标范围改变求和次序,可得

$$\mathrm{Var}(E^*) = \frac{1}{N^2} \sum_{j=1}^{N} \sum_{l=-j}^{N-j} \Re(l\Delta) = \frac{1}{N^2} \left\{ N\sigma^2 + 2 \sum_{i=1}^{N-1} (N-i)\Re(i\Delta) \right\}$$

$$= \frac{\sigma^2}{N} \left\{ 1 + 2 \sum_{i=1}^{N-1} \left(1 - \frac{i}{N}\right) \Re(i\Delta) \right\} \qquad (12.194)$$

式中: $\Re(i\Delta)$ 是所观测随机过程的归一化相关函数。从式(12.194)可以看出,在采样相互独立的特殊情况下,式(12.194)就变为式(12.183)。

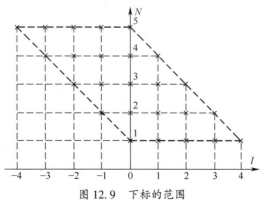

图12.9 下标的范围

如果随机过程的相关函数可用式(12.13)表示,等间隔采样时数学期望估计值的方差为

$$\mathrm{Var}(E^*) = \sigma^2 \frac{N(1 - \psi^2) + 2\psi(\psi^N - 1)}{N^2(1 - \psi)^2} \tag{12.195}$$

式中:$\psi = \exp\{-\alpha\Delta\}$。在推导式(12.195)的过程中利用了如下求和公式[12]:

$$\sum_{i=0}^{N-1}(a + ir)q^i = \frac{a - [a + (N-1)r]q^N}{1 - q} + \frac{rq(1 - q^{N-1})}{1 - q^2} \tag{12.196}$$

式(12.195)给出的计算结果说明,等间隔采样时数学期望估计值的方差与式(12.189)给出的最佳估计的方差并不相同。相比于最佳估计的方差,等间隔采样时数学期望估计方差的相对增加率为

$$\kappa = \frac{\mathrm{Var}(E^*) - \mathrm{Var}(E_E)}{\mathrm{Var}(E_E)} \tag{12.197}$$

不同采样点数情况下,方差相对增加率随采样值之间的归一化相关函数 ψ 的变化情况如图12.10所示。当采样之间的归一化相关函数幅度较低时,方差的相对增加率自然也比较小。与基于随机过程的连续实现得出数学期望估计的情况相类似,出现最大值的原因在于当采样点数比较少且相关幅度 ψ 足够大时,相比于等间隔采样时数学期望的估计来说,最佳估计方差下降的速度更快。从图12.10可以看出,当采样之间的归一化相关函数的幅度 $\psi \leqslant 0.5$ 时,可认为最佳估计和等间隔采样估计是等效的。

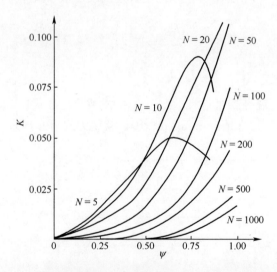

图12.10 等间隔采样时数学期望估计方差的相对增加率
随采样之间归一化相关函数 ψ 的变化

如果归一化相关函数如式(12.146)所示,那么估计的归一化方差为

$$\frac{\mathrm{Var}(E^*)}{\sigma^2} = \frac{N(1-\psi^2)[1+\psi^2-2\psi\cos(\Delta\widetilde{\omega})]+2\psi^{(2N+1)}\{\cos[(N+1)\Delta\widetilde{\omega}]-2\psi\cos(N\Delta\widetilde{\omega})+\psi^2\cos[(N-1)\Delta\widetilde{\omega}]\}}{N^2[1+\psi^2-2\psi\cos(\Delta\widetilde{\omega})]^2}$$

$$-\frac{2\psi^2[(1+\psi^2)\cos(\Delta\widetilde{\omega})-2\psi]}{N^2[1+\psi^2-2\psi\cos(\Delta\widetilde{\omega})]^2} \tag{12.198}$$

式中:$\psi = \exp\{-\alpha\Delta\}$。当$\widetilde{\omega}=0$时式(12.198)变为式(12.195)。如果采样点数非常多,式(12.198)可以简化为

$$\frac{\mathrm{Var}(E^*)}{\sigma^2} \approx \frac{(1-\psi^2)}{N[1+\psi^2-2\psi\cos(\Delta\widetilde{\omega})]}, N\Delta\alpha \gg 1 \tag{12.199}$$

从式(12.199)可以看出,如果随机过程的相关函数为式(12.146),那么等间隔采样后的估计方差要小于同样点数不相关采样给出的估计值方差。实际上,当采样间隔为

$$\Delta = \frac{\pi + 2\pi k}{\widetilde{\omega}}, k = 0,1,\cdots \tag{12.200}$$

时,估计的归一化方差最小,即

$$\left.\frac{\mathrm{Var}(E^*)}{\sigma^2}\right|_{\min} \approx \frac{1}{N} \times \frac{1-\psi}{1+\psi}, N\Delta\alpha \gg 1 \tag{12.201}$$

而当采样间隔为

$$\Delta = \frac{2\pi k}{\widetilde{\omega}}, k = 0,1,\cdots \tag{12.202}$$

时,估计的归一化方差最大,即

$$\left.\frac{\mathrm{Var}(E^*)}{\sigma^2}\right|_{\max} \approx \frac{1}{N} \times \frac{1+\psi}{1-\psi} \tag{12.203}$$

因此,对于某些类型的相关函数来说,基于相关采样得到的等间隔采样数学期望估计的方差要小于基于同样点数的非相关采样给出的估计的方差。

如果在选择采样间隔Δ时没有考虑上述条件,那么可以认为取值$\Delta\widetilde{\omega}=\varphi$是在区间$[0,2\pi]$内均匀分布的随机变量。将式(12.199)对区间$[0,2\pi]$内均匀分布的随机变量$\varphi$求平均,可得基于$N$个不相关采样给出的随机过程数学期望估计的方差为

$$\left\langle \frac{\mathrm{Var}(E^*)}{\sigma^2} \right\rangle_\varphi = \frac{1-\psi^2}{N} \int_0^{2\pi} \frac{\mathrm{d}\varphi}{1+\psi^2-2\psi\cos\varphi} = \frac{1}{N} \tag{12.204}$$

采用附加信号法对随机过程的参数进行测量[13,14]是一种比较吸引人的方

法,这种方法需要将观测随机过程 $\xi(t_i) = \xi_i$ 的实现 $x(t_i) = x_i$ 与附加随机过程 $\zeta(t_i) = \zeta_i$ 的实现 $\nu(t_i) = \nu_i$ 进行比较。这种测量方法的特点在于,所观测随机过程实现的取值 x_i 必须以较高的概率处于附加随机过程可能取值的区间之内。另外,还通常假设附加随机过程不同采样点的取值是彼此独立的,而且附加随机过程与所观测随机过程的取值也是相互独立的。

为了进一步简化随机过程参数分析和数学期望计算,需要假设 x_i 彼此独立,且随机变量 ζ_i 在区间 $[-A, A]$ 内服从均匀分布,即

$$p(\nu) = \frac{1}{2A}, \quad -A \leqslant \nu \leqslant A \tag{12.205}$$

对于附加随机过程参数测量方法,使用式(12.205)给出的概率密度函数时,必须满足如下条件:

$$P[-A \leqslant \xi \leqslant A] \approx 1 \tag{12.206}$$

通过比较,得到一个新的独立随机变量序列:

$$s_i = x_i - \nu_i \tag{12.207}$$

利用如下非线性无记忆变换 $g(\varepsilon)$,可将随机变量序列 s_i 转换为新的独立随机变量序列:

$$\eta_i = g(\varepsilon_i) = \mathrm{sgn}[s_i = \xi_i - \zeta_i] = \begin{cases} 1, & \xi_i \geqslant \zeta_i \\ -1, & \xi_i < \zeta_i \end{cases} \tag{12.208}$$

当随机变量 ξ_i 取固定值 x,且满足 $|x| \leqslant A$ 时,随机变量 η_i 的数学期望为

$$\langle(\eta_i \mid x)\rangle = 1 \times P(\nu < x) - 1 \times P(\nu > x) = 2 \times P(\nu < x) - 1 = \frac{x}{A} \tag{12.209}$$

随机变量 η_i 的非条件数学期望可以表示为

$$\langle \eta_i \rangle = \int_{-A}^{A} \langle(\eta_i \mid x)\rangle p(x) \, \mathrm{d}x \approx \frac{1}{A} \int_{-\infty}^{\infty} x p(x) \, \mathrm{d}x = \frac{E_0}{A} \tag{12.210}$$

基于上述结果,可将如下数值:

$$\widetilde{E} = \frac{A}{N} \sum_{i=1}^{N} y_i \tag{12.211}$$

当作随机变量数学期望的估计值,其中 y_i 是随机序列 η_i 的采样。由此不难看出,该数学期望估计值可近似看作是无偏的。图 12.11 给出了利用附加信号进行数学期望测量的结构图,其中 $g(\varepsilon)$ 输出的是正脉冲或负脉冲,计数器给出这两种脉冲的数量之差,至于图中其他器件的用途,则是一目了然的。

如果 $P(x < -A) \neq 0$ 以及 $P(x > A) \neq 0$,那么式(12.211)给出的数学期望估计就存在如下偏差:

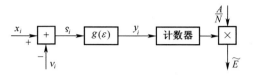

图 12.11　数学期望测量器

$$b(\widetilde{E}) = \langle \widetilde{E} - E_0 \rangle = -\left\{ \int_{-\infty}^{-A} xp(x)\,\mathrm{d}x + \int_{A}^{\infty} xp(x)\,\mathrm{d}x \right\} \tag{12.212}$$

式(12.211)给出的数学期望估计的方差可以表示为

$$\mathrm{Var}(\widetilde{E}) = \frac{A^2}{N^2} \sum_{i=1,j=1}^{N} \langle y_i y_j \rangle - E_0^2 \tag{12.213}$$

由于采样 y_i 是彼此统计独立的,于是有

$$\langle y_i y_j \rangle = \begin{cases} \langle y_i^2 \rangle, & i = j \\ \langle y_i \rangle \langle y_j \rangle, & i \neq j \end{cases} \tag{12.214}$$

根据式(12.208),可知:

$$\langle \eta_i^2 \rangle = \langle (\eta_i \mid x)^2 \rangle = \eta_i^2 = y_i^2 = 1 \tag{12.215}$$

因此,数学期望估计的方差可以简化为

$$\mathrm{Var}(\widetilde{E}) = \frac{A^2}{N}\left(1 - \frac{E_0^2}{A^2}\right) \tag{12.216}$$

从式(12.216)可以看出,由于 $E_0^2 < A^2$,随机过程数学期望的方差可用附加随机序列可能取值的区间进行完全描述。

将式(12.216)给出的数学期望估计的方差,与式(12.183)给出的 N 个独立采样得到的数学期望估计的方差进行比较,得

$$\frac{\mathrm{Var}(\widetilde{E})}{\mathrm{Var}(E^*)} = \frac{A^2}{\sigma^2}\left(1 - \frac{E_0^2}{A^2}\right) \tag{12.217}$$

可以看出,由于 $A^2 > \sigma^2$ 与 $E_0^2 < A^2$,对上面讨论的数学期望估计方法,估计值的方差较大。

若事先已知所观测的随机序列为正值,则可以采用如下概率密度函数:

$$p(\nu) = \frac{1}{A}, 0 \leqslant \nu \leqslant A \tag{12.218}$$

并采用如下函数:

$$\eta_i = g(\varepsilon_i) = \begin{cases} 1, \xi_i \geqslant \zeta_i \\ 0, \xi_i < \zeta_i \end{cases} \tag{12.219}$$

作为非线性变换 $\eta = g(\varepsilon)$。同时还应满足条件:

$$P[\,0 \leqslant \xi \leqslant A\,] \approx 1 \qquad\qquad (12.220)$$

从式(12.220)可以看出,该条件与式(12.206)给出的条件是类似的。

随机变量 η_i 在 $\xi_i = x$ 处的条件数学期望为

$$\langle (\eta_i \mid x) \rangle = 1 \times P(\nu < x) + 0 \times P(\nu > x) = \int_0^x p(\nu)\,\mathrm{d}\nu = \frac{x}{A}$$
$$(12.221)$$

而随机变量 η_i 的非条件数学期望为

$$\langle \eta_i \rangle \approx \frac{1}{A} \int_0^\infty x p(x)\,\mathrm{d}x = \frac{E_0}{A} \qquad\qquad (12.222)$$

因此如果利用式(12.221)给出随机序列 ξ_i 的数学期望估计,则该估计是近似无偏的。

与前面的讨论一样,数学期望估计的方差可由式(12.213)给出。按照与式(12.221)类似的方法,可得随机变量 η_i 的条件二阶矩为

$$\langle (\eta_i \mid x)^2 \rangle = \int_0^x p(v)\,\mathrm{d}v = \frac{x}{A} \qquad\qquad (12.223)$$

非条件二阶矩为

$$\langle \eta_i^2 \rangle = \langle y_i^2 \rangle = \int_0^\infty \langle (\eta_i \mid x)^2 \rangle p(x)\,\mathrm{d}x = \frac{E_0}{A} \qquad\qquad (12.224)$$

根据数学期望估计的方差定义,利用式(12.223)和式(12.224),可得

$$\mathrm{Var}(\widetilde{E}) = \frac{AE_0}{N}\left(1 - \frac{E_0}{A}\right) \qquad\qquad (12.225)$$

因此,这种情况下数学期望估计的方差仅取决于附加随机序列可能取值的区间长度,不但与所观测随机过程的方差无关,而且永远大于基于独立采样所得的等间隔采样数学期望估计的方差。如当所观测的随机序列服从式(12.218)给出的均匀分布时,附加信号法得到的数学期望估计的方差为

$$\mathrm{Var}(\widetilde{E}) = \frac{A^2}{4N} \qquad\qquad (12.226)$$

而等间隔采样数学期望估计的方差为

$$\mathrm{Var}(E^*) = \frac{A^2}{12N} \qquad\qquad (12.227)$$

也就是说,在所观测随机序列和附加随机序列均服从均匀分布的极端情况下,附加随机信号法给出的数学期望估计值的方差是等间隔采样数学期望估计方差的3倍。其他情况下,数学期望估计方差之间的差异更大。

对于上述方法,利用附加随机信号的数学期望测量器流程图与图 12. 11 相同,只是根据式(12. 119),此处的计数器只给出正脉冲的数量。

12. 6 对随机过程进行幅度量化后的数学期望估计

下面分析随机过程的幅度量化对数学期望估计的影响。假设量化过程可看作是无记忆非线性变换,并且量化步长保持不变,量化位数足以使量化后的随机过程不会超出变换 $g(x)$ 阶梯特性的边界,其中 $g(x)$ 的大致形状如图 12. 12 所示。对于图中概率密度函数为 $p(x)$ 的随机过程来说,其数学期望并非正好处于量化门限 x_i 与 x_{i+1} 的中点上。

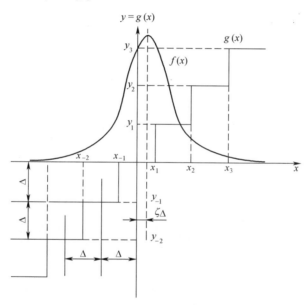

图 12. 12 量化过程的阶梯特性

量化函数或变换函数 $y = g(x)$ 可以表示成如下矩形函数之和(见图 12. 13,其中矩形函数的宽度和高度均等于量化步长):

$$g(x) = \sum_{k = -\infty}^{\infty} k\Delta a(x - k\Delta) \qquad (12.228)$$

式中: $a(z)$ 是高度为 1、宽度为 Δ 的矩形函数。于是就可用下式给出数学期望的估计值:

$$E = \sum_{k = -\infty}^{\infty} \frac{k\Delta T_k}{T} \qquad (12.229)$$

式中: $T_k = \sum_i \tau_i$ 是在区间 $[0,T]$ 内进行观测时,观测实现处于区间 $(k\pm0.5)\Delta$ 之内的时间总和,于是 $\lim_{T\to\infty} \dfrac{T_k}{T}$ 所表示的就是随机过程处于 $(k\pm0.5)\Delta$ 之内的概率。

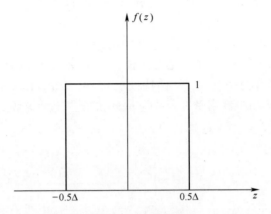

图 12.13　矩形函数

对于具有式(12.228)变换特性的无记忆器件(或变换器)来说,当用随机过程 $\xi(t)$ 的实现 $x(t)$ 作为输入时,其输出端所得实现 $y(t)$ 的数学期望就等于式(12.229)给出的估计的数学期望,即

$$\langle E \rangle = \int_{-\infty}^{\infty} g(x)p(x)\,\mathrm{d}x = \Delta \sum_{k=-\infty}^{\infty} k \int_{(k-0.5)\Delta}^{(k+0.5)\Delta} p(x)\,\mathrm{d}x \qquad (12.230)$$

式中: $p(x)$ 是所观测随机过程的一维概率密度函数。通常,估计的数学期望 $\langle E \rangle$ 与真值 E_0 并不相等,或者说由于量化的原因,所得估计的数学期望的偏差为

$$b(E) = \langle E \rangle - E_0 \qquad (12.231)$$

为利用式(12.116)计算数学期望估计的方差,需要首先获得变换器输出端随机过程的相关函数,即

$$R_y(\tau) = \int_{-\infty}^{\infty} \int_{-\infty}^{\infty} g(x_1)g(x_2)p_2(x_1,x_2;\tau)\,\mathrm{d}x_1\mathrm{d}x_2 - \langle E \rangle^2 \qquad (12.232)$$

式中: $p_2(x_1,x_2;\tau)$ 是所观测随机过程的二维概率密度函数。

由于变换器输出端随机过程的数学期望和相关函数取决于所观测随机过程的概率密度函数。因此,随机过程幅度量化后数学期望估计的统计特性不仅取决于所观测随机过程的相关函数,也取决于其概率密度函数。

将上述结论应用到高斯随机过程,其一维概率密度函数由式(12.153)给出,二维概率密度函数为

$$p_2(x_1, x_2; \tau) = \frac{1}{2\pi\sigma^2 \sqrt{1 - R^2(\tau)}} \exp$$

$$\left\{ -\frac{(x_1 - E_0)^2 + (x_2 - E_0)^2 - 2R(\tau)(x_1 - E_0)(x_2 - E_0)}{2\sigma^2 [1 - R^2(\tau)]} \right\}$$

$$(12.233)$$

数学期望 E_0 与量化步长 Δ 之间的关系为

$$E_0 = (c + d)\Delta \qquad (12.234)$$

式中：c 为整数，$-0.5 \leqslant d \leqslant 0.5$，$d\Delta$ 的取值表示数学期望与量化区间（或步长）的中点之差。进一步结合变换器的阶梯形特性，可得如下关系：

$$g(x + w\Delta) = g(x) + w\Delta \qquad (12.235)$$

式中：$w = 0, \pm 1, \pm 2, \cdots$ 为整数。

将式（12.153）代入式（12.230），根据式（12.234）和式（12.235），可得条件均值为

$$\langle E \mid d \rangle = \frac{1}{\sqrt{2\pi\sigma^2}} \int_{-\infty}^{\infty} g(x) \exp\left\{ -\frac{[(x - c\Delta) - d\Delta]^2}{2\sigma^2} \right\} \mathrm{d}x$$

$$= \sum_{k=-\infty}^{\infty} k\Delta \{ Q[(k - 0.5 - d)\lambda] - Q[(k + 0.5 - d)\lambda] \} + c\Delta \qquad (12.236)$$

式中：

$$\lambda = \frac{\Delta}{\sigma} \qquad (12.237)$$

是量化步长与随机过程的均方根偏差之比；$Q(x)$ 是式（12.68）给出的高斯型 Q 函数。

数学期望估计的条件偏差可表示为

$$b(E \mid d) = \Delta \sum_{k=-\infty}^{\infty} k \{ Q[(k - 0.5 - d)\lambda] - Q[(k + 0.5 - d)\lambda] \} - d\Delta$$

$$(12.238)$$

容易看出，条件偏差是 d 的奇函数，即

$$b(E \mid d) = -b(E \mid -d) \qquad (12.239)$$

当 $d = 0$ 或 $d = \pm 0.5$ 时，数学期望估计是无偏的。如果 $\lambda \gg 1$（实际工作中只要满足 $\lambda \geqslant 5$），式（12.238）可简化为

$$b(E \mid d) \approx \{ Q[0.5\lambda(1 - 2d)] - Q[0.5\lambda(1 + 2d) - d\}\Delta \qquad (12.240)$$

当 $\lambda < 1$ 时，也可对条件偏差进行简化，为此需将式（12.238）大括号中的函数在 $(k - d)\lambda$ 处展开为泰勒级数，只取其中的前 3 项可得

$$b(E \mid d) = \frac{\Delta\lambda}{\sqrt{2\pi}} \sum_{k=-\infty}^{\infty} k\exp\{ -0.5(k - d)^2\lambda^2 \} - d\Delta \qquad (12.241)$$

如果 $\lambda \ll 1$，式（12.241）中的求和就变为积分，令 $x = \lambda k, dx = \lambda$ ，可得

$$\sum_{k=-\infty}^{\infty} k\lambda \exp\{-0.5(k-d)^2\lambda^2\} \approx \frac{1}{\lambda} \int_{-\infty}^{\infty} x\exp\{-0.5(x-d\lambda)^2\} dx = \sqrt{2\pi}\, d$$

$$(12.242)$$

从式（12.241）和式（12.242）可以看出，当 $\lambda \ll 1$（量化步长远小于随机过程的均方根偏差）时，对所有实际序列，数学期望估计都是无偏的。

为了获得非条件偏差，假设 d 是区间 $[-0.5, 0.5]$ 内服从均匀分布的随机变量，并且由于

$$\int Q(x)\,dx = xQ(x) - \int xQ'(x)\,dx \qquad (12.243)$$

将式（12.238）对 d 的所有可能取值求平均，可得

$$b(E) = \lambda\Delta \sum_{k=-\infty}^{\infty} k\{2kQ(k\lambda) - (k+1)Q[(k+1)\lambda] - (k-1)Q[(k-1)\lambda]\}$$

$$+ \frac{1}{\sqrt{2\pi}\,\lambda}[-2\exp\{-0.5\lambda^2 k^2\} + \exp\{-0.5\lambda^2(k+1)^2\} + \exp\{-0.5\lambda^2(k-1)^2\}]$$

$$(12.244)$$

式（12.244）中的级数展开后，由于 $k=p$ 和 $k=-p$ 项的大小相等，符号相反，因此 $b(E) = 0$，随机过程幅度量化后的数学期望估计是非条件无偏的。将式（12.233）代入式（12.232），并引入如下新变量：

$$\begin{cases} z_1 = x_1 - c\Delta \\ z_2 = x_2 - c\Delta \end{cases} \qquad (12.245)$$

根据式（12.235），可得

$$R_y(\tau) = \int_{-\infty}^{\infty}\int_{-\infty}^{\infty} g(z_1)g(z_2)p_2(z_1,z_2;\tau)\,dz_1 dz_2 \qquad (12.246)$$

式中：$p_2(z_1, z_2; \tau)$ 是零均值高斯随机过程的二维概率密度函数。为了计算式（12.246），可利用高斯型 Q 函数的各级导数将二维概率密度函数展开为式（12.156）的级数形式，并令其中的 $x = z, E_0 = 0$，可得到 $p_2(z_1; z_2; \tau)$ 的展开结果。将式（12.156）和式（12.228）代入式（12.246），并根据函数 $Q^{(1)}(z/\sigma)$ 的奇偶性和函数 $g(z)$ 的对称性，可得

$$R_y(\tau) = \frac{1}{\sigma^2} \sum_{\nu=1}^{\infty} \frac{R^\nu(\tau)}{\nu!}\left\{\int_{-\infty}^{\infty} g(z)Q^{(\nu+1)}\left(\frac{z}{\sigma}\right)dz\right\}^2 \qquad (12.247)$$

对大括号中的项进行分部积分，并且由于 $\nu \geq 1$ 时 $Q^{(\nu)}(\pm\infty) = 0$，于是可得

$$\int_{-\infty}^{\infty} g(z)Q^{(\nu+1)}\left(\frac{z}{\sigma}\right)dz = -\sigma\int_{-\infty}^{\infty} g'(z)Q^{(\nu)}\left(\frac{z}{\sigma}\right)dz \qquad (12.248)$$

根据式(12.228),可知

$$g'(z) = \frac{\mathrm{d}g(z)}{\mathrm{d}z} = \sum_{k=1}^{\infty} \Delta\delta[z - (k - 0.5)\Delta] + \sum_{k=-\infty}^{-1} \Delta\delta[z - (k + 0.5)\Delta]$$

(12.249)

式中:$\delta(z)$ 为冲激函数。那么式(12.447)给出的相关函数可写为

$$R_y(\tau) = \Delta^2 \sum_{\nu=1}^{\infty} \frac{a_\nu^2 R^\nu(\tau)}{\nu!}$$

(12.250)

式中:

$$a_\nu = \sum_{k=1}^{\infty} Q^{(\nu)}[(k - 0.5)\lambda] + \sum_{k=-\infty}^{-1} Q^{(\nu)}[(k + 0.5)\lambda]$$

(12.251)

由于 ν 为偶数时系数 a_ν 等于零,即

$$a_\nu = \begin{cases} 2\sum_{k=1}^{\infty} Q^{(\nu)}[(k - 0.5)\lambda], & \nu \text{ 为奇数} \\ 0, & \nu \text{ 为偶数} \end{cases}$$

(12.252)

将式(12.250)代入式(12.116),根据式(12.252)可得随机过程数学期望估计的归一化方差为

$$\frac{\mathrm{Var}(E)}{\sigma^2} = 4\lambda^2 \sum_{\nu=1}^{\infty} \frac{C_{2\nu-1}^2}{(2\nu - 1)!} \times \frac{2}{T}\int_0^T \left(1 - \frac{\tau}{T}\right) R^{2\nu-1}(\tau)\mathrm{d}\tau$$

(12.253)

式中:

$$C_{2\nu-1} = \sum_{k=1}^{\infty} Q^{(2\nu-1)}[(k - 0.5)\lambda]$$

(12.254)

在 $\Delta \to 0$ 的极限情况下,可得

$$\lim_{\Delta\to 0} \frac{\Delta}{\sigma} C_{2v-1} = \lim_{\Delta\to 0} \frac{\Delta}{\sigma} \sum_{k=1}^{\infty} Q^{(2v-1)}\left[(k - 0.5)\frac{\Delta}{\sigma}\right]$$

$$= \int_0^\infty Q^{(2v-1)}(z)\mathrm{d}z = Q^{(2v-2)}(x)\Big|_0^\infty = \begin{cases} 0.5 & \text{当 } v = 1 \\ 0 & \text{当 } v \geq 2 \end{cases}$$

(12.255)

可以发现,根据式(12.255)可由式(12.253)推导出式(12.116)。针对其中的前 5 项 ν 计算 $\lambda C_{2\nu-1}$ 就能看出,当 $\lambda \leq 1.0$ 时式(12.255)是近似成立的,其相对误差不超过 0.02。根据这一论断,尤其是考虑到式(12.253)中的高阶项对于整个求和结果的贡献是按照因子 $\lambda^2 C_{2\nu-1}^2/(2\nu - 1)!$ 成正比递减的,就会注意到对于前面给出的 λ 来说,式(12.253)中只有第一项占据主导地位。因此,当量化步长不大于所观测高斯随机过程的均方根偏差时,利用式(12.116)计算数学期望估计的方差就是近似正确的。

12.7 高斯随机过程时变数学期望的最佳估计

下面分析基于区间 $[0,T]$ 上的观测实现 $x(t)$，对高斯随机过程 $\xi(t)$ 的时变数学期望进行估计的问题。此处假设中心化的随机过程 $\xi_0(t) = \xi(t) - E(t)$ 为平稳随机过程，而且时变数学期望可用如下线性和进行近似：

$$E(t) \approx \sum_{i=1}^{N} \alpha_i \varphi_i(t) \tag{12.256}$$

式中：α_i 表示未知系数，$\varphi_i(t)$ 是关于时间的指定函数。如果式（12.256）中项的数量有限（N 为有限值），则 $E(t)$ 和级数展开式之间会有所差别，相应的近似误差为

$$\varepsilon^2 = \int_0^T \left[E(t) - \sum_{i=1}^{N} \alpha_i \varphi_i(t) \right]^2 \mathrm{d}t \tag{12.257}$$

但随着 N 的增大，近似误差会逐渐趋近于零，此时就可以说式（12.256）的级数和趋近于随机过程的均值。

按照平方误差最小准则，可根据下列线性方程组得出因子 α_i：

$$\sum_{i=1}^{N} \alpha_i \int_0^T \varphi_i(t) \varphi_j(t) \mathrm{d}t = \int_0^T E(t) \varphi_j(t) \mathrm{d}t, \quad j = 1,2,\cdots,N \tag{12.258}$$

如果采用式（12.256）的级数形式表示 $E(t)$，所选择的函数 $\varphi_i(t)$ 应确保级数能够快速收敛。但在某些情况下，选择函数 $\varphi_i(t)$ 时主要考虑其物理实现（或产生）的简单性。于是，基于区间 $[0,T]$ 内的单个实现 $x(t)$ 对随机过程 $\xi(t)$ 的数学期望 $E(t)$ 进行估计的问题，就转化为对式（12.256）的级数系数 α_i 进行估计。此时由系数 α_i 所导致的数学期望估计的偏差和离差分别为

$$b_E(t) = E(t) - E^*(t) = \sum_{i=1}^{N} \varphi_i(t)(\alpha_i - \langle \alpha_i^* \rangle) \tag{12.259}$$

$$D_E(t) = \sum_{i=1,j=1}^{N} \varphi_i(t)\varphi_j(t) \langle (\alpha_i - \alpha_i^*)(\alpha_j - \alpha_j^*) \rangle \tag{12.260}$$

式中：α_i^* 是系数 α_i 的估计值。将随机过程数学期望估计的统计特征量（即偏差和离差）在观测区间 $[0,T]$ 内求平均，可得

$$b_E(t) = \frac{1}{T} \int_0^T b_E(t) \mathrm{d}t = \frac{1}{T} \sum_{i=1}^{N} (\alpha_i - \langle a_i^* \rangle) \int_0^T \varphi_i(t) \mathrm{d}t \tag{12.261}$$

$$D_E(t) = \frac{1}{T} \int_0^T D_E(t) \mathrm{d}t = \sum_{i=1,j=1}^{N} \langle (\alpha_i - \alpha_i^*)(\alpha_j - \alpha_j^*) \rangle \frac{1}{T} \int_0^T \varphi_i(t)\varphi_j(t) \mathrm{d}t \tag{12.262}$$

在保精度(残余项与未知的数学期望 $E(t)$ 无关)的情况下,参照式(12.4)可得所观测随机过程概率密度函数的泛函为

$$F[x(t) \mid E(t)] = B_1 \exp\left\{ \sum_{i=1}^{N} \alpha_i y_i - \frac{1}{2} \sum_{i=1,j=1}^{N} \alpha_i \alpha_j c_{ij} \right\} \qquad (12.263)$$

式中:

$$y_i = \int_0^T x(t) v_i(t) \,\mathrm{d}t = \int_0^T\!\!\int_0^T x(t_1) \varphi_i(t_2) \vartheta(t_1, t_2) \,\mathrm{d}t_1 \mathrm{d}t_2 \qquad (12.264)$$

$$c_{ij} = c_{ji} = \int_0^T \varphi_i(t) v_i(t) \,\mathrm{d}t = \int_0^T\!\!\int_0^T \varphi_i(t_1) \varphi_j(t_2) \vartheta(t_1, t_2) \,\mathrm{d}t_1 \mathrm{d}t_2 \quad (12.265)$$

而函数 $v_i(t)$ 可由如下积分方程给出:

$$\int_0^T R(t, \tau) v_i(\tau) \,\mathrm{d}\tau = \varphi_i(t) \qquad (12.266)$$

对关于未知系数 α_i 的似然方程求解:

$$\frac{\partial F[x(t) \mid E(t; \alpha_1, \cdots, \alpha_N)]}{\partial \alpha_i} = 0 \qquad (12.267)$$

可以获得关于估计值 α_i^* 的 N 个线性方程:

$$\sum_{i=1}^{N} \alpha_i^* c_{ij} = y_j, \quad j = 1, 2, \cdots, N \qquad (12.268)$$

根据式(12.268),可得系数的估计值为

$$\alpha_m^* = \frac{A_m}{A} = \frac{1}{A} \sum_{i=1}^{N} A_{mi} y_i, \quad m = 1, 2, \cdots, N \qquad (12.269)$$

式中:

$$A = \| c_{ij} \| = \begin{vmatrix} c_{11} & c_{12} & \cdots & c_{1m} & \cdots & c_{1N} \\ c_{21} & c_{22} & \cdots & c_{2m} & \cdots & c_{2N} \\ \vdots & \vdots & & \vdots & & \vdots \\ c_{N1} & c_{N2} & \cdots & c_{Nm} & \cdots & c_{NN} \end{vmatrix} \qquad (12.270)$$

是式(12.268)给出的线性方程组的行列式,而

$$A_m = \begin{vmatrix} c_{11} & c_{12} & \cdots & y_1 & \cdots & c_{1N} \\ c_{21} & c_{22} & \cdots & y_2 & \cdots & c_{2N} \\ \vdots & \vdots & & \vdots & & \vdots \\ c_{N1} & c_{N2} & \cdots & y_N & \cdots & c_{NN} \end{vmatrix} \qquad (12.271)$$

是将式(12.270)的列向量 c_{im} 替换为列向量 y_i 后所得的行列式,A_{mi} 则是第 m 列各元素(列 y_i)的代数余子式。于是对于二次型矩阵 $\| c_{ij} \|$,存在如下关

系式:

$$\sum_{j=1}^{N} c_{ij} A_{kj} = \sum_{j=1}^{N} c_{ij} A_{jk} = A\delta_{ik} \qquad (12.272)$$

高斯随机过程时变数学期望的最佳测量器工作流程如图 12.14 所示,其工作方式为:信号发生器 Gen_φ 生成函数 $\varphi_i(t)$,基于 $\varphi_i(t)$ 和随机过程相关函数 $R(\tau)$ 的先验信息,由信号发生器 Gen_ν 按照式(12.266)所示的积分方程生成函数 $\nu_i(t)$,信号发生器 Gen_c 则将根据式(12.265)生成的系数 c_{ij} 送往微处理器,而由积分器得出的 y_i 也同时送给微处理器,通过对式(12.268)的 N 个线性方程进行求解,微处理器即可给出未知系数 α_i^* 的估计。利用系数估计 α_i^* 和函数 $\varphi_i(t)$,可由式(12.256)得出时变数学期望 $E(t)$ 的估计 $E^*(t)$。由于随机变量 y_i 的计算和微处理器求解线性方程组都要占用一定的时间,因此估计值 $E^*(t)$ 与真值相比就存在 $T+\Delta T$ 的时延,在流程图中加入时延模块 T 和 ΔT 的目的就是保证两者能够同步。

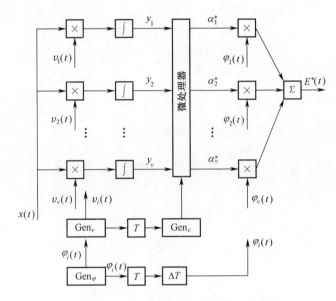

图 12.14 时变数学期望估计的最佳测量器

将式(12.2)给出的 $x(t)$ 代入式(12.264),可得

$$y_i = \int_0^T x_0(t) \nu_i(t) \,\mathrm{d}t + \int_0^T E(t) \nu_i(t) \,\mathrm{d}t = n_i + \alpha_m c_{im} + \sum_{q=1, q\neq m}^{N} \alpha_q c_{iq}$$

$$(12.273)$$

式中:

$$n_i = \int_0^T x_0(t) \, v_i(t) \, \mathrm{d}t \tag{12.274}$$

根据式(12.272)和式(12.273),式(12.271)的行列式可表示成两个行列式的和,即

$$A_m = B_m + C_m \tag{12.275}$$

式中:

$$B_m = \begin{vmatrix} c_{11} & c_{12} & \cdots & (n_1 + \alpha_m c_{1m}) & \cdots & c_{1N} \\ c_{21} & c_{22} & \cdots & (n_2 + \alpha_m c_{2m}) & \cdots & c_{2N} \\ \vdots & \vdots & & \vdots & & \vdots \\ c_{N1} & c_{N2} & \cdots & (n_N + \alpha_m c_{Nm}) & \cdots & c_{NN} \end{vmatrix} \tag{12.276}$$

将行列式 B_m 的第 m 列替换为由式(12.173)中的项 $\sum_{q=1, q \neq m}^{N} \alpha_q c_{iq} (q \neq m)$ 构成的列,即可得到行列式 C_m。由于行列式 C_m 的第 m 列可以分解为其他列元素的线性组合,因此 $C_m = 0$。

将行列式 $A_m = B_m$ 表示成第 m 列元素及其代数余子式 A_{mi} 的乘积之和的形式,即

$$A_m = \sum_{i=1}^{N} (n_i + \alpha_m c_{im}) A_{mi} \tag{12.277}$$

由于

$$\sum_{i=1}^{N} A_{mi} c_{im} = A \tag{12.278}$$

因此系数 α_m 的估计可写为

$$\alpha_m^* = \frac{1}{A} \sum_{i=1}^{N} A_{im} n_i + \alpha_m, \quad m = 1, 2, \cdots, N \tag{12.279}$$

因为

$$\langle n_i \rangle = \int_0^T \langle x_0(t) \rangle v_i(t) \, \mathrm{d}t = 0 \tag{12.280}$$

所以式(12.279)给出的系数 α_m 的估计是无偏的。系数 α_m 和 α_q 估计值的相关函数为

$$R(\alpha_m, \alpha_q) = \frac{1}{A^2} \sum_{i,j=1}^{N} \langle n_i n_j \rangle A_{im} A_{jq} = \frac{A_{mq}}{A} \tag{12.281}$$

在推导式(12.281)时,利用了式(12.266)的积分方程以及式(12.272)。于是可得系数 α_m 估计值的方差为

$$\mathrm{Var}(\alpha_m) = \frac{A_{mm}}{A} \tag{12.282}$$

实际工作中,可以假定时变数学期望的频谱宽度 Δf_E 远小于所观测中心化随机过程 $\xi_0(t)$ 功率谱 $G(f)$ 的有效带宽 Δf_{ef},并且假定功率谱 $G(f)$ 在带宽 Δf_E 内保持不变。在这种情况下,下一步分析时就可将该中心化随机过程看作白噪声,那么其有效频谱密度为

$$\mathcal{N}_{ef} = \int_0^{\Delta f_E} \frac{G(f)}{\Delta f_E} df \tag{12.283}$$

而随机过程的有效功率谱带宽为

$$\Delta f_{ef} = \int_0^\infty \frac{G(f)}{G_{max}(f)} df \tag{12.284}$$

若将中心化随机过程 $\xi_0(t)$ 的相关函数近似为

$$R(\tau) = \frac{\mathcal{N}_{ef}}{2} \delta(\tau) \tag{12.285}$$

那么其近似误差是可以接受的。

将式(12.285)代入式(12.266)的积分方程,可得

$$v_i(t) = \frac{2}{\mathcal{N}_{ef}} \varphi_i(t) \tag{12.286}$$

于是系数矩阵

$$c_{ij} = \frac{2}{\mathcal{N}_{ef}} \delta_{ij} \tag{12.287}$$

就是对角矩阵,该矩阵的行列式与代数余子式分别为

$$A = \left\{ \frac{2}{\mathcal{N}_{ef}} \right\}^N \tag{12.288}$$

$$A_{im} = \begin{cases} A_{mm} = \left\{ \dfrac{2}{\mathcal{N}_{ef}} \right\}^{N-1}, & \text{当 } i = m \\ 0, & \text{当 } i \neq m \end{cases} \tag{12.289}$$

从式(12.281)可以看出,估计 α_m^* 和 α_q^* 的相关函数为

$$R(\alpha_m^*, \alpha_q^*) = \frac{\mathcal{N}_{ef}}{2} \delta_{mq} \tag{12.290}$$

根据式(12.260)、式(12.262)以及式(12.290),时变数学期望的估计 E^* 的当前方差和平均方差分别为

$$\mathrm{Var}_{E^*}(t) = \frac{\mathcal{N}_{ef}}{2} \sum_{i=1}^N \varphi_i^2(t) \tag{12.291}$$

$$\mathrm{Var}(E^*) = \frac{1}{T}\sum_{i=1}^{N}\mathrm{Var}(\alpha_i) = \frac{\mathcal{N}_{\mathrm{ef}}^{N}}{2T} \tag{12.292}$$

从式(12.292)可以看出,在数学期望近似表达式(12.256)中,级数展开后保留的项数越多,相同条件下在观测区间内求平均后,所得时变数学期望估计的方差就越大。由于近似处理是在观测区间之内进行的,这里有必要强调指出,通常随着观测区间[0,T]的增长,级数展开的项数 N 也需相应增加。

对于式(12.13)给出的相关函数,中心化随机过程 $\xi_0(t)$ 的有效频谱密度为

$$\mathcal{N}_{\mathrm{ef}} = \frac{2\sigma^2}{\pi\Delta f_E}\arctan\left(\frac{2\pi\Delta f_E}{\alpha}\right) \tag{12.293}$$

如果所观测的随机过程是平稳的,那么

$$\mathcal{N}_{ef} = \frac{4\sigma^2}{\alpha} \text{ 和 } \nu = 1 \tag{12.294}$$

并且数学期望估计的方差可由式(12.50)给出。

当函数 $\varphi_i(t)$ 满足如下第二类 Fredholm 积分方程

$$\varphi_i(t) = \lambda_i\int_0^T R(t,\tau)\varphi_i(t)\,\mathrm{d}\tau \tag{12.295}$$

时,式(12.282)给出的系数 α_m 估计的方差以及式(12.260)和式(12.262)给出的时变数学期望 $E(t)$ 估计的方差计算公式都可以大为简化。这种情况下,系数 λ_i 和函数 $\varphi_i(t)$ 分别称为积分方程的特征值和特征函数。比较式(12.295)和式(12.266),有

$$v_i(t) = \lambda_i\varphi_i(t) \tag{12.296}$$

随机过程理论[15-17]已经证明,如果函数 $\varphi_i(t)$ 满足式(12.295),那么这些函数就是正交的归一化函数,并且特征值 $\lambda_i > 0$。此时对于特征函数 $\varphi_i(t)$,如下方程成立:

$$\int_0^T \varphi_i(t)\varphi_j(t)\,\mathrm{d}t = \delta_{ij} = \begin{cases} 1, & \text{若 } i = j \\ 0, & \text{若 } i \neq j \end{cases} \tag{12.297}$$

相关函数 $R(t_1,t_2)$ 可以展开成如下级数形式:

$$R(t_1,t_2) = \sum_{i=1}^{\infty}\frac{\varphi_i(t_1)\varphi_i(t_2)}{\lambda_i}, \tag{12.298}$$

并且如下方程成立:

$$\sum_{i=1}^{\infty}\frac{1}{\lambda_i} = \sigma^2 T。 \tag{12.299}$$

将式(12.295)代入式(12.265),根据式(12.297),可得

$$c_{ij} = \begin{cases} \lambda_i, & \text{若 } i = j \\ 0, & \text{若 } i \neq j \end{cases} \tag{12.300}$$

于是可知系数矩阵 $c_{ij} = \lambda_i$ 是对角矩阵,其行列式 A 和代数余子式 A_m 可分别表示为

$$A = \prod_{i=1}^{N} \lambda_i \tag{12.301}$$

$$A_{im} = \begin{cases} \dfrac{A}{\lambda_m}, & \text{若 } i = m \\ 0, & \text{若 } i \neq m \end{cases} \tag{12.302}$$

根据式(12.301)、式(12.302)、式(12.269)及式(12.256),系数的估计 α_i^* 和时变数学期望的估计 $E^*(t)$ 可分别表示为

$$\alpha_i^* = \int_0^T x(\tau)\varphi_i(\tau)\,d\tau \tag{12.303}$$

$$E^*(t) = \sum_{i=1}^{N} \alpha_i^* \varphi_i(t) \tag{12.304}$$

由式(12.304)给出的高斯随机过程时变数学期望的最佳测量器如图 12.15 所示,该图所示流程图是图 12.14 的特例。基于所观测随机过程的已知相关函数,信号发生器 Gen_φ 根据式(12.295)生成构建系数 α_i^* 所需的函数 $\varphi_i(t)$,然后将系数 α_i^* 与函数 $\varphi_i(t)$ 对应相乘的乘积结果送往加法器,所得输出为时变数学期望的估计 $E^*(t)$。此处在计算系数 α_i^* 时也需要增加相应的时延模块。

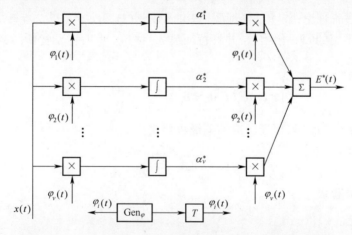

图 12.15　由式(12.304)给出的时变数学期望的最佳测量器

根据式(12.282)、式(12.260)及式(12.262),系数估计 α_m^* 的方差及时变数学期望估计 $E^*(t)$ 的当前方差和平均方差分别为

$$\text{Var}(\alpha_m^*) = \frac{1}{\lambda_m} \qquad (12.305)$$

$$\text{Var}\{E^*(t)\} = \sum_{i=1}^{N} \frac{\varphi_i^2(t)}{\lambda_i} \qquad (12.306)$$

$$\text{Var}(E^*) = \sum_{i=1}^{N} \frac{1}{\lambda_i T} \qquad (12.307)$$

从式(12.307)可以看出,随着式(12.256)中对 $E(t)$ 进行近似的级数项数量的增加,时变数学期望估计 E^* 的平均方差也逐渐增大。当 $N \to \infty$ 时,根据式(12.299),可得

$$\text{Var}(E^*) = \sigma^2 \qquad (12.308)$$

因此,当式(12.256)中参与求和的特征函数数量足够多时,时变数学期望估计 $E(t)$ 的平均方差就等于原始随机过程的方差,于是式(12.256)中因级数项的数量有限所引起的估计偏差就趋近于零。但实际工作中,在选择式(12.256)中级数项的数量时,应注意使偏差和估计方差所导致的时变数学期望估计的离差最小。

12.8 基于时间平均的随机过程时变数学期望估计

利用最佳方法估计随机过程的时变数学期望时,数学计算通常比较复杂,因此在实际应用中为测量随机过程的时变数学期望,会广泛使用对所观测的随机过程求时间平均的方法。从理论上说,为获得非平稳随机过程数学期望的当前值,需要拥有所分析随机过程 $\xi(t)$ 的多个实现 $x_i(t)$,然后按如下方式得到 t_0 时刻待估计参数的估计值:

$$E^*(t_0) = \frac{1}{N} \sum_{i=1}^{N} x_i(t_0) \qquad (12.309)$$

式中:N 为所分析随机过程实现的数量。

从式(12.309)可以看出,当各实现 $x_i(t)$ 相互独立时,数学期望的估计是无偏的,其方差可以表示为

$$\text{Var}[E^*(t)] = \frac{\sigma^2(t_0)}{N} \qquad (12.310)$$

式中:$\sigma^2(t_0)$ 为 t_0 时刻所分析随机过程的方差。由于 $N \to \infty$ 时估计的方差趋于零,因此式(12.309)给出的估计是一致估计。但通常研究人员并不具备足够

多的随机过程的观测实现,这就需要基于数量有限的实现(甚至单次实现)进行分析,并得出数学期望的估计值。

基于单次实现估计随机过程的时变数学期望时,所遇到的困难在于,如果已知平滑滤波器的冲激响应,如何确定平滑滤波器的最佳平均(即积分)时间或时间常数。这里出现了两个彼此矛盾的需求:一方面,为了减小测量时间有限导致的估计方差,要求积分时间尽量长;另一方面,为了分辨出数学期望随时间的变化情况,所选择的积分时间应尽量短。显然,对于给定的冲激响应,存在相应的最佳平均时间(或滤波器的最佳带宽),从而使前述因素导致的随机过程数学期望估计的离差最小,至于离差与哪些因素有关已在前面进行了论述。

为了得到 $t = t_0$ 时刻随机过程的数学期望,最简单的方式就是在给定时刻 t_0 附近的时间区间内,对随机过程实现的取值求平均,于是数学期望的估计值为

$$E^*(t_0, T) = \frac{1}{T} \int_{t_0 - 0.5T}^{t_0 + 0.5T} x(t) \, \mathrm{d}t = \frac{1}{T} \int_{-0.5T}^{0.5T} x(t_0 + t) \, \mathrm{d}t \qquad (12.311)$$

将式(12.311)对所有的实现求平均,可得 $t = t_0$ 时刻估计值的数学期望为

$$\langle E^*(t_0, T) \rangle = \frac{1}{T} \int_{-0.5T}^{0.5T} E(t_0 + t) \, \mathrm{d}t \qquad (12.312)$$

式中: $E(t_0 + t)$ 为 $t + t_0$ 时刻所分析随机过程数学期望的真值。因此,与平稳随机过程相比较,随机过程时变数学期望估计值的数学期望是通过在时间区间 $[t_0 - 0.5T, t_0 + 0.5T]$ 内对估计值进行平均得到的。

通常,上述平均后得到的数学期望估计值存在一定的偏差,可以表示为

$$b[E^*(t_0, T)] = \frac{1}{T} \int_{-0.5T}^{0.5T} [E(t_0 + t) - E(t_0)] \, \mathrm{d}t \qquad (12.313)$$

如果幅度 $E(t)$ 在关于 $t = t_0$ 为中心的时间区间 $[t_0 - 0.5T, t_0 + 0.5T]$ 内可用奇次幂的级数表示为如下形式:

$$E(t + t_0) \approx E(t_0) + \sum_{k=1}^{N} \frac{t^{2k-1}}{(2k-1)!} \left[\frac{\mathrm{d}^{(2k-1)} E(t)}{\mathrm{d}t^{(2k-1)}} \right]_0 \qquad (12.314)$$

那么数学期望估计值的偏差最小,即

$$b[E^*(t_0, T)] \approx 0 \qquad (12.315)$$

随机过程数学期望估计的方差为

$$\mathrm{Var}[E^*(t_0, T)] = \frac{1}{T^2} \int_{-0.5T}^{0.5T} \int_{-0.5T}^{0.5T} R(t_0 + t_1, t_0 + t_2) \, \mathrm{d}t_1 \mathrm{d}t_2 \qquad (12.316)$$

其中, $R(t_1, t_2)$ 为所分析随机过程 $\xi(t)$ 的相关函数。

实际工作中会经常遇到具有时变数学期望或时变方差甚至两者都时变的

非平稳随机过程,这种情况下,数学期望和方差的变化要比随机过程的变化慢得多,或者说在相关时间内,随机过程的数学期望和方差是保持不变的。此时为了得到时变数学期望估计值的方差,可以假设中心化随机过程 $\xi_0(t) = \xi(t) - E(t)$ 在时间区间 $t_0 \pm 0.5T$ 范围内为平稳随机过程,并且具有如下形式的相关函数:

$$R(\tau) = \langle \xi_0(t)\xi_0(t+\tau) \rangle \approx \sigma^2(t_0)\Re(\tau) \qquad (12.317)$$

根据这一近似,通过引入新变量 $\tau = t_2 - t_1, t_2 = t$,并改变积分次序对双重积分进行变换,式(12.316)给出的数学期望估计值的方差变为

$$\mathrm{Var}[E^*(t_0,T)] \approx \sigma^2(t_0) \times \frac{2}{T}\int_0^T \left(1 - \frac{\tau}{T}\right)\Re(\tau)\mathrm{d}\tau \qquad (12.318)$$

从式(12.313)和式(12.318)可以看出,数学期望估计值的离差为

$$D[E^*(t_0,T)] = b^2[E^*(t_0,T)] + \mathrm{Var}[E^*(t_0,T)] \qquad (12.319)$$

从理论上说,选择合适的 T 若能使得 t_0 时刻的离差最小,则得到了最佳积分时间 T,只有当给定的函数 $E(t)$ 具有特定形式时,才可给出合适的解析形式解。

当数学期望 $E(t)$ 明显偏离线性函数时,下面分析数学期望估计值的变化情况。假设待估计的数学期望 $E(t)$ 关于时间 t 是一阶和二阶连续可导的,根据泰勒展开公式,则有

$$E(t) = E(t_0) + (t - t_0)E'(t_0) + 0.5(t - t_0)^2 E''[t_0 + \vartheta(t - t_0)] \qquad (12.320)$$

其中,$0 < \vartheta < 1$。将式(12.320)代入式(12.313),可得

$$b[E^*(t_0,T)] = \frac{1}{2T}\int_{-0.5T}^{0.5T} t^2 E''[t_0 + t\vartheta]\mathrm{d}t \qquad (12.321)$$

令 M 表示数学期望 $E(t)$ 关于时间 t 的二阶导数的最大绝对值,可得数学期望估计偏差的绝对值上界为

$$|b[E^*(t_0,T)]| \leqslant \frac{T^2 M}{24} \qquad (12.322)$$

通常,通过对特定物理问题的分析,可以获得数学期望 $E(t)$ 关于时间 t 的二阶导数的最大值绝对。

最佳积分时间 T 使得式(12.319)的估计离差最小,为了得到该最佳积分时间,不妨假设所分析随机过程的相关时间远小于积分时间,即 $\tau_{cor} \ll T$,则下式成立:

$$\int_0^T \left(1 - \frac{\tau}{T}\right)\Re(\tau)\mathrm{d}\tau \approx \int_0^\infty \Re(\tau)\mathrm{d}\tau \leqslant \int_0^\infty |\Re(\tau)|\mathrm{d}\tau = \tau_{cor} \qquad (12.323)$$

根据式(12.322)和式(12.323),并依据式(12.319)给出的离差最小化条件,可得最佳积分时间为

$$T \approx 2\left[\frac{9\sigma^2(t_0)\tau_{\text{cor}}}{M^2}\right]^{\frac{1}{5}} \tag{12.324}$$

从式(12.324)可以看出,相关时间以及所分析随机过程的方差越大,积分时间就越长;数学期望二阶导数的最大绝对值越大,积分时间越短。这一表述与时变数学期望测量结果的物理解释是吻合的。

在某些应用中,时变数学期望可以用式(12.256)给出的级数进行近似,那么能使下式

$$\varepsilon^2(\alpha_1, \alpha_2, \cdots, \alpha_N) = \frac{1}{T}\int_0^T \left[x(t) - \sum_{i=1}^N \alpha_i\varphi_i(t)\right]^2 dt \tag{12.325}$$

取最小值的参数就可以作为系数 α_i^* 的估计值。只有当数学期望 $E(t)$ 和函数 $\varphi_i(t)$ 的变化速度比函数 $x_0(t)$ 关于时间的一阶导数慢时,系数 α_i^* 的上述表达式才成立,即必须满足如下条件:

$$\left.\begin{array}{l}\left|\dfrac{E'(t)}{E(t)}\right|_{\max} \\[3mm] \left|\dfrac{\varphi_i'(t)}{\varphi_i(t)}\right|_{\max}\end{array}\right\} \ll \sqrt{\frac{\langle[x_0'(t)]^2\rangle}{\sigma^2(t)}} \tag{12.326}$$

换句话说,只有当数学期望 $E(t)$ 的带宽 Δf_E 远小于随机分量 $x_0(t)$ 功率谱的有效带宽时,计算系数 α_i^* 的式(12.325)才成立。基于函数 ε^2 的最小化条件,即

$$\frac{\partial \varepsilon^2}{\partial \alpha_m} = 0 \tag{12.327}$$

可以得出计算系数 α_m^* 的方程组为

$$\sum_{i=1}^N \alpha_i^* \int_0^T \varphi_i(t)\varphi_m(t)\,dt = \int_0^T x(t)\varphi_m(t)\,dt, m = 1, 2, \cdots, N \tag{12.328}$$

记

$$\int_0^T \varphi_i(t)\varphi_m(t)\,dt = c_{im} \tag{12.329}$$

$$\int_0^T x(t)\varphi_m(t)\,dt = y_m \tag{12.330}$$

则系数的估计值 α_m^* 可以表示为

$$\alpha_m^* = \frac{A_m}{A}, m = 1, 2, \cdots, N \tag{12.331}$$

式中:A 是式(12.328)给出的线性方程组对应的行列式,A_m 是将行列式 A 的第 m 列 c_{im} 替换为列 y_m 所得到的,相应方法可见式(12.270)和式(12.271)。

时变数学期望估计测量器的流程图与图 12.14 类似,区别在于:为了便于生成函数 $\varphi_i(t)$ 而对其进行了指定,并分别根据式(12.329)和式(12.330)给出了系数 c_{im} 和 y_m 的值。如果函数 $\varphi_i(t)$ 是正交的(式(12.297)成立),则可以简化系数 α_m^* 的计算,即

$$\alpha_m^* = \int_0^T x(t) \varphi_m(t) \, \mathrm{d}t \tag{12.332}$$

时变数学期望估计的测量器流程图与图 12.15 的不同之处在于,为了方便起见而对函数 $\varphi_i(t)$ 进行了指定,从而无需对积分方程式(12.295)进行解算。

下面计算系数估计的偏差以及系数估计值 α_m^* 和 α_q^* 之间的互相关函数。根据 12.7 节中的分析,可知式(12.256)给出的级数展开形式的系数估计值为无偏估计,其相关函数和方差分别为

$$R(\alpha_m^*, \alpha_q^*) = \frac{1}{A^2} \sum_{i=1, j=1}^N A_{im} A_{jq} \ell_{ij} \tag{12.333}$$

$$\mathrm{Var}(\alpha_m^*) = \frac{1}{A^2} \sum_{i=1, j=1}^N A_{im} A_{jm} \ell_{ij} \tag{12.334}$$

式中:A_{im} 为式(12.270)给出的行列式的代数余子式,而

$$\ell_{ij} = \int_0^T \int_0^T R(t_1, t_2) \varphi_i(t_1) \varphi_j(t_2) \, \mathrm{d}t_1 \mathrm{d}t_2 \tag{12.335}$$

式中:$R(t_1, t_2)$ 是所分析随机过程的相关函数。

当 $\varphi_i(t)$ 为正交函数时,式(12.329)给出的系数 c_{im} 具有如下形式:

$$c_{im} = \delta_{im} \tag{12.336}$$

于是矩阵 $\| c_{ij} \|$ 就成为对角矩阵,其行列式和代数余子式分别为

$$A = 1, A_{ij} = \delta_{ij} \tag{12.337}$$

根据式(12.336)和式(12.333),系数估计值 α_m^* 和 α_q^* 的相关函数可以表示为

$$R(\alpha_m^*, \alpha_q^*) = \ell_{mq} \tag{12.338}$$

式中:ℓ_{mq} 是式(12.335)在 $i = m, j = q$ 时的结果。在这种情况下,对于时变数学期望的估计值,由式(12.260)给出的当前方差和式(12.262)给出的平均方差分别为

$$\text{Var}\{E^*(t)\} = \sum_{i=1,j=1}^{N} \ell_{ij} \varphi_i(t) \varphi_j(t) \tag{12.339}$$

$$\text{Var}\{E^*\} = \frac{1}{T} \sum_{i=1}^{N} \ell_{ii} \tag{12.340}$$

如果中心化随机过程 $\xi_0(t)$ 近似等于正交函数 $\varphi_i(t)$ 的组合与白噪声之和,且白噪声具有式(12.283)所示的有效功率谱密度,那么就有

$$\ell_{ij} = \frac{\mathcal{N}_{\text{ef}}}{2} \delta_{ij} \tag{12.341}$$

根据式(12.341),所得时变数学期望估计值的当前方差和平均方差与式(12.306)和式(12.308)所给出的最佳估计的结果相一致,其中后者是对具有时变数学期望的高斯随机过程进行观测得到的估计值。

12.9 利用迭代法估计数学期望

目前,迭代法或逐步逼近法在随机过程的参数估计中得到了广泛应用,这些方法也称为递归方法。基于长度为 N 的离散样本采用迭代法对标量参数 l 进行估计,其实质就是要构建出如下形式的递归关系[18]:

$$l^*[N] = l^*[N-1] + \gamma[N]\{f(x[N]) - l^*[N-1]\} \tag{12.342}$$

式中,$l^*[N-1]$ 和 $l^*[N]$ 分别是基于观测到的 $N-1$ 个和 N 个样本所得到的随机过程参数估计值;$f(x[N])$ 是关于接收样本的函数,利用该函数获得随机过程的待估计参数;$\gamma[N]$ 是一个因子,其作用是使参数 l 的下一步估计值更为精确,其具体取值取决于序号 N,并且满足如下条件:

$$\begin{cases} \gamma[N] > 0 \\ \sum_{N=1}^{\infty} \gamma[N] \to \infty \\ \sum_{N=1}^{\infty} \gamma^2[N] < \infty \end{cases} \tag{12.343}$$

根据式(12.342),可以绘制出如图12.16所示的随机过程参数的迭代测量器的流程图。

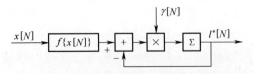

图 12.16 数学期望的迭代测量器

通过对差分方程的极限处理,可将式(12.342)给出的离散算法转化为连续算法,将差分方程

$$l[N] - l[N-1] = \Delta l[N] = \gamma[N]\{f(x[N]) - l[N-1]\} \quad (12.344)$$

变成微分方程

$$\frac{\mathrm{d}l(t)}{\mathrm{d}t} = \gamma(t)\{f[x(t)] - l(t)\} \quad (12.345)$$

式(12.345)对应的测量器流程图与图12.16类似,只需将 $\gamma[N]$ 改为 $\gamma(t)$,并将求和器改为积分器。

对于平稳随机过程,估计数学期望的递归算法为

$$E^*[N] = E^*[N-1] + \gamma[N]\{x[N] - E^*[N-1]\} \quad (12.346)$$

利用不相关采样估计随机过程的数学期望时,因子 $\gamma[N]$ 的最佳取值可由式(12.182)给出,该值能确保数学期望估计的最小方差与式(12.183)所得线性估计的方差处于同一数量级。事实上式(12.182)可以表示为

$$E^*[N] = \frac{1}{N}\sum_{i=1}^{N} x_i = E^*[N-1] + \frac{1}{N}\{x[N] - E^*[N-1]\} \quad (12.347)$$

将式(12.346)与式(12.347)进行比较,可得最佳因子 $\gamma[N]$ 的取值为

$$\gamma_{\mathrm{opt}}(N) = \frac{1}{N} \quad (12.348)$$

数学期望迭代测量器的流程图与图12.16类似,只需去掉其中对随机过程进行变换的模块 $f\{x[N]\}$ 即可。

由于迭代算法式(12.347)与式(12.182)的算法是等效的,因此这种情况下就可以说数学期望估计是无偏的,而方差则由式(12.183)给出。实际工作中有时会采用常数因子 $\gamma[N]$,即

$$\gamma[N] = \gamma = \mathrm{const}, \quad 0 < \gamma < 1 \quad (12.349)$$

此时式(12.346)给出的估计值可以表示为[19,20]

$$E^*[N] = (1-\gamma)^N x[1] + \gamma\sum_{i=2}^{N}(1-\gamma)^{N-i}x_i = (1-\gamma)^N\left\{x[1] + \gamma\sum_{i=2}^{N}\frac{x_i}{(1-\gamma)^i}\right\} \quad (12.350)$$

从式(12.350)可以看出,数学期望的估计值是无偏的。为了得到估计的方差,假设采样 x_i 是不相关的,那么数学期望估计的方差可以表示为

$$\mathrm{Var}\{E^*\} = \frac{2(1-\gamma)^{2N-1} + \gamma}{2-\gamma}\sigma^2 \quad (12.351)$$

当 $1-\gamma < 1$ 且 $N \to \infty$ (或 $N \gg 1$)时,式(12.351)可以简化为

$$\mathrm{Var}\{E^*\} \approx \frac{\gamma}{2-\gamma}\sigma^2 \quad (12.352)$$

即该估计并非一致估计。

式(12.183)给出了数学期望最佳估计的方差,式(12.351)所给数学期望估计的方差与最佳估计方差的比值,取决于不相关采样的数量 N 和因子 γ,相应的变化曲线如图 12.17 所示。从该图可以看出,对于每一 N 值都存在一个确定的 γ 值使得方差比值达到最大。

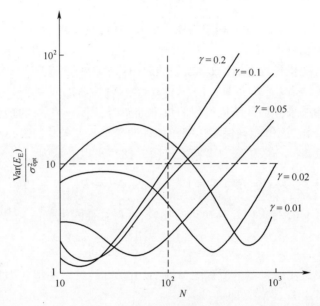

图 12.17 式(12.351)给出的数学期望估计值方差与式(12.183)
给出的数学期望最佳估计的方差之比随不相关采样的数量 N 和因子 γ 的变化情况

12.10 具有未知周期的周期性数学期望的估计

在某些应用中,可以假设随机过程 $\varepsilon(t)$ 的时变数学期望 $E(t)$ 为如下周期函数:

$$E(t) = E(t + kT_0), k = 0, 1, \cdots \qquad (12.353)$$

其中周期 T_0 的取值未知。实际工作中,更关注的是周期 T_0 远大于所观测随机过程的相关时间 τ_{cor} 的情况。自适应滤波方法被广泛用于干扰对消,本节采用该方法对时变数学期望进行估计[21]。假设采样周期为 T_s,所得离散采样为 $x(t_i) = x_i = x(iT_s)$,并将其表示为式(12.168)的形式。

将观测采样 x_i 输入到主通道和参考通道(即自适应滤波器,见图 12.18),并令时延 $\tau = kT_s$(k 为整数)以使主通道和参考通道的采样不相关。参考通道中

滤波器的参数是可变的。将输入采样 x_i 和自适应滤波结果 y_i 送至减法器,则所得输出为

$$\varepsilon_i = x_i - y_i = x_{0i} + (E_i - y_i) \quad\quad (12.354)$$

由于采样是不相关的,因此主通道和参考通道信号之差的平方的数学期望为

$$\langle \varepsilon^2 \rangle = \sigma_0^2 + \langle (E_i - y_i)^2 \rangle \quad\quad (12.355)$$

将 $\langle \varepsilon^2 \rangle$ 最小化,等效于使式(12.355)右边的第二项最小。因此,调整自适应滤波器的参数,使得 $\langle \varepsilon^2 \rangle$ 最小,将此时滤波器输出的 y_i 作为时变数学期望的估计值 E_i^*。正如文献[21]所论述的,对于给定的干扰及噪声对消器结构,当采用式(11.25)给出的二次代价函数时,y_i 就是最佳估计。

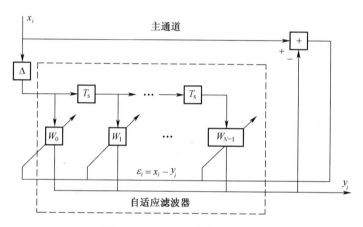

图 12.18　自适应滤波器流程图

为构建具有预期冲激响应的自适应滤波器,需先用系数 W_j 对输入信号进行加权($j = 0, 1, \cdots, P - 1, P$ 为并行通道的数量),然后再进行线性向量求和,其中相邻两个并行通道之间的时延为采样周期 T_s。加权系数 W_j^* 可以利用递归 Wiener-Hopf 算法[22]进行调整:

$$W_j^*[N + 1] = W_j^*[N] + 2\mu \left\{ x[N]x[N - d - j] \right.$$

$$\left. - x[N - d - j] \sum_{l=0}^{P-1} W_l^*[N]x[N - d - l] \right\} \quad (12.356)$$

式中: $l = 0, 1, \cdots, P - 1, \mu$ 是决定算法收敛速度和权重系数调整精度的自适应参数。根据文献[22],如果 μ 满足条件 $0 < \mu < \lambda_{max}^{-1}$,则式(12.356)的算法是收敛的,其中 λ_{max} 是由元素 $C_{ij} = \langle c_i c_j \rangle$ 构成的协方差矩阵的最大特征值[3]。协方差矩阵特征值的物理意义表示的是输入随机过程的功率,当其他条件相同时,λ 越大则输入随机过程的功率越大。可以证明:

$$\lim_{N \to \infty} \langle W_j^*[N] \rangle = W_j \tag{12.357}$$

式中：W_j 是满足 Wiener-Hopf 方程的权重系数最佳向量的元素。到达稳态时 Wiener-Hopf 方程的形式为

$$\sum_{j=0}^{P-1} C_{lj} W_j = C_{l+d}, l = 0, 1, \cdots, P - 1 \tag{12.358}$$

图 12.19 给出了自适应滤波器权重系数计算方法的框图。可以采用文献[22]所给出的方法终止自适应处理过程，但对于当前的问题，最常用的方法则是基于如下不等式来终止自适应处理：

$$\varepsilon[N] = \left| \frac{W_j^*[N] - W_j^*[N-1]}{W_j^*[N]} \right| \leqslant \nu \tag{12.359}$$

式中：ν 是事先给定的数值。

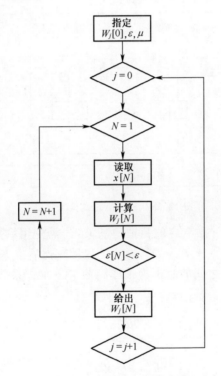

图 12.19　自适应滤波器权重系数计算方法框图

如果待估计的数学期望 E_i 为周期函数，则可用有限项的傅里叶级数对其进行近似：

$$E_i \approx a_0 + \sum_{\mu=1}^{M} \left[a_\mu \cos(\omega\mu\kappa) + b_\mu \sin(\omega\mu\kappa) \right] \tag{12.360}$$

式中：

$$\omega = \frac{2\pi}{T_0} \tag{12.361}$$

是单次谐波的角频率。此外，还要假设所选采样间隔 T_s 能够使得采样 x_i 之间彼此不相关。

根据数学期望各分量之间的正交性，具有直流分量的确定性信号的协方差矩阵（或模糊函数）可以表示为

$$C_E(k) = \lim_{k \to \infty} \frac{1}{2k} \sum_{\kappa = -k}^{k} E(\kappa) E(\kappa + k) \tag{12.362}$$

那么式（12.358）给出的协方差矩阵的元素可以表示为

$$C(k) = \sigma^2 \delta(k) + \sum_{\mu = 0}^{M} A_\mu^2 \cos(k\omega\mu) \tag{12.363}$$

式中：$\delta(k)$ 是式（12.170）所示 Dirac 冲激函数的离散形式，而

$$A_0^2 = a_0^2 \tag{12.364}$$

$$A_\mu^2 = \frac{1}{2}(a_\mu^2 + b_\mu^2), \mu = 1, 2, \cdots, M \tag{12.365}$$

将式（12.363）代入式（12.358），可得

$$\sum_{j=0}^{P-1} \left\{ \sigma^2 \delta(l - j) + \sum_{\mu=1}^{M} A_\mu^2 \cos[\omega\mu(l - j)] \right\} W_j = \sum_{\mu=0}^{M} A_\mu^2 \cos[\omega\mu(l - d)] \tag{12.366}$$

记

$$\begin{cases} \varphi_\mu = \sum_{j=0}^{P-1} W_j \cos(j\omega\mu) \\ \psi_\mu = \sum_{j=0}^{P-1} W_j \sin(j\omega\mu) \end{cases} \tag{12.367}$$

可得稳态情况下权重系数 W_j 的解为

$$W_j = \frac{1}{\sigma^2} \sum_{\mu=0}^{M} A_\mu^2 \{ [\cos(d\omega\mu) - \varphi_\mu] \cos(j\omega\mu) - [\sin(d\omega\mu) - \psi_\mu] \sin(j\omega\mu) \} \tag{12.368}$$

将式（12.368）代入式（12.366），可得关于未知变量 φ_μ 和 ψ_μ 的方程组：

$$\varphi_\chi = \frac{1}{\sigma^2} \sum_{\mu=0}^{M} A_\mu^2 \{ [\cos(d\omega\mu) - \varphi_\mu] \alpha_{\mu\chi} - [\sin(d\omega\mu) - \psi_\mu] \gamma_{\mu\chi} \} \tag{12.369}$$

$$\psi_\chi = \frac{1}{\sigma^2} \sum_{\mu=0}^{M} A_\mu^2 \{ [\cos(d\omega\mu) - \varphi_\mu] \beta_{\mu\chi} - [\sin(d\omega\mu) - \psi_\mu] \vartheta_{\mu\chi} \}$$

$$\tag{12.370}$$

$$\chi = 0, 1, \cdots, M \tag{12.371}$$

式中:

$$\alpha_{\mu\chi} = \sum_{j=0}^{P-1} \cos(j\omega\mu) \cos(j\omega\chi) \tag{12.372}$$

$$\beta_{\mu\chi} = \sum_{j=0}^{P-1} \cos(j\omega\mu) \sin(j\omega\chi) \tag{12.373}$$

$$\gamma_{\mu\chi} = \sum_{j=0}^{P-1} \sin(j\omega\mu) \cos(j\omega\chi) \tag{12.374}$$

$$\vartheta_{\mu\chi} = \sum_{j=0}^{P-1} \sin(j\omega\mu) \sin(j\omega\chi) \tag{12.375}$$

为了简化后续分析过程,此处仅考虑通道数量 N 足够大且式(12.372)~式(12.375)可以采用积分形式表示的情况,另外假设待估计数学期望的直流分量为零(即 $a_0 = 0$)。采用以上极限处理后,可得

$$\begin{cases} \alpha_{\mu\chi} = \vartheta_{\mu\chi} = 0.5P\delta(\mu - \chi) \\ \gamma_{\mu\chi} = \beta_{\mu\chi} = 0 \end{cases} \tag{12.376}$$

利用式(12.376)的近似,那么式(12.369)和式(12.370)的方程组的解为

$$\begin{cases} \varphi_\mu = \dfrac{\cos(d\omega\mu)}{1 + \dfrac{2\sigma^2}{PA_\mu^2}} \\ \\ \psi_\mu = \dfrac{\sin(d\omega\mu)}{1 + \dfrac{2\sigma^2}{PA_\mu^2}} \end{cases} \tag{12.377}$$

在达到稳态且通道数量较多的情况下,式(12.368)给出的权重系数可以表示为

$$W_j = \sum_{\mu=1}^{M} \frac{2A_\mu^2}{2\sigma^2 + A_\mu^2 P} \cos[\omega\mu(d+j)] \tag{12.378}$$

如果满足如下条件

$$P \gg \frac{2\sigma^2}{A_\mu^2} \tag{12.379}$$

那么

$$W_j = \frac{2}{P} \sum_{\mu=1}^{M} \cos[\omega\mu(d+j)] = \frac{2}{P} \times \frac{\sin \dfrac{\pi(M+1)(d+j)}{2M} \cos \dfrac{\pi(d+j)}{2}}{\sin \dfrac{\pi(d+j)}{2M}}$$

$$(12.380)$$

从式(12.380)可以看出,稳态情况下自适应滤波器的传输特性就是一系列的极值点,其幅度为 $2M/P$,周期为 $2M$ 。

当到达稳态情况后,自适应滤波器输出数学期望估计值 E_i^* ,下面分析其统计特性。估计值 E_i^* 的期望为

$$\langle E_i^* \rangle = \sum_{j=0}^{N-1} W_j E_{i-j-d} \qquad (12.381)$$

将 E_i 和 W_i 换成式(12.360)中的数值,并忽略求和过程中的快速振荡项,可得

$$\langle E_i^* \rangle = 0.5P \sum_{\mu=1}^{M} \frac{1}{q_\mu^{-1} + 0.5P} [a_\mu \cos(i\omega\mu) + b_\mu \sin(i\omega\mu)] \quad (12.382)$$

式中:

$$q_u = \frac{a_\mu^2 + b_\mu^2}{2\sigma^2} \qquad (12.383)$$

是数学期望第 μ 个分量(即 μ 次谐波)的信噪比。从式(12.383)可以看出,当通道数量 P 趋于无穷大时(即 $P \to \infty$),数学期望估计是无偏的。

与之类似的是,由于利用随机过程的中心化分量可以完全描述二阶中心矩,从而很容易得到估计的方差为

$$\mathrm{Var}\{E_i^*\} = \sigma^2 \sum_{j=0}^{P-1} W_j^2 \qquad (12.384)$$

从式(12.384)可以看出,数学期望估计 E_i^* 的方差随着所观测随机过程中谐波数量的减少而降低。在极限情况下,如果通道数量极多(即 $P \to \infty$),数学期望估计值的方差在稳态时将趋于零,从而说明周期性数学期望的这种估计是一致估计。

可通过对所分析的自适应算法进行仿真以证明上述结论,相应设置为:对数学期望 $E(t) = a\cos(\omega t)$ 进行估计,周期 T_0 等于采样周期的4倍($T_0 = 4T_s$),采用高斯随机过程的非相关样本作为随机过程实现的中心化分量 x_{0i} 。为在主通道和参考通道获得不相关采样,引入的时延等于采样周期($d=1$)。除 $j=0$ 的通道外,权重系数的初始值均设为零,而 $j=0$ 通道的权重系数初始值则设为1($W_0[0] = 1$)。

微处理器系统的存储器不断更新离散采样 $x_i = x_{0i} + E_i$,并按照式(12.357)的算法对权重系数进行调整。对于两次相邻步骤的自适应处理,如果向量各元素的对应差值不超过10%,则认为调整已经完成,然后即可对自适应干扰和噪声对消器输出端的实现进行分析。

当信噪比等于 1 ($q = 1$)时,谐波分量幅度估计值的归一化方差 ($\mathrm{Var}\{a^*\}/a^2$)就成为调整步骤数 N 的函数。图12.20给出了两种并行通道数量情况($P = 4$; $P = 16$)下的图示结果,其中两条虚线分别对应由式(12.378)和式(12.384)计算所得数学期望估计方差的理论渐近值。从图12.20可以看出,自适应处理的效果比较明显,并且自适应滤波器中并行通道的数量对起初阶段的效果影响较大。

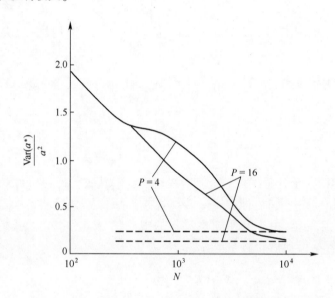

图 12.20 幅度估计值的归一化方差随自适应处理次数的变化情况

12.11 总结与讨论

下面简要总结一下本章中讨论的主要结论。

对于高斯随机过程,式(12.41)和式(12.42)给出的数学期望估计是最佳估计,对于非高斯型随机过程,如果估计是线性的,以上两式也是最佳估计。若对数学期望的先验取值区间不作任何限制,则式(12.38)和式(12.39)成立。根据式(12.38)可以设计出随机过程数学期望估计器的最佳结构(见图12.1),其主要工作环节是用 $v(t)$ 对接收实现 $x(t)$ 加权然后进行线性积分,而权重 $v(t)$ 是积分方程式(12.8)的解。在 $t = T$ 时刻,判决装置给出估计结果。为了得到数学期望估计的当前值,式(12.38)中的积分限必须分别为 $t - T$ 和 t,然后通过式(12.43)得到参数估计值。

数学期望的最大似然估计既是条件无偏估计也是非条件无偏估计。数学期望估计的条件方差可以表示为式(12.47),从中可以看出估计的方差也是非条件的。根据式(12.38),由于高斯随机过程的积分是线性的,因此估计值 E_E 也服从高斯分布。

如果事先对数学期望的取值区间进行了限定,并按图 12.1 给出的结构进行数学期望的最佳估计,对于平稳随机过程来说,其数学期望的最大似然估计既是条件有偏估计,也是非条件无偏估计,相应的非条件离差由式(12.76)给出。

随机过程数学期望的贝叶斯估计与 SNR 有关。信噪比极低情况下的条件偏差公式与式(12.82)是近似一致的。可以看出,当对 E_0 的所有可能取值求平均后,数学期望的估计是非条件无偏的。当信噪比极高时,随机过程数学期望的贝叶斯估计就是最大似然估计。

随机过程数学期望的最佳估计方法,需要精确且完全已知该随机过程的相关统计特征量,但实际应用中这一条件往往难以满足,因此通常采用的是基于式(12.51)的各种非最佳方法。那么在选择权重函数时,就应使估计的方差渐近趋于最佳估计的方差。

当理想积分器的积分时间远大于随机过程的相关时间时,只需知道方差的取值以及观测时长与相关时间之比,即可计算出随机过程数学期望估计的方差。当使用理想积分器作为平滑电路时,随机过程数学期望估计的方差与该随机过程中的起伏分量在 $\omega = 0$ 处的功率谱密度值成正比,或者说此时数学期望估计的方差可由零频处的功率谱分量给出。为了得到数学期望估计的当前取值,并对较长观测时间内的随机过程实现进行分析,可采用式(12.124)得到估计值,这一估计与式(12.111)给出的估计具有相同的统计特性。上述讨论的数学期望测量方法都假设观测过程中未对随机过程的瞬时值进行限幅,而采取限幅措施会带来额外的误差。

采用附加信号法进行数学期望估计的方差仅取决于附加随机序列可能取值的区间长度,不但与所观测随机过程的方差无关,而且永远大于基于独立采样所得的等间隔采样数学期望估计的方差。如当所观测的随机序列服从式(12.218)给出的均匀分布时,附加信号法得到的数学期望估计的方差如式(12.226)所示,而等间隔采样数学期望估计的方差如式(12.227)所示,也就是说,在所观测随机序列和附加随机序列均服从均匀分布的极端情况下,附加随机信号法给出的数学期望估计值的方差是等间隔采样数学期望估计方差的 3 倍。其他情况下,数学期望估计方差之间的差异更大。

为了分析随机过程的幅度量化对数学期望估计的影响,假设量化过程为无记忆非线性变换,并且量化步长保持不变,量化位数足够高以使量化后的随机过程不会超出变换 $g(x)$ 阶梯特性的边界,其中 $g(x)$ 的大致形状如图 12.12 所示。对于图中概率密度函数为 $p(x)$ 的随机过程来说,其数学期望并非正好处于量化门限 x_i 与 x_{i+1} 的中点上。对于具有式(12.228)变换特性的无记忆器件(或变换器)来说,当用随机过程 $\xi(t)$ 的实现 $x(t)$ 作为输入时,其输出端所得实现 $y(t)$ 的数学期望就等于式(12.229)给出的估计的数学期望,可由式(12.230)得到。通常,估计的数学期望 $\langle E \rangle$ 并不等于真值 E_0,或者说由于量化的原因,所得估计的数学期望的偏差由式(12.231)给出。由于变换器输出端随机过程的数学期望和相关函数取决于所观测随机过程的概率密度函数,因此,随机过程幅度量化后数学期望估计的统计特性不仅取决于所观测随机过程的相关函数,也取决于其概率密度函数。

在随机过程的数学期望为时变情况下,基于区间 $[0,T]$ 内的单个实现 $x(t)$ 对随机过程 $\xi(t)$ 的数学期望 $E(t)$ 进行估计的问题,就转化为对式(12.256)的级数系数 α_i 进行估计。此时由系数 α_i 所导致的数学期望估计的偏差和离差分别可由式(12.259)和式(12.260)得到。将随机过程数学期望估计的统计特征量(即偏差和离差)在观测区间范围内求平均后,分别得到式(12.261)和式(12.262)。在数学期望的近似表达式(12.256)中,级数展开后保留的项数越多,相同条件下在观测区间内求平均后,所得时变数学期望估计的方差就越大。由于近似处理是在观测区间之内进行的,因此有必要强调指出,通常随着观测区间 $[0,T]$ 的增长,级数展开的项数 N 也需相应增加。

当式(12.256)中参与求和的特征函数数量足够多时,时变数学期望估计 $E(t)$ 的平均方差就等于原始随机过程的方差,于是式(12.256)中因级数项的数量有限所引起的估计偏差就趋近于零。但实际工作中,在选择式(12.256)中级数项的数量时,应注意使偏差和估计方差所导致的时变数学期望估计的离差最小。

基于单次实现估计随机过程的时变数学期望时,所遇到的困难在于,如果已知平滑滤波器的冲激响应,如何确定平滑滤波器的最佳平均(即积分)时间或时间常数。这里出现了两个彼此矛盾的需求:一方面,为了减小测量时间有限导致的估计方差,要求积分时间尽量长;另一方面,为了分辨出数学期望随时间的变化情况,所选择的积分时间应尽量短。显然,对于给定的冲激响应,存在相应的最佳平均时间(或滤波器的最佳带宽),从而使随机过程数学期望估计的离差最小。

实际工作中会经常遇到具有时变数学期望或时变方差甚至两者都时变的非平稳随机过程,这种情况下,数学期望和方差的变化要比随机过程的变化慢得多,或者说在相关时间内,随机过程的数学期望和方差是保持不变的。此时为了得到时变数学期望估计值的方差,可以假设中心化随机过程 $\xi_0(t) = \xi(t) - E(t)$ 在时间区间 $t_0 \pm 0.5T$ 范围内为平稳随机过程,其相关函数如式(12.317)所示。

在某些应用中,可以假设随机过程 $\varepsilon(t)$ 的时变数学期望 $E(t)$ 为周期函数,其中周期的取值未知。实际工作中,更关注的是周期远大于所观测随机过程的相关时间的情况。自适应滤波方法被广泛用于干扰对消,此处采用该方法对时变数学期望进行估计。离散采样后的随机过程可以表示为式(12.168)给出的形式。如果待估计的数学期望为周期函数,则可用有限项的傅里叶级数对其进行近似,此处需假设所选采样间隔能够使采样之间彼此不相关。根据数学期望各分量之间的正交性,具有直流分量的确定信号的协方差矩阵(或模糊函数)可以表示为式(12.362),式(12.358)给出的协方差矩阵的元素可以表示为式(12.363)所示的形式。

参考文献

1. Lindsey, J. K. 2004. Statistical Analysis of Stochastic Processes in Time. Cambridge, U. K.: Cambridge University Press.

2. Ruggeri, F. 2011. Bayesian Analysis of Stochastic Process Models. New York: Wiley & Sons, Inc.

3. Van Trees, H. 2001. Detection, Modulation, and Estimation Theory. Part 1. New York: Wiley & Sons, Inc.

4. Taniguchi, M. 2000. Asymptotic Theory of Statistical Inference for Time Series. New York: Springer + Business Media, Inc.

5. Franceschetti, M. 2008. Random Networks for Communication: From Physics to Information Systems. Cambridge, U. K.: Cambridge University Press.

6. Le Cam, L. 1986. Asymptotic Methods in Statistical Decision Theory. New York: Springer + Business Media, Inc.

7. Anirban DasGupta. 2008. Asymptotic Theory of Statistics and Probability. New York: Springer + Business Media, Inc.

8. Berger, J. 1985. Statistical Decision Theory and Bayesian Analysis. New York: Springer + Business Media, Inc.

9. Le Cam, L. and G. L. Yang. 2000. Asymptotics in Statistics: Some Basic Concepts. New York: Springer +

Business Media, Inc.

10. Liese, F. and K. J. Miescke. 2008. Statistical Decision Theory: Estimation, Testing, and Selection. New York: Springer + Business Media, Inc.

11. Schervish, M. 1996. Theory of Statistics. New York: Springer + Business Media, Inc.

12. Lehmann, E. L. 2005. Testing Statistical Hypothesis, 3rd edn. New York: Springer + Business Media, Inc.

13. Jesbers, P. ,Chu, P. T. , and A. A. Fettwers. 1962. A new method to compute correlations. IRE Transactions on Information Theory, 8(8): 106-107.

14. Mirskiy, G. Ya. 1972. Hardware Definition of Stochastic Process Characteristics, 2nd edn. Moscow, Russia: Energy.

15. Gusak, D. , Kukush, A. , Kulik, A. , Mishura, Y. , and A. Pilipenko. 2010. Theory of Stochastic Processes. New York: Springer + Business Media, Inc.

16. Gikhman,I. , Skorokhod, A. , and S. Kotz. 2004. The Theory of Stochastic Processes I. New York: Springer + Business Media, Inc.

17. Gikhman,I. , Skorokhod, A. , and S. Kotz. 2004. The Theory of Stochastic Processes II. New York: Springer + Business Media, Inc.

18. Tzypkin, Ya. 1968. Adaptation and Training in Automatic Systems. Moscow, Russia: Nauka.

19. Cox, D. R. and H. D. Miller. 1977. Theory of Stochastic Processes. Boca Raton, FL: CRC Press.

20. Brzezniak, Z. and T. Zastawniak. 2004. Basic Stochastic Processes. New York: Springer + Business Media, Inc.

21. Ganesan, S. 2009. Model Based Design of Adaptive Noise Cancellation. New York: VDM Verlag, Inc.

22. Zeidler, J. R. , Satorius, E. H. , Charies, D. M. , and H. T. Wexler. 1978. Adaptive enhancement of multiple sinusoids in uncorrelated noise. IEEE Transactions on Acoustics, Speech, and Signal Processing, 26 (3): 240-254.

第 13 章　随机过程方差的估计

13.1　高斯随机过程方差的最佳估计

假设平稳高斯随机过程的相关函数为

$$R(t_1, t_2) = \sigma^2 \Re(t_1, t_2) \tag{13.1}$$

对该随机过程在 N 个等间隔的离散时刻 $t_i(i = 1, 2, \cdots, N)$ 进行观测,即

$$t_{i+1} - t_i = \Delta = 常数 \tag{13.2}$$

那么测量器的输入就是一系列的采样点 $x_i = x(t_i)$。此外,假设该随机过程的数学期望为零,那么其 N 维条件概率密度函数可以表示为

$$p(x_1, x_2, \cdots, x_N \mid \sigma^2) = \frac{1}{(2\pi\sigma^2)^{N/2} \sqrt{\det \| \Re_{ij} \|}} \exp \left\{ -\frac{1}{2\sigma^2} \sum_{i=1,j=1}^{N} x_i x_j C_{ij} \right\} \tag{13.3}$$

式中:$\| \Re_{ij} \|$ 是元素为 $\Re_{ij} = \Re(t_i, t_j)$ 的归一化相关矩阵,$\det \| \Re_{ij} \|$ 是该矩阵的行列式,C_{ij} 则是矩阵 $\| \Re_{ij} \|$ 的逆矩阵,那么 $\boldsymbol{C}_{ij}$ 的元素可以利用与式(12.170)类似的方程得出

$$\sum_{l=1}^{N} C_{il} \Re_{lj} = \delta_{ij} \tag{13.4}$$

多维条件概率密度函数式(13.3)是关于参数 σ^2 的多维似然函数,求解似然方程可得方差的估计为

$$\mathrm{Var}_{\mathrm{E}} = \frac{1}{N} \sum_{i=1,j=1}^{N} x_i x_j C_{ij} = \frac{1}{N} \sum_{i=1}^{N} x_i \nu_i \tag{13.5}$$

式中:

$$\nu_i = \sum_{j=1}^{N} x_j C_{ij} \tag{13.6}$$

是服从零均值高斯分布的随机变量。可以证明,随机变量 ν_i 彼此之间并不独立,但当 $p \neq i$ 时,ν_i 与采样 x_p 是相互独立的,即

$$\langle \nu_i \nu_q \rangle = \sum_{j=1,p=1}^{N} C_{ij} C_{qp} \langle x_j x_p \rangle = \sigma^2 \sum_{j=1}^{N} C_{ij} \sum_{p=1}^{N} C_{qp} \Re_{jp} = \sigma^2 \sum_{j=1}^{N} C_{ij} \delta_{jq} = \sigma^2 C_{iq} \tag{13.7}$$

$$\langle x_p \nu_i \rangle = \sum_{j=1}^{N} C_{ij} \langle x_j x_p \rangle = \sigma^2 \sum_{j=1}^{N} C_{ij} \Re_{jp} = \sigma^2 \delta_{ip} \tag{13.8}$$

式中：σ^2 是随机过程 $\xi(t)$ 方差的真值。

下面计算方差估计的统计特征量，即其均值与方差。方差估计的均值可以表示为

$$E\{\mathrm{Var_E}\} = \frac{1}{N} \sum_{i=1,j=1}^{N} C_{ij} \langle x_i x_j \rangle = \sigma^2 \tag{13.9}$$

也就是说，方差估计是无偏估计。

方差估计的方差可以表示为

$$\mathrm{Var}\{\mathrm{Var_E}\} = \frac{1}{N^2} \sum_{i=1,j=1}^{N} \sum_{p=1,q=1}^{N} \langle x_i x_j x_p x_q \rangle C_{ij} C_{pq} - \sigma^4 \tag{13.10}$$

而高斯随机变量 x 的混合四阶矩为

$$\langle x_i x_j x_p x_q \rangle = \sigma^4 [\Re_{ij} \Re_{pq} + \Re_{ip} \Re_{jq} + \Re_{iq} \Re_{jp}] \tag{13.11}$$

将式(13.11)代入式(13.10)，根据式(13.4)可得

$$\mathrm{Var}\{\mathrm{Var_E}\} = \frac{2\sigma^4}{N} \tag{13.12}$$

从式(13.12)可以看出，最佳方差估计的方差与随机过程观测样本之间的归一化相关函数无关，这一点在物理意义上难以解释或者说完全无法解释。实际上，如果在有限的时间长度内增加观测样本数，根据式(13.12)可知方差估计的方差会变得无穷小，也就是说，当对随机过程的观测从离散趋于连续时，最佳方差估计的方差将趋于零。

由于

$$N = \sum_{i=1}^{N} \sum_{j=1}^{N} C_{ij} \Re_{ij} \tag{13.13}$$

考虑式(13.5)的极限情况，即 $T = $ 常数$(\Delta \to 0, N \to \infty)$，以使观测从离散变为连续，那么可得

$$\mathrm{Var_E} = \frac{\int_0^T \int_0^T \vartheta(t_1, t_2) x(t_1) x(t_2) \mathrm{d}t_1 \mathrm{d}t_2}{\int_0^T \int_0^T \vartheta(t_1, t_2) \Re(t_1, t_2) \mathrm{d}t_1 \mathrm{d}t_2} \tag{13.14}$$

类似于式(12.6)，上式中的函数 $\vartheta(t_1, t_2)$ 可由如下方程给出，即

$$\int_0^T \vartheta(t_1, t) \Re(t, t_2) \mathrm{d}t = \delta(t_2 - t_1) \tag{13.15}$$

从方差估计的数学期望可以看出，该估计是无偏估计，其方差可以表示为

$$\mathrm{Var}\{\mathrm{Var_E}\} = \frac{2\sigma^4}{\int_0^T\int_0^T \vartheta(t_1,t_2)\Re(t_1,t_2)\,\mathrm{d}t_1\mathrm{d}t_2} \tag{13.16}$$

由于

$$\lim_{\tau\to t_2}\int_0^T \vartheta(t_1,t_2)\Re(\tau,t_1)\,\mathrm{d}t_1 = \delta(0) \to \infty \tag{13.17}$$

因此由式(13.16)可以看出,对于任意观测区间$[0,T]$,高斯随机过程最佳方差估计的方差趋于零。

在统计理论中,关于强噪声条件下的最佳信号处理问题存在着类似结论,特别是当能够精确测定随机过程的方差时,就有可能在较短的观测区间$[0,T]$内从强噪声中检测出微弱信号。跟这一事实相对应,在文献[1]中也指出:在进行信号检测时,既不能期望对待观测随机过程的相关函数有准确的先验信息,也不能期望对输入随机过程的实现能够进行精确的测量,显然这两点在事实上也是做不到的。由于相关函数的先验信息不充分,或者随机过程实现的测量不精确,都会给信号检测带来一定的制约,但这要看进行误差分析时哪种因素处于主导地位。

对随机过程的不精确测量所导致的误差可能具有加性高斯白噪声的特性,或者说可以认为进入测量器输入端的并不是随机过程$\xi(t)$的实现$x(t)$,而是如下加性随机过程:

$$y(t) = x(t) + n(t) \tag{13.18}$$

式中:$n(t)$是相关函数为$R_n(\tau) = 0.5N_0\delta(\tau)$的加性白噪声的实现,而$N_0$则是白噪声的单边带功率谱密度。

对于混有高斯随机过程(相关函数已知)的高斯随机过程,第15.3节研究了其相关函数$R(\tau,l)$任意参数的最佳估计问题,利用相应结论可以给出噪声中信号处理的最佳方差估计的统计特性。如果观测时长远大于随机过程的相关时间,且$l\equiv\sigma^2$,那么方差估计是近似无偏的,式(15.152)给出的相关函数参数中的最佳方差估计的方差可以简化为

$$\mathrm{Var}\left\{\frac{\mathrm{Var_E}}{\sigma^2}\right\} = \frac{1}{\left\{\dfrac{T}{4\pi}\displaystyle\int_{-\infty}^{\infty}\dfrac{S^2(\omega)\,\mathrm{d}\omega}{[\sigma^2 S(\omega) + 0.5N_0]^2}\right\}^2} \tag{13.19}$$

式中:$S(\omega)$是单位方差情况下随机过程$\xi(t)$的功率谱密度。

如果随机过程的功率谱密度如式(12.19)所示,那么方差估计的方差可以近似表示为

$$\mathrm{Var}\left\{\frac{\mathrm{Var_E}}{\sigma^2}\right\} = \frac{4\sigma^2\sqrt{\alpha N_0\sigma^2}}{\alpha T} \tag{13.20}$$

令

$$P_n = N_0 \Delta f_{\text{eff}} \tag{13.21}$$

表示在所分析随机过程有效频带宽度内的噪声功率,根据式(12.284)可知 $\Delta f_{\text{eff}} = 0.25\alpha$。同时令

$$q^2 = \frac{P_n}{\sigma^2} \tag{13.22}$$

作为噪声功率与所分析随机过程方差的比值,或者称为噪声信号比。那么当随机过程的归一化相关函数是指数型时,方差估计的相对变化为

$$r = \frac{\text{Var}\{\text{Var}_E\}}{\sigma^4} = 8\frac{q}{p} \tag{13.23}$$

式中:$p = \alpha T = T\tau_{\text{cor}}^{-1}$ 就是如前所述的观测时长与随机过程相关时间之比。实际工作中,$x_i = x(t_i)$ 瞬时值的测量误差可以无限小,同时归一化相关函数的测量误差主要取决于测量条件,其中最重要的就是随机过程的观测时长。需要注意的是,实际上归一化相关函数往往是在对方差和归一化相关函数的联合估计过程中得到的。

式(13.5)给出了基于采样点的最佳方差估计,将其与数理统计中常用的如下方差估计:

$$\text{Var}^* = \frac{1}{N} \sum_{i=1}^{N} x_i^2 \tag{13.24}$$

进行比较,即可容易看出,对于零均值平稳高斯随机过程,根据式(13.24)得到的方差估计是无偏的,而方差估计的方差为

$$\text{Var}\{\text{Var}^*\} = \frac{2\sigma^4}{N^2} \sum_{i=1, j=1}^{N} \Re[(i-j)\Delta] = \frac{2\sigma^4}{N^2} \left\{ 1 + 2\sum_{i=1}^{N-1} \left(1 - \frac{i}{N} \right) \Re^2(i\Delta) \right\} \tag{13.25}$$

与式(12.193)和式(12.194)相类似,其中也引入新下标,并改变了求和次序,而 $\Delta = t_{i+1} - t_i$ 是采样点之间的时间间隔。如果采样彼此不相关(通常情况下它们是相互独立的),则式(13.25)与式(13.12)是一致的。

因此,对于高斯随机过程,基于离散采样的最佳方差估计就等于样本量(即采样点的数量)同等大小情况下式(13.24)给出的结果。但如果归一化相关函数未知,或是已知但不准确,那么随机过程的最佳方差估计就会有一定的方差,该方差取决于归一化相关函数的真值。为了简化问题的分析,可在归一化相关函数(或是通常所称的相关系数[2])完全已知、完全未知以及不准确等 3 种情况下,采用最大似然函数法对基于两个样本的零均值高斯随机过程方差估计结果的差异进行分析。

当相关系数 ρ 已知时,随机过程最佳方差估计的结果为

$$\text{Var}_E = \frac{x_1^2 + x_2^2 - 2\rho x_1 x_2}{2(1 - \rho^2)} \qquad (13.26)$$

式中:

$$\rho = \frac{\langle x_1 x_2 \rangle}{\sigma^2} \qquad (13.27)$$

是样本间的相关系数。根据式(13.12)可得最佳方差估计的方差为

$$\text{Var}\{\text{Var}_E\} = \sigma^4 \qquad (13.28)$$

如果相关系数 ρ 未知,就需将其看作是概率密度函数的变量或未知参数,此时所需解决的就是方差 Var 和相关系数 ρ 的联合估计问题。对于所分析的二维高斯样本,其条件概率密度函数(或似然函数)为

$$p_2(x_1, x_2 \mid \text{Var}, \rho) = \frac{1}{2\pi \text{Var}\sqrt{1 - \rho^2}} \exp\left\{ - \frac{x_1^2 + x_2^2 - 2\rho x_1 x_2}{2\text{Var}(1 - \rho^2)} \right\} \qquad (13.29)$$

求解关于估计值 Var_E 和 ρ_E 的似然方程

$$\begin{cases} \dfrac{\partial p(x_1, x_2 \mid \text{Var}, \rho)}{\partial \text{Var}} = 0 \\[3mm] \dfrac{\partial p(x_1, x_2 \mid \text{Var}, \rho)}{\partial \rho} = 0 \end{cases} \qquad (13.30)$$

可得方差和相关系数的估计值为

$$\text{Var}_E = \frac{x_1^2 + x_2^2}{2} \qquad (13.31)$$

$$\rho_E = \frac{2x_1 x_2}{x_1^2 + x_2^2} \qquad (13.32)$$

从式(13.31)可以看出,方差估计是无偏的,而方差估计的方差可以表示为

$$\text{Var}\{\text{Var}_E\} = \sigma^4(1 + \rho^2) \qquad (13.33)$$

也就是说当相关系数未知时,高斯随机过程方差估计的方差取决于相关系数的绝对值。

如果相关系数 ρ 虽然已知,但还带有一定的随机误差 ε,即

$$\rho = \rho_0 + \varepsilon \qquad (13.34)$$

式中: ρ_0 是所分析随机过程样本之间相关系数的真值。假设随机误差 ε 与特定样本 x_1 和 x_2 均统计独立,而且随机误差 ε 的数学期望为零(即 $\langle \varepsilon \rangle = 0$),方差 $\text{Var}_\varepsilon = \langle \varepsilon^2 \rangle$(在估计相关系数的真值 ρ_0 时需要用到该方差值)。

根据式(13.26)可以得出方差估计是无偏估计的结论,方差估计的方差则为

$$\text{Var}\{\text{Var}_E\} = \sigma^4\left[1 + \text{Var}_\varepsilon\frac{1 + 2\rho_0^2}{1 - \rho_0^2}\right] \tag{13.35}$$

如果在估计相关系数时不存在随机误差 ε（即 $\text{Var}_\varepsilon = 0$），仅利用 ρ_0 的真值，那么基于两个样本所得方差估计的方差为 σ^4，其大小与相关系数的真值 ρ_0 无关。在方差估计的方差中，随机误差项

$$\kappa = \frac{1 + 2\rho_0^2}{1 - \rho_0^2} \tag{13.36}$$

随相关系数真值 ρ_0 的变化情况如图 13.1 所示，其中 κ 值表示方差估计的方差随相关系数误差的增加而增大的程度。从式（13.35）和图 13.1 可以看出，随着相关系数绝对值的增加，方差估计的方差也迅速增大。因此当样本间相关系数的绝对值趋于 1 时，随机过程方差估计的方差将不断增大，而与相关系数的较小方差 Var_ε 没有关系。相比于 $\rho_0 = 0$ 的情况，当 $|\rho_0| = 0.95$ 时，κ 值增大 30 倍，而当 $|\rho_0| = 0.99$ 和 $|\rho_0| = 0.999$ 时，分别增大 150 和 1500 倍。基于这一原因，如果样本间相关系数的绝对值充分大，就需要考虑相关系数 ρ 的方差对估计的影响。从定性的角度来说，基于多维样本对高斯随机过程进行最佳方差估计时，上述结论也正确。

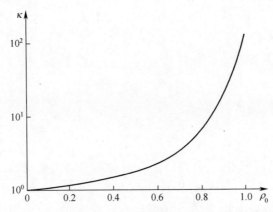

图 13.1　方差估计的方差随相关系数真值的变化曲线

　　尽管实际应用中相关函数的计算会存在一定的误差，但在进行仿真等特殊情况下，可以假设归一化相关函数是准确已知的。这样通过对样本间的相关系数赋以较大的绝对值，就可以通过实验手段验证高斯随机过程最佳方差估计结果的正确性。

　　当两个样本间的相关系数取不同数值时，以上对式（13.5）的最佳方差估计和式（13.24）的非最佳估计进行了实验分析。为了仿真样本间相关系数不同取值的情况，可以构建出如下数对：

$$x_i = \frac{1}{L} \sum_{p=1}^{L} y_{i-p} \qquad (13.37)$$

$$x_{i-k} = \frac{1}{L} \sum_{p=1}^{L} y_{i-k-p}, k = 0, 1, \cdots, L \qquad (13.38)$$

从式(13.37)和式(13.38)可以看出,样本 x_i 和 x_{i-k} 为来自于零均值平稳高斯随机过程的独立采样 y_p 之和。样本 x_i 和 x_{i-k} 服从高斯分布,且均值为零。新构建的这些样本之间的相关函数可以表示为

$$R_k = \langle x_i x_{i-k} \rangle = \frac{1}{L^2} \sum_{p=1}^{L-|k|} \langle y_p^2 \rangle = \frac{\sigma^2}{L} \left(1 - \frac{|k|}{L} \right) \qquad (13.39)$$

为获取服从高斯分布的样本 x_i 和 x_{i-k} ,可对平稳高斯随机过程采用如图13.2所示的归一化相关函数,从该图可以看出,当采样周期大于 0.2ms 时,随机过程的采样点事实上是不相关的。在实验过程中,为了确保采样点 y_p 之间的统计独立性,将采样率设为 512Hz(即相邻采样点的时间间隔约为 2ms)。仿真实验结果表明,当采样点数等于 10^6 时,y_p 相邻采样值之间的相关系数不超过 2.5×10^{-3} 。

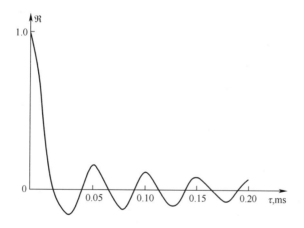

图 13.2 平稳随机过程的归一化相关函数

对于 $N=2$ 的情况,采用微处理器对式(13.5)和式(13.24)所给估计结果的统计特征量进行了计算。通过对 y_i 和 y_{i-k-p} 的 100 个独立采样点分别进行求和,可以获得样本 x_i 和 x_{i-k} ,从而确保当 k 值从 100 变到 0 时,相关系数能按 0.01 的步长从 0 变到 1。对于式(13.5)给出的最佳估计(对应 $j=1$ 的情况)和式(13.24)给出的估计(对应 $j=2$ 的情况),分别采用 3×10^5 个样本对 x_i 和 x_{i-k} 的数学期望 $\langle \mathrm{Var}_j \rangle$ 和方差 $\mathrm{Var}\{\mathrm{Var}_j\}$ 的估计结果进行了计算。实验过程中,数学期望和方差的估计值是基于 10^6 个 x_i 样本获得的,结果表明,数学期望可以认

为是零(估计结果不超过 1.5×10^{-3}),方差则是 $\sigma^2 = 2.785$。

方差估计值的统计特性的实验结论与理论结果是高度吻合的,数学期望和方差的最大相对误差分别不超过 1% 和 2.5%。表 13.1 给出了当样本间的相关系数 ρ_0 取不同值时,方差估计值的均值和方差的实验结果。同时,基于式(13.24)进行方差估计时,估计结果的方差理论值以及根据如下公式:

$$\text{Var}\{\text{Var}^*\} = \sigma^2(1 + \rho_0^2) \tag{13.40}$$

所得的结果也列在表 13.1 中。根据式(13.5),最佳方差估计的方差理论值等于 $\text{Var}\{\text{Var}_E\} = 7.756$。因此实验结果表明,至少在 $N = 2$ 的情况下,前述对于估计及其统计特性的理论方法是正确的。

表 13.1 方差估计的均值和方差的实验结果

| R_0 | 式(13.5)算法 | | 式(13.24)算法 | | |
| | 均值 | 方差 | 均值 | 估计的方差 | |
				实验结果	理论结果
0.00	2.770	7.865	2.770	7.865	7.756
0.01	2.773	7.871	2.773	7.867	7.757
0.03	2.774	7.826	2.773	7.822	7.763
0.05	2.773	7.824	2.770	7.826	7.776
0.07	2.769	7.797	2.766	7.818	7.794
0.10	2.763	7.765	2.760	7.825	7.834
0.15	2.764	7.743	2.760	7.883	7.931
0.20	2.765	7.777	2.759	8.019	8.067
0.25	2.762	7.688	2.758	8.085	8.241
0.30	2.766	7.707	2.759	8.303	8.454
0.35	2.775	7.735	2.765	8.583	8.706
0.40	2.778	7.735	2.765	8.820	8.997
0.45	2.782	7.683	2.760	9.125	9.327
0.50	2.780	7.742	2.769	9.584	9.695
0.55	2.777	7.718	2.766	9.984	10.103
0.60	2.782	7.804	2.767	10.451	10.548
0.65	2.780	7.637	2.765	10.818	11.003
0.70	2.785	7.710	2.772	11.379	11.557
0.75	2.778	7.636	2.777	12.040	12.119
0.80	2.770	7.574	2.777	12.706	12.720
0.85	2.768	7.624	2.777	13.301	13.360
0.90	2.787	7.767	2.776	14.033	14.039
0.91	2.793	7.782	2.779	14.208	14.179
0.93	2.794	7.751	2.776	14.507	14.465
0.95	2.789	7.806	2.770	14.794	14.756
0.97	2.776	7.724	2.775	15.192	15.054
0.99	2.792	7.826	2.777	15.483	15.358

13.2　基于时间平均的随机过程方差估计

实际工作中,对于所分析的平稳随机过程,可将如下取值:

$$\mathrm{Var}^* = \int_0^T h(t)[x(t) - E]^2 \mathrm{d}t \tag{13.41}$$

作为方差的估计值。式中 $x(t)$ 是随机过程的实现,E 为数学期望,$h(t)$ 则为权重函数。最佳权重函数是以方差估计的无偏性

$$\int_0^T h(t)\mathrm{d}t = 1 \tag{13.42}$$

以及方差估计的方差最小为条件得到的。对于平稳高斯随机过程,当利用与式(12.130)类似的方法获得其数学期望后,方差估计的方差可以表示为

$$\mathrm{Var}\{\mathrm{Var}^*\} = 4\sigma^2 \int_0^T \Re^2(\tau) r_h(\tau)\mathrm{d}\tau \tag{13.43}$$

式中:σ^2 是方差的真值,$\Re(\tau)$ 是随机过程的归一化相关函数,函数 $r_h(\tau)$ 由式(12.131)给出。

对于具有式(12.13)给出的指数型归一化相关函数的随机过程,文献[3]讨论了其最佳权重函数。根据式(13.41)给出的准则,所得最佳方差估计及其方差的最小值分别为

$$\mathrm{Var}^*_{\mathrm{opt}} = \frac{x_0^2(0) + x_0^2(T) + 2\alpha\int_0^T x^2(t)\mathrm{d}t}{2(1 + \alpha T)} \tag{13.44}$$

$$\mathrm{Var}\{\mathrm{Var}^*_{\mathrm{opt}}\} = \frac{2\sigma^4}{1 + \alpha T} \tag{13.45}$$

为了得到最佳估计,需要精确已知相关函数,但这却是不可能的。因此一般就按照易于实现的原则选用权重函数,并要求其能确保估计的无偏性,而且随着观测时长的增加,方差估计的方差应单调递减地趋于零。式(12.112)给出的函数就是常用的权重函数。

假设所分析的随机过程是平稳的,在观测时间区间 $[0, T]$ 内随机过程方差的当前估计值为

$$\mathrm{Var}^*(t) = \frac{1}{T}\int_0^T \left\{x(\tau) - \frac{1}{T}\int_0^T x(z)\mathrm{d}z\right\}^2 \mathrm{d}\tau = \frac{1}{T}\int_0^T [x(\tau) - E^*(t)]^2\mathrm{d}\tau$$

$$\tag{13.46}$$

式中：$E^*(t)$ 是 t 时刻的数学期望估计值，根据式(13.46)设计出的测量器流程如图 13.3 所示。

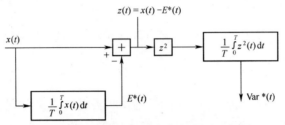

图 13.3　根据式(13.46)设计的测量器流程图

假设所分析的随机过程为数学期望未知的平稳高斯过程，下面计算方差估计的数学期望和方差。方差估计的数学期望为

$$\langle \mathrm{Var}^* \rangle = \frac{1}{T} \int_0^T \langle x^2(\tau) \rangle \mathrm{d}\tau = \frac{1}{T^2} \iint_0^{T\,T} \langle x(\tau_1) x(\tau_2) \rangle \mathrm{d}\tau_1 \mathrm{d}\tau_2 \tag{13.47}$$

根据

$$x_0(t) = x(t) - E_0 \tag{13.48}$$

引入新的变量，将双重积分变为单重积分，可得

$$\langle \mathrm{Var}^* \rangle = \sigma^2 \left\{ 1 - \frac{2}{T} \int_0^T \left(1 - \frac{\tau}{T} \right) \Re(\tau) \mathrm{d}\tau \right\} \tag{13.49}$$

从式(13.49)可以看出，当对数学期望未知的随机过程进行方差估计时，估计的偏差为

$$b\{\mathrm{Var}^*\} = \frac{2\sigma^2}{T} \int_0^T \left(1 - \frac{\tau}{T} \right) \Re(\tau) \mathrm{d}\tau \tag{13.50}$$

换句话说，方差估计的偏差等于随机过程数学期望估计的方差（即式(12.116)）。方差估计的偏差取决于观测时长以及所分析随机过程的相关函数，如果观测时长远大于所分析随机过程的相关时间，且归一化相关函数是符号不变的函数，那么方差估计的偏差可根据式(12.118)得到。

当利用随机过程的采样进行估计时，也存在类似现象。将如下取值看作是随机过程方差的估计值：

$$\mathrm{Var}^* = \frac{1}{N-1} \sum_{i=1}^{N} \left\{ x_i - \frac{1}{N} \sum_{j=1}^{N} x_j \right\}^2 \tag{13.51}$$

式中：N 为随机过程的样本量，样本的采样时刻为 $t = i\Delta (i = 1, 2, \cdots, N)$。此种情况下方差估计的数学期望为

$$\langle \mathrm{Var}^* \rangle = \frac{\sigma^2}{N-1} \left\{ N - \frac{1}{N} \sum_{i=1, k=1}^{N} \Re[(i-k)\Delta] \right\} \tag{13.52}$$

进行与第 12.5 节类似的变换,可得

$$\langle \mathrm{Var}^* \rangle = \sigma^2 \left\{ 1 - \frac{2}{N-1} \sum_{i=1}^{N} \left(1 - \frac{i}{N} \right) \Re[i\Delta] \right\} \tag{13.53}$$

如果样本是不相关的,那么

$$\langle \mathrm{Var}^* \rangle = \sigma^2 \tag{13.54}$$

换句话说,从式(13.54)可知,当样本不相关时,式(13.51)所示的方差估计是无偏的。

但一般情况下样本是相关的,那么随机过程方差估计的偏差为

$$b\{ \mathrm{Var}^* \} = \frac{2\sigma^2}{N-1} \sum_{i=1}^{N} \left(1 - \frac{i}{N} \right) \Re(i\Delta) \tag{13.55}$$

此时如果样本量远大于随机过程相关时间与采样周期之比,则式(13.55)可以简化为

$$b\{ \mathrm{Var}^* \} = \frac{2\sigma^2}{N-1} \sum_{i=1}^{N} \Re(i\Delta) \tag{13.56}$$

为了测量随机过程的方差,常假设随机过程的数学期望为零,并利用冲激响应为 $h(t)$ 的线性滤波器对随机过程的平方进行平滑以给出方差的估计,即

$$\mathrm{Var}^*(t) = \frac{\int_0^T h(\tau) x^2(t-\tau) \mathrm{d}\tau}{\int_0^T h(\tau) \mathrm{d}\tau} \tag{13.57}$$

如果观测时长较大,进行估计的时刻与随机过程开始激励滤波器的时刻之差远大于所分析随机过程的相关时间及滤波器的时间常数,那么

$$\mathrm{Var}^*(t) = \frac{\int_0^\infty h(\tau) x^2(t-\tau) \mathrm{d}\tau}{\int_0^\infty h(\tau) \mathrm{d}\tau} \tag{13.58}$$

对数学期望已知的随机过程采样后,下列值

$$\mathrm{Var}^* = \frac{1}{N} \sum_{i=0}^{N} (x_i - E_0)^2 \tag{13.59}$$

可当作是方差的估计,而且该值能够确保估计的无偏性。

下面分析有限的观测时长对随机过程方差估计的方差的影响。假设所分析随机过程为平稳随机过程,并以理想积分器作为平滑滤波器,这种情况下,根据式(13.46)进行方差估计时,其方差为

$$\begin{aligned} \mathrm{Var}\{ \mathrm{Var}^* \} = {} & \frac{1}{T^2} \iint_{0\,0}^{T\,T} \langle x^2(t_1) x^2(t_2) \rangle \mathrm{d}t_1 \mathrm{d}t_2 - \frac{2}{T^3} \iiint_{0\,0\,0}^{T\,T\,T} \langle x^2(t_1) x(t_2) x(t_3) \rangle \mathrm{d}t_1 \mathrm{d}t_2 \mathrm{d}t_3 \\ & + \frac{1}{T^4} \iiiint_{0\,0\,0\,0}^{T\,T\,T\,T} \langle x(t_1) x(t_2) x(t_3) x(t_4) \rangle \mathrm{d}t_1 \mathrm{d}t_2 \mathrm{d}t_3 \mathrm{d}t_4 - \end{aligned}$$

$$\sigma^4 \left\{ 1 - \frac{2}{T} \int_0^T \left(1 - \frac{\tau}{T} \right) \Re(\tau) \mathrm{d}\tau \right\}^2 \tag{13.60}$$

并非对于任意 pdf 的随机过程, 都能够计算出式(13.60)积分项中的矩。为了分析其规律, 假设所分析的随机过程是数学期望未知的高斯随机过程, 而其数学期望的真值为 E_0。那么在相应的变换后可得

$$\mathrm{Var}\{\mathrm{Var}^*\} = \frac{4\sigma^4}{T} \left\{ \int_0^T \left(1 - \frac{\tau}{T} \right) \Re^2(\tau) \mathrm{d}\tau + \frac{2}{T} \left\{ \int_0^T \left(1 - \frac{\tau}{T} \right) \Re(\tau) \mathrm{d}\tau \right\}^2 \right.$$
$$\left. - \frac{1}{T^2} \int_0^T\int_0^T\int_0^T \Re(t_1 - t_2) \Re(t_1 - t_3) \mathrm{d}t_1 \mathrm{d}t_2 \mathrm{d}t_3 \right\} \tag{13.61}$$

如果所分析随机过程的数学期望是精确已知的, 式(13.46)所得的方差估计就是无偏的, 且方差估计的方差为

$$\mathrm{Var}\{\mathrm{Var}^*\} = \frac{4\sigma^4}{T} \int_0^T \left(1 - \frac{\tau}{T} \right) \Re^2(\tau) \mathrm{d}\tau \tag{13.62}$$

当观测时长足够大时(即满足 $T \gg \tau_{\mathrm{cor}}$), 式(13.62)可以简化为

$$\mathrm{Var}\{\mathrm{Var}^*\} \approx \frac{4\sigma^4}{T} \int_0^\infty \Re^2(\tau) \mathrm{d}\tau \leqslant \frac{4\sigma^4 \tau_{\mathrm{cor}}}{T} \tag{13.63}$$

在 $T \gg \tau_{\mathrm{cor}}$ 条件下, 根据式(12.27)和式(12.122), 可得方差估计的方差为

$$\mathrm{Var}\{\mathrm{Var}^*\} \approx \frac{2}{T} \int_0^\infty \Re^2(\tau) \mathrm{d}\tau = \frac{2}{\pi T} \int_0^\infty S^2(\omega) \mathrm{d}\omega \tag{13.64}$$

对于式(12.13)给出的指数型相关函数, 方差估计的归一化方差可以表示为

$$\frac{\mathrm{Var}\{\mathrm{Var}^*\}}{\sigma^4} = \frac{2p - 1 + \exp\{-2p\}}{p^2} \tag{13.65}$$

其中 p 由式(12.48)给出。对随机过程进行采样后, 也可得到类似的方差估计的方差计算公式, 当然这种情况下, 如果所分析随机过程的采样点是相互独立时, 则会得到最简单的表达式。

下面分析样本相互独立的情况下, 利用式(13.51)计算随机过程方差估计时的方差。此时将式(13.51)变换为如下形式:

$$\mathrm{Var}^* = \frac{1}{N-1} \left\{ \sum_{i=1}^N y_i^2 - \frac{1}{N} \left\{ \sum_{p=1}^N y_p \right\}^2 \right\} \tag{13.66}$$

式中: $y_i = x_i - E$。从中可以看出, 方差估计是无偏的, 其方差为

$$\mathrm{Var}\{\mathrm{Var}^*\} = \frac{1}{(N-1)^2} \left\{ \sum_{i=1, j=1}^N \langle y_i^2 y_j^2 \rangle - \frac{2}{N} \sum_{i=1, p=1, q=1}^N \langle y_i^2 y_p y_q \rangle \right.$$

$$+ \frac{1}{N^2} \sum_{i=1, j=1, p=1, q=1}^{N} \langle y_i y_j y_p y_q \rangle \Bigg\} - \sigma^4 \tag{13.67}$$

为了计算出括号中的求和结果,可先单独计算各项。由于样本间是相互独立的,那么

$$\sum_{i=1, j=1}^{N} \langle y_i^2 y_j^2 \rangle = \sum_{i=1}^{N} \langle y_i^4 \rangle + \sum_{\substack{i=1, j=1 \\ i \neq j}}^{N} \langle y_i^2 \rangle \langle y_j^2 \rangle = N\mu_4 + N(N-1)\mu_2^2$$

$$\tag{13.68}$$

式中:

$$\mu_{v_i} = \langle y_i^v \rangle = \langle (x_i - E)^v \rangle \tag{13.69}$$

是第 v 阶中心矩,显然有 $\mu_2 = \sigma^2$。采用类似方法可得

$$\sum_{i=1, p=1, q=1}^{N} \langle y_i^2 y_p y_q \rangle = N\mu_4 + N(N-1)\mu_2^2 \tag{13.70}$$

$$\sum_{i=1, j=1, p=1, q=1}^{N} \langle y_i y_j y_p y_q \rangle = N\mu_4 + 3N(N-1)\mu_2^2 \tag{13.71}$$

将式(13.68)、式(13.70)以及式(13.71)代入式(13.67),可得

$$\mathrm{Var}\{\mathrm{Var}^*\} = \frac{\mu_4 - \{1 - 2/(N-1)\}\sigma^2}{N} \tag{13.72}$$

对于高斯随机过程,由于 $\mu_4 = 3\sigma^4$,因此可得

$$\mathrm{Var}\{\mathrm{Var}^*\} = \frac{2\sigma^4}{N-1} \tag{13.73}$$

如果数学期望已知,那么无偏的方差估计为

$$\mathrm{Var}^* = \frac{1}{N} \sum_{i=1}^{N} (x_i - E_0)^2 \tag{13.74}$$

其方差为

$$\mathrm{Var}\{\mathrm{Var}^*\} = \frac{\mu_4 - \sigma^4}{N} \tag{13.75}$$

对于高斯随机过程,方差估计的方差为

$$\mathrm{Var}\{\mathrm{Var}^*\} = \frac{2\sigma^4}{N} \tag{13.76}$$

将式(13.76)和式(13.73)进行对比,可以看出当 $N \gg 1$ 时,两个公式是一致的。

当对零均值随机过程采用迭代法进行方差估计时,根据式(12.342)和式(12.345)可得

(1) 对于离散型随机过程

$$\text{Var}^*[N] = \text{Var}^*[N-1] + \gamma[N]\{x^2[N] - \text{Var}^*[N-1]\} \quad (13.77)$$

（2）对于连续型随机过程

$$\frac{\text{dVar}^*(t)}{\text{d}t} = \gamma(t)\{x^2(t) - \text{Var}^*(t)\} \quad (13.78)$$

正如第 12.9 节所述，可以证明因子 $\gamma[N]$ 的最佳取值等于 N^{-1}。

13.3　随机过程方差估计的误差

从随机过程方差估计的公式可以看出，一个基本操作就是对随机过程的实现（或其样本）求平方，执行该操作的设备称为二次变换器或平方器。由于平方器的性能与理想平方律函数存在一定的差异，因此会导致随机过程方差测量时产生额外误差。为了确定这种误差的特性，假设随机过程具有零均值，并且方差估计是基于独立采样进行的。变换 $y = g(x)$ 的特性可用 μ 阶多项式进行表示为

$$y = g(x) = \sum_{k=0}^{\mu} a_k x^k \quad (13.79)$$

将式（13.79）代入式（13.59）以替代其中的 x_i，求平均后可得方差估计的均值为

$$\langle \text{Var}^* \rangle = \sum_{k=0}^{\mu} a_k \langle x^k \rangle = a_0 + a_2 \sigma^2 + \sum_{k=3}^{\mu} a_k \langle x^k \rangle \quad (13.80)$$

因变换特性与平方律函数之间的差异所引起的估计偏差可以表示为

$$b\{\text{Var}^*\} = \sigma^4 (a_2 - 1) + a_0 + \sum_{k=3}^{\mu} a_k \langle x^k \rangle \quad (13.81)$$

对于给定的变换特性可以事先确定系数 a_k 的取值，因此就可分析出由系数 a_0 和 a_2 导致的方差估计的偏差，难点是如何计算式（13.81）中的求和项，原因在于该求和项取决于所分析随机过程的概率密度函数的形状：

$$\langle x^k \rangle = \int_{-\infty}^{\infty} x^k p(x)\,\text{d}x \quad (13.82)$$

对于高斯随机过程，其 k 阶矩可以表示为

$$\langle x^k \rangle = \begin{cases} 1 \cdot 3 \cdot 5 \cdots (k-1)\sigma^{0.5k}, & \text{当 } k \text{ 为偶数} \\ 0, & \text{当 } k \text{ 为奇数} \end{cases} \quad (13.83)$$

在进行随机过程的方差估计时，变换特性与平方律函数之间的差异可能会引起极大的误差，因此在计算随机过程的方差时需密切关注变换器的性能。通常可将幅度已知的谐波信号输入到测量器，以检验变换器的性能。

测量随机过程的方差时，也可通过某些方式避免进行平方操作，为此需采

用式(12.208)给出的如下两个符号函数

$$\begin{cases} \eta_1(t) = \mathrm{sgn}[\xi(t) - \mu_1(t)] \\ \eta_2(t) = \mathrm{sgn}[\xi(t) - \mu_2(t)] \end{cases} \tag{13.84}$$

以替代原来的零均值随机过程 $\xi(t)$。式中，$\mu_1(t)$ 和 $\mu_2(t)$ 是额外的独立平稳随机过程，二者的数学期望均为零，且具有如式(12.205)所示的相同概率密度函数，并且也满足式(12.206)给出的条件。

函数 $\eta_1(t)$ 和 $\eta_2(t)$ 是零均值平稳随机过程，假定对固定值 $\xi(t) = x$，条件随机过程 $\eta_1(t \mid x)$ 和 $\eta_2(t \mid x)$ 是统计独立的，即

$$\langle \eta_1(t \mid x)\eta_2(t \mid x) \rangle = \langle \eta_1(t \mid x) \rangle \langle \eta_2(t \mid x) \rangle \tag{13.85}$$

根据式(12.209)可知：

$$\langle \eta_1(t \mid x)\eta_2(t \mid x) \rangle = \frac{x^2}{A^2} \tag{13.86}$$

两者乘积的非条件数学期望则为

$$\langle \eta_1(t)\eta_2(t) \rangle = \frac{1}{A^2} \int_{-\infty}^{\infty} x^2 p(x)\,\mathrm{d}x = \frac{\sigma^2}{A^2} \tag{13.87}$$

分别令 $y_1(t)$ 和 $y_2(t)$ 表示随机过程 $\eta_1(t)$ 和 $\eta_2(t)$ 的实现，那么如果将如下数值作为方差的估计值：

$$\widetilde{\mathrm{Var}} = \frac{A^2}{T} \int_0^T y_1(t) y_2(t)\,\mathrm{d}t \tag{13.88}$$

则方差估计是无偏的。

由于实现 $y_1(t)$ 和 $y_2(t)$ 的取值等于 ± 1，因此可用新的单位函数的单独积分取代式(13.88)中的乘积与积分，其中单位函数的取值取决于实现 $y_1(t)$ 和 $y_2(t)$ 的极性是否一致，即

$$\int_0^T y_1(t) y_2(t)\,\mathrm{d}t = \int_0^T z_1(t)\,\mathrm{d}t - \int_0^T z_2(t)\,\mathrm{d}t \tag{13.89}$$

其中

$$z_1(t) = \begin{cases} 1 & \text{当} \begin{cases} y_1(t) > 0, y_2(t) > 0 \\ y_1(t) < 0, y_2(t) < 0 \end{cases} \\ 0 & \text{其他} \end{cases} \tag{13.90}$$

$$z_2(t) = \begin{cases} 1 & \text{当} \begin{cases} y_1(t) > 0, y_2(t) < 0 \\ y_1(t) < 0, y_2(t) > 0 \end{cases} \\ 0 & \text{其他} \end{cases} \tag{13.91}$$

基于利用附加信号的测量器流程图如图13.4所示。

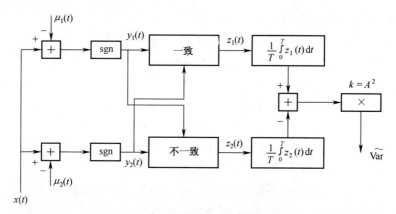

图 13.4　基于附加信号的测量器

对于离散随机过程,方差估计值可以表示为

$$\widetilde{\mathrm{Var}} = \frac{A^2}{N} \sum_{i=1}^{N} y_{1_i} y_{2_i} \qquad (13.92)$$

式中:$y_{1_i} = y_1(t_i)$,$y_{2_i} = y_2(t_i)$。此时可用求和器取代图 13.4 中的积分器。

下面分析离散随机过程方差估计值 $\widetilde{\mathrm{Var}}$ 的方差。为了简化分析,假设采样 y_{1_i} 和 y_{2_i} 是相互独立的,否则就需知道附加的均匀分布随机过程 $\mu_1(t)$ 和 $\mu_2(t)$ 的二维概率密度函数。方差估计的方差可以表示为

$$\mathrm{Var}\{\widetilde{\mathrm{Var}}\} = \frac{A^4}{N^2} \sum_{i=1,j=1}^{N} \langle y_{1_i} y_{1_j} y_{2_i} y_{2_j} \rangle - \langle \widetilde{\mathrm{Var}} \rangle^2 \qquad (13.93)$$

在双重求和项中挑出 $i = j$ 的项:

$$\sum_{i=1,j=1}^{N} \langle y_{1_i} y_{1_j} y_{2_i} y_{2_j} \rangle = \sum_{i=1}^{N} \langle (y_{1_i} y_{2_i})^2 \rangle + \sum_{\substack{i=1,j=1 \\ i \neq j}}^{N} \langle y_{1_i} y_{1_j} y_{2_i} y_{2_j} \rangle \qquad (13.94)$$

式中:

$$\langle y_{1_i} y_{1_j} y_{2_i} y_{2_j} \rangle = \langle \eta_{1_i} \eta_{1_j} \eta_{2_i} \eta_{2_j} \rangle \qquad (13.95)$$

根据符号函数的定义,利用式(13.84)可得

$$[y_1(t) y_2(t)]^2 = 1 \qquad (13.96)$$

在 $\xi(t_i) = x_i$、$\xi(t_j) = x_j$ 的条件下计算累积矩 $\langle \eta_{1_i} \eta_{1_j} \eta_{2_i} \eta_{2_j} \mid x_i x_j \rangle$。由于采样 η_1 和 η_2 的统计独立性,随机值 $\eta_1(t \mid x)$ 和 $\eta_2(t \mid x)$ 也是相互独立的,并根据式(12.209),条件累积矩可以表示为

$$\langle \eta_{1_i} \eta_{1_j} \eta_{2_i} \eta_{2_j} \mid x_i x_j \rangle = \frac{x_i^2 x_j^2}{A^4} \qquad (13.97)$$

式(13.97)关于独立随机变量 x_i 和 x_j 的可能取值求平均,可得

$$\langle \eta_{1_i} \eta_{1_j} \eta_{2_i} \eta_{2_j} \rangle = \frac{\langle x_i^2 x_j^2 \rangle}{A^4} = \frac{\langle x_i^2 \rangle \langle x_j^2 \rangle}{A^4} = \frac{\sigma^4}{A^4} \tag{13.98}$$

将式(13.96)和式(13.98)代入式(13.93),那么,如果根据式(13.92)进行方差估计,则方差估计值的方差为

$$\mathrm{Var}\{\widetilde{\mathrm{Var}}\} = \frac{A^4}{N}\left(1 - \frac{\sigma^4}{A^4}\right) \tag{13.99}$$

根据式(13.92)进行方差估计的隐含前提是必须满足式(12.206),也就是说不等式 $\sigma^2 \ll A^2$ 应该成立。基于这一点,与利用附加信号估计数学期望的情况类似,利用附加随机序列取值区间长度的一半就可得到方差估计值 $\widetilde{\mathrm{Var}}$ 的方差。将式(13.99)给出的方差与利用 N 个独立采样由式(13.76)得到的方差估计的方差进行比较,可以发现

$$\frac{\mathrm{Var}\{\widetilde{\mathrm{Var}}\}}{\mathrm{Var}\{\mathrm{Var}^*\}} = \frac{A^4}{2\sigma^4}\left(1 - \frac{\sigma^4}{A^4}\right) \tag{13.100}$$

由此可以看出,相比于式(13.74)的计算结果,利用附加信号测量随机过程的方差,方差估计值的方差更大。举例来说,对于概率密度函数等于式(12.205)的均匀分布随机过程,基于采样进行方差估计时 $\sigma^2 = A^2/3$,那么

$$\frac{\mathrm{Var}\{\widetilde{\mathrm{Var}}\}}{\mathrm{Var}\{\mathrm{Var}^*\}} = 4 \tag{13.101}$$

这些进行方差测量的方法均假设没有对所分析随机过程的瞬时值加以限幅,如果采取限幅措施就会带来额外误差。加入如图12.6所示的限幅器(其特性由式(12.151)给出),对均值为零、方差真值为 σ^2 的高斯随机过程进行方差估计,下面计算其偏差。方差估计值由式(13.41)给出,理想积分器 $h(t) = T^{-1}$ 起到平均(或平滑)滤波器的作用。以实现 $y(t) = g[x(t)]$ 代替原来的 $x(t)$ 代入式(13.41),并将所得结果对 $x(t)$ 求平均,那么可得高斯随机过程方差估计的偏差为

$$b\{\mathrm{Var}^*\} = \int_{-\infty}^{\infty} g^2(x)p(x)\mathrm{d}x - \sigma^2 = -2\sigma^2\left\{(1 - \gamma^2)Q(\gamma) - \frac{\gamma}{\sqrt{2\pi}}\exp\{-0.5\gamma^2\}\right\} \tag{13.102}$$

式中:

$$\gamma = \frac{a}{\sigma} \tag{13.103}$$

是归一化限幅水平。当 $\gamma \gg 1$ 时方差估计的偏差趋于零,这与预期是相符的。高斯随机过程方差估计的偏差随归一化限幅水平的变化情况如图13.5所示。

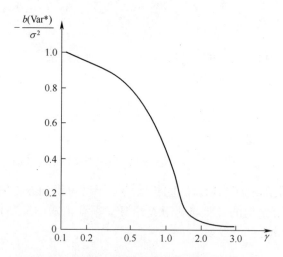

图 13.5　高斯随机过程方差估计的偏差随归一
化限幅水平的变化情况

13.4　随机过程时变方差的估计

为了确定非平稳随机过程方差的当前值,需要具有该过程的多个实现 $x_i(t)$,于是 t_0 时刻处随机过程方差的估计值可以表示为

$$\mathrm{Var}^*(t_0) = \frac{1}{N} \sum_{i=1}^{N} \left[x_i(t_0) - E(t_0) \right]^2 \tag{13.104}$$

式中:N 是随机过程实现 $x_i(t)$ 的数量,$E(t_0)$ 是 t_0 时刻随机过程的数学期望。从式(13.104)可以看出,方差估计是无偏的。基于 N 个独立实现所得方差估计的方差为

$$\mathrm{Var}\{\mathrm{Var}^*(t_0)\} = \frac{\mathrm{Var}^2(t_0)}{N} \tag{13.105}$$

也就是说,由式(13.104)给出的方差估计是一致估计。

在大多数情况下,研究人员需要基于随机过程的单次实现进行方差估计。当基于时变随机过程的单次实现来估计时变方差时,会遇到与时变数学期望估计类似的问题:一方面,为了减小有限观测时长对方差估计的影响,观测时间应尽量长;另一方面,积分时间的选择应尽可能短,以更加准确地反映方差的变化。显然在这二者之间必须进行折衷。

要估计随机过程时变方差在 t_0 时刻的取值,最简单的方式就是对有限时间范围内随机过程的输入数据进行变换,然后直接求平均。因此,令 $x(t)$ 表示零

448

均值随机过程 $\xi(t)$ 的实现,要获得随机过程 t_0 时刻的方差,可在给定时刻 t_0 为中心的时间区间 $[t_0-0.5T, t_0+0.5T]$ 内,对 $x(t)$ 的平方的积分求平均。于是方差估计值可表示为

$$\mathrm{Var}^*(t_0, T) = \frac{1}{T} \int_{t_0-0.5T}^{t_0+0.5T} x^2(t)\,\mathrm{d}t = \frac{1}{T} \int_{-0.5T}^{0.5T} x^2(t+t_0)\,\mathrm{d}t \qquad (13.106)$$

将方差估计值关于实现求平均,可得

$$\langle \mathrm{Var}^*(t_0, T) \rangle = \frac{1}{T} \int_{-0.5T}^{0.5T} \mathrm{Var}(t+t_0)\,\mathrm{d}t \qquad (13.107)$$

因此,与时变数学期望估计的情况类似,时变方差估计的数学期望是在有限时间区间 $[t_0-0.5T, t_0+0.5T]$ 内对方差求平均而得到的,通常时变方差的均值不等于其真值。由于求平均所导致的方差估计的偏差可以表示为

$$b\{\mathrm{Var}^*(t_0, T)\} = \frac{1}{T} \int_{-0.5T}^{0.5T} [\mathrm{Var}(t+t_0) - \mathrm{Var}(t_0)]\,\mathrm{d}t \qquad (13.108)$$

如欲获得无偏估计,则方差 $\mathrm{Var}(t)$ 的方差在时间区间 $[t_0-0.5T, t_0+0.5T]$ 内必须是奇函数,并且还应是关于时间的线性函数,最简单的情况是:

$$\mathrm{Var}(t+t_0) \approx \mathrm{Var}(t_0) + \mathrm{Var}'(t_0)t,\ t_0 - 0.5T < t < t_0 + 0.5T$$

$$(13.109)$$

下面分析当方差 $\mathrm{Var}(t)$ 不是线性函数时对方差估计的影响。此时假设待估计的当前方差关于时间存在一阶和二阶的连续导数,那么根据泰勒展开公式,可得

$$\mathrm{Var}(t) = \mathrm{Var}(t_0) + (t - t_0)\mathrm{Var}'(t) + 0.5(t - t_0)^2\mathrm{Var}''[t_0 + \theta(t - t_0)]$$

$$(13.110)$$

其中 $0<\theta<1$。将式(13.110)代入式(13.108),可得

$$b\{\mathrm{Var}^*(t_0, T)\} = \frac{1}{2T} \int_{-0.5T}^{0.5T} t^2 \mathrm{Var}''(t_0 + t\theta)\,\mathrm{d}t \qquad (13.111)$$

令 M_{Var} 表示当前方差 $\mathrm{Var}(t)$ 关于时间的二阶导数的最大绝对值,可得方差估计的偏差的绝对值上界为

$$|b\{\mathrm{Var}^*(t_0, T)\}| \le \frac{T^2 M_{\mathrm{Var}}}{24} \qquad (13.112)$$

针对特定的物理问题,通常可以分析得到时变方差 $\mathrm{Var}(t)$ 的二阶导数的最大绝对值。

将所分析随机过程的实现的平方表示为如下两项之和:

$$\xi^2(t) = \mathrm{Var}(t) + \zeta(t) \qquad (13.113)$$

式中：Var(t) 为 t 时刻随机过程方差的真值，$\zeta(t)$ 为在同一时刻 t 随机过程实现的平方相对于其数学期望的起伏。

那么所分析非平稳随机过程方差估计的方差为

$$\text{Var}\{\text{Var}^*(t_0,T)\} = \frac{1}{T^2} \int_{-0.5T}^{0.5T} \int_{-0.5T}^{0.5T} R_\zeta(t_1+t_0,t_2+t_0)\,dt_1 dt_2 \quad (13.114)$$

式中：

$$R_\zeta(t_1,t_2) = \langle[x^2(t_1)-\text{Var}(t_1)][x^2(t_2)-\text{Var}(t_2)]\rangle \quad (13.115)$$

是所分析随机过程的平方减去 t 时刻的方差后所得随机分量的相关函数。

为获得时间慢变方差估计值的近似结果，可假设中心化的随机过程 $\zeta(t)$ 在有限时间区间 $[t_0-0.5T,t_0+0.5T]$ 内为平稳随机过程，其相关函数为

$$R_\zeta(t,t+\tau) \approx \text{Var}_\zeta(t_0)\Re_\zeta(\tau) \quad (13.116)$$

根据式(13.116)的近似结果，式(13.114)给出的方差估计的方差可以表示为

$$\text{Var}\{\text{Var}^*(t_0,T)\} = \text{Var}_\zeta(t_0)\frac{2}{T}\int_0^T\left(1-\frac{\tau}{T}\right)\Re_\zeta(\tau)\,d\tau \quad (13.117)$$

对于高斯随机过程，根据上述假设可得

$$R_\zeta(t,t+\tau) \approx 2\sigma^4(t_0)\Re^2(\tau) \quad (13.118)$$

及 t_0 时刻方差估计的方差为

$$\text{Var}\{\text{Var}^*(t_0,T)\} = \frac{4\sigma^4(t_0)}{T}\int_0^T\left(1-\frac{\tau}{T}\right)\Re^2(\tau)\,d\tau \quad (13.119)$$

为分析随机过程时变方差估计的统计特性，可考虑将方差表示为级数展开式：

$$\text{Var}(t) = \sum_{i=1}^N \beta_i\psi_i(t) \quad (13.120)$$

式中：β_i 为未知系数，$\psi_i(t)$ 是给定的关于时间的函数。随着式(13.120)中级数项数量的增加，近似误差可降至无穷小。与式(12.258)类似，β_i 是使式(13.120)的近似所引起的二次误差最小的系数，这些系数可通过求解如下线性方程组得出：

$$\sum_{i=1}^N \beta_i\int_0^T\psi_i(t)\psi_j(t)\,dt = \int_0^T\text{Var}(t)\psi_j(t)\,dt, j=1,2,\cdots,N \quad (13.121)$$

因此，基于时间区间 $[0,T]$ 内单次实现的观测值估计随机过程的方差问题，就转变为估计式(13.120)中级数项的系数 β_i。由系数 β_i 的测量误差引起的随机过程方差估计的偏差和方差分别为

$$b\{\mathrm{Var}^*(t)\} = \mathrm{Var}(t) - \mathrm{Var}^*(t) = \sum_{i=1}^{N} \psi_i(t)[\beta_i - \langle \beta_i^* \rangle] \quad (13.122)$$

$$\mathrm{Var}\{\mathrm{Var}^*(t)\} = \sum_{i=1,j=1}^{N} \psi_i(t)\psi_j(t)\langle(\beta_i - \beta_i^*)(\beta_j - \beta_j^*)\rangle \quad (13.123)$$

在有限时间区间内对随机过程的观测求平均后,方差估计的偏差和方差可以表示为

$$b\{\mathrm{Var}^*(t)\} = \frac{1}{T}\sum_{i=1}^{N}[\beta_i - \langle \beta_i^* \rangle]\int_0^T \psi_i(t)\,\mathrm{d}t \quad (13.124)$$

$$\mathrm{Var}\{\mathrm{Var}^*(t)\} = \frac{1}{T}\sum_{i=1,j=1}^{N}\langle(\beta_i - \beta_i^*)(\beta_j - \beta_j^*)\rangle\int_0^T \psi_i(t)\psi_j(t)\,\mathrm{d}t$$

$$(13.125)$$

能够使如下函数:

$$\varepsilon^2(\beta_1,\beta_2,\cdots,\beta_N) = \frac{1}{T}\int_0^T\left\{x^2(t) - \sum_{i=1}^{N}\beta_i\psi_i(t)\right\}^2\mathrm{d}t \quad (13.126)$$

达到最小值的数值就可作为系数 β_i 的估计值。从式(13.126)可以看出,如果已知 $\mathrm{Var}(t)$ 和 $\psi_i(t)$ 的平均变化速度同如下分量

$$z(t) = x^2(t) - \mathrm{Var}(t) \quad (13.127)$$

相比慢很多时,就有可能获得系数 β_i 的估计值。式中,函数 $z(t)$ 是随机过程 $\zeta(t)$ 的实现,且其数学期望为零。换句话说,如果时变方差的频带宽度 Δf_{Var} 小于所分析随机过程 $\zeta(t)$ 的有效带宽,估计系数 β_i 的公式(13.126)就是成立的,这就要求所分析随机过程的相关函数应为如下形式:

$$R(t,t+\tau) \approx \mathrm{Var}(t)\Re(\tau) \quad (13.128)$$

而具有相应相关函数的随机过程为

$$\xi(t) = a(t)\eta(t) \quad (13.129)$$

式中:$\eta(t)$ 是平稳随机过程,$a(t)$ 是相比于 $\eta(t)$ 的时间慢变确定性函数。

基于函数 ε^2 的最小化条件,即

$$\frac{\partial \varepsilon^2}{\partial \beta_m} = 0 \quad (13.130)$$

可得用于估计系数 β_m 的方程组为

$$\sum_{i=1}^{N}\beta_i^*\int_0^T \psi_i(t)\psi_m(t)\,\mathrm{d}t = \int_0^T x^2(t)\psi_m(t)\,\mathrm{d}t, m = 1,2,\cdots,N \quad (13.131)$$

记

$$\int_0^T \psi_i(t)\psi_m(t)\,\mathrm{d}t = c_{im} \qquad (13.132)$$

$$\int_0^T x^2(t)\psi_m(t)\,\mathrm{d}t = y_m \qquad (13.133)$$

那么

$$\beta_m^* = \frac{1}{A}\sum_{i=1}^N A_{im}y_i = \frac{A_m}{A}, m = 1,2,\cdots,N \qquad (13.134)$$

式中:A 为式(13.131)线性方程组的行列式,行列式 A 和 A_m 分别可根据式(12.270)和式(12.271)得到。

随机过程时变方差 $\mathrm{Var}(t)$ 测量器的工作流程如图 13.6 所示。测量器的工作方式是在信号发生器"Gen$_\psi$"生成的函数 $\psi_i(t)$ 基础上,由信号发生器"Gen$_c$"按式(13.132)生成系数 c_{ij},根据系数 c_{ij} 以及由式(13.133)给出的值 y_i,微处理器通过求解线性方程组给出系数 β_i 的估计 β_i^*,利用已经获得的数据可获得时变方差的估计 $\mathrm{Var}^*(t)$。由于 y_i 值的计算和 N 元线性方程组的求解都要占用一定的时间,因此方差估计值相对于真值就具有 $T+\Delta T$ 的时延,在流程图中加入时延模块 T 和 ΔT 的目的就是让两者能够同步。

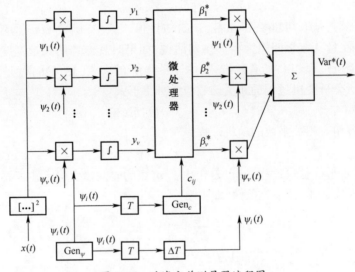

图 13.6 时域方差测量器流程图

如果函数 $\psi_i(t)$ 相互正交

$$\int_0^T \psi_i(t)\psi_j(t)\,\mathrm{d}t = \begin{cases} 1 & \text{当 } i=j \\ 0 & \text{当 } i\neq j \end{cases} \qquad (13.135)$$

那么系数估计 β_i^* 的表达式可以简化,此种情况下,利用权重函数 $\psi_m(t)$ 对随机过程实现的平方加权后进行积分,就可得到级数项系数的估计值,即

$$\beta_m^* = \int_0^T x^2(t)\psi_m(t)\,dt \qquad (13.136)$$

由于无需生成系数 c_{ij} 和求解线性方程组,因此图 13.6 的流程将大为简化,而且时延模块的数量也会有所减少。

下面计算估计值 β_m^* 和 β_q^* 的偏差与互相关函数。根据式(13.127),可将式(13.133)重写为

$$y_i = \int_0^T z(t)\psi_i(t)\,dt + \int_0^T \mathrm{Var}(t)\psi_i(t)\,dt = g_i + \beta_m c_{im} + \sum_{q=1,q\neq m}^N \beta_q c_{iq}$$

$$(13.137)$$

式中:

$$g_i = \int_0^T z(t)\psi_i(t)\,dt \qquad (13.138)$$

与第 12.7 节类似,可将系数的估计值 β_m^* 表示为

$$\beta_m^* = \frac{1}{A}\sum_{i=1}^N g_i A_{im} + \beta_m, \quad m = 1,2,\cdots,N \qquad (13.139)$$

式中:A_{im} 是行列式 A_m 的代数余子式($A_m \equiv B_m$,B_m 由式(12.276)给出),其元素 c_{ip} 以及 g_i 则分别由式(13.132)和式(13.138)给出。

由 $\langle \zeta(t) \rangle = 0$ 可知 $\langle g_i \rangle = 0$,因此式(13.120)中级数系数的估计值 β_m^* 为无偏估计。相关函数 $R(\beta_m^*, \beta_q^*)$ 和方差 $\mathrm{Var}(\beta_m^*)$ 的计算公式与式(12.333)和式(12.334)类似。根据这些公式有

$$B_{ij} = \iint_0^{T\,T} \langle z(t_1)z(t_2) \rangle \psi_i(t_1)\psi_j(t_2)\,dt_1 dt_2 = \iint_0^{T\,T} R_\zeta(t_1,t_2)\psi_i(t_1)\psi_j(t_2)\,dt_1 dt_2$$

$$(13.140)$$

对于相关函数为 $R(t_1,t_2)$ 的高斯随机过程,可以证明:

$$R_\zeta(t_1,t_2) = 2R^2(t_1,t_2) \qquad (13.141)$$

如果函数 $\psi_i(t)$ 为正交函数,则与式(12.338)类似,可得系数估计值 β_m^* 和 β_q^* 的相关函数为

$$R(\beta_m^*, \beta_q^*) = B_{mq} \qquad (13.142)$$

那么与式(12.339)和式(12.340)类似,时变方差估计的当前方差和平均方差分别为

$$\mathrm{Var}\{\mathrm{Var}^*(t)\} = \sum_{i=1,j=1}^{N} \psi_i(t)\psi_j(t)B_{ij} \qquad (13.143)$$

$$\mathrm{Var}\{\mathrm{Var}^*\} = \frac{1}{T}\sum_{i=1}^{N} B_{ij} \qquad (13.144)$$

除了函数 $\psi_i(t)$ 满足归一化正交条件以外,如果时变方差的频带宽度远小于随机过程 $\xi(t)$ 的有效带宽,那么中心化随机过程 $\xi(t)$ 的相关函数可以表示为

$$R_\zeta(t_1,t_2) \approx \mathrm{Var}(t_1)\delta(t_1-t_2) \qquad (13.145)$$

对于任意函数 $\psi_i(t)$,根据式(13.140)可得

$$B_{ij} = \int_0^T \mathrm{Var}(t)\psi_i(t)\psi_j(t)\,\mathrm{d}t \qquad (13.146)$$

如果归一化正交函数 $\psi_i(t)$ 满足第二类 Fredholm 方程:

$$\psi_i(t) = \lambda_i \int_0^T R_\zeta(t_1,t_2)\psi_i(\tau)\,\mathrm{d}\tau \qquad (13.147)$$

根据式(13.140)可得

$$B_{ij} = \begin{cases} \dfrac{1}{\lambda_i}, & \text{当 } i=j \\[2mm] 0 & \text{当 } i \neq j \end{cases} \qquad (13.148)$$

那么系数估计值 β_m^* 的方差以及方差估计的当前方差和平均方差可分别表示为

$$\mathrm{Var}\{\beta_m^*\} = \frac{1}{\lambda_m} \qquad (13.149)$$

$$\mathrm{Var}\{\mathrm{Var}^*(t)\} = \sum_{i=1}^{N} \frac{\psi_i^2(t)}{\lambda_i} \qquad (13.150)$$

$$\mathrm{Var}\{\mathrm{Var}^*\} = \frac{1}{T}\sum_{i=1}^{N} \frac{1}{\lambda_i} \qquad (13.151)$$

从式(13.151)可以看出,当时间长度 T 固定时,随着式(13.120)中方差 $\mathrm{Var}(t)$ 的近似级数项数量的增加,时变方差估计的方差也随之增大。

13.5 噪声中随机过程方差的测量

有一种称作辐射计(Radiometer-Type Receiver)的特定接收机被广泛用于测量微弱噪声信号的方差或功率[4]。随机信号方差的最小增量取决于灵敏度的门限,因此测量随机过程方差的灵敏度门限法,就是认为随机过程的方差值等于测量结果的均方根。辐射计的灵敏度门限取决于很多因素,包括接收机的

固有噪声、随机参数以及对输入随机过程的观测时长等。

根据随机过程方差的测量方法可以将辐射计分为4类：补偿法、与参考源方差的比较法、相关法以及调制法。下面简要论述随机过程方差测量每种方法的实现方式。

13.5.1　方差测量的补偿法

随机过程方差测量的补偿法流程图如图13.7所示。当采用补偿法时，所分析随机过程 $\zeta(t)$ 的实现 $s(t)$ 与噪声 $\varsigma(t)$ 的实现 $n(t)$ 相加后混合在一起，然后进行放大并取平方。直流分量 $z(t)$ 正比于总信号的方差，并利用平滑低通滤波器（或积分器）将其提取出来，因此由放大器固有噪声生成的不变分量 z_{const} 就基本被电压（或电流）的恒定偏差补偿掉。需要说明的是，这里的放大器指的是射频放大器或中频放大器。

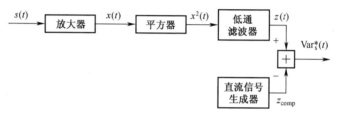

图 13.7　补偿法流程图

实际工作中采用补偿法测量随机过程的方差时，常基于桥型网络将平方器、低通滤波器以及补偿装置集成于单个设备中，其中平方器包含在桥型网络的某个支路内。在设计桥型网络的各支路时应注意，如果待分析的随机过程不存在的话，对角线指示器的输出电压就应为零。如果接收机固有噪声是缓慢变化的，而且放大系数存在随机变化的话，将会使补偿条件不再平衡，从而导致采用补偿法进行随机过程方差测量的灵敏度降低。分析时将低通滤波器看作是积分时间为 T 的理想积分器。

下面分析采用补偿法时，测量器输入端随机过程的主要特征量对方差估计的影响情况。假设已对放大器的噪声直流分量进行了补偿，而且所分析并测量的随机过程 $\zeta(t)$ 以及接收机噪声 $\varsigma(t)$ 的功率谱密度在放大器带宽内均匀分布，那么补偿装置不存在测量误差。

在平方器输入端，随机过程 $\xi(t)$ 的实现 $x(t)$ 可以表示为

$$x(t) = [1 + v(t)][s(t) + n(t)] \tag{13.152}$$

式中：$v(t)$ 是接收机放大系数 $\beta(t)$ 随机起伏的实现。由于放大系数为正值，因此过程 $1+\beta(t)$ 的概率密度函数也必须用正函数来近似。实际中，测量微弱信号时，放大系数起伏的方差 Var_β 通常远小于其均值，在本例中，该均值等于1，也

455

就是说应满足 $\mathrm{Var}_\beta \ll 1$。

根据如前所述,为了简化分析,假设所有的随机过程 $\zeta(t)$、$\varsigma(t)$ 以及 $\beta(t)$ 都是零均值的平稳高斯随机过程,相关函数分别为

$$\langle \zeta(t_1)\zeta(t_2) \rangle = R_s(t_2 - t_1) = \mathrm{Var}_s \mathfrak{R}_s(t_2 - t_1) = \mathrm{Var}_s r_s(t_2 - t_1)\cos[\omega_0(t_2 - t_1)]$$
(13.153)

$$\langle \varsigma(t_1)\varsigma(t_2) \rangle = R_n(t_2 - t_1) = \mathrm{Var}_n \mathfrak{R}_n(t_2 - t_1) = \mathrm{Var}_n r_n(t_2 - t_1)\cos[\omega_0(t_2 - t_1)]$$
(13.154)

$$\langle \beta(t_1)\beta(t_2) \rangle = R_\beta(t_2 - t_1) = \mathrm{Var}_\beta \mathfrak{R}_\beta(t_2 - t_1) = \mathrm{Var}_\beta r_\beta(t_2 - t_1)$$
(13.155)

并假设所测量的随机过程和接收机噪声均为窄带随机过程,随机过程 $\beta(t)$ 是一个低频的慢变随机过程,用以表示放大系数的随机变化情况。此处只对随机过程 $\zeta(t)$、$\varsigma(t)$ 以及 $\beta(t)$ 均相互独立的情况进行分析。

理想积分器输出端随机过程的实现可以表示为

$$z(t) = \frac{1}{T}\int_{t-T}^{t} x^2(t)\,\mathrm{d}t$$
(13.156)

对消放大器噪声之后,随机过程的方差估计值可以表示为

$$\mathrm{Var}_s^*(t) = z(t) - z_{\mathrm{const}}$$
(13.157)

为了计算补偿法的灵敏度,需要得到估计 $z(t)$ 的数学期望和方差。由于

$$E_z = (1 + \mathrm{Var}_\beta)(\mathrm{Var}_s + \mathrm{Var}_n)$$
(13.158)

在将放大器噪声的方差 $(1+\mathrm{Var}_\beta)\mathrm{Var}_n$ 对消之后,输出信号的数学期望与所观测随机过程的方差真值相比,只差一个 $(1+\mathrm{Var}_\beta)$ 的系数。因此,当放大系数存在随机变化时,方差估计具有如下偏差:

$$b\{\mathrm{Var}_s^*\} = \mathrm{Var}_\beta \mathrm{Var}_s$$
(13.159)

下面计算方差估计的方差,该方差是补偿法的测量灵敏度的主要制约因素。假设所分析的随机过程是平稳的,将式(13.156)中的积分限变为从 0 到 T,此时方差估计的方差为

$$\mathrm{Var}\{\mathrm{Var}_s^*\} = \frac{2}{T^2}(1 + q)^2 \mathrm{Var}_s^2 \iint_0^{TT} \{[1 + 2\mathfrak{R}^2(t_2,t_1)][R_\beta^2(t_2,t_1) + 2R_\beta(t_2,t_1)] +$$

$$(1 + \mathrm{Var}_\beta)^2 \mathfrak{R}^2(t_2,t_1)\,\mathrm{d}t_1\mathrm{d}t_2\}$$
(13.160)

式中:

$$q = \frac{\mathrm{Var}_n}{\mathrm{Var}_s}$$
(13.161)

是放大器噪声与其带宽内所分析随机过程的噪声之比。通过引入新的变量并

改变积分次序,可将式(13.160)中的双重积分转变为单重积分。根据条件 $\text{Var}_\beta \ll 1$,并忽略倍频项 $2\omega_0$ 的积分,可得

$$\text{Var}\{\text{Var}_s^*\} = \frac{2(1+q)^2\text{Var}_s^2}{T^2}\int_0^T\left(1 - \frac{\tau}{T}\right)[r^2(\tau) + 4r_\beta(\tau)\text{Var}_\beta]\text{d}\tau$$

$$(13.162)$$

方差估计值的离差为

$$D\{\text{Var}_s^*\} = b^2\{\text{Var}_s^*\} + \text{Var}\{\text{Var}_s^*\} = \text{Var}_s^2 \qquad (13.163)$$

根据灵敏度门限可以得到相应的观测时长,如果应用到补偿法测量中,则有

$$\text{Var}_\beta^2 + \frac{2(1+q)^2}{T}\int_0^T\left(1 - \frac{\tau}{T}\right)[r^2(\tau) + 4r_\beta(\tau)\text{Var}_\beta]\text{d}\tau = 1 \quad (13.164)$$

举例来说,如果随机过程的归一化相关函数为指数型,即

$$\begin{cases} r(\tau) = \exp\{-\alpha|\tau|\} \\ r_\beta(\tau) = \exp\{-\gamma|\tau|\} \end{cases} \qquad (13.165)$$

式中:α 和 γ 分别表示相应随机过程的有效频带宽度,那么可得

$$\text{Var}\{\text{Var}_s^*\} = 2(1+q)^2\text{Var}_s^2\left\{\frac{2\alpha T - 1 + \exp\{-2\alpha T\}}{4\alpha^2 T^2} + 4\text{Var}_\beta\frac{\gamma T - 1 + \exp\{-\gamma T\}}{\gamma^2 T^2}\right\}$$

$$(13.166)$$

在实际情况下,由于观测时长远大于随机过程 $\zeta(t)$ 和 $\varsigma(t)$ 的相关时间,因此前述所得随机过程方差估计的方差的通用公式和特定公式都可以大为简化。或者说当满足不等式 $\alpha T \gg 1$ 和 $\alpha \gg \gamma$ 时,式(13.162)和式(13.166)可分别简化为

$$\text{Var}\{\text{Var}_s^*\} = \frac{2(1+q)^2\text{Var}_s^2}{T}\left\{\int_0^\infty r^2(\tau)\text{d}\tau + 4\text{Var}_\beta\int_0^T\left(1 - \frac{\tau}{T}\right)r_\beta(\tau)\text{d}\tau\right\}$$

$$(13.167)$$

$$\text{Var}\{\text{Var}_s^*\} = \frac{(1+q)^2\text{Var}_s^2}{\alpha T}\left\{1 + 8\frac{\alpha}{\gamma}\text{Var}_\beta\frac{\gamma T - 1 + \exp\{-\gamma T\}}{\gamma T}\right\}$$

$$(13.168)$$

如果放大系数不存在随机起伏,方差估计的方差可以表示为

$$\text{Var}\{\text{Var}_s^*\} = \frac{(1+q)^2}{\alpha T}\text{Var}_s^2 \qquad (13.169)$$

相应地,如果放大系数存在随机起伏,随机过程方差估计的方差将会有所增加,增加量为

$$\Delta \text{Var}\{\text{Var}_s^*\} = \frac{8(1+q)^2 \text{Var}_s^2 \text{Var}_\beta}{(\gamma T)^2} [\gamma T - 1 + \exp\{-\gamma T\}] \quad (13.170)$$

从式(13.170)可以看出,随着平均时间(参数 γT)的增大,附加的随机方差会减小,在极限情况下($\gamma T \gg 1$ 时),则有:

$$\Delta \text{Var}\{\text{Var}_s^*\} = \frac{8(1+q)^2 \text{Var}_s^2 \text{Var}_\beta}{\gamma T} \quad (13.171)$$

令 T_0 表示放大系数不存在随机起伏的情况下,测量随机过程方差时达到指定均方差所需的时间,令 T_β 表示放大系数存在随机起伏时所需的时间,那么两者关系如下:

$$\frac{1}{T_0} = \left[1 + 8 \frac{\alpha}{\gamma} \text{Var}_\beta \frac{\gamma T_\beta - 1 + \exp\{-\gamma T_\beta\}}{\gamma T_\beta} \right] \frac{1}{T_\beta} \quad (13.172)$$

方差估计的方差相对增加量为

$$\lambda = \frac{\Delta \text{Var}\{\text{Var}_s^*\}}{\text{Var}\{\text{Var}_s^*\}} = 8 \frac{\alpha}{\gamma} \text{Var}_\beta \frac{\gamma T - 1 + \exp\{-\gamma T\}}{\gamma T} \quad (13.173)$$

式(13.173)是参数 γT 的函数。当 $8(\alpha/\gamma)\text{Var}_\beta = 1$ 时,该相对增加量随参数 γT 的变化情况如图 13.8 所示。由于 $\text{Var}_\beta \ll 1$,那么 $(\alpha/\gamma) \gg 1$,也就是说所分析随机过程的频带宽度远大于放大系数变化的频谱宽度。

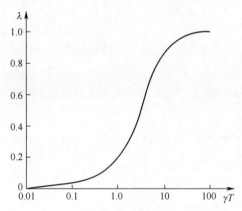

图 13.8　当 $8(\alpha/\gamma)\text{Var}_\beta = 1$ 方差估计的方差相对增加量随参数 γT 的变化情况

对于 $\gamma T \ll 1$ 或 $\gamma T \gg 1$ 的极限情况,可以对式(13.173)进行简化。当 $\gamma T \ll 1$ 时,放大系数的相关时间远大于所观测随机过程的相关时间,有

$$\lambda \approx 4\alpha T \text{Var}_\beta \quad (13.174)$$

对于另外一种情况(即 $\gamma T \gg 1$),有

$$\lambda = 8 \frac{\alpha}{\gamma} \text{Var}_\beta \quad (13.175)$$

458

从图 13.8 可以看出,当放大系数存在随机起伏时,随机过程方差估计的方差将不可避免地增大,从而导致辐射计灵敏度的下降。

当 $\mathrm{Var}_\beta = 0$ 时,根据式(13.169)可得灵敏度门限对应的观测时长为

$$T = \frac{(1+q)^2}{\alpha} \tag{13.176}$$

从式(13.176)可以看出,观测时长会随着放大器噪声方差的增大而增加。

放大器的固有噪声可以表示成两个相互独立的随机过程的乘积:一个是称为窄带随机过程 $\chi(t)$ 的平稳高斯随机过程,另一个是数学期望为零的低频随机过程 $\theta(t)$。假设随机过程 $\theta(t)$ 具有单位方差(即 $\langle \theta^2(t) \rangle = 1$),而两个随机过程的相关函数分别为

$$\langle \chi(t_1)\chi(t_2) \rangle = \mathrm{Var}_n \exp\{-\alpha|\tau|\}\cos\omega_0\tau \tag{13.177}$$

$$\langle \theta(t_1)\theta(t_2) \rangle = \exp\{-\eta|\tau|\}, \tau = t_2 - t_1 \tag{13.178}$$

此外还假设 $\alpha T \gg 1, \alpha \gg \eta, \alpha \gg \gamma$,此时方差估计的方差或理想积分器输出信号的方差可以表示为

$$\mathrm{Var}\{\mathrm{Var}_s^*\} = \frac{(1+q)^2\mathrm{Var}_s^2}{\alpha T}\left\{1 + 8\frac{\alpha}{\gamma}\mathrm{Var}_\beta\frac{\gamma T - 1 + \exp\{-\gamma T\}}{\gamma T}\right\} +$$

$$\mathrm{Var}_n^2\left\{\frac{2\eta T - 1 + \exp\{-2\eta T\}}{\eta^2 T^2} + 16\mathrm{Var}_\beta\frac{(2\eta+\gamma)T - 1 + \exp\{-(2\eta+\gamma)T\}}{(2\eta+\gamma)^2 T^2}\right\} \tag{13.179}$$

将式(13.179)与式(13.168)进行比较可以看出,由于放大器固有噪声的低频起伏,在式(13.179)中第二项结果的影响下,方差估计的方差随之增大。

13.5.2　方差测量的比较法

比较法就是给两路放大器分别输入待分析的随机过程和参考信号,通过对放大器输出的直流信号分量进行比较以获得方差估计值。参考信号的功率(或方差)是经过校准的,具有已知功率谱密度的宽带高斯随机过程或者确定性谐波信号都可用作标准参考信号。对低通滤波器的输出信号进行比较,从而获得随机过程方差测量结果的流程如图 13.9 所示。

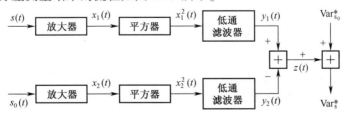

图 13.9　随机过程方差测量的比较法流程图

假设两路接收通道的特性相同且相互独立,那么平方器的输入信号可以表示为

$$\begin{cases} x_1(t) = [1 + v_1(t)][s(t) + n_1(t)] \\ x_2(t) = [1 + v_2(t)][s_0(t) + n_2(t)] \end{cases} \tag{13.180}$$

式中,$v_1(t)$ 和 $v_2(t)$ 分别是平稳高斯随机过程 $\beta_1(t)$ 和 $\beta_2(t)$ 的实现,$\beta_1(t)$ 和 $\beta_2(t)$ 分别代表了两路放大器放大系数的随机起伏;$n_1(t)$ 和 $n_2(t)$ 分别是两路放大器噪声的实现;$s(t)$ 和 $s_0(t)$ 分别是待分析随机过程和参考信号。

假设参考信号是方差为 Var_{s_0} 的平稳高斯随机过程,那么减法器输出的信号为

$$z(t) = \frac{1}{T} \int_0^T [x_1^2(t) - x_2^2(t)] \mathrm{d}t \tag{13.181}$$

方差估计值可以表示为

$$\mathrm{Var}_s^*(t) = z(t) + \mathrm{Var}_{s_0} \tag{13.182}$$

根据以上假设,并给定如下数学期望(或方差):

$$\begin{cases} \langle \beta_1^2(t) \rangle = \langle \beta_2^2(t) \rangle = \mathrm{Var}_\beta \\ \langle n_1^2(t) \rangle = \langle n_2^2(t) \rangle = \mathrm{Var}_n \end{cases} \tag{13.183}$$

那么方差估计的数学期望可以表示为

$$\langle \mathrm{Var}_s^* \rangle = \langle z \rangle + \mathrm{Var}_{s_0} = (1 + \mathrm{Var}_\beta)(\mathrm{Var}_s - \mathrm{Var}_{s_0}) + \mathrm{Var}_{s_0} \tag{13.184}$$

从式(13.184)可以看出,方差估计的偏差为

$$b\{\mathrm{Var}_s^*\} = \mathrm{Var}_\beta(\mathrm{Var}_s - \mathrm{Var}_{s_0}) \tag{13.185}$$

如果参考随机过程的方差是可控的,方差测量就变成将输出指示器的信号降为零的过程,可称之为归零时刻法,显然该估计是无偏的。

方差估计的方差可以表示为

$$\mathrm{Var}\{\mathrm{Var}_s^*\} = \frac{4\mathrm{Var}_\beta}{T} \int_0^T \left(1 - \frac{\tau}{T}\right) r_\beta(\tau) [2 + r_\beta(\tau) \mathrm{Var}_\beta]$$

$$\times \{(\mathrm{Var}_s + \mathrm{Var}_n)^2 + (\mathrm{Var}_{s_0} + \mathrm{Var}_n)^2 + 2\{[R_s(\tau) + R_n(\tau)]^2$$

$$+ [R_{s_0}(\tau) + R_n(\tau)]^2\}\} \mathrm{d}\tau + (1 + \mathrm{Var}_\beta)^2 \frac{4}{T} \int_0^T \left(1 - \frac{\tau}{T}\right) \{[R_s(\tau)$$

$$+ R_n(\tau)]^2 + [R_{s_0}(\tau) + R_n(\tau)]^2\} \mathrm{d}\tau \tag{13.186}$$

采用归零时刻法时可将式(13.186)进行化简。由于两个放大器通道的特性是相同的,那么可认为 $R_s(\tau) = R_{s_0}(\tau)$,考虑到条件 $\mathrm{Var}_\beta \ll 1$,并忽略其中的倍频项 $2\omega_0$,于是可简化为

$$\text{Var}\{\text{Var}_s^*\} = (1 + q)^2 \frac{4\text{Var}_\beta}{T} \int_0^T \left(1 - \frac{\tau}{T}\right) [r^2(\tau) + 4r_\beta(\tau)\text{Var}_\beta + 4r^2(\tau)r_\beta(\tau)\text{Var}_\beta] \text{d}\tau$$

$$(13.187)$$

与补偿法的情况类似,利用式(13.187)可以获得灵敏度门限所对应的观测时长,为此还需满足如下等式:

$$\frac{\text{Var}\{\text{Var}_s^*\}}{\text{Var}_s^2} = 1 \tag{13.188}$$

将式(13.187)和式(13.162)进行比较,可以看出比较法所得方差估计的方差是补偿法所得结果的两倍,其原因主要在于增加了第二个通道,使得输出信号的总方差增大。需要说明的是,尽管比较法所得方差估计的方差有所增加,但当放大器固有噪声的方差在补偿之后仍存在起伏时,比较法的性能比补偿法要好。

如果归一化相关函数如式(13.165)所示,那么在 $\alpha T \gg 1$、$\alpha \gg \gamma$ 的条件下,式(13.187)可以表示为

$$\text{Var}\{\text{Var}_s^*\} = (1 + q)^2 \frac{2\text{Var}_s^2}{\alpha T} \left\{1 + 8\frac{\alpha}{\gamma}\text{Var}_\beta \frac{\gamma T - 1 + \exp\{-\gamma T\}}{\gamma T}\right\}$$

$$(13.189)$$

或者说,相比利用补偿法由式(13.168)给出的结果,比较法所得方差估计的方差仍是其两倍,即使放大系数不存在随机起伏时,这一结论依然成立。于是比较法中灵敏度门限所对应的观测时长也是补偿法所对应的两倍。

如果使用确定性谐波信号

$$s_0(t) = A_0\exp(\omega_0 t + \varphi_0) \tag{13.190}$$

作为参考信号,对于归零时刻法,$\text{Var}_{s_0} = 0.5A_0^2$,当放大系数不存在随机起伏时,方差估计的方差可以表示为

$$\text{Var}\{\text{Var}_s^*\} = 2\text{Var}_s^2(1 + 2q + q^2) \times \frac{1}{T}\int_0^T \left(1 - \frac{\tau}{T}\right)r^2(\tau)\text{d}\tau \tag{13.191}$$

如果归一化相关函数为式(13.165)所示的指数型函数,式(13.191)可以变换为

$$\text{Var}\{\text{Var}_s^*\} = 2\text{Var}_s^2(1 + 2q + q^2)\frac{2\alpha T - 1 + \exp\{-2\alpha T\}}{(2\alpha T)^2} \tag{13.192}$$

当 $\alpha T \gg 1$ 时,可得

$$\text{Var}\{\text{Var}_s^*\} \approx \frac{\text{Var}_s^2(1 + 2q + 2q^2)}{\alpha T} \tag{13.193}$$

将式(13.193)与 $\text{Var}_\beta = 0$ 时的式(13.189)进行比较,可以看出:对于微弱信号(即信噪比较小,或 $q \ll 1$),采用谐波信号作为参考信号时,方差估计的方差是采用宽带随机过程时的一半;对于相反情况(即信噪比较高,或 $q > 1$),采用谐波信号作为参考信号时方差估计的方差要比采用随机过程时的更高。这种现象的原因在于,当将放大器噪声进行级数展开时,其中的高阶项使得输出信号中出现了未能补偿的分量。另外,两个通道的不一致性以及放大器通道之间的统计相关性,也会给比较法带来一定的测量误差。

13.5.3　方差测量的相关法

当采用相关法测量方差时,随机过程被送到两路放大器的输入端。放大器通道固有噪声的采样之间相互独立,因此其互相关函数为零,但所分析随机过程的互相关函数不为零,而是恰好等于所分析随机过程的方差。利用相关法进行方差测量的流程图如图13.10。

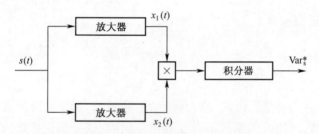

图 13.10　方差测量的相关法流程图

假设各独立放大器通道的工作频率相同,那么放大器输出的随机过程就可直接送至混频器。与前面一样,假设积分器是理想的($h(t) = T^{-1}$),则积分器输出端的信号就是方差估计值:

$$\text{Var}_s^* = \frac{1}{T}\int_0^T x_1(t)x_2(t)\,\mathrm{d}t \tag{13.194}$$

式中:

$$\begin{cases} x_1(t) = \left[1 + v_1(t)\right]\left[s(t) + n_1(t)\right] \\ x_2(t) = \left[1 + v_2(t)\right]\left[s(t) + n_2(t)\right] \end{cases} \tag{13.195}$$

分别是两路通道输出端随机过程的实现。方差估计的数学期望为

$$\langle \text{Var}_s^* \rangle = \frac{1}{T}\int_0^T \langle s^2(t) \rangle\,\mathrm{d}t = \text{Var}_s \tag{13.196}$$

当两个通道特性相同、相互独立时,利用相关法进行测量所得方差估计是无偏的。

当输入随机过程为高斯过程时,输出信号的方差或输入随机过程方差测量值的方差为

$$\mathrm{Var}\{\mathrm{Var}_s^*\} = \frac{2\,\mathrm{Var}_s^2}{T}\int_0^T\left(1 - \frac{\tau}{T}\right)\left[R_{\beta_1}(\tau) + R_{\beta_2}(\tau) + R_{\beta_1}(\tau)R_{\beta_2}(\tau)\right]\mathrm{d}\tau$$

$$+ \frac{2}{T}\int_0^T\left(1 - \frac{\tau}{T}\right)\left[1 + R_{\beta_1}(\tau) + R_{\beta_2}(\tau) + R_{\beta_1}(\tau)R_{\beta_2}(\tau)\right]$$

$$\times \left[2R_s^2(\tau) + R_{n_1}(\tau)R_s(\tau) + R_{n_2}(\tau)R_s(\tau) + R_{n_1}(\tau)R_{n_2}(\tau)\right]\mathrm{d}\tau$$

$$(13.197)$$

式中:$R_{\beta_1}(\tau)$ 和 $R_{\beta_2}(\tau)$ 分别是两路放大器通道放大系数中随机分量的相关函数。

当放大系数随机分量的相关时间大于固有噪声 $n_1(t)$ 和 $n_2(t)$ 以及随机过程$\varsigma(t)$的相关时间时,式(13.197)可以进行化简。引入函数 $R_\beta(0) = \mathrm{Var}_\beta$ 代替式(13.197)中的相关函数 $R_\beta(\tau)$,并根据以前提到的条件,即 $\mathrm{Var}_\beta < 1$ 或 $\mathrm{Var}_\beta^2 \ll 1$、通道特性相同以及式(13.153)到式(13.155)等,可得

$$\mathrm{Var}\{\mathrm{Var}_s^*\} = \frac{2\mathrm{Var}_s^2}{T}(1 + q + 0.5q^2)\int_0^T\left(1 - \frac{\tau}{T}\right)r^2(\tau)\mathrm{d}\tau$$

$$+ \frac{4\mathrm{Var}_s^2\mathrm{Var}_\beta}{T}\int_0^T\left(1 - \frac{\tau}{T}\right)r_\beta(\tau)\mathrm{d}\tau \qquad (13.198)$$

基于式(13.198)就可根据式(13.188)所要求的条件,给出灵敏度门限所对应的观测时长 T。假定归一化相关函数 $r(\tau)$ 和 $r_\beta(\tau)$ 是式(13.165)给出的指数型,并将其代入式(13.198),可得

$$\mathrm{Var}\{\mathrm{Var}_s^*\} = 2\mathrm{Var}_s^2(1 + q + 0.5q^2)\frac{2\alpha T - 1 + \exp\{-2\alpha T\}}{(2\alpha T)^2}$$

$$+ 4\mathrm{Var}_s^2\mathrm{Var}_\beta\frac{\gamma T - 1 + \exp\{-\gamma T\}}{(\gamma T)^2} \qquad (13.199)$$

当放大系数不存在随机起伏,且满足条件 $T \gg \tau_{\mathrm{cor}}$ 时,方差估计的方差可以表示为

$$\mathrm{Var}\{\mathrm{Var}_s^*\} = \mathrm{Var}_s^2\frac{(1 + q + 0.5q^2)}{\alpha T} \qquad (13.200)$$

基于式(13.200),不难计算得到利用相关法测量随机过程的方差时灵敏度门限所对应的观测时长。

将式(13.198)至式(13.200)与式(13.162)、式(13.166)及式(13.169)进行对比,可以发现相关法测量随机过程方差的灵敏度要高于补偿法,造成这种

差别的原因主要在于,相关法对噪声分量的高阶项以及因放大系数的随机起伏导致的误差都进行了补偿。但当通道特性不一致,并且接收机固有噪声和放大系数的随机起伏分量在两个通道之间存在相关性时,会给估计结果带来偏差,也会导致估计方差的增大,这显然是不希望看到的。

采用相关法进行方差测量时,如果使用的混频器与理想混频器的性能存在差异,也会带来额外的误差。通常利用如下操作以完成两个过程的相乘:

$$(a + b)^2 - (a - b)^2 = 4ab \tag{13.201}$$

也就是说,两个随机过程的相乘操作可以转变为将参与相乘的两个随机过程之和、之差进行二次变换,然后对平方结果进行相减。这其中最大的误差来自于平方操作。

下面简要分析两个放大器之间存在寄生耦合时,对随机过程方差测量精度的影响。令同一时刻两个放大器的放大系数和固有噪声之间的互相关函数分别为

$$\begin{cases} \langle \beta_1(t)\beta_2(t) \rangle = R_{\beta_{12}} \\ \langle n_1(t)n_2(t) \rangle = R_{n_{12}} \end{cases} \tag{13.202}$$

从式(13.195)可以看出,方差估计的偏差为

$$b\{\mathrm{Var}_s^*\} = \mathrm{Var}_n(1 + R_{\beta_{12}}) + R_{\beta_{12}}\mathrm{Var}_s \tag{13.203}$$

显然,放大器通道之间的相关性会导致估计方差增大,但通常这种寄生耦合非常微弱,在实际工作中可以忽略不计。

13.5.4　方差测量的调制法

当采用调制法测量随机过程的方差时,首先需用确定性音频信号 $u(t)$ 对随机过程的实现 $x(t)$ 进行调制,然后再将其送至放大器。通常,调制的实现方式是将所分析的随机过程与放大器周期性地接通(见图 13.11),或是将放大器的输入端在所分析的随机过程和参考信号之间进行周期性地切换(见图 13.12)。经过放大和平方变换后,随机过程被送给混频器,混频器第二个输入端的确定性信号 $u_1(t)$ 与 $u(t)$ 的频率相同。混频器的输出送到低通滤波器,对随机起伏进行平滑或平均,于是就得到所分析随机过程方差的估计值。

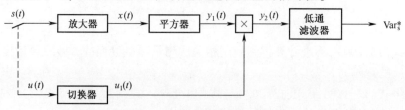

图 13.11　方差测量的调制法

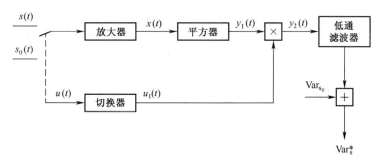

图 13.12 利用参考信号进行方差测量的调制法

假设平方变换是无记忆的,下面分析调制法测量随机过程方差的统计特性。使用积分时间为 T 的理想积分器作为低通滤波器,在以上假设和条件下,可得

$$u(t) = \begin{cases} 1, & \text{当 } kT_0 \leqslant t \leqslant kT_0 + 0.5T_0 \\ 0, & \text{当 } kT_0 + 0.5T_0 < t < (k+1)T_0 \end{cases} \quad k = 0, \pm 1, \cdots;$$

(13.204)

$$u_1(t) = \begin{cases} 1, & \text{当 } kT_0 \leqslant t \leqslant kT_0 + 0.5T_0 \\ -1, & \text{当 } kT_0 + 0.5T_0 < t < (k+1)T_0 \end{cases} \quad k = 0, \pm 1, \cdots;$$

(13.205)

从式(13.204)可以看出 $u^2(t) = u(t)$,且函数 $u(t)$ 的时间平均为 $\overline{u(t)} = 0.5$。类似可有

$$[1 - u(t)]^2 = 1 - u(t)$$

(13.206)

需要说明的是,由于函数 $u(t)$ 和 $1-u(t)$ 相互正交,所以二者的乘积为零。

下面先分析图 13.11 给出的随机过程方差测量的调制法。平方器输入端随机过程的总的实现可以表示为

$$x(t) = [1 + \upsilon(t)]\{[s(t) + n(t)]u(t) + [1 - u(t)]n(t)\}$$

(13.207)

平方器输出端的过程为

$$y_1(t) = x^2(t) = [1 + \upsilon(t)]^2\{[s(t) + n(t)]^2 u(t) + [1 - u(t)]n^2(t)\}$$

(13.208)

混频器输出端的过程为

$$y_2(t) = [1 + \upsilon(t)]^2\{[s(t) + n(t)]^2 u(t) - [1 - u(t)]n^2(t)\}$$

(13.209)

而理想积分器的输出信号(即方差估计值)为

465

$$\mathrm{Var}_s^* = \frac{2}{T}\int_0^T [1 + v(t)]^2 \{[s(t) + n(t)]^2 u(t) - [1 - u(t)]n^2(t)\}\mathrm{d}t$$

(13. 210)

从理论上说积分号前面的因子 2 并不重要,但根据后文可知,该因子会使得估计结果具有无偏性,而且也便于将调制法所得方差估计的方差与其他方法的结果进行比较。

对估计值 Var_s^* 这个随机变量求平均,可得

$$\langle \mathrm{Var}_s^* \rangle = \mathrm{Var}_s(1 + \mathrm{Var}_\beta)$$

(13. 211)

从式(13.211)可以看出,当放大系数不存在随机起伏($\mathrm{Var}_\beta = 0$)时,与补偿法的结果类似,调制法所得随机过程方差测量结果也是无偏的。为了计算方差估计的方差,需将函数 $u(t)$ 进行傅里叶级数展开:

$$u(t) = \frac{1}{2} + \frac{2}{\pi}\sum_{k=1}^{\infty}\frac{\sin(2k - 1)\Omega t}{2k - 1}$$

(13. 212)

式中:

$$\Omega = \frac{2\pi}{T_0}$$

(13. 213)

是开关函数的频率。

忽略振荡项,当 $\mathrm{Var}_\beta \ll 1$ 且放大系数随机分量的相关时间远大于所分析随机过程的相关时间时,方差估计的方差可表示为

$$\begin{aligned}
\mathrm{Var}\{\mathrm{Var}_s^*\} &= \frac{32}{\pi^2 T}\sum_{k=1}^{\infty}\frac{1}{(2k - 1)^2}\int_0^T\left(1 - \frac{\tau}{T}\right) \\
&\quad \times \{[R_s^2(\tau) + 2R_s(\tau)R_n(\tau) + 4R_n^2(\tau)] + 2R_\beta(\tau)(\mathrm{Var}_s^2 \\
&\quad + 4\mathrm{Var}_s\mathrm{Var}_n + 4\mathrm{Var}_n^2)\} \times \cos[(2k - 1)\Omega\tau]\mathrm{d}\tau \\
&\quad + \frac{4}{T}\int_0^T\left(1 - \frac{\tau}{T}\right)[R_s^2(\tau) + 2R_s(\tau)R_n(\tau) + 2R_\beta(\tau)\mathrm{Var}_s^2]\mathrm{d}\tau
\end{aligned}$$

(13. 214)

根据式(13.153)至式(13.155),式(13.214)写为

$$\begin{aligned}
\mathrm{Var}\{\mathrm{Var}_s^*\} &= \frac{16\mathrm{Var}_s^2}{\pi^2 T}\sum_{k=1}^{\infty}\frac{1}{(2k - 1)^2} \\
&\quad \times \int_0^T\left(1 - \frac{\tau}{T}\right)[(1 + 2q + 4q^2)r^2(\tau) + 4\mathrm{Var}_\beta r_\beta(\tau)(1 + 4q \\
&\quad + 4q^2)]\cos[(2k - 1)\Omega\tau]\mathrm{d}\tau + \frac{2\mathrm{Var}_s^2}{T}\int_0^T\left(1 - \frac{\tau}{T}\right)
\end{aligned}$$

$$[(1 + 2q)r^2(\tau) + 4\mathrm{Var}_\beta r_\beta(\tau)]\mathrm{d}\tau \tag{13.215}$$

由于所分析随机过程的相关时间远小于调制周期 T_0 和观测时长 T(在实际应用中,所分析随机过程的有效频带宽度大于 $10^4 \sim 10^5\,\mathrm{Hz}$,而调制频率 $f_{\mathrm{mod}} = \Omega \times (2\pi)^{-1}$ 往往为数百 Hz),那么就可假设函数 $\cos[(2k-1)\Omega\tau]$ 在相关时间期间内保持不变,即可以认为该函数近似为 1,或者说 $\cos[(2k-1)\Omega\tau] \approx 1$。对于随机过程 $s(t)$ 和 $n(t)$ 的变化的随机特性导致的方差估计的随机分量来说,上述结论是成立的。利用

$$\sum_{k=1}^{\infty} (2k-1)^{-2} = \frac{\pi^2}{8} \tag{13.216}$$

可得

$$\mathrm{Var}\{\mathrm{Var}_s^*\} = \frac{4\mathrm{Var}_s^2}{T}(1 + 2q + 2q^2)\int_0^{\infty} r^2(\tau)\mathrm{d}\tau + \frac{8\mathrm{Var}_s^2\mathrm{Var}_\beta}{T}$$
$$\times \left\{\int_0^T \left(1 - \frac{\tau}{T}\right)r_\beta(\tau)\mathrm{d}\tau + \frac{8(1 + 4q + 4q^2)}{\pi^2}\sum_{k=1}^{\infty}\frac{1}{(2k-1)^2}\right.$$
$$\left.\times \int_0^T \left(1 - \frac{\tau}{T}\right)r_\beta(\tau)\cos[(2k-1)\Omega\tau]\mathrm{d}\tau\right\} \tag{13.217}$$

由于式(13.216)中的级数快速收敛到其极值,所以在所分析随机过程的相关时间内,近似项 $\cos[(2k-1)\Omega\tau] \approx 1$ 是成立的。如果除了前面提到的条件以外,放大系数的相关时间远小于观测时间,即 $\tau_\beta \ll 1$ 但 $\tau_\beta > T_0$,那么:

$$\mathrm{Var}\{\mathrm{Var}_s^*\} \approx \frac{4\mathrm{Var}_s^2}{T}(1 + 2q + 2q^2)\int_0^{\infty} r^2(\tau)\mathrm{d}\tau + \frac{8\mathrm{Var}_s^2\mathrm{Var}_\beta}{T}\int_0^{\infty} r_\beta(\tau)\mathrm{d}\tau$$
$$\tag{13.218}$$

当放大系数不存在随机起伏时,根据式(13.217),可得

$$\mathrm{Var}_0\{\mathrm{Var}_s^*\} \approx \frac{4\mathrm{Var}_s^2}{T}(1 + 2q + 2q^2)\int_0^{\infty} r^2(\tau)\mathrm{d}\tau \tag{13.219}$$

将式(13.219)与 $\mathrm{Var}_\beta = 0$ 时采用补偿法的式(13.162)进行对比,可以看出在相同的测量条件下,调制法所得方差测量结果的方差是补偿法的两倍。从物理意义上说,其原因在于切换开关的影响,导致所分析随机过程的观测时长减少了 50%。

下面分析如图 13.12 所示的方差测量的调制法情况,该方法是通过将放大器带宽内所分析随机过程 $\zeta(t)$ 的方差 Var_s 与校准的参考随机过程 $s_0(t)$ 的方差 Var_{s_0} 进行比较而给出估计结果的。此时放大器输入端的信号可表示为

$$x(t) = [1 + v(t)]\{[s(t) + n(t)]u(t) + [s_0(t) + n(t)][1 - u(t)]\}$$

$$(13.220)$$

理想积分器输出端的信号可表示为

$$z(t) = \frac{2}{T}\int_0^T [1 + v(t)]^2\{[s(t) + n(t)]^2 u(t) - [s_0(t) + n(t)]^2 [1 - u(t)]\}\,\mathrm{d}t$$

$$(13.221)$$

得到的方差估计值为

$$\mathrm{Var}_s^* = z + \mathrm{Var}_{s_0} \tag{13.222}$$

对所有实现求平均后,可得

$$\langle \mathrm{Var}_s^* \rangle = (1 + \mathrm{Var}_\beta)(\mathrm{Var}_s - \mathrm{Var}_{s_0}) + \mathrm{Var}_{s_0} \tag{13.223}$$

即方差估计的偏差可表示为

$$b\{\mathrm{Var}_s^*\} = \mathrm{Var}_\beta(\mathrm{Var}_s - \mathrm{Var}_{s_0}) \tag{13.224}$$

当放大系数不存在随机起伏时,调制法测量器输出端的过程就可以根据所分析随机过程的方差同参考随机过程的方差之间的差异进行校准。当所分析随机过程和参考随机过程的方差相同时,方差测量值的偏差为零。如果参考随机过程的方差是可控的,这种测量方法就转变为将读数调整至零的过程,称之为零读数调制法,该方法可采用一个跟踪装置自动实现。

下面分析调制法所得方差估计的方差。与前面一样,仍假设 $\mathrm{Var}_\beta \ll 1$,忽略积分中的振荡项,并认为 $\tau_{\mathrm{cor}} \ll \tau_\beta$,此时所分析随机过程方差估计的方差为

$$\mathrm{Var}\{\mathrm{Var}_s^*\} = \frac{32}{\pi^2 T}\sum_{k=1}^{\infty}\frac{1}{(2k - 1)^2}$$

$$\times \int_0^T\left(1 - \frac{\tau}{T}\right)[R_{s_0}^2(\tau) + R_s^2(\tau) + 2R_s(\tau)R_n(\tau) + 2R_{s_0}(\tau)R_n(\tau)$$

$$+ 4R_n^2(\tau)]\cos[(2k - 1)\Omega\tau]\,\mathrm{d}\tau + \frac{64}{\pi^2 T}[\mathrm{Var}_{s_0}^2 + \mathrm{Var}_s^2$$

$$+ 4\mathrm{Var}_{s_0}\mathrm{Var}_n + 4\mathrm{Var}_s\mathrm{Var}_n + 4\mathrm{Var}_n^2]$$

$$\times \sum_{k=1}^{\infty}\frac{1}{(2k - 1)^2}\int_0^T\left(1 - \frac{\tau}{T}\right)R_\beta(\tau)\cos[(2k - 1)\Omega\tau]\,\mathrm{d}\tau$$

$$+ \frac{4}{T}\int_0^T\left(1 - \frac{\tau}{T}\right)[R_s^2(\tau) + 2R_s(\tau)R_n(\tau) + R_{s_0}^2(\tau)$$

$$+ 2R_{s_0}(\tau)R_n(\tau)]\,\mathrm{d}\tau + \frac{8}{T}(\mathrm{Var}_s - \mathrm{Var}_{s_0})^2\int_0^T\left(1 - \frac{\tau}{T}\right)R_\beta(\tau)\,\mathrm{d}\tau$$

$$(13.225)$$

当采用零读数调制法时,则有

$$R_s(\tau) = R_{s_0}(\tau) = r(\tau)\mathrm{Var}_s\cos\omega_0\tau \tag{13.226}$$

根据式(13.226),可得

$$\mathrm{Var}\{\mathrm{Var}_s^*\} = \frac{32\mathrm{Var}_s^2}{\pi^2 T}(1 + 2q + 2q^2)\sum_{k=1}^{\infty}\frac{1}{(2k-1)^2}\int_0^T\left(1 - \frac{\tau}{T}\right)r^2(\tau)\cos$$

$$[(2k-1)\Omega\tau]\mathrm{d}\tau + \frac{128\mathrm{Var}_s^2\mathrm{Var}_\beta}{\pi^2 T}(1 + q^2)\sum_{k=1}^{\infty}\frac{1}{(2k-1)^2}$$

$$\int_0^T\left(1 - \frac{\tau}{T}\right)r_\beta(\tau)\cos[(2k-1)\Omega\tau]\mathrm{d}\tau$$

$$+ \frac{4\mathrm{Var}_s^2(1 + 2q)}{T}\int_0^T\left(1 - \frac{\tau}{T}\right)r^2(\tau)\mathrm{d}\tau \tag{13.227}$$

如果满足 $\tau_{\mathrm{cor}} \ll \tau_\beta$ 且 $\tau_{\mathrm{cor}} \ll T_0$,则有

$$\mathrm{Var}\{\mathrm{Var}_s^*\} = \frac{8\mathrm{Var}_s^2(1 + q)^2}{T}\int_0^T\left(1 - \frac{\tau}{T}\right)r^2(\tau)\mathrm{d}\tau$$

$$+ \frac{256\mathrm{Var}_s^2\mathrm{Var}_\beta}{\pi^2 T}(1 + q^2)\sum_{k=1}^{\infty}\frac{1}{(2k-1)^2}\int_0^T\left(1 - \frac{\tau}{T}\right)r_\beta(\tau)\cos$$

$$[(2k-1)\Omega\tau]\mathrm{d}\tau \tag{13.228}$$

除了前面的假设以外,如果放大系数不存在随机起伏,或者满足 $\tau_\beta \ll T$ 且 $\tau_\beta \gg T_0$ 的条件时,可得

$$\mathrm{Var}\{\mathrm{Var}_s^*\} \approx \frac{8\mathrm{Var}_s^2(1 + q)^2}{T}\int_0^T r^2(\tau)\mathrm{d}\tau \tag{13.229}$$

将式(13.229)与 $\mathrm{Var}_\beta = 0$ 时采用补偿法的式(13.162)进行比较,可以看出,由于所分析随机过程的总的观测时长减少了一半,以及参考随机过程的加入,相同测量条件下调制法所得方差估计的方差是补偿法所得结果的4倍。

当使用确定性谐波信号

$$s_0(t) = A_0\cos(\omega_0 t + \varphi_0) \tag{13.230}$$

作为参考信号时,可用类似方法得到方差估计的方差。当放大系数不存在随机起伏时,对于零读数调制法,随机过程方差测量结果是无偏的,其方差为

$$\mathrm{Var}\{\mathrm{Var}_s^*\} = \frac{4\mathrm{Var}_s^2(1 + 2q + 2q^2)}{T}\int_0^T\left(1 - \frac{\tau}{T}\right)r^2(\tau)\mathrm{d}\tau \tag{13.231}$$

将式(13.231)与式(13.191)进行比较,可以看出,由于总的观测时长减少

了 50%,利用调制法测量所得方差估计的方差是补偿法所得结果的 2 倍。

13.6　总结与讨论

下面简要总结一下本章中讨论的主要结论。

从式(13.12)可以看出,最佳方差估计的方差与随机过程观测样本之间的归一化相关函数无关,这一点在物理意义上难以解释或者完全无法解释。实际上,如果在有限的时间长度内增加观测样本数,根据式(13.12)可知方差估计的方差会变得无穷小,也就是说,当对随机过程的观测从离散趋于连续时,最佳方差估计的方差将趋于零。

对于高斯随机过程,基于离散采样的最佳方差估计就等于样本量(即采样点的数量)同等大小情况下式(13.24)给出的结果。但如果归一化相关函数未知,或是已知但不准确,那么随机过程的最佳方差估计就会有一定的方差,该方差取决于归一化相关函数的真值。为了简化问题的分析,可在归一化相关函数(或是通常所称的相关系数)完全已知、完全未知以及不准确等 3 种情况下,采用最大似然函数法对基于两个样本的零均值高斯随机过程方差估计结果的差异进行分析。

方差估计值的统计特性的实验结论与理论结果是高度吻合的,数学期望和方差的最大相对误差分别不超过 1% 和 2.5%。表 13.1 给出了当样本间的相关系数 ρ_0 取不同值时,方差估计值的均值和方差的实验结果。同时为了比较,在表 13.1 中也给出了基于式(13.24)进行方差估计时,根据式(13.40)计算得到的估计结果的方差理论值。根据式(13.5),最佳方差估计的方差理论值等于 $\mathrm{Var}\{\mathrm{Var}_E\} = 7.756$。因此实验结果表明,至少在 $N=2$ 的情况下,前述对于估计及其统计特性的理论方法是正确的。

在进行随机过程的方差估计时,变换特性与平方律函数之间的差异可能会引起极大的误差,因此在计算随机过程的方差时需密切关注变换器的性能。通常可将幅度已知的谐波信号输入到测量器,以检验变换器的性能。这些进行方差测量的方法均假设没有对所分析随机过程的瞬时值加以限幅,如果采取限幅措施就会带来额外误差。采用理论积分器 $h(t) = T^{-1}$ 来进行平均或平滑滤波。

在大多数情况下,研究人员需要基于随机过程的单次实现进行方差估计。当基于时变随机过程的单次实现估计时变方差时,会遇到与时变数学期望估计类似的问题:一方面,为了减小有限观测时长对方差估计的影响,观测时间应尽量长;另一方面,积分时间的选择应尽可能短,以更加准确地反映方差的变化。显然在这二者之间必须进行折衷。

要估计随机过程时变方差在 t_0 时刻的取值,最简单的方式就是对有限时间范围内随机过程的输入数据进行变换,然后直接求平均。因此,令 $x(t)$ 表示零均值随机过程 $\xi(t)$ 的实现,要获得随机过程 t_0 时刻的方差,可在给定时刻 t_0 为中心的时间区间 $[t_0 - 0.5T, t_0 + 0.5T]$ 内,对 $x(t)$ 的平方的积分求平均。可以根据式(13.106)得到方差估计值,方差估计值关于所有实现求平均后的值由式(13.307)给出。与时变数学期望估计的情况类似,时变方差估计的数学期望是在有限时间区间 $[t_0 - 0.5T, t_0 + 0.5T]$ 内对方差求平均而得到的,通常时变方差的数学期望不等于其真值。由于求平均所导致的方差估计的偏差可以表示成式(13.108)。

将式(13.187)和式(13.162)进行比较,可以看出比较法所得方差估计的方差是补偿法所得结果的两倍,其原因主要在于增加了第二个通道,使得输出信号的总方差增大。需要说明的是,尽管比较法所得方差估计的方差有所增加,但当放大器固有噪声的方差在补偿之后仍存在起伏时,比较法的性能比补偿法要好。即使放大系数不存在随机起伏时,这一结论依然成立。于是比较法中灵敏度门限所对应的观测时长也是补偿法所对应的两倍。

将式(13.198)至式(13.200)与式(13.162)、式(13.166)以及式(13.169)进行对比,可以发现相关法测量随机过程方差的灵敏度要高于补偿法,造成这种差别的原因主要在于,相关法对噪声分量的高阶项以及因放大系数的随机起伏导致的误差都进行了补偿。但当通道特性不一致,并且接收机固有噪声和放大系数的随机起伏分量在两个通道之间存在相关性时,会给估计结果带来偏差,也会导致估计方差的增大,这显然是不希望看到的。

将式(13.219)与 $\text{Var}_\beta = 0$ 时采用补偿法的式(13.162)进行对比,可以看出在相同的测量条件下,调制法所得方差测量结果的方差是补偿法的两倍。从物理意义上说,其原因在于切换开关的影响,导致所分析随机过程的观测时长减少为原来的一半。

当放大系数不存在随机起伏时,调制法测量器输出端的过程就可以根据所分析随机过程的方差同参考随机过程的方差之间的差异进行校准。当所分析随机过程和参考随机过程的方差相同时,方差测量值的偏差为零。如果参考随机过程的方差是可控的,这种测量方法就转变为将读数调整至零的过程,称之为零读数调制法,该方法可采用一个跟踪装置自动实现。

将式(13.229)与 $\text{Var}_\beta = 0$ 时采用补偿法的式(13.162)进行比较,可以看出,由于所分析随机过程的总的观测时长减少了一半,以及参考随机过程的加入,相同测量条件下调制法所得方差估计的方差是补偿法所得结果的 4 倍。

将式(13.231)与式(13.191)进行比较,可以看出,由于总的观测时长减少了一半,利用调制法测量所得方差估计的方差是补偿法所得结果的 2 倍。

参考文献

1. Slepian, D. 1958. Some comments on the detection of Gaussian signals in Gaussian noise. *IRE Transactions on Information Theory*, 4(2): 65-68.

2. Kay, S. 2006. *Intuitive Probability and Random Processes Using MATLAB*. New York: Springer Science + Business Media, LLC.

3. Vilenkin, S. Ya. 1979. *Statistical Processing of Stochastic Functions Investigation Results*. Moscow, Russia: Energy.

4. Esepkina, N. A., Korolkov, D. V., and Yu. N. Paryisky. 1973. *Radar Telescopes and Radiometers*. Moscow, Russia: Nauka.

第 14 章　随机过程概率分布函数与概率密度函数的估计

14.1　基本估计准则

　　如果随机过程为各态历经过程,则仅通过对时间范围$[0,T]$进行分析,就可得出随机过程一维概率分布函数 $F(x)$ 和概率密度函数 $p(x)$ 的估计结果。研究人员实际观测到的是各态历经连续随机过程 $\xi(t)$ 的实现 $x(t)$,图 14.1(a)给出了这种实现的一个实例。根据各态历经随机过程的定义[1],概率分布函数可近似表示为

$$F^*(x) \approx \frac{1}{T} \sum_{i=1}^{N} \tau_i \tag{14.1}$$

式中:$F^*(x)$ 是概率分布函数 $F(x)$ 的估计,该估计可基于时间范围$[0,T]$内实现 $x(t)$ 的幅度不超过参考电平 x 的时间总和得出。

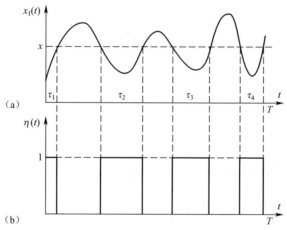

图 14.1　(a)观测时间范围$[0,T]$内随机过程的实现
(b)利用式(14.13)的非线性无记忆变换获得的矩形脉冲序列

　　观测时间越长,并且实现 $x(t)$ 的幅度不超过 x 的时间总和越大,估计 F^* (x) 自然也就越接近于真值 $F(x)$。因此,在观测时长无限大的极限情况下,

473

如下等式成立：

$$F(x) = P[\xi(t) \leqslant x] = \lim_{T \to \infty} \frac{1}{T} \sum_{i=1}^{N} \tau_i \qquad (14.2)$$

所得估计 $F^*(x)$ 与真实概率分布函数 $F(x)$ 之间的近似程度可用如下随机变量进行描述：

$$\Delta F(x) = F(x) - F^*(x) \qquad (14.3)$$

根据式(14.3)，可得概率分布函数估计的偏差为

$$b[F^*(x)] = \langle \Delta F(x) \rangle = F(x) - \langle F^*(x) \rangle \qquad (14.4)$$

以及概率分布函数估计的方差为

$$\mathrm{Var}\{F^*(x)\} = \langle [F^*(x) - \langle F^*(x) \rangle]^2 \rangle \qquad (14.5)$$

它们都是平均时间以及参考电平的函数。

各态历经随机过程的一维概率密度函数可由如下关系式得出：

$$p(x) = \frac{\mathrm{d}F(x)}{\mathrm{d}x} = \lim_{T \to \infty} \frac{1}{T\Delta x} \sum_{i=1}^{N} \tau'_i \qquad (14.6)$$

可以看出，式(14.6)是随机过程 $\xi(t)$ 的取值处于区间 $[x-0.5\mathrm{d}x, x+0.5\mathrm{d}x]$ 内的事件概率同 $\mathrm{d}x$ 的比值(其中 $\mathrm{d}x$ 为区间长度)，或者说：

$$p[x(t)] = \frac{P\{(x - 0.5\mathrm{d}x) \leqslant x(t) \leqslant (x + 0.5\mathrm{d}x)\}}{\mathrm{d}x} \qquad (14.7)$$

从式(14.6)可以看出，$\displaystyle\sum_{i=1}^{N} \tau'_i$ 是随机过程的实现 $x(t)$ 的取值处于区间 $[x \pm 0.5\mathrm{d}x]$ 内的时间总和(见图14.2(a))。

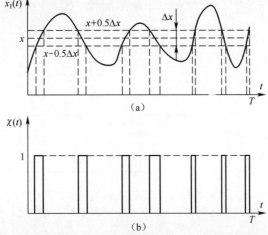

图 14.2　(a)对于观测时间范围 $[0, T]$ 内随机过程的实现，其幅度处于区间 $[x \pm 0.5\Delta x]$ 的情况
(b)根据式(14.23)进行非线性变换所得矩形脉冲序列

474

实际工作中,当需对固定时间范围$[0,T]$内的概率密度函数进行估计时,Δx取有限值且$\Delta x \neq 0$,这种情况下,通过实验方法所得概率密度函数的估计可以写为

$$p^*(x) = \frac{1}{T\Delta x} \sum_{i=1}^{N} \tau_i' \tag{14.8}$$

该估计与概率密度函数真值$p(x)$之间的差别可用如下随机变量进行描述:

$$\Delta p(x) = p(x) - p^*(x) \tag{14.9}$$

于是概率密度函数估计的偏差和方差可分别表示为

$$b[p^*(x)] = p(x) - \langle p^*(x) \rangle \tag{14.10}$$

$$\text{Var}\{p^*(x)\} = \langle [p^*(x) - \langle p^*(x) \rangle]^2 \rangle \tag{14.11}$$

根据式(14.8)可以看出,通过实验方法给出的概率密度函数,是区间$[x \pm 0.5\mathrm{d}x]$内概率密度的平均值,因此从概率密度函数在参考电平x点处对真值的近似程度角度来说,应该减小区间长度Δx。但当观测时间范围$[0,T]$固定时,随着Δx的减小,随机过程的取值处于Δx区间内的时间就会减少,于是用于确定概率密度函数$p(x)$的统计数据样本量也会减少,从而导致估计方差的增大。因此区间长度Δx就存在一个最佳数值,使得概率密度函数估计的离差

$$D[\hat{p}^*(x)] = b^2[p^*(x)] + \text{Var}\{p^*(x)\} \tag{14.12}$$

在给定的观测时间范围T内达到最小。

有多种测量方法来测量随机过程观测值小于给定电平或处于特定区间的时间总和,下面分析如何将这些方法应用到概率分布函数$F^*(x)$的估计中去。

第一种方法是直接测量各态历经过程$\xi(t)$实现$x(t)$的幅度小于固定电平x的总时间,此时需将实现$x(t)$变换为单位幅度的矩形脉冲序列$\eta(t)$(见图14.1(b)),其中间隔τ_i就是各态历经随机过程$\xi(t)$实现$x(t)$的幅度小于固定电平x的各分段时间。此处所用到的变换为

$$\eta(t) = \begin{cases} 1 & x(t) \leqslant x \\ 0 & x(t) > x \end{cases} \tag{14.13}$$

那么所有矩形脉冲所占用的时间就等于各态历经随机过程$\xi(t)$实现$x(t)$的幅度小于固定电平x的时间总和,即

$$\sum_{i=1}^{N} \tau_i = \int_0^T \eta(t)\,\mathrm{d}t \tag{14.14}$$

于是概率分布函数的估计为

$$F^*(t) = \frac{1}{T} \int_0^T \eta(t)\,\mathrm{d}t \tag{14.15}$$

利用相应的限幅器件和门限器件,进行式(14.13)的非线性无记忆变换是毫无难度的。

第二种测定概率分布函数的方法是对采样脉冲的幅度和时长的量化结果的数量进行统计。这种情况下,首先需将连续随机过程 $\xi(t)$ 的实现 $x(t)$ 通过相应的脉冲调制装置转换为采样序列 x_i,然后将其输入到以 x 为参考电平的门限装置,那么概率分布函数的估计就是不超过门限的脉冲数 N_x 与观测时间范围 $[0, T]$ 内总脉冲数之间的比值,即

$$F^*(x) = \frac{N_x}{N} \tag{14.16}$$

观测时间范围内的总脉冲数与单个脉冲之间存在如下关系:

$$N = \frac{T}{T_p} \tag{14.17}$$

式中:T_p 是单个脉冲的宽度。

不超过门限 x 的脉冲数 N_x 可用单位幅度脉冲的累加和进行表示为

$$N_x = \sum_{i=1}^{N} \eta_i \tag{14.18}$$

式中:

$$\eta_i = \begin{cases} 1 & x_i \leqslant x \\ 0 & x_i > x \end{cases} \tag{14.19}$$

那么概率分布函数的估计为

$$F^*(x) = \frac{1}{N} \sum_{i=1}^{N} \eta_i \tag{14.20}$$

脉冲数 N 与 N_x 可由多种模拟式或数字式计数器给出,其中数字式的更好一些。实际工作中,采用如下非线性变换会更方便:

$$\eta_1(t) = 1 - \eta(t) = \begin{cases} 1 & x(t) \geqslant x \\ 0 & x(t) < x \end{cases} \tag{14.21}$$

此时就应采用如下概率分布函数:

$$F_1(x) = 1 - F(x) \tag{14.22}$$

对于离散随机过程,这种表述也是完全正确的。

当用实验手段测定各态历经随机过程的概率密度函数时,方法也类似。对于第一种方法的情况,采用如下非线性变换(见图14.2(b)):

$$\chi(t) = \begin{cases} 1, & x - 0.5\Delta x \leqslant x(t) \leqslant x + 0.5\Delta x \\ 0, & x(t) < x - 0.5\Delta x, x(t) > x + 0.5\Delta x \end{cases} \tag{14.23}$$

对于第二种方法的情况(即采用脉冲串进行统计的情况),采用如下非线性

变换：

$$\chi_i = \begin{cases} 1, & x - 0.5\Delta x \leq x_i \leq x + 0.5\Delta x \\ 0, & x_i < x - 0.5\Delta x, x_i > x + 0.5\Delta x \end{cases} \tag{14.24}$$

那么随机过程概率密度函数的估计就简化为

$$p^*(x) = \frac{1}{T\Delta x} \int_0^T \chi(t)\,\mathrm{d}t \tag{14.25}$$

以及

$$p^*(x) = \frac{1}{N\Delta x} \sum_{i=1}^N \chi_i \tag{14.26}$$

14.2　概率分布函数估计的特性

基于各态历经随机过程 $\xi(t)$ 的实现 $x(t)$，直接测量幅度小于参考电平 x 的时间总和，然后利用式（14.15）得到概率分布函数的估计，下面分析该估计的偏差和方差。概率分布函数估计 $F^*(x)$ 与真值 $F(x)$ 之间的偏离程度可表示为

$$\Delta F(x) = \frac{1}{T} \int_0^T \eta(t)\,\mathrm{d}t - F(x) \tag{14.27}$$

根据式（14.13），实现 $\eta(t)$ 的数学期望可以写为

$$\langle \eta(t) \rangle = P[\xi(t) \leq x] = \int_{-\infty}^x p(x')\,\mathrm{d}x' = F(x) \tag{14.28}$$

式（14.28）中的 $p(x')$ 是待分析随机过程的一维概率密度函数。结合式（14.27）可以看出，概率分布函数的估计是无偏的。

对于不同的参考电平 x_1 和 x_2，概率分布函数估计 $F^*(x)$ 的相关函数可定义为

$$\langle \Delta F(x_1) \Delta F(x_2) \rangle = R_F(x_1, x_2) = \frac{1}{T^2} \iint_0^T \langle \eta(t_1)\eta(t_2) \rangle \,\mathrm{d}t_1 \mathrm{d}t_2 - F(x_1)F(x_2) \tag{14.29}$$

对于按照式（14.13）进行了非线性变换的随机过程来说，函数 $\langle \eta(t_1)\eta(t_2) \rangle$ 的数值就等于 $\xi(t_1) < x_1$ 且 $\xi(t_2) < x_2$ 的联合事件概率，或者说等于二维概率分布函数 $F(x_1, x_2; \tau)$ 在点 x_1 与 x_2 上的取值，即

$$F(x_1, x_2; \tau) = \langle \eta(t_1)\eta(t_2) \rangle = P[\xi(t_1) \leq x_1, \xi(t_2) \leq x_2]$$

$$= \int_{-\infty}^{x_1} \int_{-\infty}^{x_2} p_2(x_1', x_2'; \tau)\,\mathrm{d}x_1' \mathrm{d}x_2' \tag{14.30}$$

式中：$p_2(x_1', x_2'; \tau)$是待分析随机过程的二维概率密度函数。对于平稳随机过程来说，其二维概率密度函数只取决于绝对时间差 $\tau = t_2 - t_1$，因此式（14.30）所给函数也只取决于绝对时间差 $\tau = t_2 - t_1$。基于以上事实，式（14.29）中的双重积分就可以转换为单重积分，为此需引入新变量 $\tau = t_2 - t_1$ 和 $t_1 = t$，并考虑到二维概率分布函数所具有的对偶性 $F(x_1, x_2; \tau) = F(x_1, x_2; -\tau)$，于是交换积分次序可得

$$\int_0^T\int_0^T \langle \eta(t_1)\eta(t_2) \rangle \, \mathrm{d}t_1 \mathrm{d}t_2 = 2T\int_0^T \left(1 - \frac{\tau}{T}\right) F(x_1, x_2; \tau) \, \mathrm{d}\tau \qquad (14.31)$$

把式（14.31）代入式（14.29），则

$$R_F(x_1, x_2) = \frac{2}{T}\int_0^T \left(1 - \frac{\tau}{T}\right) F(x_1, x_2; \tau) \, \mathrm{d}\tau - F(x_1)F(x_2) \qquad (14.32)$$

将 $x_1 = x_2 = x$ 代入式（14.32），可得概率分布函数估计在 x 点处的方差为

$$\mathrm{Var}\{F^*(x)\} = \frac{2}{T}\int_0^T \left(1 - \frac{\tau}{T}\right) F(x, x; \tau) \, \mathrm{d}\tau - F^2(x) \qquad (14.33)$$

对于随机过程经过离散变换后的概率分布函数估计值，通过类似方法也可得出相应特性。这种情况下，概率分布函数估计与真值之间的偏离程度可表示为

$$\Delta F(x) = \frac{1}{N}\sum_{i=1}^N \eta_i - F(x) \qquad (14.34)$$

由此可知概率分布函数的估计是无偏的，而且可将概率分布函数的估计在不同 x_1 和 x_2 点处的相关函数写为

$$R_F(x_1, x_2) = \frac{1}{N^2}\sum_{i=1, j=1}^N \langle \eta_i \eta_j \rangle - F(x_1)F(x_2) \qquad (14.35)$$

式中：

$$\langle \eta_i \eta_j \rangle = F[x_1, x_2; (i-j)T_p] = \int_{-\infty}^{x_1}\int_{-\infty}^{x_2} p_2[x_1', x_2'; (i-j)T_p] \, \mathrm{d}x_1' \mathrm{d}x_2'$$

$$(14.36)$$

式（14.35）中的双重求和项可以表示为

$$\sum_{i=1, j=1}^N \langle \eta_i \eta_j \rangle = N\langle \eta_i^2 \rangle + \sum_{\substack{i=1, j=1 \\ i \neq j}}^N \langle \eta_i \eta_j \rangle \qquad (14.37)$$

式（14.37）中的第一项取决于 x_1 与 x_2 具体取值之间的关系，即

$$N\langle \eta_i^2 \rangle = \begin{cases} NF(x_1) & x_1 \leq x_2 \\ NF(x_2) & x_2 \leq x_1 \end{cases} \qquad (14.38)$$

实际上,对于 $x_1 < x_2$ 的情况,当且仅当 $\xi \leqslant x_1$ 时,联合事件 $\xi < x_1$ 且 $\xi < x_2$ 的概率不等于零,原因在于此时不等式 $\xi < x_2$ 必定成立(即其概率为 1),因此联合事件的概率就等于 $\xi < x_1$ 的概率。对于式(14.37)中的第二项,引入新的求和下标 $k = i - j$,并交换求和次序可得

$$\sum_{\substack{i=1,j=1 \\ i \neq j}}^{N} F[x_1, x_2; (i-j) T_p] = 2 \sum_{k=1}^{N-1} (N-k) F[x_1, x_2; kT_p] \qquad (14.39)$$

把式(14.38)和式(14.39)代入式(14.35),可得概率分布函数估计 $F^*(x)$ 的相关函数为

$$R_F(x_1, x_2) = \begin{cases} \dfrac{F(x_1)}{N} + \dfrac{2}{N} \sum_{k=1}^{N-1} \left(1 - \dfrac{k}{N}\right) F(x_1, x_2; kT_p) - F(x_1) F(x_2), & x_1 \leqslant x_2 \\[3mm] \dfrac{F(x_2)}{N} + \dfrac{2}{N} \sum_{k=1}^{N-1} \left(1 - \dfrac{k}{N}\right) F(x_1, x_2; kT_p) - F(x_1) F(x_2), & x_2 \leqslant x_1 \end{cases}$$

$$(14.40)$$

将 $x_1 = x_2 = x$ 代入式(14.40),可得随机过程概率分布函数估计 $F^*(x)$ 的方差为

$$\mathrm{Var}\{F^*(x)\} = \frac{F(x)}{N} + \frac{2}{N} \sum_{k=1}^{N-1} \left(1 - \frac{k}{N}\right) F(x, x; kT_p) - F^2(x) \qquad (14.41)$$

如果采样点之间不相关,由于 $k \neq 0$ 时满足:

$$F(x_1, x_2; kT_p) = F(x_1) F(x_2) \qquad (14.42)$$

所以可将式(14.40)给出的相关函数简化为

$$R_F(x_1, x_2) = \begin{cases} \dfrac{F(x_1)[1 - F(x_2)]}{N}, & x_1 \leqslant x_2 \\[3mm] \dfrac{F(x_2)[1 - F(x_1)]}{N}, & x_1 > x_2 \end{cases} \qquad (14.43)$$

于是随机过程概率分布函数估计 $F^*(x)$ 的方差为

$$\mathrm{Var}\{F^*(x)\} = \frac{F(x)[1 - F(x)]}{N} \qquad (14.44)$$

从式(14.44)可以看出,随机过程概率分布函数估计 $F^*(x)$ 的方差实质上取决于参考电平 x,并且在 $F(x) = 0.5$ 所对应的参考电平处,方差达到如下最大值:

$$\mathrm{Var}_{\max}\{F^*(x)\} = \frac{1}{4N} \qquad (14.45)$$

对于各态历经随机过程,随机过程概率分布函数估计 $F^*(x)$ 的特性不仅取决于样本 $x(t)$ 的有限观测时长,还取决于门限电平的稳定性。如果给门限附加

一个以 δ 值为特征的随机波动分量,实际工作中就应以 $x+\delta$ 取代 x,那么所得概率分布函数估计 $F^*(x)$ 的统计特性就是条件的,为了获得其非条件统计特性,需在随机变量 δ 的所有可能取值范围内求平均。假设随机变量 δ 的相关时间远大于观测时长 $[0,T]$,在概率分布函数估计 $F^*(x)$ 的测定时间内,就可认为随机变量 δ 并不发生变化,并且其统计特性对 x 的所有可能取值均相同。另外,自然还可认为门限的随机波动比较小,并且 $F(x+\delta)$ 与 $F(x)$ 在平均意义上的差异非常微小。此时就可将概率分布函数 $F(x+\delta)$ 在点 x 处展开为泰勒级数,并取其中的前 3 项,则有

$$F(x + \delta) \approx F(x) + \delta p(x) + 0.5\delta^2 \frac{\mathrm{d}p(x)}{\mathrm{d}x} \qquad (14.46)$$

根据随机变量 δ 的实现对式(14.46)求平均,可得

$$\langle F(x + \delta) \rangle \approx F(x) + E_\delta p(x) + 0.5D_\delta \frac{\mathrm{d}p(x)}{\mathrm{d}x} \qquad (14.47)$$

式中,E_δ 和 D_δ 分别是参考电平 x 随机波动分量 δ 的数学期望和离差。根据式(14.27)和式(14.34),可得门限随机波动所导致的概率分布函数估计 $F^*(x)$ 的偏差为

$$b[F^*(x)] = E_\delta p(x) + 0.5D_\delta \frac{\mathrm{d}p(x)}{\mathrm{d}x} \qquad (14.48)$$

显然由于随机波动 δ 的存在,会使得随机过程概率分布函数估计 $F^*(x)$ 的方差增大。

14.3 概率分布函数估计的方差

14.3.1 高斯随机过程

零均值高斯随机过程的二维概率密度函数为

$$p_2(x_1, x_2; \tau) = \frac{1}{2\pi\sigma^2 \sqrt{1 - \Re^2(\tau)}} \exp\left\{ -\frac{x_1^2 - 2\Re(\tau)x_1 x_2 + x_2^2}{2\sigma^2[1 - \Re^2(\tau)]} \right\}$$

$$(14.49)$$

式中:σ 是方差,$\Re(\tau)$ 是待分析随机过程的归一化相关函数。

然而对于零均值高斯随机过程,基于式(14.49)的二维概率密度函数,无法得出下一步分析所需的概率分布函数估计 $F^*(x)$ 的方差计算公式,因此需将概率密度函数展开为高斯 Q 函数各阶导数(由式(12.157)给出)的级数和形式,即

$$p_2(x_1,x_2;\tau) = \frac{1}{\sigma^2} \sum_{v=0}^{\infty} \left\{ 1 - Q^{v+1}\left(\frac{x_1}{\sigma}\right) \right\} \left\{ 1 - Q^{v+1}\left(\frac{x_2}{\sigma}\right) \right\} \frac{\mathfrak{R}^v(\tau)}{v!} \quad (14.50)$$

将式(14.50)代入式(14.30),可得

$$F(x_1,x_2;\tau) = \left\{ 1 - Q^{v+1}\left(\frac{x_1}{\sigma}\right) \right\} \left\{ 1 - Q^{v+1}\left(\frac{x_2}{\sigma}\right) \right\}$$

$$+ \sum_{v=0}^{\infty} \left\{ 1 - Q^{v+1}\left(\frac{x_1}{\sigma}\right) \right\} \left\{ 1 - Q^{v+1}\left(\frac{x_2}{\sigma}\right) \right\} \frac{\mathfrak{R}^v(\tau)}{v!} \quad (14.51)$$

对于高斯随机过程的情况,由于

$$F(x) = 1 - Q\left(\frac{x}{\sigma}\right) \quad (14.52)$$

那么概率分布函数估计 $F^*(x)$ 的相关函数和方差可分别根据式(14.32)和式(14.33)得到,即

$$R_F(x_1,x_2) = \sum_{v=0}^{\infty} \frac{1}{v!} \left\{ 1 - Q^v\left(\frac{x_1}{\sigma}\right) \right\} \left\{ 1 - Q^v\left(\frac{x_2}{\sigma}\right) \right\} \frac{2}{T}\int_0^T \left(1 - \frac{\tau}{T}\right) \mathfrak{R}^v(\tau)\mathrm{d}\tau$$

$$(14.53)$$

$$\mathrm{Var}\{F^*(x)\} = \sum_{v=0}^{\infty} \frac{1}{v!} \left\{ 1 - Q^v\left(\frac{x}{\sigma}\right) \right\}^2 \frac{2}{T}\int_0^T \left(1 - \frac{\tau}{T}\right) \mathfrak{R}^v(\tau)\mathrm{d}\tau \quad (14.54)$$

由于

$$|Q^v(-z)| = |Q^v(z)|, v = 1,2,\cdots \quad (14.55)$$

由式(14.54)可知,概率分布函数估计 $F^*(x)$ 的方差 $\mathrm{Var}\{F^*(x)\}$ 是门限 x 的偶函数。

表14.1给出的是如下系数的取值:

$$\alpha_v = \frac{1}{v!}[1 - Q^v(z)]^2 \quad (14.56)$$

而这些系数都是如下归一化电平的函数:

$$z = \frac{x}{\sigma} \quad (14.57)$$

表 14.1　系数 $\alpha_v = (1/v!)[1-Q^v(z)]^2$ 随归一化电平 $z=x/\sigma$ 的变化

z	$v=1$	$v=2$	$v=3$	$v=4$	$v=5$	$v=6$	$v=7$
0.0	0.15915	0.00000	0.02653	0.00000	0.01193	0.00000	0.00710
0.1	0.15757	0.00079	0.02574	0.00059	0.01135	0.00048	0.00662
0.2	0.15291	0.00306	0.02349	0.00223	0.00971	0.00181	0.00530
0.3	0.14543	0.00605	0.02007	0.00462	0.00738	0.00362	0.00353

（续）

z	$v=1$	$v=2$	$v=3$	$v=4$	$v=5$	$v=6$	$v=7$
0.5	0.12395	0.01549	0.01162	0.00976	0.00252	0.00679	0.00054
0.7	0.09750	0.02389	0.00423	0.01254	0.00007	0.00709	0.00025
1.0	0.05854	0.02927	0.00000	0.00976	0.00195	0.00293	0.00297
1.5	0.01678	0.01887	0.00436	0.00088	0.00413	0.00031	0.00157
2.0	0.00291	0.00583	0.00437	0.00048	0.00061	0.00131	0.00007
2.5	0.00031	0.00096	0.00141	0.00084	0.00005	0.00019	0.00035
3.0	0.00002	0.00009	0.00021	0.00026	0.00015	0.00001	0.00003
3.5	0.00000	0.00000	0.00001	0.00003	0.00004	0.00002	0.00000
4.0	0.00000	0.00000	0.00000	0.00000	0.00000	0.00000	0.00000

从表 14.1 可以看出，系数 α_v 随着数值 v 的增大而减小，同时对于待分析随机过程的情况，其中的系数：

$$c_v = \frac{2}{T} \int_0^T \left(1 - \frac{\tau}{T}\right) \Re^v(\tau) \, \mathrm{d}\tau \qquad (14.58)$$

也会随着数值 v 的增大而减小，那么实际工作中，就可以只取级数展开式的前 5~7 项。

当观测时长远大于随机过程的相关时间时，与之前类似，系数 c_v 可由下式进行近似：

$$c_v \approx \frac{2}{T} \int_0^T \Re^v(\tau) \, \mathrm{d}\tau \qquad (14.59)$$

除了 $T \gg \tau_{\text{cor}}$ 这个条件，如果还假设 $T \to \infty$，那么根据式（14.59）和式（14.54），高斯随机过程概率分布函数估计 $F^*(x)$ 的方差将趋近于零，这与预期相符，或者说高斯随机过程概率分布函数估计 $F^*(x)$ 是一致估计。

当观测时长小于随机过程的相关时间时（即 $T < \tau_{\text{cor}}$），有

$$\mathrm{Var}\{F^*(x)\} \approx \sum_{v=1}^{\infty} \alpha_v \qquad (14.60)$$

式（14.60）表示的是高斯随机过程概率分布函数估计 $F^*(x)$ 方差的最大值。

以具有形如式（12.13）给出的指数型归一化相关函数的高斯随机过程作为一个示例。把式（12.13）代入式（14.58），可得

$$c_v = \frac{2}{p^2 v^2} [\exp(-pv) + pv - 1] \qquad (14.61)$$

式中：p 由式（12.140）给出。当 $p \gg 1$ 时，有

482

$$c_v \approx \frac{2}{pv} \tag{14.62}$$

图 14.3 给出了不同 p 值情况下,高斯随机过程概率分布函数估计的均方根偏差 $\sigma\{F^*(x)\}$ 随归一化电平 z 的变化曲线。从图 14.3 可以看出,在零电平处 $\sigma\{F^*(x)\}$ 取其最大值。

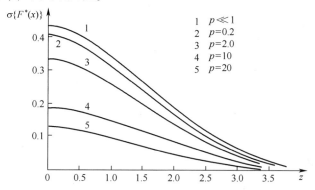

图 14.3　均方根偏差 $\sigma\{F^*(x)\}$ 随归一化电平 z 的变化曲线(高斯随机过程情形)

若把 $\sigma\{F^*(x)\}$ 的最大值看作式(12.40)所给参数 p 的函数,其变化曲线如图 14.4 所示。根据式(14.54)和式(14.61),从图 14.4 可以看出,概率分布函数估计 $F^*(x)$ 的方差从 $p \geqslant 10$ 时开始线性递减。当要求方差的最大值不超过预先给定的幅度时,从该图可以确定出所需的最小观测时长,如若要求 $\sigma\{F^*(x)\} \leqslant 0.01$,那么就应该满足 $p \geqslant 3000$ 的条件。

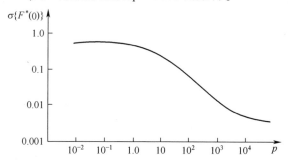

图 14.4　作为 p 的函数的 $\sigma\{F^*(x)\}$（高斯随机过程情形）

如果待分析的是离散高斯随机过程,概率分布函数估计 $F^*(x)$ 的方差可以定义为

$$\text{Var}\{F^*(x)\} = \frac{1}{N}\left\{1 - Q\left(\frac{x}{\sigma}\right)\right\}Q\left(\frac{x}{\sigma}\right) + \sum_{v=1}^{\infty}\frac{1}{v!}\left\{1 - Q^v\left(\frac{x}{\sigma}\right)\right\}^2 c_v'$$

$$\tag{14.63}$$

式中:

$$c'_v \approx \frac{2}{N} \sum_{k=1}^{N-1} \left(1 - \frac{k}{N}\right) \Re^v(kT_p) \tag{14.64}$$

如果归一化相关函数为如下指数型：

$$\Re^v(kT_p) = \exp\{-\alpha \mid kT_p \mid\} \tag{14.65}$$

式(14.64)可以表示为[2]

$$c'_v = \frac{2}{N} \times \frac{\exp\{-v\alpha T_p\}\{1 - \exp\{-v\alpha T_p\} + N^{-1}\{\exp\{-v\alpha T_p\} - 1\}\}}{\{1 - \exp\{-v\alpha T_p\}\}^2}$$
$$\tag{14.66}$$

当 $N \gg 1$ 时,有

$$c'_v \approx \frac{2}{N} \times \frac{\exp\{-v\alpha T_p\}}{1 - \exp\{-v\alpha T_p\}} \tag{14.67}$$

如果采样点之间不相关,由于 $c'_v = 0$,那么式(14.63)与式(14.44)就是一致的了。

式(14.63)表明当采样点数 N 相同时,基于相关采样点所得随机过程概率分布函数估计 $F^*(x)$ 的方差,比采样点不相关情况下的方差大。

表14.2 给出了不同门限电平下,利用式(14.43)所得随机过程概率分布函数估计 $F^*(x)$ 的归一化相关函数

$$\rho(x_1, x_2) = \frac{R_F(x_1, x_2)}{\sqrt{\text{Var}\{F^*(x_1)\}\text{Var}\{F^*(x_2)\}}} \tag{14.68}$$

的取值,从表14.2可以看出,随机过程概率分布函数估计 $F^*(x)$ 之间具有较高的相关性。

表14.2 归一化相关函数式(14.68)关于归一化门限电平 z 的函数

z_2 \ z_1	-1.5	-1.0	-0.5	0	0.5	1.0	1.5
-1.5	1.00	0.62	0.40	0.27	0.18	0.12	0.07
-1.0	0.62	1.00	0.65	0.43	0.29	0.19	0.12
-0.5	0.40	0.65	1.00	0.67	0.45	0.29	0.18
0	0.27	0.43	0.67	1.00	0.67	0.43	0.27
0.5	0.18	0.29	0.45	0.67	1.00	0.65	0.40
1.0	0.12	0.19	0.29	0.43	0.65	1.00	0.62
1.5	0.07	0.12	0.18	0.27	0.40	0.62	1.00

14.3.2 瑞利随机过程

瑞利随机过程的二维概率密度函数可表示[1]为

$$p_2(x_1,x_2;\tau) = \frac{x_1 x_2}{\sigma^4[1-\Re^2(\tau)]}\exp\left\{-\frac{x_1^2+x_2^2}{2\sigma^2[1-\Re^2(\tau)]}\right\}I_0\left\{\frac{x_1 x_2}{\sigma^2}\times\frac{\Re(\tau)}{1-\Re^2(\tau)}\right\}$$

$$(14.69)$$

式中: $I_0(z)$ 是虚变量的零阶贝塞尔函数; σ^2 和 $\Re(\tau)$ 是概率密度函数的相关参数,它们的取值与式(12.165)中瑞利随机过程的二阶原点矩 $\langle\xi^2(t)\rangle$ 和归一化相关函数 $\rho(\tau)$ 有关。

引入如下新变量:

$$y_1 = \frac{x_1^2}{2\sigma^2}\quad\text{和}\quad y_2 = \frac{x_2^2}{2\sigma^2}\qquad(14.70)$$

那么式(14.30)中新的积分上限就对应于 $z_1 = y_1$ 和 $z_2 = y_2$,于是新的二维概率密度函数可用正交拉格朗日多项式展开成如下级数形式[2]:

$$p_2(x_1,x_2;\tau) = \exp\{-y_1-y_2\}\sum_{v=0}^{\infty}\frac{L_v(y_1)L_v(y_2)\Re^{2v}(\tau)}{(v!)^2}\qquad(14.71)$$

其中, $L_v(y)$ 满足如下关系的拉格朗日多项式:

$$L_v(y) = \exp\{y\}\frac{d^v[y\exp(-y)]}{dy^v} = \sum_{\mu=0}^{v}(-1)^\mu C_v^\mu\frac{v!}{\mu!}y^\mu\qquad(14.72)$$

另外,

$$C_v^\mu = \frac{v!}{\mu!(v-\mu)!}\qquad(14.73)$$

$$L_0(y) = 1\qquad(14.74)$$

$$L_1(y) = -y+1\qquad(14.75)$$

将式(14.71)代入式(14.30),可得

$$F(x_1,x_2;\tau) = [1-\exp(-z_1)][1-\exp(-z_2)]$$

$$+\sum_{v=1}^{\infty}\frac{\Re^{2v}(\tau)}{(v!)^2}\int_0^{z_1}\exp(-y_1)L_v(y_1)dy_1\int_0^{z_2}\exp(-y_2)L_v(y_2)dy_2$$

$$(14.76)$$

式中:

$$\begin{cases}z_1 = \dfrac{x_1^2}{2\sigma^2}\\[3mm]z_2 = \dfrac{x_2^2}{2\sigma^2}\end{cases}\qquad(14.77)$$

由文献[2]可知:

$$\int_0^\infty\exp(-y)L_v(y)dy = 0\qquad(14.78)$$

$$\int_0^\infty \exp(-y) L_v(y) \, \mathrm{d}y = \exp(-\beta) [L_v(\beta) - v L_{v-1}(\beta)] \tag{14.79}$$

根据式(14.77)至式(14.79),可得

$$F(x_1, x_2; \tau) = [1 - \exp(-z_1)][1 - \exp(-z_2)]$$
$$+ \sum_{v=1}^\infty \frac{\Re^{2v}(\tau)}{(v!)^2} \exp(-z_1 - z_2) [v L_{v-1}(z_1) - L_v(z_1)][v L_{v-1}(z_2) - L_v(z_2)]$$

$$\tag{14.80}$$

将式(14.80)代入式(14.32),并根据瑞利随机过程的实际情况,有

$$F(x) = 1 - \exp\left\{ -\frac{x^2}{2\sigma^2} \right\} \tag{14.81}$$

于是可得不同参考电平下瑞利随机过程概率分布函数估计 $F^*(x)$ 的相关函数为

$$R_F(x_1, x_2) = \sum_{v=1}^\infty \frac{d_v}{(v!)^2} \exp\left(-\frac{x_1^2 + x_2^2}{2\sigma^2} \right) \left[v L_{v-1}\left(\frac{x_1^2}{2\sigma^2} \right) - L_v\left(\frac{x_1^2}{2\sigma^2} \right) \right]$$
$$\left[v L_{v-1}\left(\frac{x_2^2}{2\sigma^2} \right) - L_v\left(\frac{x_2^2}{2\sigma^2} \right) \right] \tag{14.82}$$

式中:

$$d_v = \frac{2}{T} \int_0^T \left(1 - \frac{\tau}{T} \right) \Re^{2v}(\tau) \, \mathrm{d}\tau \tag{14.83}$$

将 $x_1 = x_2 = x$ 代入式(14.82),可得瑞利随机过程概率分布函数估计 $F^*(x)$ 的方差为

$$\mathrm{Var}\{F^*(x)\} = \sum_{v=1}^\infty \frac{d_v}{(v!)^2} \exp\left(-\frac{x^2}{2\sigma^2} \right) \left\{ v L_{v-1}\left(\frac{x^2}{2\sigma^2} \right) - L_v\left(\frac{x^2}{2\sigma^2} \right) \right\}^2$$

$$\tag{14.84}$$

当 $T \gg \tau_{\mathrm{cor}}$ 时(τ_{cor} 为相关时间),如果随机过程的归一化相关函数为 $\Re(\tau)$,那么

$$d_v \approx \frac{2}{T} \int_0^T \Re^{2v}(\tau) \, \mathrm{d}\tau \tag{14.85}$$

除了 $T \gg \tau_{\mathrm{cor}}$ 这个条件,如果还假设 $T \to \infty$,那么根据式(14.85)可知 $d_v \to 0$,并且瑞利随机过程概率分布函数估计的方差也趋近于零,这与所分析的情况相符。在 $z = 0$(即 $x = 0$)或者 $z \to \infty$(即 $x \to \infty$)的情况下,瑞利随机过程概率分布函数估计 $F^*(x)$ 的方差也趋近于零,这两种情况中的相应系数

$$b_v = \frac{1}{(v!)^2} \exp\left(-\frac{x^2}{2\sigma^2} \right) \left\{ v L_{v-1}\left(\frac{x^2}{2\sigma^2} \right) - L_v\left(\frac{x^2}{2\sigma^2} \right) \right\}^2 \tag{14.86}$$

在 T/τ_{cor} 的任意取值下,都趋近于零。

当 $T \ll \tau_{\text{cor}}$ 时，瑞利随机过程概率分布函数估计 $F^*(x)$ 的方差可以表示为

$$\text{Var}\{F^*(x)\} = \sum_{v=1}^{\infty} b_v \qquad (14.87)$$

表 14.3 给出了系数 b_v 在不同数值 v 和归一化电平 z 下的取值，从该表可以看出，随着数值 v 的增大，系数取值虽有缓慢变化，但并非单调递减。实际工作中，对于式(14.84)给出的求和表达式可以只取其前 4~5 项。

表 14.3　系数 b_v 在不同数值 v 和归一化电平 z 下的取值

z	$v=1$	$v=2$	$v=3$	$v=4$	$v=5$
0.0	0.00000	0.00000	0.00000	0.00000	0.00000
0.1	0.00010	0.00010	0.00009	0.00010	0.00009
0.2	0.00148	0.00143	0.00137	0.00131	0.00131
0.3	0.00673	0.00615	0.00560	0.00512	0.00470
0.4	0.01850	0.01575	0.01320	0.01100	0.00920
0.5	0.03750	0.02900	0.02200	0.01620	0.01190
0.7	0.09000	0.05120	0.02720	0.01295	0.00519
1.0	0.13469	0.03360	0.00360	0.00024	0.00346
1.2	0.11640	0.00912	0.01000	0.00705	0.00827
1.5	0.05620	0.00088	0.00935	0.00576	0.00830
2.0	0.00535	0.00535	0.00061	0.00060	0.00012
2.5	0.00014	0.00065	0.00020	0.00014	0.00002
3.0	0.00000	0.00002	0.00004	0.00001	0.00002
3.5	0.00000	0.00000	0.00000	0.00000	0.00000

作为一个示例，考虑具有式(12.13)所给归一化相关函数 $\Re(\tau)$ 的随机过程，此种情况下有

$$d_v = \frac{\exp\{-2pv\} + 2pv - 1}{2p^2 v^2} \qquad (14.88)$$

当 $p = T/\tau_{\text{cor}} \gg 1$ 时，则有

$$d_v \approx \frac{1}{pv} \qquad (14.89)$$

图 14.5 给出了不同 p 值情况下，瑞利随机过程概率分布函数估计的均方根偏差 $\sigma\{F^*(x)\}$ 随归一化电平 z 值的变化曲线。从图 14.5 中可以看出，在

$z = 0.83$ 附近偏差取其最大值 $\sigma\{F^*(x)\} = 0.5$。

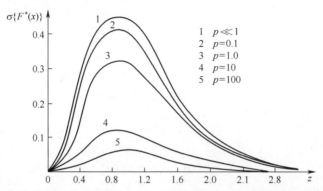

图 14.5　作为 p 的函数的 $\sigma\{F^*(x)\}$ 最大值(瑞利随机过程情形)

当 $z=1$ 时,把均方根偏差作为归一化观测时长 p 的函数,如图 14.6 所示。根据该图和式(14.89)可知,对于瑞利随机过程,从 $p \geq 10$ 开始均方根偏差 $\sigma\{F^*(x)\}$ 与比值 $p = T/\tau_{cor}$ 成反比。对于离散随机过程的情况,假定采样点数为 N,对于符合式(14.41)和式(14.80)的瑞利随机过程,其概率分布函数估计 $F^*(x)$ 的方差为

$$\mathrm{Var}\{F^*(x)\} = \frac{1}{N}\exp\left(-\frac{x^2}{2\sigma^2}\right)\left\{1 - \exp\left(-\frac{x^2}{2\sigma^2}\right)\right\} + \sum_{v=1}^{\infty} d_v' b_v \quad (14.90)$$

式中:

$$d_v' = \frac{2}{N}\sum_{k=1}^{N-1}\left(1 - \frac{k}{N}\right)\Re^{2v}(kT_p) \quad (14.91)$$

当采样点不相关时,对于瑞利随机过程有

$$\mathrm{Var}\{F^*(x)\} = \frac{1}{N}\exp\left(-\frac{x^2}{2\sigma^2}\right)\left\{1 - \exp\left(-\frac{x^2}{2\sigma^2}\right)\right\} \quad (14.92)$$

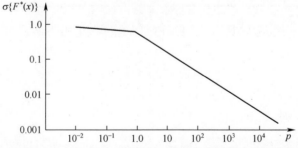

图 14.6　$\sigma\{F^*(x)\}$ 随归一化观测时长 p 的变化曲线(瑞利随机过程情形)

当采样点之间不相关时,表 14.4 给出了在不同的参考电平 z 下,瑞利随机

过程概率分布函数估计 $F^*(x)$ 的归一化相关函数(由式(14.68)给定)的取值。

表 14.4　归一化相关函数式 (14.68) 关于电平 z 的函数

z_1 ＼ z_2	0.1	0.2	0.3	0.5	0.7	1.0	1.5	2.0
0.1	1.00	0.50	0.33	0.19	0.13	0.08	0.03	0.01
0.2	0.50	1.00	0.66	0.38	0.25	0.15	0.07	0.03
0.3	0.33	0.66	1.00	0.58	0.39	0.23	0.11	0.04
0.5	0.19	0.38	0.58	1.00	0.67	0.41	0.18	0.07
0.7	0.13	0.25	0.39	0.67	1.00	0.61	0.27	0.11
1.0	0.08	0.15	0.23	0.41	0.61	1.00	0.45	0.18
1.5	0.03	0.07	0.11	0.18	0.27	0.45	1.00	0.40
2.0	0.01	0.03	0.04	0.07	0.11	0.18	0.40	1.00

14.4　概率密度函数估计的特性

在时间范围 $[0,T]$ 内对各态历经随机过程连续实现 $x(t)$ 进行观测,然后利用式(14.25)得到概率密度函数估计,下面分析该估计的偏差和方差。所得估计 $p^*(x)$ 与真值 $p(x)$ 之间的偏离程度可表示为

$$\Delta p(x) = p^*(x) - p(x) = \frac{1}{T\Delta x}\int_0^T \chi(t)\,dt - p(x) \qquad (14.93)$$

式中: $\chi(t)$ 由式(14.23)给定, Δx 是相邻电平值 x_k 和 x_{k+1} 之间的区间长度,且

$$x = \frac{x_k + x_{k+1}}{2} \qquad (14.94)$$

或者说,概率密度函数是利用相邻固定电平的中值进行估计。

各态历经随机过程概率密度函数估计的偏差可以表示为

$$b\{p^*(x)\} = \frac{1}{T\Delta x}\int_0^T \langle \chi(t) \rangle\,dt - p(x) \qquad (14.95)$$

对于实现求平均的所得结果 $\langle \chi(t) \rangle$,就是待分析随机过程处于区间 $x \pm 0.5\Delta x$ 内的事件概率:

$$\langle \chi(t) \rangle = \int_{x-0.5\Delta x}^{x+0.5\Delta x} p(x)\,dx = F(x + 0.5\Delta x) - F(x - 0.5\Delta x) \qquad (14.96)$$

根据式(14.95)和式(14.96),可得各态历经随机过程概率密度函数估计的偏差为

489

$$b\{p^*(x)\} = \frac{1}{\Delta x}[F(x + 0.5\Delta x) - F(x - 0.5\Delta x)] - p(x) \quad (14.97)$$

在点 x 处将函数 $F(x + 0.5\Delta x)$ 和 $F(x - 0.5\Delta x)$ 展开为如下泰勒级数：

$$F(x + 0.5\Delta x) = \sum_{\mu=0}^{\infty} \frac{\mathrm{d}F^{\mu}(x)}{\mathrm{d}x^{\mu}} \cdot \frac{1}{\mu!}(0.5\Delta x)^{\mu} \quad (14.98)$$

$$F(x - 0.5\Delta x) = \sum_{\mu=0}^{\infty} \frac{\mathrm{d}F^{\mu}(x)}{\mathrm{d}x^{\mu}} \cdot \frac{(-1)^{\mu}}{\mu!}(0.5\Delta x)^{\mu} \quad (14.99)$$

于是随机过程概率密度函数估计的偏差可写为

$$b\{p^*(x)\} = \sum_{\mu=1}^{\infty} \frac{\mathrm{d}^{2\mu+1}F(x)}{\mathrm{d}x^{2\mu+1}} \times \frac{(0.5\Delta x)^{2\mu}}{(2\mu+1)!} \quad (14.100)$$

实际工作中，可采用如下近似式：

$$b\{p^*(x)\} \approx \frac{\Delta x^2}{24} \times \frac{\mathrm{d}^2 p(x)}{\mathrm{d}x^2} + \frac{\Delta x^4}{1920} \times \frac{\mathrm{d}^4 p(x)}{\mathrm{d}x^4} \quad (14.101)$$

从式(14.97)至式(14.101)可以看出，随着相邻两固定电平的区间长度的减小，随机过程概率密度函数估计的偏差会成比例下降，这从物理意义的角度来看是很清楚的。在极限情况下，若 $\Delta x \to 0$，随机过程概率密度函数估计的偏差将趋近于零，或者说随着 $\Delta x \to 0$，随机过程概率密度函数估计是无偏的。事实上，当 $\Delta x \to 0$ 时：

$$\lim_{\Delta x \to 0} \frac{F(x + 0.5\Delta x) - F(x - 0.5\Delta x)}{\Delta x} - p(x) = \frac{\mathrm{d}F(x)}{\mathrm{d}x} - p(x) = 0$$

$$(14.102)$$

随着区间长度 Δx 的减小，随机过程概率密度函数估计的方差会逐渐增大，原因在于区间长度 Δx 的减小，会导致在 Δx 区间内随机过程的实现与实现之间的差异变大。

将式(14.100)应用到高斯随机过程和瑞利随机过程，由于

$$\frac{d^v\{1 - Q(x/\sigma)\}}{dx^v} = \frac{1 - Q^v(z)}{\sigma^{0.5v}} \quad (14.103)$$

式中：

$$z = \frac{x}{\sigma} \quad (14.104)$$

那么高斯随机过程概率密度函数估计的偏差为

$$b\{p^*(x)\} = \frac{1}{\sigma} \sum_{v=1}^{\infty} \frac{\{\Delta x/2\sigma\}^{2v}}{(2v+1)!} \left\{1 - Q^{2v+1}\left(\frac{x}{\sigma}\right)\right\}$$

$$\approx \frac{1}{\sigma}\left\{\frac{\{\Delta x/\sigma\}^2}{24}\left\{1 - Q^3\left(\frac{x}{\sigma}\right)\right\} + \frac{\{\Delta x/\sigma\}^4}{1920}\left\{1 - Q^5\left(\frac{x}{\sigma}\right)\right\}\right\}$$

$$(14.105)$$

在如下条件:

$$\frac{\Delta x}{\sigma} < 1 \qquad (14.106)$$

的最小偏差对应着 $z \approx 1$ 的情况(此时 $Q^3(z) \approx 0$)。

当应用到瑞利随机过程时,其概率密度函数估计的偏差的一阶近似可表示为

$$b\{p^*(x)\} \approx \frac{(\Delta x)^2/\sigma^2}{24\sigma}(x^2\sigma^{-2} - 3)x\sigma^{-1}\exp\left\{-\frac{x^2}{2\sigma^2}\right\} \qquad (14.107)$$

若把如下相对偏差

$$\frac{|b\{p^*(x)\}|}{p(x)} \qquad (14.108)$$

看作是归一化区间长度 $\Delta z = \Delta x/\sigma$ 的函数,图 14.7 给出了不同 Δz 所对应的函数图形(其中实线对应高斯随机过程,虚线对应瑞利随机过程),从该图可以看出,当 $\Delta z \leqslant 0.5$ 时,概率密度函数估计的相对偏差不超过 0.03,这在实际工作中是可以接受的。

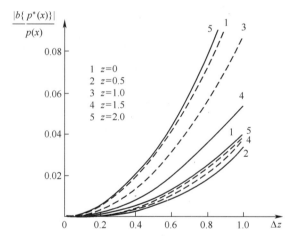

图 14.7　概率密度函数估计相对偏差随归一化区间长度 Δz 的变化曲线

下面分析随机过程概率密度函数估计的方差,根据式(14.25),可得

$$\mathrm{Var}\{p^*(x)\} = \frac{1}{T^2(\Delta x)^2}\int_0^T\int_0^T \langle X(t_1)X(t_2)\rangle \,\mathrm{d}t_1\mathrm{d}t_2 - \left\{\frac{1}{T\Delta x}\int_0^T \langle X(t)\rangle \mathrm{d}t\right\}^2$$

$$(14.109)$$

式中:

$$\langle \mathcal{X}(t_1)\mathcal{X}(t_2) \rangle = \int_{x-0.5\Delta x}^{x+0.5\Delta x} \int_{x-0.5\Delta x}^{x+0.5\Delta x} f(x_1', x_2'; t_1 t_2)\, \mathrm{d}x_1'\, \mathrm{d}x_2' \tag{14.110}$$

$$\equiv P(x \pm 0.5\Delta x; t_1 t_2)$$

是在时刻 t_1 与 t_2 随机过程 $\xi(t)$ 处于区间 $x \pm 0.5\Delta x$ 内的事件概率。对于平稳随机过程来说,满足如下条件:

$$P(x \pm 0.5\Delta x; \tau) = P(x \pm 0.5\Delta x; -\tau) \tag{14.111}$$

式中: $\tau = t_2 - t_1$。通过引入新变量 $\tau = t_2 - t_1$ 和 $t = t_1$,式(14.109)中的双重积分可转变为单重积分,即

$$\mathrm{Var}\{p^*(x)\} = \frac{2}{T(\Delta x)^2} \int_0^T \left(1 - \frac{\tau}{T}\right) P(x \pm 0.5\Delta x)\, \mathrm{d}\tau - (\langle p^*(x) \rangle)^2$$

$$\tag{14.112}$$

实际工作中,处于区间 $x \pm 0.5\Delta x$ 内的一维和二维概率密度函数可近似看作是常数,于是有 $\langle p^*(x) \rangle \approx p(x)$,而且

$$P(x \pm 0.5\Delta x; \tau) \approx p_2(x, x; \tau) \times (\Delta x)^2 \tag{14.113}$$

那么随机过程概率密度函数估计的方差就可表示为

$$\mathrm{Var}\{p^*(x)\} \approx \frac{2}{T} \int_0^T \left(1 - \frac{\tau}{T}\right) p_2(x, x; \tau)\, \mathrm{d}\tau - p^2(x) \tag{14.114}$$

对于高斯随机过程和瑞利随机过程,相应二维概率密度函数可分别由式(14.50)和式(14.71)给出。

对于离散随机过程的情况,根据式(14.26),概率密度函数估计的方差可以表示为

$$\mathrm{Var}\{p^*(x)\} = \frac{1}{N^2(\Delta x)^2} \sum_{i=1, j=1}^{N} \langle \mathcal{X}_i \mathcal{X}_j \rangle - \left\{\frac{1}{N\Delta x} \sum_{i=1}^{N} \langle \mathcal{X}_i \rangle\right\}^2 \tag{14.115}$$

式中: $\langle \mathcal{X}_i \mathcal{X}_j \rangle$ 由式(14.110)给定。当随机过程采样点之间不相关时,有

$$\langle \mathcal{X}_i \mathcal{X}_j \rangle = \begin{cases} \langle \mathcal{X}_i^2 \rangle & i = j \\ \langle \mathcal{X}_i \rangle \langle \mathcal{X}_j \rangle & i \neq j \end{cases} \tag{14.116}$$

于是随机过程概率密度函数估计的方差为

$$\mathrm{Var}\{p^*(x)\}$$

$$= \frac{[F(x + 0.5x) - F(x - 0.5x)][1 - F(x + 0.5\Delta x) + F(x - 0.5\Delta x)]}{N(\Delta x)^2}$$

$$\tag{14.117}$$

在点 x 处将函数 $F(x \pm 0.5\Delta x)$ 进行泰勒级数展开,并取其前 3 项,可得

$$\mathrm{Var}\{p^*(x)\} \approx \frac{p(x)}{N\Delta x}[1 - \Delta x p(x)] \tag{14.118}$$

对于所使用的 Δx,需附加 $p(x)\Delta x < 1$ 的限制条件。从式(14.118)可以看出,随着区间长度 Δx 的增大,随机过程概率密度函数估计的方差会逐渐减小,这一点和物理意义上是一致的。

当应用到高斯随机过程时,由不相关采样点给出的随机过程概率密度函数估计的方差可表示为

$$\mathrm{Var}\{p^*(x)\} = \frac{[Q(z-0.5\Delta z)-Q(z+0.5\Delta z)][Q(z-0.5\Delta z)-Q(z+0.5\Delta z)]^2}{N(\Delta z)\sigma^2}$$

$$(14.119)$$

图 14.8 给出了不同 Δz 下, $\sqrt{\mathrm{Var}\{p^*(x)\}N}/p(x)$ 随归一化区间长度 Δz 的变化曲线(其中实线对应高斯随机过程,虚线对应瑞利随机过程)。

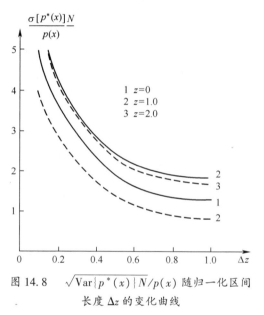

图 14.8　$\sqrt{\mathrm{Var}\{p^*(x)\}N}/p(x)$ 随归一化区间长度 Δz 的变化曲线

从图 14.8 可以看出,与概率密度函数估计的偏差不同的是,估计的方差会随着参考电平之间区间长度的增大而减小。但在利用实验手段对概率密度函数进行测定时,必须根据概率密度函数估计的离差

$$D\{p^*(x)\} \approx \mathrm{Var}\{p^*(x)\} + b^2\{p^*(x)\} \qquad (14.120)$$

最小化要求来选择参考电平之间的区间长度。

图 14.9 给出了 $N=10^4$ 和 $N=10^5$ 情况下($z=0$),高斯随机过程概率密度函数估计的归一化误差 $\sqrt{D\{p^*(x)\}N}/p(x)$ 随归一化区间长度 Δz 的变化曲线,从该图可以看出,在 $z=0$ 处,无论是 Δz 的减小,还是采样点数的增加,都会导致归一化误差最小幅度的降低。

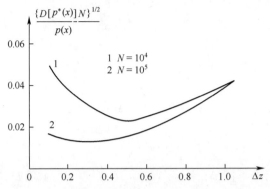

图 14.9 概率密度函数估计归一化误差随归一化区间长度 Δz 的变化曲线

14.5 基于级数展开式系数估计的概率密度函数估计

随机过程的一维概率密度函数可用前述正交函数 $\varphi_k(x)$ 展开成[2]：

$$p(x) = \sum_{k=1}^{\infty} c_k \varphi_k(x) \tag{14.121}$$

其中的未知系数为

$$c_k = \int_{-\infty}^{\infty} \varphi_k(x) p(x) \, dx \tag{14.122}$$

对于归一化正交函数来说，可采用如下关系式：

$$\int_{-\infty}^{\infty} \varphi_k(x) \varphi_l(x) \, dx = \delta_{kl} = \begin{cases} 1, & k = l \\ 0, & k \neq l \end{cases} \tag{14.123}$$

实际工作中，由式(14.121)给出级数展开式的项数不会超过某个值 v，因此当利用级数展开式对概率密度函数进行近似时，必然存在如下误差：

$$\varepsilon(x) = p(x) - \sum_{k=1}^{v} c_k \varphi_k(x) \tag{14.124}$$

通过选择相应的正交函数 $\varphi_k(x)$ 以及级数展开式的项数，能让该误差降至可以忽略不计的程度。

利用与变量 x 所有可能取值相关的均方根偏差，可以较为方便地衡量级数展开式对真值 $p(x)$ 的近似精度：

$$\varepsilon^2 = \int_{-\infty}^{\infty} \varepsilon^2(x) \, dx = \int_{-\infty}^{\infty} \left\{ p(x) - \sum_{k=1}^{v} c_k \varphi_k(x) \right\}^2 dx \tag{14.125}$$

根据式(14.122)和式(14.123)，可将式(14.125)写为

$$\varepsilon^2 = \int_{-\infty}^{\infty} p^2(x)\,\mathrm{d}x - \sum_{k=1}^{v} c_k^2 \qquad (14.126)$$

由式(14.122)可以看出,级数展开式的系数 c_k 可大致看作是随机变量经 $\varphi_k(x)$ 作非线性变换后的数学期望。对于各态历经随机过程,对随机过程实现进行时域变换 $\varphi_k[x(t)]$,然后对其求平均即可得到系数 c_k。根据以上分析,参考文献[3]给出了基于正交函数生成的概率密度函数估计方法,以及级数展开式的系数估计方法。

概率密度函数的估计 $p^*(x)$ 可以表示为

$$p^*(x) = \sum_{k=1}^{v} c_k^* \varphi_k(x) \qquad (14.127)$$

待分析实现 $x(t)$ 可以分为连续型和离散型,相应的系数估计 c_k^* 分别为

$$c_k^* = \frac{1}{T}\int_{0}^{T} \varphi_k[x(t)]\,\mathrm{d}t \qquad (14.128)$$

$$c_k^* = \frac{1}{N}\sum_{i=1}^{N} \varphi_k(x_i) \qquad (14.129)$$

式中:T 和 N 分别是观测时长以及采样点数。

图14.10给出了概率密度函数实时估计器的工作流程。在估计器的输出端,得到的概率密度函数的估计为

$$p^*(x) = \sum_{k=1}^{v} c_k^* \varphi_k(x) \qquad (14.130)$$

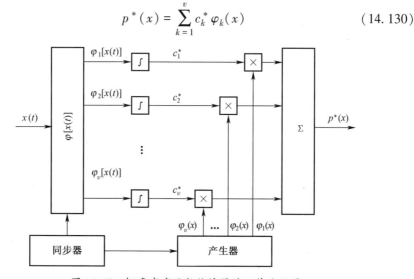

图 14.10　概率密度函数估计器的工作流程图

估计器的工作方式为:对输入随机过程的实现 $x(t)$ 进行多通道无记忆变换

$\varphi[x(t)]$后,用理想积分器进行平均,于是就生成了级数展开式的系数估计c_k^*。把这些系数送入混合器的一个输入端,同时把正交函数$\varphi_k(t)$送入另一个输入端,然后将各通道的结果均送至加法器,那么加法器输出端所形成的就是概率密度函数的估计。其中对于正交函数$\varphi_k(t)$需附加时延T,以等待系数估计c_k^*的生成。

下面分析概率密度函数估计的特性,由于

$$\langle \varphi_k[x(t)] \rangle = \int_{-\infty}^{\infty} \varphi_k(x)p(x)\,\mathrm{d}x \tag{14.131}$$

由式(14.128)和式(14.129)可知系数估计c_k^*是无偏的,即

$$\langle c_k^* \rangle = c_k \tag{14.132}$$

那么概率密度函数估计的离差就可表示为

$$D\{p^*\} = \left\langle \int_{-\infty}^{\infty} [p(x) - p^*(x)]^2\mathrm{d}x \right\rangle = \varepsilon^2 + \sum_{k=1}^{v} [\langle c_k^{*2} \rangle - c_k^2] \tag{14.133}$$

其中的第二项

$$\mathrm{Var}\{p^*\} = \sum_{k=1}^{v} [\langle c_k^{*2} \rangle - c_k^2] \tag{14.134}$$

就是进行系数估计时,由随机误差所导致的概率密度函数估计的方差。

当采用式(14.128)的连续方法确定级数展开式的系数时,其二阶原点矩为

$$\langle c_k^{*2} \rangle = \frac{1}{T^2}\int_0^T\int_0^T \langle \varphi_k[x(t_1)]\varphi_k[x(t_2)] \rangle\,\mathrm{d}t_1\mathrm{d}t_2 \tag{14.135}$$

此处积分项中的数学期望可以表示为

$$\langle \varphi_k[x(t_1)]\varphi_k[x(t_2)] \rangle = \int_{-\infty}^{T}\int_{-\infty}^{T} \varphi_k(x_1)\varphi_k(x_2)p_2(x_1,x_2;\tau)\,\mathrm{d}x_1\mathrm{d}x_2$$
$$= \Psi(\tau = |t_2 - t_1|) \tag{14.136}$$

式中,$p_2(x_1,x_2;\tau)$是待分析随机过程的二维概率密度函数。将式(14.136)代入式(14.135),并引入新变量$\tau = t_2 - t_1$和$t = t_1$,交换积分次序可得

$$\langle c_k^{*2} \rangle = \frac{2}{K}\int_0^T \left(1 - \frac{\tau}{T}\right)\Psi(\tau)\,\mathrm{d}\tau \tag{14.137}$$

当随机过程的实现为离散值时,则有

$$\langle c_k^{*2} \rangle = \frac{1}{N^2}\sum_{i=1}^{N}\sum_{j=1}^{N} \langle \varphi_k(x_i)\varphi_k(x_j) \rangle \tag{14.138}$$

式中：$\langle \varphi_k(x_i)\varphi_k(x_j) \rangle$ 可用与式(14. 136)类似的方法确定。

当随机过程实现的离散采样点相互独立时，如下分量：

$$\Delta\varphi_k(x_i) = \varphi_k(x_i) - c_k \qquad (14. 139)$$

也是独立的随机变量，因此由式(14. 138)给出的级数展开式系数估计的平方的数学期望可以表示为

$$\langle c_k^{*2} \rangle = c_k^2 + \frac{1}{N^2}\sum_{i=1}^{N}\langle \Delta\varphi_k^2(x_i) \rangle \qquad (14. 140)$$

而随机分量 $\Delta\varphi_k(x_i)$ 的方差则由如下关系式确定：

$$\mathrm{Var}\{\Delta\varphi_k\} = \langle \Delta\varphi_k^2(x_i) \rangle = \int_{-\infty}^{\infty}[\varphi_k(x) - c_k]^2 p(x)\,\mathrm{d}x \qquad (14. 141)$$

这一关系与采样点数无关，因此可将概率密度函数估计的方差写为

$$\mathrm{Var}\{p^*\} = \frac{1}{N}\sum_{k=1}^{v}\mathrm{Var}\{\Delta\varphi_k\} \qquad (14. 142)$$

从式(14. 142)可以看出，概率密度函数估计的方差会随着独立采样点数的增加而减小，也会随着级数展开式项数 v 的增加而增大。由于随着级数展开式项数的增加，近似程度会变好，因此当采用级数展开法对概率密度函数进行近似时，必须基于使估计的离差

$$D\{p^*\} = \int_{-\infty}^{\infty}p^2(x)\,\mathrm{d}x - \sum_{k=1}^{v}c_k^2 + \frac{1}{N}\sum_{k=1}^{v}\mathrm{Var}\{\Delta\varphi_k\} \qquad (14. 143)$$

最小来选择展开式的项数。

实际工作中，为设计和构建数字式或模拟式概率密度函数估计器，可选择门限型的非归一化正交函数作为 $\Delta\varphi_k(x_i)$，即

$$\varphi_k(x) = \begin{cases} 1, x_k \leqslant x \leqslant x_{k+1} \\ 0, x < x_k, x > x_{k+1} \end{cases} \qquad (14. 144)$$

这种情况下，级数展开式的系数可定义为

$$c_k = \frac{\int_{x_k}^{x_{k+1}}\varphi_k(x)p(x)\,\mathrm{d}x}{\int_{x_k}^{x_{k+1}}\varphi_k^2(x)\,\mathrm{d}x} = \frac{\Delta F_k}{\Delta x_k} \qquad (14. 145)$$

式中：

$$\Delta F_k = F(x_{k+1}) - F(x_k) \qquad (14. 146)$$

是随机过程的实现处于变量 x 的区间 $\Delta x_k = x_{k+1} - x_k$ 内的事件概率。在式(14. 21)的左右两边分别乘以 $\varphi_k(x)$，并在区间 $[x_k, x_{k+1}]$ 内对 x 求积分，结合正交性条件即可得式(14. 145)。

对式(14.144)给出的正交函数,概率密度函数的近似结果是以系数 c_k 为纵坐标的分段函数,如图 14.11 所示,易于发现系数估计值是无偏的。

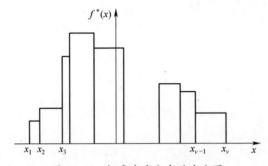

图 14.11　概率密度分布的直方图

当应用到离散采样的随机过程时,对于所分析的情况,级数展开式的系数估计可以表示为

$$c_k^* = \frac{1}{\Delta x_k} \times \frac{1}{N} \sum_{i=1}^{N} \varphi_k(x_i) \qquad (14.147)$$

当随机过程的采样点不相关时,随机分量 $\varphi_k(x_i)$ 估计的方差可以表示为

$$\mathrm{Var}\{\Delta\varphi_k\} = \int_{x_k}^{x_{k+1}} \varphi_k^2(x) p(x)\,\mathrm{d}x - \left\{ \int_{x_k}^{x_{k+1}} \varphi_k(x) p(x)\,\mathrm{d}x \right\}^2 = \Delta F_k(1 - \Delta F_k)$$

$$(14.148)$$

根据与前述类似的方法,概率密度函数估计的方差可以表示为

$$\mathrm{Var}\{p^*\} = \frac{1}{N}\sum_{k=1}^{v} \frac{\mathrm{Var}\{\Delta\varphi_k\}}{\Delta x_k^2} = \frac{1}{N}\sum_{k=1}^{v} \frac{\Delta F_k(1 - \Delta F_k)}{\Delta x_k^2} \qquad (14.149)$$

如果采样点之间的间隔为常数,即 $\Delta x_k = \Delta x = $ 常数,那么

$$\mathrm{Var}\{p^*\} = \frac{1}{N\Delta x^2}\sum_{k=1}^{v} \Delta F_k(1 - \Delta F_k) = \sum_{k=1}^{v} \mathrm{Var}\{p^*(x_k)\} \qquad (14.150)$$

相对于参考电平 x_k,$\mathrm{Var}\{p^*(x_k)\}$ 与式(14.117)保持一致,这与预期是相符的。

14.6　概率分布函数与概率密度函数估计器的设计原则

在随机过程概率密度函数估计器的实际实现时,广泛使用多通道幅度分析器,其通道数量非常多,可高达 1024～4096 个。当对连续随机过程进行分析时,需将输入的实现 $x(t)$ 变换成一个脉冲序列,各脉冲的宽度应远小于随机过程的相关时间,而脉冲幅度则对应随机过程输入实现的瞬时取值。于是随机过程输入实现 $x(t)$ 一系列可能取值的绝大部分就落入多通道分析器的区间 $[c,d]$ 之内。一般情况下,应把区间范围 $[c,d]$ 划分为 v 个等间隔的小区间,区间长度为

$$\Delta x = \frac{d - c}{v} \tag{14.151}$$

给定了总脉冲数(或采样点数) N 之后,测量出在第 j 个通道内的脉冲数 N_j,根据与式(14.26)类似的方法可将概率密度函数的估计表示为

$$p_j^*(x) = \frac{N_j}{N\Delta x} = \frac{N_j}{N} \times \frac{v}{d - c} \tag{14.152}$$

第 j 个通道的上边界为

$$g_i = c + j\Delta x \quad j = 1,2,\cdots,v \tag{14.153}$$

于是就可获得随机过程在坐标

$$x_j = \frac{c + \Delta x(2j - 1)}{2} \tag{14.154}$$

处概率密度函数的估计,该坐标值为 g_j 和 g_{j-1} 的中值。

图 14.12 给出了概率密度函数估计器的工作流程图,其工作原理是随机过程的输入实现 $x(t)$ 首先送至 ADC,完成对时间和幅度的采样之后,将其送至数据寄存器,然后在 ALU 中按预定算法估计出概率密度函数,利用最终结果(即 ALU 的输出)对 RAM 中的信息进行更新,并将所有 v 个通道的概率密度函数估计存储在其中。显示器对概率密度函数的估计结果进行展示。估计概率密度函数所需的初始化数据存储在 ROM 中,其内容包括总采样点数 N、相邻通道间隔(或电平差) Δx 以及待分析随机过程的可能取值区间 $[c,d]$ 等。若读数 $x[i] = x_i$ 的话,则其所在通道序号为

$$j = \left\{ \frac{x(i) - c}{\Delta x} \right\} + 1 \tag{14.155}$$

其中 $\{\cdot\}$ 表示取整操作。

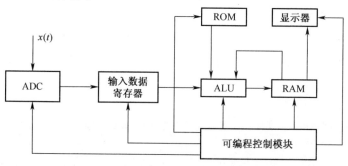

图 14.12　概率密度函数估计器工作流程图

图 14.13 给出了估计概率密度函数的算法流程图。需要说明的是,结构框图中的所有模块都可以用微处理器系统实现。

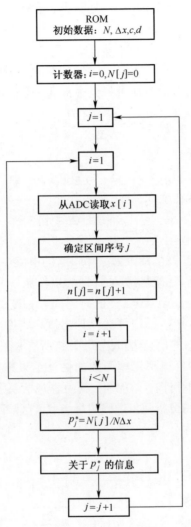

图 14.13　估计概率密度函数的算法流程图

前述概率密度函数的估计方法,对随机过程可能的取值区间都是进行等间隔划分,由于未考虑所测随机变量变化的特殊性,这种方法一般并非最佳,在计算随机变量的特征时,此方法可能会带来信息溢出和误差极大等问题。另外还有一个反问题,如果已知概率密度或概率分布函数的取值,如何反求该点处自变量的取值。

对于离散随机过程,下面分析已知概率密度函数或概率分布函数的取值,如何求出自变量取值的方法。实际情况中,当用离散值 F_j 对概率分布函数的取值区间进行划分时,最便捷的方式就是采用等间隔 δF 对区间 $[0,1]$ 进行划分,那么确定自变量取值的方法如下:对于任意参数,按照式(14.20)给出的规则,所得概率密度函数估计结果 $F^*(x)$ 必须与给定值 F_j 进行比较,根据自变量 x 的可能取值,可得比较结果为如下信号:

$$\varepsilon(x) = F_j - F^*(x) \tag{14.156}$$

当式(14.156)所给误差信号等于零时,所对应的值 x_j^* 即为自变量取值的估计结果。实际工作中会选用非零值作为估计 $F^*(x)$ 与 F_j 接近程度的评价依据,最简单的方式就是将式(14.156)所给信号的绝对值与预先给定值 ε 进行比较,如果电平 x_j^* 满足如下条件:

$$|\varepsilon(x)| \leqslant \varepsilon \tag{14.157}$$

就可将其看作是估计结果。

概率分布函数既可用区间 $[0,1]$ 内的确定数 F_j 的形式给出,也可用概率分布函数已知的参考随机过程采样点的相应变换值给出[4]。

下面分析当概率分布函数为一系列给定的离散数值 F_j 时的估计方法。这种情况下,对于概率分布函数参数的第 j 个值的当前估计 x_j^*,可用式(12.342)的递归关系进行确定,将该式进行转换并应用到当前的估计方法时,有

$$x_j^*[N] = x_j^*[N-1] + \gamma[N]\{F_j - F_j^*[N]\} \tag{14.158}$$

那么第 n 步时概率分布函数的当前估计 $F_j^*[N]$ 为

$$F_j^*[N] = \frac{1}{N}\sum_{i=1}^{N}\eta_x[i] \tag{14.159}$$

其中用到了与式(14.9)类似的如下变换:

$$\eta_x[i] = \begin{cases} 1, x[i] \leqslant x_j^*[i-1] \\ 0, x[i] > x_j^*[i-1] \end{cases} \tag{14.160}$$

变换式(14.160)意味着要将待分析随机过程第 i 个迭代步骤的当前结果与之前 $(i-1)$ 步迭代过程所获得的参数估计进行比较,可以任意方式选择范围 $[c,d]$ 内的 $x_j^*[0] = a$ 作为参数的初始值。因子 $\gamma[N]$ 表明下一迭代步骤必须满足式(12.343)给出的条件,通常该因子同迭代步骤数成反比,即 $\gamma[N] = kN^{-1}$ (其中 $k > 0$ 描述的是第一步迭代结果)。通过与式(12.347)类似的方法,式(14.159)给出的概率分布函数的估计可以表示为

$$F_j^*[N] = F_j^*[N-1] + N^{-1}\{\eta_x[N] - F_j^*[N-1]\} \tag{14.161}$$

根据所采用的准则,可以确定迭代的步骤数。最常用的准则为:

$$|x_j^*[N] - x_j^*[N-1]| = \alpha[N] \leqslant \alpha \tag{14.162}$$

其中 $\alpha > 0$ 是预先给定的数值。当满足式(14.162)的条件时,迭代过程终止。图

14.14 给出了当概率密度函数取值给定以后,自变量估计算法的框图。

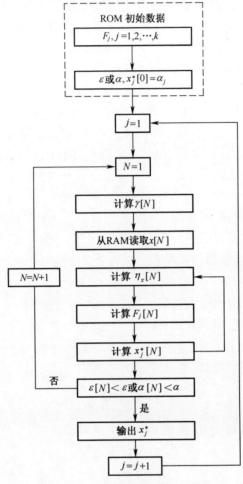

图 14.14 自变量估计算法的框图

通过计算区间端点概率分布函数取值之差与自变量取值之差的比值,可以得出待分析随机过程在区间内任意点概率密度函数取值的估计。当采用 x_{j-1}^*、x_j^* 以及 x_{j+1}^* 这 3 个值来估计概率密度函数时,那么针对参数 x_j^* 的估计式为

$$p_j^*(x) = \frac{1}{2}\left\{\frac{F_j - F_{j-1}}{x_j^* - x_{j-1}^*} + \frac{F_{j+1} - F_j}{x_{j+1}^* - x_j^*}\right\} \tag{14.163}$$

如果利用概率密度函数已知的参考随机过程,那么概率分布函数参数估计算法的结构就会发生变化。将待分析随机过程和参考随机过程实现的离散值分别记为 x_i 和 y_i,当分析参考随机过程时,理论上可通过概率分布函数的给定值 $F(y) = F_j$ 确定出参数值 y。如果对参考随机过程的采样点进行如下变换:

$$\eta_{yi} = \begin{cases} 1, y_i \leqslant y \\ 0, y_i > y \end{cases} \tag{14.164}$$

那么通过式(14.20)即可确定出随机采样点 y_i 所对应的概率分布函数的无偏估计 $F^*(y)$。将参考随机过程概率分布函数的估计与待分析随机过程概率分布函数的估计 $F^*(x)$ 进行比较,可得如下信号:

$$\varepsilon(x) = F^*(y) - F^*(x) = \frac{1}{N} \sum_{i=1}^{N} z_i \tag{14.165}$$

式中, $z_i = \eta_{yi} - \eta_{xi}$ 的可能取值如下:

$$z_i = \begin{cases} 1, & x_i \leqslant x, y_i > y \\ 0, & \begin{cases} x_i > x, y_i > y \\ x_i \leqslant x, y_i \leqslant y \end{cases} \\ -1, & x_i > x, y_i \leqslant y \end{cases} \tag{14.166}$$

调整参考电平 x,使得式(14.165)给出的信号 $\varepsilon(x)$ 满足式(14.157)的要求,可得到与概率分布 F_j 相对应的自变量估计 x_j^*。利用文献[4]给出的递归关系进行迭代,即可获得概率分布 F_j 所对应的自变量估计 x_j^* 如下:

$$x_j^*[N] = x_j^*[N-1] + \gamma[N]z[N] \tag{14.167}$$

利用参考随机过程进行概率分布函数的自变量估计器的部分流程图如图14.15所示,其中 ROM 及相应可编程模块的作用与概率密度函数估计器的功能

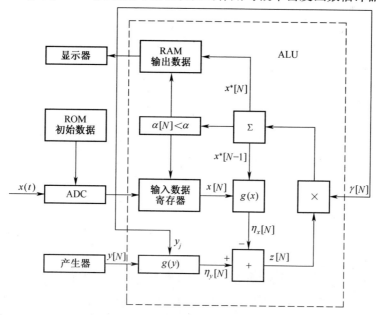

图 14.15 概率分布函数的自变量估计器

503

相同。ALU 必须根据式(14.157)或式(14.162)终止迭代过程。图 14.16 给出了计算概率分布函数自变量估计算法的流程图,与图 14.14 中的算法相比,差异在于参数 $y_j(j=1,2,3,\cdots,k)$ 是参考随机过程概率分布函数都已给定的已知值,而不是概率分布 F_j 的值。

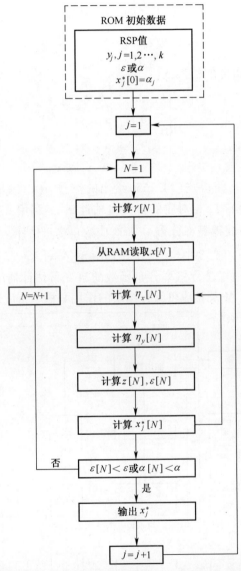

图 14.16　概率分布函数的自变量估计算法的流程图

根据给定的概率分布函数估计的相对均方根偏差,可用概率分布函数自变量估计的方法确定所需的迭代步骤数量 N。这种估计器的缺点在于进行自变

量估计 x_{jj}^* 时存在瞬态过程。当对离散随机过程的概率分布函数和概率密度函数进行估计时,所讨论的步骤与方法也是适用的,这种情况下,软件控制装置以及 ADC 必须与待分析的离散随机过程保持同步。

14.7 总结与讨论

通过实验方法给出的概率密度函数,是区间 $[x \pm 0.5\mathrm{d}x]$ 内概率密度的平均值,因此从概率密度函数在参考电平 x 点处对真值的近似程度角度来说,应该减小区间长度 Δx。但当观测时间范围 $[0,T]$ 固定时,随着 Δx 的减小,随机过程的取值处于 Δx 区间内的时间就会减少,于是用于确定概率密度函数 $p(x)$ 的统计数据样本量也会减少,从而导致估计方差的增大。因此区间长度 Δx 就存在一个最佳数值,使得概率密度函数估计的离差在给定的观测时间范围 T 内达到最小。

有多种测量方法测量随机过程观测值小于给定电平或处于特定区间的时间总和。第一种方法是直接测量各态历经过程 $\xi(t)$ 实现 $x(t)$ 的幅度小于固定电平 x 的总时间,此时需将实现 $x(t)$ 变换为单位幅度的矩形脉冲序列 $\eta(t)$(见图 14.1(b)),其中间隔 τ_i 就是各态历经随机过程 $\xi(t)$ 实现 $x(t)$ 的幅度小于固定电平 x 的各分段时间。第二种测定概率分布函数的方法是对采样脉冲的幅度和时长的量化结果的数量进行统计。这种情况下,首先需将连续随机过程 $\xi(t)$ 的实现 $x(t)$ 通过相应的脉冲调制装置转换为采样序列 x_i,然后将其输入到以 x 为参考电平的门限装置,那么概率分布函数的估计就是不超过门限的脉冲数 N_x 与观测时间范围 $[0,T]$ 内总脉冲数之间的比值。

图 14.3 给出了不同 p 值情况下,高斯随机过程概率分布函数估计的均方根偏差 $\sigma\{F^*(x)\}$ 随归一化电平 z 的变化曲线。从图 14.3 可以看出,在零电平处 $\sigma[F^*(x)]$ 取其最大值。式(14.63)表明:当采样点数 N 相同时,基于相关采样点所得随机过程概率分布函数估计 $F^*(x)$ 的方差,比采样点不相关情况下的方差大。

图 14.8 给出了不同 Δz 下,$\sqrt{\mathrm{Var}\{p^*(x)\}}N/p(x)$ 随归一化区间长度 Δz 的变化曲线(其中实线对应高斯随机过程,虚线对应瑞利随机过程)。从图 14.8 可以看出,与概率密度函数估计的偏差不同的是,估计的方差会随着参考电平之间区间长度的增大而减小。但在利用实验手段对概率密度函数进行测定时,必须根据概率密度函数估计的离差最小化要求来选择参考电平之间的区间长度。图 14.9 给出了 $N=10^4$ 和 $N=10^5$ 情况下($z=0$),高斯随机过程概率密度函数估计的归一化误差 $\sqrt{D\{p^*(x)\}}N/p(x)$ 随归一化区间长度 Δz 的变化曲

线,从该图可以看出,在 $z=0$ 处,无论是 Δz 的减小,还是采样点数的增加,都会导致归一化误差最小幅度的降低。

 **参考文献**

1. Haykin, S. and M. Moher. 2007. *Introduction to Analog and Digital Communications*. 2nd edn. New York: John Wiley & Sons, Inc.

2. Gradshteyn, I. S. and I. M. Ryzhik. 2007. *Tables of Integrals, Series and Products*. 7th edn. London, U. K.: Academic Press.

3. Sheddon, I. N. 1951. *Fourier Transform*. New York: McGraw Hill, Inc.

4. Domaratzkiy, A. N., Ivanov, L. N., and Yu. Yurlov. 1975. *Multipurpose Statistical Analysis of Stochastic Signals*. Novosibirsk, Russia: Nauka.

第 15 章　随机过程的时频参数估计

15.1　相关函数估计

前述各章所讨论的随机过程的数学期望、方差、概率分布函数与概率密度函数等各参量,并不能描述随机过程不同时刻取值之间的统计相关性。随机过程的统计相关性,可采用相关函数、功率谱密度、尖峰特性、窄带随机过程的中心频率以及其他参量等加以描述。下面简要分析这些参量的估计方法,以及在有限的时间范围内对数学期望为零的各态历经随机过程进行观测和分析时,这些估计方法的误差。

对于数学期望为零的各态历经随机过程来说,其相关函数可表示为

$$R(\tau) = \lim_{T \to \infty} \frac{1}{T} \int_0^T x(t) x(t - \tau) \, \mathrm{d}t \tag{15.1}$$

实际工作中,观测时间或积分限(即积分时间)有限,所以有限时间范围 $[0, T]$ 内随机过程实现的相关函数估计可表示为

$$R^*(\tau) = \frac{1}{T} \int_0^T x(t) x(t - \tau) \, \mathrm{d}t \tag{15.2}$$

从式(15.2)可以看出,估计各态历经平稳随机过程相关函数的主要步骤就是将原始实现与时延 τ 后的实现相乘,然后对所得乘积结果进行积分(或求平均),图 15.1 给出了相关器(或估计器)的流程图。为了得到与 τ 的所有可能取值相对应的相关函数,时延必须是可变的,图 15.1 的流程图可针对不同时延值给出一系列的相关函数估计结果。为了获得给定时延范围内的相关函数,时延一般按照离散的形式进行步进,其步长为 $\Delta\tau = \tau_{k+1} - \tau_k (k = 0, 1, 2, \cdots)$。如果所分析随机过程频谱密度的最高频率为 $f_{\max}$,根据采样定理(或 Kotelnikov 定理),为了获得相关函数所需采用的步长应为

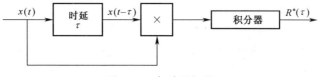

图 15.1　相关器框图

$$\Delta \tau = \frac{1}{2f_{\max}} \qquad\qquad (15.3)$$

但事实上按照采样定理得出的步长并不足以进行相关函数的估计,因此一般需对所得离散步长进行内插或平滑处理。根据经验[1],离散步长可取如下值:

$$\Delta \tau \approx \frac{1}{5 \sim 10 f_{\max}} \qquad\qquad (15.4)$$

于是,在随机过程频谱密度的最高频率 $f_{\max}$ 所对应的时间段内,就可给出 $5 \sim 10$ 个离散的相关函数估计结果。

根据相关函数估计的预设线性内插误差,参考文献[2]给出的 $\Delta \tau$ 近似取值如下:

$$\Delta \tau \approx \frac{1}{\hat{f}} \sqrt{0.2 |\Delta \Re|} \qquad\qquad (15.5)$$

式中: $|\Delta \Re|$ 是归一化相关函数 $\Re(\tau)$ 所允许的内插误差最大值,而

$$\hat{f} = \sqrt{\frac{\int_0^\infty f^2 S(f)\,\mathrm{d}f}{\int_0^\infty S(f)\,\mathrm{d}f}} \qquad\qquad (15.6)$$

则是随机过程 $\xi(t)$ 功率谱密度 $S(f)$ 的均方频率。

当分析时间较长时,由于观测条件会发生变化,采用串行方式对不同时延对应的相关函数进行估计就不再可行,而应改用并行的相关器,图 15.2 给出了这种多通道相关器的流程图。在多通道相关器每个通道的输出端,可观测到与相关函数估计的离散值成正比的电压量,将这些电压送至转接器,于是在其输出端就形成了一系列时间离散的相关函数估计结果。为此,转接器输出端需后接低通滤波器,且低通滤波器的滤波时间常数应根据所需速率以及待分析随机过程的先验信息进行调整。

从理论上说,也可能让时延进行连续变化(如线性变化),但这种情况下,求平均过程中时延的变化会给相关函数的估计带来额外误差。可以根据给定的额外误差限值,分析出所能接受的时延变化量。

根据时延实现的方式以及相关器中其他器件的情况,可将相关函数估计方法划分为 3 类:模拟式、数字式以及模数混合式。另外,根据待分析随机过程是连续型的还是离散型的,又可把模拟式估计器分为两类。当采用模拟式方法进行分析时,对于连续型随机过程一般应使用物理延迟线,而对于离散型随机过程则应替换为相应的电路。当采用数字式方法估计相关函数时,就应对随机过程进行时域采样,并通过模数转换将其变换为二进制数字序列,对于信号的时

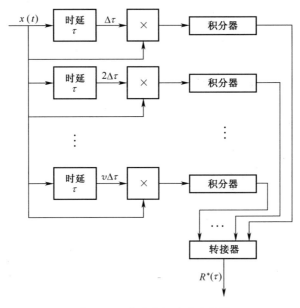

图 15.2 多通道相关器流程图

延、相乘和积分等操作,均可通过移位寄存器、求和器等完成。

下面分析式(15.2)所示相关函数估计的统计特性(即偏差和方差)。对相关函数的估计在全体实现上求平均,可知相关函数的估计为无偏估计。相关函数估计的方差可表示为

$$\mathrm{Var}\{R^*(\tau)\} = \frac{1}{T^2}\int_0^T\int_0^T\langle x(t_1)x(t_1-\tau)x(t_2)x(t_2-\tau)\rangle\mathrm{d}t_1\mathrm{d}t_2 - R^2(\tau)$$

$$(15.7)$$

对于高斯随机过程,式(15.7)中的四阶矩 $\langle x(t_1)x(t_1-\tau)x(t_2)x(t_2-\tau)\rangle$ 可表示为

$$\langle x(t_1)x(t_1-\tau)x(t_2)x(t_2-\tau)\rangle = R^2(\tau)+R^2(t_2-t_1)+R(t_2-t_1-\tau)R(t_2-t_1+\tau)$$

$$(15.8)$$

将式(15.8)代入式(15.7),并引入新变量 $t_2-t_1=z$,将双重积分变换为单重积分,可得

$$\mathrm{Var}\{R^*(\tau)\} = \frac{2}{T}\int_0^T\left(1-\frac{z}{T}\right)[R^2(z)+R(z-\tau)R(z+\tau)]\mathrm{d}z \quad (15.9)$$

如果观测时长远大于随机过程的相关时间,那么式(15.9)可简化为

$$\mathrm{Var}\{R^*(\tau)\} = \frac{2}{T}\int_0^T[R^2(z)+R(z-\tau)R(z+\tau)]\mathrm{d}z \quad (15.10)$$

于是就可以看出:当 $\tau = 0$ 时,相关函数估计的方差达到最大值,并且该值等于式(13.61)和式(13.62)所给随机过程方差估计的方差值;当 $\tau \gg \tau_{cor}$ 时,相关函数估计的方差达到最小值,并且该值等于随机过程方差估计的方差值的一半。

从理论上说,当 $\tau \to T$ 时可以获得方差趋近于零的相关函数估计,那么如下估计:

$$\widetilde{R}(\tau) = \frac{1}{T} \int_0^{T-|\tau|} x(t)x(t-\tau)\,\mathrm{d}t \qquad (15.11)$$

就可作为数学期望非零的随机过程的相关函数估计。该估计的偏差为

$$b\{\widetilde{R}(\tau)\} = \frac{|\tau|}{T}R(\tau) \qquad (15.12)$$

方差为

$$\mathrm{Var}\{\widetilde{R}(\tau)\} = \frac{2}{T} \int_0^{T-|\tau|} \left(1 - \frac{z+|\tau|}{T}\right)[R^2(z) + R(z-\tau)R(z+\tau)]\,\mathrm{d}z$$

$$(15.13)$$

在实际工作中,当采用单通道估计器或相关器时,由于在改变时延的同时,还必须改变积分限(或观测时长),因此相比式(15.2)来说,式(15.11)所给估计的实现难度要大得多。实际上,在相关函数估计时,观测时长通常远大于随机过程的相关时间,因此就可用式(15.10)作为式(15.13)的近似。需要注意的是,相关函数估计的特性可用其离差描述,如果采用式(15.11)给出相关函数估计,在极限情况下估计的离差就等于偏差的平方,比如当相关函数为式(12.13)所给的指数型时,在 $T \gg \tau_{cor}$ 的条件下,根据式(15.10)可得

$$\mathrm{Var}\{R^*(\tau)\} = \frac{\sigma^4}{\alpha T}[1 + (2\alpha\tau + 1)\exp\{-2\alpha\tau\}] \qquad (15.14)$$

而同样对于指数型相关函数的情况,当基于式(15.11)进行估计时,在 $T \gg \tau_{cor}$ 及 $\tau \ll T$ 的条件下,其估计的方差则为[3]

$$\mathrm{Var}\{\widetilde{R}(\tau)\} = \frac{\sigma^4}{\alpha T}[1 + (2\alpha\tau + 1)\exp\{-2\alpha\tau\}] - \frac{\sigma^4}{2\alpha^2 T^2}$$

$$[2\alpha\tau + (4\alpha\tau + 6\alpha^2 T^2)\exp\{-2\alpha\tau\}] \qquad (15.15)$$

将式(15.15)与式(15.14)进行比较,可以看出式(15.11)比式(15.2)所给相关函数估计的方差要小,但如果 $\alpha T \gg 1$,两者的差别可以忽略不计。

与随机过程数学期望估计与方差估计的情况类似,除理想积分器以外,任何线性系统都可当作积分器使用。此时可将如下函数:

$$R^*(\tau) = c\int_0^\infty h(z)x(t-z)x(t-\tau-z)\,\mathrm{d}z \tag{15.16}$$

作为相关函数的估计。与前文类似,其中常数 c 的选择必须满足如下无偏性条件:

$$c\int_0^\infty h(z)\,\mathrm{d}z = 1 \tag{15.17}$$

对于高斯随机过程来说,当 $t \to \infty$ 时相关函数估计的方差可表示为

$$\mathrm{Var}\{R^*(\tau)\} = c^2\int_0^T\int_0^T h(z_1)h(z_2)\big[R^2(z_2-z_1)+R(z_2-z_1-\tau)$$
$$R(z_2-z_1+\tau)\big]\mathrm{d}z_1\mathrm{d}z_2 \tag{15.18}$$

引入新变量 $z_2-z_1=z, z_1=v$,可得

$$\mathrm{Var}\{R^*(\tau)\} = c^2\int_0^T\big[R^2(z)+R(z-\tau)R(z+\tau)\big]\mathrm{d}z\int_0^{T-\tau}h(z+v)h(v)\,\mathrm{d}v$$
$$+\int_{-T}^0\big[R^2(z)+R(z-\tau)R(z+\tau)\big]\mathrm{d}z\int_0^T h(z+v)h(v)\,\mathrm{d}v \tag{15.19}$$

引入变量 $y=-z, x=v-y$,当 $T \to \infty$ 时,可得

$$\mathrm{Var}\{R^*(\tau)\} = c^2\int_0^T\big[R^2(z)+R(z-\tau)R(z+\tau)\big]r_h(z)\,\mathrm{d}z \tag{15.20}$$

式中:函数 $r_h(z)$ 可由式(12.131)的积分上限改为 $T-\tau \to \infty$ 时给出。

假设待分析随机过程为平稳过程,下面分析对该过程进行离散采样给相关函数估计带来的影响。当对数学期望为零的随机过程在离散时刻进行观测和分析时,其相关函数的估计可以表示为

$$R^*(\tau) = \frac{1}{N}\sum_{i=1}^N x(t_i)x(t_i-\tau) \tag{15.21}$$

式中:N 是采样点数。该相关函数估计是无偏的,且估计的方差为

$$\mathrm{Var}\{R^*(\tau)\} = \frac{1}{N^2}\sum_{i=1}^N\sum_{j=1}^N \langle x(t_i)x(t_i-\tau)x(t_j)x(t_j-\tau)\rangle - R^2(\tau) \tag{15.22}$$

对于高斯随机过程来说,与对随机过程的实现进行连续观测和分析时的相关函数估计的方差计算公式类似,此时的方差可简化为

$$\mathrm{Var}\{R^*(\tau)\} = \frac{2}{N} \sum_{i=1}^{N} \left(1 - \frac{i}{N}\right) \left[R^2(iT_p) + R(iT_p - \tau)R(iT_p + \tau)\right]$$

$$(15.23)$$

其中假定采样间隔 $T_p = t_i - t_{i-1}$ 是均匀的。

如果采样点之间相互独立,那么式(15.22)所示相关函数估计的方差就可简化为

$$\mathrm{Var}\{R^*(\tau)\} = \frac{1}{N^2} \sum_{i=1}^{N} \langle x^2(t_i)x^2(t_i - \tau) \rangle - \frac{1}{N}R^2(\tau) \qquad (15.24)$$

对采样点相互独立的高斯随机过程,可得

$$\mathrm{Var}\{R^*(\tau)\} = \frac{\sigma^4}{N}[1 + \mathfrak{R}^2(\tau)] \qquad (15.25)$$

式中: $\mathfrak{R}(\tau)$ 是待分析随机过程的归一化相关函数。从式(15.25)可以看出,相关函数估计的方差随着归一化相关函数绝对值的增大而增加。

以上结果也可推广应用到两个联合平稳随机过程的互相关函数估计。假设它们的实现分别为 $x(t)$ 和 $y(t)$,那么互相关函数为

$$R^*_{xy}(\tau) = \frac{1}{T} \int_0^T x(t)y(t - \tau)\,\mathrm{d}t \qquad (15.26)$$

此处假设两个随机过程的数学期望均为零。估计互相关函数的流程与图15.1和图15.2所示的流程差别在于:需以过程 $x(t)$ 和 $y(t-\tau)$ 或者 $y(t)$ 和 $x(t-\tau)$ 替代过程 $x(t)$ 和 $x(t-\tau)$ 作为乘法器的两个输入。互相关函数估计的数学期望可表示为

$$\langle R^*_{xy}(\tau) \rangle = \frac{1}{T} \int_0^T \langle x(t)y(t - \tau) \rangle\,\mathrm{d}t = R_{xy}(\tau) \qquad (15.27)$$

也就是说互相关函数估计是无偏的。

对于高斯随机过程来说,互相关函数估计的方差可写为

$$\mathrm{Var}\{R^*_{xy}(\tau)\} = \frac{1}{T^2} \int_0^T \int_0^T \{R_{xx}(t_2 - t_1)R_{yy}(t_2 - t_1) + R_{xy}[\tau - (t_2 - t_1)]$$
$$R_{xy}(\tau + (t_2 - t_1))\}\,\mathrm{d}t_1\mathrm{d}t_2 \qquad (15.28)$$

与之前一样,引入变量 $t_2 - t_1 = z$ 及 $t_1 = v$,并把双重积分变换为单重积分,可得

$$\mathrm{Var}\{R^*_{xy}(\tau)\} = \frac{2}{T} \int_0^T \left\{1 - \frac{z}{T}\right\} \left[R_{xx}(z)R_{yy}(z) + R_{xy}(\tau - z)R_{xy}(\tau + z)\right]\mathrm{d}z$$

$$(15.29)$$

当 $T \gg \tau_{\mathrm{cor}_x}, T \gg \tau_{\mathrm{cor}_y}, T \gg \tau_{\mathrm{cor}_{xy}}$ 时(其中 $\tau_{\mathrm{cor}_{xy}}$ 是两个随机过程的互相关时间,

512

其取值可由类似式(12.21)的方法确定),积分限可扩展到$[0,\infty)$,而z/T因远小于1则可忽略。由于互相关函数可能会在$\tau\neq0$处取最大值,因此互相关函数估计的方差最大值也可能出现在$\tau\neq0$处。

下面分析冲激响应为$h(t)$的线性系统输入端和输出端随机过程之间的互相关函数。假设输入过程是数学期望为零的高斯白噪声随机过程,其相关函数为

$$R_{xx}(\tau)=\frac{\mathcal{N}_0}{2}\delta(\tau) \tag{15.30}$$

将线性系统输入端的随机过程实现记为$x(t)$。那么,在稳态模式下线性系统输出端随机过程的实现可以表示为

$$y(t)=\int_0^\infty h(v)x(t-v)\,\mathrm{d}v=\int_0^\infty h(t-v)x(v)\,\mathrm{d}v \tag{15.31}$$

于是$x(t-\tau)$和$y(t)$之间的互相关函数为

$$R_{yx}(\tau)=\langle y(t)x(t-\tau)\rangle=\int_0^\infty h(v)R_{xx}(v-\tau)\,\mathrm{d}v=\begin{cases}0.5\mathcal{N}_0h(\tau), & \tau\geqslant0\\0, & \tau<0\end{cases} \tag{15.32}$$

此处假设式(15.32)中的积分包含点$v=0$。

从式(15.32)可以看出,当用高斯白噪声激励线性系统时,稳态模式下线性系统输出端随机过程和输入随机过程的互相关函数与线性系统的冲激响应仅差一个常数因子,因此可用如下公式对冲激响应进行估计:

$$h^*(\tau)=\frac{2}{\mathcal{N}_0}R_{yx}^*(\tau)=\frac{2}{\mathcal{N}_0}\frac{1}{T}\int_0^T y(t)x(t-\tau)\,\mathrm{d}t \tag{15.33}$$

其中$y(t)$由式(15.31)给出。图15.3给出的是线性系统冲激响应的估计流程,其工作原理显而易见。

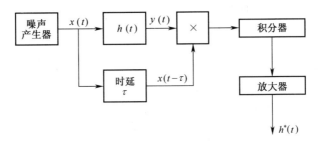

图 15.3 线性系统冲激响应的估计流程

冲激响应估计的数学期望为

$$\langle h^*(\tau)\rangle = \frac{2}{\mathcal{N}_0 T}\int_0^T\int_0^\infty h(v)\langle x(t-v)x(t-\tau)\rangle \mathrm{d}v\mathrm{d}t = h(\tau) \qquad (15.34)$$

也就是说，冲激响应的估计是无偏的。冲激响应估计的方差为

$$\mathrm{Var}\{h^*(\tau)\} = \frac{4}{\mathcal{N}_0^2 T^2}\int_0^T\int_0^\infty \langle y(t_1)y(t_2)x(t_1-\tau)x(t_2-\tau)\rangle \mathrm{d}t_1\mathrm{d}t_2 - h^2(\tau)$$

$$(15.35)$$

由于输入线性系统的是高斯随机过程，因此其输出也是高斯随机过程。如果满足条件 $T\gg\tau_{\mathrm{cor}_y}$（其中 τ_{cor_y} 是线性系统输出端随机过程的相关时间），那么线性系统输出端的随机过程就是平稳的，因此可将冲激响应估计的方差写为

$$\mathrm{Var}\{h^*(\tau)\} = \frac{4}{\mathcal{N}_0^2 T^2}\int_0^T\int_0^T [R_{xx}(t_2-t_1)R_{yy}(t_2-t_1) + R_{yx}(t_2-t_1-\tau)$$

$$R_{yx}(t_2-t_1+\tau)]\mathrm{d}t_1\mathrm{d}t_2 \qquad (15.36)$$

引入新变量 $t_2-t_1=z$，与之前一样，冲激响应估计的方差可以表示为

$$\mathrm{Var}\{h^*(\tau)\} = \frac{8}{\mathcal{N}_0^2 T}\int_0^T\left(1-\frac{z}{T}\right)[R_{xx}(z)R_{yy}(z) + R_{yx}(\tau-z)R_{yx}(\tau+z)]\mathrm{d}t_1 +$$

$$\frac{2}{T}\int_0^T\left(1-\frac{z}{T}\right)h(\tau-z)h(\tau+z)\mathrm{d}z \qquad (15.37)$$

其中根据参考文献[3]，

$$R_{yy}(z) = \frac{\mathcal{N}_0}{2}\int_0^\infty h(v)h(v+|z|)\mathrm{d}v \qquad (15.38)$$

为稳态模式下线性系统输出端随机过程的相关函数。当计算式(15.37)的第2个积分时，假设观测时长远大于线性系统输出端随机过程的相关时间，从理论上说可将远小于1的 z/T 项忽略不计，那么积分限就可近似取为 ∞。然而考虑到当 $\tau<0$ 时，线性系统的冲激响应也应该为零，即 $h(\tau)=0$，所以关于变量 z 的积分限必须满足以下条件：

$$\begin{cases} 0 < z < \infty \\ \tau - z > 0 \\ \tau + z > 0 \end{cases} \qquad (15.39)$$

根据式(15.39)可知 $0<z<\tau$，于是可得

$$\mathrm{Var}\{h^*(\tau)\} = \frac{2}{T}\left\{\int_0^\infty h^2(v)\mathrm{d}v + \int_0^\tau h(\tau-v)h(\tau+v)\mathrm{d}v\right\} \qquad (15.40)$$

当采用形如

$$h_1(\tau) = \frac{1}{T_1}, 0 < \tau < T_1, T > T_1 \tag{15.41}$$

和

$$h_2(\tau) = \alpha \exp(-\alpha\tau) \tag{15.42}$$

的两种冲激响应时,其估计的方差分别为

$$\text{Var}\{h_1^*(\tau)\} = \frac{2}{TT_1} \times \begin{cases} 1 + \dfrac{\tau}{T_1}, & 0 \leqslant \tau \leqslant 0.5T_1 \\[2mm] 2 - \dfrac{\tau}{T_1}, & 0.5T_1 \leqslant \tau \leqslant T_1 \end{cases} \tag{15.43}$$

$$\text{Var}\{h_2^*(\tau)\} = \frac{\alpha}{T}[1 + 2\alpha\tau \times \exp\{-2\alpha\tau\}] \tag{15.44}$$

15.2　基于级数展开的相关函数估计

平稳随机过程的相关函数可以展开成归一化正交函数 $\varphi_k(t)$ 的级数和为

$$R(\tau) = \sum_{k=0}^{\infty} \alpha_k \varphi_k(\tau) \tag{15.45}$$

式中:未知系数 α_k 可表示为

$$\alpha_k = \int_{-\infty}^{\infty} \varphi_k(\tau) R(\tau) \mathrm{d}\tau \tag{15.46}$$

此处要求归一化正交函数仍然满足式(14.123)。级数展开式(15.45)的项数往往为有限值,因此当用 v 项级数对相关函数进行近似时,必然存在如下误差:

$$\varepsilon(\tau) = R(\tau) - \sum_{k=0}^{v} \alpha_k \varphi_k(\tau) = R(\tau) - R_v(\tau) \tag{15.47}$$

通过选择合适的正交函数 $\varphi_k(t)$ 以及级数展开式的项数,可将该误差降至某预设值,从而忽略不计。

将相关函数的近似表达式 $R_v(\tau)$ 与相关函数真值 $R(\tau)$ 之间误差的平方在 τ 的所有可能取值上求平均,可对近似精度进行描述:

$$\varepsilon^2 = \int_{-\infty}^{\infty} \varepsilon^2(\tau) \mathrm{d}\tau = \int_{-\infty}^{\infty} R^2(\tau) \mathrm{d}\tau - \sum_{k=0}^{v} \alpha_k^2 \tag{15.48}$$

该式是基于式(15.45)得出的。在文献[4]中,对采用前述正交函数 $\varphi_k(t)$ 的级数展开式

$$R_v^*(\tau) = \sum_{k=0}^{v} \alpha_k^* \varphi_k(\tau) \tag{15.49}$$

进行相关函数估计的方法,以及加权系数 α_k 的估计方法都进行了论述。根据式(15.46),对于数学期望为零的各态历经随机过程来说,式(15.50)成立:

$$\alpha_k^* = \lim_{T \to \infty} \int_{-\infty}^{\infty} \varphi_k(\tau) \left\{ \frac{1}{T} \int_0^T x(t) x(t - \tau) \mathrm{d}t \right\} \mathrm{d}\tau \qquad (15.50)$$

于是级数展开式未知系数的估计为

$$\alpha_k^* = \frac{1}{T} \int_0^T x(t) \left\{ \int_0^{\infty} x(t - \tau) \varphi_k(\tau) \mathrm{d}\tau \right\} \mathrm{d}t \qquad (15.51)$$

其中大括号中的积分

$$y_k(t) = \int_0^{\infty} x(t - \tau) \varphi_k(\tau) \mathrm{d}\tau \qquad (15.52)$$

是线性滤波器工作在稳态模式时的输出信号,该滤波器的冲激响应如下:

$$h_k(t) = \begin{cases} 0, & \text{当 } t < 0 \\ \varphi_k(t), & \text{当 } t \geqslant 0 \end{cases} \qquad (15.53)$$

这与前述正交函数 $\varphi_k(t)$ 一致。从式(15.51)可以看出,估计的数学期望

$$\langle \alpha_k^* \rangle = \int_0^{\infty} \varphi_k(\tau) \left\{ \frac{1}{T} \int_0^T \langle x(t) x(t - \tau) \rangle \mathrm{d}t \right\} \mathrm{d}\tau = \int_0^{\infty} \varphi_k(\tau) R(\tau) \mathrm{d}\tau = \alpha_k \qquad (15.54)$$

等于其真值,或者说级数展开式的系数估计是无偏的。

级数展开式中系数估计的方差可表示为

$$\mathrm{Var}\{\alpha_k^*\} = \frac{1}{T^2} \iint_{00}^{TT} \langle x(t_1) x(t_2) y_k(t_1) y_k(t_2) \rangle \mathrm{d}t_1 \mathrm{d}t_2 - \left\{ \frac{1}{T} \int_0^T \langle x(t) y_k(t) \rangle \mathrm{d}t \right\}^2 \qquad (15.55)$$

对于平稳高斯随机过程,滤波器输出端的随机过程也是平稳高斯型的,因此有

$$\mathrm{Var}\{\alpha_k^*\} = \frac{1}{T^2} \iint_{00}^{TT} [R(t_2 - t_1) R_{y_k}(t_2 - t_1) + R_{xy_k}(t_2 - t_1) R_{y_kx}(t_2 - t_1)] \mathrm{d}t_1 \mathrm{d}t_2 \qquad (15.56)$$

式中:

$$R_{y_k}(\tau) = \iint_0^{\infty} \int_0^{\infty} R(\tau + v - \kappa) \varphi_k(\kappa) \varphi_k(v) \mathrm{d}\kappa \mathrm{d}v \qquad (15.57)$$

$$R_{xy_k}(\tau) = \int_0^{\infty} R(\tau - v) \varphi_k(v) \mathrm{d}v \qquad (15.58)$$

$$R_{y_k x}(\tau) = \int_0^\infty R(\tau + v)\varphi_k(v)\,\mathrm{d}v \tag{15.59}$$

引入新变量 $t_2 - t_1 = \tau$ 和 $t_1 = t$，并交换积分次序（方法与 12.4 节类似），可得

$$\mathrm{Var}\langle \alpha_k^* \rangle = \frac{2}{T}\int_0^T\left(1 - \frac{\tau}{T}\right)\int_0^T\int_0^T \left[R(\tau)R_{y_k}(\tau) + R_{xy_k}(\tau)R_{y_k x}(\tau)\right]\mathrm{d}\tau \tag{15.60}$$

考虑到

$$\langle (\alpha_k^*)^2 \rangle = \mathrm{Var}\{\alpha_k^*\} + \alpha_k^2 \tag{15.61}$$

以及式(14.123)的条件，可得相关函数估计的总方差为

$$\mathrm{Var}\{R_v^*(\tau)\} = \int_{-\infty}^\infty \langle [R_v^*(\tau) - \langle R_v^*(\tau)\rangle]^2 \rangle \mathrm{d}\tau = \sum_{k=0}^v \mathrm{Var}\{\alpha_k^*\} \tag{15.62}$$

从式(15.62)可以看出，相关函数估计的方差随着级数展开式项数 v 的增加而增大，因此进行级数展开时必须选择适当的项数。

基于级数展开以及相应的系数估计，利用式(15.62)可以给出相关函数的估计流程，图 15.4 给出的是系数 α_k^* 当前值的单通道估计器流程图，其工作原理显而易见。相关函数估计器框图中的主要模块是正交信号（或函数）生成器（正交滤波器的冲激响应由式(15.53)给出）。当采用宽度 τ_p 远小于滤波时间常数、幅度为 τ_p^{-1} 的脉冲对正交滤波器进行激励时，其输出端就会生成一个正交函数 $\varphi_k(t)$ 集合。

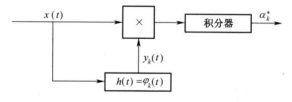

图 15.4　系数 α_k 的单通道估计器流程图

图 15.5 给出了相关函数估计器的流程图。作为该估计器的运行控制装置，由同步器对正交信号生成器进行激励，对周期远大于正交信号时宽的相关函数，可以得到相关函数的估计结果。

基于式(14.72)所给出的正交拉格朗日多项式：

$$L_k(\alpha t) = \exp\{\alpha t\}\frac{\mathrm{d}^k[t^k\exp\{-\alpha t\}]}{\mathrm{d}t^k} = \sum_{\mu=0}^k \frac{(-\alpha t)^\mu (k!)^2}{(k-\mu)!(\mu!)^2} \tag{15.63}$$

式中：α 表示多项式的时间尺度，可以得到一种最简单的正交函数形式。为了

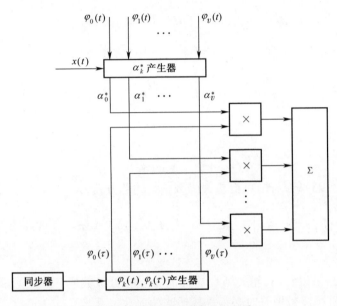

图 15.5 相关函数估计器流程图

满足式(14.123)的条件,正交函数 $\varphi_k(t)$ 应该表示为

$$\varphi_k(t) = \frac{1}{k!}\sqrt{\alpha}\exp\{-0.5\alpha t\}L_k(\alpha t) \tag{15.64}$$

对其进行拉普拉斯变换,可得

$$\varphi_k(p) = \int_0^\infty \exp\{-pt\}\varphi_k(t)\,\mathrm{d}t \tag{15.65}$$

可见该正交函数与多级滤波器的如下传递函数是一致的:

$$\varphi_k(p) = \frac{2}{\sqrt{\alpha}} \times \frac{0.5\alpha}{p+0.5\alpha}\left[\frac{p-0.5\alpha}{p+0.5\alpha}\right]^k \tag{15.66}$$

图 15.6 给出了这种采用 RC 器件的多级滤波器结构($\alpha = 2/RC$),该滤波器的传递函数与式(15.66)相比仅差一个常数因子 $2\alpha^{-0.5}$。其中的移相器用于产生幅度相等但相位相差 90° 的两个信号,而放大器既用于抵消滤波器的衰减,也用于确保信号之间的解耦。

如果对平稳随机过程求 v 阶导数,就可用 $\tau = 0$ 处的如下级数对该随机过程的相关函数 $R(\tau)$ 进行近似:

$$R(\tau) \approx R_v(\tau) = \sum_{i=0}^{v} \frac{\mathrm{d}^{2i}R(\tau)}{\mathrm{d}\tau^{2i}}\Big|_{\tau=0} \times \frac{\tau^{2i}}{(2i)!} \tag{15.67}$$

相应的近似误差为

518

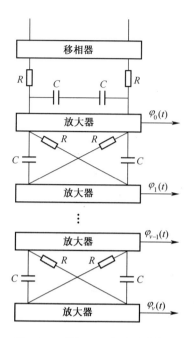

图 15.6 多级 RC 滤波器结构

$$\varepsilon(\tau) = R(\tau) - R_v(\tau) \tag{15.68}$$

在 $\tau = 0$ 处,相关函数的各偶次阶(即 $2i$)导数与随机过程 i 阶导数的方差相比,仅差一个 $(-1)^i$ 的因子,即

$$(-1)^i \frac{\mathrm{d}^{2i} R(\tau)}{\mathrm{d}\tau^{2i}} \Big|_{\tau=0} = \left\langle \left[\frac{\mathrm{d}^i \xi(t)}{\mathrm{d}t^i} \right]^2 \right\rangle = \mathrm{Var}_i \tag{15.69}$$

对于各态历经随机过程来说,式(15.67)给出的级数展开式的系数就可表示为

$$\alpha_i = \frac{\mathrm{d}^{2i} R(\tau)}{\mathrm{d}\tau^{2i}} \Big|_{\tau=0} = (-1)^i \lim_{T\to\infty} \frac{1}{T} \int_0^T \left\{ \frac{\mathrm{d}^i x(t)}{\mathrm{d}t^i} \right\}^2 \mathrm{d}t \tag{15.70}$$

在观测时长有限的情况下,系数 α_i 的估计 α_i^* 可写为

$$\alpha_i^* = (-1)^i \frac{1}{T} \int_0^T \left\{ \frac{\mathrm{d}^i x(t)}{\mathrm{d}t^i} \right\}^2 \mathrm{d}t \tag{15.71}$$

于是相关函数的估计为

$$R^*(\tau) = \sum_{i=1}^v \frac{\alpha_i^* \tau^{2i}}{(2i)!} \tag{15.72}$$

当把相关函数利用幂级数展开时,图 15.7 给出了基于相应系数的估计流程图。其中对实现 $x(t)$ 进行了 v 阶求导,所得结果 $y_i(t) = \mathrm{d}^i x(t)/\mathrm{d}t^i$ 求平方后,再在观测时间范围内进行积分,然后根据各自的符号送入求和器。根据

519

式(15.72)，求和器输出端所形成的就是相关函数的估计。

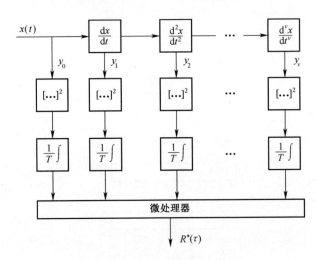

图 15.7　相关函数估计流程图

下面分析系数估计 α_i^* 的统计特性。估计 α_i^* 的数学期望为

$$\langle \alpha_i^* \rangle = (-1)^i \frac{1}{T} \int_0^T \left\{ \frac{\mathrm{d}^i x(t)}{\mathrm{d}t^i} \right\}^2 \mathrm{d}t \tag{15.73}$$

可以看出

$$\left\{ \frac{\mathrm{d}^i x(t)}{\mathrm{d}t^i} \right\}^2 = \frac{\partial^{2i} R(t_1 - t_2)}{\partial t_1^i \partial t_2^i} \bigg|_{t_1 = t_2 = t} = (-1)^i \frac{\mathrm{d}^{2i} R(\tau)}{\mathrm{d}\tau^{2i}} \bigg|_{\tau = 0} \tag{15.74}$$

引入新变量 $t_2 - t_1 = \tau$ 和 $t_2 = t$，将式(15.74)代入式(15.73)，可以发现级数展开式的系数估计是无偏的。两个系数估计结果之间的相关函数为

$$R_{ip} = \langle \alpha_i^* \alpha_p^* \rangle - \langle \alpha_i^* \rangle \langle \alpha_p^* \rangle \tag{15.75}$$

式中：

$$\langle \alpha_i^* \alpha_p^* \rangle = (-1)^{(i+p)} \frac{1}{T^2} \int_0^T \int_0^T \left\langle \left\{ \frac{\mathrm{d}^i x(t_1)}{\mathrm{d}t_1^i} \right\}^2 \left\{ \frac{\mathrm{d}^p x(t_2)}{\mathrm{d}t_2^p} \right\}^2 \right\rangle \mathrm{d}t_1 \mathrm{d}t_2 \tag{15.76}$$

对于高斯随机过程来说，其导数也是高斯型的，因此有

$$\left\langle \left\{ \frac{\mathrm{d}^i x(t_1)}{\mathrm{d}t_1^i} \right\}^2 \left\{ \frac{\mathrm{d}^p x(t_2)}{\mathrm{d}t_2^p} \right\}^2 \right\rangle = \left\langle \left\{ \frac{\mathrm{d}^i x(t_1)}{\mathrm{d}t_1^i} \right\}^2 \right\rangle \left\langle \left\{ \frac{\mathrm{d}^p x(t_2)}{\mathrm{d}t_2^p} \right\}^2 \right\rangle + 2 \left\{ \frac{\partial^{(i+p)} \langle x(t_1) x(t_2) \rangle}{\partial t_1^i \partial t_2^p} \right\}^2$$

$$= \mathrm{Var}_i \times \mathrm{Var}_p + 2 \left\{ \frac{\partial^{(i+p)} R(t_2 - t_1)}{\partial t_1^i \partial t_2^p} \right\}^2 \tag{15.77}$$

将式(15.77)代入式(15.76)，然后再代入式(15.75)，可得

$$R_{ip} = (-1)^{i+p} \frac{2}{T^2} \int_0^T\!\!\int_0^T \left\{ \frac{\partial^{(i+p)} R(t_2 - t_1)}{\partial t_1^i \partial t_2^p} \right\}^2 dt_1 dt_2 \qquad (15.78)$$

引入新变量 $t_2 - t_1 = \tau$ 和 $t_2 = t$，并且交换积分次序，可得

$$R_{ip} = \frac{4}{T} \int_0^T \left(1 - \frac{\tau}{T}\right) \left\{ \frac{d^{(i+p)} R(\tau)}{d\tau^{(i+p)}} \right\}^2 d\tau \qquad (15.79)$$

如果观测时长远大于随机过程及其导数的相关时间，那么有

$$R_{ip} = \frac{2}{T} \int_{-\infty}^{\infty} \left\{ \frac{d^{(i+p)} R(\tau)}{d\tau^{(i+p)}} \right\}^2 d\tau \qquad (15.80)$$

如果满足式(15.80)的条件，相关函数的导数可用随机过程的功率谱密度进行表示，即

$$\frac{d^{(i+p)} R(\tau)}{d\tau^{(i+p)}} = \frac{1}{2\pi} \int_{-\infty}^{\infty} (j\omega)^{(i+p)} S(\omega) \exp\{j\omega\tau\} d\omega \qquad (15.81)$$

于是有

$$R_{ip} = \frac{1}{T\pi} \int_{-\infty}^{\infty} \omega^{2(i+p)} S^2(\omega) d\omega \qquad (15.82)$$

那么级数展开式的系数估计 α_i^* 的方差就可表示为

$$\mathrm{Var}\langle \alpha_i^* \rangle = \frac{1}{T\pi} \int_{-\infty}^{\infty} \omega^{4i} S^2(\omega) d\omega \qquad (15.83)$$

下面分析相关函数估计与其近似值的偏离程度：

$$\varepsilon(\tau) = R_v(\tau) - R_v^*(\tau) \qquad (15.84)$$

根据待分析随机过程的实现对 $\varepsilon(\tau)$ 求平均，可以看出这种情况下 $\langle \varepsilon(\tau) \rangle = 0$，这意味着相关函数估计的偏差并不会因观测时间有限而增大。

相关函数估计的方差可表示为

$$\mathrm{Var}\{R_v^*(\tau)\} = \sum_{i=1}^{v} \sum_{p=1}^{v} \frac{\tau^{2(i+p)}}{(2i)!(2p)!} \frac{4}{T} \int_0^T \left(1 - \frac{\tau}{T}\right) \left\{ \frac{d^{(i+p)} R(\tau)}{d\tau^{(i+p)}} \right\}^2 d\tau$$

$$(15.85)$$

当 $T \gg \tau_{\mathrm{cor}}$ 时，则有

$$\mathrm{Var}\{R_v^*(\tau)\} = \frac{1}{T\pi} \sum_{i=1}^{v} \sum_{p=1}^{v} \frac{\tau^{2(i+p)}}{(2i)!(2p)!} \int_{-\infty}^{\infty} \omega^{2(i+p)} S^2(\omega) d\omega \qquad (15.86)$$

如果把随机过程的相关函数近似取为

$$R(\tau) = \sigma^2 \exp\{-\alpha^2 \tau^2\} \qquad (15.87)$$

那么其功率谱密度则为

$$S(\omega) = \sigma^2 \frac{\sqrt{\pi}}{\alpha} \exp\left\{ - \frac{\omega^2}{4\alpha^2} \right\} \tag{15.88}$$

将式(15.88)代入式(15.86),可得

$$\mathrm{Var}\{R_v^*(\tau)\} = \frac{\sigma^4 \sqrt{2\pi}}{T\alpha} \sum_{i=1}^{v} \sum_{p=1}^{v} \frac{[2(i+p)-1]!!}{(2i)!(2p)!} (\alpha\tau)^{2(i+p)} \tag{15.89}$$

式中:

$$[2(i+p)-1]!! = 1 \times 3 \times 5 \times \cdots \times [2(i+p)-1] \tag{15.90}$$

从式(15.89)可以看出,相关函数估计的方差会随着相关函数的幂级数展开式项数的增加而增大。

15.3 高斯随机过程相关函数参数的最佳估计

在某些实际情况中,随机过程相关函数的类型已知,未知的是某些描述其行为特性的参数。在这种情况下,相关函数的估计就简化为相关函数未知参数的测定(或估计)问题。假设在相关函数已知的平稳高斯噪声 $\zeta(t)$ 背景中,对有限时间范围 $[0,T]$ 内的平稳高斯随机过程 $\xi(t)$ 进行观察,下面分析其相关函数任意参数的最佳估计问题。

此时,进入估计器输入端的为如下实现:

$$y(t) = x(t,l_0) + n(t), \quad 0 \le t \le T \tag{15.91}$$

式中:$x(t,l_0)$ 是待分析高斯随机过程的实现,其相关函数为 $R_x(t_1,t_2,l)$,相应的待估参数为 l,相关函数 $R_x(t_1,t_2,l)$ 待估参数的真值为 l_0;$n(t)$ 是相关函数为 $R_n(t_1,t_2)$ 的高斯噪声的实现。

假设实现 $x(t,l_0)$ 和实现 $n(t)$ 的数学期望均为零,且 $x(t,l_0)$ 与 $n(t)$ 是统计独立的。最佳接收机应能基于输入实现生成似然比函数 $\Lambda(l)$,或者似然比函数的某种单调函数。如果总的随机过程 $\eta(t)$ 的实现为式(15.91),那么它也是数学期望为零的高斯随机过程,其相关函数为

$$R_y(t_1,t_2,l) = R_x(t_1,t_2,l) + R_n(t_1,t_2) \tag{15.92}$$

对于随机过程 $\eta(t)$ 来说,参考文献[5]给出了如下似然比函数:

$$\Lambda(l) = \exp\left\{ \frac{1}{2} \int_0^T\!\!\int_0^T y(t_1)y(t_2) [\vartheta_n(t_1,t_2) - \vartheta_x(t_1,t_2;l)] \mathrm{d}t_1 \mathrm{d}t_2 - \frac{1}{2} H(l) \right\} \tag{15.93}$$

其中函数 $H(l)$ 的导数为

$$\frac{\mathrm{d}H(l)}{\mathrm{d}l} = \int_0^T\!\!\int_0^T \frac{\partial R_x(t_1,t_2,l)}{\partial l} \vartheta_x(t_1,t_2;l) \mathrm{d}t_1 \mathrm{d}t_2 \tag{15.94}$$

而函数 $\vartheta_x(t_1,t_2;l)$ 和 $\vartheta_n(t_1,t_2)$ 可从以下两个方程得出：

$$\int_0^T \left[R_x(t_1,t_2,l) + R_n(t_1,t_2) \right] \vartheta_x(t_1,t_2;l)\,\mathrm{d}t = \delta(t_2 - t_1) \quad (15.95)$$

$$\int_0^T R_n(t_1,t_2) \vartheta_n(t_1,t_2)\,\mathrm{d}t = \delta(t_2 - t_1) \quad (15.96)$$

显然可将基于观测数据的似然比函数的如下指数项作为接收机输出端的信号：

$$M_1(l) = \frac{1}{2}\int_0^T\int_0^T y(t_1)y(t_2)\vartheta(t_1,t_2;l)\,\mathrm{d}t_1\mathrm{d}t_2 \quad (15.97)$$

式中：

$$\vartheta(t_1,t_2;l) = \vartheta_n(t_1,t_2) - \vartheta_x(t_1,t_2;l) \quad (15.98)$$

假设随机过程 $\xi(t)$ 和 $\zeta(t)$ 的相关时间与观测时长相比足够小，于是令积分限变为无穷，基于此假设有

$$\begin{cases} \vartheta_x(t_1,t_2;l) = \vartheta_x(t_1 - t_2;l) \\ \vartheta_n(t_1,t_2) = \vartheta_n(t_1 - t_2) \end{cases} \quad (15.99)$$

以及

$$\vartheta(t_1,t_2;l) = \vartheta(t_1 - t_2;l) \quad (15.100)$$

引入新变量 $t_2-t_1=\tau$ 和 $t_2=t$，并且交换积分次序，可得

$$M_1(l) = \frac{1}{2}\left\{ \int_0^T \vartheta(\tau;l) \int_0^{T-\tau} y(t+\tau)y(t)\,\mathrm{d}t\mathrm{d}\tau + \int_{-T}^0 \vartheta(\tau;l)\int_0^T y(t+\tau)y(t)\,\mathrm{d}t\mathrm{d}\tau \right\}$$

$$(15.101)$$

再引入新变量 $\tau=-\tau'$ 和 $t'=t+\tau=t-\tau'$，并考虑到随机过程 $\eta(t)$ 的相关时间远小于观测时长，那么

$$M_1(l) = T\int_0^T R_y^*(\tau)\vartheta(\tau;l)\,\mathrm{d}\tau \quad (15.102)$$

式中：

$$R_y^*(\tau) = \frac{1}{T}\int_0^{T-\tau} y(t)y(t+\tau)\,\mathrm{d}t \approx \frac{1}{T}\int_0^T y(t)y(t-\tau)\,\mathrm{d}t \quad (15.103)$$

是混有信号与噪声的总输入随机过程的相关函数估计。

将前述分析应用到式(15.94)，可得

$$\frac{\mathrm{d}H(l)}{\mathrm{d}l} = 2T\int_0^T \frac{\partial R_x(\tau;l)}{\partial l}\vartheta_x(\tau;l)\,\mathrm{d}\tau \quad (15.104)$$

将式(15.104)和式(15.105)代入式(15.93)，可得

523

$$\Lambda(l) = \exp\left\{ T\int_0^T R_y^*(\tau)\vartheta(\tau;l)\,\mathrm{d}\tau - \frac{1}{2}H(l) \right\} \qquad (15.105)$$

在这种情况下,如果观测时长远大于待分析随机过程的相关时间,就可采用功率谱将式(15.100)表示为

$$\vartheta(\tau;l) = \frac{1}{2\pi}\int_{-\infty}^{\infty}\left[\vartheta_n(\omega) - \vartheta_x(\omega;l)\right]\exp\{j\omega\tau\}\,\mathrm{d}\omega \qquad (15.106)$$

于是式(15.104)就成为

$$\frac{\mathrm{d}H(l)}{\mathrm{d}l} = \frac{T}{2\pi}\int_0^T \frac{\partial S_x(\omega;l)}{\partial l}\vartheta_x(\omega;l)\,\mathrm{d}\omega \qquad (15.107)$$

在式(15.106)和式(15.107)中,$\vartheta_n(\omega)$、$\vartheta_x(\omega;l)$以及$S_x(\omega;l)$分别是函数$\vartheta_n(\tau)$、$\vartheta_x(\tau;l)$以及$R_x(\tau;l)$所对应的傅里叶变换。对式(15.95)和式(15.96)进行傅里叶变换,可得

$$\begin{cases} R_n(\omega)\vartheta_n(\omega) = 1 \\ \vartheta_x(\omega;l)\left[S_n(\omega) + S_x(\omega;l)\right] = 1 \end{cases} \qquad (15.108)$$

根据式(15.107)和式(15.108),则有

$$\vartheta(\tau;l) = \frac{1}{2\pi}\int_{-\infty}^{\infty}\frac{S_x(\omega;l)S_n^{-1}(\omega)}{S_x(\omega;l) + S_n(\omega)}\exp\{j\omega\tau\}\,\mathrm{d}\omega \qquad (15.109)$$

$$H(l) = \frac{T}{2\pi}\int_{-\infty}^{\infty}\ln\left[1 + \frac{S_x(\omega;l)}{S_n(\omega)}\right]\mathrm{d}\omega \qquad (15.110)$$

于是最佳接收机输出端的信号为

$$M(l) = T\int_0^T R_y^*(\tau)\vartheta(\tau;l)\,\mathrm{d}\tau - \frac{1}{2}H(l) \qquad (15.111)$$

图 15.8 给出了最佳估计器的流程图,其工作方式为以信号与噪声的加性混合作为输入实现得到相关函数 $R_y^*(\tau)$,利用该相关函数作为信号 $\vartheta(\tau;l)$ 的加权函数进行积分,将积分器输出的信号连同生成器产生的函数 $H(l)$ 一起送至加法器,从而形成接收机的输出信号。当输出信号取最大值时,判决器给出参数 l_m 的数值。

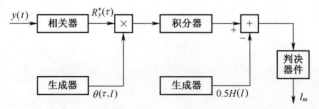

图 15.8 相关函数参数的最佳估计器的流程图

如果待分析随机过程的相关函数有多个未知参数 $\boldsymbol{l} = \{l_1, l_2, \cdots, l_\mu\}$，那么将式(15.93)中的标量参数 l 换为矢量参数 $\boldsymbol{l}$ 即可得到似然比函数，而且函数 $H(\boldsymbol{l})$ 可由其导数确定：

$$\frac{\partial H(\boldsymbol{l})}{\partial l_i} = \int_0^T\int_0^T \frac{\partial R_x(t_1, t_2; \boldsymbol{l})}{\partial l_i} \vartheta(t_1, t_2; \boldsymbol{l}) \, \mathrm{d}t_1 \mathrm{d}t_2 \tag{15.112}$$

式中：函数 $\vartheta_x(t_1, t_2; \boldsymbol{l})$ 是与式(15.95)类似的积分方程的解。

为了获得相关函数参数的最大似然估计，最佳估计器(或接收机)应给出对数似然比函数中如下指数项的最大绝对值 l_m：

$$M(\boldsymbol{l}) = \frac{1}{2}\int_0^T\int_0^T y(t_1)y(t_2)\left[\vartheta_n(t_1, t_2) - \vartheta_x(t_1, t_2; \boldsymbol{l})\right]\mathrm{d}t_1\mathrm{d}t_2 - \frac{1}{2}H(\boldsymbol{l})$$

$$\tag{15.113}$$

引入如下信号函数：

$$s(\boldsymbol{l}) = \langle M(\boldsymbol{l}) \rangle \tag{15.114}$$

以及噪声函数：

$$n(\boldsymbol{l}) = M(\boldsymbol{l}) - \langle M(\boldsymbol{l}) \rangle \tag{15.115}$$

以分析最大似然估计 l_m 的特性，那么式(15.113)可写为

$$M(\boldsymbol{l}) = s(\boldsymbol{l}) + n(\boldsymbol{l}) \tag{15.116}$$

如果式(15.116)中不存在噪声分量(即 $n(\boldsymbol{l}) = 0$)，那么似然比函数的指数项在 $l = l_0$ 处达到最大值，此时待估参数取其真值。式(15.114)所给信号函数在 $l = l_0$ 点处的一阶导数为

$$\left.\frac{\mathrm{d}s(\boldsymbol{l})}{\mathrm{d}l}\right|_{l=l_0} = \left\langle \frac{\mathrm{d}M(\boldsymbol{l})}{\mathrm{d}l} \right\rangle\bigg|_{l=l_0} \tag{15.117}$$

将式(15.113)代入式(15.117)，并对实现 $y(t)$ 求平均，可得

$$\left.\frac{\mathrm{d}s(\boldsymbol{l})}{\mathrm{d}l}\right|_{l=l_0}$$

$$= \left\{ -\frac{1}{2}\int_0^T\int_0^T \left[R_n(t_1, t_2) + R_x(t_1, t_2; \boldsymbol{l})\right]\frac{\partial\vartheta_x(t_1, t_2; \boldsymbol{l})}{\partial l}\mathrm{d}t_1\mathrm{d}t_2 \right.$$

$$\left. -\frac{1}{2}\int_0^T\int_0^T \vartheta_x(t_1, t_2; \boldsymbol{l})\frac{\partial R_x(t_1, t_2; \boldsymbol{l})}{\partial l}\mathrm{d}t_1\mathrm{d}t_2 \right\}\bigg|_{l=l_0}$$

$$= -\frac{1}{2}\left\{ \frac{\mathrm{d}}{\mathrm{d}t}\int_0^T\int_0^T \left[R_n(t_1, t_2) + R_x(t_1, t_2; \boldsymbol{l})\right]\vartheta_x(t_1, t_2; \boldsymbol{l})\mathrm{d}t_1\mathrm{d}t_2 \right\}\bigg|_{l=l_0} \tag{15.118}$$

由于

$$R(t_1, t_2; \boldsymbol{l}) = R_n(t_1, t_2) + R_x(t_1, t_2; \boldsymbol{l}) = R(t_2, t_1; \boldsymbol{l}) \tag{15.119}$$

根据式(15.95)有

$$\frac{\mathrm{d}s(l)}{\mathrm{d}l}\bigg|_{l=l_0} = -\frac{1}{2}\int_0^T\left\{\frac{\mathrm{d}}{\mathrm{d}l}\int_0^T[R_n(t_2,t_1)+R_x(t_2,t_1;l)]\vartheta_x(t_1,t_2;l)\mathrm{d}t_1\right\}\bigg|_{l=l_0}\mathrm{d}t_2 = 0$$

$$(15.120)$$

下面分析在 $l=l_0$ 点处信号分量的二阶导数,有

$$\frac{\mathrm{d}^2s(l)}{\mathrm{d}l^2}\bigg|_{l=l_0} = \left\langle\frac{\mathrm{d}^2M(l)}{\mathrm{d}l^2}\right\rangle\bigg|_{l=l_0}$$

$$= \frac{1}{2}\left\{\iint_0^{T\,T}\frac{\partial R_x(t_2,t_1;l)}{\partial l}\frac{\partial \vartheta_x(t_1,t_2;l)}{\partial l}\mathrm{d}t_1\mathrm{d}t_2\right.$$

$$\left.-\frac{\mathrm{d}^2}{\mathrm{d}l^2}\iint_0^{T\,T}[R_n(t_2,t_1)+R_x(t_2,t_1;l)]\vartheta_x(t_1,t_2;l)\mathrm{d}t_1\mathrm{d}t_2\right\}\bigg|_{l=l_0}$$

$$(15.121)$$

根据式(15.95)有

$$\left\{\frac{\mathrm{d}^2}{\mathrm{d}l^2}\iint_0^{T\,T}[R_n(t_2,t_1)+R_x(t_2,t_1;l)]\vartheta_x(t_1,t_2;l)\mathrm{d}t_1\mathrm{d}t_2\right\}\bigg|_{l=l_0}$$

$$= \int_0^T\left\{\frac{\mathrm{d}^2}{\mathrm{d}l^2}\int_0^T[R_n(t_2,t_1)+R_x(t_2,t_1;l)]\vartheta_x(t_1,t_2;l)\mathrm{d}t_1\right\}\bigg|_{l=l_0}\mathrm{d}t_2 = 0 \quad (15.122)$$

因此

$$\frac{\mathrm{d}^2s(l)}{\mathrm{d}l^2}\bigg|_{l=l_0} = \frac{1}{2}\left\{\iint_0^{T\,T}\frac{\partial R_x(t_1,t_2;l)}{\partial l}\frac{\partial \vartheta_x(t_1,t_2;l)}{\partial l}\mathrm{d}t_1\mathrm{d}t_2\right\}\bigg|_{l=l_0} \quad (15.123)$$

下面证明如下条件必然成立:

$$\frac{\mathrm{d}^2s(l)}{\mathrm{d}l^2}\bigg|_{l=l_0} < 0 \quad (15.124)$$

为此先给出似然比函数指数项的一阶导数在 $l=l_0$ 点处的如下均方值:

$$m^2 = \left\langle\left\{\frac{\mathrm{d}M(l)}{\mathrm{d}l}\bigg|_{l_0}\right\}^2\right\rangle \quad (15.125)$$

该值显然是正值。将式(15.91)代入式(15.113),对 l 求导数,并对实现 $y(t)$ 求平均,可得似然比函数指数项的一阶导数的二阶中心矩为

$$\frac{\partial^2}{\partial l_1\partial l_2}\langle[M(l_1)-\langle M(l_1)\rangle][M(l_2)-\langle M(l_2)\rangle]\rangle$$

$$= \frac{1}{2}\iiiint_0^{T\,T\,T\,T}[R_n(t_1,t_3)+R_x(t_1,t_3;l_0)][R_n(t_2,t_4)+R_x(t_2,t_4;l_0)]$$

$$\times \frac{\partial \vartheta_x(t_1,t_2;l_1)}{\partial l_1} \frac{\partial \vartheta_x(t_3,t_4;l_2)}{\partial l_2} \mathrm{d}t_1 \mathrm{d}t_2 \mathrm{d}t_3 \mathrm{d}t_4 \tag{15.126}$$

假设 $l_2 = l_1 = l_0$，并考虑到

$$\int_0^T [R_n(t_1,t) + R_x(t_1,t;l_0)] \frac{\partial \vartheta_x(t_1,t_2;l)}{\partial l_1} \mathrm{d}t = -\int_0^T \vartheta_x(t,t_2;l) \frac{\partial R_x(t_1,t;l)}{\partial l} \mathrm{d}t \tag{15.127}$$

可得

$$m^2 = -\left\{ \frac{1}{2} \int_0^T\int_0^T\int_0^T\int_0^T [R_n(t_2,t_4) + R_x(t_2,t_4;l_0)] \vartheta_x(t_1,t_2;l) \right.$$

$$\left. \frac{\partial R_x(t_1,t_3;l)}{\partial l} \frac{\partial \vartheta_x(t_3,t_4;l)}{\partial l} \mathrm{d}t_1 \mathrm{d}t_2 \mathrm{d}t_3 \mathrm{d}t_4 \right\}\bigg|_{l=l_0} \tag{15.128}$$

$$= -\left\{ \frac{1}{2} \int_0^T\int_0^T \frac{\partial R_x(t_1,t_2;l)}{\partial l} \frac{\partial \vartheta_x(t_1,t_2;l)}{\partial l} \mathrm{d}t_1 \mathrm{d}t_2 \right\}\bigg|_{l=l_0}$$

在式(15.128)中再次应用式(15.95)，对式(15.128)和式(15.123)进行比较，可得

$$\frac{\mathrm{d}^2 s(l)}{\mathrm{d}l^2}\bigg|_{l=l_0} = -m^2 \tag{15.129}$$

因此式(15.124)必然成立。

引入如下信噪比(SNR)：

$$\mathrm{SNR} = \frac{s^2(l_0)}{\langle n^2(l_0) \rangle} \tag{15.130}$$

并将信号函数和噪声函数归一化为

$$\begin{cases} \mathbf{S}(l) = \dfrac{s(l)}{s(l_0)} \\ \mathbf{N}(l) = \dfrac{n(l)}{\sqrt{\langle n^2(l_0) \rangle}} \end{cases} \tag{15.131}$$

根据式(15.120)、式(15.124)和式(15.131)，可知

$$\begin{cases} \max\mathbf{S}(l) = \mathbf{S}(l_0) = 1 \\ \langle \mathbf{N}^2(l_0) \rangle = 1 \end{cases} \tag{15.132}$$

另外，根据前文可知噪声函数 $n(l)$ 的数学期望为零。利用刚引入的记号，可将似然比函数的指数项写为

$$M(l) = s(l_0)[\mathbf{S}(l) + \varepsilon\mathbf{N}(l)] \tag{15.133}$$

式中：$\varepsilon = 1/\sqrt{\text{SNR}}$。根据式（15.133），高斯随机过程相关函数参数估计的似然比函数可表示为

$$\left\{ \frac{\mathrm{d}\mathbf{S}(l)}{\mathrm{d}l} + \varepsilon \frac{\mathrm{d}\mathbf{N}(l)}{\mathrm{d}l} \right\} \bigg|_{l=l_m} = 0 \tag{15.134}$$

通常，在进行随机过程参数的估计时，SNR 较高（或者说 $\varepsilon \ll 1$），那么与参考文献[5]所论述的方法类似，似然比方程的近似解可由如下幂级数展开式给出：

$$l_m = l_0 + \varepsilon l_1 + \varepsilon^2 l_2 + \varepsilon^3 l_3 + \cdots \tag{15.135}$$

为得出 l_1, l_2, l_3 的近似值，将 ε 的同幂次项进行合并，可得

$$\mathbf{s}_1 + \varepsilon(l_1\mathbf{s}_2 + \mathbf{n}_1) + \varepsilon^2(l_2\mathbf{s}_2 + l_1\mathbf{n}_2 + 0.5l_1^2\mathbf{s}_3)$$

$$+ \varepsilon^3 \left(l_3\mathbf{s}_2 + l_2\mathbf{n}_2 + 0.5l_1^2\mathbf{n}_3 + \frac{l_1^3\mathbf{s}_4}{6} + l_1l_3\mathbf{s}_2 \right) + \cdots = 0 \tag{15.136}$$

其中所用到的记号如下：

$$\begin{cases} \mathbf{s}_i = \dfrac{\mathrm{d}^i\mathbf{S}(l)}{\mathrm{d}l^i} \bigg|_{l=l_0} \\[4mm] \mathbf{n}_i = \dfrac{\mathrm{d}^i\mathbf{N}(l)}{\mathrm{d}l^i} \bigg|_{l=l_0} \end{cases} \tag{15.137}$$

由于函数集 $1, x, x^2, \cdots$ 是线性无关的，因此当且仅当各幂次的系数为零时，式（15.136）的等号才可对任意 ε 值都成立。由于 $\mathbf{S}(l)$ 在如下点

$$l = l_0 \tag{15.138}$$

处达到其绝对值的最大值，所以零阶近似与参数真值 l_0 是一致的。令 $\varepsilon, \varepsilon^2$ 及 ε^3 项的系数为零，可得计算 l_1, l_2 和 l_3 的方程，这些方程的解为

$$\begin{cases} l_1 = -\dfrac{\mathbf{n}_1}{\mathbf{s}_2} \\[4mm] l_2 = -\dfrac{l_1\mathbf{n}_2 + 0.5l_1^2\mathbf{s}_3}{s_2} \\[4mm] l_2 = -\dfrac{l_2\mathbf{n}_2 + 0.5l_1^2\mathbf{n}_3 + 6^{-1}l_1^3\mathbf{s}_4 + l_1l_2\mathbf{s}_3}{s_2} \end{cases} \tag{15.139}$$

根据前 3 项的近似值 l_1, l_2 和 l_3，最大似然比的条件偏差和条件方差可分别表示为

$$b(l_m \mid l_0) = \varepsilon\langle l_1 \rangle + \varepsilon^2\langle l_2 \rangle + \varepsilon^3\langle l_3 \rangle \tag{15.140}$$

$$\begin{aligned} \mathrm{Var}\{l_m \mid l_0\} = {} & \varepsilon^2[\langle l_1^2 \rangle - \langle l_1 \rangle^2] + 2\varepsilon^3[\langle l_1l_2 \rangle - \langle l_1 \rangle\langle l_2 \rangle] \\ & + \varepsilon^4[\langle l_2^2 \rangle - \langle l_2 \rangle^2 + 2\langle l_1l_3 \rangle - 2\langle l_1 \rangle\langle l_3 \rangle] \end{aligned} \tag{15.141}$$

在估计参数的固定值 l_0 处,对总的随机过程 $\eta(t)$ 所有可能的实现求平均,估计偏差和估计方差的相对误差就可用式(15.140)的第一项与式(15.141)的第一项之比进行描述。

下面分析一阶近似的情况,此时单次估计的随机误差可表示为

$$\Delta l = l_m - l_0 = \varepsilon l_1 = -\varepsilon \left.\frac{\dfrac{\mathrm{d}\mathbf{N}(l)}{\mathrm{d}l}}{\dfrac{\mathrm{d}^2\mathbf{S}(l)}{\mathrm{d}l^2}}\right|_{l=l_0} = -\left.\frac{\dfrac{\mathrm{d}n(l)}{\mathrm{d}l}}{\dfrac{\mathrm{d}^2s(l)}{\mathrm{d}l^2}}\right|_{l=l_0} \qquad (15.142)$$

由于 $\langle n(l)\rangle = 0$,因此对于一阶近似的情况,相关函数任意参数的估计都是无偏的。根据式(15.128)和式(15.129),估计的方差可以表示为

$$\mathrm{Var}(l_m\,|\,l_0) = \frac{\left.\dfrac{\partial^2}{\partial l_1 \partial l_2}\langle n(l_1)n(l_2)\rangle\right|_{l=l_0}}{\left[\dfrac{\mathrm{d}^2\mathbf{S}(l)}{\mathrm{d}l^2}\right]^2\Bigg|_{l=l_0}} = m^{-2} \qquad (15.143)$$

如果观测时长远大于随机过程 $\eta(t)$ 的相关时间,最佳估计器的流程就可大大简化。这种情况下,似然比函数中的指数项由式(15.111)给出,其中的信号函数可表示为

$$s(l) = T\int_0^T \langle R_y^*(\tau)\rangle \vartheta(\tau;l)\,\mathrm{d}\tau - \frac{1}{2}H(l) \qquad (15.144)$$

式(15.144)中的第一项可表示为

$$\int_0^T \langle R_y^*(\tau)\rangle \vartheta(\tau;l)\,\mathrm{d}\tau = \frac{1}{2}\int_{-T}^T [R_n(\tau) + R_x(\tau;l_0)]\vartheta(\tau;l)\,\mathrm{d}\tau$$

$$\approx \frac{1}{2}\int_{-\infty}^\infty [R_n(\tau) + R_x(\tau;l_0)]\vartheta(\tau;l)\,\mathrm{d}\tau$$

$$= \frac{1}{4\pi}\int_{-\infty}^\infty [S_n(\omega) + S_x(\omega;l_0)]\vartheta(\omega;l)\,\mathrm{d}\omega$$

$$= \frac{1}{4\pi}\int_{-\infty}^\infty \frac{S_x(\omega;l)[S_n(\omega) + S_x(\omega;l_0)]}{S_n(\omega)[S_n(\omega) + S_x(\omega;l)]}\,\mathrm{d}\omega \qquad (15.145)$$

将式(15.145)代入式(15.114),根据式(15.110)可得信号函数为

$$s(l) = \frac{T}{4\pi}\int_{-\infty}^\infty \left\{\frac{S_x(\omega;l)[S_n(\omega) + S_x(\omega;l_0)]}{S_n(\omega)[S_n(\omega) + S_x(\omega;l)]} - \ln\left[1 + \frac{S_x(\omega;l)}{S_n(\omega)}\right]\right\}\mathrm{d}\omega$$

$$(15.146)$$

信号函数在 $l=l_0$ 处达到最大值,即

$$s(l_0) = \frac{T}{4\pi} \int_{-\infty}^{\infty} \left\{ \frac{S_x(\omega;l_0)}{S_n(\omega)} - \ln\left[1 + \frac{S_x(\omega;l_0)}{S_n(\omega)}\right] \right\} d\omega \qquad (15.147)$$

采用类似方法,可得式(15.115)所给噪声分量 $n(l)$ 的方差为

$$\langle n^2(l) \rangle = \frac{T}{4\pi} \int_{-\infty}^{\infty} \frac{S_x^2(\omega;l_0)}{S_n^2(\omega)} d\omega \qquad (15.148)$$

于是式(15.130)所给的 SNR 可表示为

$$\text{SNR} = \frac{T}{4\pi} \frac{\left\{ \int_{-\infty}^{\infty} \left\{ \frac{S_x(\omega;l_0)}{S_n(\omega)} - \ln\left[1 + \frac{S_x(\omega;l_0)}{S_n(\omega)}\right] \right\} d\omega \right\}^2}{\int_{-\infty}^{\infty} \frac{S_x^2(\omega;l_0)}{S_n^2(\omega)} d\omega} \qquad (15.149)$$

如果 SNR 很高,相关函数估计的方差可由式(15.143)给出,其中式(15.129)的 m^2 值可用功率谱密度分量表示为

$$m^2 = -T\int_0^T \frac{\partial R_x(\tau;l)}{\partial l} \times \frac{\partial \vartheta_x(\tau;l)}{\partial l} d\tau \bigg|_{l=l_0} \approx -\frac{T}{4\pi} \int_{-\infty}^{\infty} \frac{\partial S_x(\omega;l)}{\partial l} \times \frac{\partial \vartheta_x(\omega;l)}{\partial l} d\omega \bigg|_{l=l_0}$$

$$= \frac{T}{4\pi} \int_{-\infty}^{\infty} \frac{\left[\frac{\partial S_x(\omega;l)}{\partial l}\right]^2}{\left[S_n(\omega) + S_x(\omega;l)\right]^2} d\omega \bigg|_{l=l_0}$$

$$(15.150)$$

根据式(15.140)和式(15.141),对于待分析随机过程相关函数任意参数估计的偏差和方差可以给出其二阶近似。经过复杂的数学变换,可得估计的偏差和方差分别为

$$b(l_m \mid l_0) = -\frac{1}{2} J_{12}^{11} (J_{10}^{20})^{-2} \qquad (15.151)$$

$$\text{Var}\{l_m \mid l_0\} = \frac{2}{J_{10}^{20}} + \frac{4}{[J_{10}^{20}]^3} \left\{ 12J_{10}^{40} - 6J_{12}^{21} - J_{13}^{11} + \frac{1}{J_{10}^{20}} \left[\frac{7}{2}[J_{12}^{11}]^2 + 6J_{12}^{11}J_{10}^{30} - 12[J_{10}^{30}]^2\right] \right\}$$

$$(15.152)$$

式中:

$$J_{ij}^{pq} = \frac{T}{2\pi} \int_{-\infty}^{\infty} \left\{\frac{\partial^i S_x(\omega;l)}{\partial l^i}\right\}_{l=l_0}^q \left\{\frac{\partial^j S_x(\omega;l)}{\partial l^j}\right\}_{l=l_0}^p \left[S_x(\omega;l_0) + S_n(\omega)\right]^{-(p+q)} d\omega$$

$$(15.153)$$

将式(15.129)、式(15.150)和式(15.153)进行比较,可以看出:

$$m^2 = \frac{1}{2} J_{10}^{20} \tag{15.154}$$

如果待分析随机过程的相关函数为如下形式：

$$R_x(\tau;\alpha) = \sigma^2 \exp\{-\alpha|\tau|\} \tag{15.155}$$

相关函数的未知参数为 α。基于式(15.155)，可得混有加性高斯白噪声(其单边功率谱密度为 $\mathcal{N}_0$)时，相关函数参数 α 的估计特性。为降低数学变换和计算的难度，相关函数参数 α 的估计偏差可由式(15.151)的二阶近似给出，而其方差则可由式(15.129)的一阶近似给出(即式(15.152)等号右边的第一项)。

相关函数的参数 α 决定了随机过程功率谱密度的有效带宽，其关系是 $\Delta f_{\text{ef}} = 0.25\alpha$。随机过程和噪声的功率谱为

$$\begin{cases} S_x(\omega;\alpha) = \dfrac{2\alpha\sigma^2}{\alpha^2 + \omega^2} \\ S_n(\omega) = \dfrac{\mathcal{N}_0}{2} \end{cases} \tag{15.156}$$

引入如下记号：

$$\begin{cases} q^2 = \dfrac{4\sigma^2}{\mathcal{N}_0\alpha} \\ p = \dfrac{T}{\tau_{\text{cor}}} \\ \beta = \sqrt{1+q^2} \end{cases} \tag{15.157}$$

式中：q^2 是待分析随机过程的方差与信号有效带宽内白噪声功率的比值；p 是待分析随机过程观测时长与其相关时间的比值。采用这些记号，有

$$J_{10}^{20} = \frac{pq^4(\beta^3 - \beta^2 + 3\beta + 1)}{\alpha_0^2 \beta^3 (1+\beta)^3} \tag{15.158}$$

$$J_{12}^{11} = -\frac{2pq^4(2\beta^3 - \beta^2 + 4\beta + 1)}{\alpha_0^2 \beta^3 (1+\beta)^4} \tag{15.159}$$

其中 α_0 是相关函数参数的真值。将式(15.158)和式(15.159)代入式(15.151)和式(15.152)，可得

$$b(\alpha_m \mid \alpha_0) = \frac{\alpha_0 (1+\beta)^2 \beta^3 (2\beta^3 - \beta^2 + 4\beta + 1)}{pq^4(\beta^3 - \beta^2 + 3\beta + 1)} \tag{15.160}$$

$$\text{Var}\{\alpha_m \mid \alpha_0\} = \frac{2\alpha_0^2 (1+\beta)^3 \beta^3}{pq^4(\beta^3 - \beta^2 + 3\beta + 1)^2} \tag{15.161}$$

当 $q^2 \ll 1$ 且 $4\sigma^2 T\mathcal{N}_0^{-1} \gg 1$ 时，式(15.160)和式(15.161)是正确的，于是 $\beta \approx 1$，那么式(15.160)和式(15.161)就可简化为

$$b(\alpha_m \mid \alpha_0) \approx \frac{3\alpha_0}{2pq^4} = \frac{3\mathcal{N}_0^2\alpha_0^2}{32\sigma^4 T} \qquad (15.162)$$

$$\mathrm{Var}(\alpha_m \mid \alpha_0) \approx \frac{4\alpha_0^2}{pq^4} = \frac{\mathcal{N}_0^2\alpha_0^3}{4\sigma^4 T} \qquad (15.163)$$

如果 $q^2 \gg 1$，那么 $\beta \approx q$，于是式 (15.160) 和式 (15.161) 就变为

$$b(\alpha_m \mid \alpha_0) = \frac{\alpha_0}{pq^2} \qquad (15.164)$$

$$\mathrm{Var}\{\alpha_m \mid \alpha_0\} = \frac{2\alpha_0^2}{pq} \qquad (15.165)$$

图 15.9 和图 15.10 分别给出了估计偏差的相对变化 $pb(\alpha_m \mid \alpha_0)/\alpha_0$ 和估计均方根偏差的相对变化 $\sqrt{p\mathrm{Var}\{\alpha_m \mid \alpha_0\}/2\alpha_0^2}$ 随着待分析随机过程方差与有效带宽内噪声功率 q^2 之比的变化曲线。

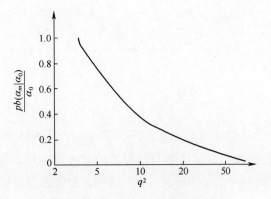

图 15.9　估计偏差的相对变化曲线

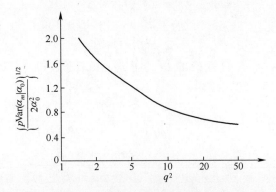

图 15.10　估计均方根偏差的相对变化曲线

下面再分析一个实例,假定所研究的窄带随机过程 $\xi(t)$ 具有如下相关函数:

$$R_x(\tau;\nu) = \sigma^2 \rho_{en}\{\tau\} \cos\nu\tau \qquad (15.166)$$

式中: $\rho_{en}(\tau)$ 是归一化相关函数的包络。在满足如下条件

$$2\pi\Delta f_{ef} \ll \nu \qquad (15.167)$$

情况下对参数 ν 进行估计。对于窄带随机过程,参数 ν 表示功率谱密度的中心频率。假设对于相关函数为式(15.166)的随机过程的观测是在具有如下相关函数的白噪声背景中进行:

$$R_n(\tau) = \frac{\mathcal{N}_0}{2}\delta(\tau) \qquad (15.168)$$

式中: $\delta(\tau)$ 是狄拉克函数,而且观测时长远大于随机过程的相关时间。

根据式(15.111),似然比函数的指数项可以表示为

$$M(\nu) = M_1(\nu) - 0.5H(\nu) \qquad (15.169)$$

式中: $M_1(\nu)$ 和 $H(\nu)$ 分别由式(15.102)和式(15.104)给出。为分析式(15.169)中的第二项,需考虑到如下条件:

$$\begin{cases} S_n(\omega) = \dfrac{\mathcal{N}_0}{2} \\[2mm] S_x(\omega;\nu) = \dfrac{1}{2}\sigma^2[\mathscr{F}_1(\omega - \nu) + \mathscr{F}_1(\omega + \nu)] \end{cases} \qquad (15.170)$$

式中: $\mathscr{F}_1(\omega)$ 是归一化相关函数包络 $\rho_{en}(\tau)$ 的傅里叶变换。引入新变量 $\omega = \omega - \nu$。由于待分析随机过程是窄带随机过程,则有

$$H(\nu) \approx \frac{T}{\pi}\int_{-\infty}^{\infty} \ln\left[1 + \frac{\sigma^2}{\mathcal{N}_0}\mathscr{F}_1(\omega)\right]d\omega = 常数 \qquad (15.171)$$

可见似然比函数的指数项与最佳接收机的如下输出信号:

$$M(\nu) = T\int_0^T R_y^*(\tau)\vartheta(\tau;\nu)d\tau \qquad (15.172)$$

之间只差一个常数。

根据式(15.106)和式(15.109),以及随机过程 $\xi(t)$ 是窄带随机过程这一事实,可得

$$\vartheta(\tau;\nu) = \frac{\sigma^2}{\pi\mathcal{N}_0}\int_{-\infty}^{\infty}\frac{[\mathscr{F}_1(\omega - \nu) + \mathscr{F}_1(\omega + \nu)]\exp\{j\omega\tau\}}{\sigma^2[\mathscr{F}_1(\omega - \nu) + \mathscr{F}_1(\omega + \nu)] + \mathcal{N}_0}d\omega$$

$$= \widetilde{\mathscr{F}_1}(\tau)\cos\nu\tau \qquad (15.173)$$

式中:

$$\widetilde{\mathscr{F}}_1(\tau) = \frac{2\sigma^2}{\pi \mathcal{N}_0} \int_{-\infty}^{\infty} \frac{\mathscr{F}_1(\omega) \exp\{j\omega\tau\}}{\sigma^2 \mathscr{F}_1(\omega) + \mathcal{N}_0} d\omega \qquad (15.174)$$

于是可在如下函数的最大绝对值处获得参数 ν 的估计：

$$M_1(\nu) \approx T \int_0^T R_y^*(\tau) \widetilde{\mathscr{F}}_1(\tau) \cos(\nu\tau) d\tau \qquad (15.175)$$

式中：$R_y^*(\tau)$ 是由式(15.103)式给出总的随机过程的相关函数估计。

下面仅用一阶近似的方法分析参数 ν 的估计偏差和估计方差。在这种情况下，估计是无偏的，根据式(15.143)和式(15.150)，估计的方差可表示为

$$\text{Var}\{v_m \mid v_0\} = \frac{2\pi}{T\sigma^4 \int_{-\infty}^{\infty} \left\{\dfrac{d\mathscr{F}_1(\omega)}{d\omega}\right\}^2 \dfrac{d\omega}{[\sigma^2 \mathscr{F}_1(\omega) + \mathcal{N}_0]^2}} \qquad (15.176)$$

如果归一化相关函数的包络为

$$\rho_{\text{en}}(\tau) = \exp\{-\alpha \mid \tau \mid\} \qquad (15.177)$$

其傅里叶变换则为

$$\mathscr{F}_1(\omega) = \frac{2\alpha}{\alpha^2 + \omega^2} \qquad (15.178)$$

于是相关函数参数估计的方差为

$$\text{Var}\{v_m \mid v_0\} = \alpha^2 (1 + \sqrt{1 + q^2})^3 \frac{\sqrt{1 + q^2}}{q^4 p} \qquad (15.179)$$

式中：

$$q^2 = \frac{2\sigma^2}{\mathcal{N}_0 \alpha} \qquad (15.180)$$

如果 $q^2 \ll 1$ 且 $2\sigma^2 T \mathcal{N}_0^{-1} \gg 1$，相关函数参数估计的方差可简化为

$$\text{Var}\{v_m \mid v_0\} = \frac{8\alpha^2}{q^4 p} \qquad (15.181)$$

如果 $q^2 \gg 1$，那么

$$\text{Var}\{v_m \mid v_0\} = \frac{\alpha^2}{p} \qquad (15.182)$$

或者说随机过程功率谱密度中心频率估计的方差同相关时间与观测时长之比成反比。图 15.11 给出了均方根偏差 $\sqrt{p \text{Var}\{v_m \mid v_0\}/\alpha^2}$ 随着待分析随机过程方差与有效带宽内噪声功率 q^2 之比的变化曲线，此处假设对于 q^2 的任意取值，不等式 $q^2 p \gg 1$ 均成立。

随机过程相关函数的最佳估计也可从相关矩阵 $\boldsymbol{R}$ 的元素 R_{ij} 估计或其逆矩

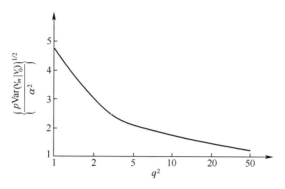

图 15.11　相对均方根偏差曲线

阵 $\boldsymbol{C}$ 的元素 C_{ij} 估计获得。对于高斯随机过程,如果其多维概率密度函数为式
(12.169),那么利用如下似然方程的解:

$$\frac{\partial f_N(x_1, x_2, \cdots, x_N \mid \boldsymbol{C})}{\partial C_{ij}} = 0 \tag{15.183}$$

可得 C_{ij} 的估计,进而获得相关矩阵 $\boldsymbol{R}$ 元素 R_{ij} 的估计。

15.4　相关函数的其他估计方法

对于式(15.2)所示相关函数估计器,当采用模拟实现时,两个随机过程的
相乘运算实现起来是极为困难的。前文曾指出,根据式(13.201)采用相应电路
完成相乘操作,需要用到两个平方器,但也有两种只用一个平方器的方法,分别
称为干涉法和补偿法,这两种方法都要假设随机过程的方差精确已知。干涉法
的基础是如下关系式:

$$R(\tau) = \pm \left\{ \frac{1}{2} \left\langle \left[x(t-\tau) \pm x(t) \right]^2 \mp \sigma^2 \right\rangle \right\} \tag{15.184}$$

对式(15.184)所给相关函数显然可用下式进行估计:

$$\widetilde{R}(\tau) = \pm \left\{ \frac{1}{2T} \int_0^T \left[x(t-\tau) \pm x(t) \right]^2 \mathrm{d}t \mp \sigma^2 \right\} \tag{15.185}$$

从式(15.184)和式(15.185)可以看出,相关函数的估计是无偏的。

假设待分析随机过程为高斯型,下面计算相关函数估计的方差。如果在式
(15.184)和式(15.185)的方括号中只取"+"号,有

$$\mathrm{Var}\{\widetilde{R}(\tau)\} = \left\langle \left\{ \frac{1}{T} \int_0^T x(t) x(t-\tau) \mathrm{d}t \right\}^2 \right\rangle - R^2(\tau)$$

$$+ \frac{1}{T^2} \iint_{0\ 0}^{T\ T} \langle x(t_1) x(t_1 - \tau) [x^2(t_2) + x^2(t_2 - \tau)] \rangle \mathrm{d}t_1 \mathrm{d}t_2$$

$$- 2\sigma^2 R(\tau) + \left\langle \left\{ \frac{1}{2T} \int_0^T [x^2(t) + x^2(t - \tau)] \mathrm{d}t \right\}^2 \right\rangle - \sigma^4$$

$$(15.186)$$

式(15.186)等号右边的第 1 项和第 2 项表示式(15.2)所给相关函数估计 $R^*(\tau)$ 的方差,其他项则表示式(15.185)所给估计比式(15.2)所给估计的方差增加情况。与前文类似,引入新变量并进行数学变换,可得

$$\mathrm{Var}\{\widetilde{R}(\tau)\} = \mathrm{Var}\{R^*(\tau)\} + \frac{1}{T} \int_0^T \left(1 - \frac{\tau}{T}\right)$$

$$\times \{2R^2(z) + R^2(z + \tau) + R^2(z - \tau) +$$

$$4R(z)[R(z + \tau) + R(z - \tau)]\} \mathrm{d}z$$

$$(15.187)$$

当 $\tau \to 0$ 时:

$$\mathrm{Var}\{\widetilde{R}(0)\} \approx \frac{16}{T} \int_0^T \left(1 - \frac{\tau}{T}\right) R^2(z) \mathrm{d}z \qquad (15.188)$$

在这种情况下,式(15.185)所给估计的方差是式(15.2)所给估计的方差的 4 倍。

如果满足条件 $T \gg \tau_{\mathrm{cor}}$,那么由式(15.185)所给相关函数估计的方差可以表示为

$$\mathrm{Var}\{\widetilde{R}(\tau)\} = \frac{2}{T} \int_0^\infty [R^2(z) + R(z + \tau) R(z - \tau)] \mathrm{d}z$$

$$+ \frac{1}{T} \int_0^T \{2R^2(z) + R^2(z + \tau) + R^2(z - \tau) +$$

$$4R(z)[R(z + \tau) + R(z - \tau)]\} \mathrm{d}z$$

$$(15.189)$$

当 $T \gg \tau \gg \tau_{\mathrm{cor}}$ 时,有

$$\mathrm{Var}\{\widetilde{R}(\tau)\} \approx \frac{6}{T} \int_0^\infty R^2(z) \mathrm{d}z \qquad (15.190)$$

根据现有条件,可知:

$$\int_0^T R^2(z - \tau) \mathrm{d}z \approx \int_{-\infty}^\infty R^2(v) \mathrm{d}v = 2 \int_0^\infty R^2(v) \mathrm{d}v \qquad (15.191)$$

如果相关函数为式(12.13)所示的指数型,并且当满足条件 $T \gg \tau_{\mathrm{cor}}$ 时,

式(15.185)所给相关函数估计的方差可写为

$$\text{Var}\{\widetilde{R}(\tau)\} = \frac{\sigma^4}{\alpha T}[3 + 4(1 + \alpha T)\exp\{-\alpha T\} + (1 + 2\alpha T)\exp\{-2\alpha T\}]$$

$$(15.192)$$

当利用补偿法估计相关函数时,会形成如下函数:

$$\mu(\tau,\gamma) = \langle [x(t-\tau) - \gamma x(t)]^2 \rangle \qquad (15.193)$$

通过选择 γ 因子可确保函数 $\mu(\tau,\gamma)$ 取最小值,于是 γ 因子与归一化相关函数的数值相等。那么根据如下条件:

$$\frac{\mathrm{d}\mu(\tau,\gamma)}{\mathrm{d}\gamma} = 0 \quad 当 \quad \frac{\mathrm{d}\mu^2(\tau,\gamma)}{\mathrm{d}\gamma^2} > 0 \text{ 时} \qquad (15.194)$$

来确定函数 $\mu(\tau,\gamma)$ 的最小值,可得

$$\gamma = \frac{\langle x(t)x(t-\tau) \rangle}{\langle x^2(t) \rangle} \Re(\tau) \qquad (15.195)$$

因此,相关函数的补偿法估计器所生成的函数就应为

$$\mu^*(\tau,\gamma) = \frac{1}{T}\int_0^T [x(t-\tau) - \gamma x(t)]^2 \mathrm{d}t \qquad (15.196)$$

以参数 γ 为参量求式(15.196)所给函数 $\mu^*(\tau,\gamma)$ 的最小值,可得归一化相关函数的估计为 $\gamma = \Re(\tau)$。求解方程

$$\frac{\mathrm{d}\mu^*(\tau,\gamma)}{\mathrm{d}\gamma} = 0 \qquad (15.197)$$

可以看出,确定相关函数估计 $R^*(\tau)$ 的方法与如下估计是等价的:

$$\gamma^* = \widetilde{\Re}(\tau) = \frac{(1/T)\int_0^T x(t)x(t-\tau)\mathrm{d}t}{(1/T)\int_0^T x^2(t)\mathrm{d}t} \qquad (15.198)$$

正如文献[1]所指出,当基于式(15.196)所给函数 $\mu^*(\tau,\gamma)$ 的最小化进行估计时,所需平方器的数量比前述那些估计方法要少。

下面分析高斯随机过程归一化相关函数估计的统计特性。为此,可将式(15.198)的分子和分母分别写为

$$\frac{1}{T}\int_0^T x(t)x(t-\tau)\mathrm{d}t = \sigma^2 \Re(\tau) + \sigma^2 \Delta\Re(\tau) \qquad (15.199)$$

$$\frac{1}{T}\int_0^T x^2(t)\mathrm{d}t = \sigma^2 \left[1 + \frac{\Delta\text{Var}}{\sigma^2}\right] \qquad (15.200)$$

如前所述,有

$$\langle \Delta \Re(\tau) \rangle = 0 \qquad (15.201)$$

$$\langle \Delta \mathrm{Var} \rangle = 0 \qquad (15.202)$$

它们的方差分别由式(15.9)和式(13.62)给出。以下假设满足条件 $T \gg \tau_{\mathrm{cor}}$，那么方差估计的误差与方差真值相比就可以忽略不计，即

$$\frac{\langle (\Delta \mathrm{Var})^2 \rangle}{\sigma^4} \ll 1 \qquad (15.203)$$

于是可对式(15.198)给出的估计作如下近似：

$$\widetilde{\Re}(\tau) = \frac{\Re(\tau) + \Delta \Re(\tau)}{1 + (\Delta \mathrm{Var}/\sigma^2)} \approx \Re(\tau) + \Delta \Re(\tau) \left[1 - \frac{\Delta \mathrm{Var}}{\sigma^2} + \left(\frac{\Delta \mathrm{Var}}{\sigma^2} \right)^2 \right]$$

$$(15.204)$$

在分析估计的偏差和方差时，需对含有随机变量 $\Delta \Re(\tau)$ 和 $\Delta \mathrm{Var}/\sigma^2$ 各阶矩的各项加以限制，即它们的阶数都不能超过 2。在这种近似下，式(15.204)所给归一化相关函数估计的数学期望可表示成：

$$\langle \widetilde{\Re}(\tau) \rangle = \Re(\tau) - \frac{\langle \Delta \Re(\tau) \Delta \mathrm{Var} \rangle}{\sigma^2} + \Re(\tau) \left(\frac{\Delta \mathrm{Var}}{\sigma^2} \right)^2 \qquad (15.205)$$

于是式(15.198)所给归一化相关函数估计的偏差为

$$b[\widetilde{\Re}(\tau)] = \langle \widetilde{\Re}(\tau) \rangle - \Re(\tau) = -\frac{\langle \Delta \Re(\tau) \Delta \mathrm{Var} \rangle}{\sigma^2} + \Re(\tau) \left(\frac{\Delta \mathrm{Var}}{\sigma^2} \right)^2$$

$$(15.206)$$

其中的乘积项 $\langle \Delta \Re(\tau) \Delta \mathrm{Var} \rangle$ 可以表示为

$$\langle \Delta \Re(\tau) \Delta \mathrm{Var} \rangle = \left\langle \left\{ \frac{1}{\sigma^2 T} \int_0^T x(t) x(t-\tau) \, dt - \Re(\tau) \right\} \times \left\{ \frac{1}{T} \int_0^T x^2(t) \, dt - \sigma^2 \right\} \right\rangle$$

$$= \frac{1}{\sigma^2 T^2} \iint_0^{T \; T} \langle x(t_1) x(t_1 - \tau) x^2(t_2) \rangle \, dt_1 dt_2 - \sigma^2 \Re(\tau) \qquad (15.207)$$

在 $T \gg \tau_{\mathrm{cor}}$ 的条件下，通过引入新变量进行变换，从而求出上式中的四阶乘积量，于是可得

$$\frac{\langle \Delta \Re(\tau) \Delta \mathrm{Var} \rangle}{\sigma^2} = \frac{2}{T} \int_0^\infty \Re(z) [\Re(z+\tau) + \Re(z-\tau)] \, dz \qquad (15.208)$$

根据式(15.208)，利用式(13.63)给出的方差估计的方差计算公式，可得估计偏差为

$$b[\widetilde{\Re}(\tau)] = -\frac{2}{T} \int_0^\infty \Re(z) [\Re(z+\tau) + \Re(z-\tau)] \, dz + \Re(z) \frac{4}{T} \int_0^T \Re^2(z) \, dz$$

$$(15.209)$$

下面分析归一化相关函数估计的方差：

$$\text{Var}\{\widetilde{\Re}(\tau)\} = \langle \widetilde{\Re}^2(\tau) \rangle - [\langle \widetilde{\Re}(\tau) \rangle]^2 \qquad (15.210)$$

只取含 $\Delta\Re(\tau)$ 和 ΔVar 的二阶矩的项来确定 $\langle \widetilde{\Re}^2(\tau) \rangle$，可得

$$\langle \widetilde{\Re}^2(\tau) \rangle = \left\langle \frac{[\Re(\tau) + \Delta\Re(\tau)]^2}{[1 + (\Delta\text{Var}/\sigma^2)]^2} \right\rangle$$

$$\approx \left\langle \{\Re^2(\tau) + 2\Re(\tau)\Delta\Re(\tau) + [\Delta\Re(\tau)]^2\} \left\{1 - 2\frac{\Delta\text{Var}}{\sigma^2} + 3\left(\frac{\Delta\text{Var}}{\sigma^2}\right)^2\right\} \right\rangle$$

$$\approx \Re^2(\tau) + \langle \Delta\Re^2(\tau) \rangle + 3\Re^2(\tau)\frac{\langle (\Delta\text{Var})^2 \rangle}{\sigma^4} - 4\Re(\tau)\frac{\langle \Delta\text{Var}\Delta\Re(\tau) \rangle}{\sigma^2}$$

$$(15.211)$$

根据式(15.205)，以及之前给出的各阶矩，可得

$$\text{Var}\{\widetilde{\Re}(\tau)\} = \frac{2}{T}\int_0^\infty [\Re^2(z) + \Re(z+\tau)\Re(z-\tau)]\text{d}z + \Re^2(\tau)\frac{4}{T}\int_0^T \Re^2(z)\text{d}z -$$

$$\Re(\tau) \times \frac{4}{T}\int_0^\infty \Re(z)[\Re(z+\tau) + \Re(z-\tau)]\text{d}z \qquad (15.212)$$

从式(15.209)和式(15.212)可以看出，当 $\tau \to 0$ 时，式(15.198)所给估计的偏差和方差都趋近于零。而当 $\tau = 0$ 时，由式(15.198)可知，归一化相关函数的估计不再是随机变量。

对于具有式(12.13)的指数型相关函数的高斯随机过程来说，归一化相关函数估计的偏差和方差分别为

$$b[\widetilde{\Re}(\tau)] = -\frac{2}{T}\exp\{-\alpha\tau\} \qquad (15.213)$$

$$\text{Var}\{\widetilde{\Re}(\tau)\} = \frac{1}{T\alpha}[1 - (1 + 2\alpha\tau)\exp\{-2\alpha\tau\}] \qquad (15.214)$$

采用符号法(或极性法)进行估计，可以大大简化自相关函数与互相关函数的实验分析，其中随机过程的时延与相乘都易于采用电路实现。之所以能用符号法对相关函数进行估计，是因为原始随机过程 $\xi(t)$ 与其变换后的随机过程 $\eta(t) = \text{sgn}\xi(t)$ 之间存在着一定的关系，其中 $\eta(t)$ 可由 $\xi(t)$ 经理想的双向限幅器进行非线性无记忆变换给出，限幅器的变换特性如式(12.208)所示。

对于高斯随机过程，归一化相关函数 $\Re(\tau)$ 与变换后随机过程 $\eta(t) = \text{sgn}\xi(t)$ 的相关函数 $\rho(\tau)$ 具有如下关系：

$$\Re(\tau) = \sin[0.5\pi\rho(\tau)] = -\cos[2\pi P_+(\tau)] \qquad (15.215)$$

式中：

$$P_+(\tau) = \int_0^\infty \int_0^\infty p_2(x_1, x_2; \tau)\, \mathrm{d}x_1 \mathrm{d}x_2 \tag{15.216}$$

是函数 $\eta(t)$ 和 $\eta(t-\tau)$ 均为正值的概率。概率 $P_+(\tau)$ 的估计可由随机函数 $\eta(t)$ 与 $\eta(t-\tau)$ 的实现取正值时匹配网络输出端的信号进行时间平均而给出。如果随机过程是非高斯型的,原始随机过程与变换后随机过程的相关函数间的关系极为复杂,因此所讨论的相关函数估计方法会受到限制。与已论述过的数学期望估计和方差估计方法类似,利用附加随机过程进行相关函数估计的方法也得到了广泛应用。

假设待分析随机过程 $\xi(t)$ 的数学期望为零,考虑如下两个符号函数:

$$\begin{cases} \eta_1(t) = \mathrm{sgn}[\xi(t) - \mu_1(t)] \\ \eta_2(t-\tau) = \mathrm{sgn}[\xi(t-\tau) - \mu_2(t-\tau)] \end{cases} \tag{15.217}$$

式中:两个附加的平稳随机过程 $\mu_1(t)$ 和 $\mu_2(t)$ 相互独立,且它们的概率密度函数均为式(12.205)所给的均匀分布,并且满足式(12.206)的条件。如前所述,在固定点 $\xi(t) = x_1$ 和 $\xi(t-\tau) = x_2$ 处,条件随机过程 $\eta_1(t \mid x_1)$ 与 $\eta_2[(t-\tau) \mid x_2]$ 互相独立。根据式(12.209)可得

$$\langle \eta_1(t \mid x_1) \eta_2[(t-\tau) \mid x_2] \rangle = \frac{x_1 x_2}{A^2} \tag{15.218}$$

两个随机过程乘积的非条件数学期望可以表示为

$$\langle \eta_1(t) \eta_2(t) \rangle = \frac{1}{A^2} \int_{-\infty}^\infty \int_{-\infty}^\infty x_1 x_2 p_2(x_1, x_2; \tau)\, \mathrm{d}x_1 \mathrm{d}x_2 = \frac{R(\tau)}{A^2} \tag{15.219}$$

而在对离散随机过程进行分析时,可将如下函数当作相关函数的估计:

$$\widetilde{R}(\tau) = \frac{A^2}{N} \sum_{i=1}^N y_{1i} y_{2i} \tag{15.220}$$

式中:y_{1i} 和 y_{2i} 是随机过程 η_{1i} 和 η_{2i} 的采样点。此时估计是无偏的。当采用附加随机过程估计方差时(参考第13.3节),式(15.220)中的相乘与求和运算可由采样点 y_{1i} 与 y_{2i} 的符号相同概率与符号相异概率之差的估计完成。对符号函数的时延操作可由相应电路实现。

假设采样点相互独立,即

$$\langle y_{1i} y_{1j} \rangle = \langle y_{2i} y_{2j} \rangle = 0 \tag{15.221}$$

下面分析式(15.220)所给相关函数估计的方差:

$$\mathrm{Var}\{\widetilde{R}(\tau)\} = \frac{A^4}{N^2} \sum_{i=1}^N \sum_{j=1}^N \langle y_{1i} y_{2i} y_{1j} y_{2j} \rangle - R^2(\tau) \tag{15.222}$$

与式(13.94)类似,可将双重求和表示成两项求和的形式,此时式(13.55)成立。当 $i \neq j$ 时,根据如下条件:

$$\begin{cases} \xi(t_i) = x_{1i} \\ \xi(t_i - \tau) = x_{2i} \\ \xi(t_j) = x_{1j} \\ \xi(t_j - \tau) = x_{2j} \end{cases} \qquad (15.223)$$

计算条件乘积分量 $\langle (\eta_{1i}\eta_{2i}\eta_{1j}\eta_{2j} \mid x_{1i}, x_{2i}, x_{1j}, x_{2j}) \rangle$。由于 η_1 与 η_2 相互独立，所以条件随机变量 $\eta_1(t_i \mid x_{1i})$ 和 $\eta_2[(t_i - \tau) \mid x_{2i}]$ 相互独立，根据式(12.209)，条件乘积分量可写为

$$\langle \eta_{1i}\eta_{2i}\eta_{1j}\eta_{2j} \mid x_{1i}, x_{2i}, x_{1j}, x_{2j} \rangle = \frac{x_{1i}x_{2i}x_{1j}x_{2j}}{A^4} \qquad (15.224)$$

由于随机变量 η_i 和 η_j 相互独立，那么非条件乘积分量可以表示为

$$\langle \eta_{1i}\eta_{2i}\eta_{1j}\eta_{2j} \rangle = \frac{1}{A^4} \left\{ \int_{-\infty}^{\infty} \int_{-\infty}^{\infty} x_1 x_2 p_2(x_1, x_2; \tau) \, \mathrm{d}x_1 \mathrm{d}x_2 \right\}^2 = \frac{R^2(\tau)}{A^4}$$

$$(15.225)$$

把式(13.96)和式(15.225)代入式(13.94)，然后将结果代入式(15.222)，可得

$$\mathrm{Var}\{\widetilde{R}(\tau)\} = \frac{A^4}{N} \left[1 - \frac{R^2(\tau)}{A^4} \right] \qquad (15.226)$$

根据式(15.220)，相关函数估计满足式(12.206)给出的条件，即 $\sigma^2 \ll A^2$，因此相关函数估计的方差只需利用附加随机过程观测时长一半范围内的可能取值即可得出。将式(15.226)与式(15.25)进行比较，可得

$$\frac{\mathrm{Var}\{\widetilde{R}(\tau)\}}{\mathrm{Var}\{R^*(\tau)\}} = \frac{A^4}{\sigma^4} \times \left[\frac{1 - (\sigma^4/A^4)\mathfrak{R}^2(\tau)}{1 + \mathfrak{R}^2(\tau)} \right] \qquad (15.227)$$

从式(15.227)可以看出，因为满足条件 $\sigma^2 \ll A^2$，因此式(15.220)所给相关函数估计要比式(15.21)所给相关函数估计的质量要差。

15.5　平稳随机过程的功率谱密度估计

根据定义，平稳随机过程的功率谱密度是其相关函数的傅里叶变换：

$$S(\omega) = \int_{-\infty}^{\infty} R(\tau) \exp\{-\mathrm{j}\omega\tau\} \, \mathrm{d}\tau \qquad (15.228)$$

相应的傅里叶反变换为

$$R(\tau) = \frac{1}{2\pi} \int_{-\infty}^{\infty} S(\omega) \exp\{\mathrm{j}\omega\tau\} \, \mathrm{d}\omega \qquad (15.229)$$

541

从式(15.229)可以看出,当 $\tau = 0$ 时,相关函数的取值为随机过程的方差,即

$$\mathrm{Var} = R(\tau = 0) = \frac{1}{2\pi} \int_{-\infty}^{\infty} S(\omega) \mathrm{d}\omega \tag{15.230}$$

对于数学期望为零的各态历经随机过程,相关函数由式(15.1)给出,因此根据式(15.1),功率谱密度为

$$S_1(\omega) = \lim_{T \to \infty} \frac{1}{T} \int_0^T x(t) \left\{ \int_{-\infty}^{\infty} x(t - \tau) \exp(-\mathrm{j}\omega\tau) \mathrm{d}\tau \right\} \mathrm{d}t \tag{15.231}$$

所接收到的随机过程实现为

$$x(t) = \begin{cases} x(t), & 0 \leqslant t < T \\ 0, & t > T \end{cases} \tag{15.232}$$

对于物理可实现的随机过程来说,满足如下条件:

$$\int_0^T x^2(t) \mathrm{d}t = \int_{-\infty}^{\infty} x^2(t) \mathrm{d}t < \infty \tag{15.233}$$

随机过程实现的傅里叶变换为

$$X(\mathrm{j}\omega) = \int_0^T x(t) \exp\{-\mathrm{j}\omega t\} \mathrm{d}t = \int_{-\infty}^{\infty} x(t) \exp\{-\mathrm{j}\omega t\} \mathrm{d}t \tag{15.234}$$

引入新变量 $z = t - \tau$,有

$$\int_{-\infty}^{\infty} x(t - \tau) \exp\{-\mathrm{j}\omega\tau\} \mathrm{d}\tau = X(-\mathrm{j}\omega) \exp\{-\mathrm{j}\omega t\} \tag{15.235}$$

把式(15.235)代入式(15.231),并根据式(15.234),可得①

$$S_1(\omega) = \lim_{T \to \infty} \frac{1}{T} \mid X(\mathrm{j}\omega) \mid^2 \tag{15.236}$$

如果基于式(15.236)将功率谱密度估计看作是随机过程统计特性的时间平均结果,这一结论并不正确,其原因在于 $T^{-1} \mid X(\mathrm{j}\omega) \mid^2$ 实际上是关于频率 ω 的随机过程。对于随机过程的实现 $x(t)$ 来说,这一过程的数学期望是随机变化的,而且其方差也不因观测时长的增加而趋近于零。因此为获得式(15.228)所给功率谱密度估计的平均统计特性,$S_1(\omega)$ 需在待分析随机过程的一系列实现上求平均,并采用如下估计:

---

① 此处利用了傅里叶变换的共轭对称性,即若 $x(t)$ 为实函数,那么 $X(-\mathrm{j}\omega) = X^*(\mathrm{j}\omega)$ ——译者注。

$$S(\omega) = \lim_{\substack{T \to \infty \\ N \to \infty}} \frac{1}{T} \sum_{i=1}^{N} |X_i(\mathrm{j}\omega)|^2 \tag{15.237}$$

下面分析如下函数的统计特性：

$$S_1^*(\omega) = \frac{|X_i(\mathrm{j}\omega)|^2}{T} \tag{15.238}$$

式中：随机过程实现的频谱 $X(\mathrm{j}\omega)$ 由式(15.234)给出。

式(15.238)给出的功率谱密度估计的数学期望为

$$\langle S_1^*(\omega) \rangle = \frac{\langle |X_i(\mathrm{j}\omega)|^2 \rangle}{T} = \frac{1}{T} \iint_{0}^{TT} \langle x(t_1)x(t_2) \rangle \exp\{-\mathrm{j}\omega(t_2 - t_1)\} \mathrm{d}t_1 \mathrm{d}t_2$$

$$= \frac{1}{T} \iint_{0}^{TT} R(t_2 - t_1) \exp\{-\mathrm{j}\omega(t_2 - t_1)\} \mathrm{d}t_1 \mathrm{d}t_2 \tag{15.239}$$

引入新变量 $\tau = t_2 - t_1$ 和 $t_2 = t$，将式(15.239)中的双重积分变换为单重积分，即

$$\langle S_1^*(\omega) \rangle = \int_{-T}^{T} \left(1 - \frac{|\tau|}{T}\right) R(\tau) \exp\{-\mathrm{j}\omega\tau\} \mathrm{d}\tau \tag{15.240}$$

如果满足条件 $T \gg \tau_{\mathrm{cor}}$，可将式(15.240)式括号中远小于 1 的第二项 $\left(\frac{|\tau|}{T}\right)$ 忽略不计，并可将积分限扩展到 $\pm\infty$。因此当 $T \to \infty$ 时，有

$$\langle S_1^*(\omega) \rangle = S(\omega) \tag{15.241}$$

当 $T \to \infty$ 时，随机过程的功率谱密度估计是无偏的。

功率谱密度估计的相关函数为

$$R\langle \omega_1, \omega_2 \rangle = \langle S_1^*(\omega_1)S_1^*(\omega_2) \rangle - \langle S_1^*(\omega_1) \rangle \langle S_1^*(\omega_2) \rangle$$

$$= \frac{1}{T^2} \iiiint_{0000}^{TTTT} \langle x(t_1)x(t_2)x(t_3)x(t_4) \rangle \exp\{-\mathrm{j}\omega_1 t_1 + \mathrm{j}\omega_1 t_2 - \mathrm{j}\omega_2 t_3$$

$$+ \mathrm{j}\omega_2 t_4\} \mathrm{d}t_1 \mathrm{d}t_2 \mathrm{d}t_3 \mathrm{d}t_4 - \frac{1}{T^2} \iint_{00}^{TT} \langle x(t_1)x(t_2) \rangle \exp\{-\mathrm{j}\omega_1 t_1 + \mathrm{j}\omega_1 t_2\} \mathrm{d}t_1 \mathrm{d}t_2$$

$$\times \iint_{00}^{TT} \langle x(t_3)x(t_4) \rangle \exp\{-\mathrm{j}\omega_2 t_3 + \mathrm{j}\omega_2 t_4\} \mathrm{d}t_3 \mathrm{d}t_4 \tag{15.242}$$

当随机过程为高斯随机过程时，式(15.242)可简化为

$$R\langle \omega_1, \omega_2 \rangle = \frac{1}{T^2} \iiiint_{0000}^{TTTT} [R(t_1 - t_3)R(t_2 - t_4) + R(t_1 - t_4)R(t_2 - t_3)]$$

$$\times \exp\{-\mathrm{j}\omega_1 t_1 + \mathrm{j}\omega_1 t_2 - \mathrm{j}\omega_2 t_3 + \mathrm{j}\omega_2 t_4\} \mathrm{d}t_1 \mathrm{d}t_2 \mathrm{d}t_3 \mathrm{d}t_4 \tag{15.243}$$

根据式(15.229)和式(12.122)，以及 $T \to \infty$，可得

$$R\langle\omega_1,\omega_2\rangle = \frac{S(\omega_1)S(\omega_2)}{T^2}\left\{\int_0^T\exp\{-\mathrm{j}(\omega_1+\omega_2)t\}\,\mathrm{d}t\int_0^T\exp\{\mathrm{j}(\omega_1+\omega_2)t\}\,\mathrm{d}t\right.$$

$$+\left.\int_0^T\exp\{-\mathrm{j}(\omega_1-\omega_2)t\}\,\mathrm{d}t\int_0^T\exp\{\mathrm{j}(\omega_1-\omega_2)t\}\,\mathrm{d}t\right\}$$

$$= S(\omega_1)S(\omega_2)\left\{\left[\frac{2\sin\dfrac{\omega_1+\omega_2}{2}T}{(\omega_1+\omega_2)T}\right]^2+\left[\frac{2\sin\dfrac{\omega_1-\omega_2}{2}T}{(\omega_1-\omega_2)T}\right]^2\right\}$$

$$(15.244)$$

如果满足条件 $\omega T\gg 1$，可采用如下近似：

$$R\langle\omega_1,\omega_2\rangle \approx S(\omega_1)S(\omega_2)\left\{\frac{\sin[0.5(\omega_1-\omega_2)T]}{0.5(\omega_1-\omega_2)T}\right\}^2 \qquad (15.245)$$

如果

$$\omega_1-\omega_2 = \frac{2i\pi}{T}, \quad i = 1,2,\cdots \qquad (15.246)$$

那么

$$R(\omega_1,\omega_2) = 0 \qquad (15.247)$$

这意味着当频率之差为 $2\pi T^{-1}$ 的整数倍时，功率谱分量 $S_1^*(\omega_1)$ 和 $S_1^*(\omega_2)$ 不相关。如果 $0.5(\omega_1-\omega_2)T\gg 1$，式(15.238)所给功率谱密度估计的相关函数就可忽略不计。

在 $\omega_1=\omega_2=\omega$ 的极限情况下，函数 $S(\omega_1)$ 估计的方差可由式(15.244)给出：

$$\mathrm{Var}\{S_1^*(\omega)\} = S^2(\omega)\left\{\frac{\sin^2\omega T}{(\omega T)^2}+1\right\} \qquad (15.248)$$

如果满足条件 $\omega T\gg$ (即 $T\to\infty$ 时)，可得

$$\lim_{T\to\infty}\mathrm{Var}\{S_1^*(\omega)\} = S^2(\omega) \qquad (15.249)$$

因此，根据式(15.238)，尽管功率谱密度估计能够保证无偏性，但由于估计的方差比功率谱密度真值的平方还大，所以这是不可接受的。

一般情况下，将函数 $S_1^*(\omega)$ 在一系列实现上进行平均是不现实的，在文献[3,5,6]中讨论了一些对函数 $S_1^*(\omega)$ 进行间接平均的方法。第一种方法是在某个频带范围内而非点频上(即指定的所需估计的频点)进行平均以获得功率谱密度的估计。进行平均的频带范围越宽($T=$ 常数)，功率谱密度估计的方差就越小，但这通常会导致估计的偏差随着频带范围的增加而增大。一般可将这种功率谱密度估计的平均表示为

544

$$\overline{S_2^*(\omega)} = \frac{1}{2\pi} \int_{-\infty}^{\infty} W(\omega) S_1^*(\omega - v) \mathrm{d}v \tag{15.250}$$

式中:$W(\omega)$是关于频率ω的对称加权函数,也可将其叫做频谱窗函数,在文献[3,5,6]中给出了常用的函数$W(\omega)$。

当$T \to \infty$时,频谱密度估计$S_2^*(\omega)$的偏差可以表示为

$$b\{S_2^*(\omega)\} = \frac{1}{2\pi} \int_{-\infty}^{\infty} S(\omega - v) W(\omega) \mathrm{d}v - S(\omega) \tag{15.251}$$

当采用窄带频谱窗函数$W(\omega)$时,下式成立:

$$S(\omega - v) \approx S(\omega) - S'(\omega)v + 0.5S''(\omega)v^2 \tag{15.252}$$

式中,$S'(\omega)$和$S''(\omega)$是关于频率ω的导数。因此可写为

$$b\{S_2^*(\omega)\} \approx \frac{S''(\omega)}{4\pi} \int_{-\infty}^{\infty} \omega^2 W(\omega) \mathrm{d}\omega \tag{15.253}$$

如果满足条件$\omega T \gg 1$(当$T \to \infty$时),可得[1]

$$\mathrm{Var}\{S_2^*(\omega)\} \approx \frac{S^2(\omega)}{2\pi T} \int_{-\infty}^{\infty} W^2(\omega) \mathrm{d}\omega \tag{15.254}$$

从式(15.254)可以看出,当$T \to \infty$时,$\mathrm{Var}\{S_2^*(\omega)\} \to 0$,或者说功率谱密度估计是一致估计。

第二种获得功率谱密度一致估计的方法是把观测时间范围$[0, T]$以间隔$T_0 < T$划分成N个子区间,确定出每个子区间的估计$S_{1i}^*(\omega)$,然后进行平均以给出估计:

$$S_3^*(\omega) = \frac{1}{N} \sum_{i=1}^{N} S_{1i}^*(\omega), \quad N = \frac{T}{T_0} \tag{15.255}$$

需要注意的是,根据式(15.240),当$T =$常数时,随着N的增大(或者T_0的减小),将会导致估计$S_3^*(\omega)$出现偏差。如果满足条件$T_0 \gg \tau_{\mathrm{cor}}$,那么估计$S_3^*(\omega)$的方差可由式(15.256)近似:

$$\mathrm{Var}\{S_3^*(\omega)\} \approx \frac{S^2(\omega)}{N} \tag{15.256}$$

从式(15.256)可以看出,当$T \to \infty$时,式(15.255)给出的估计是一致估计。

在雷达应用中,有时给出当前估计$S_1^*(\omega, t)$而非式(15.255)的求和平均结果会更有价值,然后将所得函数利用滤波时间常数$\tau_{\mathrm{filter}} \gg T_0$的低通滤波器进行平滑,该低通滤波器等价于使用$v$个不相关的$S_1^*(\omega)$估计器进行估计(其中$v = \tau_{\mathrm{filter}} T_0^{-1}$)。实际工作中仅考虑正频率$f = \omega(2\pi)^{-1}$才有物理意义,根据相关函数和功率谱密度的对称性,可写为

$$G(f) = 2S(\omega = 2\pi f), \quad f > 0 \tag{15.257}$$

根据式(15.228)和式(15.229),功率谱密度 $G(f)$ 和相关函数 $R(\tau)$ 分别可写为

$$G(f) = 4\int_0^\infty R(\tau)\cos 2\pi f\tau \mathrm{d}\tau \tag{15.258}$$

$$R(\tau) = \int_0^\infty G(f)\cos 2\pi f\tau \mathrm{d}f \tag{15.259}$$

这种情况下,与式(15.238)相似,当前估计可以表示为

$$G_1^*(f,t) = \frac{2A^2(f,t)}{T_0} \tag{15.260}$$

其中当前频谱密度的平方可以表示为

$$A^2(f,t) = \mid X(\mathrm{j}\omega,t) \mid^2 = A_c^2(f,t) + A_s^2(f,t)$$

$$= \left\{ \int_{t-T_0}^t x(t)\cos 2\pi ft\mathrm{d}t \right\}^2 + \left\{ \int_{t-T_0}^t x(t)\sin 2\pi ft\mathrm{d}t \right\}^2 \tag{15.261}$$

式中: $A_c^2(f,t)$ 和 $A_s^2(f,t)$ 分别是实现 $x(t)$ 当前频谱密度的余弦分量和正弦分量。通过冲激响应为 $h(t)$ 的滤波器对估计 $G_1^*(f,t)$ 进行平滑后,可将平均后的功率谱密度估计写成:

$$G_2^*(f,t) = \int_0^\infty h(z)G_1^*(f,t-z)\mathrm{d}z \tag{15.262}$$

如果

$$h(t) = \alpha_0\exp\{-\alpha_0 t\}, \quad t > 0, \quad \tau_{\mathrm{filter}} = \frac{1}{\alpha_0} \tag{15.263}$$

那么功率谱密度估计 $G_2^*(f,t)$ 的方差可以近似为

$$\mathrm{Var}\{G_2^*(f,t)\} \approx \frac{G^2(f)}{\alpha_0 T_0} \tag{15.264}$$

图 15.12 给出了获得功率谱密度当前估计 $G_2^*(f,t)$ 的流程图。将随机过程的输入实现在正交通道分别与相参信号产生器生成的正弦信号和余弦信号相乘,所得乘积经积分、平方后送入求和器,求和结果再送至冲激响应为 $h(t)$ 的低通滤波器,于是就可获得平滑后的功率谱密度估计 $G_2^*(f,t)$。

为了给出整个频带宽度范围内功率谱密度的估计结果,需要对相参信号产生器的中心频率进行离散(或连续)地改变,比如可以采用线性变化规律。

实际工作中广泛采用滤波的方法,该方法的实质为待分析平稳随机过程通过中心频率为 $\omega_0 = 2\pi f_0$ 的窄带滤波器(与随机过程频谱宽度相比),那么其输

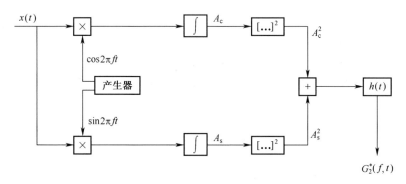

图 15.12　当前功率谱密度估计流程图

出端随机过程的方差与滤波器带宽 Δf 的比值就可看作是随机过程功率谱密度的估计。

假设窄带滤波器的冲激响应为 $h(t)$，所对应的传递函数为 $\mathscr{H}(\mathrm{j}\omega)$，那么滤波器输出端的平稳随机过程为

$$y(t,\omega_0) = \int_0^\infty h(t-\tau)x(\tau)\mathrm{d}\tau \tag{15.265}$$

滤波器输出端的功率谱密度 $\widetilde{G}(f)$ 可以表示为

$$\widetilde{G}(f) = G(f)\mathscr{H}^2(f) \tag{15.266}$$

式中：$\mathscr{H}(f)$ 是滤波器传递函数的绝对值，将其最大值记为 $\mathscr{H}_{\max}(f) = \mathscr{H}_{\max}$。窄带滤波器的带宽可定义为

$$\Delta f = \int_0^\infty \frac{\mathscr{H}^2(f)}{\mathscr{H}_{\max}^2}\mathrm{d}f \tag{15.267}$$

在稳态模式下滤波器输出端的随机过程方差为

$$\mathrm{Var}\{y(t,f_0)\} = \langle y^2(t,f_0)\rangle = \int_0^\infty G(f)\mathscr{H}^2(f)\mathrm{d}f \tag{15.268}$$

假设滤波器的 $\mathscr{H}(f)$ 基本集中在频点 f_0 附近，就可将带宽 Δf 内的功率谱密度看作是常数，即 $G(f) = G(f_0)$，那么

$$\mathrm{Var}\{y(t,f_0)\} \approx G(f_0)\Delta f\mathscr{H}_{\max}^2 \tag{15.269}$$

随着滤波器带宽的减小，这种近似精度自然会增加。当 $\Delta f \to 0$ 时，则有

$$G(f_0) = \lim_{\Delta f \to 0} \frac{\mathrm{Var}\{y(t,f_0)\}}{\Delta f\mathscr{H}_{\max}^2} \tag{15.270}$$

对于各态历经随机过程来说，在对其方差进行估计时，可将对实现的平均

改为 $T \to \infty$ 情况下的时间平均,有

$$G(f_0) = \lim_{\substack{\Delta f \to 0 \\ T \to \infty}} \frac{1}{T \Delta f \mathscr{H}_{\max}^2} \int_0^T y^2(t, f_0) \, \mathrm{d}t \qquad (15.271)$$

因此在设计和构建随机过程功率谱密度的估计器时,可将

$$G^*(f_0) = \frac{1}{T \Delta f \mathscr{H}_{\max}^2} \int_0^T y^2(t, f_0) \, \mathrm{d}t \qquad (15.272)$$

看作是估计结果。Δf 和 $\mathscr{H}_{\max}^2$ 的取值是已知的,于是随机过程功率谱密度的估计就简化为滤波器输出端随机过程方差的估计。需要注意的是,式(15.272)成立的前提是满足条件 $T \Delta f \gg 1$,这意味着观测时长应远大于窄带滤波器的时间常数。

根据式(15.272),可以设计得到功率谱密度估计器,其流程图如图 15.13 所示。在固定频点的功率谱密度值与带宽已知的滤波器输出端随机过程的方差只差一个常数因子,从图 15.13 可显而易见功率谱密度估计器的工作原理。为给出所有可能频点的功率谱密度,需要设计多通道功率谱分析器,并且各窄带滤波器的中心频率必须离散或者连续变化。一般情况下,应将待分析随机过程频谱的中心频率进行搬移,而不是重新调整窄带滤波器的工作频率。图 15.14 给出了这种估计器的流程图,其中差频振荡器的中心频率是在锯齿信号产生器的控制下改变的。

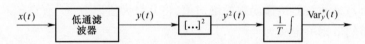

图 15.13　功率谱密度估计器流程图

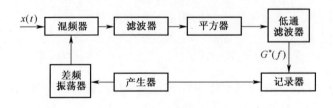

图 15.14　进行频谱搬移的功率谱密度估计器流程图

下面分析采用滤波法时式(15.272)所给随机过程功率谱密度估计结果的统计特性。在频率 f_0 处功率谱密度估计的数学期望为

$$\langle G^*(f_0) \rangle = \frac{\langle y^2(t, f_0) \rangle}{\Delta f \mathscr{H}_{\max}^2} = \frac{1}{\Delta f \mathscr{H}_{\max}^2} \int_0^\infty G(f) \mathscr{H}^2(f) \, \mathrm{d}f \qquad (15.273)$$

通常情况下,功率谱密度的估计是有偏的,即

$$b\{G_0(f)\} = \langle G^*(f_0) \rangle - G(f_0) \tag{15.274}$$

功率谱密度估计的方差可由滤波器输出端随机过程 $y(t,f_0)$ 方差估计的变化来确定。如果随机过程 $y(t,f_0)$ 满足条件 $T \gg \tau_{\mathrm{cor}}$,那么估计的方差可由式 (13.64) 给出,只是其中的 $S(\omega)$ 应该替换为

$$S_y(\omega) = | \mathscr{H}(\mathrm{j}\omega) |^2 S(\omega) \tag{15.275}$$

根据采用的记号 $G(f)$ 和 $\mathscr{H}(f)$,可得

$$\mathrm{Var}\{G^*(f_0)\} = \frac{1}{T(\Delta f)^2 \mathscr{H}_{\max}^4} \int_0^\infty G^2(f) \mathscr{H}^4(f)\,\mathrm{d}f \tag{15.276}$$

为确定随机过程功率谱密度估计的偏差和方差,可假设传递函数的绝对值近似为

$$\mathscr{H}(f) = \begin{cases} \mathscr{H}_{\max}, & f_0 - 0.5\Delta f \leqslant f \leqslant f_0 + 0.5\Delta f \\ 0, & f < f_0 - 0.5\Delta f \text{ 或 } f > f_0 + 0.5\Delta f \end{cases} \tag{15.277}$$

式中: $\Delta f = \delta f$。将功率谱密度 $G(f)$ 在点 $f=f_0$ 处采用幂级数展开,并且只取其中的前 3 项,即

$$G(f) \approx G(f_0) + G'(f_0)(f - f_0) + 0.5G''(f_0)(f - f_0)^2 \tag{15.278}$$

式中: $G'(f_0)$ 和 $G''(f_0)$ 分别是对频率的一、二阶导数在 f_0 点的取值。把式 (15.278) 和式 (15.277) 代入式 (15.273) 和式 (15.274),可得

$$b\{G^*(f_0)\} \approx \frac{1}{24}(\Delta f)^2 G''(f_0) \tag{15.279}$$

因此,随机过程功率谱密度估计的偏差与窄带滤波器带宽的平方成正比。为给出估计的方差的一阶近似结果,假设在窄带滤波器的带宽范围内,条件 $G(f) \approx G(f_0)$ 成立,根据式 (15.276),可得

$$\mathrm{Var}\{G^*(f_0)\} \approx \frac{G^2(f_0)}{T\Delta f} \tag{15.280}$$

随机过程功率谱密度估计的离差为

$$D\{G^*(f_0)\} \approx \frac{G^2(f_0)}{T\Delta f} + \frac{1}{576}\big[(\Delta f)^2 G''(f_0)\big]^2 \tag{15.281}$$

15.6　随机过程尖峰信号参数估计

在很多应用问题中,需要知道随机过程尖峰信号(见图 15.15a)的统计参数:观测时间范围 $[0,T]$ 内的尖峰信号均值(高于或低于某参考电平 M 的平均次数)、尖峰信号的平均持续时间以及尖峰信号的平均时间间隔等。在图 15.15(a)

中,变量 τ_i 和 θ_i 分别是表示尖峰信号持续时间和尖峰信号间隔的相应随机变量。为估计出这些参数,需要将随机过程的实现 $x(t)$ 通过非线性变换器(即门限电路)变换成持续时间为 τ_i 的脉冲序列 η_τ(见图 15.15(b)),或者持续时间为 θ_i 的脉冲序列 η_θ(见图 15.15(c))。相应序列可分别表示为

$$\eta_\tau(t) = \begin{cases} 1, & x(t) \geq M \\ 0, & x(t) < M \end{cases} \tag{15.282}$$

$$\eta_\theta(t) = \begin{cases} 1, & x(t) \leq M \\ 0, & x(t) > M \end{cases} \tag{15.283}$$

利用脉冲序列 η_τ 和 η_θ,可确定随机过程尖峰信号的前述参数。与前文类似,此处假设待分析随机过程是各态历经的,并且满足条件 $T \gg \tau_{cor}$。

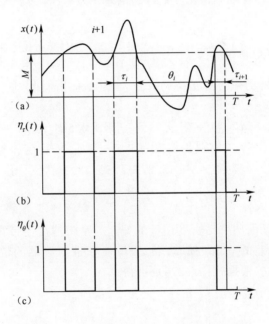

图 15.15 把随机过程实现 $x(t)$ 变换成脉冲序列

(a)随机过程尖峰信号实例;(b)脉宽为 τ_i 的归一化脉冲序列 η_τ;(c)脉宽为 θ_i 的归一化脉冲序列 η_θ

15.6.1 尖峰信号的均值估计

根据之前给出的假设,观测时间范围 $[0,T]$ 内随机过程实现 $x(t)$ 相对于参考电平 M 的尖峰信号数量的估计可以近似表示为

$$N^* = \frac{1}{\tau_{av}} \int_0^T \eta_\tau(t) \, dt = \frac{1}{\theta_{av}} \int_0^T \eta_\theta(t) \, dt \tag{15.284}$$

式中：τ_{av} 和 θ_{av} 是观测时间范围内随机过程实现 $x(t)$ 相对于参考电平 M 的尖峰信号平均持续时间和尖峰信号之间的平均间隔。

根据文献[1]，尖峰信号平均持续时间的真值 $\bar{\tau}$ 和尖峰信号之间平均间隔的真值 $\bar{\theta}$ 可通过对一系列实现求平均而获得

$$\bar{\tau} = \frac{1}{N}\int_{M}^{\infty} p(x)\,\mathrm{d}x = \frac{1}{N}\big[1 - F(M)\big] \qquad (15.285)$$

$$\bar{\theta} = \frac{1}{N}\int_{-\infty}^{M} p(x)\,\mathrm{d}x = \frac{F(M)}{N} \qquad (15.286)$$

式中：$F(M)$ 是概率分布函数，$\bar{N}$ 是单位时间内相对于参考电平 M 的尖峰信号平均数量：

$$\bar{N} = \int_{0}^{\infty} \dot{x} p_2(M,\dot{x})\,\mathrm{d}\dot{x} \qquad (15.287)$$

式中：$p_2(M,\dot{x})$ 是随机过程及其相同时刻导数的二维概率密度函数。

需要注意的是，$\bar{\tau} = \bar{\theta}$ 对应的参考电平 M_0 可由式(15.288)给出：

$$F(M_0) = 1 - F(M_0) = 0.5 \qquad (15.288)$$

如果满足条件 $M \gg M_0$，那么平均来说，在观测时间范围 $[0,T]$ 内随机过程尖峰信号间隔出现的次数不超过 1 的概率非常高[①]；而如果满足条件 $M \ll M_0$，那么平均来说，尖峰信号持续时间 τ_i 出现的次数不超过 1 的概率非常高[②]。也就是平均来说，如果仅仅采用公式(15.284)对 N^* 进行估计，将会导致很大的误差。因此在分析尖峰信号的平均数量估计的统计特性时，可用式(15.289)

$$N^* = \begin{cases} \dfrac{1}{\bar{\theta}}\displaystyle\int_{0}^{T}\eta_{\theta}(t)\,\mathrm{d}t, & M \leqslant M_0(\bar{\tau} \geqslant \bar{\theta}), \\[4mm] \dfrac{1}{\bar{\tau}}\displaystyle\int_{0}^{T}\eta_{\tau}(t)\,\mathrm{d}t, & M \geqslant M_0(\bar{\tau} \leqslant \bar{\theta}) \end{cases} \qquad (15.289)$$

作为一阶近似的估计结果。式(15.289)用到如下假设：

$$\frac{\tau_{av} - \bar{\tau}}{\bar{\tau}} \ll 1 \quad \text{以及} \quad \frac{\theta_{av} - \bar{\theta}}{\bar{\theta}} \ll 1$$

因此在式(15.289)可采用近似值 $\tau_{av} \approx \bar{\tau}$ 和 $\theta_{av} \approx \bar{\theta}$。

---

① 　即可能不存在超过参考电平 M 的尖峰信号——译者注。

② 　即对于实现 $x(t)$ 来说，可能不存在低于参考电平 M 的取值——译者注。

随机过程尖峰信号平均数量的数学期望为

$$\langle N^* \rangle = \begin{cases} \dfrac{1}{\overline{\theta}} \displaystyle\int_0^T \langle \eta_\theta(t) \rangle \mathrm{d}t, & M \leqslant M_0(\overline{\tau} \geqslant \overline{\theta}), \\[3mm] \dfrac{1}{\overline{\tau}} \displaystyle\int_0^T \langle \eta_\tau(t) \rangle \mathrm{d}t, & M \geqslant M_0(\overline{\tau} \leqslant \overline{\theta}) \end{cases} \tag{15.290}$$

根据式(15.282)、式(15.283)、式(15.285)以及式(15.286),可得

$$\langle \eta_\theta(t) \rangle = \int_{-\infty}^M p(x)\mathrm{d}x = \overline{\theta} \times \overline{N} \tag{15.291}$$

$$\langle \eta_\tau(t) \rangle = \int_M^\infty p(x)\mathrm{d}x = \overline{\tau} \times \overline{N} \tag{15.292}$$

把式(15.291)和式(15.292)代入式(15.290),可得

$$\langle N^* \rangle = \overline{N} \times T \tag{15.293}$$

换句话说,观测时间范围$[0,T]$内随机过程相对于参考电平M的尖峰信号平均数量的一阶近似估计结果是无偏的。

随机过程相对于参考电平M的尖峰信号平均数量估计的方差可以表示为

$$\mathrm{Var}\{N^*\} = \begin{cases} \dfrac{1}{\overline{\theta}} \displaystyle\int_0^T \int_0^T \langle \eta_\theta(t_1)\eta_\theta(t_2) \rangle \mathrm{d}t_1\mathrm{d}t_2 - [\overline{N}T]^2, & M \leqslant M_0 \\[3mm] \dfrac{1}{\overline{\tau}} \displaystyle\int_0^T \int_0^T \langle \eta_\tau(t_1)\eta_\tau(t_2) \rangle \mathrm{d}t_1\mathrm{d}t_2 - [\overline{N}T]^2, & M \geqslant M_0 \end{cases}$$

$$\tag{15.294}$$

对于各态历经随机过程,式(15.294)中的均值可写为

$$\langle \eta_\theta(t_1)\eta_\theta(t_2) \rangle = R_\theta(t_1 - t_2) \tag{15.295}$$

和

$$\langle \eta_\tau(t_1)\eta_\tau(t_2) \rangle = R_\tau(t_1 - t_2) \tag{15.296}$$

从式(15.295)和式(15.296)可以看出,均值等于随机过程实现$x(t)$在t_1和t_2时刻不超过或者超过参考电平M的概率:

$$R_\theta(t_1 - t_2) = \int_{-\infty}^M \int_{-\infty}^M p_2(x_1,x_2;t_1-t_2)\mathrm{d}x_1\mathrm{d}x_2 \tag{15.297}$$

$$R_\tau(t_1 - t_2) = \int_M^\infty \int_M^\infty p_2(x_1,x_2;t_1-t_2)\mathrm{d}x_1\mathrm{d}x_2 \tag{15.298}$$

根据式(15.294)至式(15.298),引入新变量$t=t_1-t_2$,并改变积分次序,可得

552

$$\frac{\mathrm{Var}\{N^*\}}{[\overline{N}T]^2} = \begin{cases} \dfrac{2}{T\{F(M)\}^2}\displaystyle\int_0^T\left(1 - \frac{\tau}{T}\right)R_\theta(t)\,\mathrm{d}t - 1, & M \leqslant M_0 \\[4mm] \dfrac{2}{T\{1 - F(M)\}^2}\displaystyle\int_0^T\left(1 - \frac{\tau}{T}\right)R_\tau(t)\,\mathrm{d}t - 1, & M \geqslant M_0 \end{cases}$$

$$(15.299)$$

式中：$\mathrm{Var}\{N^*\}/[\overline{N}T]^2$ 是随机过程尖峰信号平均数量的归一化方差，或者说是随机过程尖峰信号平均数量的相对方差。

对于高斯随机过程或瑞利随机过程，可分别采用式(14.50)和式(14.71)所给的二维概率密度函数。对于数学期望为零的高斯随机过程来说，$M_0 = 0$ 时满足 $F(M_0) = 1 - F(M_0)$，把式(14.50)代入式(15.297)和式(15.298)，可得

$$R_\theta(t) = \left\{1 - Q\left[\frac{M}{\sigma}\right]\right\}^2 + \sum_{\nu=1}^{\infty}\left\{1 - Q^{(\nu)}\left[\frac{M}{\sigma}\right]\right\}^2\frac{R^\nu(t)}{\nu!} \qquad (15.300)$$

$$R_\tau(t) = \left\{Q\left[\frac{M}{\sigma}\right]\right\}^2 + \sum_{\nu=1}^{\infty}\left\{1 - Q^{(\nu)}\left[\frac{M}{\sigma}\right]\right\}^2\frac{R^\nu(t)}{\nu!} \qquad (15.301)$$

根据式(15.299)，可得

$$\frac{\mathrm{Var}\{N^*\}}{[\overline{N}T]^2} = \begin{cases} \left\{1 - Q\left[\dfrac{M}{\sigma}\right]\right\}^{-2}\displaystyle\sum_{\nu=1}^{\infty}a_\nu c_\nu, & \dfrac{M}{\sigma} \leqslant 0 \\[4mm] \left\{Q\left[\dfrac{M}{\sigma}\right]\right\}^{-2}\displaystyle\sum_{\nu=1}^{\infty}a_\nu c_\nu, & \dfrac{M}{\sigma} \geqslant 0 \end{cases}$$

$$(15.302)$$

式中：a_ν 和 c_ν 分别由式(14.56)和式(14.58)给出，表14.1给出了不同 ν 以及归一化电平 $z = M/\sigma$ 下系数 a_ν 的取值。

由于

$$1 - Q\left[\frac{M}{\sigma}\right] = Q\left[-\frac{M}{\sigma}\right] \qquad (15.303)$$

从式(15.302)可以看出，随机过程尖峰信号平均数量的归一化方差 $\mathrm{Var}\{N^*\}/[\overline{N}T]^2$ 关于归一化电平 $M/\sigma = 0$ 对称，因此有

$$\frac{\mathrm{Var}\{N^*\}}{[\overline{N}T]^2} = \left\{Q\left[\left|\frac{M}{\sigma}\right|\right]\right\}^{-2}\sum_{\nu=1}^{\infty}a_\nu c_\nu \qquad (15.304)$$

当应用到具有如下归一化相关函数

$$\Re(t) = \exp\{-\alpha^2 t^2\} \qquad (15.305)$$

的高斯随机过程时，可得

$$c_\nu = \frac{\sqrt{\pi}}{p\sqrt{\nu}}\left\{1 - Q(p\sqrt{\nu}) + \frac{1 - \exp\{-\nu p\}}{p\sqrt{\nu}}\right\} \qquad (15.306)$$

式中:$p=\alpha T$。如果 $p\gg1$,那么

$$c_v = \frac{\sqrt{\pi}}{p\sqrt{v}} \tag{15.307}$$

当随机过程实现的观测时长固定时,图 15.16 给出了在参数 $p=\alpha T$ 的不同取值情况下,尖峰信号平均数量估计的归一化均方差 $\sqrt{\mathrm{Var}\{N^*\}}/[\overline{N}T]$ 随归一化参考电平 $z=|M/\sigma|$ 变化曲线。从图 15.16 可以看出,尖峰信号平均数量的归一化均方差既随着归一化参考电平的增加而增大,也随着参数 $p=\alpha T$ 的减小而增大。当 $p=\alpha T \geqslant 10$ 且 $z=|M/\sigma|$ 时,则有

$$\frac{\mathrm{Var}\{N^*\}}{[\overline{N}T]^2} \approx \frac{1.3}{\alpha T} \tag{15.308}$$

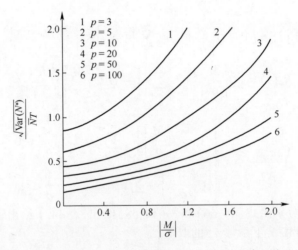

图 15.16 对于观测时长固定的高斯随机过程的实现,尖峰信号平均数量的归一化均方差随归一化参考电平的变化曲线

对于瑞利随机过程,当

$$\frac{M}{\sqrt{2}\sigma} = \sqrt{\ln 2} \approx 0.83 \tag{15.309}$$

时,$\overline{\tau}=0$,把式(14.71)代入式(15.297)和式(15.298),可得

$$R_\theta(t) = \left[1 - \exp\left\{-\frac{M^2}{2\sigma^2}\right\}\right]^{-2} + \sum_{v=1}^{\infty} \frac{R^{2v}(t)}{(v!)^2} \exp\left\{-\frac{M^2}{\sigma^2}\right\} \left\{L_v\left[\frac{M^2}{2\sigma^2}\right] - vL_{v-1}\left[\frac{M^2}{2\sigma^2}\right]\right\}^2 \tag{15.310}$$

$$R_\tau(t) = \exp\left\{-\frac{M^2}{2\sigma^2}\right\}^{-2} + \sum_{v=1}^{\infty} \frac{R^{2v}(t)}{(v!)^2} \exp\left\{-\frac{M^2}{\sigma^2}\right\} \left\{L_v\left[\frac{M^2}{2\sigma^2}\right] - vL_{v-1}\left[\frac{M^2}{2\sigma^2}\right]\right\}^2 \tag{15.311}$$

参考式(15.299),可得

$$\frac{\mathrm{Var}\{N^*\}}{[\overline{N}T]^2} = \begin{cases} \exp\left\{-\dfrac{M^2}{2\sigma^2}\right\} \displaystyle\sum_{\nu=1}^{\infty} b_\nu d_\nu, & M \geqslant 0.83 \\[3mm] \left\{1 - \exp\left\{-\dfrac{M^2}{2\sigma^2}\right\}\right\}^{-2} \displaystyle\sum_{\nu=1}^{\infty} b_\nu d_\nu, & M < 0.83 \end{cases} \tag{15.312}$$

式中:b_ν 和 d_ν 分别由式(14.86)和式(14.83)给出,表 14.3 给出了系数 b_ν 的取值。

当采用式(15.305)给出的指数型归一化相关函数时,图 15.17 给出了 $p_1 = \sqrt{2}\alpha T = 10$ 情况下随机过程尖峰信号平均数量的归一化均方差随归一化参考电平 $M/\sqrt{2}\sigma$ 的变化曲线。从图 15.17 可以看出,当 $p_1 = \sqrt{2}\alpha T$ 固定时,尖峰信号平均数量归一化均方差随着归一化参考电平 $M/\sqrt{2}\sigma$ 相对于概率分布函数的均值 $M_0/\sqrt{2\sigma^2} = \sqrt{\ln 2}$ 的偏离程度的增加而增大,这种现象的原因在于尖峰信号超过或低于参考电平 $M_0/\sqrt{2}\sigma = \sqrt{\ln 2}$ 的数量会减少。

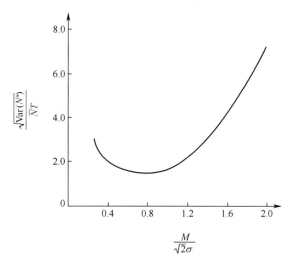

图 15.17 对于观测时长固定的瑞利随机过程的实现,
尖峰信号平均数量的归一化均方差随归一化参考电平的变化曲线

15.6.2 尖峰信号平均持续时间和尖峰信号之间平均间隔的估计

对于如图 15.15a 所示的随机过程实现,如果观测时间范围 $[0, T]$ 内尖峰信号的数量 N 较多,尖峰信号平均持续时间的估计 τ^* 和尖峰信号之间平均间隔的估计 θ^* 可以分别表示为

$$\begin{cases} \tau^* = \dfrac{1}{N}\sum_{i=1}^{N}\tau_i \\[3mm] \theta^* = \dfrac{1}{N}\sum_{i=1}^{N}\theta_i \end{cases} \tag{15.313}$$

式(15.313)也可表示为

$$\begin{cases} \tau^* = \dfrac{1}{N}\displaystyle\int_0^T \eta_\tau(t)\,\mathrm{d}t \\[3mm] \theta^* = \dfrac{1}{N}\displaystyle\int_0^T \eta_\theta(t)\,\mathrm{d}t \end{cases} \tag{15.314}$$

式中：$\eta_\tau(t)$ 和 $\eta_\theta(t)$ 分别由式(15.282)和式(15.283)给出。

根据式(15.313)和式(15.314)可以设计出尖峰信号平均持续时间 τ^* 以及尖峰信号之间平均间隔 θ^* 的估计器，图 15.18 给出了相应的框图。该估计器包含触发器、尖峰信号计数器、积分器以及除法器，触发器的输出为幅度和形状均已归一化的函数 $\eta_\tau(t)$，其门限 M 由外部源给定，由除法器给出尖峰信号平均持续时间估计 τ^*。

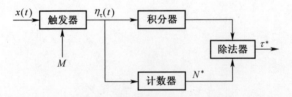

图 15.18　尖峰信号持续时间和尖峰信号之间
平均间隔的估计器框图

为了获得估计 τ^* 和 θ^* 的统计特性，假设满足条件 $T \gg \tau_{\mathrm{cor}}$，此时可近似认为 $N \approx \overline{N}T$，那么

$$\begin{cases} \tau^* = \dfrac{1}{\overline{N}T}\displaystyle\int_0^T \eta_\tau(t)\,\mathrm{d}t \\[3mm] \theta^* = \dfrac{1}{\overline{N}T}\displaystyle\int_0^T \eta_\theta(t)\,\mathrm{d}t \end{cases} \tag{15.315}$$

估计的数学期望可以表示为

$$\begin{cases} \langle \tau^* \rangle = \dfrac{1}{\overline{N}T}\displaystyle\int_0^T \langle \eta_\tau(t) \rangle \, \mathrm{d}t \\[4mm] \langle \theta^* \rangle = \dfrac{1}{\overline{N}T}\displaystyle\int_0^T \langle \eta_\theta(t) \rangle \, \mathrm{d}t \end{cases} \tag{15.316}$$

根据式(15.291)和式(15.292),可知$\langle \tau^* \rangle = \overline{\tau}$且$\langle \theta^* \rangle = \overline{\theta}$,或者说尖峰信号平均持续时间$\tau^*$以及尖峰信号之间平均间隔$\theta^*$的一阶近似估计结果是无偏的。

当参考电平为M时,随机过程尖峰信号平均持续时间估计的方差可以表示为

$$\mathrm{Var}\{\tau^*\} = \langle (\tau^* - \overline{\tau})^2 \rangle = \frac{1}{[\overline{N}T]^2}\int_0^T\int_0^T \langle \eta_\tau(t_1)\eta_\tau(t_2) \rangle \, \mathrm{d}t_1\mathrm{d}t_2 - \overline{\tau}^2$$

$$\tag{15.317}$$

其中的数学期望

$$\langle \eta_\tau(t_1)\eta_\tau(t_2) \rangle = \Re_\tau(t_1 - t_2) \tag{15.318}$$

可由式(15.298)给出。与式(15.299)类似,可得尖峰信号平均持续时间估计τ^*的方差为

$$\mathrm{Var}\{\tau^*\} = \frac{1}{\overline{N}^2} \times \frac{2}{T}\int_0^T\left(1 - \frac{\tau}{T}\right)\Re_\tau(t) \, \mathrm{d}t - \overline{\tau}^2 \tag{15.319}$$

尖峰信号之间平均间隔估计θ^*的方差可以表示为

$$\mathrm{Var}\{\theta^*\} = \frac{1}{\overline{N}^2} \times \frac{2}{T}\int_0^T\left(1 - \frac{\tau}{T}\right)\Re_\theta(t) \, \mathrm{d}t - \overline{\theta}^2 \tag{15.320}$$

对于高斯随机过程,如果满足条件$T \gg \tau_{\mathrm{cor}}$,那么归一化相关函数$\Re_\tau(t)$和$\Re_\theta(t)$分别为式(15.300)和式(15.301),于是相对于参考电平M的尖峰信号平均数量为

$$\overline{N} = \frac{1}{2\pi}\sqrt{-\left.\frac{\mathrm{d}^2\Re(t)}{\mathrm{d}t^2}\right|_{t=0}}\exp\left\{-\frac{M^2}{2\sigma^2}\right\} \tag{15.321}$$

将式(15.285)代入式(15.319),可得

$$\mathrm{Var}\{\tau^*\} = \frac{8\pi^2}{T(\mathrm{d}^2\Re(t)/\mathrm{d}t^2)|_{t=0}}\exp\left(\frac{M^2}{\sigma^2}\right)\sum_{\nu=1}^{\infty}\alpha_\nu\int_0^T \Re^\nu(t) \, \mathrm{d}t \quad (15.322)$$

其中α_ν由式(14.56)和表14.1给出。式(15.322)也可用于估计尖峰信号之间平均间隔估计θ^*的方差。

当归一化相关函数由式(15.305)给出时,尖峰信号平均持续时间估计τ^*

的方差为

$$\mathrm{Var}\{\tau^*\} = \frac{2\pi^2 \sqrt{\pi}}{p} \exp\left(\frac{M^2}{\sigma^2}\right) \sum_{\nu}^{\infty} \frac{\alpha_\nu}{\sqrt{\nu}} \qquad (15.323)$$

式中：$p = \alpha T$。从式(15.323)可以看出，对于观测时长固定的高斯随机过程，尖峰信号平均持续时间估计 τ^* 的方差以及尖峰信号之间平均间隔估计 θ^* 的方差均在 $M/\sigma = 0$ 处取最小值。

对于瑞利随机过程，如果满足条件 $T \gg \tau_{\mathrm{cor}}$，那么归一化相关函数 $\Re_\tau(t)$ 和 $\Re_\theta(t)$ 分别为式(15.310)和式(15.311)，于是相对于参考电平 M 的随机过程尖峰信号平均数量为

$$\overline{N} = \frac{1}{\sqrt{2\pi}} \sqrt{-\frac{\mathrm{d}^2 \Re(t)}{\mathrm{d}t^2}\bigg|_{t=0}} \left[\frac{M}{\sigma}\right] \exp\left\{-\frac{M^2}{2\sigma^2}\right\} \qquad (15.324)$$

把 $\Re_\tau(t)$ 代入式(15.319)，根据式(15.285)和式(15.324)，可得

$$\mathrm{Var}\{\tau^*\} = \frac{2\pi}{T(\mathrm{d}^2 \Re(t)/\mathrm{d}t^2)\,|_{t=0}} \exp\left(\frac{M^2}{\sigma^2}\right) \frac{2\sigma^2}{M^2} \sum_{\nu=1}^{\infty} b_\nu \int_0^T \Re^{2\nu}(t)\,\mathrm{d}t \qquad (15.325)$$

容易证明式(15.325)也可用于给出尖峰信号之间平均间隔估计 θ^* 的方差。

15.7 功率谱密度的均方频率估计

由式(15.6)给出的均方频率 $\bar{f}$ 是常用于描述随机过程功率谱密度特性的一个参数，$\bar{f}$ 的值表示随机过程功率谱密度各分量相对于中心频率的偏离程度。对于低频平稳随机过程来说，均方频率 $\bar{f}$ 表示功率谱密度的有效带宽。根据式(15.259)，可将均方频率 $\bar{f}$ 写为

$$\bar{f} = \frac{1}{2\pi} \sqrt{-\frac{\dfrac{\mathrm{d}^2 R(\tau)}{\mathrm{d}\tau^2}\bigg|_{\tau=0}}{R(\tau)}} = \frac{1}{2\pi} \sqrt{\frac{\left\langle \left[\dfrac{\mathrm{d}x(t)}{\mathrm{d}t}\right]^2 \right\rangle}{\langle x^2(t) \rangle}} \qquad (15.326)$$

此处及下文均假设待分析随机过程的数学期望为零。对于高斯随机过程，均方频率 $\bar{f}$ 的值就等于参考电平为零时，式(15.321)所给的单位时间内随机过程尖峰信号的平均数量。

根据式(15.326)，可将式(15.327)

$$\bar{f}^* = \frac{1}{2\pi} \sqrt{\frac{\dfrac{1}{T}\displaystyle\int_0^T \left[\dfrac{\mathrm{d}x(t)}{\mathrm{d}t}\right]^2 \mathrm{d}t}{\dfrac{1}{T}\displaystyle\int_0^T x^2(t)\,\mathrm{d}t}} \tag{15.327}$$

当作待分析平稳随机过程均方频率的估计,当 $T \to \infty$ 时该估计趋近于 $\bar{f}$。随机过程均方频率估计器的流程如图 15.19 所示。为分析均方频率估计的统计特性,可将式(15.327)中的分子和分母分别表示为

$$\frac{1}{T}\int_0^T \left[\frac{\mathrm{d}x(t)}{\mathrm{d}t}\right]^2 \mathrm{d}t = \mathrm{Var}_{\dot{x}} + \Delta\mathrm{Var}_{\dot{x}} \tag{15.328}$$

$$\frac{1}{T}\int_0^T x^2(t)\,\mathrm{d}t = \mathrm{Var}_x + \Delta\mathrm{Var}_x \tag{15.329}$$

式中:Var_x 和 $\mathrm{Var}_{\dot{x}}$ 是随机过程及其导数过程的方差的数学期望,$\Delta\mathrm{Var}_x$ 和 $\Delta\mathrm{Var}_{\dot{x}}$ 是观测时间范围 $[0,T]$ 内前述方差估计的随机误差。如前所述,方差估计是无偏的,方差估计的方差可由式(13.62)给出,只是需要将其中的 $\sigma^2 \Re(\tau)$ 替换为待分析随机过程的相关函数及其导数。

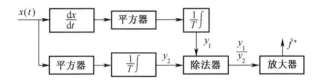

图 15.19 随机过程均方频率估计器框图

进而假设满足条件 $T \gg \tau_{\mathrm{cor}}$,这种情况下误差 $\Delta\mathrm{Var}_x$ 和 $\Delta\mathrm{Var}_{\dot{x}}$ 远小于 Var_x 和 $\mathrm{Var}_{\dot{x}}$。为在前述假设下分析均方频率估计的方差,可采用下式:

$$\bar{f}^* = \frac{1}{2\pi}\sqrt{\frac{\mathrm{Var}_{\dot{x}} + \Delta\mathrm{Var}_{\dot{x}}}{\mathrm{Var}_x + \Delta\mathrm{Var}_x}} = \bar{f}\sqrt{\frac{1 + \dfrac{\Delta\mathrm{Var}_{\dot{x}}}{\mathrm{Var}_{\dot{x}}}}{1 + \dfrac{\Delta\mathrm{Var}_x}{\mathrm{Var}_x}}}$$

$$\approx \bar{f}\left\{1 + \frac{1}{2}\frac{\Delta\mathrm{Var}_{\dot{x}}}{\mathrm{Var}_{\dot{x}}} - \frac{1}{8}\frac{\Delta\mathrm{Var}_{\dot{x}}^2}{\mathrm{Var}_{\dot{x}}^2}\right\}\left\{1 - \frac{1}{2}\frac{\Delta\mathrm{Var}_x}{\mathrm{Var}_x} + \frac{3}{8}\frac{\Delta\mathrm{Var}_x^2}{\mathrm{Var}_x^2}\right\} \tag{15.330}$$

于是可得估计的相对偏差为

$$\frac{\langle \Delta\bar{f}\rangle}{\bar{f}} = \frac{\langle \bar{f}^* - \bar{f}\rangle}{\bar{f}} \approx -\frac{1}{8}\left\{\frac{\langle \Delta\mathrm{Var}_{\dot{x}}^2\rangle}{\mathrm{Var}_{\dot{x}}^2} - 3\frac{\langle \Delta\mathrm{Var}_x^2\rangle}{\mathrm{Var}_x^2} + 2\frac{\langle \Delta\mathrm{Var}_{\dot{x}}\Delta\mathrm{Var}_x\rangle}{\mathrm{Var}_{\dot{x}}\mathrm{Var}_x}\right\} \tag{15.331}$$

当满足条件 $T \gg \tau_{\mathrm{cor}}$ 时,则有

$$\langle \Delta \mathrm{Var}_{\dot{x}} \Delta \mathrm{Var}_x \rangle = \frac{4}{T} \int_0^T \left\{ \frac{\mathrm{d}R(\tau)}{\mathrm{d}\tau} \right\}^2 \mathrm{d}\tau \qquad (15.332)$$

于是相对偏差可以表示为

$$\frac{\langle \Delta \bar{f} \rangle}{\bar{f}} = -\frac{1}{2T} \left\{ \int_0^\infty \left[\frac{\Re''(\tau)}{\Re''(0)} \right]^2 \mathrm{d}\tau - 3 \int_0^\infty \Re^2(\tau) \mathrm{d}\tau + 2 \int_0^\infty \left[\frac{\Re'(\tau)}{\Re'(0)} \right]^2 \mathrm{d}\tau \right\}$$

$$(15.333)$$

式中:$\Re(\tau)$、$\Re'(\tau)$ 和 $\Re''(\tau)$ 分别是待分析随机过程的归一化相关函数及其一阶、二阶导数。当采用式(15.305)式所给的指数型归一化相关函数时,可得

$$\frac{\langle \Delta \bar{f} \rangle}{\bar{f}} = \frac{5\sqrt{2\pi}}{32\alpha T} \qquad (15.334)$$

这说明估计的偏差与观测时长 T 成反比。

下面分析均方频率估计的离差:

$$D\{\bar{f}^*\} = \langle (\bar{f}^* - \bar{f})^2 \rangle = \bar{f}^2 \left\langle \left\{ \frac{1 + \dfrac{\Delta \mathrm{Var}_{\dot{x}}}{\mathrm{Var}_{\dot{x}}}}{1 + \dfrac{\Delta \mathrm{Var}_x}{\mathrm{Var}_x}} + 1 - 2\sqrt{\frac{1 + \dfrac{\Delta \mathrm{Var}_{\dot{x}}}{\mathrm{Var}_{\dot{x}}}}{1 + \dfrac{\Delta \mathrm{Var}_x}{\mathrm{Var}_x}}} \right\} \right\rangle$$

$$(15.335)$$

将式(15.335)中的第一项和第三项在如下点

$$\frac{\Delta \mathrm{Var}_{\dot{x}}}{\mathrm{Var}_{\dot{x}}} = 0 \quad \text{以及} \quad \frac{\Delta \mathrm{Var}_x}{\mathrm{Var}_x} = 0$$

处进行二维泰勒级数展开,并且最高只取到二阶项,可得

$$\frac{D\{\bar{f}^*\}}{\bar{f}^2} \approx \left\langle \left\{ \left\{ 1 + \frac{\Delta \mathrm{Var}_{\dot{x}}}{\mathrm{Var}_{\dot{x}}} \right\} \left\{ 1 - \frac{\Delta \mathrm{Var}_x}{\mathrm{Var}_x} + \frac{\Delta \mathrm{Var}_x^2}{\mathrm{Var}_x^2} \right\} + 1 - 2 \left\{ 1 + \frac{1}{2} \frac{\Delta \mathrm{Var}_{\dot{x}}}{\mathrm{Var}_{\dot{x}}} - \frac{1}{8} \frac{\Delta \mathrm{Var}_{\dot{x}}^2}{\mathrm{Var}_{\dot{x}}^2} \right\} \right. \right.$$

$$\times \left. \left. \left\{ 1 - \frac{1}{2} \frac{\Delta \mathrm{Var}_x}{\mathrm{Var}_x} + \frac{3}{8} \frac{\Delta \mathrm{Var}_x^2}{\mathrm{Var}_x^2} \right\} \right\} \right\rangle$$

$$(15.336)$$

在对其一阶近似求平均后,可得

$$\frac{D\langle \bar{f}^* \rangle}{\bar{f}^2} \approx \frac{1}{T} \left\{ \int_0^\infty \left[\frac{\Re''(\tau)}{\Re''(0)} \right]^2 \mathrm{d}\tau + \int_0^\infty \Re^2(\tau) \mathrm{d}\tau + 2 \int_0^\infty \left[\frac{\Re'(\tau)}{\Re'(0)} \right]^2 \mathrm{d}\tau \right\}$$

$$(15.337)$$

如果采用由式(15.305)给出的指数型归一化相关函数,则有

$$\frac{D\{\bar{f}^*\}}{\bar{f}^2} \approx \frac{3\sqrt{2}\,\pi}{16\alpha T} \approx \frac{0.47}{\alpha T} \qquad (15.338)$$

对于归一化相关函数相同的高斯随机过程来说,将式(15.338)与式(15.308)所给尖峰信号平均数量估计的相对方差进行比较,可以看出,式(15.326)所示的均方频率估计相比于尖峰信号平均数量估计,估计变成了有偏估计,而且估计离差大约降低了2.8倍。

15.8 总结与讨论

根据时延实现的方式以及相关器中其他器件的情况,可将相关函数估计方法划分为3类:模拟式、数字式以及模数混合式。另外,根据待分析随机过程是连续型的还是离散型的,又可把模拟式估计器分为两类。当采用模拟式方法进行分析时,对于连续型随机过程一般应使用物理延迟线,而对于离散型随机过程则应替换为相应的电路。当采用数字式方法估计相关函数时,就应对随机过程进行时域采样,并通过模数转换将其变换为二进制数字序列,对于信号的时延、相乘和积分等操作,均可通过移位寄存器、求和器等完成。

可以看出:当 $\tau = 0$ 时,相关函数估计的方差最大,并且该值等于式(13.61)和式(13.62)所给随机过程方差估计的方差值;当 $\tau \gg \tau_{cor}$ 时,相关函数估计的方差最小,最小值等于随机过程方差估计的方差值的一半。

平稳随机过程的相关函数可以展开成归一化正交函数 $\varphi_k(t)$ 的级数和的形式。相关函数估计的方差随着级数展开式项数的增加而增大,因此进行级数展开时必须选择适当的项数。

在某些实际情况中,随机过程相关函数的类型已知,未知的是某些描述其行为特性的参数。在这种情况下,相关函数的估计就简化为相关函数未知参数的测定(或估计)问题。假设在相关函数已知的平稳高斯噪声 $\zeta(t)$ 背景中,对有限时间范围 $[0, T]$ 内的平稳高斯随机过程 $\xi(t)$ 进行观察。

随机过程相关函数的最优估计也可以从相关矩阵 $\boldsymbol{R}$ 元素 R_{ij} 的估计或其逆矩阵 $\boldsymbol{C}$ 元素 C_{ij} 的估计获得。对于高斯随机过程,如果其多维概率密度函数为式(12.169),可以根据似然比方程的解得到 C_{ij} 的估计,进而获得相关矩阵元素 R_{ij} 的估计。

根据式(15.272),可以设计出功率谱密度估计器,其流程图如图15.13所示。在固定频点的功率谱密度值与带宽已知的滤波器输出端随机过程的方差只差一个常数因子,从图15.13可显而易见功率谱密度估计器的工作原理。为给出所有可能频点的功率谱密度,需要设计多通道功率谱分析器,并且各窄带滤波器的中心频率必须离散或者连续变化。一般情况下,应将待分析随机过程频谱的中心频率进行搬移,而不是重新调整窄带滤波器的工作频率。图15.14

给出了这种估计器的流程图,其中差频振荡器的中心频率是在锯齿信号产生器的控制下改变的。

在很多应用问题中,需要知道随机过程尖峰信号(见图 15.15a)的统计参数:观测时间范围$[0,T]$内的尖峰信号均值(即高于或低于某参考电平 M 的平均次数)、尖峰信号的平均持续时间以及尖峰信号的平均时间间隔等。在图 15.15(a)中,变量 τ_i 和 θ_i 分别是表示尖峰信号持续时间和尖峰信号间隔的相应随机变量。为估计出这些参数,需要将随机过程的实现 $x(t)$ 通过非线性变换器(即门限电路)变换成持续时间为 τ_i 的脉冲序列 η_τ(见图 15.15(b)),或者持续时间为 θ_i 的脉冲序列 η_θ(见图 15.15(c))。

由式(15.6)给出的均方频率 f 是常用于描述随机过程功率谱密度特性的一个参数,f 的值表示随机过程功率谱密度各分量相对于中心频率的偏离程度。对于低频平稳随机过程来说,均方频率 f 表示功率谱密度的有效带宽。

参考文献

1. Lunge, F. 1963. Correlation Electronics. Leningrad, Russia：Nauka.

2. Ball, G. A. 1968. Instrumental Correlation Analysis of Stochastic Processes. Moscow, Russia：Energy.

3. Kay, S. M. 1993. Fundamentals of Statistical Signal Processing：Estimation Theory. Upper Saddle River, NJ：Prentice Hall, Inc.

4. Lampard, D. G. 1955. New method of determining correlation functions of stationary time series. Proceedings of the IEE, C-102(1)：343.

5. Kay, S. M. 1998. Fundamentals of Statistical Signal Processing：Detection Theory. Upper Saddle River, NJ：Prentice Hall, Inc.

6. Gribanov, Yu. I. and V. L. Malkov. 1978. Selected Estimates of Spectral Characteristics of Stationary Stochastic Processes. Moscow, Russia：Energy.

内 容 简 介

　　雷达系统的基本任务是针对稳健信号处理和信号参数估计等问题给出适当的解决方案,本书关注的重点是复杂雷达系统及其数字信号处理子系统的稳健信号处理问题,同时也兼顾讨论信号参数估计的相关重要议题。

　　围绕复杂雷达系统的数字信号处理算法设计和系统实现等问题,本书内容主要包括三个部分:雷达数字信号处理与控制算法设计;用于实现雷达信号处理与控制算法的计算机系统设计原理;雷达系统中随机过程的测量。第一部分主要从雷达的模/数转换、数字化检测、动目标指示、信号参数测量、目标航迹起始、目标航迹滤波等各个环节给出了广义信号处理算法的设计原则;第二部分主要介绍了基于微处理器并行计算方法实现上述信号处理算法,分析了设计时如何估算运算量的需求,如何满足有效运行速度需求等;第三部分主要介绍了随机过程均值、方差、概率分布函数与概率密度函数、时频分布等参数的估计和测量问题。

　　本书内容对我国雷达装备技术的发展、雷达系统的研制和设计具有重要的参考和借鉴作用,适合雷达及相关电子工程专业的本科高年级学生、研究生以及从事雷达系统研制、设计的工程人员使用。